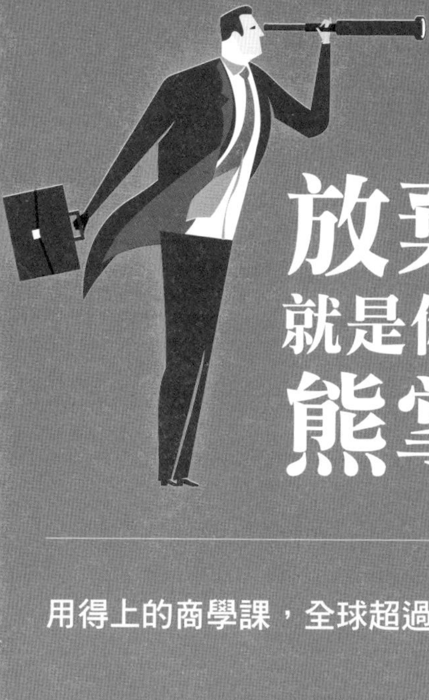

放棄的魚 就是你選擇 熊掌的代價

用得上的商學課，全球超過 81 萬人訂閱，100 則超實用商戰策略

路騁——著

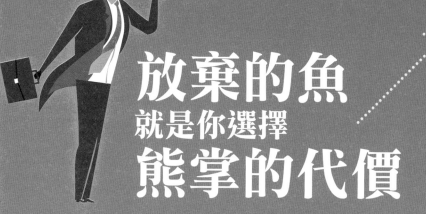

自序｜你有多久沒有投資你自己了？ 010

PART 1 看得透的用戶心理

Chapter 1 成本，你真的算對過嗎？
——個體經濟・成本

｜機會成本｜放棄的魚，就是你選擇熊掌的代價 018

｜比較優勢｜我做得比你好，就應該我做嗎？ 022

｜沉沒成本｜因為「來都來了」，所以「將錯就錯」 026

｜邊際成本｜飛機起飛前的座位，只賣 1 元？ 029

｜交易成本｜馬雲開始的地方 033

Chapter 2 價格，是你想定就能定的嗎？
——個體經濟・價格

｜供需定理｜成本決定價格？你太天真了 037

｜需求彈性｜薄利一定多銷？你太天真了 041

｜炫耀性商品｜貴的一定好嗎？你太天真了 044

｜邊際效用｜世上最好吃的東西叫作「餓」 048

｜差別取價｜攫取他願意付出的最後一分錢 052

Chapter 3 博弈，也是有價格的
——個體經濟・賽局理論

｜囚徒困境｜背叛，也是有價格的 055

｜人質困境｜出頭，也是有價格的 059

｜智豬賽局｜愛拚，也是有價格的 062

｜鬥雞賽局｜認屣，也是有價格的 066

｜槍手賽局｜「逆襲」，也是有價格的 070

Chapter 4　消費者，從來就不是理性的
——消費心理（上）

｜心理帳戶｜「1 元」和「1 元」一樣嗎？ 074

｜損失規避｜為了撈回本，卻輸到血本無歸？ 078

｜路徑依賴｜兩匹馬的屁股，決定火箭寬度？ 081

｜比例偏見｜掏錢的時候，你打過自己的臉嗎？ 085

｜賭徒謬誤｜你以為你以為的，就是你以為的？ 088

Chapter 5　不但不理性，還會騙自己
——消費心理（下）

｜誘餌效應｜你買過套餐以外的漢堡嗎？ 091

｜羊群效應｜「按銷量排序」背後的祕密？ 095

｜稟賦效應｜孩子還是自己的好？ 099

｜預期效應｜可口可樂為什麼能戰勝百事可樂？ 103

｜錨定效應｜先開價，真的就輸了嗎？ 106

PART 2 讀得懂的互聯商業

Chapter 6 「新錢」在哪兒？
——經濟形態

| 共享經濟 | 我暫時不用，租給你用 110

| 社群經濟 | 吳曉波為什麼講「人＋連接」？ 114

| 網紅經濟 | 一人我飲酒醉，兩眼是獨相隨 118

| 她經濟 | 女人的錢，最好賺 121

| Baby經濟 | 孩子的錢，更好賺 124

Chapter 7 5 個數字讀懂經濟大環境
——總體經濟

| GDP | 6.6 這個數字是高還是低？ 128

| CPI | 你拿什麼跑贏通貨膨脹？ 132

| M2 | 你知道中國大陸央行每年印多少人民幣嗎？ 135

| 匯率 | 人民幣又要貶值了，你準備好了嗎？ 139

| 利率 | 中國大陸央行又降息，你準備好了嗎？ 143

Chapter 8 關於網路，我們只知道一半
——網路思維（上）

| 用戶思維 | 一箭射在用戶膝蓋上，讓他長跪不起 146

| 簡約思維 | 少即是多 150

｜極致思維｜把自己逼瘋，把別人逼死 153

｜疊代思維｜小步快跑，快速疊代 157

｜流量思維｜目光聚集之處，金錢必將追隨 161

Chapter 9 我們所知道的這一半，都是錯的
——網路思維（下）

｜社會化思維｜用戶即媒介，人就是節點 165

｜大數據思維｜從數據化營運到營運數據 169

｜產融思維｜一切產業，皆可金融 173

｜生態思維｜生態協同完勝專業分工嗎？ 177

｜跨界思維｜有節操，無禁忌；有底線，無邊界 181

Chapter 10 你看賺多少錢，投資人看值多少錢
——融資

｜融資階段｜天使看「臉」，「風投」看「身材」 185

｜商業計畫書｜打開投資人的口袋，12 頁 PPT 就夠了 190

｜路演策略｜戳不中興奮點，你賣得再用力有什麼用？ 194

｜公司估值｜估值算法，你要先學會，再忘記 198

｜融資條款｜簽「賣身契」，踩這幾個陷阱你就虧大了 202

PART 3 學得會的品牌傳播

Chapter 11 為什麼星巴克這麼懂客戶經營？
——客戶經營

｜客戶細分｜為何去星巴克和漫咖啡的不是同一群人？ 208

｜客戶生命週期｜為什麼星巴克推出星享卡？ 212

｜客戶獲取｜為什麼北方的星巴克都開在路北？ 215

｜客戶價值轉化｜為什麼星巴克賣月餅？ 219

｜客戶保留｜為什麼星巴克送你升杯券？ 222

Chapter 12 多便宜，才算便宜？
——定價策略

｜撇脂定價法｜先貴後便宜？ 226

｜滲透定價法｜直接最便宜？ 230

｜階梯定價法｜越多越便宜？ 234

｜動態定價法｜不一定啥時候便宜？ 238

｜反向定價法｜你想要多便宜？ 241

Chapter 13 有種資產，叫品牌
——品牌管理

｜品牌資產｜有種幸福，叫家財萬貫 245

｜品牌定位｜有種率性，叫獨具一格 249

CONTENTS

｜品牌組合｜有種瀟灑，叫各顯神通 253

｜品牌延伸｜有種滿足，叫多子多福 257

｜品牌活化｜有種神奇，叫妙手回春 261

Chapter 14 一件事，到底該怎麼說？
——媒介管理

｜整合行銷傳播｜一件事，翻來覆去地說 265

｜精準定向傳播｜一件事，跟對的人說 269

｜意見領袖傳播｜一件事，連他／她都在說 273

｜公關為先｜一件事，揀好聽的說 277

｜創意為王｜一件事，變著花樣說 281

Chapter 15 談判，是「捨」與「得」的藝術
——談判

｜最佳備選方案｜想辦法把你的底牌換成 AA 285

｜開局策略｜永遠不要接受第一次報價 289

｜讓步策略｜退一步，是為了進三步 293

｜終局策略｜黑臉白臉唱起來 297

｜談判軟技能｜不會這些套路，你就輸定了 301

PART 4 做得到的自我疊代

Chapter 16 學習這件事，也需要學習
——學習工具

| 1萬小時定律 | 首先你得足夠努力 306

| 刻意練習 | 光努力沒用，得用對方法 310

| 批判性思維 | 這些觀點對嗎？ 314

| 圖形化思維 | 實在弄不明白，就畫幅圖 318

| 學習金字塔 | 再不明白，就自己去教 322

Chapter 17 溝通就是好好說話？太傻太天真
——溝通管理

| 周哈里視窗 | 沒弄懂溝通區域，怎麼溝通？ 326

| 關鍵對話 | 壓根說不到點上，怎麼溝通？ 331

| 非暴力溝通 | 只知道批評指責，怎麼溝通？ 335

| 非語言溝通 | 只關注語言本身，怎麼溝通？ 339

| 公眾演講 | 面對人群就發抖，怎麼溝通？ 343

Chapter 18 讓別人做你想讓他做的事
——職場溝通

| 反饋 | 有些進展，該彙報，就要彙報 347

| 協調 | 有些資源，該利用，就要利用 351

｜拒絕｜有些事，該說不，就要說不 355

｜爭取｜有些利益，該拿下，就要拿下 358

｜禁忌｜有些話，不該說，就別說 362

Chapter 19 你和比爾・蓋茲，都只有 24 個小時
——時間管理

｜時間四象限｜優先級，你設得對嗎？ 366

｜戰勝拖延｜拖延症，你治得好嗎？ 371

｜抵抗干擾｜「小干擾」，你封鎖得了嗎？ 375

｜壓力管理｜壓力大，你扛得住嗎？ 379

｜精力管理｜精力差，你管得好嗎？ 383

Chapter 20 成為一個什麼樣的人，取決於你自己
——職業生涯規劃

｜什麼是好工作｜你工作快樂嗎？ 388

｜跳槽與積累｜ 90% 的情況下，你的公司並沒有那麼爛 392

｜入對行與跟對人｜你想改變世界，還是想賣一輩子汽水？ 396

｜選擇｜讀清華還是北大？這不是選擇 400

｜等待｜逆境，是上帝幫你淘汰競爭者的地方 404

後記｜相信 408

參考書目 409

自　序

你有多久
沒有投資你自己了？

你會投資房子，投資車子。

你會投資人脈，投資第一個孩子，投資第二個孩子。但你有多久沒有投資你自己了？

一

你的老闆缺少識人的眼光，更沒有用人的魄力；你的員工要嘛眼高手低，要嘛紙上談兵；你的同事只會拍馬屁，拉幫結派，小肚雞腸。

你舉重若輕，經天緯地；你懷才不遇，漸遇瓶頸……

這麼爛的工作，辭了吧。辭？開什麼玩笑？房貸怎麼辦？孩子的學費怎麼辦？老人的醫藥費怎麼辦？

要不，再等等吧……為了家庭，再等等吧。

我們這一代人所有的不安全感和焦慮，都源自我們把最珍貴的一切投資了別人，而捨不得為自己投資，哪怕只投資一點。

二

2013 年，我放棄了價值上億元的期權，重回校園，完成了清華 -MIT Global MBA [1] 的進修。畢業後，常有人問我，你讀書時最大的收穫是什麼？

我想了想，是知識嗎？我是一個「學渣型」的「學霸」，讀書期間，我每天用 6 個小時在圖書館學習，「堆」出了清華年級第八的成績。我在學校的最強人脈是圖書館的管理員。

是人脈嗎？因為是國際班，我的同學遍布世界，個個都是實打實的行業精英，一等一的圈層領袖。到今天，這個圈子裡的人仍不時地帶給我最新的認知。

都不是。我最大的收穫，是視野和格局。

什麼是視野和格局呢？就是進修之後，我知道了自己有多麼無知，有多麼渺小，有多麼坐井觀天，有多麼自以為是。

你也許還記得，網上流傳的哈佛圖書館凌晨 4 點的景象。我總在問自己：兔子在奔跑，而我這隻烏龜該怎麼辦呢？

1　清華 -MIT Global MBA 即清華大學經管學院與麻省理工學院（MIT）斯隆管理學院聯合推出的工商管理碩士（MBA）項目。

三

獵豹移動執行長傅盛曾在一篇文章中提到，所謂成長，就是認知升級。有一幅認知結構圖，說明了人們認知的 4 種狀態。

第一種，不知道自己不知道——以為自己什麼都知道。這種人占 95%。第二種，知道自己不知道——有敬畏之心，有空杯心態。這種人占 4%。第三種，知道自己知道——抓住了事物的規律，提升了自己的認知。這種人只有 0.9%。

最後一種，不知道自己知道——永遠保持空杯心態，這是認知的最高境界。這種人只占 0.1%。

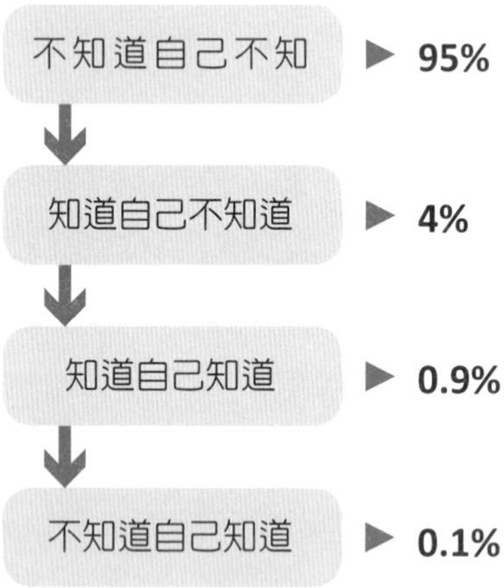

多麼可怕，95% 的人不知道自己不知道。而我在讀書之後，也許才可以定義自己屬於那 4%，即知道自己不知道的人。

四

名校 MBA 畢業生的平均年薪是 45 萬元[2]。清華、北大 MBA 畢業且年薪破百萬元的，車載斗量，不可勝數。有人預言，未來

2　編註：本書提及的金額幣值均以人民幣計算。

社會 96% 的社會勞動將被人工智慧取代。毫不誇張地說，如果沒有經過系統性商業認知的梳理，未來的我們將確定被這個社會淘汰。

那為什麼這麼有價值的內容，不是每個人都能學到呢？

第一，名校 MBA 都有工作年限的要求，一般要求有 5 年以上工作經驗，以及 3 年以上管理經驗，這就讓一大批剛剛步入職場的年輕人無法企及。第二，名校 MBA 學費不菲，動輒幾十萬元；最重要的是，全日制的學習需要你 2、3 年內完全放棄工作和收入，全身心回到校園，這就讓一大批有家庭負擔的人望而卻步。

因此，2017 年，我們決定開設一門音頻課程，名字叫「用得上的商學課」。我們願做喧囂世界裡與自己作對的匠人，把中國頂尖的商學院課程，以及全美最前端的 MBA 商科內容，濃縮成一門音頻課程。

這門課程共有 100 期，每一期都介紹了一個獨立的知識點，用戶能從中收穫在當下的商業實踐中，可以拿來比照、參考的方法或者思路，能獲得有關商業底層、企業經營、組織管理的洞察或者思考。希望這些內容可以很好地幫助你串聯對商業規律的完整理解，打開你在認知升級過程中更多的可能。

「用得上的商學課」分為：「看得透的用戶心理」、「讀得懂的互聯[3]商業」、「學得會的品牌傳播」、「做得到的自我

3 編註：互聯網，即網際網路。本書以「網路」稱之，唯部分內容為貼近作者原意，則以互聯、互聯網等名稱呈現。

疊代」四大模塊，總計 100 節。每節有一個知識點，每個知識點有 3 種用法。

五

截至本書出版，「用得上的商學課」全網累計訂閱量已經超過了 81 萬人次。這個數字，按付費人數來看，說全網「遙遙領先」，恐怕問題不大。我們做了粗略的統計，在過去一年多的時間裡，幾乎平均每分鐘就有一個用戶訂閱了我們的課程。

於是，在中信出版集團的大力協助之下，我們決定將這門課程轉化為書籍出版。書籍終究是人類學習最好的工具。

在此也需要特別說明，本書內容的原始稿是為音頻場景設計的。在轉化為書稿的時候，為了提高嚴謹性，我們對文字做了結構上的調整，也因此會丟失一些在音頻場景中獨有的小設計、小包袱。這是兩種學習場景不可避免的差別，這一點，懇請讀者諒解。

如果你覺得看書不夠過癮，那不妨找音頻課程來聽。我們有 81 萬人的口碑推薦，肯定差不了。

如果你希望和我產生更多的連接，在第一時間內獲取最新的內容，又或者對本書有任何意見或建議，你可以在「老路識堂」微信公眾號回覆「商學課書」4 個字，我們將在第一時間為你解答。

六

最後，感謝樊登讀書會創始人樊登老師；有書 CEO 雷文濤先生；我們的投資人英諾天使基金創始合夥人李竹先生，和紅杉資本中國基金合夥人曹曦先生；知名心理學家、專欄作者劉軒先生；清華大學蘇世民書院副院長、經管學院教授，我的授業恩師錢小軍老師對本書的真誠推薦。這一路，有你們不吝提攜斧正，真好。

還要感謝此課程內容的共同編撰者、我的合夥人李世凡先生，以及內容生產團隊的嚴臻、安玲、呂凌雪等。是大家的共同努力，讓這些內容成為知識付費行業的一匹黑馬，這份榮耀屬於團隊的每一個人。

最重要的是，感謝書本前的你，是你讓我們有機會與你一起投資自己。

那麼，你有多久沒有投資你自己了？

PART 1

看得透的 用戶心理

Chapter 1

成本，你真的算對過嗎？
個體經濟．成本

| 機會成本 |
放棄的魚，就是你選擇熊掌的代價

讀了世界上最貴的 MBA

有朋友曾經開玩笑說：「老路，你可能讀了這個世界上最貴的 MBA。」其實，就學費而言，清華 –MIT Global MBA 這個項目雖然不便宜，但也絕對算不上全世界最貴[1]。上學這兩年，我在學校食堂吃飯，在圖書館學習，平時的交通工具是二手自行車，花費應該跟普通大學生差不多。瞭解這個項目的人可能會

1 2018 年，該項目學費約為 19.8 萬元。

機會成本

我們每天都在做選擇，而每個人所擁有的時間、金錢、社會資源都是有限的，所以我們為了得到某一樣東西，通常都不得不放棄另外一些東西。在經濟學裡，這些不得不放棄的東西，就是我們為當前選擇所付出的機會成本。

說，你讀的是全日制課程，要上學就不能工作，這兩年本應拿到的薪水和獎金收入也算你上學的成本。

確實，學費並不能完全代表上 MBA 所放棄的東西。這種計算方法忽略了進修的最大成本——時間。當我把兩年的時間用來聽課、在圖書館學習和寫論文時，我就不能把同樣的時間用於工作。為了讀書而不得不放棄的工作收入，就是每個職場人重回校園最大的代價。何況我辭職時還放棄了價值上億元的期權。

我算過一筆帳，如果我的一個同學犯懶了，沒去上某一節課，折算下來大概損失 500 元。而對於我來說，算上所有的機會成本，逃一堂課相當於損失 15.6 萬元——北京學區房 1 平方公尺的價格。這也是為什麼我在讀書的時候一堂課都不敢逃，外加每天至少要花 6 個小時在圖書館。

機會成本幫你做出更理性的選擇

理解機會成本有利於我們做出更理性的選擇，尤其是在投資領域。比如，你投資了 10 萬元，一年後，那個項目原封不動地還給你 10 萬元，那你是既沒賠又沒賺嗎？如果你懂得了機會成本的概念，你就知道，你一定賠了用這 10 萬元投資其它標的可以賺到的固定收益。假設你用這筆錢投資銀行的理財產品，可以拿到年化報酬率為 5% 的收益，那麼在這個案例中，你相當於間接損失了 10 萬元的 5%，也就是 5,000 元。

通常來說，在今天的中國，懂得一些投資理念的人一般可以把自己的投資年化報酬率穩定在 8% 至 10%（當然，這個數字因人而異）。那麼，假設你可以使你自己的投資年化報酬率穩定在 8% 以上，你的每一分錢就有了 8% 的機會成本。換言之，任何一筆投資，如果沒賺到相當於年化報酬率為 8% 的收益，對你來說就是賠了。

為了理解機會成本，我們需要記住下面這 3 個詞。

第一個詞，所有。所有的選擇都有機會成本。比如，那些在海南買了房的有錢人，甚至還專門買了車放在三亞市——車被閒置在車庫，房子就算空著也不出租。這個機會成本就是把房和車出租給他人所能獲得的租金收入。有人會說，到冬天我就去海南住了，總沒有機會成本了吧。其實不然。自己住的機會成本，就是把房子租給他人所能獲得的租金收入。所有的選擇都有機會成本，這也是為什麼我們說，世上真的沒有免費的午餐。

第二個詞，最大。我寫音頻文稿時，為了能深入淺出地釐清邏輯，還必須要把內容控制在 7 分鐘左右，這就需要我非常自虐地反覆推敲文字，一篇文章至少需要 4 個小時才能完成。如果我用同樣的時間來做其它事情，比如能賺 200 元，那麼我寫文章的機會成本就是 200 元。我們發現，當我不做這件事時，我可以做其它很多事。機會成本必須是做這個決策時放棄的那個「最大代價」，而不能是「任何代價」。

第三個詞，必然。你的機會成本是你必然可選的那個選項。什麼意思呢？我能不能說寫文章的 4 個小時，還能被我用來拍價值 800 萬元的廣告，所以我的機會成本是 800 萬元呢？當然不能。因為我不是明星，拍廣告對我來說不是必然能選的。同樣的，我買彩票也許能中 500 萬元，這種小機率的事件或者只是理論上可行的事情，都不能作為機會成本。

一句話理解機會成本：

魚與熊掌不可兼得。
放棄的魚，就是你選擇熊掌的代價。

｜比較優勢｜

我做得比你好，就應該我做嗎？

核磁共振分析方法的騙局

曾經有個美國人發明一種分析核磁共振數據的簡單方法，這個發明使得醫療成本大大降低。很快，全美各地的核磁共振數據就都用這種所謂的神奇設備分析了。結果很不錯，於是人們將這位發明家視為英雄。直到有一天，一位記者調查了這位發明家，並爆料這個所謂的發明只不過是一台價值 600 美元的電腦。實際上這位發明家用了一點小手段，他把這些核磁共振數據轉發到印度，給那些收費很低的醫生分析，然後再將這些分析結果告訴客戶。整個美國都震怒了，這個人根本不是發明家，而是一個大騙子！

其實，單說分析工作本身，印度醫生並不一定比美國醫生更精準，或者更有效率。也就是說，印度醫生並沒有絕對優勢，但是印度醫生在這個工作上具有「比較優勢」。那什麼是比較優勢呢？

比較優勢與絕對優勢

舉個例子，工作不久的數據分析專員需要兩個工作日才能

絕對優勢和比較優勢的區別

所謂的「你耕田我來織布」，其實是說，你耕田的效率比我高，所以耕田由你來；我織布的效率比你高，所以織布由我來。而比較優勢強調的是，即便你織布的效率比我高，只要我的機會成本更低，織布還是應該由我來做。

完成一份常規的數據報告，而鑒於我年輕時做過數據分析工作，我可能只需要一個小時就可以完成。顯然，比起數據分析專員，我擁有絕對優勢。

那麼，是不是所有的數據報告都應該由我來做呢？假設在同樣的一個小時內，我可以完成一份市場投放計畫，這份計畫能讓公司在未來一年內節省 800 萬元的市場費用。如果我不做計畫，而去做常規的數據報告，我的機會成本是多少呢？我們在前一節中介紹過，這個機會成本至少是 800 萬元。而數據分析專員呢？如果他不做這份報告，就只能做初級的數據整理，怎麼算，機會成本也不會高於 800 萬元。

在數據報告這件事上，雖然我擁有絕對優勢，但數據分析專員卻有著明顯的「比較優勢」。也就是說，他能用比我更低的機會成本產出這份數據報告。

瞭解比較優勢對我們有什麼用？如何將其應用在個人生活和工作中？這裡有 3 個建議供你參考。

第一，在不具備比較優勢的事情上，主動出讓。

比如大家熟悉的蘋果手機，它所有的裝配工作都是由富士康完成的。蘋果為什麼不自己做裝配？是因為不如富士康專業嗎？未必。關鍵在於，在裝配這件事情上，富士康擁有更多的比較優勢，也就是說，富士康的機會成本更低。再比如，很多管理者事必躬親，總認為「我半個小時就能搞定的事情，教你至少要一天，還是我來吧」。結果呢？這種人往往自己很累，整個團隊的績效也沒有提升。聰明的做法應該是，讓比自己機會成本更低的員工，做他該做的事情。

第二，在具備比較優勢的事情上，果斷進入。

比如，美國人手必備的聊天工具是 WhatsApp。WhatsApp 的開發團隊很聰明，他們沒有去跟社交平台巨頭 Facebook 硬碰硬，而是選擇了行動社交工具——一個對它來說更有比較優勢的領域。最終，這個只有 50 人的團隊，以 190 億美元的價格，被 Facebook 收購，相當於人均創造了 3.8 億美元的價值。所以在選擇創業項目時，你不僅要關注最新、最熱的商業概念，還要多觀察巨頭企業沒有比較優勢的領域。相比於巨頭，你一定沒有絕對優勢，但你很可能有比較優勢，因為巨頭企業在這些領域的機會成本更高。

第三，不斷降低自己的比較優勢。

比如投資大師巴菲特做任何一件事情的機會成本都是他用同樣的時間做投資可以賺到的錢。因為機會成本太高，所以對於世界上 99.99% 的事，巴菲特都沒有比較優勢。那麼在職場打拚的我們是不是也能做到如此？不斷投資自己，變相增加我們的機會成本，降低我們在瑣事上的比較優勢，最終，把那些價值不高的事情交給機會成本更低的人去做。然後，我們在某一個點上集中爆發，打造職場核心競爭力。如果你不是特別理解這個概念，請在翻閱完本書後，重新回到這裡，你一定會有不同的收穫。

一句話理解比較優勢：

我做得比你好，也得你來做。
應該把事情交給機會成本最低的人去做。

｜沉沒成本｜

因為「來都來了」，所以「將錯就錯」

要繼續等公車嗎？

假設你月收入為 5,000 元，扣除「五險一金」[1]，能拿到 4,000 多元，去掉 2,000 元房租，剩下的 2,000 多元就是你一個月全部的零用錢，吃飯、買衣服、買化妝品、玩遊戲……都從這裡支出。此刻你要去某個地方辦事，這件事重要但不緊急。坐公車需要 2 元，叫車需要 62 元，除此之外沒有其它交通工具可供選擇，步行也不可能，那麼你會選擇叫車嗎？

多數人會選擇等公車。但如果 10 分鐘過去，公車還沒來，你會叫車嗎？ 20 分鐘、40 分鐘、1 小時後呢？那些一開始就選擇叫車的人，雖然花了 62 元，但他們一分鐘也沒浪費，而你在等了一個小時後，也沒省下叫車費。這時你會不甘心嗎？

有沒有發現，等待時間越久，越不想放棄。經過一個小時的等待，你內心一定被折磨得難受——為什麼剛開始沒直接叫車呢？現在都等這麼久了，再叫車，豈不是「賠了夫人又折兵」！

魔咒「來都來了」

對大部分人來說，有一個四字魔咒永遠繞不開，那就是「來

1　編註：五險一金，為中國大陸社會保險制度，包含養老、醫療、失業、工傷、生育，及住房公積金。

沉沒成本

人並不總是理性的，在做決策時總會被已經發生的成本影響。經濟學上將這種已經發生且無法收回的投入稱為沉沒成本。

都來了」。只要你「來都來了」，你就會買不算便宜的門票，衝破人山人海，逛遍沒特色的景點；只要你「來都來了」，你就會強迫自己吃掉盤子裡難以下嚥的飯菜；只要你「來都來了」，你就會說服自己堅持看完令你昏昏欲睡的電影。

經濟學告訴我們，做決策時，不要考慮沉沒的成本。無論如何，你已經來了，是否「將錯就錯」，完全取決於你是想享受或想受罪。無論如何，等車的一個小時已經沉沒，是否繼續等，只取決於在這個時間點，你認為公車還要多久才能來。

沉沒成本這個概念本身並不複雜，我們可以參照以下 3 條原則對此加以運用。

第一，敢於「半途而廢」。假設你投入 100 萬元創業，一年後不見任何起色，而你內心很確定，進入這個市場的窗口期已過，此時的你如何選擇呢？如果就此放棄，那麼已經投入的 100 萬元和一年時間都虛擲了；如果繼續堅持，則意味著還要再投入更多資金、時間和精力，而且十有八九換不回好的結果。你內心可能有個聲音不斷迴響：「不要半途而廢。」這時，與其說你堅韌不拔，不如說是沉沒成本在逼著你不能退。其實，在確定是錯誤的方向上，懂得「放棄」比「堅持」更可貴。

第二，讓人「欲罷不能」。美國著名連鎖超市 Costco，在電商的席捲衝擊之下，居然逆勢上揚，保持著驚人的增長速度。究其原因，最核心的一點就是 Costco 的會員制。只有交 55 美元成為會員，你才能進入 Costco 門市，並可享受海量的優質低價商品。這 55 美元就相當於商家給你製造的一個沉沒成本，讓你控制不住自己，就算吃不完、用不完，也總想再多買一點。消費者的心理是：只有多買，才能把拿不回來的會員費攤薄一點。這種想法一旦作祟，商家就可以坐等數錢了。

第三，創造「覆水難收」。有句諺語是：「如果你想翻過一面牆，就先把帽子扔過去。」給自己設立一個沉沒成本的假象，可能會得到更好的結果。比如，婚禮就是結婚的人扔到牆那邊的一頂大帽子。大家都知道婚禮有多複雜，經過天昏地暗的婚禮籌備後，好多親密無間的愛人甚至都不想結婚了。但是，從心理學來說，勞民傷財的婚禮正是給婚姻投入的沉沒成本。人們在潛意識裡會想：這麼複雜的婚禮，我這輩子都不想再經歷第二次了，辦都辦了，好好珍惜吧。所以，別再學新潮玩「裸婚」或者旅行結婚了，婚禮、鑽戒、大教堂，一個都不能少，這份投入，值得你擁有。

一句話理解沉沒成本：

因為「來都來了」，所以「將錯就錯」。

｜邊際成本｜

飛機起飛前的座位，只賣 1 元？

飛機每增加一位乘客的成本

工業經濟告訴我們一個規律：生產一件產品，越標準化越好，越流程化越好，款式越少越好，規模越大越好。為什麼？你的第一反應可能是降低成本。沒錯，這個成本涉及生產、人工、採購、時間等諸多方面。除此之外，還有一個經濟學名詞，叫作邊際成本。那什麼是邊際成本呢？

舉個例子，一架飛機的載客上限是 100 人，現在已經坐了 80 個人，如果再增加一位乘客，會增加多少成本呢？幾乎沒有增加，不過就是一份飛機餐。而這架飛機的第一位乘客增加的幾乎是整趟航班的成本。所謂的邊際成本，誇張一點來說就是：飛機起飛前的座位，理論上可以只賣 1 元。

經濟學的思維就是邊際思維

過去兩年，我在一些大學的 EMBA（高階管理碩士）和總裁班講課時，發現大家一聽到「邊際」這個詞，總會往「盈虧平衡」、「盈虧邊界」這種概念上聯想。「盈虧」是指銷售額的一個平衡點，在這個點上，收入剛好等於成本，簡單來說就是「保

邊際成本

邊際成本是生產者理論中的一個概念，是指額外生產一單位產品需要付出的成本。相應的，每多銷售一單位產品獲取的收益就是邊際收益。

本點」。而「邊際」是「每多一個」——邊際成本就是每多一個的成本。理解了這一點，你基本上就能理解與邊際相關的所有概念了。

經濟學的思維就是邊際思維，我們的日常選擇都是邊際選擇。什麼叫邊際選擇呢？比如，中午你餓了，你不能選擇 10 天前吃什麼，也不能選擇下個星期吃什麼，你要做出的選擇，是這頓午飯要吃什麼，這就是邊際選擇。

每個人擁有的時間、精力、金錢都是有限的，所謂選擇，就是這些有限資源的分配，在此多彼少和此少彼多中尋求最佳解答。

還是以這頓午飯為例，你的邊際選擇還包括哪一家更好吃？哪一家更便宜？哪一家上菜更快？等等。

那麼如何降低邊際成本，邊際成本有可能趨於零嗎？一旦邊際成本為零，我們的社會將變成什麼樣子呢？我們可以從下面 3 個角度瞭解一下。

第一，規模經濟[1]，降低邊際成本。

1　大規模生產導致的經濟效益簡稱規模經濟，是指在一定的產量範圍內，隨著產量的增加，平均成本不斷降低的事實。

降低邊際成本是規模經濟最核心的指導思想。微波爐製造商格蘭仕的成功，就是玩轉了規模經濟。它的做法是把出廠價壓低到對方的成本價以下。當生產規模達到 100 萬台時，將出廠價定在那些規模是 80 萬台的企業的成本價以下；當規模達到 400 萬台時，將出廠價又調到規模為 200 萬台的企業的成本價以下；當規模超過 1,000 萬台時，把出廠價降到規模為 500 萬台的企業的成本價以下。結果是，格蘭仕將價格平衡點以下的企業一次又一次大規模地淘汰，使行業的集中度不斷提高，進而讓整個行業的成本不斷下降。從 1993 年格蘭仕進入微波爐行業到現在的 20 多年時間裡，微波爐的價格由每台 3,000 元下降到每台 300 元左右，降幅在 90% 以上。規模經濟的力量，可見一斑。

第二，互聯網經濟，邊際成本趨於零。

為什麼中國大陸大力提倡「互聯網＋」？究其本質，就是網路企業大多帶有邊際成本趨於零的天然基因。我們在這裡舉一個最淺顯的例子：線下的傳統書店因為陳列成本太高，大部分書都沒展示，而亞馬遜這樣的電商平台，把賣書這件事的邊際成本幾乎降為零。理論上，亞馬遜可以展示無數本書，且幾乎不需要額外增加銷售成本。這也是虧損了 20 多年的亞馬遜，一旦盈利，利潤就連續暴漲，股價就節節攀高的原因。也就是說，是其銷售邊際成本趨於零的優勢。一旦過了盈虧平衡點，未來能夠創造的價值就不可估量。

第三，零邊際成本社會，協同共享。

當代最著名的經濟、思想家之一傑瑞米．里夫金（Jeremy

Rifkin），在他 2014 年所著的《物聯網革命：共享經濟與零邊際成本社會的崛起》[2]（*The Zero Marginal Cost Society*）一書中，開創性地探討了極致生產力、協同共享、「產消者」（參與生產活動的消費者）、生物圈生活方式等全新的概念。他認為，「產消者」正在以近乎零成本的方式製作並分享自己的訊息、娛樂、綠色能源和 3D 立體列印產品。他們也透過社交媒體、共享平台，以極低或零成本的模式分享汽車、住房等。里夫金分析認為，在未來的社會，使用權將勝過所有權，可持續性會取代消費主義，合作會壓倒競爭，「交換價值」將被「共享價值」取代。關於共享經濟和「產消者」的話題，我們將在第六章與大家詳細分享。

一句話理解邊際成本：

飛機起飛前的座位，甚至可以只賣 1 元。

2　編註：台北：商周出版社，2015 年。

|交易成本|
馬雲開始的地方

交易成本無處不在

假設你現在要為公司採購一批電腦，你會怎麼做？你先要找到幾家電腦的供應商，分別詢價，然後挑選出你認為合適的幾家進行價格談判，再確定你最滿意的那一家。這之後，你還得配合法務部門推進合約流程，監督電腦設備的送達、安裝、測試，並協調財務部門付款。

在採購電腦這件事上，你不僅要為購得的設備付出貨幣成本，還要為尋找交易對象、討價還價、訂立和執行合約等環節付出成本。這些**因交易行為本身而產生的成本，就是交易成本**。

企業就是為了降低交易成本而生的

我們甚至可以說，**正是交易成本的存在給了企業生存的空間**。為什麼呢？兩個個體之間的商業活動產生的交易成本可能不會特別大，而多個個體間的交易產生的連接是呈等比級數增長的，總的交易成本就會變得非常驚人。設想一下，有 100 萬人，每個人獨立蓋一棟大樓，那世界得亂成什麼樣子？而企業這種組織形式透過集約化的研發、生產、推廣、交易，形成一筆筆總體

交易成本

著名經濟學家張五常曾說，任何在《魯賓遜漂流記》世界中不存在的成本都是交易成本。現實生活中，存在只有一個人的世界嗎？當然不存在。所以，有人的地方，就有交易成本。

營收，再按照一定規則進行內部利潤分配。這種一體化的協作模式大大降低了眾多工人分別生產、各自尋求販售的複雜度。因此可以說，企業就是為了降低交易成本而生的。

有一些企業甚至以專門提供「降低交易成本」的服務維生。以馬雲的「商業帝國」為例，不論是 1995 年他首次創業時做的「中國黃頁」，還是 1999 年二次創業時成立的阿里巴巴，做的都是「降低交易成本」的生意。阿里巴巴的公司使命就是「讓天下沒有難做的生意」。借助阿里巴巴這個「中間人」，讓生意從難做到易做，讓品牌商直接對接終端用戶——阿里巴巴創造的就是「降低交易成本」的價值。

在經營管理中，我們常有這樣的困惑，對於一件事，我們應該自己雇人做，還是尋求外部合作呢？羅納德．寇斯（Ronald H. Coase）在 1937 年發表的論文《企業的性質》（*The Nature of the Firm*）中，首次提出「交易成本」來解釋企業存在的原因，順便解釋了企業擴張的邊界問題，也就是什麼時候招人做，什麼時候外包。他也因此在 1991 年獲得了諾貝爾經濟學獎。

寇斯認為，企業的內部交易成本如果高於市場交易成本，企業就不應該內部擴張了，也就是別再雇人做了，而應該更頻繁

尋求外部合作；反過來，如果內部交易成本更低，那麼就應該自己雇人做。

內部冗餘的交易成本是很多大企業存在的問題，那麼如何降低企業的內部交易成本呢？這其實並不難，我們可以從下面 3 點分別入手。

第一，隱性成本顯性化。所謂內部交易成本，是指在多個部門、多名員工之間進行協調統籌而發生的成本。在企業的財務報表裡，內部交易成本往往是隱性的。回到電腦採購的例子，假設你動用了 3 位高階主管去和供應商談判，花了 3 天時間砍價，節省了 3 萬元。這從表面上看是賺了，但仔細算算，每位高階主管的年薪是 90 萬元，3 位主管 3 天時間的成本是 3.2 萬元，也就是公司用 3.2 萬元的成本省下了 3 萬元的支出。這麼算下來，你還覺得賺了嗎？所以，當我們把隱性的支出做顯性化計算後，內部交易成本就變得更為透明、更為直接，我們也能比較容易知道，哪些內部交易成本是可以省下的。

第二，組織結構扁平化。許多公司內部層級繁多，主管甚至比員工還多，管人的比管事的還多。公司的管理層級越多，決策鏈條就越長，決策速度就越慢，內部交易成本因此也就越高。現代化的經營管理一般提倡，從 CEO 到職級最低的一線員工，最多不超過 5 層。小米有最初的成功，組織架構設計也是值得我們學習的，千人級的團隊只有 3 個層級：7 個核心創始人一層、部門主管一層、員工一層。精幹高效的團隊讓小米得以快速思考、快速行動，跑在競爭對手之前。

第三，決策流程資訊化。不少公司動不動就要開會，其實會議是一種低效的溝通機制，引發這種低效溝通方式的往往是正常溝通管道不順暢。說白了，能不開會就解決的問題，都沒必要開會。如果必須開會解決，那會議的頻率、長短等，往往就決定了內部交易成本的高低。豐田一貫推行的看板管理[1]，就是決策流程資訊化的典範。

一句話理解交易成本：

一個人的世界中不存在的成本，都是交易成本。

1 看板管理指透過標語、圖表、電子看板等方式公布數據、資訊和指令，是一種優秀的現場管理工具。

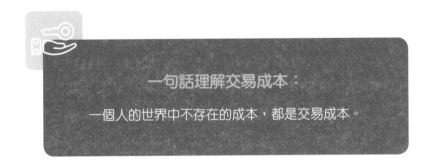

Chapter 2

價格，是你想定就能定的嗎？
個體經濟．價格

｜供需定理[1]｜

成本決定價格？你太天真了

成本決定價格嗎？

假設你是一家生產筆的廠商，一枝筆的成本是 0.8 元，你加了 20% 的毛利率，售價 1 元，一直賣得不錯。突然有一天，來了個競爭對手搶占市場，同樣的筆，他賣 0.8 元，這相當於你的成本價。請問你怎麼辦？內部優化，降本增效？假設你把成本壓縮到了極致，只有 0.6 元，將價格調整為 0.7 元。可競爭對手很快就直接把價格降到 0.5 元了，請問你怎麼辦？

1 18 世紀伊始，多位經濟學家陸續提出供需定理，其中包括大名鼎鼎的《國富論》作者亞當．斯密（Adam Smith）。可以說，供需定理是經濟學體系中具有奠基性的理論。

供需定理

經濟學告訴我們，產品有價，不是因為製造產品有成本，而是因為市場對產品有需求。產品售價如何，是由市場上供給對於需求的相對稀少性來決定的。

在現實的商業環境裡，這樣的對手比比皆是。有人可能會說，買入對手的產品，讓他越賠越多。但如果對方玩「按人頭限量」，比如報一個手機號碼最多能買 3 枝筆，掃一個 QR Code 最多能買 5 枝筆，不管用什麼方法，就是不批量賣給你。這時，你會猛然發現，生產了這麼多年筆，再怎麼賣都不對了。賣得貴，沒人買；賣得便宜，自己就得賠……

這就是價格的奇妙之處。通常來講，人們的固有認知是：產品價格取決於生產、銷售這件產品的各項成本的總和，再加上一個合理的利潤率。按照這種邏輯，投入的成本越高，產品的售價就越高。這就是價格的成本決定論。但如果真是這樣，你怎麼解釋壟斷行業的經營者制定的價格比成本高很多倍，消費者仍然絡繹不絕？你又怎麼解釋網路創業者紛紛「燒錢」補貼用戶，用遠低於成本的價格向市場提供產品和服務？這些人是因為不懂成本，所以胡亂定價嗎？

供需關係決定價格

供需關係決定價格，具體是怎麼實現的？當市場上存在某種需求，卻得不到充分滿足，也就是供不應求的時候，生產者就可以按照「價高者得」的邏輯定價，實現自己的利益最大化。然而，當眾多商家看好同一個市場，爭相湧入，導致供大於求時，消費者就有了選擇權。在同等品質的條件下，人們自然偏愛更便宜的商品，價格必然會在競爭中下降。最終，供給和需求傾向於達到一種平衡的狀態，價格也就穩定在一個均衡點上。

此刻你不妨想一想，你為什麼願意為這本書付費？是因為我和團隊投入的時間精力，還是因為這些內容對你有價值？

供需定理是經濟學中最基礎的概念，相對簡單，這裡不再贅述，但是學會給定價歸因，可以讓你對商業有更透徹的理解。以下 3 點也許能給你一些啟示。

第一，找準真實需求。創業之初，每個創業者都要不斷問自己：除了我，還有誰對我的產品感興趣？有真實的用戶需求，是創業者進入市場的必要條件。但找準真實需求非常難。為什麼？一方面，我們常理所當然認為一些需求就是真需求，但實際上它們很可能是偽需求。比如，O2O（Online to Offline，線上到線下）行業現在一片狼籍，本質上就是 2015 年的那波大熱，使得一部分人創造大量的偽需求。另一方面，用戶是會「騙人」的。有一個經典的案例，當年 Sony 準備推出 Boombox 藍芽喇叭時，召集一批潛在的消費者，來市調這款新產品應該選用什麼顏色。討論時，多數人傾向黃色。討論結束後，組織者為了表達感謝，請每人免費帶走一台 Boombox 藍芽喇叭。這時候每個人拿走的都是黑色。可見，用戶自己說出來的也未必是他們真實的需求。

第二，摸清競爭環境。你不僅要確定市場上是否存在需求，還要瞭解是否已經有人在供給產品，並且已在多大程度上滿足了這些需求。忽略競爭的後果同樣是嚴重的，市場上的玩家可能已經足夠多，「紅海」早已變成了「血海」，價格作為搶奪市場的武器，也已經被用爛了。按理說，民以食為天，餐飲行業的總需求肯定不小。但據統計，中國餐飲行業的年複合倒閉率居然超過100%。可以想見，多少人在進入這個市場時，既沒有看清真實的供求關係，又沒去思考自己的核心競爭力在哪裡。

第三，壟斷更高利潤。當用戶存在真實需求，而市場上幾乎沒有競爭對手可以滿足這些需求時，你就在市場上擁有了統治力和定價權，這個時候，你就能自由定價了。比如，蘋果手機曾多年如一日地定義著高端市場的價格區間，硬體加裝配一共不到1,000元，售價卻在6,000至7,000元。只要產品具有一定的不可替代性，你就完全可以透過限定產量，甚至是刻意壓低產出，營造稀少感，將價格鎖定在高位，收穫更為豐厚的利潤，這類似於我們常說的「飢餓行銷」。像愛馬仕的包、法拉利的跑車、小飛俠布萊恩的告別賽門票……莫不如是。

一句話理解供需定理：

供不應求，價格上漲；供過於求，價格下跌。

| 需求彈性 |

薄利一定多銷？你太天真了

降價能提升銷售額嗎？

假設你是銷售總監，為了全年業績能達成預期，這個月的銷售額須大幅提升。你找來兩個下屬，一個支持降價，認為降價後銷量肯定上漲；一個反對降價，因銷售額等於單價乘以銷量，單價若降低，就算銷量提升，總銷售額仍沒提升。兩人的觀點聽來都有道理，那到底降不降價？降價確實能提升銷量，但降價帶來的客單價損失和新增銷量帶來的收益，孰輕孰重？如何判斷？

簡單來說，**需求彈性就是某種商品的需求量對其價格變化所做出的反應程度**。價格變化後，商品的銷量波動大，就說明消費者對價格敏感，也就是需求彈性大。如隨身碟、洗髮精這類商品，一旦漲價，買的人就變少了，畢竟有那麼多的替代選擇。價格變化後，商品的銷量波動小，就說明消費者對價格不敏感，也就是需求彈性小。如水、電即便漲價，消費者也沒辦法不用。

需求彈性大有用處

瞭解了需求彈性，你就會發現，漲價或者降價不一定會增加銷售額。那麼企業如果想多賺錢，該如何利用需求彈性呢？

需求彈性

商品價格的變化會在不同程度上影響銷量，這種價格和銷量之間的動態關係，叫作需求價格彈性，簡稱需求彈性。

如果商品的需求彈性大，就表示消費者對價格敏感，企業則可以透過降價的方式刺激需求量，這其實就是我們常說的「薄利多銷」，也有人稱之為「以價換量」。而如果商品的需求彈性小，消費者對價格不那麼敏感，企業則可以透過抬高價格的方式，提升整體收入，這也是我們通常說的「奇貨可居」。

從另一個角度來說，當大家都想用低價策略搶奪市場，行業深陷價格戰的時候，你的首選策略可能是透過技術創新或效率提升，來優化消費者的體驗，提升品牌的附加價值，讓消費者願意為優質品牌或產品買單。這種做法叫作「差異化戰略」。追根究柢，就是想辦法降低商品的需求彈性，當消費者對你的商品產生依賴，並且市場上無人能替代時，你就擁有定價權。那如何判斷商品需求彈性的大小呢？我建議從以下 3 個方面入手。

第一，看商品是否屬於生活必需品。對於米、水、鹽這類商品，人們不太會由於漲價而少買，也不太會由於降價而多買，因此需求彈性相對較小。通常這種需求稱「剛性需求」。對於生活必需品，正因為需求彈性小，所以會由政府出面管控。否則就會出現歷史上常有的，大批商家囤積糧食，哄抬物價，導致民不聊生。而非生活必需品恰恰相反，比如汽車、旅遊行程，價格一降，需求立刻變多，因而它們的需求彈性較大。對於這類商品，降價促銷是很好的提升銷售額的方法。

第二，看商品是否存在可替代性。如果一件商品很容易被替代，那這種商品的需求彈性就大。比如你從北京去上海，如果飛機票價格高得離譜，你就會選擇坐高鐵。相反，不容易被其它商品替代的就屬於需求彈性小的商品，就算提高價格，人們還是會買。同樣是飛機票，如果你從北京去澳大利亞，就算價格貴，但為了在有限的假期實現看袋鼠的願望，咬咬牙還是得買。畢竟，你總不能划船去吧。

第三，看消費者調整需求的時間。留給消費者調整需求的時間越短，需求彈性就越小，反之亦然。舉例來說，雖然汽油的價格上漲了，你上下班還是要開車，所以短期內還是得購買。但從長期來看，你可能會尋求替代品，比如換成新能源汽車，或者乾脆改騎共享單車。再比如，你晚上出差去上海，到機場才發現你的航班被取消了，當天飛往上海的航班只剩一班了，而且機票是全價。你買不買？你一想，明天一早就要見客戶，今天無論如何得趕到上海，換高鐵也來不及了，因此就算是全價機票也得買。這就是「調整需求的時間短，帶來的需求彈性小」的結果。

一句話理解需求彈性：

彈性小，我漲價；彈性大，我降價。

｜炫耀性商品｜

貴的一定好嗎？你太天真了

手機的前世今生

20 年前，手機還被叫作「大哥大」，1、2 萬元一台，只有少數人才用得起。10 年前，手機已經人手一台，但那種大螢幕、可以運行各種程式的智慧型手機還是新鮮事物。那時候，擁有一台 iPhone 就能躋身「科技極客」（Techno-geek）。如今，iPhone 已不再驚豔，但市場上還有一個品牌叫 Vertu，這個品牌的手機不僅有鑲著八星八鑽的外觀，還有一鍵撥號給 24 小時管家的尊享服務，價格自然也不菲，旗艦機型要 20 萬元一台。

手機不過就是滿足人們行動通信需求的商品而已，為什麼會有人願意花那麼多錢買一台手機？那種結實耐用、能防身，還能用來砸核桃的 Nokia，才幾百元一台，不好嗎？

越貴越買的炫耀性商品

其實很多時候，人們看中的並不完全是商品的使用價值，而是希望能藉此突顯自己的財富、名望、階層和地位。這也是為什麼有的東西越貴就越有人買，比如名錶、名畫。

炫耀性商品的需求會隨著價格的上升而上升，這看似與我

范伯倫效應

范伯倫效應由美國經濟學家托斯丹．范伯倫[1]（Thorstein B. Veblen）提出。他發現，有的商品價格越高，越能吸引消費者購買。高價不一定代表高品質，但這件商品一定能讓購買者自我感覺良好。

們之前講的供需定理不一致，但它實際上卻有著一套背後的邏輯。經濟學家認為，商品包含兩種價值：一種是功能性價值，一種是炫耀性價值。而後者的價值恰恰是由市場價格決定的，價格越高，用來炫耀的效果就越好。比如，有的女生愛買名牌包，就是因為可以拿來在姐妹們面前炫耀。但女生又最怕「撞包」，因為一旦「撞包」，就顯得自己的包不那麼顯眼，不那麼豔壓群芳，那為名牌多花的錢豈不是白白浪費了？

你可能會想，我經營的又不是大牌，怎麼能像炫耀性商品一樣，標出更高的價格，還能保持暢銷呢？我們選擇了汽車行業的 3 個真實案例，教你如何讓品牌平添奢侈品的基因。

第一，給品牌打造氣質。舉個例子，英國豪華轎車品牌勞斯萊斯最為人津津樂道的就是車頭 18K（黄金含量至少達到 75%）鍍金、價值 20 多萬元（足夠買一輛不錯的中檔車）的「飛天女神」

1 托斯丹．范伯倫（Thorstein B. Veblen，1857-1929），偉大的美國經濟學巨匠、制度經濟學鼻祖。主要著作有《有閒階級論》（*The Theory of the Leisure Class*）、《營利企業論》（*The Theory of Business Enterprise*）、《德帝國與產業革命》（*Imperial Germany and the Industrial Revolution*）、《近代不在所有制與營利企業》（*Absentee Ownership and Business Enterprise in Recent Times*）等書。

標誌。「飛天女神」代表一對戀人不能言說的祕密情感[2]，也代表了勞斯萊斯無與倫比的品質。這段愛情佳話給勞斯萊斯注入的品牌價值，遠遠超過車標本身的價值。多少車主一擲千金，就是為了能享有這忠貞的品格和浪漫的氣質，好像自己也是故事裡的主角。

第二，給產品增加辨識度。為什麼工藝精湛、有著尖端科技的福斯 Phaeton 一直賣得不好？因為它的外觀實在太沒特點，太像 Passat。有個笑話就是一個人開著價格近 200 萬元的 Phaeton 進了停車場，正在自動停車，場內的保全衝他喊道：「開 Passat 的那個，小心點，別把邊上的 BMW 給撞了，你賠不起！」這位司機怒吼：「這輛車夠買 5 輛 BMW 了！」顯然，Phaeton 無法滿足車主彰顯身分的需求，這就需要增加產品的辨識度。Audi 的做法就很聰明，只要搭載了全時四驅技術，Audi 的車尾就會帶一隻壁虎，這能顯露車主的品位與實力，以至於很多非 Audi 車主都來跟風，不管有沒有真的四驅，都先貼隻壁虎裝個樣子。

第三，給用戶貼標籤。幫助人們證明自己的身分、地位，給用戶貼上成功、卓越、「人生贏家」的標籤，可以說是炫耀性商品的重點。20 年前，豐田推出了一款混合動力車 Prius。別看它其貌不揚，售價卻比同級別的車高很多，靠的就是它在行銷時，成功打造了一類獨特的消費人群，他們肩負社會責任、超越世俗享樂、引領進步之道——這些標籤給用戶帶來了一種強烈的

2 「飛天女神」作為美麗、優雅和玲瓏化身的歡慶女神，百年來始終屹立於勞斯萊斯車頭，沐浴著清風，默默地訴說著英國議員蒙塔古（John Montagu）和名媛桑頓（Eleanor Thornton）這對才子佳人之間的世紀情緣。

優越感。甚至有好萊塢明星在出席奧斯卡頒獎典禮時，會特意乘坐 Prius 入場。

20 年後，新能源車在技術上又有了長足的進步，一個名叫特斯拉的品牌接過了這根接力棒。特斯拉的成功，不僅得益於純電動車給車主貼上了清潔環保的標籤，還因為它把創始人伊隆·馬斯克（Elon Musk）身上那種敢於突破挑戰、衝擊夢想的精神，賦予了特斯拉的每一位車主。

一句話理解炫耀性商品：

越貴越買，不是傻，而是闊。

| 邊際效用 |

世上最好吃的東西叫作「餓」

「珍珠翡翠白玉湯」

傳說明朝開國皇帝朱元璋在打天下的時候，有一次打了敗仗，連夜逃到一座破廟，又冷又餓，就昏了過去。

一個好心的乞丐將剩飯、白菜和豆腐加水煮過後端給朱元璋吃。朱元璋飢餓至極，狼吞虎嚥，一口氣把一鍋熱呼呼的「亂燉」全吃了。他覺得這輩子都沒吃過這麼好吃的東西，就問：「這是什麼呀？這麼好吃！」乞丐不好直說這是剩菜剩飯，畢竟看朱元璋像個大將軍，就撒謊說：「這叫『珍珠翡翠白玉湯』。」

後來，朱元璋做了皇帝，山珍海味吃膩了，於是發榜，在全國尋找乞丐，就是為了再吃一口當年的「珍珠翡翠白玉湯」。只可惜當同樣的「亂燉」被端到朱元璋面前時，卻再也沒有了當年的味道[1]。

這個故事告訴我們，世界上最好吃的東西，叫作「餓」。

邊際效用遞減

英國經濟學家威廉・佛斯特・洛伊（William Forster Lloyd）

1　源自民間傳說，真實性無法考證。

邊際效用

邊際效用是指某物品每增加一單位消費量，消費者獲得的額外滿足程度。

在 1833 年提出，商品價值只表示人對商品的心理感受，這取決於人的慾望和慾望被滿足的程度。他說，邊際效用總是遞減的。那什麼叫邊際效用遞減呢？就是指**消費者在一段時間內連續消費同一種商品時，所獲得的滿足感會越來越低。**

比如，我喜歡吃包子，在餓了一天以後吃第一個包子感覺特別香；吃第二個的時候也還不錯；到第三、第四個的時候，我就覺得包子雖然好吃，也不是非吃不可；到第五、第六個的時候，我已經飽了，接下來再吃就會撐得不舒服。這時候，第七個包子帶來的就不再是滿足感，而是負面的感受，也就是負效用。古人云：「入芝蘭之室，久而不聞其香。」[2] 還有一句話，叫作「一鼓作氣，再而衰，三而竭」[3]，說的都是邊際效用遞減的道理。

邊際效用遞減的規律，在我們的生活中有很多實際的指導作用，我在這裡列舉 3 點建議，供你參考。

第一，如果你是商家，就要學會利用消費者的「貪得無厭」。

有一家電影院推出促銷活動，看一場電影 30 元，連看 10

2 源自《孔子家語．六本》，原句為「與善人居，如入芝蘭之室，久而不聞其香，即與之化矣」。意思是，和品行優良的人交往，就好像進入了擺滿香草的房間，久而久之就聞不到香草的香味了，這是因為人和香味融為一體了。

3 出自左丘明〈曹劌論戰〉。

場僅花 100 元。乍看之下，電影院虧本了，消費者在購買的一瞬間會覺得自己占了大便宜。但是因為邊際效用會遞減，絕大多數的用戶看了幾場就受不了了，很少有人能連看 10 場。聰明的商家會利用消費者的「貪慾」，設置諸如「第二杯半價」、「第二件 8 折」等促銷活動。

再比如，無限免費續杯的可樂、健身的年卡、遊樂園的年票，都是在利用邊際效用遞減的規律。不會有人一年內來同一個遊樂園 800 次，人們在連續吃、連續玩、連續用以後，邊際效用會無可避免地趨於零，甚至是負數，所以商家穩賺不賠。

第二，如果你是管理層，就要學會利用員工的「喜新厭舊」。

比如你想透過加薪刺激員工的工作熱情，第一次漲了 1,000 元，員工非常激動：「老闆，從今天開始，我的命就是你的了。」但是如果第二次、第三次還是漲 1,000 元，估計效果會大打折扣。要避免這種情況，就得學會使用不同的激勵措施，比如第二次可以安排員工參加晉升培訓，或者代表公司參加重要的商業活動，第三次可以贈予員工免費的車位或者有薪假期等，很可能花了較少的錢，卻得到了更好的效果。這是因為刺激的手段不同，不會引發邊際效用遞減。

第三，如果你是單身，找對象時要學會預見自己的「審美疲勞」。

有一個問題經常困擾我們——外在美和內在美，哪個更為重要？我們不討論愛情，只以理性角度分析利弊，外在美一定是邊際效用遞減的。要不為什麼說好看的皮囊千篇一律，外表再美，連續看個 3 年、5 年，也就習慣了；而有料的大腦萬裡挑一，只有內在美才可能帶來生活中的萬千精彩，讓你每一天都收穫不同的快樂。

一句話理解邊際效用：

世界上最好吃的東西，叫作「餓」。

｜差別取價｜

攫取他願意付出的最後一分錢

出版社收益如何最大化

你若是某出版社老闆，現在要出版一本書，打算只出電子版，那麼可將印刷成本理解為 0。再假設市場上有兩類讀者，一類是作者的 10 萬名忠實粉絲，每人都願意支付 50 元買這本書；另一類是作者的 50 萬名普通粉絲，每個人最多願意支付 20 元。

此時，如果將書定價為 50 元，那麼只有忠實粉絲會買單，該書銷售額就是 500 萬元（50 元 ×10 萬冊）；而如果將其定價為 20 元，那麼 60 萬名粉絲（忠實粉絲和普通粉絲）都會買單，銷售額就是 1,200 萬元（20 元 ×60 萬冊）。為了使收益達到最大，你決定將價格定為 20 元。

問題是，這樣真的是收益最大嗎？ 10 萬名忠實粉絲明明願意花 50 元，卻只出了 20 元，這不可惜嗎？如果有一種辦法，可以讓 10 萬名忠實粉絲付 50 元，讓 50 萬名普通粉絲付 20 元，且邊際成本沒有增加，是不是會多賺很多？

差別取價無處不在

對於同一件商品，不同用戶的需求程度不同，支付意願也

差別取價

又稱價格歧視，差別取價是指針對不同的消費者或者不同的消費場景，設定不同的價格，從而攫取消費者願意付出的最後一分錢。

就有所不同。如果只設定一種價格，價格過高則會導致用戶流失，價格過低又會損失一些本可以收入囊中的利潤。因此，聰明的商家發明了「差別取價」（又稱「價格歧視」）。乍一聽「歧視」這兩個字似乎是貶義詞，其實在經濟學範疇裡，「歧視」是一個中性詞。這裡的歧視指的是「差異」，並不是看低你，而是想「掏空」你。差別取價無處不在。比如服裝過季銷售，原本在冬天售價為 1,000 元的羽絨服，夏天只需 300 元就能買到；烤鴨店贈送的優惠券，下次點烤鴨可以打 6 折；你買房或者租房，仲介告訴你這個區域「商水商電」。什麼意思？就是說這個區域的水電按商用計價，同樣的水電比民用的價格更高。

要想把差別取價運用到商業策略中，具體該從什麼角度入手？我們在這裡不談所有的可能，只重點推薦 3 種常用的方法。

第一，劃分時間。商家可以就購買時間或者使用時間，推行不同的價格政策，從而區分不同的消費者。比如，很多電影院一直延續週二半價的傳統；很多卡拉 OK，只需幾十元就能唱一下午；公共事業部門會根據用量將自來水和電力供應劃分為尖峰和離峰，並針對不同時段收取不同費用；有些大城市會在工作日收取交通擁堵費；停車場裡夜間的收費標準通常要低於白天；出門旅行的時候，錯開節假日，機票和飯店的價格就能便宜不少，更有願意搭乘「紅眼航班」[1]的人，雖然辛苦一點，但確實能省錢……以上種種，都是基於時間的劃分而實現的差別取價。

第二，區隔地點。機場裡肯德基、麥當勞的價格都要比普通店面高出不少。這是因為機場的速食店更講究？並不是。同樣的商品和服務，之所以放到機場就變得更貴，是因為人們別無選擇。同理，酒吧裡的洋酒、旅遊景點的食物和飲料等，利用銷售地點的差異，設置不同的價格，也是差別取價的重要手段。

第三，篩選人群。如果你買過商業醫療保險，便知道不同年齡的人投保費率不一樣。一般來說，10 歲以下的兒童，保費隨年齡增加而遞減；10 歲以上，保費就隨著年齡上漲，開始以每 10 年為一個單位遞增。再如，你有沒有發現，如果提前很長時間購買機票，價格就會便宜很多。臨出發前的機票雖對航空公司來說已經沒有邊際成本了，但是這個時候買，反而是原價。

這是因為提前很長時間買票的人一般是自由人，時間靈活度比較高，而臨時買票的人一般是商務出行，沒什麼選擇，再貴也得買。航空公司的機票價格浮動，就是最典型的差別取價。

一句話理解差別取價：

沒有看低你，只想「掏空」你。

1 「紅眼航班」（Red-eye Flight）是指在深夜至凌晨時段運行，並於翌日清晨抵達目的地，飛行時間少於正常睡眠需求（8 小時）的客運航班。

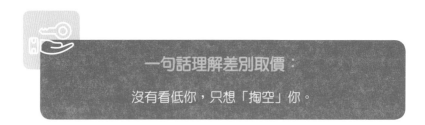

Chapter 3

博弈，也是有價格的
個體經濟．賽局理論

| 囚徒困境 |

背叛，也是有價格的

牢房裡的「豬隊友」

警察抓獲兩名一同作案的犯罪嫌疑人，分別把他們放到兩個房間裡審訊。兩個人都不知道同伴跟警察說了什麼。警方的政策是「坦白從寬，抗拒從嚴」：如果兩個人都認罪，則各判 5 年；如果兩個人都不認罪，則各判 1 年；如果只有一個人認罪，那麼認罪的這個人將被釋放，不認罪的那個人要被判 10 年。如果你是其中一名囚徒，你會怎麼選擇？

以總體的視角來看，不難得出，最好的策略是兩人都選擇不認罪，也就是包庇對方，這樣每個人只須被判 1 年。然而囚徒的內心卻是複雜的。對囚徒 A 來說，要分析兩種情況：一，囚徒 B 沒認罪。這個時候囚徒 A 如果認罪，就會被立即釋放；如果不認罪，就會被判 1 年。相比之下，認罪是更好的策略。二，囚徒 B 認罪。囚徒 A 如果也認罪，就會被判 5 年；不認罪，就要被判 10 年。相比之下，認罪仍是對囚徒 A 來說最好的方案。

無論囚徒 B 選擇認罪或者不認罪，囚徒 A 的最優策略都是認罪。這樣一來，只要兩名囚徒足夠理性，幾乎必然雙雙選擇坦白從寬，各被判 5 年。真是應了那句話：「不怕神一樣的對手，就怕豬一樣的隊友。」但你確定那個「豬隊友」不會是你嗎？

圖 3-1 囚徒困境模型

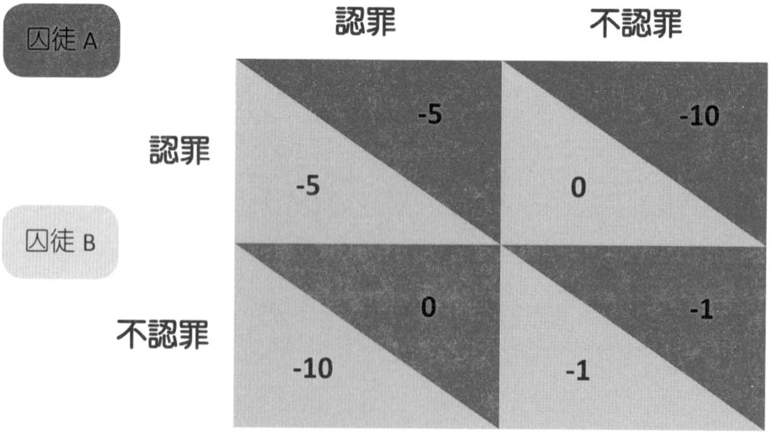

註：若囚徒 A 與 B 都各自認罪，則雙方各被判 5 年，收益均為 –5；若兩人拒不認罪，相互包庇，則雙方各被判 1 年，收益均為 –1；若其中一人坦白，另一人抵賴，坦白的囚徒會被釋放，抵賴的囚徒會被從重判罰入獄 10 年，因此收益分別為 0 和 –10。

囚徒困境

囚徒困境最早是由普林斯頓大學的數學家亞伯特・塔克（Albert William Tucker）在 1950 年提出的。它告訴我們，每當個人利益與集體利益發生衝突的時候，足夠理性的人會優先追求個人利益，正所謂「人不為己，天誅地滅」。但是，當大家都從利己角度出發的時候，結果卻往往是損人不利己。

損人往往並不能利己

囚徒困境是賽局理論中具有代表性的例子，它反映的是個人最佳選擇並非團體最佳選擇。故事原型裡的兩個囚徒，最後各被判 5 年，誰也沒占到便宜。那麼懂得賽局理論，就可以幫到這兩名囚徒嗎？賽局理論不是權謀學，它並不教大家如何損人利己，而是要在假定人性自私的前提下，思考如何制約與引導人們的行為。要想擺脫囚徒困境，有以下 3 種方法。

第一，增加背叛的成本。簡單來說就是以某種方式明確，一旦有背叛行為將要遭受怎樣的懲罰。假設兩名囚徒知道對方的家在哪裡，知道對方最在乎的是什麼，那他們相互背叛的可能性是不是就小了很多？很多歷史故事中經常出現用聯姻來結盟的場景，比如非常有名的文成公主與松贊干布和親，本質上都是為了增加對方背叛的成本。換句話說，背叛也是有價格的。

第二，引入第三方。引入一個外在的監督者，減少賽局雙方背叛的機會，也是一種常見的商業策略。比如電子商務剛剛興起的時候，賣方不願意先發貨，擔心貨到了而買方不給錢；買方也不願意先付款，擔心給錢之後，賣方拿錢落跑。於是，第三方支付——支付寶，恰逢其時地出現了。消費者的錢先被存在支付寶裡，確認收貨後，支付寶再將錢付給商家。第三方支付作為一種信用仲介，消除了買賣雙方背叛的可能性，從此電商開始了爆發式的增長。

第三，重複賽局。大家想一想，如果同一種賽局可以重複進行，比如這兩個囚徒連續被抓 100 次，他們還敢輕易選擇背叛對方嗎？在這樣的賽局中，任何一次背叛都會招致對方下一次的報復，「這一次你出賣了我，下一次我就會加倍地出賣你」。這就使得背叛的弊大於利，大家也因此更傾向於彼此合作。再比如，家門口小飯店做的飯菜既好吃又便宜，而旅遊景點幾乎所有飯店做的飯菜都很難吃，且價位極高。為什麼？因為只要家門口的飯店「坑」你一次，你就會用不再光顧來懲罰它；而旅遊景點的飯店不一樣，是「一次性買賣」，就算再好吃，你也不太可能再來，不「宰」你「宰」誰？

一句話理解囚徒困境：

背叛，也是有價格的，
而聰明人懂得如何讓這個價格高到對方不會背叛。

｜人質困境｜
出頭，也是有價格的

「槍打出頭鳥」

警匪片常出現歹徒劫持人質的一幕。假如歹徒現在又劫持了一群人質，很不走運，你也在其中。你仔細觀察，發現歹徒並沒有想像的那樣強大，如果所有人質聯合起來統一行動，完全可以制服歹徒，但前提是，需要有一個人率先發出暗號來聯絡大家。聯絡成功，則皆大歡喜；暗號被發現，這隻「出頭鳥」會在第一時間受到迫害。這個時候，你願意見義勇為，當這個英雄嗎？

在職場中，你也可能會遇到類似的選擇。比如大家都質疑公司的績效考核不合理，你會站出來，向主管表達意見嗎？這樣做，你很可能得罪主管。但如果你不挺身而出，其他人也沒有要站出來的意思，每個人都明哲保身，僵持到最後，不合理的績效考核會讓大家都蒙受損失。這就是賽局理論中著名的人質困境。

「明哲保身」的人質困境

相信很多人對「給貓拴鈴鐺」的故事並不陌生。老鼠想到假如可以在貓脖子上繫一個鈴鐺，貓走到哪裡都會自帶鈴聲，那麼老鼠的性命就會大有保障。唯一的問題在於，哪隻老鼠願意第

人質困境

在一群人面對威脅或損失時，「第一個採取行動」的決定是最難做出的，因為「出頭鳥」往往會付出慘重的代價，因此也有人把人質困境叫作出頭鳥困境。

一個上去給貓繫鈴鐺呢？

平心而論，當群體利益受到威脅時，僅僅用道德的呼喚來讓人們挺身而出、對抗邪惡，是沒有說服力的。要求任何一個人在人質困境中首先採取行動，獨自承擔報復的後果，也是不公平的。那究竟怎麼做才能破除這種困境？現實生活中有 3 種常見的方法，讓我們一起梳理一下。

第一，力挺「出頭鳥」。我們非常有可能遇到一位不近人情的老闆，或者一家不負責的物業公司。面對權力的擁有者，大家往往是敢怒不敢言。這時候找一個能夠代表自己立場的「出頭鳥」，然後力挺他，是個不錯的主意。比如，工會組織、業主委員會就是典型的「出頭鳥」。NBA 歷史上有過 5 次由球員工會主導的停擺，也就是所有球員大罷工。這些罷工有的長達一個賽季，給各支球隊的老闆帶來巨大的商業損失。雖然因為停擺，一些球員的現實利益也會受到巨大的損失，但是球員們往往仍會團結一致地支持工會。因此，球員工會有足夠的籌碼在談判中為所有球員爭取長遠的利益。就在這兩年，有一些很普通的球員都可以拿到上千萬美元的年薪，這都是球員工會的功勞。

第二，保護「出頭鳥」。中國有句俗語叫作「槍打出頭鳥」。

既然「出頭鳥」總是容易被打，那麼想要倡導見義勇為，就要設法保護勇於行動的個人。這裡，我必須為支付寶按讚。2015 年，支付寶創新推出「扶老人險」。用戶只須支付 3 元的保費，就可以在一年內放心大膽地扶起倒在地上的老人。如果投保人真的被詐騙，就可以立即獲得 2 萬元的訴訟費以及免費的法律諮詢服務。這樣一來，做好事就不再存有顧慮和猜忌，終於能從「哆哆嗦嗦地獻出一點愛」，變成「踏踏實實地獻出一份愛」。

第三，獎勵「出頭鳥」。只是減少出頭風險，還遠遠不夠。就拿職場來說，如果員工一發表意見，老闆就指責，公司慢慢就會變成一言堂。這是營運公司的大忌，所以要想辦法獎勵「出頭鳥」。比如第一個提出問題的人總能得到一定的認可。好的想法被採納以後，提出建議的人還會領到獎勵。之前我們講過，賽局理論就是研究每個人在充分利己的前提下，是如何做到合作與對抗的。因此，在學習賽局理論的過程中，請大家暫時不考慮道德標籤，嘗試理性地思考賽局策略。當「出頭鳥」也是有價格的，為了利益而出頭並不可恥。假設政府頒布一項法令：扶一個真摔倒的老人，獎勵 1 萬元；抓一個真詐騙的老人，獎勵 5 萬元。那這個世界絕對充滿愛，我絕對會第一個跑出去，滿世界找老人。

一句話理解人質困境：

出頭，也是有價格的，
而聰明人懂得如何讓這個價格低到對方願意出頭。

| 智豬賽局 |

愛拚，也是有價格的

愛拚才會「死」

豬圈裡有一頭大豬和一頭小豬。豬圈的左側有一塊踏板，每踩一下踏板，一些食物就會掉在豬圈右側的一個容器裡。如果

圖 3-2 智豬賽局模型

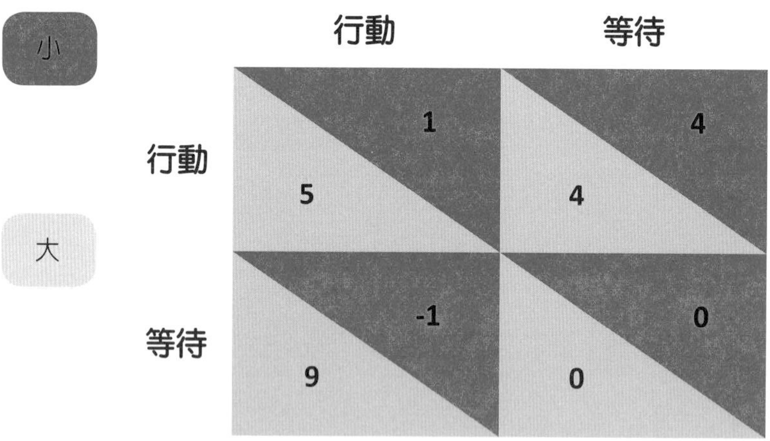

註：踩一下踏板就會有 10 個單位的豬食進槽，但是不論誰跑去踩踏板，都會首先消耗 2 個單位的體力成本。假設小豬去踩踏板，大豬先到槽邊，大豬和小豬吃到食物的收益比是 9：1，則淨收益比為 9：–1；假設同時去踩踏板，同時到槽邊，收益比是 7：3，則淨收益比為 5：1；假設大豬去踩踏板，小豬先到槽邊，收益比是 6：4，則淨收益比為 4：4。

智豬賽局

賽局理論大師約翰·納許（John Forbes Nash）在 1950 年提出了著名的智豬賽局模型。他指出，在賽局過程中，無論大豬去不去踩踏板，小豬的最優策略都是等待。

小豬去踩這塊踏板，大豬就會坐享其成，等小豬跑回來的時候，大豬幾乎能把所有的食物吃光，小豬只能吃到一點；如果大豬去踩踏板，小豬也會先吃，但因為吃得慢，在大豬跑回來之前，小豬還吃不到一半。

作為「吃得慢、分得少」的弱者，小豬該怎麼做？有人說弱者就應該多努力，小豬就應該更頻繁地去踩踏板，畢竟「愛拚才會贏」。要是按照這個邏輯，愛拚的小豬不但不會贏，恐怕還很快被餓死。

如果我們畫出賽局理論的收益矩陣，就可以很清晰地看出小豬的最佳解答。一旦小豬跑去踩踏板，牠回來以後能吃到的那一小部分，還不夠牠往返一趟所消耗的，這真的可以說是愛拚才會「死」了。

「搭便車」的智慧

這個理論告訴我們，競爭中的弱者該如何生存。有人把小豬坐享其成的這種策略形象地比喻為「搭便車」。在現實生活中，搭便車的現象極為常見，比如你搜尋傑克·威爾許（Jack

Welch）的《商業的本質》[1]（*The Real-Life MBA*），就會發現有一批類似名字的書，如《經營的本質》、《技術的本質》、《學習的本質》、《戰略的本質》……；陳凱歌拍了一部《道士下山》，市場上就會出現《道士上山》、《道士出山》、《道士降魔》、《最後一個道士》……

那麼，作為市場上處於弱勢的「小豬」，我們可以怎樣應用智豬賽局？還是老套路，給你 3 條建議。

第一，有自知之明，不要輕言「教育市場」。我認識一個創業者，有一天，他很興奮地說他有一個市場上絕對沒有的概念，一旦施行一定大獲成功。說實話，我一方面祝願他能成功，另一方面很替他擔心，最擔心的莫過於這句：「市場上絕對沒有。」一個絕對沒有的概念，通常有兩種可能性：一是 14 億中國人都沒有想到；二是有人想到過，也有人做過，但失敗了。你覺得哪一種的可能性大一些？一個市場上「絕對沒有」的概念要讓消費者認知並接受，需要的金錢成本和時間成本可能是一家創業公司承擔不起的。作為競爭中的弱者，跑得過快，以一己之力試圖改變市場的認知，會有極大的風險。

第二，盯緊「大豬」，牠可能是你最好的合作夥伴。2015 年前後，滴滴出行和快的叫車兩家公司在騰訊和阿里巴巴的支持下，一共花了 40 億元請全中國人叫車。很多人覺得這兩家公司傻，一開始就合併多好，還要浪費那麼多錢。實際上仔細思考就

1　編註：台灣譯本為《從管理企業到管理人生的終極 MBA：迎戰劇變時代，世紀經理人傑克．威爾許的重量級指南》，台北：商周出版社，2016 年。

會知道，滴滴出行的競爭對手從來就不是快的叫車，而是傳統的計程車公司。兩家公司一起「燒錢」，目的就是讓消費者瞭解並接受「用手機叫車」這種消費方式。神州專車就很聰明，它沒有正面參與「燒錢」大戰，而是一方面借助網路專車的風口推廣自己的品牌，另一方面將自己定位為高端用車服務，和滴滴出行、快的叫車形成差異化。等滴滴出行、快的叫車的錢燒完了，神州專車只用了很少的補貼金額，就收穫了高端用車市場很大的份額。跟著「大豬」跑，才叫「搭便車」。

第三，順應認知，靜靜地等待屬於自己的風口。談到豬，我們總是會想到小米科技創始人雷軍那句著名的話：「站在風口上，豬也能飛。」然而這幾年網路行業的發展，卻充分地印證了如果自己是「豬」，那麼即便真的飛了起來，等風停了還是會摔下來變成「死豬」。所謂的「風口論」，其實是告訴我們要順勢而為。順勢而為就是順應消費者的認知，順應市場的變化。這裡的順應就要求我們更有耐心，等待那個和自己優勢匹配的風口，而不是刻意去尋找，沒有風口，製造風口也要上。努力尋找風口的人們可能就像那隻拚命踩踏板的小豬，最終可能餓死在通往風口的路上。所謂成大事者，有所不為才能有所為。

一句話理解智豬賽局：

成大事者，有所不為才能有所為。

| 鬥雞賽局 |

認屣[1]，也是有價格的

獨木橋上的進退之爭

兩隻公雞相向而行，在同一座獨木橋上相遇。獨木橋的寬度只能容得下一隻公雞，一方進，另一方就必須退。後退意味著丟面子，對於驕傲的大公雞來說，面子可比命還重要。雙方在獨木橋上僵持不下肯定不是辦法，同時往前走，又難免一場惡鬥，兩敗俱傷。

想像一下這個有趣的場景，兩隻公雞氣勢洶洶、怒目而視，但又百般糾結、進退維谷。

試想，如果你和一個與你實力相當的人對峙起來，最後怎麼才能有效地化解僵持的局面？

在我看來，鬥雞賽局模型提供了最佳的解決方案。

鬥雞賽局也叫懦夫賽局，因為害怕對決而退卻的人，容易被人笑話，被貼上懦夫的標籤。有些人因此解讀為，我們要不畏強敵，勇於爭勝——這個結論實在荒唐可笑。現實生活中為了所謂的面子或者一點蠅頭微利，硬要爭個頭破血流，真的是智者之舉嗎？

1 編註：屣，譏諷人懦弱無能之意。

鬥雞賽局

鬥雞賽局指兩強相爭時，最好的結果應該是：其中的一方進，另一方退，雙方達成一種不對等的均衡。換句話說，狹路相逢，該勇則勇，該孬就孬。

用實力說話

那麼問題來了：誰進？誰退？總不能抽籤、扔硬幣或者純憑默契吧？事實上，如果兩隻公雞足夠理性，牠們就會慎重地判斷彼此的實力和決心，誰的實力更強、信心更足，誰就更有理由率

圖 3-3 鬥雞賽局模型

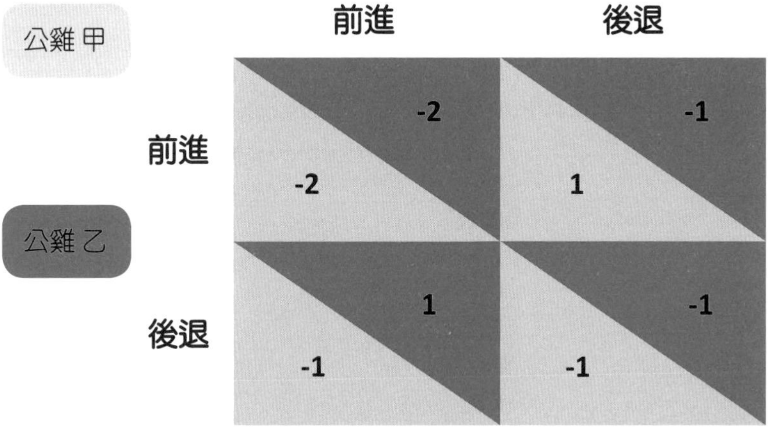

註：假設兩隻公雞都選擇前進，則兩雞互啄，兩敗俱傷，收益各為 –2；假設一隻前進，另一隻後退，則前進的一方收益為 1，後退的一方顏面掃地，收益為 –1；假設雙方僵持不下，都不敢前進，因為無法過橋，那麼收益各為 –1。

先過橋。很多動物為了搶地盤，動手之前都有一系列儀式，比如用爪子刨地、豎起羽毛、眼神放出寒光，還要發出陣陣低吼……這些也是在傳達同一條訊息：我身大力不虧，管殺不管埋。這時候對方但凡機靈點，就先放棄了，等下回打得過再說吧，何必非要逞一時英雄？

其實人類也一樣，比如投資圈的人特別喜歡打德州撲克，關鍵時刻會把手上的籌碼一把全推出去，這叫「All in」（孤注一擲）。這樣做就是擺明告訴別人：勝負在此一舉，一旦輸了，我就徹底出局，但我既然敢這樣做，肯定是志在必得。這個時候還在場裡的對手，如果不是特別有把握，基本就不再跟了。所謂「審時度勢」、「識時務者為俊傑」，說的就是這種基於對「勢」的判斷，做出合理決策的過程。

那麼懂得了鬥雞賽局的道理，遇到兩強相爭之時，具體該怎麼做？還是 3 種方法，我們一起拆解一下。

第一，釋放信號，展現決心。項羽破釜沉舟，說的是楚霸王項羽在出戰前，把軍中煮飯的鍋和用於撤退的船全都銷毀。韓信背水一戰，說的是韓信在打仗時擺了一個兵家的大忌——背水陣，徹底切斷自己軍隊的退路。這兩個人之所以這麼做，都是為了展現決心。主動斷了退路，不僅能激發將士置之死地而後生的鬥志，更能向敵人表達志在必得的決心。一方的實力和決心在賽局過程中發揮著巨大的作用，屬於重要訊息，對方在準確地判讀過後，可能就會主動妥協，實現和解。古人說的「不戰而屈人之兵」，追求的就是這種境界。

第二，一方妥協，一方補償。比如夫妻之間難免有小打小鬧。一直吵下去不是辦法，所以差不多的時候，丈夫就應該主動緩和一下：「雖然我不是特別理解，但這次就按妳說的做吧。」妻子看到丈夫讓步之後，也應該見好就收，相當於給對方面子，矛盾可能就解決了。但如果妻子不懂得退讓，還不近人情地說：「你不理解，我還不理解呢，愛理解不理解。」矛盾定會激化升級。在鬥雞賽局中，假如對面的公雞已經退讓，你就沒有必要再打鳴示威。贏的人一定要給輸的人一些心理補償，這也是一種人生智慧。

第三，永遠考慮機會成本。生活中的賽局往往是一個有序的過程，從各自展現實力、表達決心，再到討論、讓步、補償，可能需要花費不少時間。時間是雙方都在投入的成本，但它的價值卻不盡相同。

我們在開篇介紹過機會成本，理論上，機會成本更高的人更容易做出讓步。例如法院在判決之前，會詢問原告、被告雙方是否有調解的可能，如果一方的機會成本較高，勝訴後的所得遠低於其所耗費的時間和精力成本，那麼調解就有希望達成。

一句話理解鬥雞賽局：

狹路相逢，該勇則勇，該慫就慫。

|槍手賽局|

「逆襲」，也是有價格的

草根「逆襲」全過程

假設有三個槍手，為了了結多年結下的怨仇，相約在某天決一死戰。他們對各自的實力心中有數：老大槍法最準，十發八中；老二槍法一般，十發六中；老三槍法最差，十槍只能打中四槍。我們來推斷一下，三個人同時開槍，誰存活下來的機會更大一些？如果你認為是槍法最準的老大，結果可能會讓你大吃一驚，因為最有可能活下來的，恰恰是槍法最差的老三。

我們先站在老大的角度想，他一定會首先選擇對老二開槍，因為老二對他最具威脅。同時，老二也會把老大作為首選目標，因為如果有幸活到下一輪，和老三單挑的勝算更高。對於老三來說，最優的選擇也是對老大開槍，因為不管怎麼說，老二到底是比老大的槍法差一些。於是，第一輪槍戰過後，老大、老二同時死亡的機率是 60.8%。

三人倖存的機率如下所示：

甲（老大）：被乙、丙合射。（1 – 60%）×（1 – 40%）= 24%

乙（老二）：被甲射。100% – 80% = 20%

槍手賽局

正所謂「木秀於林，風必摧之」，在關係錯綜複雜的多人賽局中，一位參與者最後能否勝出不僅取決於他自身實力的強弱，更重要的是各方實力的對比關係，以及各方的選擇策略。

丙（老三）：無人射丙。100%

因此第一輪過後，甲、乙同時死亡的機率為：

（1－24%）×（1－20%）＝60.8%

而在第一輪槍戰過後，即便是老大、老二沒有同時死亡，仍有一個人活下來跟老三單挑，老三也並不是死定了。因此，槍法最差的老三，在理論上擁有至少 60% 的機率能存活到最後。

這就是耐人尋味的槍手賽局模型，它生動地演繹了草根「逆襲」的全過程，告訴我們強者並不總能以強凌弱，勝利有機會屬於正面挑戰但實力稍遜的一方。

以弱勝強

就拿創業來說，設想一家小公司剛剛起步，這時候行業大老基本都認為，它還遠遠不會對自己構成威脅，於是根本不把它放在眼裡，正如老大、老二對待槍法很差的老三的態度。這就給了小公司暗中發展的時間。等它發展到一定規模之時，就會選擇聯合行業第二、第三，針對第一名的弱點發動攻擊，或者趁前幾名互相打壓、一片亂戰的時候，坐收「漁翁之利」。

回到現實的商業環境裡，在三方賽局的格局中，當己方實力最弱時，你如何才能笑到最後？有 3 種方法。

第一，坐山觀虎鬥。當行業競爭烽煙漸起時，有一種選擇，便是不讓自己踏入爭鬥的漩渦中。你可能還記得 2011 年的「百團大戰」——當時規模最大的兩家團購網站當屬拉手和窩窩團，但隨著資本市場的急功近利，這兩家公司卻在日復一日的撒錢、拉用戶、搶市場、拚數字中迷失了自己，在喧囂過後，快速走向了沒落。而美團恰似團購市場上的一股清流，在浮華中專注提升用戶體驗，踏實地完善產品營運，不該參與的打架堅決不參與，從而實現了最後的「逆襲」。

第二，聯吳抗曹。面對強者，弱者團結一心才有機會。三國時期，蜀、吳聯盟抗曹，赤壁一戰奠定了日後三國並立的大格局。雖然蜀國與吳國也存在利益分歧，但生死攸關時，敵人的敵人就是朋友。我們在「三國殺」遊戲裡也能看到這種策略的影子。實力最弱的內奸想要取勝，就要在遊戲中不斷改換陣營，時而幫主公，時而幫反賊，避免正反兩方的實力過於懸殊，待將兩方都拖入殘局之後，再去謀求與主公的對決。

第三，求「包養」。槍手賽局模型的設定是必須決出唯一的勝者，而在現實生活中，除了你死我活的殘酷結局，往往還存在其它選擇。2015 年，在線商旅市場上，攜程、去哪兒網、藝龍旅行網三家公司分別排名前三。攜程的綜合實力最強，去哪兒網的機票業務領先，而藝龍旅行網在飯店市場上的優勢最大。在這一競爭格局下，藝龍旅行網率先看到了未來各項業務整合營運的必然性，選擇在最有話語權的時間點，溢價 100% 出讓一部分股份給攜程，一方面自己賺得盆滿缽滿，另一方面大大減少了競爭帶來的惡性損耗。

從這一點也可以看出，所謂賽局，並不都是零和賽局[1]，各取所需的正和賽局[2]更是我們期待看到的賽局結果。

一句話理解槍手賽局：

懂得避其鋒芒，身為草根也終有「逆襲」之日。

1 零和賽局是指賽局雙方的收益和損失之和為「零」，因為一方收益必然導致另一方損失。

2 正和賽局是指賽局雙方的利益都有所增加，或者至少是一方的利益增加，而另一方的利益不受損害。

Chapter 4

消費者，從來就不是理性的

消費心理（上）

| 心理帳戶 |

「1 元」和「1 元」一樣嗎？

你會重新買票嗎？

假設你今天去劇院看演出，票價是 300 元。你在剛到劇院還沒買票的時候，發現自己丟了 300 元現金，你還會不會繼續買票看演出？

同樣的場景，我們調整一下。假設你提前買好了票，到現場卻發現票丟了，必須重新花 300 元買票，你還會不會再買一張票？

這個實驗最早是由普林斯頓大學心理學教授丹尼爾・康納

心理帳戶

人們會在心裡構建分門別類的帳戶，不同的帳戶有不同的記帳方式和心理運算規則。

曼（Daniel Kahneman）設計的。實驗發現，如果丟失的是 300 元現金，88% 的人會選擇繼續買票；而如果丟失的是演出票，54% 的人會選擇不再買票。

康納曼教授認為，當身處第一種情境時，人們會把丟失的 300 元和買票的 300 元分別考慮；而在第二種情境下，人們會將已經花的 300 元和再次購票的 300 元匯總到同一個帳戶。也就是說，一場演出要花 600 元，價格太高，索性不看了。

心理帳戶

同樣是損失 300 元，為什麼人們的選擇差異如此之大？其實我們每個人都會做這種不合理、不精明的決策。你有沒有發現，有的人吃一頓價格幾百元的飯不覺得貴，但是買一本書或者一款知識產品，幾十元都捨不得花。還有一些人，給孩子報上萬元的補習班，一點都不心疼，一旦給自己花錢，就精打細算起來。從消費心理學的層面來看，這種不夠理性的購買決策，可以被歸因為消費者的「心理帳戶」。

心理帳戶是芝加哥大學行為科學教授理查．塞勒（Richard

H. Thaler）在 1980 年提出的概念。塞勒認為，人們在做決策時有兩套算法，一套是經濟學算法，一套是心理學算法。在經濟學算法裡，人們絕對理性，每「1 元」都是可以由等價物替代的，只要絕對值相同就行。而在心理學算法裡，每「1 元」就不一樣了，「錢從哪兒來，花到哪兒去」，都是專款專用的。

生活中影響我們做消費決策的，實際上更多的是非理性的心理學算法，也就是心理帳戶。如果你是商家，怎樣用好心理帳戶，讓用戶在你這裡消費時「有錢、任性」呢？我在這裡向你介紹心理帳戶的 3 種應用方法。

第一，替換概念。在行銷宣傳中，你可以把客戶從他捨不得花錢的心理帳戶，引導到他容易買單的心理帳戶。最有代表性的就是保健食品腦白金的宣傳：「今年過節不收禮，收禮只收腦白金。」腦白金理論上屬於健康類商品，但是有多少人捨得花好幾百元買給自己吃呢？於是腦白金很巧妙地轉移了消費者的心理帳戶——從「消費帳戶」引導到了「禮品帳戶」。讓用戶從「消費帳戶」支出這筆錢，大多數人會不捨得，但是同樣的一筆錢從「禮品帳戶」被支出的時候，人們就變得非常容易接受了。你發現了嗎？選擇對的心理帳戶，本質上就是給用戶一個更容易說服自己買單的理由。

第二，創造收益。常見的商家促銷方式是打折，而精明的商家則會設計「滿 200 元減 100 元」、「滿 500 元還 300 元」這樣的方式。這種方式不一定比直接打折划算，但更容易促使消費者買單。其背後的邏輯是，商家引導消費者不再只思考「消費帳戶」，而開始關注自己的「進項收益帳戶」。比如看到滿 200 元減 100 元，你的潛意識就會告訴自己，你不是花了 100 元，而是省了 100 元。

第三，打包項目。你可以把有關聯的消費項目打包在一起，讓消費者只為一件事付費。比如，飯店一般會把房費、早餐費、上網費打包歸入房費。有一次我入住一家飯店，房間需要單獨付費，早餐另算，上網也需要額外花錢。其實房費本來並不貴，但我還是感覺很不划算，心想下次再也不住這家飯店了。這就是項目打包的好處，把消費者不太願意接受的費用，打包放到他習慣付費的心理帳戶裡。

一句話理解心理帳戶：

想讓消費者買單，
你需要給他一個更容易說服自己的理由。

｜損失規避｜

為了撈回本，卻輸到血本無歸？

失去的痛苦大於得到的快樂

拋一枚硬幣，落下來正面朝上，你會贏得 5 萬元；背面朝上，你會輸 5 萬元。你願意賭上一把嗎？研究表明，雖然硬幣出現正反面的機率都是 50%，但有 95% 以上的人不願玩這遊戲。

究其原因，是因為人對「失去」比對「得到」敏感得多，也就是說，一個人賠 5 萬元時承受的痛苦，要遠大於贏得 5 萬元時獲得的快樂。這就是消費心理學中著名的「損失規避效應」。

為什麼不叫「損失敏感」，而叫「損失規避」？因為人們在面對可能的損失時，會採取盡力避免發生損失的決策模式，而面對可能的收益時則不會這樣做。比如，股民往往見好就收，股票如果賺錢了，盡早賣出，落袋為安；如果賠了，則傾向於攥在手裡，一直持有，或者說不願意接受損失。統計數據顯示，股民持有虧損股票的時間遠比持有獲利股票的時間長得多。人們不願意「割肉」，而寧願「套牢」。

損失規避隨處可見

損失規避的心理在生活中隨處可見。比如你突然丟了 100

損失規避

人們面對同樣數量的收益和損失時，損失給人的負面影響，比收益給人的正面影響大很多。

元，這時的鬱悶遠大於撿到 100 元時的開心。炒股時，賺了 1 萬元沒太大感覺，而賠 1 萬元時，就會心疼得要命。再比如，很多賭徒之所以陷進賭局，就是因為剛開始輸了一點錢，想撈回本，結果越輸越多。本質上，這都是人們的損失規避心理在作怪。據研究，人們損失 1 萬元的鬱悶，幾乎相當於賺到 2 萬元的快樂，也就是對同一件東西，失去的痛苦幾乎雙倍於得到的快樂。

瞭解了損失規避的原理之後，我們如何將它運用到商業策略中？有 3 種方法，分別是「避免」、「打消」和「放大」。

第一，避免損失描述。「損失」和「收益」的標準不是一成不變的，透過語言表述，能讓用戶產生不同感覺。加油站若用「現金每公升 5 元，刷卡加手續費則每公升 6 元」的損失性描述，消費者在潛意識裡一定覺得太貴。若改為「刷卡每公升 6 元，現金打折，每公升 5 元」，雖然「換湯不換藥」，但效果一定會好很多。

第二，打消損失顧慮。既然用戶希望規避損失，那我們就讓他覺得沒有損失。比如，消費者在網上買化妝品最擔心的就是買到假貨。我曾是聚美優品 POP（名品特賣）事業部的總經理，所以深知這點。為了打消顧慮，聚美推出「30 天無條件退貨」，即使是用戶在拆封使用後，也允許無理由退換。說實話，這種玩法是真的賠錢。我有一次在倉庫，親眼看到一大批剛剛開封，只用了一點，幾乎是全新的化妝品被退了回來，堆了滿滿一地。曾經有一段時間，每個月光退貨的金額，就占了整個聚美優品總營收的 1%，這是相當巨大的損失。但也正是這種敢於承諾的策略，在很大程度上打消了用戶對假貨、損失的疑慮，給聚美的早期成長奠定了基礎，使得這家創立時間很短的公司，一躍成為化妝品 B2C（商對客）電商的第一名，並於公司創立的第四個年頭，在美國紐約證券交易所成功地上市敲鐘。這就是利用用戶損失規避的心理，消除損失疑慮的真實案例。

第三，放大損失感受。你有沒有發現，解除防毒軟體的時候，常常會有一個視窗提示解除後的電腦將會徹底失去安全防護，面臨風險。這個提示框的顏色往往很鮮豔，文字也很誇張，說白了就是在嚇唬你，不讓你解除。對於下決心要解除的用戶來說，這種小把戲用處不大，但對絕大多數人來講，這卻很容易唬住他們。很多人會因此認為，「中毒就麻煩了，多一個軟體也沒什麼，要不就留著吧」。所以，放大損失的感受，也能有效地引導消費者的行為決策。

一句話理解損失規避：

同樣一件東西，失去的痛苦大於得到的快樂。

| 路徑依賴 |

兩匹馬的屁股，決定火箭寬度？

不拿香蕉的猴子

科學家做過這樣一個實驗：把 5 隻猴子放在一個籠子裡，並在籠子中間吊一串香蕉，只要有猴子伸手去拿，科學家就會釋放高壓水槍，澆濕所有猴子。幾次懲罰後，再沒有一隻猴子敢動香蕉了。

實驗的下一步是用一隻新猴子替換一隻原來的猴子。新猴子不知道這裡的「規矩」，看見香蕉就要去拿，可接受過懲罰的 4 隻猴子已經被嚇到草木皆兵了，於是牠們把新猴子壓在地上，一頓暴揍，直到牠也懂了「規矩」為止。就這樣，實驗人員把經歷過水槍懲罰的猴子陸續地換出來，最後籠子裡的猴子全是新的，沒有經歷過任何懲罰，但牠們還是小心地遵守著「規矩」，對這串香蕉「只敢遠觀，不敢褻玩」。

這個實驗生動地展現了「路徑依賴」。雖然新猴子不知道為什麼不能碰香蕉，但這種行為模式已然被固化：想都不用想，就是不能碰。

路徑依賴其實就是習慣。習慣了一件事，就像走上了一條「不歸之路」，慣性的力量會讓人很難改變方向。有一句名言是這樣講的：**習慣，我們每個人或多或少都是它的奴隸。**

路徑依賴

人類社會中的技術或制度演變具有慣性，人一旦進入一種行為路徑，就會對其產生依賴。

生活中的路徑依賴

生活中有不少路徑依賴的產物。比如，電視劇為什麼一般都是 45 分鐘一集？因為很多年前，電視剛出現的時候，電視劇需要用膠捲錄製。一盤膠捲的容量是 15 分鐘，而電視內容的時長一般是 15 分鐘的倍數。所以你會發現，短片一般是 15 分鐘，電視劇一般是 45 分鐘，電影長片一般是 90 分鐘或 105 分鐘，它們都是 15 分鐘的倍數。

雖然後來技術大幅進步，時長不再受限，但是整個影視行業已經從製作、發行到各個環節都適應了這個時間長度。因此直到現在，大部分電視劇仍然是 45 分鐘左右一集。

再比如，鐵路兩條鐵軌之間的標準距離是 143.5 公分。為什麼是這個數字，還有零有整？原來，早期的鐵路是由造電車的人設計的，而造電車的人以前是造馬車的。馬車的寬度又是由車前面兩匹馬屁股的寬度決定的。所以 143.5 公分就這樣一直跨時代地延續了下來。

更有趣的是，美國太空梭的火箭推進器，由於造好之後需要用火車來運送，它的寬度就得符合火車軌道的要求。因此，奇妙的一幕發生了：路徑依賴效應竟然使得太空梭火箭助推器的寬度，等同於兩千年前兩匹馬屁股的寬度。

在商業環境中，路徑依賴尤其重要，它可以在一定程度上使消費者心甘情願地長期、重複購買你的商品，成為你的忠實客戶。那麼，怎樣做才能讓用戶在你這裡形成路徑依賴？我在這裡給大家分享 3 個策略。

第一，補貼策略。很多網路公司利用補貼策略快速積累用戶。你敢燒 3 億元，我就敢燒 5 億元；你敢免費，我就敢倒貼。一旦安裝了你的 App，由於路徑依賴，一部分用戶就會逐漸養成習慣，價格的敏感度也會隨之大幅下降。所以今天，滴滴出行的很多用戶已經不再因為補貼而使用滴滴出行了，而市場上其他競爭對手也很難再撬動這部分用戶，這就是路徑依賴的力量。當然，補貼策略「傷敵一千，自損八百」，風險極大，因此我並不建議你盲目使用。

第二，任務策略。很多遊戲公司會設計這樣的玩法：只要玩家每天登錄，完成每日任務，就可以領取相應的獎勵。連續登錄幾天，還會獲得更大的獎勵。一段時間之後，用戶已經習慣了每天登錄領賞的動作，就會成為一名忠實玩家。久而久之，用戶甚至已經不再關注遊戲本身是否好玩了，而是感覺錯過了每日任務就好像損失了點什麼。這時候，路徑依賴已經形成，剩下的就是靜靜地等待用戶買單了。

第三，情境策略。如果有辦法讓產品的使用情境與現實生活緊密結合，用戶就容易在特定的情境下聯想到產品。比如，

Extra 的廣告語是「飯後嚼兩粒」，德芙則是說「下雨天和巧克力更配」。這些都是把產品巧妙地融入生活場景中，多次觸發之後，路徑依賴就會在用戶毫無察覺時形成。

一句話理解路徑依賴：

習慣，我們每個人或多或少都是它的奴隸。

｜比例偏見｜

掏錢的時候，你打過自己的臉嗎？

同樣的 100 元，不同的感受

假如你去買車，銷售員告訴你，你看中的這款車特別熱銷，沒有優惠，但如果你願意花 10 分鐘填一份調查問卷，就可以便宜 100 元。你一定會想：「我花幾十萬元買車，才便宜 100 元？你是在開玩笑嗎？」換個場景，假如你開車去做保養，只要填一份問卷，一桶 300 元的機油就能便宜 100 元，這回你可能瞬間會覺得：太值了！

同樣是 100 元，我們有時在乎，有時無所謂，這種自相矛盾「打臉」的事，大家平時一定沒少做。究其原因，在於「比例」二字。

一桶 300 元的機油，便宜 100 元，就節省了三分之一；而對於一輛車來說，只不過是節省了千分之一、萬分之一。比較之下，就顯得不值一提了。

對比例更敏感的偏見

在消費心理學的框架中，消費者普遍存在認知上的比例偏見。在很多本應該考慮數值的場合，人們更傾向於考慮比例或者

比例偏見

參照對象的變化導致比例的不同，而不同的比例會帶來不同的感受、行為和態度，這就是我們所說的比例偏見。

倍數的變化。也就是說，人們對比例的感知比對數值的感知更加敏銳。

比如自然災害後，捐款幫助災區重建本是一樁善舉，但捐款人卻遭到眾多網民質疑。因為大家覺得，與捐款人領導的公司上千億元的銷售額相比，所捐的上百萬元數目不成比例，實在說不過去。難怪有人說：「比例有偏見，掏錢莫『打臉』。」

瞭解比例偏見後，你應該怎樣讓消費者買單買得更爽、掏錢掏得更痛快呢？有 3 招。

第一，放大促銷價值。大量實驗證明，當商品價格低於 100 元時，優惠的比例（也就是折扣）更吸引人；當商品價格高於 100 元時，直接寫優惠數額更吸引人。舉個例子：一件 10 元的商品，就算打 8 折，也只是便宜了 2 元。你在海報上寫了大大的「立減 2 元」，消費者看了一點感覺也沒有，所以，這時只要寫「8 折」就好。反之，一件 1 萬元的商品，打 9 折就能便宜 1,000 元，這時候「直降 1,000 元」就比「9 折優惠」更吸引人。所以，不同的商品要對應不同的促銷文案，而不能一視同仁。

第二，巧設參照對象。恰當地設置參照對象，在用戶心中形成新的比例，讓消費者覺得物超所值。比如，一雙售價 1,000

元的運動鞋，顧客購買即可獲贈一雙標價 50 元的襪子。你覺得這個促銷活動夠吸引人嗎？相比 1,000 元的商品，50 元的贈品只是個小便宜。那聰明的商家應該怎麼做呢？它應該告訴你，購買這雙鞋的顧客，只要加 1 元，就能換購一雙價值 50 元的襪子。白送都不一定好用的招數，居然還要收錢？而真實的情況是，願意加 1 元換購襪子的人不在少數。這就是比例偏見的神奇作用。免費送襪子，襪子的價值只有鞋子的 5%；而加錢換購，1 元就能換取 50 倍的收益。難怪在超市收銀台經常有滿額換購的活動，加 1 元、2 元就可以買到紙巾、雞蛋之類的生活必需品。超市正是利用了消費者的比例偏見，從而獲得了更高的收益。

第三，善用搭配銷售。比起單獨販售廉價商品，用廉價的配置品搭配昂貴的物品更容易讓消費者獲得價值感。比如一款售價 2,000 元的手機，鏡頭是 500 萬畫素。在其它配置相同的前提下，如果鏡頭升到 1,000 萬畫素，手機售價只要 2,200 元，你有沒有覺得很划算？加價 200 元意味著多花十分之一，手機的拍照性能卻能提升一倍，消費者自然感覺賺大了，誰還會去仔細盤算是真的賺了，還是被商家「計算」了呢？

一句話理解比例偏見：

比例有偏見，掏錢莫「打臉」。

｜賭徒謬誤｜

你以為你以為的，就是你以為的？

你會押注正面還是反面？

假設你已經連續拋了 10 次硬幣，都是正面朝上，那麼第 11 次，你會押注正面還是反面？你一定會暗自揣度：都連著 10 次正面了，這次該反面了吧？按機率來講，連續 11 次出現正面的可能性只有二分之一的 11 次方，這是一個無限小的數字。所以，應該押注反面。而真相只有一個：無論同一面連續出現多少次，扔硬幣的每一輪，正反面各 50% 的機率都不會改變。科學研究告訴我們，人類行為並不總是理性的，我們的思維喜歡憑藉經驗或感覺做出判斷。在連續 10 次拋出硬幣的正面後，人們就會不由自主地認為第 11 次一定是反面。

就好像賭博一樣，連輸了 10 場以後，人們總抱著一種僥倖心理，認為第 11 場一定會轉運，能把之前輸的全贏回來。這就是典型的賭徒心態。

潛意識裡的賭徒謬誤

在賭徒謬誤的影響下，機率學上的「隨機」被錯誤地等同於「均勻」。如果一段時間內事件的結果不夠均勻，人們就會認

賭徒謬誤

人們往往會錯誤地認為一些事件有內在關聯，而事實是，每個事件都是獨立的，無論前面的結果如何，都不會對下一次事件產生任何影響。

為未來會往「回歸均值」的方向發展。

比如，長期買彩券的人會認真記錄每期彩券的開獎規律，畫出趨勢圖；也有人常年守號，認為那是自己的幸運數字，說不定哪天就中獎了。賭徒謬誤告訴我們，每一期的中獎號碼都是獨立而隨機的。有人做過統計，中頭彩的機率之低，相當於同一個人被雷劈過 7 次。你以為的天命之選，只不過是一廂情願。

那麼，要避免落入這個心理陷阱，具體如何做？還是 3 招。

第一，獨立判斷，客觀評價。有人曾做過一個實驗，在對 14,000 多份銀行貸款紀錄分析後，發現一份貸款申請是否獲得批准，竟然在很大程度上取決於這份申請被看到的時間和順序。如果審查官在一天中連續批准了 5 份貸款申請，那他收到的第 6 份申請被拒絕的可能性就很大，反之亦然。估計每個審查官內心都有「回歸均值」的傾向，他的潛意識是，今天的案子不可能都符合通過的條件。可見，始終保持客觀並不像我們想像的那麼簡單。你要時刻提醒自己：在做判斷的時候，不能摻雜主觀意願。

第二，排除干擾，合理歸因。有人說，士兵在戰場上遭受敵人炮擊時，跳入彈坑是最安全的，因為已經形成的彈坑裡，不可能湊巧再落入第二顆炮彈。這個歸因是典型的賭徒謬誤，不過結論還是可以參考的，因為在開闊的、沒有任何遮蔽物的戰場上，一個 1 公尺多深的彈坑就是最好的掩體。再比如說，一名籃球運動員，如果連續進了 3、4 個球，人們就會不由自主地做出判斷：他正處在「手感好」的狀態，把球傳給他，命中率就會增加。連續進球是因為投籃的人「手感好」，這也是典型的賭徒謬誤。有一項對上千個投籃動作的分析結果顯示，根本沒有「手感好」這回事。所以說，排除干擾選項，正確地歸因，能讓我們更真切地瞭解這個世界。

第三，錯就翻倍？除非無限。生活中，有很多人相信這樣的「鐵律」：隨便猜一個方向，如果錯了就反向加倍再來。比如，輸 1 元不要緊，下次下注 2 元，如果再錯，就下注 4 元，總之輸了就翻倍下注。如此這般，押對一次，就能連本帶利地賺回來。而事實上，除非你有無限的資金，否則這種玩法很可能導致你賠光所有錢。這種經典的賭徒謬誤擁有驚人的生命力，經久不衰，坑騙著一代又一代的「投機客」。所以說，決定一種策略流行程度的永遠不是它的收益能力，而是它是否契合人性。

一句話理解賭徒謬誤：

你以為的天命之選，只不過是一廂情願。

Chapter 5

不但不理性，還會騙自己
消費心理（下）

| 誘餌效應 |
你買過套餐以外的漢堡嗎？

《經濟學人》雜誌實驗

著名的行為經濟學家、也是我在杜克大學的校友——丹·艾瑞利教授（Dan Ariely）做過一個有趣的實驗。他找來 100 位學生，讓他們每人選擇《經濟學人》雜誌的一種訂閱方式：電子版每年 59 美元；實體版加電子版，每年 125 美元。最後有 68 位學生選擇了電子版，32 位學生選擇了實體版加電子版。

這個實驗並沒有到此結束。丹·艾瑞利找來另外 100 位學生，除了之前的兩種訂閱方式，他還增加了一個選項：單訂實體版，每年 125 美元。你可能會不解，實體版加電子版一共才 125 美元，誰會花同樣多的錢只買實體版？確實，沒有一個學生選實體版。但是這一回，有 84 位學生選擇了 125 美元的電子版加實體版，比原先的 32 人多了一倍多。

	價格	人數
單訂電子版	59 美元	68
實體版加電子版套餐	125 美元	32

表 5-1 誘餌效應實驗第一部分

	價格	人數
單訂電子版	59 美元	16
單訂實體版	125 美元	0
實體版加電子版套餐	125 美元	84

表 5-2 誘餌效應實驗第二部分

紅花還需綠葉配

為什麼增加了一個選項，會讓結果產生如此大的差別？這其實就是誘餌效應在起作用。在上述案例中，單訂實體版就是用於刺激人們選擇實體版加電子版的一個「誘餌」，艾瑞利教授壓根就沒指望有人會選擇實體版。

每個人心裡都有一桿秤，用它測算各種商品的效用價值。

誘餌效應

誘餌效應也叫吸引效應，或非對稱優勢效應，是指人們在面臨兩個難以抉擇的選項時，增加一個新選項，也就是誘餌，會讓原來的某個選項更具吸引力。

但當選項中多個因素（比如價格、性能、數量）共同作用，而多個因素又各有優劣的時候，外行人很難看清其中的門道。所幸透過「比較」，我們可以輕易地察覺其中的差異。這句話說得直白些就是，很難看出單個商品的好壞，但比較多個商品後，好壞就顯而易見了。紅花之所以吸引人，很多時候是緣於綠葉的陪襯。

那麼如何將誘餌效應運用到商業環境中？你可以從以下 3 個方面加以思考。

第一，設置次優選項。超市是運用誘餌效應的主力戰場：同樣一種飲料，2.5 升裝打完折和 2 升裝的價格是一樣的。你可能會想，誰會買 2 升裝的呢，然後開心地買走 2.5 升裝的飲料。你可能完全沒有意識到，自己已經掉入了商家的陷阱。這 2 升裝的飲料其實是「誘餌」，商家根本就沒打算賣，這麼設置的目的就是讓 2.5 升裝的飲料看起來擁有更高的 CP 值優勢。

第二，干擾占優選項。某個你原本中意的選項出乎意料地退出，也會在很大程度上影響你的選擇。舉例，4S 店（四位一體汽車銷售服務店）裡某款車型有基礎款、中級款、豪華款這 3 種配置。據統計，大多數人會選擇 CP 值最高的中級款配置。但精明的商家可能把中級款的產能調低，訂車需要等半年，這就意味著這個占優的選項成了一個無效選項。其實消費者早已落入圈套，他們在心理上已經接受了中級款的配置，這時候再下調配置可就不容易了，因此很多人選擇加錢買最貴的豪華款。這種把戲在汽車行業比比皆是，有時候出於生產成本的考慮，所謂的中級款和豪華款用的是同一種發動機，性能上原本是一樣的。但廠商在系統中故意為中級款的發動機設定一個比較低的工作參數，說白了就是讓發動機不充分運轉，以拉開中級款和豪華款的差距。你發現了嗎？人與人之間最遠的路，就是商家的「套路」。

第三，套餐打包販售。你有沒有買過套餐以外的漢堡？肯德基、麥當勞裡的「超值套餐」一般包含漢堡、薯條和可樂，價格比單點漢堡貴不了多少。此時，速食店一定會把單點漢堡的價格也展示出來，讓消費者感覺薯條和可樂幾乎就是白送的。這個單點的漢堡其實就是速食店的「誘餌」，為的是讓套餐顯得格外划算。類似的還有體檢套餐、手機套餐、寬頻套餐，都是因為相比於單一產品，套餐更顯划算，人們往往多掏了錢，還覺得自己占了便宜。

一句話理解誘餌效應：

人與人之間最遠的路，就是商家的「套路」。

| 羊群效應 |

「按銷量排序」背後的祕密？

你是不是一隻盲從的羊？

你有沒有聽過這樣一個笑話：有個人看見另一個人在抬頭看天，於是就跟著抬頭。沒多久，陸陸續續來了一群人，都跟著抬頭看，甚至還比比劃劃，交頭接耳。又過了不久，最早抬頭的那個人問大家：「你們都在看什麼？」大家說：「不是看 UFO 嗎？」這個人苦笑著說：「你們摻和什麼，我這是流鼻血，抬頭止血呢。」

雖然沒提到羊，但這個笑話說的就是一種典型的羊群效應。

就像在散亂的羊群中，如果頭羊率先發現了一片肥美的草地，其他羊就會不假思索地一哄而上，全然不顧附近是否有狼，也不管旁邊是否有更好的草地。

很多時候，依照多數人的意見行事是一種快速且風險小的決策方式，尤其是在決策資訊不充分、決策成本偏高的情況下。為什麼會這樣？請你想像自己是一個原始人，跟同伴去森林裡砍柴。突然，你聽見草叢中有窸窸窣窣的聲音，幾個同伴拔腿就跑。這個時候，你會怎麼做？你會停下來思考一下草叢裡到底是什麼動物，是兔子還是老虎嗎？不會，你會跟同伴一樣，能跑多快就跑多快。

羊群效應

羊群效應也叫從眾效應，指的是個人的觀念和行為受到群體壓力的影響，從而與多數人產生一致行為的現象。

當人們透過觀察別人來提取訊息、做出決策時，人們的行為會不斷趨同，並且彼此強化，最終產生羊群效應。

隨處可見的羊群效應

生活中的羊群效應隨處可見。2003 年 SARS 時期全民狂購板藍根；2011 年日本核洩漏，全民狂購食用鹽；全民同追一隻「妖股」;全民同炒一片學區房……羊群效應讓中國大陸的 A 股市場，在 2007 年瞬間被拉升到 6,100 點，同樣的，這也是 A 股在幾個月後瞬間跌落到 1,600 點的原因。

回憶一下，你是不是也有類似經歷？比如，你經過一家餐廳，看到兩個人在門口排隊，就會覺得這家餐廳比隔壁沒什麼客人的那家餐廳要好，於是你也排到了隊伍裡。之後隊伍越排越長，所有人都相信自己明智地選擇了一家更好的餐廳，並不會意識到這個決定僅僅是緣於最初排隊的那兩個人。

如何運用羊群效應，引導消費者狂購你的產品，通常有 3 種方法。

第一，包裝成功案例。「老王賣瓜」的做法早已經過時了，列舉成功案例的宣傳效果則好得多。有句話，請你一定要記住：「案例，勝過『安麗』。」[1] 很多服務行業中的乙方公司，比如公關公司、諮詢公司、廣告代理商、設計工作室等，在業務起步的階段，一般都是低價甚至免費幫大公司做項目。有了與知名品牌合作的成功案例，再去開拓市場就簡單多了。對客戶而言，選擇模仿跟進，會比選擇做「第一個吃螃蟹的人」容易得多。

第二，凸顯用戶規模。香飄飄奶茶的廣告詞「一年賣出 7 億多杯，連起來可繞地球兩圈」，已經被業界奉為經典。這句廣告語沒有正面強調奶茶的口味有多好，而是描述了一幅極具震撼力的畫面，傳達出產品銷量巨大、消費者眾多的訊息。類似的還有瓜子二手車直賣網，它突出自己「二手車成交量遙遙領先」；可口可樂告訴人們「全世界每秒可以賣出近 2 萬瓶可樂」；加多寶說「中國每賣出 10 罐涼茶，7 罐是加多寶」……這些都是在傳播過程中，凸顯自己的用戶規模，從而贏取人們的信賴。這也是為什麼你在京東和淘寶購物的時候，會有一個選項叫作「按銷量排序」。

第三，引導用戶分享。在餐廳用餐，如果把精美的菜品和優雅的環境拍照，發到朋友圈，店家可能會獎勵你一份甜品；如果在大眾點評網上寫五星好評，店家可能還會給你一些折扣。這些行為本質上都是在誘導用戶分享，利用消費者的社交關係進行口碑傳播。當人們看到自己的朋友都在使用某個品牌的時候，免

1 編註：安麗（Amway），為美國直銷公司，販售營養保健、美容化妝、居家護理等產品，業務遍布全球。其強勢的推銷手法經常惹議，因此有此戲稱。

不了也會躍躍欲試，羊群效應也就自然發生了。行動網路的發展讓微商、微分銷[2]紅極一時。你發現了嗎？做得好的微商，不是不停地給你「安麗」這款產品有多好，而是著重渲染他代理了這款產品後賺了多少錢，又有多少人在他那裡訂了貨……有的甚至壓根不談產品本身。這些做法的核心就是在利用羊群效應。

一句話理解羊群效應：

案例，勝過「安麗」。

2 編註：微商，為中國新興的商業型態，即透過微信朋友圈，發布產品訊息、廣告，進而產生微分銷的商業模式，類似口碑行銷的概念。

｜稟賦效應｜

孩子還是自己的好？

一輛二手車的報價

我的 MBA 課程有一半是在美國讀的，那時候班裡有個中國同學叫傑瑞。

傑瑞畢業回國之前，想把他在美國的車賣掉。原價 3 萬多美元的車，二手車網站建議售價 1.6 萬美元。傑瑞非常不情願，他覺得這輛車只開了一年，跑了很少的里程，也沒發生任何事故，幾乎和新的一模一樣，怎麼這麼快就降了一半的價錢？於是他堅持報價 2.5 萬美元，覺得怎麼也能賣出去。

結果不出所料，幾乎無人問津。最後實在沒時間了，傑瑞才以 1 萬美元的「跳樓價」草草處理了愛車。之後，他經常跟我提起，說這回自己虧大了。

我的這個同學，分明是忽略了自己心裡的稟賦效應。

所有權帶來的高估

有一個成語叫作「敝帚自珍」，意思就是自家的破掃帚對別人來說不值一文，卻被自己當個寶貝。別看道理簡單，放到誰身上都難以避免，這種認知偏差具有極強的普適性。

稟賦效應

當一個人擁有某項物品或資產的時候，他對該物品或資產的價值評估，要大於尚未擁有這項物品或資產的時候。

2017 年諾貝爾經濟學獎得主理查・塞勒[1]做過實驗，讓兩組人為同一款杯子標價。

對於第一組人，先把杯子送給他們，然後問他們願意以多少錢賣這只杯子；對於第二組人，則是直接問他們願意花多少錢去買這只杯子。令人詫異的是，同樣一個杯子，作為賣家給出的價格，是作為買家給出價格的兩倍。這個存在顯著差異的結果，後來被各國研究者反覆驗證，屢試不爽。

以這個案例來看，人們對已經擁有的東西，會比擁有之前估價更高。所以，有句話說，「得不到的才是最好的」，在我看來，這句話可能是世界上最大的謊言。

瞭解稟賦效應後，我們如何將其運用到工作和生活中呢？這裡有 3 種應用場景可供你借鑒。

第一，提供免費試用。

有人曾上門給我父母家裡安裝一台自來水淨化器，可以免費試用 3 個月，3 個月後如果覺得用處不大，可以無條件退回。其實父母平時習慣了燒水喝，根本沒想買淨水器，但心想著既然免費，試用一下也無妨。很快，3 個月過去了，商家要來回收設

1　理查・塞勒於 1980 年提出了「稟賦效應」。

備，而他們早已習慣一擰開水龍頭就有淨化水喝的便利，不等商家開口，就主動掏錢買下了，還推薦給了好幾位鄰居。免費試用可以理解為商家讓渡給消費者虛擬「所有權」，借助人們心中的稟賦效應，賣起東西來自然就容易許多。

第二，兜售親身參與。

當消費者被邀請參與商品的生產時，他們會很容易把商品「視若己出」。最擅長這個套路的品牌當屬來自瑞典的 IKEA。人們購買 IKEA 家具其實只是半成品，到家還要花幾個小時把它組裝起來。雖然麻煩，但人們還是會對親手組裝起來的家具青睞有加。因為這份附著在商品之上的體驗，人們對商品的評價和回購的意願都會有所提升。

商業領域如今正出現越來越多的「DIY 經濟」（即「Do it yourself」，自己動手做）。像冰淇淋中的夢龍、珠寶行業的潘多拉，都是運用這種行銷策略取得的成功。我家裡有一個特別醜的杯子，就是我在台灣的一家陶藝小店裡，參照《第六感生死戀》裡面的劇情，自己動手做的，價格是普通杯子的好幾倍，但我就是覺得特別值得。

第三，誇讚他人擁有。

有一次我跟幾個朋友逛街，其中一個人買了一件衣服後問我，好看嗎？我當時沒怎麼思考，就說：「還行啊，就是顏色有點顯老。」另外一個朋友當場就嚴厲地批評我，說：「老路，你知道你為什麼不招女孩子喜歡嗎？你這人啊，有時候真是滿腦子漿糊。」我很疑惑，於是這位朋友解釋道，當一個人還沒買的時候，問你好看嗎，你可以知無不言，隨便給建議；如果她已經買了，這個時候的回答只能是兩個字：好看。聽完這話，我幡然醒悟。已經買了的東西，誰會喜歡聽別人說半句不好呢？不懂得稟賦效應，真是為人處世的大忌。

一句話理解稟賦效應：

「得不到的才是最好的」，
這句話可能是世界上最大的謊言。

｜預期效應｜

可口可樂為什麼能戰勝百事可樂？

同樣的「特釀」，不同的味道

行為經濟學家丹·艾瑞利教授曾在麻省理工學院做過一個實驗：在一杯普通的啤酒中摻入幾滴義大利香醋，起名為「特釀」，然後將「特釀」和普通的啤酒放在一起，讓一組學生品嚐，結果大部分學生對「特釀」的評價更高。而在第二組實驗中，實驗人員事先告訴學生，所謂的「特釀」就是加了醋的啤酒，結果這組學生的表現截然不同，紛紛表示「特釀」很難喝。

這兩組有著顯著差異的實驗結果，緣於不同的主觀期望：你聽到的，是你想聽到的；你看到的，其實是你希望看到的。這就是預期效應。

為了保持一致，不惜說服自己

心理學研究發現，人們都有一個習慣，就是極力避免在言行上前後不一，始終要保持邏輯上的一致。即使有時候隱約感覺自己錯了，也要不斷暗示自己、說服自己，甚至是強迫自己自圓其說。比如，你看完某部來自豆瓣年度榜單的電影之後沒什麼感覺，心裡就會想：一定是影片的哲理太深，不是一兩遍就能看懂

預期效應

人們對事物的判斷在很大程度上受主觀預期的影響。預期來自已有的認知、他人的評價、權威的意見、公眾的輿論等。

的。再比如，你在米其林推薦的星級餐廳點了一桌特別好看的菜，吃完既沒解饞又沒吃飽，可仍會感嘆，菜品真是精緻考究。

預期效應也會影響人們對他人觀點的接受程度。你一定聽說過「篩子心態」和「空杯心態」。「篩子心態」是說人的思想就像一個篩子，符合自己原有思想的觀點能通過，不符合的則一概通不過，一概不被接受。相對應的「空杯心態」，是說人的思想如同一個清空的杯子，有容納不同思想、不同觀點的能力，即使新觀點和自己原有的觀點互相衝突，也能先保留，思考後再做結論。

為了迎合消費者的預期效應，商家煞費苦心，常見的做法有 3 種。

第一，品牌塑造更好的預期。在全球市場上，可口可樂的占有率一直領先百事可樂，多年穩居第一。多數消費者在接受市調時也明確表示，自己更喜歡可口可樂。但一個有趣的盲測實驗卻顯示：在不知對應品牌的情況下，讓人們選擇哪一杯味道更好，超過一半的人選的卻是百事可樂。後來研究發現，其實當人們知道自己喝的是可口可樂時，會激發大腦中的一塊特定區域，這個區域包含記憶、聯想、高級認知等功能，從而形成了積極的心理預期。這個時候，飲料的口味差異並沒有想像的那麼重要。

第二，產地構建莫名的預期。某種商品的原產地訊息也會在很大程度上影響消費者對它的喜好。人們常說要住俄羅斯的房子、請英國的管家、開德國車、吃中國菜、娶日本老婆……當然，老婆不是商品，但雲南白藥可以是，青島啤酒可以是，鄂爾多斯羊絨衫更可以是。有一個做花的品牌，叫作「Roseonly」，商家宣稱，所有的花都產自厄瓜多。到現在我也不明白，厄瓜多的玫瑰花到底比其它地方的好在哪裡。

第三，價格錨定效果的預期。如果消費者難以對商品的使用體驗或性能做出判斷，就會想當然地認為，價格揭示了其中的差別。比如，50 元一盒的感冒藥肯定比 5 元一盒的更管用，200 多元一包的咖啡豆肯定比 100 多元一包的咖啡豆更香醇。雲南白藥牙膏剛開始賣 2 元多，結果沒人買，後來把單價調到 20 多元，銷售額就從 3,000 萬元飆升到了 10 億元。這是為什麼？因為人們不相信 2 元的牙膏能治療牙齦疾病，但是 20 多元的牙膏可以。這就是利用價格錨定的效果預期。

一句話理解預期效應：

你看到的，其實是你希望看到的。

｜錨定效應｜

先開價，真的就輸了嗎？

「幸運之輪」的心理暗示

諾貝爾經濟學獎得獎者丹尼爾・康納曼教授做過一個「幸運之輪」的實驗。他先有意給學生展示一個帶 100 個格的轉盤。轉盤動過手腳，使指針只會落到數字 10 或 65 這兩個格子裡。轉完轉盤後，學生須回答一個問題：非洲國家在聯合國全體會員國中的占比是多少？這個問題並不重要，但結果非常有趣：轉盤上出現的數字若是 10，學生們給出的答案就是 25%；當指針落到 65 時，學生的答案則是 45%。差異之大，讓人大跌眼鏡。

轉盤與問題的答案其實沒有任何關係，但學生還是會參考指針指向的數字，對毫不相干的事下結論，這就是錨定效應。

研究發現，人們做決定時，大腦會對第一條訊息特別重視，便是我們常說的「先入為主」。就像一隻剛出生的鵝，第一眼看到誰就會認定誰是牠的媽媽，哪怕牠看到的其實是一隻公雞。

生活中的「錨」

現實生活中，在競爭不充分、資訊不對稱的情況下，商家時常會透過提升品牌形象、塑造品牌價值等方式，對消費者的態

錨定效應

錨定效應又叫沉錨效應，指的是第一印象或第一訊息更容易支配人們的判斷，就像沉入海底的錨一樣，會把思想固定在某個地方。

度和行為進行引導。20 世紀 70 年代，黑珍珠還是一種色澤一般、沒什麼人關注的飾品。直到一位商人把它放到紐約第五大道的櫥窗裡展示，標上令人難以置信的高價，然後在影響廣泛、華麗精美的時尚雜誌上連續刊登大幅廣告。廣告裡的黑珍珠熠熠生輝，低調、奢華、有內涵，很快就受到市場追捧，成為名貴珠寶。

錨定效應還普遍存在於求職應聘和人際交往中。比如面試時，你前 3 分鐘的表現就在很大程度上決定了是否會被錄用；相親的時候，很可能你們見面時的第一印象就決定了是否要跟對方繼續交往。有人做過分析，第一訊息對於人們知覺的影響高達 75%。最初的瞬間幾乎就決定了最終的結果。既然我們每個人都難免受到第一印象的影響，那麼應該如何運用錨定效應呢？

第一，產品先定位。當新產品被推出時，錨定在哪個細分市場上，就會占據消費者心智當中的哪個位置。比如哈根達斯在國外只是超市貨架上的普通冰淇淋，進入中國後，則主要是在專賣店中高價販售。豪華的裝修、唯美的環境，再加上「愛她，就請她吃哈根達斯」的廣告語，哈根達斯就在中國消費者心裡下了一隻高端、奢侈的「錨」。再比如，很多商家不惜花費高昂的通路成本，也要在機場和高端商圈開設自己的專賣店，與奢侈品名牌做鄰居。這其實也是運用了心理錨定的方法。

第二，行銷先定量。錨定效應解釋了為何定量購買是一種有效的行銷策略。幾年前在美國的一家超市裡，罐頭在做促銷，降價10%。有幾天貨架上寫著「每人限購12罐」，而在其它時間則寫著「不限量」。據超市統計，消費者在限購時段平均會購買7罐，是不限購時段的2倍多。同樣的，「衛生紙每卷3元」的標籤換成「衛生紙4卷12元」後，銷量會增加很多。我們的大腦會將數字「4」作為一個錨點，因此購買了更多的衛生紙。

第三，談判先開價。很多人在談判中會陷入一個誤區，就是雙方都不願意先報價，生怕先開口會暴露自己的策略和弱點。錨定效應卻告訴我們，先發制人也許是更優的選擇。比如你買一件衣服，一般是這樣的：商家要價200元，你還價100元，最後以150元成交。但是如果你率先報價，說：「老闆，這件衣服50元賣嗎？」這時候商家的心態是，報200元也沒用，差太多了，不如直接報一個可行的價格，於是他就會說：「50元進貨都進不來，最少100元。」這時候你再討價還價一番，說不定能以70元拿下。先開價，容易把對方圈定在你提出的價格附近進行談判，有時候是一種更有利的談判技巧。

一句話理解錨定效應：

最初的瞬間決定最終的結果。

PART 2

讀得懂的互聯商業

Chapter 6

「新錢」在哪兒？經濟形態

｜共享經濟｜我暫時不用，租給你用

超豪華的民宿

我喜歡自己背著包去世界各地旅行。在美國求學期間，我走遍了美東、美南、美西，還順便去了一趟墨西哥。無論走到哪裡，我都會選擇住在 Airbnb[1] 的民宿。

有一次，我到達拉斯[2] 旅行。來接我的是一個白髮老大爺，開著一輛不知道牌子的加長版豪華車。老大爺帶我入住的房子，一晚只需 60 多美元，換算成人民幣也就是 300 多元。但當我到

1　Airbnb 是全球最大的共享經濟民宿短租平台。

2　達拉斯是美國德克薩斯州的一個城市。

共享經濟

共享經濟又稱分享經濟，是指閒置資源的臨時使用權被所有者轉讓，從而為供給方和需求方同時創造價值。

達的時候，我震驚了，這棟房子儼然是半座古堡。臥室的一面牆上全是書，按個按鈕，兩扇玻璃牆便緩緩推出將書擋住，然後整個書架開始往下倒，書架的背面就是床。老倆口帶我到廚房，指著滿滿一面牆的食物對我說：「小夥子，你隨便吃。」我偷偷算了一下，隨便拿兩包吃的，60 美元就回本了。第二天早上，老大爺開車送我到機場，臨走時對我說：「小夥子，請給我們一個五星好評。」

當然，這是個特例，Airbnb 上不是每一棟房子都這麼豪華。2017 年，Airbnb 估值超過 310 億美元，其市值是全球最大的飯店集團希爾頓飯店的兩倍。想想希爾頓集團有多少固定資產，而 Airbnb 據說沒有一處屬於自己的房產。

共享經濟這個概念，最早是由作家瑞秋・波茲曼（Rachel Botsman）在一次演講中提出，當時叫作「協同消費」，它是共享經濟的原型。

共享經濟的本質

共享經濟的本質是租賃。二者的不同之處在於，共享經濟是借助網路，將所有資源、供給和需求打散，在一個數字化的環境下重新匹配，讓最合適的供給和最合適的需求被重新高效地匹配在一起。

要想瞭解共享經濟席捲全球的內在邏輯，我們還需要知道以下這 3 個概念。

第一，產消者（Prosumer）。美國未來學家艾文·托佛勒（Alvin Toffler）於 1980 年在《第三波》（*The Third Wave*）中提出的這個詞是兩個英文單詞，即生產者（Producer）和消費者（Consumer）的合體。什麼叫產消者？就是指一個用戶既是生產者又是消費者。你有沒有發現，在傳統生意中，每吸引一個用戶，就僅僅是擁有了這個用戶。而在共享經濟體系下，一個用戶既可以是乘客，又可以擔任司機；一個人，既可以住民宿，又可以同時提供房間。換句話說，每吸引一個用戶，就相當於擁有了用戶的兩個身分。產消者這個概念，大大降低了行動網路時代獲取用戶的成本，這也許正是共享經濟的魅力所在。

第二，「U 盤化」生存[3]。這是中國資深媒體人羅振宇提出的一個概念，總結來說就是 16 個字：「自帶信息、不裝系統、即插即用、自由共享」。就像當年的淘寶，很多人剛開始就是抱著試試看的心態，一邊工作，一邊順便在淘寶開一家小店。後來，大家發現經營淘寶店比工作賺錢，於是辭職，專業做淘寶。共享經濟的繁榮就是由這樣一群「U 盤化」生存的人帶動的，他

3　編註：U 盤，即隨身碟。

們不想認別人做老闆，只想當自己的老闆。自由共享是當下人們就業觀念的一個重要轉變。

第三，增量價值。在共享經濟中，有一種特殊的存在，叫作認知盈餘類的共享經濟。比如，有書作為平台，對接像我這樣的內容生產者，和像你這樣的內容消費者。這樣的共享經濟形態能產生純增量的價值。蕭伯納說過：「你有一個蘋果，我有一個蘋果，彼此交換一下，每個人仍然只有一個蘋果。但你有一種思想，我有一種思想，共享一下，我們就都擁有了兩種思想。」你會發現，知識共享，無「消耗」，卻可產生價值。這樣既完成了媒介改變資訊不對稱的本質任務，又實現了知識的可複製，使得共享的邊際成本趨於零。

一句話理解共享經濟：

物盡其用，好過僅僅只是擁有。[4]

4　來自「網路教父」凱文・凱利（Kevin Kelly）。

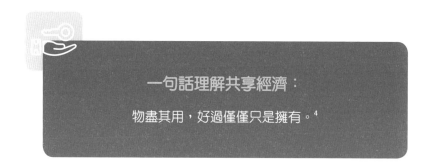

｜社群經濟｜

吳曉波為什麼講「人＋連接」？

什麼是社群？

2016年，著名財經作家吳曉波老師發表了一篇文章〈我所理解的社群經濟〉。

這篇文章把社群定義為一種基於網路的新型人際關係。在現實生活中，孩子們願意跟志趣相投的小夥伴打打鬧鬧，而成年人則酒逢知己千杯少。

一個人可能生活在不同的社群：旅行社群、籃球社群、投資社群……一個有價值的社群，不但能幫助你拓寬人脈，還能讓你有存在感、歸屬感和身分認同感。

社群的商業變現之路

社群很好理解，那什麼是社群經濟？

你有沒有感覺到，在行動網路時代，產品與消費者之間不再是單純的功能上的連接，消費者開始更加在意附著在產品功能之上的口碑、文化、格調、人格魅力等有靈魂性的東西，從而建立情感上的無縫信任和連接，並基於此和一群有共同興趣、認知、價值觀的用戶結夥，發生群蜂效應，在一起互動、交流、協

社群經濟

一種建立在產品與粉絲群體之間，由信任連接和價值「反哺」共同作用所形成的自組織、自運轉、自循環的經濟形態。

作、感染，對產品品牌本身產生「反哺」的價值關係。

越來越多的企業開始把社群看作商業變現的重要手段。舉個例子，2013 年成立的樊登讀書會，會員人數至今已超過 1,000 萬[1]。憑藉一年 365 天 1 天 1 元的會員費，年收入就能輕鬆破億。面對讀書會這個社群，樊登提供的不僅是一年 50 本書的伴讀服務，更多的是各地讀書會上會員之間的互動，包括講座、「學習趴」、筆記漂流、書籍交換等。這也是為什麼說好的社群一定是自組織、自運轉、自循環的。

要想深入瞭解社群經濟，至少有 3 點你可以記住。

第一，內容：一切產品皆媒體。

能夠將人從碎片化的時間沉澱到社群裡的，只有內容。因此，社群的紅利應該屬於內容生產者，而非連接者，這也是為什麼我堅定地定義自己是一個內容生產者。你有沒有發現，在人人都是媒體的社會化關係網路中，優質的內容本身就自帶傳播屬性。如果我們從廣義上來看，這裡的內容可以被粗略地理解為產品。比如，對小米來說，手機等硬體產品就是它的內容；對我來說，你現在看到的每一個知識點就是我的內容。在今天的商業環

1　來自 2018 年 11 月的公開數據。

境中，從產品的研發、設計，到生產、包裝、物流運輸，再到通路終端的陳列和銷售，每一個環節都在向消費者講述著品牌的故事，企業的自媒體化趨勢已勢不可擋。就像賈伯斯（Steve Jobs）說過的：「好的產品本身，就是最好的行銷。」

第二，社群：一切連接皆通路。

連接者的世界和內容生產者的世界是兩幅截然相反的畫面。在連接者看來，世界是平的，因為網路的價值，說到底就是打破原有資訊不對稱的局面。而在內容生產者看來，世界是圈層的，「不平」才有差異。連接只是手段，而非目的，優質的內容永遠是稀少的。

你可能會想，那正確的玩法應該是怎樣的？我建議你專注於內容的核心建設，並利用社群輸出內容，將用戶連接的成本降低並趨於零，這是單純的通路永遠不可能具備的能力。因此，未來的商業基於社群，而非基於通路。

第三，商業：一切參與皆體驗。

社群經濟的根本價值，是實現社群中用戶不同維度的身分認同。在社群經濟形態之下，內容是逢山開路的急先鋒，它能夠吸引用戶，滿足用戶的基礎需求，但它無法沉澱用戶，所以社群就成了沉澱用戶的必然存在，而商業化變現則是衍生盈利點的具體方式。

三者看上去是三台不同的「大戲」，但是其背後貫穿的商業邏輯是完整一致的。社群經濟的商業環節，著重在參與感的兜售。小米聯合創始人黎萬強著有《參與感》一書，其中提出了參與感「三三法則」，分別是：三個戰略——做爆品[2]、做粉絲、做自媒體；三個戰術——開放參與節點、設計互動方式、擴散口碑事件。

在我看來，社群商業在本質上是「人的商業」，因此，我希望透過這本書提綱挈領地闡述一些有深度的概念。在看完全書之後，你再回過頭看本節內容，一定會對「人的商業」有更深的理解。

一句話理解社群經濟：

構築自己的核心內容，
並盡量把連接的成本降為零。

2 編註：爆品，指流量最多或銷量最好的明星商品，可帶動平台的商品流量、提升店家曝光度。

| 網紅經濟 |

一人我飲酒醉，兩眼是獨相隨

「網紅」的前世今生

2016 年，Papi 醬紅了，這個自稱「集美貌與才華於一身」的女子，迅速坐上了年度「網紅」的頭把交椅。她先是獲得了真格基金、羅輯思維等機構 1,200 萬元的投資，隨後首支貼片廣告[1]便賣出了 2,200 萬元的高價。

縱觀網路時代，其實網紅經濟從沒停止過。「網紅」1.0 時代，是在天涯社區、貓撲網、榕樹下紅起來的安妮寶貝、痞子蔡、南派三叔等人，那個時候的「網紅」主要玩文字；網路 2.0 是讀圖時代，無論美醜，只要能成功地吸引受眾眼球，就能成為「網紅」，比如以搞怪、扮醜成名的芙蓉姊姊；「網紅」3.0 時代，是以段子手[2]、電商模特兒、知名 ID 為主的短視頻配合圖文的時代，比如羅振宇；「網紅」4.0 時代，誕生了這兩年最紅的直播行業，連賣包子的小夥子嘴裡都念念有詞：「一人我飲酒醉，兩眼是獨相隨。」[3]

1 編註：貼片廣告，隨網路視頻播送的串流廣告。

2 編註：段子手，書寫段子為業的筆者。「段子」原為相聲術語，指「作品中一節或一段的內容」，現指在網路流傳的一段搞笑文字、圖文或影音內容。段子手在中國已發展為熱門的網路產業，職業段子手甚至有專屬的經紀公司。

3 某網紅歌曲。

網紅經濟

網路讓「追星」的權利天平發生了傾斜，用戶開始有能力自己生產內容，自主消費內容，甚至圍繞「網紅」形成了一條生機勃發的全新產業鏈，這就是所謂的網紅經濟。

顛覆傳統的網紅經濟

曾幾何時，人們追崇的都是銀幕中、舞台上的完美形象。而在當下這個注意力稀少的行動網路時代，人們更欣賞「網路紅人」自帶的真實感與貼近感，俗稱「接地氣」。以往運動員接受採訪，一般就是感謝教練、感謝領導，誰會感謝「洪荒之力」呢？這是一種我們原先並不熟悉的個體表達，無須評判對錯，只管拿來娛樂消遣。

網紅經濟帶起了花椒直播、映客直播、一直播，也救活了微博、美拍和陌陌，還成就了「快手」的「彎道超車」[4]。

網紅經濟這麼紅，人人都要當「網紅」嗎？「網紅」是想當就能當的嗎？我們來盤點一下。

第一，創業者就要當「網紅」？投資界的第一「網紅」徐小平老師講過：「每一個創業者都應該成為『網紅』。如果你不具備成為『網紅』的能力、潛力、魅力、影響力，那就不要創業了。」為什麼？創業創的是什麼？是品牌。但是在今天，你有沒

4　編註：彎道超車，原指在賽車競賽中利用彎道超越對手，今運用於政治、經濟、社會等領域上，泛指某些進程中出現變化的關鍵點。

有發現，冰冷的商品品牌已經不能感動用戶了。相反，人的品牌更有溫度。所有精細製作的物品背後，最珍貴、最不能替代的，就只有一個字：人。人有情懷，有信念，有態度。2012 年，聚美優品創始人陳歐以一句「我為自己代言」成為當年最紅的「網紅」。我記得有一次，陳歐僅僅是轉發了我的一條微博，我的帳號瞬間就增加了幾千個活躍粉絲。

第二，怎麼當「網紅」？一個是「爆」，一個是「刷」。首先是「爆」，也就是鮮明的「話題點」。「爆」的反面是「平」，也就是你說的話都是對的，邏輯特別嚴謹，左右逢源，正反觀點都被你占盡，這種就叫不爆，反而沒人關注。第二個詞是「刷」，也就是持續的曝光度，它決定了「網紅」的生命週期。怎樣才能刷？這裡有 4 個詞，分別是「獨特風格」、「極端顏值」、「故事構建」、「積極互動」。

第三，「網紅」怎麼賺錢？「網紅」變現的途徑有很多，比如接廣告或代言，在生產的內容中植入，這是最基礎的一種。第二種是「網紅」電商，根據淘寶的數據，「雙 11」大促銷中銷量排名前 10 名的女裝店鋪中有 6 家是「網紅」店鋪。

一句話理解網紅經濟：

使出「洪荒之力」，我為自己代言。

｜她經濟｜

女人的錢，最好賺

婦女何止半邊天

毛主席當年說「婦女能頂半邊天」，現在看，這句話還是保守了。

波士頓諮詢公司在 2016 年做出這樣的統計：62% 的中國家庭消費由女性主導，女性消費市場規模已經達到了一兆美元。每 100 個網民中，就有 46 個女性用戶，而這 46% 的女性用戶，貢獻了 O2O 市場 62% 的營收，貢獻了淘寶和天貓 70% 的銷售額。

女性用戶的消費力，比我們想像的強大得多。

她經濟的崛起

她經濟的崛起，可以說是這個時代的必然。越來越多的女性不再滿足於小家碧玉、相夫教子的身分定位，她們樂於成為職場精英、意見領袖。她們既是商業機會的原點，又是引爆點：從無矽靈洗髮精到酵素牙膏，從伯爵紅茶到曲奇餅乾，掀起了一波又一波消費潮流。當然，除了女性群體的自主消費，由男性推動的「女性經濟」也有著旺盛的生命力。最典型的可以參考 Roseonly 花店推出的「一生只送一個人」的鮮花定製服務。你看，傳統的

她經濟

她經濟即女性經濟，由著名經濟學家史清琪女士提出，是指隨著女性經濟能力和社會地位的提高，圍繞女性消費形成的特有的經濟現象。

花店只滿足了「愛」這個需求，而 Roseonly 不但解決了「愛」，更抓住了女性「只愛」這個核心痛點[1]。雖然消費者是男士，但說到底，還是「女性經濟」在起著核心作用。

那麼，商家如何順應她經濟這種獨特的經濟形態呢？我總結了 3 招供你參考。

第一，產品端，吸引她的眼球。網路的世界，真的是一個「看臉的世界」。這裡的看臉，先不論美醜，我們來說說女性的視覺感性。拿遊戲行業舉例，一般來說，遊戲是男生的專屬，大多數女生甚至視其為情敵。但在 2016 年，一款刷爆朋友圈的網路遊戲《陰陽師》帶給網易超過 65 億元的淨收入，而超過一半的貢獻竟然來自女性用戶。我有一次問辦公室的女同事：「為什麼從沒玩過遊戲的妳們，願意玩《陰陽師》呢？玩也就算了，還花那麼多錢。」她們的回答簡潔有力：「因為好看啊。」仔細研究，你就會發現，在遊戲中，男生花錢是為了變強，女生花錢是為了好看。皮膚、裝束等一些完全不會增加戰鬥力的東西，其實才是最容易讓女生買單的項目。

1　編註：痛點，指消費者在體驗產品或服務的過程中無法獲得滿足的心理狀態。

第二，行銷端，運用她的思維。所謂「男人來自火星，女人來自金星」，要想讀懂女人，千萬別用男性思維。一般來說，女性更感性，心思更細膩，容易被觸動，甚至容易衝動。所以，女性心情好時做什麼？逛街犒賞自己。心情不好的時候呢？逛街排遣鬱悶。總之，沒有什麼是逛街不能解決的。你可能還記得，當年鐵達時腕錶的一句經典文案「不在乎天長地久，只在乎曾經擁有」，周大福珠寶此前的廣告語「心有眷戀，一花傾念」，還有前幾年熱播的女生專屬電視劇《來自星星的你》。定位女性市場，一定要用女性思維，因為有的時候，「你想給她一座城，她卻想要一個人」。

第三，傳播端，撬動她的嘴巴。有一句話是：「男人的天性是占有，女人的天性是分享。」女性是訊息傳播的天然途徑。從女性的角度去講故事，道出她們的心聲，就會引發共鳴。對有共鳴的故事，女性就會很自覺地動手轉發。很多男性雖然也有自己的偶像，但是對於偶像說的話，他們只會在心中默默按讚，不會分享傳播。因此，想要引發社會化傳播的裂變，免費獲取流量，一定要善於撬動女性用戶的嘴巴。

一句話理解她經濟：

你想給她一座城，她卻想要一個人。

| Baby 經濟 |

孩子的錢，更好賺

家有萌娃，值千金

有句老話：「再窮不能窮教育，再苦不能苦孩子。」

20 世紀 80、90 年代出生的人做父母後，正在將這句話從倡導的理念變成絕對的事實。我周圍的年輕父母，給自己花錢精打細算，但給孩子花起錢，砸鍋賣鐵也在所不惜。大多數父母有一個情結，就是自己沒做到的，往往希望自己的孩子做到。比如，看不懂五線譜的父母一定會讓孩子從小練鋼琴；連「Hello」（你好）都說不明白的父母，一定會給孩子安排動輒幾萬元的外籍教師英文課。

這種獨特的消費觀催生了一種新的經濟形態：Baby 經濟。

巨大的產業鏈

2015 年，國家二胎政策全面放開，嬰幼兒的人口基數變得更加龐大。近幾年，中國每年的新生兒出生率在 1,500 萬以上[1]，中國母嬰童（–1 至 14 歲）市場潛力巨大，整體市場規模將從

1 數據來自中國國家統計局。2016 年出生人口數為 1,786 萬，2017 年出生人口數為 1,723 萬，2018 年出生人口數為 1,523 萬。

Baby 經濟

Baby 經濟也叫嬰童經濟，是指隨著嬰兒潮的出現而形成的一種經濟模式。奶粉、尿布、童裝、玩具、早期教育、親子旅遊……Baby 經濟正在形成巨大的產業鏈。

2015 年的 1.8 兆元發展至 2020 年的近 3.6 兆元[2]。

以尿布產品為例，不滿週歲的寶寶平均每天使用 5 片尿布，每片售價 2 至 5 元，一個月就需要花 300 至 600 元。另有調查顯示，時下的年輕父母對於孩子的「健康」、「教育」、「親子陪伴」更加重視。北京霧霾催生了空氣清淨機的搶購，「留學潮」也掀起了國際雙語幼兒園的風潮。

Baby 經濟的市場如此可觀，要如何從中找到商機呢？還是 3 招。

第一，從線下到線上。

據統計，孕期中的女性網購能力超強，93% 的人經常使用手機或平板電腦上網。其中超過 50% 的人每天上網時間大於 3 小時。母嬰類網站和 App 是當前中國新媽媽獲取育兒知識的主要管道。新媽媽使用這類網站和 App 的時間，平均每天達到 1.25 小時。

70% 以上的年輕媽媽每個月至少網購一次母嬰用品，27% 的新媽媽每週都會網購。在孩子出生後，媽媽的網購頻率比懷孕

2 數據來自羅蘭・貝格公司（Roland Berger）於 2016 年發布的《中國母嬰童市場研究報告》。

期間還要高。在網上購買過童裝、玩具和紙尿褲的媽媽比例超過了 7 成[3]。有不少媽媽表示，母嬰用品基本全部透過網購搞定。這也是為什麼以女性用戶為主的網站，比如唯品會和聚美優品，會將母嬰項目作為重點營運對象。

第二，從單一到多元。

由於認知逐步提升，越來越多的年輕父母開始注重孩子的撫養和教育。對於商家來說，以前只賣兒童玩具就能賺得盆滿鉢滿，而現在還需要給家長提供建議：不同的玩具，各自適合的年齡層，分別適用於開發哪些潛力。

此外，商家最好提供線上互動平台，以滿足年輕父母隨時獲得專業性建議的需求。在這方面，在中國深耕十數年的寶寶樹，作為境內最大的育嬰社群，已將他們的業務觸角伸向了更多元的服務。

第三，從國內到海外。

過去，消費者想要購買國外的母嬰產品很不容易。從 2013 年開始，大量母嬰電商打起了海外購這張牌，比如麥樂購、蜜芽寶貝。用戶熱衷購買海外商品的真實痛點是什麼？是國外的東西就是比國內的好嗎？其實不然。比如，很多家長選擇國外的玩具品牌，是出於對塑料玩具可能含有有害化學物質的擔心。洞察這一點，作為生產商，你就可以有針對性地進行產品研發和推廣。

新一代的年輕父母大都是在應試教育的環境中長大的，因

3 數據來自精碩科技（AdMaster）聯合中國最大的育兒社交平台寶寶樹發布的第 5 屆《中國家庭育兒方式研究報告》。

此他們特別希望孩子能夠接受國外的先進教育。義大利蒙特梭利育兒理念之所以盛行，就是因為商家洞悉了需求。所以不得不承認，Baby 經濟「崇洋媚外」的現象還是客觀存在的——對於這裡的「崇洋媚外」，我們定性為中性詞。

一句話理解 Baby 經濟：

給孩子花的錢，不叫錢。

Chapter 7

5 個數字讀懂經濟大環境
總體經濟

GDP

6.6 這個數字是高還是低？

兩個學經濟的研究生在路邊散步，一輛灑水車從他們身邊經過，差點把水濺了他們倆一身。同學 A 埋怨說：「路上挺乾淨的，閒著沒事灑什麼水啊？」同學 B 說：「虧你還是學經濟的，這都看不出來嗎？灑一車水的成本只有 200 元，但是灑水會弄髒路上的 6,000 輛車。如果被弄髒的車裡有一半選擇去洗車，按洗車費 30 元／輛來算，就是將近 10 萬元的消費。投入 200 元就能拉動 10 萬元的 GDP 增長，你說划算不划算！」

歐洲有一個小鎮，叫作達佛斯。每年，全球多個國家會在這裡排排座，看看誰排第一，誰排第二。排名主要看一個指標：GDP（國內生產總值）。過去若干年，中國大陸 GDP 的增長速

GDP（Gross Domestic Product）

GDP 指的是一個經濟體一年內生產的最終商品和勞務的總價值。粗略地理解起來就是，一個國家的所有人在一年內創造了多少價值。

度幾乎年年都是全球第一，直到最近，印度開始追趕上來，GDP 增速偶爾領先一下。這兩個神秘的東方國度開始上演「龍象之爭」，給全球的經濟發展注入了不少活力。

美國經濟學家保羅・薩繆森（Paul A. Samuelson）和威廉・諾德豪斯（William D. Nordhaus）在他們的著名教科書《經濟學》（*Economis*）中指出：「國內生產總值是 20 世紀最偉大的發明之一。它能夠幫助總統、國會和聯邦儲備委員會判斷經濟是在萎縮還是在膨脹，是需要刺激還是需要控制，是處於嚴重衰退還是處於通貨膨脹的威脅之中。」

為了讓你更深入理解 GDP，我還是帶你記住 3 個數字。

第一，2018 年中國大陸人均 GDP：6.6 萬元。

2018 年全年，中國大陸 GDP 總量為 13.6 兆美元，折合人民幣是 90 兆元，穩居世界第二，僅次於美國。當然，評價一個國家的發展程度，更主要的是看人均 GDP，這個指標也是跟你關係最密切的。考慮到中國有 14 億人，所以人均 GDP 只有 9,769 美元（相當於 6.6 萬元），和日本的人均 4 萬美元、美國的人均 6 萬美元相比，還有不小的差距。在過去的一年裡，你創造出來的總價值，為 GDP 做出了多少貢獻呢？

第二，2018 年中國大陸 GDP 增速：6.6%。

你一定聽說過，拉動經濟增長有「三駕馬車」：分別是消費、投資和出口。過去的 30 年裡，中國的經濟增長更多得益於投資和出口這兩項。一方面是都市化背景下的基礎設施建設，也就是蓋房子、修路；另一方面是全球化背景下的國際貿易順差，簡單地說，就是把 Made in China 賣到了全球。所以中國大陸的 GDP 常年保持著 8% 至 10% 的增幅，這讓其它國家無比羨慕。

2018 年，中國大陸的 GDP 增速最終落在了 6.6%。6.6% 這個數字跟世界上絕大多數國家相比，仍然是極其亮眼的成績，領先其它國家很多。如果跟我們自己過去比，我們就不再比增長速度了，而是要去比較增長的模式。按照國家統計局公布的數據[1]，2018 年上半年，「消費」對中國經濟增長的貢獻率為 78.5%，「投資」為 31.4%，而「淨出口」為 –9.9%。可見，消費已經成了「三駕馬車」當中新的「增長引擎」，這對於中國經濟持續、穩定、健康地發展大有益處。

第三，中國大陸第三產業占 GDP 比重：54%。

國家在統計 GDP 數字的過程中，是按照各個產業的增加值來計算的。那我們常說的第一、第二、第三級產業，又分別指什麼呢？我教你一種簡單的鑑別方法。通常來說，你可以把第一級產業理解為老天爺給的，比如農、林、牧、漁；第二級產業是人們自己造的，比如製造業、採掘業、建築業和公共工程；第三級

1　三大產業以及投資、消費和淨出口對 2018 年上半年中國大陸 GDP 增長貢獻率對比。參見 http://www.sohu.com/a/246512850_100110525。

產業可以粗淺地理解為人們互相提供的，比如商業、服務業、金融業、房地產業。

經濟學的基本規律告訴我們，一國一地經濟發展重點或產業結構重心，大體都會經歷由第一級產業向第二級產業和第三級產業逐次轉移的過程。第三級產業的發達程度，標誌著一國經濟發展水平的高低、發展的階段和方向[2]。

按照國家統計局公布的數據，2018 年上半年，第一級產業占 GDP 比重約為 5.27%；第二級產業占 GDP 比重約為 40.41%；第三級產業最高，占 GDP 比重約為 54.32%。也就是說，國家一直倡導的產業結構升級已經取得了初步的成績。

那 54.32% 這種水平到底如何呢？像美國這樣的已開發國家，第三級產業占 GDP 的比重甚至能達到 80%。仔細一算，美國比中國多的部分全都在第三級產業上。因此對於中國來說，產業結構高級化在未來還有不小的提升空間。

一句話理解 GDP：

一個國家的所有人在一年內創造了多少價值。

2　從第三級產業占比，看中國城市距離已開發國家水平究竟還有多遠。參見 http://www.sohu.com/a/247523761_99964340。

CPI

你拿什麼跑贏通貨膨脹？

越來越不值錢的錢

在我們 80 後的父輩心裡，艱苦樸素可能是一個人身上最大的美德。他們忙碌半生，捨不得吃穿，把攢下的錢都存進銀行，到老了卻發現，物價已是當年的 10 倍、20 倍。10 年前經常有人抱怨：「辛苦了一整年，只夠在北上廣深[1]買一間廁所。」現在，我好羨慕那時候的人們，只工作一年，就買得起一間廁所。

你會發現，錢沒那麼值錢了。你每月掙的比爸媽當年多很多，可置業成家卻更難，不吃不喝幾十年才買得起一套房，這就是傳說中的通貨膨脹。什麼叫通貨膨脹？就是隨著市場上的錢越來越多，商品的價格越來越高，進而使得錢越來越不值錢。

如何判斷通貨膨脹？

怎麼判斷是否存在「通膨」呢？很簡單，就是我們常說的 CPI（消費者物價指數）。CPI 雖然不是反映通貨膨脹水平的唯一方法，但卻是國際通行的最為常用也最為便捷的方法。

一般來說，物價全面、持續上漲，就被認為是發生了「通

1　編註：北上廣深，即北京、上海、廣州、深圳等中國大陸一線城市。

CPI（Consumer Price Index）

CPI 也叫消費者物價指數，由國家統計局負責統計發布。我們買東西、買服務的價格是不斷變化的，CPI 就是反映這個變化情況的總體經濟指標。

膨」。當然，通貨膨脹不一定都是壞事，一定程度上溫和的、良性的「通膨」，反而能促進經濟發展。2018 年的《政府工作報告》提出，CPI 同比增速預期目標為 3% 左右。你可以粗淺地理解為：今年花 103 元，能買到去年價格是 100 元的東西。這個比例就屬於良性「通膨」的範圍。

說起「通膨」帶來的傷痛，世界上有一個國家把這個故事演繹到了極致，那就是辛巴威。據說辛巴威幣與美元的匯率是 1 美元兌換約 250 兆辛巴威幣[2]，這個數字可能還會變得更誇張。據說有人拿了幾麻袋的辛巴威幣，只夠買一個雞蛋。所以，CPI 越高，錢就越不值錢。那麼普通人怎麼應對「通膨」，跑贏 CPI 呢？至少有以下 3 種方法。

第一，學會投資，提升自己的財務智商。我們的收入通常由兩部分構成，一部分是工資性收入，一部分是資產性收入。工資性收入，就是假設你銀行裡一分錢也沒有，你每個月靠工作和勞動能掙的錢；資產性收入，就是假設你躺在家裡一點活都不

2　為了促使已印發的辛巴威幣徹底退出歷史舞台，2015 年時，辛巴威宣布採取「換幣」行動，從當年 6 月 15 日起至 9 月 30 日，175 千兆辛巴威幣可兌換 5 美元，每個辛幣帳戶最少可得 5 美元。此外，對於 2009 年以前發行的舊版辛幣，250 兆辛幣可兌換 1 美元。參見 http://news.163.com/17/1116/20/D3CVMCKB000187VE.html。

幹，你的各項投資能幫你掙的錢。如果你 100% 的收入都來自工資性收入，也就是全靠幹活，說實話，你是很難跑贏「通膨」的。我們要學會投資，優化自己的收入構成。如果你的資產性收入，也就是投資的這部分收益，可以占你整體收入的 50% 以上的話，那麼「通膨」可能不會給你帶來太大的影響。

第二，投資自己，是永遠不虧本的買賣。老祖宗說過：「千金在手，不如一技傍身。」人類已進入人工智慧的時代，你現在擁有的技能是否會在不遠的未來被人工智慧取代呢？你的認知格局是否有不可替代性呢？埋頭苦幹不是長久之計，在前進的道路上，時刻抬頭看看，瞭解自己的位置，知道離目標還有多遠，時刻保持學習精進，成為不可替代的稀少性人才，才是王道。

第三，學會消費，把錢有價值地花在當下。中國人素來有勤勞簡樸的美德，但過分艱苦樸素，把錢都存入銀行，只是放任自己的財產被稀釋。畢竟，2019 年的 103 元最多只能等於 2018 年的 100 元，而你花在當下的 100 元，如果花對了地方，比如健身、學習、帶家人旅行，就可能在未來 5 至 10 年帶給你更大的價值。能合理支配當下的收入，為自己換來喜悅與收穫，回報家人，打造一個有價值的朋友圈，你就一定可以遇見更好的自己。

一句話理解 CPI：

CPI 越高，錢就越不值錢。

M2

你知道中國大陸央行每年印多少人民幣嗎？

現金都去哪兒了？

說起中國的四大發明，你可能張口就來：造紙術、指南針、火藥、印刷術。

但要說起中國的「新四大發明」，你知道有哪些嗎？正確答案是：高鐵、網購、共享單車和行動支付。

好多人一定和我一樣，已經很久沒用過現金了，有時候取一兩千元的現金，幾個月都花不完。市面上的人民幣，如今都去哪兒了？如果社會上流通的現金越來越少，國民經濟還能保持正常的運轉嗎？想弄清楚這些問題，我們就需要先瞭解金融學中關於貨幣的幾個定義。

正在流通的現金叫 M0。這裡的 M 代表的是 Money（錢）。簡單地說，M0 就是市面上你能看得見、摸得著的紙鈔和硬幣。不過除了概念直觀，M0 在實際生活中的用處並不大。

在這之外，M0 加上企事業單位的活期存款，就變成了 M1。**M1 又叫作狹義貨幣，它反映了經濟中的現實購買力，代表消費和終端市場的活躍度。**

如果邊界再擴大一些，M1 加上企事業單位的定期存款，以及居民的儲蓄、理財、住房公積金等，這些不準備用於當下消費

M2

嚴謹地講，M2 叫作廣義貨幣供應量，你可以把它粗略地等同於央行印鈔的數量。

的資金，就變成了 M2（廣義貨幣）。

M2 不僅能反映現實的購買力，還能反映潛在的購買力，它更能體現投資市場的活躍程度。M2 和 M1 都是總體經濟重要的參照指標。

當然，還有 M3，這又考慮了各種創新的金融工具。因為一般人不涉及，這裡就不多說了。

瞭解了這些貨幣層次的差異，你就會發現，口袋裡的現金其實只是貨幣總供給的一部分，當我們再談到當今社會中的貨幣的時候，你就不能只想到真金白銀，還應該想到銀行帳戶。如今，大多數貨幣都是以銀行帳戶的形式存在的。M2 比較完整地體現了銀行帳戶裡的各項內容，因此在反映總體經濟狀況時最為實用。

關於 M2，和你有關聯的就是 3 個數字。

第一，183 兆元。

2008 年爆發的全球金融危機，讓不少世界聞名的投資銀行紛紛宣告倒閉，甚至讓有的國家瀕臨破產，它所帶來的影響一直延續到今天。這次金融危機發生之後，中國陡然加大了對總體經濟的調控力度，實施了非常寬鬆的貨幣政策。

具體是什麼呢？就是將 M2 的增速在之後的很多年，都維持在 10% 以上的超高水平，遙遙領先於世界上其它幾個主要的經濟體。

到 2018 年 12 月末，中國大陸的 M2 總量已經達到 183 兆元。這是什麼概念？這個貨幣體量，如果全都按照現在的匯率去換成美元，美元是不夠的——美國的所有銀行都會因此破產。理論上，我們把中國所有的錢集中起來，可以買下整個美國，甚至再加上整個歐盟。

第二，12%。

有人說，都國富民強了，還不好嗎？實際上，中國並不是真的有錢到這種程度，這主要是人民幣超發，同時幣值高估導致的。

就像一個人看似身強體壯，但也可能只是虛胖，隨時有可能引發一場大病。2017 年全年，中國大陸的 M2 實際增速僅僅在 8% 左右，這個數字，相比於 2017 年年初《政府工作報告》當中設定的 12% 的上限，已經大幅縮減了。這說明，一方面，中國經濟總量在持續增長；另一方面，經濟運行的健康度也在提升。

第三，8%。

那 2018 年的 M2 增速是多少呢？中國大陸央行公布的 2018 年金融統計數據報告顯示，2018 年 12 月末，M2 同比增長 8.1%。在 2018 年 3 月召開的 13 屆全國人大會議上，發展和改革委員會就傳遞出消息，2018 年的 M2 預期增速要跟 2017 年實際增速

（8.2%）基本持平。M2 增速也不會再刻意壓低很多了。

這就好像我們長期吃大魚大肉慣了，突然要縮衣節食，也是受不了的——經濟會出現所謂的「硬著陸」現象，調理身體也得慢慢來。

一句話理解 M2：

廣義貨幣，就是央行印鈔的數量。

｜匯率｜

人民幣又要貶值了，你準備好了嗎？

謎一樣的外匯

曾經有這樣一個笑話，說如果請經濟學家列出人類面臨的最困難的3個問題，那麼你聽到的回答很可能是：第一，生命的意義是什麼？第二，如何統一量子力學和廣義相對論？第三，外匯市場到底是怎麼回事？

連經濟學家都把外匯當作謎一般的存在，對咱們普通人來說，外匯就更不容易理解了。事實上，只要國內不發生惡性的通貨膨脹，人民幣相對於外幣是升值了還是貶值了，對人們的生活沒有直接影響。不過，話又得說回來，你學習「用得上的商學課」，為的就是提升認知格局，打開全球化的視野，所以提前思考個人的全球化資產配置，思考未來的事業路徑和生活版圖，無論怎麼說，都是加分的事。

匯率是怎麼來的？

很多人好奇匯率這個數字到底是誰定的。比如1美元高的時候能兌換8元多，低的時候只能兌換6元多，這都是誰說了算的呢？匯率是某種意義上的價格，追根究柢，它還是由市場供需

匯率

匯率是一種貨幣兌換另一種貨幣的比率，或者說，是以一種貨幣表示另一種貨幣的價格。

來決定的。所以，官方給出的匯率，或者說外匯牌價，是在中國外匯交易中心這個小市場上，由參與買賣的交易者喊出來的。

但因為匯率對於一國的總體經濟影響特別重大，所以在實際操作中，匯率並不是在純粹地自由浮動，各國政府在必要的時候都會對匯率進行干預。在中國大陸，這個工作是由中國人民銀行，也就是央行來完成的。

關於匯率，記住這 3 個數字就夠了。

第一，6.5。

2018 年 6 月，1 美元約等於 6.5 元，這個匯率到底是高了還是低了呢？

按常規理解，商品價值越高越好，但就匯率而言，這樣的表述卻不完整。你看，當咱們是賣家的時候，和外國的買家做生意，用人民幣結算，人民幣幣值越低，相對價格也就越低，我們就越具有競爭力，外國人就越容易買單。比如我們賣一件衣服，價格為 1 元，假設這個數字是固定的，1 美元換 1 元，那 1 美元就能買 1 件衣服；但如果 1 美元換 100 元，1 美元就能買 100 件衣服，那麼理論上，拿美元的人都會盡可能找能買最多衣服的地方買。對於中國這個製造業大國而言，在過去 20 餘年的經濟全球化進程裡，出口是拉動經濟最強力的那一駕「馬車」。如果人民幣幣值相對偏低，客觀來講，對國內商家的出口貿易是較為有利的。

當然，幣值低估對於普通人而言並不是一件好事。購買進口商品和原材料的時候，匯率低了，商品的價格自然就會高。中國幅員遼闊，人口眾多，屬於規模經濟體，多數消費品和原材料都能做到自給自足，不必依賴進口。因此，人民幣匯率的波動，對國內生產成本、生活成本的影響還比較有限。美國說中國是「匯率操縱國」，只不過是政客打著「復興本土製造業」的旗號，收買選票而已；要是人民幣真的大幅升值，美國必然會出現消費品價格上漲、零售業下滑的景象，美國人同樣承受不起。

對我們而言，兌換外匯主要就是為了出國消費。當然，我們沒必要去外匯交易中心買外匯，去了人家也不讓進。我們一般是從銀行換，或者直接在國外的 ATM 取現。很多人出國前喜歡直接拿人民幣現金換外幣。我去過 30 多個國家，相信我，別這麼幹。拿現金兌換叫作現鈔匯率，特別不划算；拿銀行卡直接在國外的 ATM 取的，或者直接刷卡消費的，叫作現匯匯率。用第二種方式要划算得多，雖然有一點手續費，但還是划算，不信你試試。

第二，5 萬美元。

在中國大陸，每個人每年的購匯額度是 5 萬美元，不管實際操作中買入的是哪國的貨幣，折合成美元都不能超過 5 萬，這對於咱們一般的出國消費來說足夠用了。設置這樣的限制，主要是為了保證人民幣幣值的相對穩定。

第三，3 兆美元。

為了應對國際支付的需要，央行需要集中掌握一部分外匯資產，這就是外匯儲備，它同時肩負著上面提到的穩定人民幣匯率、抵抗金融風險、維護國際信譽的職責。中國大陸根據自身的比較優勢，一直努力發展「出口創匯型」經濟，外匯儲備從 2000 年開始「野蠻生長」，從 1,600 多億美元攀升至 2014 年的近 4 兆美元。但近兩年來，海外市場需求變小，加之美元進入升值週期，讓中國的外匯儲備又出現了快速下降的局面。到 2017 年年初，儲備量相比最高峰「蒸發」了四分之一，降到了 3 兆美元以下，到 2018 年，又漲回到 3 萬多億美元。

一句話理解匯率：

一種貨幣兌換另一種貨幣的價格。

｜利率｜

中國大陸央行又降息，你準備好了嗎？

利率對於我們每個人來說其實都不陌生。我們手頭如果有不著急花的錢，都知道把錢存在銀行，第二年就能取出來更多的錢。多取出來的這部分就是利息。如果利率高，利息就能多一點。那利率是誰來設定的呢？為什麼有時候高、有時候低呢？要講清楚這些問題，我們得從為什麼有銀行說起。

銀行的來歷

每個人的財富水平和經濟需求都不太一樣，有些人手頭寬裕，錢就被閒置在那裡；有些人希望投資、創業、擴大生產，卻苦於手上沒錢。於是銀行出現了，商業銀行透過吸收公眾存款、發放貸款，促進社會資金的流動，讓閒置的錢與優質的項目連接起來，各取所需。在這個匹配的過程中，銀行提供了服務，也需要賺錢。銀行賺的錢主要是儲蓄和貸款之間的利率差。所以說到利率，不僅有存款利率，還有貸款利率。

當借貸資本供不應求時，借貸雙方的競爭將會促進利率的上升，也就是借錢變得更貴了；相反，借貸資本供過於求時，利率就會下降。這段話翻譯成平白的語言，就是：錢多了，錢就便宜；錢少了，錢就貴。其實錢價和物價一樣，都是物以稀為貴。

利率

從本質上說，利率的水平就是金融資本的價格，也就是錢的價格。與普通商品一樣，它們都是由市場的供需決定的。

利率有 3 個概念，對應 3 個數字，記住這些對你有幫助。

第一，名目利率。銀行公示的利率，以及我們日常所說的利率，都屬於名目利率。比如大多數商業銀行，一年期固定存款利率是 1.5%，這就是名目利率。名目上的就是看得到的，而看得到的未必是真實的。

第二，實質利率。2016 年，一位陝西的張老先生在家裡翻出了一本舊存摺，是他在 1979 年，於農業銀行存錢的存摺，當時存入了 200 元。現在老人拿著存摺到銀行，連本帶息一共取出了 465.12 元。1979 年，200 元是很多人一年的薪水，而到了 2016 年，465 元也就只能吃一頓大餐。從表面上看，拿利息拿了 37 年，拿到手的錢已經比存進去的時候多了不止一倍，但是實際的購買力卻大大下降了。這就是實質利率作用的結果。

第三，無風險利率。在投資領域，收益和風險呈正比。無風險利率是指在沒有任何風險的情況下，必然能拿到的投資回報。為了便於理解，你可以這麼認為，10 年期國債的報酬率，一般可以等同於無風險利率。為什麼？因為國債是國家發的，而國家破產的可能性幾乎為零（咱們在這裡先不聊冰島）。比如 2018 年上半年，中國大陸的 10 年期國債利率在 3.5% 左右，那麼你的一切投資都應該追求高於 3.5% 的回報。換句話說，如果你投資一個項目，一年的回報還沒到 3.5%，那麼你還不如投資完全沒有風險的國債。是不是聽著有一點耳熟？對，跟我們之前介紹的機會成本這個概念異曲同工。

當然，說到利率，一定要提到愛因斯坦提名的「世界第八大奇蹟」——複利。有一個關於複利的故事，叫作「24 美元買下曼哈頓」，這個故事在西方世界流傳很廣。1626 年，有一個叫彼得的人，花了大約 24 美元從印第安人手中買下了曼哈頓島。而到 2000 年 1 月 1 日，曼哈頓島的價值已經飆升到約 2.5 兆美元。彼得以 24 美元買下曼哈頓島，無疑占了一個天大的便宜。但是，轉換一下思路，如果當時拿著這 24 美元去投資，年化報酬率為 11%（這是美國近 70 年股市的平均投資報酬率），到 2000 年，這 24 美元將變成 238 兆美元，遠遠高於曼哈頓島的價值（2.5 兆美元）。如此看來，簡直是吃了一個大虧！當然，我們知道 300 多年保證每年 11% 的報酬率是不可能的，但這個故事還是告訴了我們複利是多麼厲害的存在。

一句話理解利率的高低是怎麼被決定的：

錢多了，錢就便宜；錢少了，錢就貴。

Chapter 8

關於網路，我們只知道一半
網路思維（上）

| 用戶思維 |

一箭射在用戶膝蓋上，讓他長跪不起

你瞭解你的用戶嗎？

2013年，百度創辦人李彥宏在一次演講中說道：「我們這些企業家今後要有互聯網思維，可能你做的事情不在互聯網領域，但你的思維方式要逐漸從互聯網的角度去想問題。」這是第一次有人在公開場合把「互聯網」和「思維」這兩個詞放在一起，在此之後，「互聯網思維」這個概念，以燎原之勢紅遍大江南北。然而互聯網思維，也就是網路思維到底是什麼？哪些思維算是網路思維？網路思維一定是對的嗎？只有網路人才能擁有網路思維嗎？

網路思維

又稱互聯網思維，是指在行動網路、大數據、雲端運算等科技不斷發展的背景下，對市場、用戶、產品、企業價值鏈，乃至整個商業生態進行重新審視的思考方式。

我們先來說說所有網路思維的核心思維——用戶思維。**用戶思維，是指在價值鏈各個環節中都要「以用戶為中心」去考慮問題**。我的一個企業家朋友做了一款針對廣場舞族群的跳舞專用鞋，這款鞋安全、舒適、便宜，款式也好看，結果完全賣不動。這位朋友很惆悵，於是我給他提了個建議：「你把鞋子改誇張一點，再試試看。」他真的聽了建議，結果鞋子大賣，供不應求。

為何會這樣？因為跳廣場舞的大多是中老年人，最核心的需求是炫耀自己的子女孝順。鞋子造型誇張、有辨識度，給了他們一個聊到這款鞋的話題點，他們在炫耀的同時，也就給這款鞋做了口碑傳播。其實，我們很多時候並不真正瞭解我們的用戶。

消費者買單原因的 3 次變化

消費者在「為什麼買單」這件事上，經歷過 3 次巨大變化。過去，我們購買一件商品更多的是為了滿足功能的需求：電視是用來看的，自行車是用來騎的。在物質短缺的時代，在買個東西都需要憑票的年代，顧客絕對不是「上帝」；手中握有商品的商家，才是真正的老闆。

慢慢地，我們過渡到品牌式消費。為了把品牌自帶的品位體現在自己身上，我們甘願付出幾倍乃至十幾倍於商品成本的價格。在這個階段，最大的受益者不是生產者，也不是消費者，而是品牌的擁有者。

隨著物質的極大豐富，我們進入了「體驗式消費」的時代。行動網路的普及帶來了兩種深刻的變化：第一，用戶更大的主動性，這就使得獲取用戶的成本在不斷降低；第二，時間的碎片化，用戶參與的深度和廣度在不斷提升。在這樣的背景下，那些還停留在產品思維的公司，正如同雪崩一樣死亡，這也促使越來越多的公司開始重視用戶思維。我覺得，真正抓住用戶，就是要「一箭射在膝蓋上」，讓他「長跪不起」。

懂得了用戶思維的重要性，具體怎麼應用？有三大法則。

第一，得草根者得天下。視頻 App「快手」在 2016 年時拔地而起，它號稱擁有 4 億用戶，估值超過 30 億美元。如果你看過「快手」裡的影片，就知道其中大都是來自三、四線城市的普通人拍攝的，這些影片或令人捧腹，或叫人咋舌，比如啤酒瓶砸腦袋，一口氣連乾 10 瓶 56 度白酒……你也許不是這類視頻的用戶，但是你一定要知道，有這樣一批用戶存在，而且基數巨大。在投資領域，人們一般把這類用戶稱作「小鎮青年」[1]。理解小鎮青年的草根特色，抓住他們對內容的偏好和真實的消費需求，就有機會占領一個廣闊而巨大的下沉市場。

第二，兜售參與感。雷軍說過，小米銷售的其實是參與感。

1 小鎮青年，泛指年齡在 18 至 30 歲，生活在三、四、五線城市的人群。

在小米早期的 MIUI[2] 研發過程中，小米讓粉絲參與全程的開發、更新和疊代。如果你有興趣，可以搜尋一個叫「100 個夢想的贊助商」的影片，這裡面的人就是小米的 100 個「種子用戶」。小米早期有一款手機，開機螢幕就是這 100 個人的 ID。小米聯合創始人黎萬強曾說：「參與感不是單向營銷和公關，不是扯著耳朵灌輸，而是讓用戶發自內心地喜歡你。」怎麼才能讓用戶喜歡你？要讓你的產品惹人愛，讓你的服務充滿愛，讓你的溝通更真誠，你得和用戶打成一片，融入他們，這才是真正的參與感。

第三，超越預期的用戶體驗。用戶體驗是一種純主觀的感受，要想讓用戶有好的體驗，一定要注重細節，並且這種細節要超出用戶的預期。重要的不是你做了什麼，而是用戶感受到了什麼。傳統的商學院教科書告訴我們，要滿足消費者的需求。但是在今天，僅僅是滿足需求，用戶已經懶得談論你了。想讓用戶口碑相傳，最重要的就是要超越用戶的預期，給他想不到的使用體驗，這才是撬動用戶嘴巴的不二法門。

一句話理解用戶思維：

一箭射在膝蓋上，讓他長跪不起。

2 MIUI 是小米公司旗下基於 Android 系統的深度優化、定製、開發的第三方手機操作系統，是小米的第一款產品。

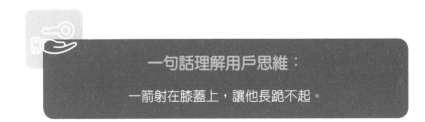

| 簡約思維 |

少即是多

什麼樣的廣告詞更好？

「充電 5 分鐘，通話 2 小時。」OPPO 手機的這句廣告詞，讓其一躍成為中國最暢銷的手機品牌之一。在我看來，這句廣告詞似乎只說了閃充這一個優點，那難道螢幕大、配備高、價格友好這些特點，不值一提嗎？如果我是 OPPO 的市場部副總裁，我就想把這句廣告詞改為：

OPPO R9s，5.5 英吋，400ppi 高清超大螢幕，64G 內存高速配備，1,600 萬像素高清雙攝，充電 5 分鐘，通話 2 小時，只要 2,799 元。花 2,799 元，你買不了吃虧，也買不了上當。

這段廣告詞完整地介紹了手機的全部優點，但是它更打動人了嗎？你能記住這麼多優點嗎？這樣改，估計會讓它瞬間從銷量前十的榜單中消失。

凸顯核心價值的簡約

你的公司介紹或者產品介紹，有沒有如此簡約呢？為了簡約，應該如何提取最核心的資訊呢？其實，所謂簡約思維，無外

簡約思維

行動網路生態下，用戶獲取資訊的成本極低，轉移的成本更低，因此有必要快速吸引消費者的注意力。而簡約意味著專注，意味著明確、強調和放大亮點，意味著能凸顯你的核心價值。

乎 3 句話：看起來簡潔、用起來簡化、說起來簡單。我們來分別看一下。

第一，看起來簡潔。在 2013 年之前，蘋果系統採用的是「複合設計」，典型的例子是 iPhone 4。在推出 iPhone 4 時，蘋果系統處處都在追求透視、紋理、漸變、陰影、浮雕等效果。2013 年之後，蘋果率先自我顛覆，推出了「扁平化設計」，去除了冗餘的裝飾，開始強調極簡和符號化。扁平化設計更容易被用戶接受和記憶，占用更少的運算資源，也更容易適配各種系統和展示介面。今天，不只是蘋果，幾乎所有的手機系統都採用了簡單、直白的扁平化設計。我還發現了一個有趣的現象，今天 Windows 的 Logo 在經歷了多輪複雜的變化之後，幾乎和 1985 年 Windows 1.0 剛推出時的 Logo 一模一樣，只剩下極簡的 4 個藍色方塊了。而 Audi 在調整了十多次以後，也終於把自己的 Logo 簡化為沒有任何特效的 4 個圓圈。如果你覺得 4 個圓圈還是多，你可以去看一下信用卡 MasterCard，他們的 Logo 簡化到只剩 2 個圈了。看起來簡潔，說到底是簡約不簡單。

第二，用起來簡化。Nokia 早期有一款推蓋式手機，螢幕推開就是全鍵盤，猶如一台微型筆記本。據說，當年為了研發這款手機，Nokia 調用了最優秀的工程師花了將近兩年的時間。再看看現在的手機，絕大多數都只有一個按鍵，有的甚至連一個按鍵也不剩了。蘋果的工程師問過賈伯斯，可不可以留兩個按鍵，這樣操作前進、後退、確定、取消時就容易得多。賈伯斯不留情面地拒絕了，他說：「偉大的產品，只能有一個按鍵。」簡約，即尊重人性。人都是有惰性的，能讓我少操作一步，我就更願意用這款產品。

第三，說起來簡單。我說幾個品牌，看你能否在第一時間想到他們的廣告詞。比如，天貓商城：「上天貓，就購了」；Boss 直聘：「找工作，直接跟老闆談」；瓜子二手車直賣網：「沒有中間商賺差價」。如果有人在介紹自己公司和產品的時候，不厭其煩、滔滔不絕、眉飛色舞、唾沫橫飛，你一定受不了。我在做投資的時候有一個怪癖，我只投那些能用一句話說清楚的商業模式，因為我相信，用戶不會給你半個小時。沒用一句能抓住用戶的話，用戶就會離你而去。專注，少即是多，用戶喜歡你，往往只需要一個理由。

一句話理解簡約思維：

少即是多，用戶喜歡你只需要一個理由。

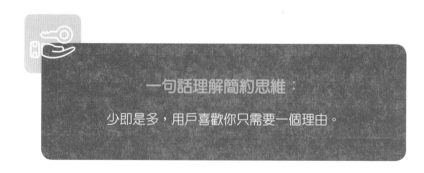

| 極致思維 |

把自己逼瘋，把別人逼死

打造一塊長板

管理學中有一個經典的木桶理論，也叫短板理論，說的是一隻木桶能裝多少水，取決於最短的那塊木板。在產品嚴重同質化、供給遠大於需求的今天，避免出現短板已經不是最大的難題，難題是如何打造出一塊長板。這個時候就需要有網路的極致思維。

把「極致」用到極致

把產品和服務做到極致，本質上，是給消費者提供一個喜歡你的理由。日本人一直是極致思維、匠人精神的典範。有一部紀錄片《壽司之神》，講述了一位 80 多歲的壽司主廚小野二郎幾十年如一日，專注於把做壽司這件事做到極致。在日本，「一生只做一件事」的匠人很常見，日本也因此是世界上長壽企業最多的國家，其中有的企業甚至歷經一千多年仍舊屹立不倒。

中國也有不少企業，因為極致思維成為商業黑馬，比如三隻松鼠。三隻松鼠成立於 2012 年，目前已成為國內銷售規模最大的食品電商企業。他們在客戶體驗上做到了極致，不僅紙袋、

極致思維

極致思維體現的是一種匠人精神，就是要把產品和服務做到最好，是從 99% 到 99.99% 的堅持。

封口夾、垃圾袋、紙巾樣樣俱全，甚至連吃堅果時用的工具都為用戶提供。正是這種極致體驗，為三隻松鼠帶來了超高人氣。

印度寶萊塢電影《我和我的冠軍女兒》於 2017 年剛在中國上映的時候，院線裡每天只有一兩場，但是看過的人都評價不錯，在豆瓣上的評分高達 9.2。於是，靠著觀眾口碑，這部電影生生「逆襲」，排片率直線上升。電影的男主演——印度國寶阿米爾．罕，為了體現角色在 19 歲和 55 歲體態上的差異，用 5 個月的時間增重 28 公斤。他說：「只有當你真正變成胖子的時候，你的肢體語言、你的呼吸、你的一切才會發生改變，我想盡量追求真實。」正是主創者這種極致投入的態度，才成就了影片爆紅的口碑。

所謂極致，不等於完美。在實踐極致思維時，有 3 點你需要特別注意。

第一，擇優求精，而非面面俱到。

世界上沒有完美的產品，iPhone 有沒有缺點？刷微博、看朋友圈，一會兒就沒電了；之前很多年的老機型都沒有雙卡雙待，如果你有兩個手機號就得拿兩部手機。總之 iPhone 的缺點並不少，但它的全球銷售排名始終數一數二。

一款面面俱到的產品，看起來平衡，實則毫無競爭力。就像我們說「暖男」在「女神」面前只有領「好人卡」的份兒。為什麼？因為「暖男」就像中央空調，對誰都暖，居家旅行必備，沒什麼缺點，但是說實話，也沒什麼魅力。還有一句話說，「男人不壞，女人不愛」。這又是為什麼？女人愛的，當然不是男人的壞，而是壞男人雖然有一堆缺點，但是他們往往在某些方面有極致的魅力。所以，不怕產品有缺點，就怕產品沒亮點，做到單點極致爆發就夠了。

第二，價值為先，而非一廂情願。

iPod 剛問世的時候，和其它 MP3 最大的區別就是在機器裡面加了一個東芝的小硬碟，能存上千首歌，用戶連續播放幾天幾夜都不重複。就因為把這一點做到了極致，iPod 迅速占領了音樂播放器市場。但如果現在有人研發一款新的 MP3，能裝下幾萬、幾十萬首歌，他還能取得成功嗎？恐怕是不行的，因為裝幾千首歌和裝幾萬首歌對於用戶來講沒有體驗上的差別。容量越大越好，並不是用戶的真實需求。所以，我們應該聚焦於解決用戶的核心痛點，做到極致，而不是自己一廂情願，來決定產品的走向。

第三，堅持創新，而非故步自封。

近年以來，不斷有日本大公司傳出經營困難的聲音：夏普連年虧損，被富士康收購，Panasonic、Nikon 和 Sony 都出現了不同程度的衰落。為什麼持續打造極致產品、象徵著工匠精神的日本企業會遭遇困境呢？在日本，現有企業有很強的政治勢力，同時日本文化重視穩定，這兩層因素導致日本巨頭企業面臨的競爭威脅嚴重不足，衰落並不是因為執著於工匠精神，而是轉型的力量不足。如果一家企業死抱著過去的輝煌，不去「革命」，那麼它早晚會被顛覆。

一句話理解極致思維：

從 99% 到 99.99% 的堅持。

｜疊代思維｜

小步快跑，快速疊代

足記 App 的成功

前兩年有個 App 特別風行，叫作「足記」。這款 App 最初是一個旅行日誌，方便大家記錄旅行感受，分享行程攻略。

在某一次疊代[1]升級的時候，產品經理突發奇想，為其添加了一個相機濾鏡的功能。用戶上傳的照片可以被修成像電影大片的劇照一樣，寬銀幕構圖，配上字幕，還帶有一鍵翻譯，能把中文字幕轉化成「中國人看不懂，外國人也不認識」的外語，讓用戶的文藝氣質一分鐘灑滿朋友圈。

結果，這款足記 App 在應用商店瞬間引爆，長期霸占十幾個國家的下載排行榜，吸引了無數「創投」，拿到了上億美元的估值。一次看似隨機的疊代嘗試，就讓產品在用戶市場和資本市場完成了蛻變。

大膽試錯，小心求證

矽谷著名企業家和部落格作家艾瑞克．萊斯（Eric Ries）在

1　編註：疊代，中國慣用「迭代」，有「更相代替」之意。台灣慣用「疊代」，取其「累進取代」之意，即「不斷以後者替代前者的動作」。

疊代思維

說簡單點，從版本 1.01 到版本 1.02，就是一次疊代。疊代的目標有可能是不確定的，只是為了試探用戶的反饋，發現新的市場機會。疊代的週期也是較為隨機的，出現問題隨時解決，沒有問題就優化細節，變換風格，提升用戶的新鮮感。

2012 年出版過一本書──《精實創業：用小實驗玩出大事業》（*The Lean Startup*）[2]。在這本書裡，萊斯提出了「小步快跑，快速疊代」的網路時代創業法則。萊斯提出的觀點是：如果擔心用戶罵你，那你一定是想多了。大多數時候，用戶壓根不會用你的產品，離罵還遠著呢。你要做的，是用最低的成本，來試探用戶是否會用你的產品。

相比於傳統商業的創新過程，疊代思維充分體現了網路企業的優勢。當年張朝陽創建搜狐的時候，說過一句話：「大膽嘗試，小心求證，讓市場給我們答案。」說的也是「小處著眼，大膽試錯」這個道理。其實，容錯與試錯的理念並非不適用於傳統工業經濟時代，只不過在那個時代，試錯成本過高，而在今天的網路經濟下，疊代的成本極低，這讓快速試錯成為可能。

知道了什麼叫疊代思維，你又應該如何運用呢？還是 3 招。

第一，定原型。《精實創業：用小實驗玩出大事業》這本書還提出了一個概念：MVP（Minimum Virable Product，即最小

2 編註：台北：行人文化實驗室，2017 年。

可行性產品）。所謂最小可行性產品，就是功能極簡但能夠體現核心創意，可以演示給用戶，且開發成本極低的產品版本。或者我們換個簡單的說法，就是「產品原型」。相比於功能完善、介面美觀，產品原型更加追求兩個字：能用。騰訊最初創立的時候，國內市場需要一種能滿足用戶之間即時通信互動的服務，說白了就是網上聊天。騰訊快速反應，發布了 OICQ，也就是後來的 QQ。雖然功能單一、介面樸實，還有模仿的痕跡，但正是因為用最簡便的方法，解決了用戶的核心痛點。騰訊用了不到一年的時間，就在還處於萌芽期的網路市場上，收穫了上千萬名註冊用戶，從此走上雄霸天下的征途。

第二，邁碎步。疊代的過程，實際上就是重複優化、重複反饋的過程。如果把創新創業比喻成跑步，那正確的姿勢就一定是小碎步，只有小步快跑，才不容易摔倒，才能不斷校正方向。7-Eleven 超商在這裡為我們做出了最好的詮釋。在通常為 100 平方公尺的 7-Eleven 店裡，可以擺下約 2,000 種商品，但是它每年上新的商品數量就有 1,300 多種，也就是一年更換將近 70% 的商品，換算下來平均每天要更新 3、4 種。高曝光的特設貨架是 7-Eleven 試驗新品的地方：如果賣得好，它們就會被升級為常規商品繼續銷售；如果賣得不好，就馬上打折促銷來清庫存。這也許就是 7-Eleven 歷久彌新的秘訣。所以，零售行業有一句特別有名的話：「Retail is detail.」（零售就是細節。）你感受一下。

第三，搶窗口。很多商業領域的窗口期極其短暫，留給參與者的機會稍縱即逝，所以必須要懂得搶奪窗口，卡位占先。拿汽車行業來說，國際上主流的車型換代週期是 6、7 年，比如，福斯老 Sagitar 在 2006 年亮相，新 Sagitar 於 2012 年登場。但是，韓國車的換代時間卻遠遠低於這個國際標準，比如現代 Sonata 在 2011 年發布了第八代車型，2014 年，Sonata 第九就橫空出世了。也就是說，當國外的車型還在中期改款的時候，韓國車就已經實現了換代。快速換代不能保證你一定成功，但是可以在一定程度上，抓住一些追求新鮮體驗的用戶。所謂「天下武功，唯快不破」，「快魚吃慢魚」，說的也是類似的道理。

一句話理解疊代思維：

自己選的路，用小碎步快速跑完。

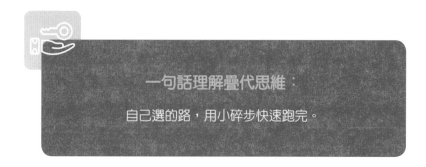

｜流量思維｜

目光聚集之處，金錢必將追隨

什麼是流量？

商業中有一個簡單的邏輯：要想讓用戶買你的商品，你得先讓用戶遇見你。讓用戶遇見你，在找對象這件事上，叫「相親」；在創投圈有一個高大上的名字，叫「連接」。在商業的語境裡，出現在某個時間、地點的累計人數，叫作「流量」。

關於流量的定義，有這麼一個笑話。一個人說：「這兩年線上行銷的成本飛漲，流量越來越貴了。」他的朋友反駁他：「流量分明是越來越便宜了啊，我們這裡 1G 的流量只要 10 元。」此流量非彼流量。對於線下來說，流量一般指到店人數，線上一般稱為 UV（Unique Visitor，獨立訪客）。比如，你現在打開京東的網站，你就是一個 UV。

目光聚集之處，金錢必將追隨

「網路教父」凱文·凱利（Kevin Kelly）有一句很精闢的話：「目光聚集之處，金錢必將追隨。」傳統商業的很多做法都可以用流量的邏輯來推導。比如：廣告為什麼要投放在央視？垃圾郵件、垃圾簡訊為什麼如此猖獗？鐵路和高速公路的沿途經濟為什

流量思維

流量思維是指用多種方式獲取大量新用戶的思維。經營流量，就像在一個熙熙攘攘的廣場上，想辦法盡可能讓更多人走到你面前。

麼能夠更快地發展？沿海城市為什麼能夠最先變得繁榮？說到底，這都是因為流量，流量意味著體量，體量意味著分量。在網路時代，資訊不再受時間和空間的束縛，流量的重要性被無限放大，網紅、直播、自媒體、共享、支付、應用工具……無數的網路創業「風口」，都可以理解為流量思維的產物。

2003 年到 2013 年，是電子商務發展的高峰。說起來有些悲哀，大部分做得好的商家，不是那些將商品或服務做到最好的商家，而是把「低價」和「流量」做到極致的商家。比如淘寶，當所有的商品陳列在你面前，你有 1,000 萬種選擇的時候，哪些會最終進入你的購物車呢？答案顯而易見：一種是最便宜的，一種是在你眼前曝光最多的。這就導致了大量電商賣家用最低的成本生產，然後把省下的錢用來獲取流量。所以，我雖不願意承認，但是中國億萬家庭裡都收藏著成堆的，可能只用 1 元生產，卻用 10 元、100 元買流量、買曝光的垃圾產品。這個是零售業的悖論之一，被稱作「流量之殤」。

今天，我們不著重論述流量思維的重要性，而是要告訴你如何運用流量思維。具體可以參考 3 個方面。

第一，噱頭做得妙。很多產品的包裝設計本身就自帶話題屬性。比如可口可樂的歌詞瓶、百事可樂罐子上的小黃臉表情、星巴克聖誕節前後使用的紅色紙杯，還有味全果汁用瓶身包裝紙來玩的拼字遊戲。有一些商家為了流量也是拚盡全力。比如 2015 年，北京三里屯的一家公司請了一些男模，穿得像斯巴達三百壯士，招搖過市，胳膊上印著 QR Code。流量之爭已經從狂打廣告演變成拚創意、拚噱頭的模式。

第二，廣告打得巧。號稱「美國百貨商店之父」的約翰．沃納梅克（John Wanamaker）說過一句非常著名的話：「我知道我的廣告費有一半是浪費的，但我不知道是哪一半。」5 年前、10 年前，中央電視台的黃金時間、百度的競價排名、淘寶的鑽展和首頁焦點圖可能是獲取流量最大的陣地。今天，如果還是只會玩這種形式，你可能就落伍了。仔細觀察，各種遊戲任務、自媒體專欄、影視劇和綜藝節目裡，是否有產品植入的機會？免費 Wi-Fi 登錄介面和行動支付的操作介面上，是否有用於品牌展示的空間？諸多智慧家庭、可穿戴設備和網路汽車的螢幕中，是否有形象露出的可能？一眾 O2O 模式的上門服務，還有沒有搭順風車的方便？以上這些，許多還是被低估的價值窪地，從這些端口聚集起來的流量，將是未來廣告投放的前沿陣地。

第三，免費玩得呱呱叫。在網路的商業模式裡，由於零邊際成本和網路效應的存在，價格戰被演繹到了某種極致，出現了「免費」的商業邏輯。馬雲創立的阿里巴巴，最初做淘寶，商家免費開店，付費做推廣。後來阿里巴巴收購了蝦米，用戶聽歌免費，想要下載得付費開通 VIP 會員。之後，阿里巴巴又入股了優酷，用戶看影片免費，但前提是要看完貼片廣告，這樣優酷能從廣告主那裡收費。當然，阿里巴巴還有支付寶，用戶行動支付免費，但存在餘額寶裡的資金卻給公司帶來了超額的金融資產收益。

一句話理解流量思維：

目光聚集之處，金錢必將追隨。

Chapter 9

我們所知道的這一半，都是錯的

網路思維（下）

｜社會化思維｜

用戶即媒介，人就是節點

什麼是「社會化」？

在美國，凱文·凱利每天做的就是馬雲在中國做的事——時不時地出來說兩句至理名言，讓人崇拜一下。他說過：「在一個社會化的環境中，每一個人都是節點，他們接收信號，也發出信號。」

對品牌而言，社會化是一個借助網路工具，與用戶重塑關係的過程。在網路普及之前，品牌是在電視、報紙上打廣告，顧客在線下消費，商家收錢交貨之後，與顧客「老死不相往來」。

社會化思維

社會化思維是指組織利用社會化工具、社會化媒體和社會化網路，重塑企業和用戶的溝通關係，以及組織管理和商業運作模式的思維方式。

如今，用戶都活在網路世界裡，掌控了話語權和口碑的影響力。品牌則放低姿態，化身為網路社區裡的普通人，以親和的形象與消費者共處，討消費者歡心。在社會化的環境裡，品牌變得更人格化、更內容化。原來單向的價值傳遞，變成了社交平台上雙向的價值協同。

「社會化」的裂變傳播

數學領域有一個叫作「六度空間」的猜想，也叫「六度分割理論」。這個理論認為：最多透過五個中間人，你就能夠認識這個世界上的任何一個陌生人。

利用社交關係，發起鏈式傳播，一傳二，二傳四，四傳八，這樣的傳播次數不用多，只要經過 33 次，僅僅最後一次傳播（前面的 32 次都不算）就可以覆蓋 86 億人口，比全世界的人口總和還多。這就是裂變式傳播的威力。有一些行銷活動借助裂變式傳播，幾乎沒花任何成本就觸達幾千萬甚至幾億用戶。比如冰桶挑戰募款，就是往身上倒冰水，幾乎全世界明星都參加這個活動；比如 A4 腰，就是拿一張 A4 紙和自己的腰比粗細。類似的還有反手摸肚臍、AlphaGo 大戰李世石。

要想把社會化思維放在商業中運用，你可以從這 3 個方面入手。

第一，重建用戶關係。你可能早已經把朋友圈裡賣面膜的朋友封鎖了。聽我一句，留幾個，向人家學習，否則你可能會後悔。去年我去加州洛杉磯，順便看看當地的房子，房地產商告訴我，如果我可以回到大陸向朋友推薦，每成交一單，就分給我 3% 的分潤。你看，連房子都在透過社會化的人際關係販售了，未來還有什麼逃得開呢？在社會化的人際網路中，用戶不再僅僅是用戶，他們還可以成為你的經銷商、通路商。相比於傳統商業模型，這種流量匯聚點不再是商業街門市，而是分散在每個人的社交生活圈中。

第二，重構行銷思維。以前企業需要招員工，基本就是在中華英才、前程無憂等網站上發廣告，然後等著求職者投遞履歷。前些年，澳大利亞旅遊局在 YouTube 上發布過一則招聘啟事，向全世界招募一名大堡礁的護島員，每天的工作內容就是在風景如畫的海島上曬曬太陽、看看美女、思考一下人生，還能拿一大筆錢。這個職位被人們稱為「世界上最好的工作」，一時間在各大社交媒體瘋轉。我不知道招沒招到人，但是招聘取得的廣告效果，可比在電視上花幾千萬元投放的廣告好得多。

第三，重塑商業模式。新商業所需的人力資源與金融資本，也完全可以透過社會化的網路來組建。說得通俗一點，其實就是群眾外包（眾包）與公眾籌款（眾籌，又稱群眾募資）。傳統的快遞，一定是專業的快遞員給你送貨。但是某一天，你打開門，發現站在門口的是住在你樓下的小伙子，你也不用困惑，這就是傳說中的「眾包」物流。「眾包」物流把快遞需求設計成標準化的訂單，「眾包」給廣大的「普通人」，從而在自己不用雇一個快遞員的前提下，把快遞的生意做成。號稱擁有完善的創業服務生態圈的 3W 咖啡，當初以每人 10 股、每股 6,000 元的價格向社會公眾募集資金，人們一旦成為 3W 的股東，就能得到認識優秀投資人的機會，因此這種方式大受歡迎，連知名投資人徐小平、紅杉資本創始人沈南鵬都成了「眾籌」的參與者。但是我在這裡還是要提醒一下，有一些人是利用「眾籌」的模式當幌子騙錢，因此參與「眾籌」的朋友，一定要認準有公信力的平台。

一句話理解社會化思維：

用戶及媒介，人就是節點。

｜大數據思維｜

從數據化營運到營運數據

比父親更早知道女兒懷孕的超市

美國人逛超市，除了去大家熟悉的沃爾瑪（Walmart），還有目標百貨（Target）——美國第三大零售商。有一天，一名美國男子闖入家附近的一家目標百貨，抗議道：「你們竟然給我17歲的女兒發嬰兒尿片和嬰兒車的優惠券，這是赤裸裸的侮辱，我要起訴你們！」店鋪經理立刻跑出來承認錯誤，但他到最後也沒明白到底發生了什麼。一個月後，這名男子來目標百貨道歉，因為他後來才知道女兒的確懷孕了。這樣說來，目標百貨比這位父親知道他女兒懷孕的時間，足足早了一個月。

這個女孩之前並沒有購買過任何母嬰用品，目標百貨是怎麼知道的？這就是神奇的大數據。

大數據的威力

原來，目標百貨從數據庫中挖掘出25項與懷孕高度相關的商品，製作了一個「懷孕預測」指數。透過這個指數，目標百貨能夠在很小的誤差範圍內預測妳有沒有懷孕。這個女孩不過是買了一些沒有味道的濕紙巾和一些補充微量元素鎂的藥品，就被目

大數據思維

傳統的數據更多的是數據化營運，也就是在分析已有的數據後進行決策。而大數據思維，本質上是從數據化營運升級為營運數據，也就是有針對性地設置、收集並利用大數據，為商業創造新的價值點。

標百貨鎖定了。

馬雲曾經說過：「很多人還沒弄清楚什麼是 PC 互聯網，移動互聯網就來了。還沒弄清楚移動互聯網的時候，大數據時代又來了。」

那麼對於個人來說，瞭解大數據有什麼用處呢？還是要將其歸結為 3 點。

第一，大數據幫你實現創新模式。前陣子我為車子保險，保險公司的人告訴我，根據車險新政，車型的「零整比」[1] 越高，保費越貴，所以，我的保費漲了。當時我就納悶：「車的配件貴，能代表我的駕駛行為嗎？」以我自己為例，一個月中有半個月出差在中國各地演講授課，另外半個月就算在北京，也基本不開車。我的車現在就是個「吉祥物」，一個月也開不了一兩次，憑什麼漲我的保費？其實，這種按「車」繳納保費的模式很快就會過時，因為在國外，一種全新的 UBI（Usage Based Insurance）模式，也就是基於使用行為的保險，已經開始瘋狂發展。傳統車

1 「零整比」是指商品配件與整體銷售價格的比值。以汽車為例，也就是具體車型的配件價格之和與全車銷售價格的比值。

險是根據車的因素定價，而 UBI 車險透過收集、分析駕駛數據，然後根據司機的駕駛安全性以及行駛里程對保險定價。想像一下，開多少次車就交多少保險，這樣基於大數據的創新商業模式一旦問世，傳統的保險業勢必將面臨巨大衝擊。

第二，大數據幫你實現精準行銷。如今，所有大型商場都面臨消費者被電子商務分流的挑戰，而大悅城地產在 2017 年實現了 117 億元的營業收入，同比上漲高達 67% [2]。它是怎麼做到的呢？西單大悅城在商場裡鋪設了 339 個免費的 Wi-Fi 熱點，門市內放了 3,000 個 iBeacon [3]。這款設備幫助大悅城記錄了近 500 億條顧客購物習慣的數據，給這些人打上了 292 個標籤，將其劃分為六大核心客群。這些數據讓大悅城能準確地識別出商場中的哪個位置人氣旺，哪個位置客流稀疏，然後有針對性地收取不同的場租，使得總租金收入上漲 23%。同時，數據還幫助大悅城針對不同用戶群體做精準行銷推廣，使得場內 25% 的品牌銷售額排名全國第一，整體銷售額自然也就逆勢大漲了。目標百貨和大悅城的案例告訴我們，即便在今天，傳統的線下零售依然有巨大的空間。能不能成功轉型「新零售」，關鍵是看你怎麼玩。

第三，大數據幫你實現智慧生活。你設想過讓商品實現自動補給的生活嗎？比如，輪胎被磨損到需要更換時，車輛就會自動向 4S 店下單；雞蛋快吃完了，冰箱就會上線訂購新鮮的土雞

2　數據來源：大悅城地產 2017 年財報。

3　iBeacon 是蘋果公司推出的一款用於向附近顧客發送折扣券，以及實現店鋪積分的設備。

蛋；洗衣精快用完了，洗衣機就會自動完成補充包的線上購買。甚至不用人工智慧，大數據就會讓這樣的生活在不遠的未來成為我們的日常。你的馬桶甚至可能會變成你的健康管家，你早上方便過後，一份關於你身體各項健康指標的簡報就已經被傳到了手機上。

未來，運用大數據和雲端運算，所有的分銷網路都會被顛覆，因為商品與你之間的距離，不再是通路或者門市，商品自己就能夠完成購買。

一句話理解大數據思維：

從數據化營運到營運數據。

|產融思維|

一切產業，皆可金融

這是好生意嗎？

假設你是某共享單車公司的老闆，市面上沒有任何競爭對手，除了向用戶收取 199 元的押金（允許用戶取回），你不能收取其它任何費用。你覺得這種生意可行嗎？

你的第一反應一定是這樣的：營運和維護都是成本，不收錢，哪有錢造車、修車。一段時間免費，是為了撬開市場；永遠免費，就不是生意了。可是即便如此，對於很多人來說，這是很不錯的生意。為什麼？這就是產融思維的魅力。

一隻叫作「金融」的豬

從表面上看，共享單車不能收租金，沒有任何盈利模式。但是你確實可以收一筆 199 元的押金，短時間內有大量現金流聚集在你這裡。你可以用這筆錢快速擴大規模，生產更多單車，覆蓋更多用戶。假設你覆蓋了 5 億用戶，那麼你就有了 1,000 億元的現金流。雖然押金隨時可退，但是有人出就有人進，只要盤子夠大，資金總量是相對穩定的。而且市場上只有你一家，有這麼大的用戶量，你就可以用這些單車打廣告、送外賣了，可以衍生

產融思維

所謂產融思維，就是「一切產業皆可金融」。你一定聽說過「羊毛出在豬身上」這句話。沒錯，現如今，很多傳統產業本身只作為免費的流量入口，真正的變現方式，或者說產出羊毛的，正是這隻叫作「金融」的豬。

很多種商業模式。

我講這個故事，不是想讓大家都去打用戶押金的主意。實際上，自 2018 年起，國家對押金的監管也越來越嚴格了，不允許公司挪用用戶押金。

我們知道，學習網路思維，更多的是學習一種思維方式，千萬不要生搬硬套。下面內容，我再向你介紹一些產融思維衍生的玩法。

數據顯示，世界 500 強企業中，80% 的企業都玩起了產融思維。自 2013 年開始，阿里巴巴、騰訊、京東、百度陸續推出了網路金融產品。比如，大眾熟知的 P2P（點對點網路借款）、消費類金融、供應鏈金融、消費信貸等。

除了大公司，生活中的產融思維也隨處可見。比如，價值 1,000 元的月餅卡、蛋糕卡，企業批量採購的話，500 元就可以買到。這對蛋糕店有什麼好處？可以先拿到現金流。理髮師不厭其煩地勸你辦會員卡，不管是 8 折還是 5 折，只要你辦卡儲值，存得越多優惠越多。

為什麼？可以先拿到現金流。健身房、乾洗店、美容院，所有讓你辦卡的地方，除了綁定用戶，最主要的考慮就是現金流。為什麼？拿著你的錢開分店，不用給一分錢利息，還能迅速壯大，豈不美哉。

那麼，產融思維具體可以在哪些方面幫助我們呢？至少有以下 3 個維度。

第一，降低融資成本。企業要快速擴大規模，往往要融資，而無論是股權融資或債權融資，都是有成本的，而且相當高。企業往往在融資過程中耗費大量交易成本，經常有「賺的錢還不夠還利息」這樣的事情發生。而企業透過產融結合，可以將體外循環的資金變為體內循環，大大降低融資的交易成本。有時候，我們要學會理解這樣一句話：「擁有多少錢不重要，能調動多少錢才重要。」

第二，快速跑馬圈地。零售服務商國美集團 2007 年的銷售額為 1,000 億元，但是低價零售並不賺錢。那它靠什麼賺錢呢？很簡單，國美給供應商的帳期是 90 天，而它自己的回款期只有 21 天。你可以變相理解為，國美所有的貨款，可以白用 70 天，而且因為一邊出，一邊進，國美相當於有一個非常穩定而自由的資金池。那個時候，全中國土地儲備最多的是恆大集團，它擁有 5,000 萬平方公尺；保利集團排名第二，擁有 4,200 萬平方公尺；萬科排名第三，擁有 3,500 萬平方公尺。而國美集團用這個資金池的錢，拿地 1.2 億平方公尺，差不多是這 3 家土地儲備的總量。所以，有人戲稱，其實國美是一家房地產公司。

第三，創新盈利模式。41 歲時，黛比・沃斯科（Debbie

Wosskow）在某次長途飛行中看了電影《戀愛沒有假期》[1]。她借鑒電影裡的故事，創建了讓人們交換閒置住房的網站 Love Home Swap。這個網站可以讓業主在不使用房子時將其租給別人，同時自己也可以跟其他業主交換房子，在度假時更省錢，也增添更多新意。那這個網站怎麼賺錢呢？這就要用到產融思維了。房屋交換有安全隱患，於是黛比與保險公司合作，開發了一種定製型的保險產品，創造新的收入來源。很難想像，一個交換閒置住房的網站的盈利模式，居然是金融保險產品。

一句話理解產融思維：

擁有多少錢，不重要；能調動多少錢，才重要。

1 《戀愛沒有假期》是 2006 年的一部愛情喜劇片，由卡麥蓉・狄亞、凱特・溫斯蕾、裘德・洛等明星主演。

｜生態思維｜

生態協同完勝專業分工嗎？

小米的生態協同

說起小米，你首先想到的肯定是小米手機。我雖然沒怎麼用過小米手機，但是這絲毫不能阻擋我成為小米的粉絲。我經常出差，以往家裡好多天沒人打掃，一定到處都落一層灰。

最近一年多，我養成了一個習慣：飛機一落地，先打開小米 App，遠端控制家裡的小米空氣清淨機、加濕器、掃地機器人，讓它們賣力工作。等我到家的時候，空氣濕潤清新，地面也乾乾淨淨。透過一部手機，你可以在世界的任何一個角落控制家裡的智慧電器。

生態系統的威力

生態系統一旦構建，威力巨大。2017 年 4 月，蘋果和騰訊為了爭搶支付管道開戰，蘋果要求所有對微信公眾號作者的打賞必須經過它的支付管道。騰訊當然不願意，談判無果，於是直接關閉了蘋果版微信上所有打賞功能，甚至連貼 QR Code 轉帳也不支持了。為什麼要爭支付管道呢？因為對於所有從蘋果應用商店（App Store）下載的軟體，蘋果都要在用戶支付時抽取 30%

生態思維

單拿出來任何一款產品，都不具備捨我其誰的絕對優勢，但是當所有的產品構建起一種生態時，則會因為互相之間的協同效應產生巨大的價值壁壘。這也是我們常說的生態思維。

的傭金。話說回來，蘋果為什麼敢於抽取這麼高的分潤呢？正是因為蘋果從一開始就定義了一系列標準化的應用接口，打造了一套完整的生態閉環。

那麼瞭解了生態系統的威力，如何才能構建生態體系呢？還是老規矩，我帶你梳理一下 3 件事。

第一，別著急「連」，先當「垂直」老大。

英文有一個詞，叫利基市場（Niche Market）[1]。Niche 源於法語。法國人信奉天主教，在建造房屋的時候，常常在外牆上鑿出一個不大的神龕，以供放聖母馬利亞。神龕雖然小，但邊界清晰，洞裡乾坤，因而 Niche 後來被用於形容大市場中的縫隙市場。

要想合縱連橫，第一件事是先找到一個足夠垂直、不怕小眾的縫隙市場，成為絕對的第一。在今天的商業世界，資源和用戶的分配不是你占 100，我占 80，而是贏家通吃。所謂高居榜首的頭部產品、頭部 IP（知識產權），就像微信、滴滴出行、晚 7 點的新聞聯播。有句話是這麼說的，命運就像晚 7 點的新

1 利基市場（Niche Market），指在較大的市場中，具有相似興趣或需求的一小群顧客所占有的細分市場。

聞聯播，不是你換台就能躲得了的[2]。所以，一切生態思維的前提是你先在一個垂直領域拿到所有的頭部資源。前些年有一個二級市場的投資人問我是否看好影片網站樂視的股票，那正是樂視發展到最高峰的時候。說實話，我對樂視的瞭解不多，不敢妄加評判，於是我問了對方一個問題：你能告訴我，在哪個垂直領域，一說起這個品項你就能馬上想起樂視嗎？樂視是哪個品項的絕對第一，哪怕是第二嗎？對於有些事來說，我們還是要遵從大自然的規律，「只有服從大自然，才能戰勝大自然」。

第二，橫著「連」，以用戶為軸。

所謂橫著連，就是跨領域構建生態，形成用戶閉環。這件事的唯一標尺就是用戶的需求。以騰訊和京東的「聯姻」為例，整個騰訊公司都瀰漫著浪漫的社交基因，從 QQ 到微信，把「人＋連接」演繹到了極致。然而，用戶除了社交的需求，還有購物的需求，而騰訊天生沒有電商光環，因此選擇異業連橫。騰訊聯手京東，互相入股，互相給流量入口，你中有我，我中有你，閒來無事就「手拉手」在其他競爭對手面前聯合軍演，給其他競爭對手嚇得不輕。橫向打造生態的例子有很多：滴滴出行做完了專車，做順風車、巴士、代駕；京東做完了 3C 電器，做服裝、家居、日用百貨；網易做完了門戶，做遊戲、音樂……這都是橫向搭建生態的典型例子。

2　編註：晚 7 點新聞聯播，為中國大陸央視的時政新聞節目，北京時間每晚 7 點於央視的綜合、軍事、新聞頻道，及中國大陸各省電視台主頻道、廣播電台同步播送，具有高度的收視率及影響力。

第三，縱著「連」，以整合為尺。

所謂縱著連，就是打通產業上下游構建生態，形成產業閉環，這件事的唯一標尺就是產業的資源整合效率。傳統的縱向連接很好理解，比如迪士尼打造卡通 IP，上游壟斷最優秀的動漫畫家，下游販售衍生品，而迪士尼樂園打造了非常穩固的產業生態帝國。當然，縱著連也有玩得比較 High 的，比如特斯拉為什麼要免費開放充電技術的全部專利呢？因為伊隆．馬斯克意識到，未來的競爭不是他與其它企業的競爭，而是整個電動汽車生態與傳統汽車生態的競爭。只有更多企業參與電動汽車的開發，整個生態才有可能發展起來。

一句話理解生態思維：

只有服從大自然，才能戰勝大自然。

| 跨界思維 |

有節操，無禁忌；有底線，無邊界

跨界成風

2016 年 5 月，北京衛視推出了一檔綜藝節目《跨界歌王》，一群明星演員在舞台上不演戲，只唱歌。後來北京衛視又趁熱打鐵推出了《跨界喜劇王》，這次各路演員和歌手不演戲、不唱歌，改成說相聲了。兩檔節目讓北京衛視賺足了眼球。

這幾年，很多知名人物都在走跨界的路線，比如英語教師羅永浩就已經很難被定義了。羅永浩是這樣概括自己的：手機圈裡的「相聲教父」，相聲圈裡的英語老師，英語圈裡的維權鬥士，維權圈裡的機構校長，校長圈裡的網路紅人……不同的身分疊加在一起，讓羅永浩成功地樹立了屬於自己的形象 IP[1]。這個 IP 已經演變成了一種天然的品牌資產，在他創業的過程中發揮了不小的作用。

不跨界，無商業

跨界早已成為普遍的商業現象。2001 年的柯達，光品牌價值就達到 120 億美元，11 年後的 2012 年卻只剩 1 億美元，時至

1　這裡指獨特的人格、人設。

跨界思維

簡單地說，跨界就是別有用心地「不務正業」。比如，星巴克除了賣咖啡，還賣光碟；IKEA 除了賣家具，還賣肉丸子；BMW 除了賣汽車，還賣休閒服裝。

今日估計所剩無幾。柯達是被競爭對手富士幹掉的嗎？不是，是被數位相機跨界顛覆了。再比如，三大營運商中國電信、中國聯通、中國移動有一天一起控訴微信，說微信不收錢，馬化騰和張小龍就疑惑了，我不收錢跟你們有什麼關係。再看看現在誰還用簡訊？連最基礎的打電話功能，都快被微信的語音通話替代了。還有蘋果打敗 Nokia、支付寶差點顛覆銀行、滴滴出行重新定義計程車公司。有人調侃說，做企業，你不跨界，就會有人過來讓你「出軌」。企業的跨界經營，本質上就是一場侵略戰——有節操，卻無禁忌；有底線，卻不存在規則的邊界。

理解了什麼是跨界思維，又該如何運用跨界思維呢？給你 3 個建議。

第一，核心能力，要穩。跨界是為了賦能，賦能的前提是自己夠強。提起國際商業機器公司，你可能會覺得這是哪裡的山寨公司，沒聽說過，其實這就是我們常說的 IBM。IBM 簡直是不斷跨界創新的典型。IBM 最初創立的時候，生產打字機和文字處理機；二戰開始後，IBM 生產 M1 卡賓槍和白朗寧自動步槍；20 世紀 60、70 年代，IBM 協助美國太空總署完成了「阿波羅登月計畫」，還建立了銀行跨行交易系統，設立了航空業最大的線上票務系統，等等；20 世紀 80、90 年代，IBM 又率先進入個人電腦生產和銷售業務，引領新一代的技術革命。IBM 能夠在不同的領域取得如此非凡的成就，是因為它具備了足夠強大的核心能力，也就是依託資訊技術提供商業解決方案，以及將技術創新與大規模工業生產完美結合的能力，這種獨特的能力是他人難以超越，不可替代的。因此，堅守、精進自己的核心競爭力，是企業跨界取勝的第一步。

第二，顛覆方向，要準。跨界是為了用高效率整合低效率，所以尤其要看準新領域裡現存的低效環節在哪裡，暴露了什麼樣的問題。舉個例子，人們通常把麥當勞理解為一家連鎖餐飲巨頭，這確實沒錯，但麥當勞更大的利潤卻是來自商業地產開發的板塊。基於多年的經營，麥當勞發展出了一套關於店鋪如何選址才更為賺錢的分析系統，因此它總會用很低的價格買下那些升值潛力巨大的地產，買下後就把它裝修成一家麥當勞，再打包餐廳的營運標準、管理培訓、供應鏈服務等，吸引加盟商投資經營。在加盟商看來，這塊地已經不再是那個不值錢的鋪面，而是一台印鈔的機器，因此他們情願支付高昂的加盟費，麥當勞也得以憑藉資本的快速回籠而迅速擴張。這一切都緣於麥當勞捕捉到了商業地產開發不充分的機會，進行了商業模式的創新，實現了完美的跨界。

第三，對待自己，要狠。企業經營方向上的跨界，要盡力避免一時興起、三分鐘熱度，相反，跨界應該是一個高瞻遠矚、持續投入、穩步擴張、長線收益的過程。早在 2006 年，戴爾、惠普這些老牌服務器廠商還都停留在舊有業務的時候，亞馬遜就出其不意地推出了自己的雲端運算服務 AWS。早期研發過程中的跌跌撞撞並沒有嚇倒亞馬遜，相反，亞馬遜深知雲端運算服務注定是未來互聯商業時代所必需的基礎設施，因此堅定地增加研發投入。正是因為投資者看到了亞馬遜在跨界過程中的篤定與穩健，使得原本連年虧損的亞馬遜的本益比還能常年保持在 1,000 倍左右。今時今日，亞馬遜已經獨攬全球雲端運算市場 40% 的巨大占有率，不但盈利可觀，還一躍成為全球排名第四的偉大公司。當你以為亞馬遜是一家電子商務公司的時候，它早已經是一家雲端運算和大數據的公司了。貝佐斯（Jeff Bezos）就說過：「偉大的公司，要學會被人誤解。」

一句話理解跨界思維：

跨界，就是別有用心地「不務正業」。

Chapter 10

你看賺多少錢，投資人看值多少錢
融資

｜融資階段｜

天使看「臉」，「風投」看「身材」

「就差天使輪」

在今天的中國，投融資已經真切地走進了我們的生活和工作。在北上廣深的創投咖啡館，張口閉口不說融資幾千萬元、估值幾億元，都不好意思說自己是出來混的。那麼，投資人和創業者口中的那些 A、B、C、D 輪；還有「種子」、「天使」、「獨角獸」；BP（商業計畫書）、路演、估值、條款，都是什麼呢？

有一個很有名的投資人，他也是有書的投資人。他遇到過一件有趣的事情，說有一個創業者找到他，很嚴肅地說：「這個

融資

融資是指企業透過借錢（舉債）、出售所有權（股票），或由獲利盈餘（留存收益）來籌集所需資本的行為。

項目，A 輪已經找好了經緯創投，B 輪已經找好了紅杉資本，C 輪將來會是百度、阿里巴巴、騰訊中的一家，都已經安排好了，現在就差『天使輪』了。」我當時聽完，差點笑噴[1]。拋開這個神奇的創業者不說，同樣是融資，為什麼還有輪次和階段的不同呢？每個階段，投資人關注的點都是一樣的嗎？投資人和創業者關注的角度有什麼區別？我們先聊聊融資階段這件事。

融資的各個階段

如果用一句話總結投資人在各個階段的主要關注點，你可以簡單地這樣記：「天使」看人，A 輪看產品，B 輪看數據，C 輪看收入，上市看利潤。雖然如此粗暴地劃分不夠嚴謹，但是可以幫你快速地理解各個輪次的核心關鍵點所在。

我們來分別看一下投融資過程的 3 個階段：投資早期、投資中期和投資後期。

第一，投資早期，一般指的是「種子輪」和「天使輪」。

1 每一輪融資，投資人都會基於前一輪融資時設定的目標和實際的發展進度來進行決策。這位創業者在沒有拿到早期「天使輪」投資的情況下，就聲稱已經找到了後面的投資，屬無稽之談。

最初的階段是「種子輪」。在這個階段，公司只有創意，沒有具體的產品，一般因為前期資金需求較小，創業者會自掏腰包或者和朋友合夥創建公司。另外也會有一些專注於「種子團隊」的投資人，但是投資金額往往不會很多，一般在 10 萬至 100 萬元。創業者在這一階段尋求融資時，最需要講清楚的是「我要做什麼」。

「種子輪」之後就是「天使輪」。「天使輪」是指公司有了產品初步的模樣，商業模式也初步形成，同時擁有了早期的「種子用戶」。投資來源一般是「天使投資人」和「天使投資機構」，投資金額一般在 100 萬至 1,000 萬元。這個時期的投資人主要看的是創業團隊，也就是人。紅杉中國種子基金、李竹的英諾天使基金、徐勇的天使成長營，都是國內知名的早期「天使投資機構」。

第二，投資中期，包括 A 輪、B 輪。

在 A 輪，創業公司的產品已經逐步成熟，開始上線、疊代，在市場上進行驗證，並有完整、詳細的盈利模式。這一時期的創業公司雖然可能還處於虧損狀態，但是已經有了基本的收入預測。這個時候的投資者看重的是產品，網路產品可能是一個 App、一個網站，也可能是功能、算法或者後台。在這個階段，投資金額一般在 1,000 萬至 1 億元。

A 輪之後是 B 輪融資。創業公司經過一輪「燒錢」後，會獲得比較大的發展。這時候商業模式和盈利模式能得到充分檢驗並完善，一些公司甚至開始盈利。為了推出新業務、拓展新領域，創業公司需要找到風險投資機構，也就是 VC（Venture Capital），比如紅杉、IDG 資本（International Data Group）、經緯中國。投資額度一般在 2 億元以上。這一輪的投資者開始格外關注產品的數字表現，比如用戶的增長、訂單數、回購率……

第三，投資後期，主要是 C 輪、D 輪和 IPO（Initial Public Offerings，即首次公開發行）。

到達 C 輪融資的時候，創業公司又會遇到一個瓶頸。這時公司已經非常成熟，除了拓展新業務、講講「生態」，就要開始準備上市了。C 輪開始的資金來源主要是私募股權機構，也就是 PE（Private Equity），有些之前的 VC 也會選擇跟投。著名的 PE 公司有九鼎、KKR（Kohlberg Kravis Roberts & Co.,）、鼎暉……這一輪的主要依據是公司的收入水平，投資資金一般在 10 億元左右。

C 輪融資過後，有個別公司會再融 D 輪、E 輪，這之後，公司就可以著手準備上市了。上市之前要做的一件事叫作 IPO，這指的是公司第一次將它的股份向公眾出售。一般來說，IPO 完成後，這家公司就可以申請到證券交易所掛牌交易。

除了這些粗線條的融資階段劃分，投資人和創業者對同一家公司價值的看法也不一樣。有一句話深刻地揭示了這兩個角度持有的不同理念：創業者看公司賺多少錢，而投資人看公司值多少錢。

投資人的期望是：在我投入資金以後，這家公司就要增值，也就是要更值錢，公司本身賺不賺錢不是最重要的。換句話說，當下一個投資人進來時，他理所當然要花更高的價錢才能買到和我相同份額的股權。每經過一輪融資，早進來的投資人持股不斷增值，後來的投資人不斷對公司重新溢價認購，公司的價值也就不斷翻倍，這是每一個投資人都希望看到的腳本。

一句話粗淺地理解投資倫次：

「天使輪」看人，A 輪看產品，
B 輪看數據，C 輪看收入，上市看利潤。

｜商業計畫書｜

打開投資人的口袋，12 頁 PPT 就夠了

2 分鐘內打開投資人的口袋

很多投資人的工作節奏非常快，每天要接觸上百份商業計畫書，平均每份的閱讀時間大概只有不到 2 分鐘。如果一份 BP 在 2 分鐘內不能打動他們，那它就只能默默地躺在廢紙簍裡了。

一份優秀的 BP 通常只需包含 12 頁。

第 1 頁是項目概述。這一頁需要精練地概括項目，最好只用一句話，越簡單越好。

第 2 頁是用戶的痛點分析。用戶有哪些需求場景？行業有哪些痛點？有哪些需求是還沒被滿足，或者是競爭對手沒有解決好的？這個需求市場有多大？這一頁的重點是描述市場邊界，通俗的說法是描述這個市場的天花板有多高。

第 3 至 4 頁是產品展示頁。圍繞之前的痛點，你要提供什麼樣的產品來滿足這種市場需求。這部分一般是用幾張簡單的圖片（比如產品截圖、業務流程圖）描述產品的核心功能，以及產品的開發進度。

第 5 頁是競爭分析。同一賽道的競爭對手有哪些？你和他們有什麼不同？優勢在哪裡？有沒有可能實現「彎道超車」？這一部分主要是回答投資人關心的「你如何跑贏市場競爭」這

商業計畫書（Business Plan）

簡稱 BP，通常是創業者為了對外融資而編寫的公司畫像，包括公司業務、財務狀況、市場分析、管理團隊等方面的內容。

個問題。

第 6 至 7 頁是團隊介紹。一流的團隊可以做好二流的項目，但是二流的團隊沒辦法做好一流的項目。介紹團隊不要空泛地說「技術高超，經驗豐富」，這樣的描述都是 0 分，最好的表述是「某某曾經開發一款小軟體，幫公司半年內增加 100 萬用戶和 1,000 萬元的收入⋯⋯」用數字說話更有信服力。

第 8 頁是里程碑。這一部分主要展示公司從成立到現在的用戶數據、收入數據、盈利數據⋯⋯用已有的營運數據證明你的商業思路可行，流程順暢，並不是僅有一個想法就來融資了。

第 9 頁是發展規劃。這款產品做出來以後怎麼推廣？打算用多長時間達到多少用戶量？公司會怎樣擴展市場，希望占有多少市場份額？這一步做好以後，下一步會怎麼做？這裡需要一步一步地展示你公司的長遠發展規劃。

第 10 至 11 頁也是非常重要的一個部分——融資方案。融資方案有兩個核心部分：融資金額和融資用途。首先是你出讓多少股份，要多少錢。融資並不是越多越好，你漫天要價就會把投資人嚇跑。一般的慣例是，融到足夠公司未來 18 個月所需的資金量就可以了。出讓多少股份其實就是估值的問題，怎麼估值是一門大學問，我們在之後的章節會專門講這個主題。然後就是這些錢的用途。再大方的投資人也不會讓你拿著錢買跑車、豪宅、環球旅行，而是讓你把錢用在刀刃上，優化產品，開發市場。

最後一頁，也就是第 12 頁，用一句話清晰明瞭地總結整個項目，給人留下深刻的印象，簡約而不簡單。

距離優秀的 BP 還差 3 件事

明白了這 12 頁應該怎麼寫，距離一份優秀的 BP 還很遠。有 3 件事，我請你尤其注意。

第一，自己寫，你的公司你做主。公司是你的，所以商業計畫書必須由創始人自己寫。不管別人在業務上、在行業中多麼有經驗，他們對這家公司的理解也不會比你更深刻。面對投資人的時候，你會被淹沒在一大堆問題之中，你回答問題的能力非常重要，如果你不親自寫商業計畫書，這無數的問題可能會讓你當場現形。其實 BP 不是「八股文」，它首先是提供一個釐清創業思路、激勵創業夥伴的契機，其次才是獲得投資人青睞的工具。照抄別人的或者請別人幫你寫的 BP，打動不了自己。不能讓自己興奮，又怎麼能讓你的投資人興奮？

第二，慎吹牛，愛用戶別愛技術。很多創始人迷戀自己的技術優勢和想法，自稱是下一個馬雲，下一個馬化騰，下一個改變世界的人。還有很多人在商業計畫書中詳細地解釋技術原理、領先優勢，說自己的技術比市面上所有的方案都好。遺憾的是，老道的投資人知道，技術好並不代表一定能在商業上獲得成功。相反，這樣的 BP 傳遞了一種信號：創業者把優先項目弄混了，因為比偉大的技術或創意更重要的，是你能否切實地解決用戶遇到的問題和痛點。

第三，說人話，少用文字多用圖。請不要使用超過 3 種顏色的字體或圖形；能用圖形或圖表表述清楚的，盡量不要用文字，因為邏輯順暢的圖形和圖表可以讓投資人「秒懂」。版面中絕大部分文字應大小適中，排版整潔簡練，一般一個版面內不超過 2 種字號和字體。如果文字排版凌亂又正好遇上患有「強迫症」的投資人，結局不用我說，你也很清楚。這部分的建議同樣適用於個人履歷。

一句話理解怎麼做一份好的商業計畫書：

簡約不簡單，真誠不做作，理性不吹牛。

｜路演策略｜

戳不中興奮點，你賣得再用力有什麼用？

奇蹟是瘋子創造的

2014 年 9 月 8 日，是阿里巴巴赴美 IPO 路演的第一天，馬雲說了這麼一句話來開場：「我 15 年前來美國要 200 萬美元，被 30 家 VC 拒了；我今天又來了，就是想多要點錢回去。」神話往往是從笑話開始的，奇蹟往往是由瘋子創造的。最後的結果大家都知道，阿里巴巴總計融資 217.7 億美元，一度成為美國有史以來規模最大的 IPO。後來人們把馬雲的這段經歷總結成一句廣為流傳的話：昨天你對我愛搭不理，今天我讓你高攀不起。

路演和 BP 要表裡如一

如果說商業計畫書是相親前看的照片，那路演就是面對面的相親。投資人看過商業計畫書，願意邀請你做路演，就說明他對你的產品有了一定的認可。路演不僅僅是為了進一步瞭解產品，更重要的是看你和你的團隊是否靠譜，你們是否有能力把 BP 中的計畫落在實處。

那麼，路演作為融資中重要的一環，應該怎麼抓住投資人的心呢？還是 3 招。

路演（Roadshow）

簡單理解，就是在路邊吆喝。在融資中，站在路邊的是創業者，賣的東西就是企業的股權。

第一，講好故事。好的投資人一天可能要看 8 至 12 個項目，不可能每一個都記得住，那什麼資訊是大腦更容易記住的呢？就是故事。好的故事可以瞬間讓投資人與你產生共鳴。就像馬克·吐溫說的：別只是描述老婦人在嘶喊，而是要把這個老婦人帶到現場，讓觀眾真真切切地聽到她的尖叫。舉個例，戴賽鷹是「三個爸爸」空氣清淨機的創始人，他在沒有品牌知名度，甚至是沒有生產出樣機的情況下，就獲得了高榕資本千萬美元的投資，並創造了京東眾籌史上的奇蹟，單日眾籌破千萬元。他的品牌故事是怎麼講的呢？老戴因為擔心自己的小孩受不了北京的霧霾，仔細比對了 20 多個品牌後發現，市場上沒有符合兒童呼吸系統特點的空氣清淨機。於是，為了能讓自己的孩子吸上一口乾淨的空氣，他和另外兩人一起做了「三個爸爸」品牌。路演現場，據說老戴把自己的兒子抱出來，對著「三個爸爸」清淨機大口呼吸。我一直調侃老戴，覺得他的兒子不是親生的。但是你發現了嗎？一個好的故事會讓你瞬間有帶入感，這個故事講著講著就變成真的了。

第二，霸氣外現。總有那麼一種人，他一開口講話，全場都會肅靜，洗耳傾聽。我們通常用「自帶氣場」來形容這種人。

那怎麼增加氣場呢？一，形象。平常隨便你怎麼穿，但是做路演的時候，請講究穿著。關於講究，我給你一個標準，就是穿上這一套，你的身體會自然挺拔，氣質會自然提升，情感會自然流露。二，你需要展示熱情和自信。在這裡，所有演講的技巧都是陪襯，把你心底最真實的對創業、對產品的那種激情和渴望自然地表現出來。我見過一個創業者，說話嗑嗑巴巴，邏輯性不算強，然而就是那種由內而外的渴望和自信，感染了下面所有的投資人，大家都搶著投。強大的自信不是緣於自我催眠，而是緣於無數的鍛鍊和經驗的積累，以及路演前大量的準備。

我見過最誇張的一次路演，是手機遊戲開發商藍港互動的王峰。王峰是一個連續成功的創業者，之前創辦的藍港互動已經在港交所上市，他又創建了斧子科技。這家公司是怎麼融資的呢？王峰把紅杉、IDG 等知名 VC 叫到一起，連 PPT 也沒有，直接拿了一塊黑板，在上面現場畫出自己的商業構想，畫完了問大家投多少。所有投資人目瞪口呆，紛紛搶著在現場掏錢。這是我所知道的最有現場掌控力的一次融資路演。王峰說過：「項目是我的孩子，我每天醒著想，睡著了也想，我怎麼可能被投資人問住？」

第三，相信自己。別太高看投資人，投資人也不都是聰明人，也經常會看走眼、錯過好項目。比如美國老牌風險投資機構 BVP（Bessemer Venture Partners），在蘋果上市前的 Pre-IPO（上市前基金）融資中，認為價格「貴得離譜」，還認為 eBay 屬於「沒有腦子的人才會看上它」，對於聯邦快遞，他們有 7 次投資機會都沒有投，又完美錯過了特斯拉、英特爾、Facebook 等公司的投資機會。所以如果你下次再被拒絕，沒有必要妄自菲薄，也不用在一棵樹上吊死，也許那是因為你還沒有找到真正懂你、跟你志同道合的投資人。這裡說的「別高看他們」，你可以理解為：戰略上藐視對手，戰術上重視對手。

一句話理解路演：

自信、真誠地講好故事。

｜公司估值｜

估值算法，你要先學會，再忘記

包子鋪的估值算法

一家上市公司值多少錢取決於市值，也就是大家願意花多少錢買你的股票。公司上市之前沒有流通股票，那這家公司的市值怎麼算呢？只能靠估值。

假設有一個很會做包子的人開了一家包子鋪。他花了 20 萬元購置了一些設備，租了一個商鋪。每個包子淨賺 1 元，平均每天大約能賣 100 個包子，一天的淨收益是 100 元，一年淨利潤是 36,500 元。這樣一個簡單的小生意，如果我們對他估值，這個包子鋪值多少錢？

常用的估值方法有 3 種：成本法、相對估值法和絕對估值法。簡單地說就是看過去、看現在和看未來。

第一，成本法，也就是看過去。這種方法很簡單，就是假設企業的價值等同於過去投入的所有資金。在上述的案例中，開包子鋪一共投入了 20 萬元，所以這家包子鋪的估值就是 20 萬元。我們可以看出，成本法只計算了前期的投入，忽略了公司的盈利能力、企業品牌、客戶通路等無形資產，所以用成本法計算公司估值有一定的局限性。

第二，相對估值法，也就是看現在。這家包子鋪剛開張，

估值

顧名思義，就是估算出來的價值。公司估值就是企業在尋求融資的過程中對企業價值的估算。

沒有什麼數據，不過我們可以參照美國的同行或者其它上市的包子鋪，用他們的財務數據進行估值，把他們的本益比、市值營收比套進這家店。比如有一家上市的包子鋪，市值是 50 萬元，我們在比對了兩家公司的銷售數據和財務數據後，進行了一番估算，給了這家包子鋪 20 萬元的估值。這種方法比較簡單，因為數據比較容易獲取，尤其是同行業上市公司的數據，計算也相對簡單。但是用這種方法未必能反映一家公司真正的內在價值，比如馬雲今天要開一家包子鋪，你用傳統的數據進行對比估值，肯定估算不出馬雲可能會開出一個包子帝國。

第三，絕對估值法，也就是看未來。這種方法就需要用到公司金融的一些知識了。我們要做的首先是預測未來的現金流，然後折現到今天，把加總的折現現金流作為公司的估值。在這個案例中，我們預估這家包子鋪在未來 10 年中，每年都有固定的利潤，即 36,500 元，10 年加起來就是 365,000 元。但是 10 年以後的錢肯定不如今天值錢，所以我們經過簡單的折現，假設 10 年總收益折現到今天是 20 萬元，那麼對於這家公司，我們就給 20 萬元的估值。絕對估值法基於未來的現金流預測，能直接反映公司的成長性和營運能力，更有說服力和可信度。但是主觀假設因素對最終結果影響太大，比如對這個包子鋪的預測，應該假定年增長是 20%、50%，還是 100% ？不同的假設所得出的企業估值會有天壤之別，然而誰能確定未來的業績增長到底是多少呢？

初創公司怎麼估值？

這 3 種方法各有優點和缺點，沒有公認的標準方法。你可能會好奇，現在市面上的通用方法是哪一種？其實這 3 種都不是。

投資者更看重的是增長潛力，而不是現階段的盈利情況。比如，初創公司什麼都沒有，價值近於零，很有可能還在虧損，而估值卻要高很多。實際上，在企業發展的早期，估值並不能反映企業的真正價值，真正反映企業價值的是投資者願意用多少錢買你公司多少股份。

永遠記住那句話：創業者考慮的是公司賺多少錢，而投資人考慮的永遠是公司值多少錢。

即便如此，我也強烈建議所有創業者對上面的 3 種方法加以瞭解和熟悉，直白地說就是向投資人表明：拍腦袋拍出來的估值也是有據可依的。大多數時候，你具體算出來的那個數字並沒有那麼重要，重要的是你願意去算、去想，願意理性、全方位地判斷自己的公司。這種態度和能力往往會在無形中增加你的估值。所以對於估值算法，你要先學會，再忘記。

有的時候，投資人對於初創項目沒有辦法完全理性地分析。

大多數情況下，他明知道你在唬弄，但還是想看看你到底能不能說服他。如果你能在這一輪說服他，他就可以相信到了下一輪，有了他的站台和幫助，你可以說服其他投資人。很多時候，事情的結果並不是注定的，你能哄住所有投資人，讓所有人相信你的事情能成，到最後在這些人的幫助下，這件事情可能就真的成了。如果你不能說服投資人，那麼一件本來可以成功的事情反而成功不了，這就是投資人的基礎邏輯。補充說明，我們把這裡所有的「唬弄」都視為中性詞，沒有貶意。

一句話理解公司估值：

對於估值算法，你要先學會，再忘記。

｜融資條款｜

簽「賣身契」，踩這幾個陷阱你就虧大了

「喪權辱國」的條約

作為創始人，你費盡千辛萬苦，終於得到了一份投資條款清單（Term Sheet），但同時也很困惑，因為其中包含了很多陌生的名詞，而且看起來像是不平等條約，甚至像是「賣身契」。

我見過一些創業者，他們對此的第一反應是：「喪權辱國」，憑什麼？大不了不簽了！

在我看來，這些人從沒有真正想過這份條款背後的目的，以及它的真實影響到底有多大。

在商業的世界裡，我一向不贊成過分感性。請記住，這裡沒有那麼多「對與錯」，沒有那麼多「憑什麼」。商業就是一個「店大壓客」或者「客大壓店」的賽局過程。

如果今天阿里巴巴和騰訊讓你投資，他說什麼你都得答應。同樣的，如果你是紅杉或 IDG，面對一個沒什麼名氣的創業者時，你可以有充分的話語權。任何一份商業合約不是國家主權，不是寸土必爭。你一定要懂得在這樣的賽局或者談判中，你捨棄了什麼，爭取了什麼。

有這樣思維的人才是真正的帥才，而不是匹夫之勇。

投資條款清單（Term Sheet）

簡稱 TS，也被稱為投資意向書，是投資者和擬被投資企業就未來的投資交易所達成的原則性約定。

一根繩上的蚱蜢

投資人在 TS 中設定的若干條款，本質上不一定是針對你，因為他一旦投資，你們就變成了一根繩上的蚱蜢，也就是命運共同體。有一些條款是為了鞭策你、激勵你，或僅僅是限制你耍花招而已。就像現實生活中，你的老闆對你嚴格要求、苛刻至極，這時你一定要判斷一件事：他是故意耍你，還是想讓你變得更好。懂得這其中的道理，可能比多懂 50 項條款重要。

我們來一起簡單瞭解一下 3 項常見的投融資條款：清算優先權、反稀釋條款、股份回購權。

第一，清算優先權。關於清算優先權，有人形象地打過一個比方，即先分魚還是先分船。什麼意思呢？假如你拿到我的 200 萬美元投資，投後估值 1,000 萬美元，那麼我的占股比例為 20%。一年後，公司營運得不是很好，被其他人以 1,000 萬美元的價格收購。這時我要拿走 360 萬美元，你只剩下 640 萬美元。為什麼？ 80% 的股份不是可以分得 800 萬美元嗎？原來根據我們之前簽訂的條款，我有優先清算權，可以先拿回自己投資的 200 萬美元，然後再用 20% 的比例跟你分剩下的 800 萬美元。你不服，問我憑什麼？

不需要解釋憑什麼，優先清算權就是保護投資人的一種簡單條款。如果沒有優先清算權，還是上述的案例，我剛投完 200 萬美元，你馬上宣布關門清算，那麼你就可以在沒有投入一分錢的情況下，用 80% 的股份分配我投的 200 萬美元，你淨賺 160 萬美元。所以優先清算權讓我可以先拿回我投資的這 200 萬美元。這就可以保證你拿錢是為了發展公司，而不是為了騙我的錢。

第二，反稀釋條款。還是上述這個例子。經過 3 年的發展，你嫌我占股太多，就想了一個計策：你跟我說公司發展不好，想跟某人融下一筆錢，但是對方只給 500 萬美元的估值。你同意了，於是對方投進 200 萬美元，占比 40%，這樣一來，我的股份一下子被稀釋到只剩 12%。這個外面的人很可能是你串通好的，一輪接著一輪之後，我的股份可能會被無限稀釋。那我應該怎麼辦呢？

反稀釋條款就起這個作用。如果未來融資的估值比 1,000 萬美元更高，那麼相安無事，隨便稀釋，因為即使占比稀釋了，更高的估值也會增加我實際上擁有的價值。但是如果再融資的估值比 1,000 萬美元低，那我們就得重新界定我的股份占比。在上述這個案例中，如果你同意對方的 500 萬美元估值，那麼我當初投的 200 萬美元，就要重新按照 500 萬美元來占比，也就是 40%，然後再稀釋。這項條款翻譯成通俗易懂的話就是——「魔高一尺，道高一丈」。

第三，股份回購權。股份回購權是指投資者在特定的條件下，可以要求你回購他們持有的股票。還是上述這個例子。你的公司慢慢發展成了「活死人」，就是能夠產生一定的收入，維持公司營運，但是卻無法成長到讓其它公司收購或者上市的狀態。對我這種投資人來說，這就「要命」了。要知道很多投資基金是有封閉週期的，一般主流的投資基金封閉期為 5 至 10 年，到時間必須變現，賠了也得變現。因此，回購權實際上給了我一條變現的管道。

一句話理解融資條款：

融資就是賽局，對條款有捨有得，是為真正的帥才。

PART 3

學得會的 品牌傳播

Chapter 11

為什麼星巴克這麼懂客戶經營？

客戶經營

｜客戶細分｜

為何去星巴克和漫咖啡[1]的不是同一群人？

去星巴克和漫咖啡的都是什麼人？

仔細觀察星巴克和漫咖啡，你就會發現，星巴克的店面大多是在寫字樓和商業中心，主要針對那些「來如影、去如風」的商務人士。漫咖啡則不同，它更願意打造一個安靜的空間，一杯咖啡、一台電腦、一本好書，一下午就過去了。風格定位不同，客戶自然也就不同。這就是所謂的「百人百姓，千人千面」。

1　編註：漫咖啡，中國連鎖咖啡店品牌，著重營造休閒舒適的環境氛圍，與中國星巴克的白領商務客群有所區隔。

客戶細分

客戶細分就是根據客戶的屬性、行為、需求、偏好及價值等因素，對客戶進行分類，並為其提供有針對性的產品、服務和銷售模式。

「客戶」這個詞，在中文裡是個比較模糊的詞彙，個體消費者（Customer）叫客戶，企業中的甲方（Client）也叫客戶。行動網路時代，由於各種應用工具的出現，又有了用戶（User）這個詞。這裡我們提到的「客戶」，主要指的是個體消費者。

沒有誰能讓所有人都喜歡

客戶細分是 20 世紀 50 年代中期由美國學者溫德爾．史密斯（Wended Smith）提出的概念。他發現，只要有兩個以上的客戶，他們的需求就會不一樣。網路時代更是「物以類聚、人以群分」，任何品牌和個人都無法做到讓所有客戶都喜歡。我們唯一能做的就是找到目標受眾，拚盡全力討好他們，至於其他人，我們只能選擇性地放棄。

舉個例子，很多年前，麥當勞為了增加奶昔的銷量，讓客戶填寫調查表，回答下面這些問題：要怎樣改進奶昔，你才會買得更多？你希望這款奶昔再便宜點嗎？巧克力味再重一點嗎？這種方式徵集不到有價值的答案，在嘗試了降價、增加口味等多種辦法以後，奶昔的銷量沒有任何變化。後來經過仔細研究，銷售人員發現買奶昔的都是每天要開很長時間的車去另一個城市上班的人，在車裡的 2 小時無比漫長，肚子會越來越餓，而如果奶昔能稠一點，甜甜的奶昔剛好可以幫助人們在路上補充能量，緩解行車的疲憊。在找準這個細分客戶的源頭後，麥當勞果斷地調整配方，把奶昔做得更濃稠，奶昔銷量也就隨之起飛了。

那麼，具體如何來進行準確的客戶細分呢？我們可以借鑒以下 3 種方法。

第一，統計內在屬性。比如，性別、年齡、地域分布、教育程度、收入水平。舉個例子，很多人吃烤鴨的首選是全聚德。這家店將客戶分為 4 類——活潑型、安靜型、興奮型和敏感型。針對每一種類型的顧客，全聚德都有一套相應的服務標準。比如遇到活潑型的顧客，服務員就要隨著顧客的話題應和幾句，讓顧客感覺得到了認同感，有面子。同時店裡還要求服務員多推薦一些新菜品給顧客挑選。這種服務因為事先做了人群細分，就比較討巧，如果沒有細分客戶，遇見安靜型的顧客也上去硬聊，那就有點尷尬了。

第二，分析外部特徵。比如，你在用的手機系統是 Android 還是 iOS ？你所處的網路環境是 Wi-Fi 還是 4G ？你當下的坐標位置是？……就拿坐標位置來說，比如你希望推廣一款名錶，即使投放北上廣，還是有很多人消費不起，在這些人中的廣告曝光都是浪費的，怎麼辦？很多手機客戶端都支持查看用戶的即時定位，你可以精準到商圈、辦公樓來投放，把名錶的廣告只推送到 CBD（中央商務區）、金融街、五星級飯店和機場附近。北京的地鐵裡曾經有這樣的廣告——沒有買賣，就沒有殺害。這一聽就知道是保護珍稀動物的，讓你不要買象牙。但是我真弄不明白，每天擠地鐵的人，有多少能閒來無事去買象牙玩呢？這就是沒有瞄準精準人群的、無效且浪費的廣告。

第三，識別行為軌跡。用戶在你這兒關注什麼內容？每天登錄幾次？每次停留多久？打開幾個頁面？有沒有評論打賞？會不會轉發分享？很多時候，這些行為都可以作為你分析用戶的有效依據。比如發放優惠券，你可以只針對已經把商品放在購物車裡，但遲遲不付款的那部分用戶；收藏商品 2 個月以上的用戶；最近一週查看商品詳情至少 3 次的用戶。這些都是相對精準的投放方式。

一句話理解客戶細分：

百人百姓，千人千面。

客戶生命週期

為什麼星巴克推出星享卡[1]？

客大壓店，還是店大壓客？

曾幾何時，開買賣做生意，商家信奉的是「好店不愁客，好貨不愁賣」。只要商品能被生產出來，每天坐等客戶上門繳錢提貨就行。至於這個人是誰，對商品滿不滿意，以後還來不來，來的話是多久之後，再來了還能消費多少，都不用考慮。

直到有一天，不想這些問題就吃不飽了。商家意識到得換個思路做生意。首先，得主動去找新客戶；其次，得想辦法讓來過的客戶多來、常來、反覆來；最後，還得去問問那些不回來的客戶，給什麼好處才願意回來。這些聽起來稀鬆平常，但它在本質上揭示了客戶生命週期的管理理念。

從 CRM 看客戶生命週期

當年，大小公司都流行一套叫 CRM（Customer Relationship Management，即客戶關係管理）的系統。透過系統，商家可以收集大量客戶的資料並建立檔案。這有兩大用處：一方面，企業

1　編註：中國星巴克的星享卡，類似於台灣星巴克的隨行卡，皆有會員消費回饋制度。2018 年年底，中國原星享卡更新為「會員星禮包」，積星規則也有相應的變化。

客戶生命週期（Customer Life Cycle）

簡稱 CLC，對企業而言，客戶是有生命的，從誕生、成長、成熟、衰老到死亡，商家要想盡可能地從客戶身上撈取油水，就得在不同的階段，用不同的方法刺激客戶。

可以在逢年過節時對重要客戶噓寒問暖，維護關係；另一方面，產品目錄、打折資訊可以隨時被送達，讓熟客再次消費。

CRM 終究只是個工具，其背後是一套完整的市場行銷理論，它叫作客戶生命週期管理。

客戶生命週期沒有統一的劃分標準，有的被分成 3 個階段，有的被分成 5 個階段，但是萬變不離其宗。我們以 3 個大階段為例，它們分別是：初始期、成熟期和衰退期。這跟談戀愛很像，最初都是萍水相逢，要想相互瞭解，這個階段最重要的就是「來電」；然後正式戀愛，你儂我儂，這個階段最重要的是不要吵架，就算吵架了也要哄回來；再之後，步入婚姻，甚至生小孩，這個階段最大的挑戰就是外界誘惑了。那面對不同階段的客戶，具體怎麼管理呢？簡單來說，你要做的就是這 3 件事。

第一，用激素縮短初始期。初始期的吸引，一般是靠激素，最好的案例就是各種網路遊戲。剛開始都讓你玩得很爽：半小時就能升幾十級，打怪如砍瓜切菜，還免費送你經驗、裝備——以前你得玩兩年才能拿到的裝備，現在半個小時就給你。簽到給，升級也給，隨便有一點小成長就給，反正就是一個爽字。為何？上來就很艱難的遊戲，大家一定不感興趣，必須先把你套進來打幾個小時，當你慢慢感覺到費勁了，你就會為了繼續獲得爽的感覺而儲值。總的來說，這套路就是：初始期要想辦法製造激素。

第二，用多巴胺延長成熟期。都說愛情需要用心經營，日子久了就得主動製造一些小浪漫，製造一點多巴胺。這個道理同樣適用於商業經營。比如，星巴克為什麼一直推廣星享卡？有了這張卡，你在星巴克的每一次消費都可以積累星星，從銀星級、玉星級，一直上升到金星級，每升一級就有很多優惠權益在等著你，比如生日禮券、買三贈一券、升杯券、早餐咖啡券……你想像不到吧，萬能的淘寶上居然有代刷星星的服務。這一張奇妙的小卡片有那麼神奇嗎？問問自己，拿著這張卡，星巴克和英國連鎖 Costa 咖啡，你會進哪一家。答案不言自明。

第三，用腦內啡延遲衰退期。遲早有一天，感情淡了，怎麼也不「來電」了。延遲衰退期，就是想盡辦法在感情日漸枯萎的日子裡，激發一點腦內啡。在商業環境裡，如果有強大的競爭對手進入，或者有太多替代品可供選擇，那麼客戶就已經處在離開的邊緣了。因此，銀行、保險公司、汽車經銷商通常都會給客戶匹配專屬的客服經理，他們定期跟客戶電話聯繫，主動詢問客戶是否有不滿意的地方，還會推薦一些老客戶獨享的優惠活動，這些方法都是為了盡量延長雙方在一起的時間。

一句話理解客戶生命週期：

今宵離別後，何日君再來？

｜客戶獲取｜

為什麼北方的星巴克都開在路北？

你聽過這首「神曲」嗎？

幾年前，一首網路「神曲」爆紅，全國各地的地攤商販都學會了這套詞，樂此不疲地用大功率音響循環播放，招攬生意：「……倒閉了！……老闆……欠了 3.5 億元……我們沒有辦法，拿著這些包抵工資。原價都是 300 多元、200 多元、100 多元的包，通通 20 元，通通 20 元……」

別看歌詞像念經一樣，還真有效，人們像瘋了一樣搶購。這段看似無厘頭的「神曲」，本質是一種客戶獲取的手段。

「獲客」的那些事

關於門市「獲客」，星巴克有一套獨特的心法。比如在北方城市，如果是東西走向的街道，星巴克一般會把店面開在路北。為什麼呢？北方的冬天，路面上特別容易積雪結冰，又因為太陽從南邊照過來，路南的積雪就會被樓面的陰影遮擋，化不開，而路北一側的積雪更容易化，因此過往的行人流量就更大，「獲客」自然也就更容易。

再舉個例子，7-Eleven 在選址上也非常謹慎，每新開一家超

客戶獲取

客戶獲取即我們常說的「獲客」，一般由公司的市場部負責。在傳統商業環境裡，獲客就是兩件事：一，廣告，想辦法讓人「慕名而來」；二，管道，想辦法「近水樓台」，然後「先得月」。

商，通常要考察商圈、住宅區的零售飽和指數、潛在客戶數、人均支出等一系列數據。

他們不會聽地產仲介的人唬弄，而是會派專門的業務員在天黑以後現場勘查。為什麼要到天黑以後？因為要細數每棟樓亮燈的情況，根據亮燈住戶的比例估算真實入住率，從而得到更精準的潛在客戶數。有了這個數據，再做是否開店的決策，成功率自然大幅提高。

現如今，在互聯網路構建的數字化商業環境裡，「獲客」的含義已經變得大不相同。對於線上的玩法，我也算一名老手，我列舉了以下 3 個方面，供你參考。

第一，理性買。

線上獲取客戶有幾種常見的方式。第一種方式叫作 CPC（Cost Per Click，即按點擊付費）。這容易理解，用戶點擊你的廣告，一次點擊 0.6 元，或者一次點擊 2 元，這取決於你販售什麼商品，以及你的行業競爭情況。第二種方式叫作 CPS（Cost Per Sales，即按銷售付費），也就是分潤。比如把銷售額的 15% 或者 20% 分給為你提供流量的平台。第 3 種方式叫作 CPM（Cost Per Mille，亦稱千人成本）。就是不管用戶是否點擊了你的廣告，也不管用戶看完廣告是否購買，只要這支廣告曝光了，那麼每千人次曝光就計算一次費用。這種計費方法其實是從線下來的，就像公車的站牌廣告，你沒辦法計算有多少人點擊，多少人購買，只能計算這個公車站來了多少個「千人」。

第二，盡量換。

當你積累了一定的初始客戶之後，你可以拿這部分客戶的流量和其他商家進行交換，把「小雪球」滾成「大雪球」。比如很多自媒體創業者都會組建「自媒體矩陣」，就是設立一批主題相關、風格近似、目標人群有重合的帳號，各自發展一段時間以後，相互引流，交叉助攻，瞬時蛻變為更高量級的大號。所以你有沒有發現，微博上的一個明星轉發一件事情，一群人就會跟著轉發，如果你以為這是偶然，那你就太天真了。在自媒體時代，不誇張地說，微博上的每一次規模群體事件，其背後可能都有推手在參與，說到底，這還是為了獲取更多的客戶。

第三，努力釣。

你還記得我們在講用戶思維時，講過「兜售參與感」的概念嗎？跟你說一個用這種方法獲取大量流量的案例。日本有一家叫作「釣船茶屋」的居酒屋。想去吃飯，需要提前一個月預訂。為什麼會這麼熱門？原來這家餐廳的特色是：自己吃的魚自己釣。在這裡吃飯，你是坐在大的實木漁船上，木船下方是巨大的水池，養著各式各樣肥美的魚。想吃的話需要自己釣，釣上來的魚會按照你的要求，由廚師進行加工；釣不上來的話，你就只能餓著。

別看就是這樣一種簡單的玩法，卻讓這家餐廳紅遍全日本。為什麼人們這麼愛吃自己釣的魚？你還記得稟賦效應嗎？當然我們在這裡說的「釣」，不只是釣魚，而是用好玩的方式增強用戶參與感，去「釣取」更多用戶。

一句話理解客戶獲取：

要嘛慕名而來，要嘛近水樓台。

｜客戶價值轉化｜

為什麼星巴克賣月餅？

令人心疼的月餅

每年中秋節，星巴克都會推出月餅禮盒。一盒月餅有 4 到 10 塊，每塊月餅一種口味，售價最低的為 200 多元一盒，貴的要 500 多元，平均算下來一塊月餅要價 50 多元，聽著都心疼！理論上來說，不管星巴克有多用心，在做月餅這件事情上，不可能做得比北京糕點店稻香村還好吃吧？那它為什麼還要擠進月餅市場呢？追根究柢，星巴克是為了實現客戶價值的最大化，也就是讓客戶的潛在價值盡可能轉化成星巴克的收益。

如何衡量客戶價值？

談到客戶價值轉化，商業裡通常會用一個指標來衡量，那就是客戶終身價值（Customer Lifetime Value，簡稱 CLV）。

舉個例子，汽車行業的經銷商會估算每一位上門的顧客一生可能購買幾輛車，將這個數字乘以這些車的平均售價，再加上顧客可能需要的零件和維修服務，能得出終身價值這個數字。他們甚至還要去精確地計算購車貸款帶給他們的利息收入。

網路公司還會用一個更加具象的指標來統計客戶價值——

客戶終身價值

客戶終身價值是指一個客戶在他生命週期內一共能貢獻多少錢。說白了，就是你能從一隻「羊」身上刮下多少「羊毛」。

ARPU（Average Revenue Per User，即每用戶平均收入）。遊戲公司特別會研究 ARPU，不管是吸引用戶買點數、裝備，還是直接花錢升級，持續優化 ARPU 的過程就是讓你不斷消費，人盡其「財」，直到把遊戲廠商餵飽。理解了什麼叫客戶終身價值，想要做好客戶價值轉化，你可能需要這 3 個「錦囊」。

第一，疊代制勝，使商品歷久彌新。我們之前講過疊代思維。好的生意需要跟上時代的步伐，不斷推陳出新，讓人有動力一買再買。可口可樂作為一個超過百年的大品牌都還在持續地更新疊代。2017 年，可口可樂在北美市場關閉「零度」的生產線，換上了一款叫「Plus」的可樂，據說有「吸脂」的作用，因為它添加了水溶性膳食纖維，能越喝越瘦。你想想看，喝可樂能越喝越瘦，這話聽起來是不是就很吸引人。那些平時不喝可樂的人是不是也得開始喝了，而那些本來就離不開可樂的人就可以更加肆無忌憚了。所以不斷研發和導入新品，喚起消費者的新鮮感，讓消費者增加購買的頻率，是深挖客戶價值的第一法則。

第二，需求制勝，商家要得寸進尺。人們的需求其實比自己以為的還要多，這些需求之間很可能存在內部聯繫。聰明的商家能把一個點狀的需求放大成整條線的需求。比如路邊的報刊亭，不只賣報紙雜誌，還賣冰棒、飲料、礦泉水，有的更代售彩券。

你別小看這件事，這種玩法有個專業名詞——品類交叉引流。還有一種玩法，不是跨品類，而是在原有的核心業務基礎上，設置一些利潤更高的產品組合。比如很多懷孕媽媽會去拍大肚照，留下特殊的記憶。一些照相館就特別聰明地邀請媽媽們購買一個套餐，從寶寶出生、滿月開始，每一年回到這裡拍一組照片，直到孩子 18 歲成人禮，以記錄孩子完整的成長歷程。你若是一個媽媽，聽到這裡是不是就直接繳錢了。可見用戶很多需求都是現成的，就看你怎麼引導挖掘。作為商家，不妨來點「得寸進尺」。

第三，品牌制勝，讓用戶買櫝還珠。如果客戶購買不是因為商品本身，而是出於對品牌的認同和喜歡，這個時候，商家就需要多做一些可曬、可秀、可送人的產品，讓人們很容易地用品牌襯托品位。平日裡喝星巴克咖啡的，基本都是一二線城市的白領、金領，相比咖啡的口感，他們可能更看重星巴克這個文化符號，通俗一點說，就是更看重這幾個英文字母透露出來的品位。所以說，星巴克賣月餅一點也不奇怪，這是充分利用用戶買櫝還珠的心理。買櫝還珠的原意是說一個人買來裝珍珠的木匣，退還了珍珠。人們不關心星巴克的月餅是否比稻香村的好吃，他們關心的是有星巴克這 3 個字的禮品，送出去，有面子。

一句話理解客戶價值轉化：

對客戶，要讓他們人盡其「財」。

｜客戶保留｜

為什麼星巴克送你升杯券[1]？

薩德對韓國的影響

2017 年，韓國不顧中國反對，執意把薩德系統部署在韓國星州基地。之後中國網友掀起了一陣抵制韓貨的風潮，所有韓國組團行全部取消，「十一黃金週」期間飛往韓國的機票都是促銷價，整個韓國的零售業陷入了空前的大蕭條。據統計，韓國因薩德事件每年流失了幾百萬名零售客戶，損失超過 8.5 兆韓圜，折合人民幣約 520 億元[2]。

雖然這個例子有些極端，但它還是清晰地讓我們明白了一個道理——客戶流失是要命的大事。比如你拚盡全力用 50 元的廣告成本獲取了一個客戶，結果他在你的店鋪裡下了一單，一共消費 100 元，利潤還不到 20 元，那你就相當於賠了 30 元。

商家最不願意看到的事情

客戶流失幾乎是商家最不願意看到的事情，但偏偏要命的是，在客戶生命週期的任何一個階段，客戶都可能流失。這讓我

1　編註：在中國星巴克使用升杯券，不論飲料種類，飲料杯型可免費升級。

2　數據來源：2017 年 5 月 3 日，韓國現代經濟研究院發布的報告。

客戶保留

客戶保留是指企業為防止客戶流失、建立客戶忠誠度，所運用的一整套策略和方法。

想起一句古詩：「送客時，秋江冷，商女琵琶斷腸聲。」

客戶的重複購買率是電子商務領域一個非常重要的指標。因為對於絕大多數電商網站，包括天貓、京東來說，如果用戶只購買一單，平台就是賠的，必須要讓用戶持續不斷地購買，平台才能把廣告費賺回來。

根據業內公認的統計，獲取一個新客的成本，通常是維護一個老客成本的 7 倍。所以，我們要花大力氣，讓客戶生是我們的人，死是我們的死人。

具體來說，客戶保留就是提升客戶忠誠度，降低流失率，實現客戶保留。對此，你可以從以下 3 個方面入手。

第一，培養小依賴。要想辦法讓客戶養成一種習慣，建立一種心理上的路徑依賴。比如，亞馬遜的 Prime 會員計畫，只要付費成為會員，就可以不限次數、不限金額地享受包郵服務，還有不少精選的商品都能用超級優惠的會員價購買。再比如航空公司的各種會員計畫，成為貴賓會員後，每次搭乘都能累積里程，累積到一定數量，就能兌換免費機票、免費升等……所有這些會員激勵都是為了培養客戶的小依賴，給一點實實在在的好處，讓客戶對其他追求者「視而不見」，你就成功了。

第二，製造小驚喜。兩口子過日子，除了柴米油鹽醬醋茶，還得時不時地來點小驚喜，這叫經營愛情。用在商業上，這種小驚喜其實就是想辦法「超越預期」，讓客戶體驗一下「喜出望外」的感覺。星巴克在星享卡裡贈送升杯券和甜品券等，就是為了時不時地告訴你：累積的杯數到了，今天不用加錢就能喝到超大杯，或者今天可以吃一塊免費的起士蛋糕。其實星巴克就是算準了，並沒有多少人天天算著這個優惠，為了占這個便宜才來。因此，來的人一聽說有升杯、免費蛋糕的這些優惠，都會感到意外的驚喜。

第三，傾聽小牢騷。在一起時間久了的兩個人，說話都是以抱怨開頭的，比如這一句：「跟你說也沒用。」當然，這種以抱怨開頭的溝通方式的效果奇差無比，但是從另一個角度也說明了——好的關係需要傾聽，尤其是傾聽一些小牢騷。比如，對於我這種比較容易成為忠實客戶的人來說，認準一個品牌，骨子裡就希望不要輕易換了。

那什麼事會讓我這種人離開呢？舉個例子，我最煩的就是各種客服熱線，我長時間用你的商品和服務，或多或少會發現一些小問題，那我就需要找人給我解決一下。如果快速穩妥地解決了，那之前的問題就不再是問題，我還可能幫你廣為宣傳。

而很多客服熱線帶來的是災難一樣的體驗：中文請按 1，個人業務請按 5，投訴請按 9，返回請按井字鍵……通常是你花了 10 分鐘，按了一堆鍵，到最後客服忙線中，沒人接聽。這種不能傾聽小牢騷的做法，到最後就會演變成大問題。

我說的大問題不是吵架和謾罵。網路時代最大的問題就是客戶用腳投票——一句話都不說，就走了，再也不用你的商品和服務了。

一句話理解客戶保留：

讓客戶生是你的人，死是你的死人。

Chapter 12

多便宜，才算便宜？
定價策略

|撇脂定價法|
先貴後便宜？

蘋果的套路

2018 年 7 月，蘋果新品 iPhone XS 手機發布，最便宜的也要 8,000 多元，相當於其它品牌相同配置機型的 3、4 倍。這個價格買一台不錯的電腦都綽綽有餘了，會不會讓很多消費者望而卻步呢？會！但是沒關係。高價雖然會讓蘋果損失一部分對價格敏感的用戶，但會讓「果粉」更加堅定地支持蘋果，把蘋果當成高端、時尚、拿著有面子的身分標籤。

蘋果還有一個套路屢試不爽，就是在推出新款的同時，舊

撇脂定價法

在產品生命週期的最早期，制定高價，榨取利潤，就像從牛奶中撈取奶皮一樣。

款立刻降價。這種玩法可以說非常聰明：一方面拓寬了消費人群，讓那些不那麼追求新功能、新設計的人，也有機會手拿一部iPhone；另一方面，讓忠實的「果粉」趕緊換新的產品。2018年時，蘋果公司以483.51億美元的利潤，繼續高居美國《財富》500強利潤榜的榜首，蟬聯「全球最賺錢公司」的稱號。你是不是也為他們的霸業做出過一份貢獻呢？

什麼是撇脂定價法？

蘋果的這個套路，就叫撇脂定價法。撇脂是一種很形象的說法。我們都知道，牛奶煮過之後，表面會有一層「奶皮」，這實際上是一層油脂。「撇脂」，顧名思義就是撇去這層奶油，獲取精華。

透過撇脂定價法產生高額利潤，在新產品上市的初期就迅速收回投資，這對企業的健康發展是非常重要的。畢竟，許多企業受到現金流的限制，不敢快速擴充產能，不敢加大行銷力度，可能會因此錯失很多機會。撇脂定價法有著不少好處，但是同時也受到很多限制，不能盲目運用。我們來看一下，在什麼條件下可以使用撇脂定價法。

第一，要有用戶做「冤大頭」。市場上要有數量足夠多、對價格不敏感、敢於嘗試新鮮事物又有一定購買能力的消費者，願意為產品付出溢價。比如，哈根達斯素有「冰淇淋中的勞斯萊斯」之稱，它在中國市場就採用了撇脂定價法。最普通的一球冰淇淋要 30 多元，隨便買幾樣就上百元了。問題在於，即便如此「昂貴」，哈根達斯在國內卻一直賣得很好，難道消費者真的是「人傻錢多」嗎？其實，吃哈根達斯的主要是熱戀中的情侶，這類人對價格不敏感，反而很強調「高檔」、「浪漫」、「小資情調」。哈根達斯正是抓住他們的內心需求才得以「撇脂」成功。就像那句經典的廣告語：「愛她，就帶她去吃哈根達斯。」他們賣的不是冰淇淋，而是「愛情」和「感動」。

第二，要有技術做「護城河」。尤其是有技術壁壘的新興行業，比如 20 世紀彩色電視、電腦、手機剛出來的時候，除了幾家大型跨國公司，很少有國內廠商可以生產出類似的產品。那麼，人家好不容易擁有了技術優勢，多賺你點錢，我們作為消費者，也沒什麼好抱怨的。還有個很典型的例子，就是醫藥行業。很多進口藥在新藥專利保護期內的時候，價格昂貴，有的甚至好幾萬元一瓶。因為療效顯著，再貴，病人也得買。而專利保護期一過，因為有了競爭，這些進口藥也就開始走起了「平民路線」。

第三，要有品牌做「試金石」。是否採用撇脂定價法，很多時候要用品牌的影響力來檢驗。舉個例子，無印良品當初突破性地定義了「性冷淡」的簡約風格，在消費者心目中建立了強而有力的品牌形象。但是，近年來許多質感和調性兼具的生活方式類品牌陸續湧現，無印良品也慢慢褪去了光環，人們不再願意為它的高價買單。那怎麼辦？它分 5 次對不同品類的商品實施了降價，價格越來越接近日本本土親民的定位。

所以，撇脂定價法即使一時取得了成功，也可能會由於競爭加劇而變得不再好用。一旦競爭對手在產品同質化的情況下採取滲透定價法，那你就會付出巨大的代價。什麼是滲透定價法？我們將在下文具體介紹。

一句話理解撇脂定價法：

給用戶定一個高價，
你就可以優先獲取「牛奶」裡的「精華」。

｜滲透定價法｜

直接最便宜？

「西南航空效應」

我們先來看哈佛商學院的一個經典案例——美國西南航空公司。

2001 年 911 事件之後，幾乎所有的美國航空公司都陷入了困境，它們忙著削減數以千計的員工，懇求美國國會撥款，申請破產保護。唯獨西南航空公司保持著業績的持續增長，在普遍蕭條的航空業中異軍突起。之後的很長一段時間，它的總市值甚至超過了其它主要航空公司市值的總和。這種奇蹟般的現象甚至還被稱為「西南航空效應」。

西南航空公司是怎麼做到的？其中最大的秘訣，就是它堅持採用「滲透定價法」。

異軍突起的祕密

美國的大型航空公司一直以來都熱衷於國際長途航線，對短途航線這種低利潤的業務根本不屑一顧。西南航空公司則不同，它將目標用戶鎖定在自由行的遊客和小企業的差旅人士上，吸引這類用戶的就是超低的機票價格。就像公司創始人赫伯・凱萊赫

滲透定價法

企業在產品投放市場的初期，將價格定得較低，以此來吸引大量顧客，提高市場占有率。

（Herb Kelleher）說的：「我們要與行駛在公路上的福特、豐田、日產展開價格戰，把高速公路的客流搬到天上。」西南航空公司絕大部分票價只有其它公司的六分之一至三分之一，有時候真的比長途汽車的油費還便宜。當然，這麼低的價格要想盈利，就必須保證超低的營運成本。

具體怎麼辦？西南航空公司統一採購最省油的波音 737 機型，還購買了一些二手飛機，當然這些飛機都在安全期限之內。單一的機型在人員培訓、維修保養、零組件購買上只執行一個標準，從而大大降低了培訓費、維修費。同時由於採購量大，公司還可以享受更大的折扣，容易實現規模化。由於航程短，機組只提供零食和飲料，不提供正餐，也不提供免費的行李托運服務，要想托運，你得單獨給行李買票。一般航空公司的登機卡都是紙質的，而西南航空公司的登機卡是塑料的，可以反覆使用。在銷售通路上，他們不設代理商，而是採用電話和網路訂票的方式，每年可以節省傭金 3,000 多萬美元。

可見，為了維持低價、降低成本和提高週轉效率，西南航空公司犧牲了服務和舒適。但是只要保證安全，服務質量不是太低，一定會有這麼一批用戶，願意選擇價格便宜的機票。這就是滲透定價法。

滲透定價法能幫助你迅速占領市場，超低毛利率甚至是負毛利率可以阻止競爭者進入。但是，也正因為利潤太低，你可能無法堅持很長的時間，一味的低價也有可能損害企業的形象，在消費者心中形成低端的定位。所以使用滲透定價法時需要注意限制條件，我在這裡為你總結了 3 點。

第一，需求彈性大，更該用低價。我們之前介紹過需求價格彈性，也就是商品的需求量對價格變化所做出的反應程度。如果產品的價格需求彈性大，就說明人們對價格比較敏感，用低價策略來刺激銷量增長就比較有效；反之，如果需求彈性小，需求對於價格變化的反應不明顯，那就證明並不適合採用滲透定價法。比如治療胃病的藥品就是一種需求彈性小的商品，即使是以低價進入市場，也不會有人多買幾瓶嚼著吃。這個時候，滲透定價法就未必是最好的選擇。

第二，邊際成本低，才好用低價。企業以低價策略打開市場後，大批量的訂單給採購、生產、營運、行銷等各個環節都帶來了規模效應，促進了更低的邊際成本。而更低的邊際成本又反過來給企業繼續保持低價創造了條件。我們所熟悉的沃爾瑪，還有這幾年快速發展的名創優品，就是零售行業裡將滲透定價法運用到極致的企業。相反，在低價擴張的過程中，如果沒有對於成本的精細控制，持續損耗毛利，則很有可能危及公司的生存。

第三，初來乍到時，推薦用低價。採用滲透定價法固然可以快速搶占市場份額，有效殺傷競爭對手，但這終歸不是長久的方法。這就好比攻城和守城，低價可以幫你攻城拔寨，但卻沒法幫你鎮守江山。想要找到核心競爭力，還要從商業模式創新、產品研發和品牌經營等方面入手。舉個例子，小米在創業之初，也就是剛進入市場的時候，把滲透定價法玩到了極致。第一款小米手機只有 1,999 元，在那個所有智慧型手機都不低於 2,000 元的年代，這是真賠錢的策略，但是它也真的幫助小米快速占領了市場。可沒過多久，OPPO、Vivo 等手機品牌同樣以低價進入，立即瓜分了不少市場。可見對於一些產品而言，低價策略難以作為長久之計，它更適合在市場導入期發揮作用。

一句話理解滲透定價法：

人間自有真情在，能省一塊是一塊。

| 階梯定價法 |
越多越便宜？

多買多便宜

你想請個健身教練，就很可能會遇到這種情況：如果只購買幾節重訓課，那平均下來每節課要價好幾百元；如果一次買好幾十節甚至 100 節課，那平均下來每節課就划算得多，100 元左右就能拿下了。

孩子的早教課、興趣班，托尼老師[1]喊你辦的會員卡，都遵循同樣的規律：多買多便宜。這種特殊的定價策略就是「階梯定價法」。

「拾級而下」與「逐級而上」

階梯定價有兩種，一種是「拾級而下」，一種則是「逐級而上」。

「拾級而下」是指每增加一定的購買量，價格就降低一個檔次，目的就是讓你多買。這種做法最初用於採購談判中。

一般採購報價都會設置幾級「階梯」，採購量每超過一級「階梯」，價格都會降低一些。所以，當你詢價的時候，對方都

1 托尼老師是中國網路流行語，理髮師的代名詞。

階梯定價法

購買一定數量之內，是一種價格；超過一定數量以後，是另一種價格。如果畫成圖，形狀就像階梯一樣。

會先問你一句：「你要多少？」日常生活中處處有「拾級而下」的階梯定價，比如上述講過的健身課、早教課、美髮卡。

再比如，星巴克的拿鐵分為中杯、大杯和超大杯。590 毫升的超大杯賣 35 元，比起標價 32 元的 470 毫升的大杯只貴了 3 元。也就是說，量大了約四分之一，而價格只高了約十分之一，這時消費者一定會想，還有比這更划算的嗎？

與「拾級而下」相反，「逐級而上」的階梯價格，就是用得越多，價格越高，最常見的就是水、電、氣這類公共服務的費用。這種定價更多的是由政府做出的，用來調控稀少的資源、能源，以鼓勵居民和企業節約使用、減少浪費。那些必須消耗大量能源用來生產的企業，就不得不接受政府的「差別取價」，透過多繳納的費用來補償自己對生態環境造成的破壞。

另一種常見的是計程車的定價規則。計程車如果走得比較遠，就可能會有空車返回的情況，所以很多地方都規定了「空駛費」。比如在北京，單程載客行駛超過 15 公里的部分，在基礎單價上要加收 50%。

介紹完階梯定價法，我們來看一下，運用這種方法時需要注意些什麼。我給你 3 個方面的建議。

第一，優惠金額不等比。

階梯定價法雖然以「階梯」命名，但卻與真正的台階有所不同。真正的台階每一級都是等高的，但是階梯定價裡的每一級，通常都不是等比變化的。由於邊際效用遞減的原理，購買的數量越大，交易就越難達成。所以這個時候，對應的優惠幅度應該更大、更誇張才行。

比如開通影音網站的 VIP 會員，一年 199 元，兩年 299 元，相當於多一年只貴了 100 元。而三年只要 349 元，也就是再多一年只不過貴了 50 元。在不斷累加的邊際量上，設置越來越大的折扣和優惠，才能刺激消費者購買更多。

第二，上限保持吸引力。

階梯的上限千萬不能設置得太高，需要現實一點，不然顧客一看自己完全達不到，根本不會產生購買衝動。

比如，買一件衣服，第二件 8 折，第 3 件半價，聽著挺有吸引力，而如果要一次買 100 件才能享受半價，那估計消費者看都不會看。有一次理髮師向我推銷辦卡，儲值 1,000 元送 200 元，儲值 5,000 元送 2,000 元，儲值 1 萬元送 1 萬元。我一算，每次理髮其實只要幾十元，如果卡裡存 2 萬元，我用到退休也用不完啊。

第三，邊際成本扛得住。

利用階梯定價法雖然可以刺激買家下更大的訂單，但是我們必須判斷好，最低售價能否覆蓋邊際成本。

舉個例子，有人一次給你下了一份超級大的訂單，你一激動給對方打了 5 折，心想這麼大的訂單，階梯定價不便宜一點，哪能顯示誠意。結果成本怎麼也控制不到這個售價以下，相當於越做越賠，你說你是毀約還是認賠呢？國際貿易中經常出現這種由於巨額訂單售價過低，最終成本控制不住、越做越賠的情況。

一句話理解階梯定價法：

別問多少錢，先說買多少。

|動態定價法|

不一定啥時候便宜？

凌晨 1 點的用車需求

美國人叫車，用 Uber。

Uber 在分析營運數據時發現，每到週五和週六的凌晨 1 點左右，城區就會出現大量無人響應的叫車需求。其實也好理解，這個時間，大部分 Uber 司機都已經收工了，而結束聚會的人們剛剛準備回家，他們醉醺醺的沒法開車，只能選擇叫車，這就造成叫車市場上瞬時的供需不平衡。於是，Uber 的營運人員決定從價格入手進行優化，在夜間高峰期（一般從夜裡 12 點到凌晨 3 點）上調整里程單價。優化的效果是顯著的，夜間時段的車輛供應增加了 70% 至 80%，滿足了三分之二的缺口。司機有錢賺，用戶有車坐，可以說是一次重大的突破。

動態定價調節供需

這次成功嘗試開啟了 Uber 動態定價的先河，之後他們把這個策略應用到了所有高峰時段。不是簡單的提價，而是利用算法，制定智慧動態的定價策略——在某個時間或某個地點，用戶需求急劇上升，便會觸發這種算法，由系統自動加價。

動態定價法

簡單地說，動態定價法就是商家對商品或服務的價格進行靈活調整的一種定價策略。這種方法曾被普遍運用到航空業、飯店業。如今，在表演和體育比賽的票務市場，定價也在逐漸走向動態化。

我們在供需定理的章節中說過，要解決供需不平衡，要嘛增加供給，要嘛減少需求。Uber 的動態定價本質上是成功地從兩個方面影響了供求關係：一方面，過濾一部分需求，很多對價格敏感的用戶會因此選擇其它交通工具；另一方面，激勵司機在高峰時段上線服務，也就是增加了供給量。那我們應該根據哪些因素來變動價格呢？有 3 種常用的方法。

第一，觀察即時需求。用戶的需求量大，就提高價格，賺更多錢；需求量小，就降低價格，刺激市場。舉個例子，在美國的電商市場，亞馬遜幾乎是一家獨大，因為它每時每刻都在利用大數據精打細算，動態調整數百萬件商品的價格。也許因為一條新聞帶起了一款產品，亞馬遜就立刻漲價；而另一款產品，如果連續幾天都沒有一筆訂單，系統就會在允許的範圍內，自動降價促銷。其實我認為，最牛的算法不是亞馬遜的算法，而是演唱會門口的「黃牛」，他們能自帶根據即時需求調整價格的算法。

第二，基於用戶行為。很多跑車的保費都比一般車高，因為保險公司帶有偏見地認為，跑車跑得更快，發生交通事故的機率更高。後來美國前進保險公司（Progressive Insurance）發現其中機遇，給每個客戶的車上安裝一台感測器，以此收集車主的駕駛行為數據，如是否經常超速，是否經常危險駕駛，再針對客戶的駕駛習慣收取相應的保費。這種更加合理的方式被稱為「Pay how you drive」（按你的駕駛方式付費）。在大數據思維中，我們提到的 UBI 車險就是以此基礎發展出來的。未來會有越來越多的根據用戶行為定價的商業模式出現，而這種模式將毫無疑問地完全顛覆很多現有的價值分配。對於這一點，我深信不疑。

第三，活用差別取價。說得簡單點就是，多賺富人的錢，也別放過窮人。一部分電商網站也是這麼玩的，他們會根據顧客的消費習慣進行定價。從哪裡能拿到這些數據呢？主要就是從用戶的購買歷史來判斷用戶的購買能力和需求彈性。所以經常買廉價商品的人看到的價格，可能會比經常買高價商品的人看到的低，當然這都是一些小電商網站的把戲。這種方法算不上新奇，旅遊景點的小商小販都精通這一招：有外國遊客來了就爭相販售，因為他們知道外國人不差錢，也不太會討價還價，這正是撈一筆的好機會。其實，我們中國人現在出國旅行，不也是被「宰」的「外國人」嗎？

一句話理解動態定價法：

看人下菜，見風使舵。

｜反向定價法｜

你想要多便宜？

讓消費者說了算

我們之前講過「邊際成本」的概念。對於航空公司來說，在飛機起飛前，多搭載一名旅客的邊際成本僅僅是一份難吃的飛機餐；對於飯店來說，多售出一間客房的邊際成本只是水、電和少許的日用品補給。因此，這些幾乎沒有邊際成本的商品，能多賣一份就多賺一份，給錢就賣才是最理智的選擇。那麼具體給多少才合適呢？

美國有一個旅遊網站叫 Priceline。美劇《宅男行不行》裡面的女主角佩妮就是 Priceline 的代言人。經常出國自由行的人應該都用 Booking 或是 Agoda 訂過飯店，這兩個網站其實也早就被 Priceline 收購了。

以預訂飯店為例，你輸入目標城市、入住時間和一些篩選標準，Priceline 就會給你一個參考價格（假設這個價格是 200 美元）。然後，系統會邀請你輸入一個你覺得可以接受的價格，比如這個用戶就是我，比較窮，最多只想付 100 美元。在正常情況下，這個價格絕不可能訂到 200 美元的飯店，但是有的飯店為了避免空房，就會選擇在午夜 12 點前接這一單。

我在美國讀 MBA 時經常和同學一起出去玩。美國同學都有

反向定價法

反向定價法是指由消費者先出價，商家若選擇接受，交易就算達成的一種定價方法。

個習慣，很早就開始在 Priceline 上出價，然後等著。他們的心態非常好，等到就去，等不到也沒什麼損失。

玩轉「反向定價」的案例

像 Priceline 這樣，把定價權交到消費者手裡的定價策略，就是一種反向定價法。

早在 1998 年，Priceline 就在機票和飯店預訂中運用了「反向定價法」。上市以來，它的股價飆漲了 200 倍，是線上旅遊行業裡當之無愧的股王。

除了機票、飯店，凡是有庫存壓力，需要與時間賽跑的商家，都有機會使用這種定價方法。

有一家電子商務網站叫作「Netotiate」，這個奇怪的名字源於「Net」（網路）和「Negotiate」（協商），連起來的意思就是「在網上討價還價」。

在 Netotiate 上搜尋你需要的商品，網站就會顯示符合條件的零售商以及它們各自的報價。其有別於普通電商的創新之處在於，Netotiate 允許你選擇其中一家店鋪，輸入自己的目標價位，等待回覆。一旦零售商接受了報價，就算成交。這就叫蘿蔔白菜，各有所愛；您說幾塊，就是幾塊。

對比一般的定價方法，反向定價法有什麼優點呢？或者說，我們為什麼會使用反向定價法呢？

我覺得有 3 個方面的原因。

第一，價格敏感拽出來。

有這樣一種消費者，他們對價格極其敏感，會在多個平台反覆比價，不觀望兩三個月絕不出手。針對這類人，甚至有一系列比價網站專門追蹤商品的歷史價格。反向定價法主要瞄準這些「搖擺不定」的消費者，目的是透過「差別取價」區別定價，從這部分消費者身上多賺錢。

第二，成交價格藏起來。

很多高端飯店雖然也有閒置客房，但考慮到價格太低會損害品牌的高端形象，所以寧可空著也不會輕易降價。而在反向定價的模式裡，其他人是不能看到成交訊息的，所以飯店的門市價格也就不受影響，品牌形象也可以毫髮無傷。

事實上，四星與五星級飯店房間一直是 Priceline 上銷售最好的產品，因為低消費人群在這裡可以用較低的價格購買平時無法享受的奢華。

第三，交易成本降下來。

從用戶角度來說，反向定價法縮短了他們尋找的時間，他們只需列出基本要求和期望價格，提交之後就看有沒有商家願意接受這個價格了。這樣一來，消費者就可以省去討價還價的過程，節省了許多溝通時間。

從商家的角度來說，在清庫存的過程中，不必再隨著時間變化而不斷地修改系統設定，只要在有報價的時候選擇是否接受就可以，所需要的交易成本也有明顯的下降。

一句話理解反向定價法：

蘿蔔白菜，各有所愛；你說幾塊，就是幾塊。

Chapter 13

有種資產，叫品牌
品牌管理

｜品牌資產｜
有種幸福，叫家財萬貫

何謂品牌？

關於品牌，有個很經典的笑話[1]。有個人爬牆出學校，被校長抓著了。校長問他：「為什麼不從校門走？」他說：「美特斯邦威，不走尋常路。」校長追問：「這麼高的牆怎麼翻過去的啊？」他指了指褲子，說：「李寧，一切皆有可能。」校長又問：「翻牆是什麼感覺？」他指了指鞋子，說：「特步，飛一般的感覺。」校長大怒：「我記你大過！」他問：「為什麼？」校長淡

1　編註：本段對話皆出自中國在地品牌使用的廣告 Slogan。

品牌資產

品牌資產是指消費者對於品牌的知識和心理事實，是影響其感知產品和服務價值的重要因素。

淡一笑，說：「動感地帶，我的地盤我做主！」

品牌這個詞在英文裡叫作 Brand，最初的意思是「烙印」。早年間的遊牧部落在馬背、牛背上打上不同的烙印，這頭牛、這匹馬，就是他們家的了。我們現在說的品牌，早已不是蓋個戳這麼簡單的事了。品牌大致包括兩個部分：一，看得見的部分，比如產品的名稱、專屬的商標、符號，類似於一個人的相貌；二，看不見的部分，比如獨特的理念、態度、價值主張、文化內涵，類似於一個人的性格。對於品牌來講，無論是皮囊還是靈魂，所追求的都得是萬裡挑一。

品牌資產的價值

關於品牌的打造，西方學者提出了一個重要的概念：品牌資產。品牌資產可以分為初級和高級兩種級別。初級的品牌資產包括品牌的認知度和認可度，它們是品牌成功的基礎，但門檻不高，算不上核心競爭力。品牌的核心競爭優勢一般來自高級的品牌資產，比如品牌聯想和品牌忠誠。

可口可樂前董事長羅伯特・伍德魯夫（Robert Woodruff）

有一句名言：「假如我的工廠被大火毀滅，只要有可口可樂的品牌，第二天我又將重新站起。」這就是品牌資產的價值。品牌資產是一個非常抽象的概念，因為它看不見，摸不著。舉個例子，同樣是「公牛」這個品牌，「公牛牌」插座大概只擁有初級品牌資產。它算是一個馳名商標，相比於一般的插座，大家覺得「公牛牌」聽著更熟悉，用著更放心；而 NBA 芝加哥公牛隊就是一個高級品牌資產，因為它能讓人瞬間想到「飛人」喬丹、「禪師」菲爾·傑克遜，想到自己年少時逃課出去看球的回憶……即使後來「公牛王朝」宣告結束，球隊成績開始起伏，你也會驚奇地發現，全世界無數球迷依然保持著對這支球隊的喜愛與忠誠。

瞭解品牌資產後，你也許更有信心打造一家百年老店了。別著急，飯要一口一口地吃，你可以從這 3 個方面入手。

第一，建立鮮明的品牌認知。假設你要去超市買一袋洗衣粉。我們把洗衣粉粗略地分成三大類：第一類是你特別熟悉的品牌，比如奧妙（OMO）、碧浪（Ariel）、汰漬（Tide）；第二類是那些平時雖然想不起來，但是一說名字也都知道的品牌，比如立白、超能、雕牌；第三類是根本沒聽過的牌子，比如洛娃、好爸爸……你買這三類品牌的可能性一樣嗎？你會發現，只要你知道一個品牌，就會對它有印象分，就會允許它們進入你的備選範圍。沒聽過的所謂「雜牌貨」，一般來說是沒人願意冒險去買的。這也是為什麼起一個好聽的名字、設計一個順眼的 Logo、開發一套成熟的視覺規範，都是值得你重金投入的地方。鮮明的品牌認知可以為你帶來長期而穩定的回報。

第二，形成有力的品牌聯想。品牌聯想是比認知更高級的品牌資產。比如，看到賓士就想到成功的商人，看到 BMW 就想到駕駛樂趣，看到 Volvo 就想到行車安全，看到吉普就想到內心狂野，看到 Mini（BMW 旗下一個豪華小型汽車品牌）就想到精緻小資。好的品牌能讓大家一看到就在頭腦裡對應一種美好的感受，形成一種獨有的聯想。特別是當你反覆打廣告，不斷強化這種聯想的時候，用戶就會形成一種思維上的路徑依賴，這能讓你的品牌成為這個聯想對象的代名詞。

第三，借助優質的槓桿資源。十幾年前，紅牛給人的感覺無非是提神醒腦，因為「睏了累了喝紅牛」。後來發現，在音樂節、極限運動、羽毛球比賽等場景中都能看到紅牛的身影。這些就是品牌尋找到的槓桿資源。憑藉這些槓桿，紅牛撬動了品牌聯想的範圍，放大了品牌聯想的強度，讓人們更加直觀、具象地理解「提升能量」這個詞。這相當於把別人身上的那種特質拿過來，安在自己身上。這叫「借力打力」，也叫「四兩撥千斤」。

一句話理解品牌資產：

無論是皮囊還是靈魂，所追求的都得是萬裡挑一。

｜品牌定位｜

有種率性，叫獨具一格

BMW 的品牌定位

一提到賓士、BMW，大部分人腦海裡直接就能出現這句話：「開 BMW，坐賓士。」這是多麼清晰的品牌定位。但 BMW 並非在一開始就明確了自己的定位，至少在 1974 年以前，BMW 的定位還是「運動感的轎車」，那個時候的銷量並不高。

後來，負責 BMW 宣傳廣告文案的馬丁·普力斯（Martin Puris）苦思冥想，想出來一個詞：終極駕駛機器（The ultimate driving machine）。從 20 世紀 70 年代中期開始，BMW 在美國市場的主旋律就是「終極駕駛機器」，這句廣告詞也是汽車業歷史上持續時間最長且最為經典的。後來，這句話被推廣至全球，在中國被翻譯為「追求駕駛的樂趣」。現在，BMW 有了一個眾所周知的口號：「純粹的駕駛樂趣」（Sheer driving pleasure）。這個口號將 BMW 和其它品牌區分開來，在大眾的腦海裡深深地植入了「開 BMW」的詞。

老百姓聽得懂的語言

品牌定位不是簡單的功能描述。

品牌定位

品牌定位就是在客戶的心智當中占領一個獨特而有價值的位置。說得直白一點，就是一句話——你是誰。

有句話說得好：講功能，只有專家才聽得懂，可是你沒辦法從專家身上多賺一分錢。因此，品牌定位必須用大眾聽得懂的語言。

比如一提到上火，人們就會想到「怕上火，喝王老吉」；感覺疲倦、大腦超負荷的時候，就會想到「經常用腦，多喝六個核桃」。在品牌傳播過程中，最忌諱講一堆沒用的話。作為用戶，我不在乎你是怎麼做到的，我只記得住你對我有什麼用。

那想要找到屬於自己的獨特定位，該怎麼做呢？我覺得，做到以下 3 點，是一個不錯的開始。

第一，寧為雞頭，不當鳳尾。大家都知道世界最高峰是珠穆朗瑪峰，那第二高峰呢？中國第一個進入太空的太空人是楊利偉，那第二個呢？如果你不知道也很正常，因為絕大多數時候，人們只會記住第一名。所以想要占據用戶的心智，想辦法成為第一是最好的捷徑。如果你所處的是一個大行業、大市場，成為第一沒那麼容易怎麼辦？沒關係，你可以專注一個細分市場。要是現有的細分市場也都有人占山為王了，你怎麼辦？大不了新開一個山頭。特斯拉剛進駐市場時，汽油動力的汽車市場已經飽和，跑車、轎車、越野車、商務車、家用車，這些細分市場也被占得差不多了。從零開始怎麼打？特斯拉選擇開闢新的山頭——電動車。雖然困難重重，比如缺少充電站，但依然沒有阻礙它成為這個細分市場的老大。勢頭正如你所見，特斯拉在 2017 年的銷售額是 118 億美元[1]。「行銷之父」艾爾．賴茲（Al Ries）和傑克．屈特（Jack Trout）在《定位》（*Positioning*）一書中說過：「如果你不能在這個領域爭得第一，那就尋找一個你可以成為第一的領域。」

第二，求同存異，借力打力。好的品牌定位就是要在用戶建立聯想的過程中，既找到差異點，又找到共同點。舉個例子，當年七喜剛面市時，給自己的定位是「非可樂」。跟可樂建立對標的關係，就是讓消費者產生品牌聯想，聯想七喜是一種類似於可樂的碳酸類軟飲料。同時，又強調「非可樂」，這就是在突出口味上的差異，相當於「借力打力」，因此七喜一上市就取得了不俗的成績。

第三，不忘初心，方得始終。搶占用戶的心智，需要反覆強化同一個概念，讓用戶永遠記得你是這個細分市場的老大。如果有競爭對手進來跟你搶市場，你就是「正宗」，他就是「山寨」。那些隔三岔五更換自身定位的品牌，看起來在不斷追趕新潮，但實際上只會讓用戶迷惑不解。我們拿前些年的體育用品品牌李寧舉個例子，從「一切皆有可能」到「讓改變發生」，再到「90 後李寧」，這個排名第一的民族體育品牌經歷了斷崖式的

1　根據特斯拉公布 2017 財年財報：總營收達 118 億美元。參見 https://ee.ofweek.com/2018-02/ART-8320315-12008-30198776.html。

業績下滑，3 年虧損 31 億元。對比一下國際品牌 NIKE，一句經典的「Just do it」（想做就做），幾十年來，一直被模仿，從未被超越。

一句話理解品牌定位：

成為第一。如果你不能在這個領域爭得第一，
那就得尋找一個你可以成為第一的領域。

｜品牌組合｜

有種瀟灑，叫各顯神通

假如你有一家火鍋店

假設你是一家呷哺呷哺火鍋店的經營者，平時的生意雖然還不錯，但你發現，消費人群大多數是等著看電影的情侶，或者是下了班的單身族，而當親友聚會、公司聚餐的時候，大家卻都去吃海底撈。怎麼辦？如果你打廣告說「吃呷哺呷哺，享尊貴體驗，當人生贏家」，那我估計你的下場就是，商務人士看不上，單身族也不敢來了。

我們看看真正的呷哺呷哺是怎麼做的。2016 年，呷哺呷哺推出了副品牌「湊湊」火鍋，湊湊主打台灣的風情文化，推出富有特色的台式手搖茶，加上幽暗、典雅的裝修風格，巧妙地切入了休閒商務場景。在湊湊作為副品牌大受歡迎的同時，又不影響呷哺呷哺原有品牌的營運，這就是品牌組合的魅力。

品牌組合策略

最早運用品牌組合的是通用汽車，但寶潔公司[1]把品牌組合

1　編註：寶潔，為美國寶鹼（Procter & Gamble，簡稱 P&G）的中國子公司，台灣子公司為寶僑。

品牌組合

一家公司在同一品類裡開發多個品牌，分別進入不同的細分市場，從而讓整體的市場覆蓋率更高。這種品牌管理的方式叫作品牌組合。

這件事玩到了極致。說到洗髮精品牌，你可能聽說過飄柔、潘婷、海倫仙度絲、可麗柔和沙宣，但你知道它們都屬於寶潔嗎？飄柔主打「柔順優雅」；潘婷主打「修護滋養」；海倫仙度絲主打「清爽去屑」；可麗柔主打「草本天然」；沙宣主打「專業時尚」。5 個品牌各顯神通，讓寶潔占據了中國洗髮精數百億元市場的半壁江山。

採用品牌組合的策略，除了獲取不同細分市場的客群，你還可以做到：透過品牌的集團化作戰，霸占通路商的貨架，壓縮競爭對手的陳列空間；增加零售商對你的依賴，增加價格談判的籌碼；在廣告投放、原材料採購等方面獲得更大的規模優勢。多品牌戰略甚至還能激發公司內部的良性競爭，保持創新與活力。「三個臭皮匠，頂個諸葛亮。」品牌組合說白了就是組團打群架。

品牌組合已經是一種非常成熟的品牌管理方法，這種方法有很多成功和失敗的經驗，我在這裡分享其中的 3 點。

第一，借助高端品牌，建立價值優勢。按理說，像 Smart 這種微型車，就配置和性能來講，跟中國車奇瑞 QQ 是一個級別。如果是自主品牌，5 萬元能有人買就不錯了。可就是因為 Smart

有著賓士的血統，甚至跟高貴的 Maybach 都算是同一個家族，所以最低配也要賣到十幾萬元，關鍵是有特別多的人買。

由此可見，將高端品牌引入市場，確實能增加整個品牌組合的威信和聲譽。當然，這種品牌溢價的實現有一個必要前提，就是要讓 Smart 和賓士之間的品牌關聯廣為人知。說得直白一點，人家買 Smart 是衝著「迷你賓士」的心理期望來的，沒有賓士撐腰，單是 Smart 就不值這個價格。

第二，利用低端品牌，形成側翼保護。如果競爭對手的定位比你低，跟你打價格戰，你怎麼辦？是捨棄品牌的高端定位降價迎戰，還是坐以待斃？兩條路顯然都走不通。這個時候，一種很巧妙的做法就是自己也推出一個平價品牌，把它當作一名「打手」。你可以讓這個平價品牌和對手的包裝風格極其類似，然後三天兩頭搞「大促」，把低端市場的價格攪得越亂越好，反正你也不指望「打手」賺錢。能稀釋對手的品牌認知度，實現一個「兌子」的效果，你的目的就達到了。

舉個例子，益海嘉里旗下的「金龍魚」是知名的食用油品牌，當遭遇對手低價競爭的時候，他們果斷推出了「元寶牌」食用油。你看，名字就這麼接地氣。在低端市場上，「元寶牌」食用油用低價成功地阻擊了對手的進攻。

第三，看清交叉範圍，避免自相殘殺。所謂「本是同根生，相煎何太急」，如果沒有看準各個細分市場之間的差異，就盲目推出新品牌，很可能雖然有一定銷量，卻讓原有品牌損失慘重，結果就是左手倒右手，拆東牆補西牆。

舉個例子，當年寶獅的 3 款車型（307、308 和 408）本來在配置和性能上差異不明顯，結果在定價上又存在很大一塊重疊區間。如果你願意花 13 萬元左右，買 307 也行，買 308 也夠，甚至 408 的「乞丐版」也能買到。這就讓消費者陷入了深深的糾結，最後 3 款車賣得都不是特別好。所以，在使用品牌組合戰略的時候，務必要準確識別細分市場，避免自相殘殺、左右互搏。

一句話理解品牌組合：

三個臭皮匠，頂個諸葛亮。

| 品牌延伸 |

有種滿足，叫多子多福

從樂天看品牌延伸

2017 年，因為韓國部署薩德，中韓民眾之間有些不和諧。很多中國人自發組織，去樂天瑪特超市門口示威抗議。你可能不解，示威不去韓國大使館，去超市幹嗎？仔細瞭解才知道，原來薩德系統是被放在了樂天集團的高爾夫球場。一會兒是商場，一會兒是高爾夫球場，樂天到底是什麼？該不會和那個樂天口香糖是同一個品牌吧？

為什麼這麼多不相關的生意都叫作樂天呢？和寶潔公司不同，韓國五大財團之一的樂天集團採用的是一種叫作「品牌延伸」的戰略。

品牌延伸既可以基於產品線的延伸，比如零度可樂、健怡可樂、櫻桃可樂，都叫可樂，又可以基於品類的延伸，比如山葉摩托車、山葉電子琴，都叫山葉。這就叫一根藤上七朵花，一個葫蘆七個娃。

新產品初來乍到，一般要經歷一個艱難的市場導入期，但藉著原有品牌已經打下的群眾基礎，很快就能跟消費者混熟。品牌延伸能讓用戶覺得，嘗試新品的風險不會太高，老牌子怎樣都錯不了。其實不光是消費者，經銷商也會因為用了老牌子，對新

品牌延伸

品牌延伸是指企業利用現有品牌進入新的產品類別，推出新產品的做法，本質上是借助已有的品牌信譽和市場影響力為新產品線賦能。

品有更高的信心，更願意鋪貨。對於廠商而言，可以提高行銷效率，一支廣告帶動很多產品的同步傳播，比如只要說可樂好，零度、健怡等各種可樂就能跟著受益。

品牌聯想是大前提

品牌延伸實際上是基於品牌聯想而來的，一個大前提就是有近似的聯想基礎。什麼意思？比如，Hershey's 巧克力有名，那推出一款 Hershey's 巧克力味牛奶就可以。香吉士橘子有名，推出香吉士橘子味汽水也可以。高露潔牙膏好用，推出高露潔牙刷？我覺得沒問題。吉百利（Cadbury）太妃糖好吃，推出吉百利香皂？可能不太行。以後提起吉百利，你是想讓消費者流口水還是吐泡泡呢？

品牌延伸和品牌組合是同時存在的兩種策略。簡單來說，品牌組合就是一堆品牌一塊打，品牌延伸就是一個品牌打到底。通常來講，有機會坐穩第一、主導細分市場的新品，建議用品牌組合；反之，市場規模不會太大，給公司帶來的預期利潤也較為有限的新品，建議用品牌延伸。

理解了品牌延伸的特點，我們在具體運用的時候，還需要注意以下 3 個方面。

第一，貪多嚼不爛。品牌延伸看似優勢很多，但也有自己的問題，不著邊際地過度延伸就會侵蝕母品牌的形象。維珍集團就是個很典型的例子。創始人理查・布蘭森（Richard Branson）最早在 20 世紀 70 年代經營了一家名叫維珍的唱片公司，之後一飛沖天，在 1984 年創辦了維珍航空（Virgin Atlantic Airways）。到 20 世紀 90 年代，他開始把維珍品牌用於個人電腦、伏特加和可樂，還成立了維珍鐵路和維珍行動通信。為什麼這個品牌沒有廣為人知呢？很多行銷專家評論說，維珍的品牌延伸完全沒有重點，其嘗試過的很多不成功的領域，比如維珍服裝、維珍婚禮……給公司整體的品牌資產帶來了負面的影響。俗話說，貪多嚼不爛，還是要避免品牌家族過於臃腫。

第二，樹大好乘涼。有一些品牌更強調自我表達，我們叫它「威望品牌」，比如賓士。還有一些品牌，更訴求 CP 值，我們叫它「功能品牌」，比如中國汽車夏利。一般來說，在威望品牌上運用品牌延伸比較容易成功，而這種策略在功能品牌上則不太容易玩轉。想像一下，左手是一款印著賓士三叉戟商標的旅行箱，右手是印著夏利商標的箱子，你選哪一個？當然，功能品牌也不是完全沒有機會。如果品牌聯想有一定的基礎，還是能找到適合的延伸方向的。比如同樣是手錶，勞力士作為威望品牌，可以延伸到工藝品、首飾等品類；而天美時（TIMEX）作為手錶中的功能品牌，天美時碼錶、天美時計算機等產品，因為符合功能性定位，也有不錯的市場表現。

第三，「女大不中留」。品牌延伸從短期來看好處比較多，但如果你的新品能在細分市場穩穩立足，甚至在品類當中具備了一定的統治力，這個時候你就可以考慮將子品牌從母品牌當中剝離出來，實現獨立營運。成功的例子有不少，比如哈弗汽車最早是長城汽車旗下的 SUV（運動型休旅車）系列車型，在市場上拚殺幾年下來，表現不錯。2013 年，長城汽車宣布哈弗品牌獨立，希望用更加明晰的形象塑造品牌的時尚感，同時賦予 SUV 車型應有的硬朗風格。所以，條件一旦成熟，品牌延伸就可以向品牌組合的方向轉化。「女大不中留」，該獨立就讓它獨立吧。

一句話理解品牌延伸：

一根藤上七朵花，一個葫蘆七個娃。

｜品牌活化｜

有種神奇，叫妙手回春

重獲新生的祕密

在湖南衛視音樂競技節目《我是歌手》中，有一大半的選手都是 20 世紀 80、90 年代紅極一時，之後漸漸淡出大眾視野的所謂「過氣」的明星，比如齊秦、林憶蓮、趙傳、李玟。他們在節目裡的精彩表演，不光讓 80 後好好過了一把懷舊癮，還成功地圈住了一批年輕的粉絲。比如林志炫的一曲〈煙花易冷〉讓一大批 95 後聽得如癡如狂。林志炫可謂把他的個人品牌做了一次成功的活化。

服裝品牌的命運轉換

品牌要想逆轉命運，關鍵在於找到品牌資產的來源並重新定位。當年，法國 Lacoste 品牌由於沒有跟上流行趨勢，過季的衣服被當作快到期的食品擺在各種超市的貨架，大幅降價處理，這讓品牌資產受到了嚴重傷害。2000 年之後，Lacoste 開始重振，因為它最早是做網球運動服的，品牌自然流露著濃厚的貴族紳士氣質。於是，Lacoste 緊緊抓住這個優質資產，推出了以網球運動服為原型的 Polo 衫，結果大獲成功，一夜之間又成了年輕人

品牌活化

品牌活化就是扭轉品牌的衰退趨勢，重獲消費者青睞的一種品牌管理行為。

追捧的時尚指標。這個例子讓我想到一句話：「寒冰不能斷流水，枯木也會再逢春。」

同樣是在服裝行業，有些品牌就沒能在興盛之時積累有價值的品牌資產，以致強大的競爭者進入之後，它們就被快速擠出了。比如 Giordano、Baleno、Jeanswest、美特斯邦威，有人曾經稱它們為全球最炫酷的四大品牌，然而，這些品牌在 Zara、H&M、UNIQLO 這些快時尚品牌的合圍之下，很快地淪為了「八線鄉鎮品牌」。

關於品牌活化，具體的使用技巧還是 3 個。

第一，新陳代謝，開啟年輕化。

原來提起凱迪拉克，我們想到的可能是美國警匪片裡出現的那些又長又方的老爺車，它們雖然顯得闊氣，但在科技感和運動性能強大的德系、日系豪華品牌的夾攻之下，銷量一度被遠遠甩在後面。痛定思痛，凱迪拉克品牌給了自己一個全新定位：「美式都會」。晶亮的輪圈、誇張的大燈造型，處處透露著美國文化獨有的霸氣，一下子與那些走沉穩、內斂路線的品牌區別開來，在新生代用戶面前完成了一次華麗的轉身。

類似的，中國故宮的品牌也經歷了一次新陳代謝，一群年輕人把故宮博物院這個老氣橫秋的形象與他們喜歡的網路文化結合，讓皇帝走起「網紅」路線，不光會嘟嘴、比「剪刀手」，還動不動就說出最新潮的網路語言，比如「朕亦甚想你」、「朕就是這樣的漢子」。這讓故宮蛻變成了一個超級 IP，在微店上實現了超過 10 億元的收入。

第二，倚老賣老，主打復古風。

有一些品牌恢復活力，並非因為引入了新的品牌定位或簽約了新的代言人，而是純粹地完成了一件事：返璞歸真。特別是在流行時尚領域，有些風格是週期性輪迴的。所謂「三十年河東，三十年河西」，如果你一直在河東也不要緊，熬過了「河西」的三十年，好日子就又回來了。

老北京特別熟悉的一個汽水品牌叫「北冰洋」，它在沉寂了一段時間之後，突然遍布大街小巷，而且還是那「熟悉的味道」，甚至玻璃瓶的包裝、北極熊的商標還是原樣。吃串燒的時候一人來上一瓶，喝的不是汽水，而是情懷。後來北冰洋又恢復生產了另一個復古款——「袋兒淋」，就是那種整袋裝、需要拿勺挖著吃的冰淇淋，好多人一聽說，都排起長隊，成箱地買回家。所以，在具備懷舊體驗特質的產品上，有時候就要堅持這種倚老賣老的路線，主打復古牌。

第三，該放就放，有捨才有得。

如果品牌資產已經過度透支，實在缺少可挖掘的價值了，這時候，放棄也是一個不錯的選擇。比如 Sony Ericsson 這個品牌可謂生不逢時，既沒有突出 Sony 在影音娛樂上的特色，又沒有強化 Ericsson 在專業通信領域的技術優勢，最終在蘋果和三星瓜分天下之時，黯然退出了歷史舞台，被 Sony 主品牌收編。所謂「壽終正寢」，讓一個品牌把能量耗盡，也算是走完了自己的生命週期。

一句話理解品牌活化：

寒冰不能斷流水，枯木也會再逢春。

Chapter 14

一件事，到底該怎麼說？
媒介管理

｜整合行銷傳播｜

一件事，翻來覆去地說

重要的整合行銷傳播

我上大學的時候，學的是市場行銷類的專業，平常總逃課，就算是去上課了，也不認真聽講。但是我有一門課考了 99 分，我記得這門課就是整合行銷傳播。

通俗點說，要想真正打造一個品牌，你必須把所有用戶能看到、聽到、用到品牌的地方，也就是你跟用戶所有潛在的接觸點，全都管理起來，並且滴水不漏。

這也是為什麼在商業世界的邊邊角角，比如空姐微笑的時

整合行銷傳播（Integ-rated Marketing Communication）

簡稱 IMC。1992 年時，美國西北大學[1]的教授唐 · 舒茲（Don E. Schultz）提出了 IMC 的理論框架。舒茲教授認為，品牌在消費者心裡發揮作用的過程中，不只是心智占有，還是一種體驗的累積。

候露幾顆牙，商場的空調開到多少度，7-Eleven 店面裡播放什麼音樂，都有嚴格的規定。同樣的道理，在迪士尼樂園裡做角色扮演的員工，就算是中暑暈倒，也不能在遊客面前摘下頭套。還有，我就親眼看見過 ZARA Home（銷售家居用品及室內裝飾品）的店長批評店員：為什麼穿了灰色的襪子，而不是員工手冊上明文規定的黑色？

用一個聲音說話

產品服務本身是觸點，品牌在媒體上的展示同樣也屬於觸點。媒體上的觸點管理很重要的一個衡量標準，是做到「整合協同」，「一元化」。簡單來說，品牌要讓用戶在不同媒體上接收「概念一致、彼此呼應」的行銷訊息，只有這樣，人們對一個品牌的喜好才會被反覆強化。在英文裡，為了一個階段性的行銷目標而發起的廣告活動叫作 Campaign，就是「戰役」的意思。這

1　西北大學並不是真的在西北，而是座落在美國中部的芝加哥。據說該校新聞學全美排名第一，綜合分至少也是全美前十，在美國人心目中是相當頂尖的大學。

個詞用得特別形象，因為在真正的戰場上，就是需要多兵種協同配合才能取得勝利。同樣的，運用 IMC，你要把廣告、促銷、公關、包裝、商業贊助、門市服務等一切傳播活動整合起來，打包放到一份行銷計畫裡。有人把 IMC 概括為「Speak with one voice」，也就是「用一個聲音說話」。

那麼具體如何做整合行銷傳播呢？我給你 3 條建議。

第一，上下要統籌。舉個例子，你是一家腕錶廠商，希望在高端市場做大份額，這是你的企業經營戰略。因此，你的市場行銷策略是：推出一個旗艦品牌，把它定義為奢侈品。隨之，你的傳播策略就會是：以公關活動為主，結合精緻內容的製作和播出。最終，你的媒介策略是：到時尚之都巴黎開一場發布會，邀請《哈潑時尚》等媒體的記者跟蹤報導，再拍幾條有調性、有格調的紀錄片，請圈層精英在微博和微信朋友圈上發布。這種自上而下的策略推導，就好像設置了一座燈塔，而行銷傳播的所有動作都隨著燈塔指示的方向，在正確的航道上前行。

第二，左右要配合。媒介也好，產品也好，終端門市也好，那麼多用戶觸點，必須相互支援、全面配合。當年蒙牛酸酸乳推向市場的時候，想讓 15 至 25 歲的年輕女孩養成喝乳酸飲料的習慣。於是，蒙牛選擇了湖南衛視的《超級女聲》，重金冠名造勢。在電視上，蒙牛簽約了「人氣選手」張含韻，為她量身定製了一首廣告歌〈酸酸甜甜就是我〉。同時張含韻出演的廣告片，也一連數月在各大衛視滾動播放，以不斷加深人們對這個概念的印象。在網路上，蒙牛選擇新浪、搜狐、網易等幾大門戶，搭建了《超女》專題頁面，網友一邊給《超女》投票，一邊被酸酸乳再次「洗腦」。在產品層面，公司更換了印有《超女》的包裝，還在商場、超市派發了上億張海報，藉著《超女》的人氣，讓這款產品鋪天蓋地，人盡皆知。據統計，當年蒙牛酸酸乳的銷售額是上一年的 5 倍，在品牌的認知度上，也一舉反超中國規模最大的乳製品企業伊利的同類產品，成了乳酸飲料的第一品牌。

第三，前後要協調。已經被市場驗證的品牌理念，應該隨著時間的推移，被重複演繹。比如提起麥斯威爾咖啡，人們都知道那句「滴滴香濃，意猶未盡」，實際上這是美國前總統羅斯福在 1907 年品嚐麥斯威爾咖啡後，給出的一句好評。如今，麥斯威爾仍在使用這句廣告語，讓「麥氏香醇」成為一個永恆的標籤。可見，隨著時間保持延續性，也是 IMC 叫作「整合行銷傳播」的一個理由。

一句話理解整合行銷傳播：

One world, one voice.
（同一個世界，同一種聲音。）

｜精準定向傳播｜

一件事，跟對的人說

「沃納梅克之惑」

廣告圈流傳著一句著名的「天問」：「我知道我的廣告費有一半被浪費了，但是我不知道是哪一半。」這就是赫赫有名的「沃納梅克之惑」。約翰・沃納梅克是一位美國的行銷奇才，被稱為「百貨商店之父」。在他看來，一件事情，跟對的人說上一句，效果可能好過隨便跟其他人說上一百句。如果你沒找到對的人，就盲目花錢打廣告，那簡直就是在對牛彈琴。

「精準傳播」從來都是行銷人堅持不懈的追求。比如，既然客戶可以細分，那媒體也可以做細分。就拿雜誌來說，男生看《運動畫報》，女生看《哈潑時尚》；汽車廣告投在《人車誌》，保險廣告投在《第一財經周刊》。這都可以說是天經地義，合理中的合理。但話說回來，按媒體類型做人群匹配，精準度還是遠遠不夠的，因為你很難說女生都不關心體育，「直男」都不研究時尚。

精準傳播早已成必然

進入數字時代，商家可以實施用戶定向的手段變多了，更

精準定向傳播

目標用戶在哪兒，廣告就投到哪兒。

有技術含量的精準傳播開始大行其道。比如各大電商網站，「個性化推薦系統」[1]已成為標準配備，而亞馬遜堪稱其中的王者。在推薦系統的幫助下，亞馬遜用戶的購買轉化率高達 60%[2]，推薦系統貢獻的銷售額可以占總銷售額的 35%[3]。

那未來的精準傳播可能會有什麼樣的突破創新？在著名的科幻小說《三體》裡，有這樣一段描述：不小心受傷的主角去餐廳吃飯，發現他面前的杯子上在為他播放 OK 繃的廣告。大概是他舉起杯子的一瞬間，感測器識別到了他皮膚上有血跡，然後從雲端直接調取了廣告素材來播放。說不定，他再摸一下杯子，就能透過指紋識別完成支付，一分鐘之後，機器人就從最近的超商裡把 OK 繃送來了。

科幻歸科幻，回到當下的商業世界裡，你可以怎麼做精準定向傳播呢？有 3 種方法。

---

1 個性化推薦系統，就是透過演算法，把你需要的商品推薦給你，以此達到精準傳播的目的。

2 數據來源：《財富》雜誌。

3 亞馬遜前科學家葛瑞格．林登（Greg Linden）曾在個人部落格裡寫道，他從亞馬遜離職的時候，亞馬遜已至少有 20% 的銷售來自推薦演算法，並在其之後的文章中將這一數字更正為 35%。而源於亞馬遜前首席科學家安德雷斯．韋思岸（Andreas Weigend）的另一組數據顯示，亞馬遜有 20% 至 30% 的銷售來自推薦系統。其確切數字雖未經官方證實，但推薦演算法於亞馬遜的重要地位可見一斑。

第一，搜尋引擎行銷。在搜尋引擎上，精準定向有兩種玩法：一個叫贊助商連結，一個叫廣告聯盟。贊助商連結相當於 Google 的 AdWords [4]。假設用戶在 Google 上搜尋了「美白」這個詞，那麼搜尋結果頁的右側就會出現跟「美白」這個詞相關的產品，比如護膚品的廣告連結。如果有用戶點擊了這則廣告，就說明廣告的匹配度很高，廣告主於是付費給搜尋引擎。用戶「搜瓜得瓜，搜豆得豆」的邏輯，保證了 AdWords 廣告足夠精準。贊助商連結的成功給了搜尋引擎一個很大的啟發，如果把這個模式延展到站外，吸納中小網站的所有頁面流量，就可以極大地擴充廣告位庫存了。於是就出現了另一種玩法——廣告聯盟，這相當於 Google 的 AdSense [5]。中小網站想要做到流量變現，就可以把 AdSense 的一段代碼添加到自己的頁面上。每次頁面被用戶打開時，AdSense 就會啟動代碼，識別頁面上最常出現的詞條，比如「減肥」，然後找到與之相匹配的廣告素材，比如健身房的促銷資訊，再填充到廣告位上。因為做了語義分析，廣告聯盟的精準度就要比單純廣告網路高得多。

第二，程序化購買。除了搜尋引擎，市場上還有很多公司擅長用瀏覽器裡存儲的用戶行為軌跡給用戶歸類畫像。比如你一週內登錄了 3 次汽車之家，看了 1 場足球比賽直播，還買了很多嬰兒尿布。這些動作被數據公司看得一清二楚，他們會給你貼

4 AdWords 俗稱「Google 右側廣告」，是一種購買廣告服務的方式，按點擊量計費。

5 AdSense 是 Google 推出的針對網站主的廣告服務，透過分析網站，投放與其內容相關的廣告。

上一個標籤：有換車需求的「奶爸」。接下來，你會在不同網站上看到同一條神奇的訊息：某廠商新上市的一款全尺寸 SUV。程序化購買就是給廣告主提供一個「不買位置，買人頭」的解決方案，讓同樣一個廣告位在面對不同用戶時，呈現完全不同的內容。廣告主通常按照「千次展示」來付費。如今，微信廣點通、朋友圈廣告的後台都有這樣的技術支持。

第三，演算法。如今，很多網路公司產品服務都是透過演算法來驅動的。在這件事情上，今日頭條做到了極致，並成功地搶占了騰訊、網易、搜狐等大老的地盤。作為新聞客戶端，今日頭條能確保你每次刷新出來的都是你平時最感興趣的內容，所以你越看越上癮，根本停不下來。頭條是怎麼做到的呢？它用了一系列的演算法。比如有一種算法叫協同過濾，就是把跟你品味、興趣相近的用戶歸為一類，把這部分用戶普遍喜歡的內容推薦給你。這些算法幾乎能做到「指哪兒打哪兒，打哪兒指哪兒」。如果你是廣告主，你能夠巧妙地把商品資訊植入文章或者影片內容，再配上受演算法歡迎的標題和封面，那麼演算法就可以幫你近乎完美地解決精準傳播的問題。

一句話理解精準定向傳播：

指哪兒打哪兒，打哪兒指哪兒。

｜意見領袖傳播｜

一件事，連他／她都在說

KOL 一聲吼，行業抖三抖

2015 年，吳曉波老師寫了一篇題為〈去日本買一隻馬桶蓋〉的文章。這篇文章本來是深刻反思為什麼國人都去日本購物的，沒想到反而刺激了日本的馬桶蓋銷售，一發不可收拾。

這就是 KOL 的魅力，可以說 KOL 隔空一聲吼，整個行業都要抖三抖。

KOL 全稱是 Key Opinion Leader，也就是「關鍵意見領袖」。什麼人能算意見領袖呢？主打時尚穿搭的黎貝卡，主打商業財經的吳曉波，主打「偏不靠臉吃飯」的老路，都是各自領域內絕對的 KOL。

創新採納模型

說到意見領袖，不得不提一下傳播學當中一個非常著名的理論模型：創新採納模型。這個模型將消費者劃分成 5 種。第一種是占比 2.5% 的創新者，那些不管是什麼黑科技，只要上市，他一定搶著買，對新鮮事物特別敏感的人就屬於 2.5% 的創新者。第二種是占比 13.5% 的早期採用者，這部分人是真正的意見領

意見領袖

意見領袖又叫輿論領袖，最早在 20 世紀 40 年代由美國哥倫比亞大學的傳播學者保羅．拉薩斯菲爾德（Paul F. Lazarsfeld）提出。保羅認為：對於媒介所傳播的訊息，有一部分人會積極接受，並再度傳播，擴大影響，這些人就是意見領袖。

袖，概括起來就是「因為專業，所以信任」。第三種是占比 34% 的早期大眾，這部分人厭惡風險，決策謹慎，但還是願意接受變革。第四種是同樣占比 34% 的晚期大眾，這是對新事物永遠持懷疑態度的一群人，只有等身邊的人都在用了，自己才會用。怎麼找這群人呢？回想一下你身邊最後一批下載微信的人，他們就是這樣的人。最後是占比 16% 的落後者，他們在一開始是拒絕的，到後來還是拒絕的，比如到今天還在用 Nokia 的那群人。

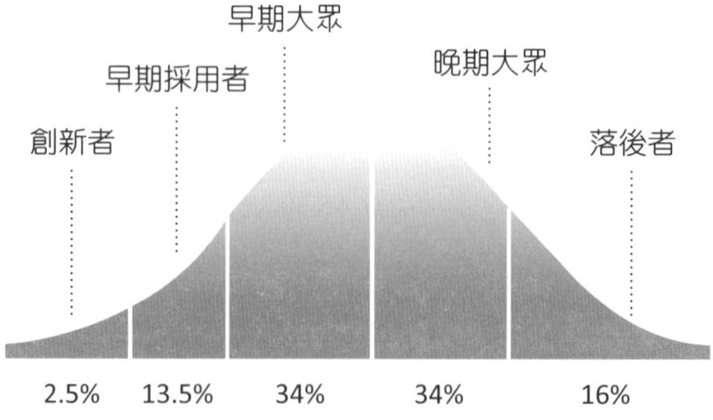

圖 14-1 創新採納模型

這個模型又被人叫作「保齡球道模型」，因為一件新鮮事的擴散就像保齡球瓶倒下的過程一樣，前面的瓶子會撞倒後面的瓶子，引發的是一場連鎖反應。而占比 16% 的意見領袖，也就是模型中的創新者和早期採用者，就是擺在前排的那幾個球瓶。「擒賊先擒王」，擊中這幾個瓶子，後面的大眾就會跟著倒下。

在理論層面講了這麼多，回到行銷實戰當中，怎麼做 KOL 傳播呢？有 3 種方法。

第一，圈層專業，領域深耕。在一個垂直細分行業裡，意見領袖對某類產品比大眾有著更為長期和深入的研究，也能夠頻繁輸出相關的原創內容。正所謂有理有據，使人信服。比如，「年糕媽媽」[1] 的內容，大部分是從「年糕媽媽」的親身經歷和痛點出發。她懷孕後開始接觸育兒書籍，但在看書的過程中，她發現中國的育兒書多而不精，不同版本的育兒方法甚至相互矛盾，有的說孩子 1 歲之前不能喝酸奶，有的說孩子出生 6 個月以後就可以喝。於是，她開始翻閱外文材料考證並做紀錄，身體力行研究這些育兒方法，這使得眾人對她推薦的餵養方法深信不疑。選擇這樣的 KOL 做商品推薦，是一種強而有力的「背書」，能讓品牌建立十足的公信力。

第二，潛移默化，潤物無聲。有個知名的科普類公眾號叫「混子曰」，他的口號是「專治各種不明白」，每天用漫畫解讀各種歷史故事和科學知識，簡直是段子手和表情包大合體。混子

1 「年糕媽媽」是一個母嬰公眾號平台，粉絲超過 1,200 萬人，目標人群為 25 至 35 歲的年輕媽媽。

曰做 KOL 行銷絕不會強行塞廣告，而是總能找到合適的銜接點。比如有一篇分享文，混子曰在詳細地解答了「輪胎噪聲是怎麼來的」之後順水推舟，推薦了德國馬牌靜音輪胎，用戶既長了知識，又對品牌有了好感。

第三，量的積累，質的飛躍。做 KOL 行銷比較忌諱的就是手頭沒有 KOL 資源，於是市面上誰紅就請誰，誰價格高就用誰。這樣的操作收效甚微不說，還容易踩到坑。因為很多大明星只是拿錢辦事，照單收費，根本不用心，而且他們代言的品牌動輒幾十個，粉絲再狂熱也支持不過來。所以，你更應該長期積累自己熟悉的更代表專業形象的 KOL。有一個成功的案例就是健身神器「Keep」，它在尋找 KOL 的時候選擇了內部挖潛，研發者在各種社區裡培養活躍用戶，幫助他們成為意見領袖。這個「埋雷計畫」透過短短一個月的預熱，讓產品在正式發布時一夜引爆，在 App Store 的單日下載量超過 4 萬次，成為一款現象級的 App。

一句話理解意見領袖傳播：

射人先射馬，擒賊先擒王。

| 公關為先 |

一件事，揀好聽的說

看海底撈如何轉危為安

2017 年 8 月，海底撈兩家門市先後遭到暗訪。一般的公司出事，只登一次頭版就很了不起了，海底撈至少登了兩次。第一次是有記者曝光，海底撈後場有老鼠，用火鍋漏勺掏下水道，還配了一些看著很噁心的圖片。餐飲業的標竿出了食品安全問題，這事可不小。沒想到海底撈接連發了兩次相當有誠意的聲明，原本的民怨沸騰瞬間扭轉為「當然是選擇原諒它」，並且第二次洗版被評為近幾年公關行業的教科書。

回到海底撈這個案例，為什麼明明是殺頭的罪過，卻立刻變成正面案例了呢？我們來回顧一下：首先，兩份聲明都是在被曝光之後的 4 個小時內發出的，可見其反應速度之快；其次，這兩份聲明，沒有狡辯，沒有推諉，沒有讓門市負責人背黑鍋或操作員工，而是管理層將責任攬了過來。

公關通報的原文中有這樣一段：「涉事停業的兩家門市的幹部和職工無須恐慌」，「主要責任由公司董事會承擔」。翻譯一下就是三句話：一，這鍋我背；二，這錯我改；三，員工我養。海底撈的公關完美地利用了同理心，從客戶和員工的角度發聲，既解決了問題，又亮出了感情牌，讓人打心眼裡舒服。所以，公

公關（PR）

公關是公共關係（Public Relations）的簡稱，指的是企業和公眾群體之間的關係。但凡是關係，都需要經營維護，公關就是企業先經營好與公眾的關係，再透過公眾群體所形成的口碑、輿論、正面印象，間接地影響終端消費者。

關的秘訣就是：大家覺得好，才是真的好。

公關就是靠網軍嗎？

做公關還有一個核心技巧，就是把握好與關鍵節點的關係，例如政府關係、媒體關係、投資者關係、意見領袖關係……海底撈發布公關聲明的第二天，全網風向大變，沒有人再去關心老鼠，大家都在表揚海底撈的認錯態度和公關能力。你可能會說，這都是他們雇的網軍。問題是，雖然很多公關是靠網軍帶風向的，但是你帶起來的風向，沒人跟，所有人反過來打你，那網軍的稿子反而會變成你最軟的軟肋。老百姓的邏輯很簡單：「看，出事了吧，還找藉口、雇網軍，罪加一等。」所以海底撈這次逆轉，不得不說，緣於其和政府、媒體、KOL 保持了好的關係，所以大家才會幫你一起帶你想要的風向。

那麼想要做好公共關係，應該如何操作呢？簡單來說，還是 3 件事。

第一，攜手媒體記者，搞事情。借助媒體來跟公眾溝通，不僅影響範圍大，還能利用媒體的公信力為自己背書。但是想要媒體為你發稿子，你得有點料才行，沒什麼事情的時候，一定得搞點事情。

公關公司的朋友動不動就要開記者會。新品發布、財報披露、代言人簽約、CEO 演講、商業贊助、聯名推廣，都是常見的選題。其實不光是商業品牌，一個國家的形象也需要透過公關的方式，在國際舞台上被塑造，這就需要不斷營造熱點事件。中國近些年來陸續舉辦了奧運會、世博會、G20 峰會、達佛斯論壇，參與了亞丁灣護航、巴黎氣候協定，發起了「一帶一路」，這些都可以算是國家公關的手段。我們塑造了開放、包容、負責任的大國形象，以讓全世界人民都願意跟中國打交道。

第二，擔負社會責任，做公益。對於大企業來說，公關團隊有一個重要的工作叫作「企業社會責任」。經營企業不光是追求利潤、對股東負責，還得承擔對消費者、環境和社會的責任。比如，NBA 除了提供精彩的籃球賽事，每年 NBA 的當紅球星都會飛到世界各地，帶領當地的孩子們做遊戲、打比賽，用所獲得的慈善收入在全世界建立了上千所帶操場的學校。當然，用公益做 PR 這件事容易招來「動機不純」的評價，所以一定要謹慎。

第三，應對輿論危機，「擦屁股」。應對負面事件，公關上有一個專門的說法，叫作危機公關。海底撈的這次公關行為就是危機公關。那危機公關最考驗什麼呢？就在海底撈事件的前一天，濟南的全季酒店被爆出清潔工用毛巾擦馬桶。全季給出的聲明，先是道歉（這沒問題），然後是處理辦法：開除員工，將店長免職。這種公關就不能讓老百姓買帳了。為什麼呢？對比兩個事件：一個是董事會承擔責任；一個是開除員工，一刀切。這就是最大的區別。

另外，「擦屁股」還要持續。現在你去海底撈，服務員會真誠地對你說：「在這種情況下，您依然信任我們，真是讓我們非常感激，我們一定會徹底改正，做得更好。」說完，主動邀請你去後場參觀，特別熱情，不參觀都不行。在這裡，我不想討論食品安全的事，但是海底撈這一大波公關，我給 100 分。

一句話理解公共關係：

大家覺得好，才是真的好。

｜創意為王｜

一件事，變著花樣說

「超級盃」的廣告

美國也有「春晚」，不過他們不看相聲小品，而是看美式足球，這就是一年一度的國家美式足球聯盟總決賽，即著名的「超級盃」（Super Bowl）。

因為美式足球是美國人的第一運動，家家戶戶都喜歡，所以這場比賽的直播，歷年來都是全美收視率最高的電視節目。想在這裡投放一條時間大約為 30 秒的廣告，你至少要花掉 500 萬美元，折合人民幣就是 3,000 多萬元，相當於每秒「燒掉」100 萬元。即便如此，全世界的廣告主還是擠破了腦袋買這個廣告位。

因為投放費用極高，所以在這裡播的廣告絕對是精心製作、獨家首發，有的甚至是僅此一次，不再復播。蘋果的商業帝國就是從一條創意十足的「超級盃」廣告開始的。這則名為「1984」[1]的廣告片，僅在 1984 年 1 月 22 日的「超級盃」電視轉播中播出了一次，卻造成了空前的轟動。上百家報紙雜誌爭相評論，為蘋果公司和 Mac 電腦做了大量免費的後續傳播。

1 蘋果最具震撼力的廣告宣傳片「1984」，於 1984 年 1 月 22 日「超級盃」大賽播出，以其叛逆的方式宣告蘋果電腦 Mac 即將到來。

創意為王

好的創意，自帶流量。

印象深刻的廣告創意

我們這裡所說的創意，絕不僅限於廣告片，還包括從產品、包裝、通路，到社群、互動的各種維度。有一類公司就是專門幫客戶構思廣告創意的，其中比較有名的品牌包括智威湯遜（J. Walter Thompson）[2]、上奇廣告（Saatchi & Saatchi）等。

好的廣告文案永遠不會過時，比如「人頭馬一開，好事自然來」[3]、「鑽石恆久遠，一顆永流傳」，今天來看仍舊打動人心。鮮明的視覺效果和標誌性的聲音也很重要。早些年，英特爾 Pentium 處理器的廣告，用了 3 個塗滿藍色顏料的人跟著節奏搖擺，最後加上一段旋律，與「等燈等燈」發音相同，相信 80 後一定對此印象深刻。「廣告教父」大衛．奧格威（David MacKenzie Ogilvy）提出過一個特別簡單但是絕對好用的廣告創意法則：3B 原則。3B 是 Baby、Beauty、Beast 這 3 個單詞的縮寫，也就是說，出現小孩、美女和小動物的廣告片，最能吸引人。比如，法國 evian 礦泉水的廣告總是用到嬰幼兒，得利塗料的廣告

2　智威湯遜，全球知名的廣告創意代理，於 2018 年 11 月被母公司 WPP 集團（世界上最大的傳播集團）宣布與旗下數字行銷公司偉門（Wunderman）合併，超過 150 年歷史就此宣告終結。

3　法國白蘭地品牌人頭馬的廣告語。

裡總會有一隻狗，而美女幾乎已經成了所有廣告的標準配備。

今天，廣告創意已經從原來很小的概念演變成了一個特別開放的話題，很多原來想不到的手法，在新技術的支持下都可以變成現實。我在這裡總結了 3 個新的創意方向，代表網路廣告的當下和未來。

第一，在內容裡交織滲透。最近兩年，影視綜藝和商業廣告之間的界限越來越模糊了。比如，在古裝劇、穿越劇中大膽植入廣告，劇情演到一半，演員突然出戲、打廣告，舉著某個品牌的產品對著鏡頭猛誇一頓，然後繼續轉回之前的故事。反正都是娛樂，刻意穿幫給你看，讓你覺得新鮮、前所未見，還印象深刻，廣告的目的也就達到了。再比如，當年 NBA 扣籃大賽，葛里芬最後一扣，飛越了一輛 Kia 轎車。飛過去之後，解說現場瘋了，球迷瘋了，Kia 的車也跟著賣瘋了。所以，好的創意能把強迫用戶看的廣告，變成用戶主動追著看的內容。

第二，在媒介上耳目一新。每一類媒體都有它的獨到之處，把其中的特色放大，就能玩出不少花樣。比如雜誌，可以做折頁、插頁、連頁、鏤空變形、隨刊贈送、特裝版。而網路更是有數不清的創意玩法，比如通常打開一個影片連結，你得先看 60 至 90 秒的廣告片，想要關閉廣告必須先儲值成為會員。瓶裝水農夫山泉是怎麼玩的呢？一條廣告拍 3 分鐘，和電影一樣精彩，喜歡看的用戶可以看完，不喜歡看的 5 秒之後就可以免費關掉。結果大獲成功，不僅用 3 分鐘廣告片傳達了十足的情懷，還讓很多用戶知道，只有農夫山泉的廣告是可以關閉的。還有一個品牌是 RIO 雞尾酒，它玩得更絕——花錢贊助了優酷視頻網站播出的《中國新歌聲》。觀眾觀看《中國新歌聲》節目時，沒有任何廣告。為什麼？廣告費由 Rio 出了。你看，這其實也是另一種形式的更有創意的廣告。

第三，在互動中花樣百出。據統計，中國網民平均每週上網時間超過 27 個小時，也就是說人們每天要花 4 個小時盯著螢幕[4]，不停地刷微博、刷朋友圈、看直播、打遊戲。廣告主當然也意識到了這一點，所以把大量行銷創意用在了社交媒體上。舉個例子，人們都喜歡用表情符號，於是美國達美樂披薩就推出了 Twitter 下單服務，用戶想下單時，只要在 Twitter 上給達美樂官方帳號發一個代表披薩的表情符號即可。星巴克在社交媒體行銷方面也頗有心得。同樣是在 Twitter 上，美國消費者只要 @ 任意一位好友，同時 @ 星巴克的官方帳號，這位好友就能收到星巴克送出的 5 美元電子折扣券，這樣既帶動了消費，又擴大了傳播，一舉兩得。

一句話理解創意：

好的創意，
能把強迫用戶看的廣告變成用戶追著看的內容。

4 中國互聯網絡信息中心，第 42 次《中國互聯網絡發展狀況統計報告》，2018 年 8 月。

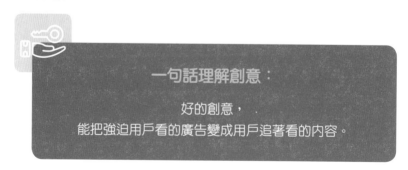

Chapter 15

談判，
是「捨」與「得」的藝術
談判

｜最佳備選方案｜

想辦法把你的底牌換成 AA[1]

最實用的談判課

說實話，不管我們怎麼努力地學習商學知識，它只能起到幫助你打開思維邊界的作用，畢竟不是每個人在實際工作中都用得到這些知識。但有一項能力，不管從事什麼行業都必須具備，那就是談判力。

我在杜克大學交換學習的時候，特意選了談判力的課。這門課上起來很不一樣：教授先簡短地介紹概念，之後給我們設定

1　在德州的撲克牌遊戲中，AA 是非常有優勢的底牌。

BATNA（Best Alternative to a Negotiated Agreement）

BATNA 是由羅傑．費雪（Roger Fisher）和威廉．尤瑞（William Ury）在 1981 年提出的談判思維，是指假如當前的談判破裂，你找別人合作能夠拿到的最好條件。

一個場景，然後就真槍實戰地談判起來。比如我是公司的人事 A，你是應聘者 B；或者我是買方 A，你是賣方 B。有雙邊談判、三邊談判，也有多方會談。我們在各種場景下，模擬各種有趣的角色，然後每個人來爭取自己的最大利益。每一次談判都有評分標準，所以你會不會談，談得好不好，在全班排在什麼位置，一目瞭然。也許是那些美國同學從小沒有跟小商販討價還價的血淚經驗，我在那裡可以說是「大殺四方」，每次都能排到前幾名。

第一堂談判課上，教授講了談判的基礎概念：BATNA（Best Alternative to a Negotiated Agreement），翻譯成中文就是「最佳備選方案」。這個 BATNA 概念可以說是徹底顛覆了我對於談判的認識，也讓我知道了為什麼談判是一門獨立的學問。

最佳備選方案

什麼叫「最佳備選方案」？簡單來說，就是你能擁有的「退而求其次」的選擇，也叫次選項。比如，你去一家公司面試，拿到了一個低於你預期的 Offer（錄用通知），如果你不接受，那麼你手上已有的其它最好的 Offer 是什麼？你去採購，眼看著要破局，你不得不考慮，同樣一批貨，從別人那裡能拿到的最合適的價格是多少。知道了 BATNA，怎麼在談判中實際運用呢？你可以從這 3 個方面切入。

第一，騎驢找馬，優化你的 BATNA。中國有句俗語叫「騎驢找馬」，特別形象。你趕路時，在有馬可以騎之前，別靠自己走，先找隻驢騎著，如果遇見更好的驢就換上，直到後來遇見可以騎的馬。舉個現實中的例子，大學生畢業找工作，我不太贊成有些人只把履歷投給自己最喜歡的一兩家公司。要知道，如果能拿到別家公司的 Offer，即便不去，也可以讓你在想去的公司面前無後顧之憂，這其實反而增加了你被錄取的機率。有些人優先面試喜歡的單位，優先談希望合作的公司，相信我，吃過幾次虧，你就明白先換幾次「驢」，再找「馬」的重要性了。

第二，步步為營，探出對方的 BATNA。北京有個很有名的古玩市場，叫潘家園。在這裡買東西，全靠討價還價。有一回，我的朋友就跟我講他是怎麼橫掃潘家園的。他說，不管對方開價多少，你都一律回：「100 元賣嗎？」我說這也太誇張了吧，人家報 5,000 元，我也砍到 100 元，人家不打我嗎？他說，這你就不懂了吧。如果你說 3,000 元，對方的固定台詞一定是：「3,000 元？進貨都進不來。」你們再討價還價，最後 4,000 元成交了，其實他大賺，因為你根本不知道他花多少錢進的貨。所以，你應該每次都回：「100 元賣嗎？」他就會覺得，再報 3,000 元、4,000 元也沒意義了，這個時候他給的價格，往往是他僅剩一點利潤的價格。比如他以 800 元的價格進的貨，那麼這時候他很可能就報 1,000 元的價格。這種情況下他的想法是，能賣就多賺點，賣不了就算了。在這個案例中，對方假裝他的 BATNA 是 3,000 元、4,000 元，其實只有 800 元。所以，你問的這個「100 元賣嗎？」不是為了真的用 100 元去買，而是為了探出對方真實的 BATNA。這個套路，你學會了嗎？

第三，釜底抽薪，削弱對方的 BATNA。談判中最容易碰到對方仗著 BATNA 行事的情況。這個時候，直接接受或者退讓都不是好辦法，最聰明的應對方式是削弱對方的 BATNA。比如，我是 A 公司，找你採購，你嫌我給的價格低了，你就說：「另外還有一家 B 公司，他們給的價格高很多。」這就是典型的利用 BATNA 談判的方法。這個時候，我要削弱你的 BATNA，就會拿出之前收集好的背景資訊，告訴你：「是，B 公司給的價格確實不低，但是他們的帳期比我們長半年，而且他們的付款信譽特別差，你要真跟他們合作，能不能拿到錢都不一定。」這時候，你就會發現，再用 B 來跟我談，已經占不到任何好處了，因為你的 BATNA 已經被我變相削弱了，於是整場談判又回到了我的節奏。怎麼樣，談判是不是滿好玩的？

一句話理解 BATNA：

談判之前，先找「備胎」。

｜開局策略｜

永遠不要接受第一次報價

決哥的完敗

大導演昆汀・塔倫提諾拍過一部西部片《決殺令》，其中有這麼一個橋段：黑人兄弟決哥跟賞金獵人一起來到一個大農場，想找回他心愛的妻子。他的妻子是個地位卑賤的女奴，本來作為一筆交易的贈品，用 300 美元就能換回來了。可是，心氣浮躁的決哥缺乏談判經驗，話語和表情瞬間就把想救妻子的這個主要目的暴露了。精明的農場主哪能便宜了決哥，結果狠狠地敲了一筆竹槓，要了 12,000 美元。從談判的角度來說，這是一場完敗。

這個故事告訴我們——談判，可以說就是一場基於訊息的賽局。

談判前先做功課

所謂「知己知彼，百戰不殆」，《孫子兵法》中的這個道理，放在談判的場景下依然適用。從廣義上來看，談判訊息包括：雙方的經營狀況、信用紀錄、財務健康度、市場聲譽，還有談判者的風格、喜好、權限範圍……這裡面任何一條用好了，都

開局策略

誰能掌握更全面、更充分的訊息，誰就能在談判中享有巨大的優勢。

能起到至關重要的作用。從狹義上來看，最應該關注的談判訊息就是對方在這次談判中的預期目標和底線，這條底線也就是對方的 BATNA。

怎麼做到知己知彼呢？ 3 個字——做功課。面試官 A 有沒有在公開場合說過應該用什麼樣的人，他喜歡侃侃而談還是低調內斂？決策者 B 有什麼背景？喜歡兜圈子還是快刀斬亂麻？對方 C 公司有多大，此刻他們從上到下的商業戰略是什麼？為了這個戰略，他們希望做怎樣的布局，這種布局可以怎麼利用？總的來說，每一次談判都有很多訊息是可以提前瞭解的，這也是為什麼成大事者，從來不打無準備之仗。

除了知己知彼，還有哪些技巧，能夠幫你形成一個對自己有利的開局呢？這裡有 3 種方法，我們逐一來看。

第一，獅子大開口。很多人說，談判桌上千萬不能先出價，先張口喊價就輸了，其實真不見得。先出價的一方能夠最大化地利用場面上的資訊不對稱，給對方造成一種心理錨定，這就相當於下棋執先手。獅子大開口至少有 3 個好處：首先，萬一遇上一位根本不差錢的土財主，完全不想浪費時間在討價還價上，說不定就直接答應了，這種可能性不能主觀地放過；其次，大開口可以給你留出足夠的談判空間，允許你多做幾次讓步，從而避免過快地陷入僵局；最後，剛開始報出的價格和最終成交價的差距越大，談判對手的心理感受自然就會越好。比如你報價 10,000 元，最後 500 元成交，對方就會感覺占了大便宜，就會心情很好，這樣雙贏的局面也就更容易達成。

第二，吃驚大開口。收集訊息不僅需要關注對方所講的內容，還要注意對方在溝通中顯露的情緒狀態，是輕鬆還是緊張，是淡定還是焦慮。有時一個眼神就能透露對方內心真實的想法。聰明的談判者甚至還會偽裝自己的情緒，從而向對手釋放錯誤的信號。最常用的一招叫作「習慣性驚訝」，也叫「吃驚大開口」。這裡的開口，不是讓你說什麼，而只是把嘴巴張大。什麼意思？就是不管對方開的價合不合理，你都立刻表露出一副意料之外的表情，張大嘴巴，感覺很吃驚。這招在實戰中尤其管用。

第三，假裝大開口。一場談判是贏是輸，要看你能否爭取到更多。有的時候，即使你已經迫不及待地想答應對方了，也得學會控制住自己，表現出一副不情願的樣子。美國總統川普在他的第一本自傳《交易的藝術》（*Trump:The Art of the Deal*）中講過一個故事：1991 年，紐約地產市場即將崩盤，川普也陷入了財務危機，亟須變賣資產籌集現金。這個時候，一位澳大利亞富翁對川普旗下的聖莫里茲飯店很有興趣。按理說，資金鏈都快斷了，對方出個價，只要差不了太多，川普就應該趕緊脫手了。但他實際上是怎麼做的呢？他再三聲稱自己對這家飯店偏愛有加，無論如何都希望將其留給自己的兒女。結果，澳大利亞富翁只好表現出更大的誠意，用足足 1.6 億美元，也就是超過當初購買價格的一倍完成了收購，讓川普在接下來的「資本寒冬」中攢足了「糧食」。

一句話理解談判的開局策略：

知己知彼，做足功課。

|讓步策略|

退一步，是為了進三步

我贏了，卻又輸了

在杜克大學的談判課中，有一節模擬演習令我至今印象深刻。當時，我的對手是一個來自北歐的同學，他被我殺了個體無完膚。成績出來後，我排全班第二，他排倒數第一。剛開始我以為我贏了，可是當我看到他的眼神之後，我明白了一件事，如果這是真實的商業世界，他只會讓我占這一次便宜，以後都不會再跟我合作了。

談判是什麼？是「不達目的不罷休」的死纏爛打嗎？是「占便宜沒夠，吃虧難受」的斤斤計較嗎？還是「退一步海闊天空，讓三分心平氣和」的有捨有得呢？

談判裡真正的贏是雙贏

談判課的演練中有非常多的設置。比如，你是公司的人力資源（HR），我是來應聘的員工。我們有很多事項需要談判，其中可能包括薪資、有薪假、工作地點等。本來我以為所有談判都是針鋒相對的。比如薪資，我多談下來 1,000 元，可能我會加 1 分，那麼你就會減 1 分，這是一個典型的零和遊戲。後來我發

讓步策略

談判是一門妥協的藝術，它的本質應該是利益交換，談判者不僅要得到自己想要的，還要適當讓出對方想要的。

現，不是這麼回事。對於絕大部分談判事項，雙方的重視程度完全不同。比如我很在乎有薪假，因為我是一個喜歡旅行的人，而對你來說，多給幾天或少給幾天假沒什麼大礙；反過來，你很在乎工作地點，因為你在舊金山的分公司最缺人，而我剛畢業，去哪兒都行。那麼在這些事項上，我減 1 分，你可能會增加 5 分，這就是增量遊戲了。有趣的情況出現了：理論上如果雙方都很聰明，能探知對方最在乎的東西，然後把這些故意讓步給對方，而只緊緊抓住自己最在乎、最能得高分的事項，那麼談判的對立方可以和你同時在班級裡排到前 10 名。所以，談判裡真正的贏，是雙贏。

讓步的重要性無須多言，我們更應該聚焦在如何運用讓步策略上。我們來看 3 種方法。

第一，索取回報趁當前。談判時可以有讓步，但必須要讓對方在每次獲得利益的時候，都付出一定的代價。這個習慣約定俗成之後，對方再開口提要求，就得先想一想了。比如，作為買方，你答應了賣方報出的高價，但提出對方必須接受分期付款；再比如，作為賣方，你放棄了一部分利潤，但可以要求延長交貨週期，緩解你在產能上的壓力。總之，一定要為每一次讓步索取回報，而且必須是立即提出，跟你所做的讓步捆綁執行。

第二，讓步幅度要遞減。這個道理不難理解，假設你打算買車，一輛新車報價 48 萬元，你軟磨硬泡，銷售經理只好給你讓了又讓，一般是先讓到 47 萬元，接著是 46.5 萬元，之後是 46.2 萬元，然後就不讓了。你也能看得出來，讓步幅度從開始的 1 萬元，變為 5,000 元，再變成 3,000 元，這是在逐步遞減。如果反過來，先讓 3,000 元，再讓 5,000 元，談到最後，又給你讓了 1 萬元，這時候你肯定不會掏錢，你一定會想，既然越讓越多，那最後應該還能再讓三五萬吧？所以，讓步幅度必須遞減，從而傳達給對方一個信號：這個價格越來越接近底線了。除了讓步的幅度，還要注意每次做讓步所花的時間應該是越來越長。有時候，即使這個決策不需要層層審批，你也要刻意地壓住節奏，拖住時間，這樣能讓對方明確地感知你的為難。

第三，折中讓步要避免。假設兩家俱樂部在談一筆球員轉會的生意，主要的分歧就是價格。你是賣方，堅持要 8,000 萬歐元，但買方只願意出 7,000 萬歐元，雙方認可的價格之間有 1,000 萬歐元的差距。怎麼辦？你可能會說，那就各讓一步，7,500 萬歐元成交。但問題在於，誰來主張這個折中的價格呢？可不要小看這個細節，聰明的談判者會鼓勵對方提出折中，因為這個提議看似公平、對等，可一旦被提出，實際上是形成了一個單方讓步的局面。假設由對方先提出折中，你在沒有任何妥協的情況下，就可以直接把談判的區間從 7,000 萬至 8,000 萬歐元，變為 7,500 萬至 8,000 萬歐元。這時候你占盡了主動，你大可以跟對方說：

「董事會認為以 7,500 萬歐元出售這名潛力巨星，還是不夠划算，但是考慮到兩家已經談了這麼久，現在只剩 500 萬歐元的差距了，放棄實在可惜，那能否以 7,750 萬歐元的價格成交呢？」這時候，只要你耐得住性子，對方就很有可能同意再次對價格進行折中。所以說，即使要折中，也要盡量讓對方提出。

一句話理解讓步策略：

談判裡真正的贏，是雙贏。

｜終局策略｜
黑臉白臉唱起來

黑臉白臉戰術

很多警匪片裡都會出現這樣一幕：警察要審問一名犯罪嫌疑人，第一個出場的通常是一個凶神惡煞的傢伙，他對著犯罪嫌疑人拍桌子、瞪眼、扯著嗓子喊，把犯罪嫌疑人嚇得直冒冷汗。過一會兒，這位警察會被突然叫走，然後第二個警察出現了。這位簡直就是菩薩下凡，不光給犯罪嫌疑人遞菸遞水，還會安慰他說：「這件事，情節不算嚴重，只要你說實話，我就能幫你。」然後，這個犯罪嫌疑人就把該說的和不該說的全都招了。

這就是談判場上非常經典的「黑臉白臉戰術」，它是一種用恐嚇和勸誘的雙重態度對心理產生攻勢的辦法，一般需要兩個人配合完成：一個扮黑臉，也就是那個「凶神惡煞」；另一個扮白臉，也就是那個「菩薩下凡」。兩個人協作，恩威並濟，軟硬兼施。

虛構的黑臉

黑臉白臉戰術還能挽救瀕臨破裂的談判。有部中國電影叫《海闊天空》，其實就是影射「新東方」這家公司的成長歷程。

終局策略

從心理學角度來解釋，人在經歷過恐懼之後，都特別渴望被安慰。「黑臉白臉」就是利用了人在情緒的快速轉移過程中，心理會放鬆戒備這樣一個弱點。

其中有一個橋段，3 個人到美國談判，因為對方要告他們侵權，談判一度非常緊張，幾乎破裂。對於 3 個合夥人來說，破裂的下一步就是在法庭見，這是最壞的結果。電影裡，佟大為飾演的王陽在重回談判桌後，送給了美國人一盒月餅，並開玩笑說：「馬上就到中秋節了，這是送給你們的中國月餅。當然，一會兒如果我們打起來，我就有東西用來扔你了。」這個唱白臉的小笑話，一下子緩和了雙方的緊張，給最後的成功談判奠定了基礎。

你可能會問，如果身邊的人都很友善，沒有一個會扮黑臉的，該怎麼用這一招呢？很簡單，你可以虛構一位上級主管，讓他來扮演黑臉。他甚至不需要露面，只要由你來傳達「他的意見」就可以。有了黑臉做擋箭牌，回絕對方的壓力就不在你自己身上了。你既沒有給對方讓步，又沒有損害你和對方之間的情面，讓談判對手急不得也惱不得。

黑臉白臉戰術的威力如此之大，萬一對方用起來，你要怎麼辦呢？有 3 種方法是我們可以嘗試的。當我們學會拆解對方的黑臉白臉戰術，自然也就可以把自己的黑臉白臉唱得更得心應手了。

第一，讓裝睡的白臉自我覺醒。對方如果搬出來一個虛構的上級，你要怎麼辦呢？你可以跟他說：「我早就看出來了，他們其實都聽你的。」或者恭維這個白臉：「像你這樣既專業又資深的人，老闆肯定充分相信你的判斷啊。」這時候如果對方是個自我意識很強又很要面子的人，很可能就飄起來了，就會說：「兄弟，這件事，說實在話，我說了就算數，用不著別人來拍板。」這樣一來，你相當於堵住了對方的退路，讓對方沒法再搬出「黑臉」。

第二，跟臉皮薄的白臉統一戰線。這裡有一個小花招，就是把還不一定的事，說的好像已經是事實了。比如，你跟這個白臉說：「你肯定會跟你老闆推薦我們公司的，關鍵是咱們倆怎麼一塊想辦法說服你的老闆。」其實本來他還沒答應呢，可你這麼一說，臉皮薄的就可能會賣你這個順水人情。我們在這裡要強調，不是所有的談判對手都是充分理性的，會有一些感性的人，你如果能打中他的點，他就能跟你站一塊。就算他不給這個面子也沒關係，因為這說明對方是真心有興趣跟你合作。中國有句俗話，叫作「褒貶是買主，喝彩是閒人」，也就是說，願意跟你吹毛求疵、討價還價的，說明他在意，這些都是奔著最後買單去的人。怕就怕對方漠不關心，懶得跟你推敲細節，那就說明對方並沒有太多誠意，這種談判八成要吹了。

第三，對強硬的黑臉施陰柔術。無論對方的黑臉是不是虛構的，這個人物一定是很強硬的。被對方安排當黑臉角色的，往往是性情中人，這是好聽的說法，不好聽的說法，叫匹夫之勇。針對匹夫之勇，以強制強，往往不是最聰明的方式，很容易破局，因為雙方都是要面子的人。退避三舍，以退為進，是更好的策略。比如，赤壁之戰的時候，諸葛亮去東吳談聯吳抗曹，其實這個時候，劉備這一邊沒什麼談判籌碼，馬上就被斬盡殺絕了。諸葛亮看準東吳真正決事的是孫權和周瑜，這兩個人都不好對付。他怎麼辦呢？硬的不行就來陰的。他先跟孫權說：「你的大臣投降，還能繼續做大臣，你投降，你就沒命了，就算不死，你再也不是君主了。」這就一下搞定了孫權。然後諸葛亮再跟周瑜說：「曹操打東吳，不為別的，就為小喬。」[1] 又一下搞定了周瑜。有的時候，談判就得用一些陰柔的手段。

一句話理解談判的黑臉白臉戰術：

恩威並濟，軟硬兼施。

1 小喬是周瑜的夫人，所以諸葛亮故意談到這一層原因。周瑜為了不蒙受曹操的羞辱，必然不會接受投降。

| 談判軟技能 |

不會這些套路，你就輸定了

談判的小技巧

談判有一些小技巧，雖然不是決定性的，但是熟悉這些，可以讓你在談判中更加游刃有餘。

一是地盡其利的能力。如果有可能的話，盡量邀請對方到你的公司來，即使選擇第三方場地，也要盡可能選你常去的咖啡廳或者餐廳。這聽起來似乎有些小題大作，但實際上是非常實用的一招。因為在你熟悉的環境下，談判對手和你會形成賓主之分，你會擁有更多的主動權，對方也會在潛意識裡感覺是在蒙受你的關照。

美國的地產經紀人就經常這樣做，他們會習慣性地開著自己的車帶你看房，這樣他們跟你張口談條件就會更加主動。其實，中國房產仲介也都會這一招，只不過得把汽車換成電動自行車，你得從副駕轉移到車後座。

二是要具備不失時機的能力。談判時機的選擇常常直接影響著談判的結果，因此要盡量挑選對自己最有利的時間點發起談判。以球員轉會市場為例，在轉會窗口剛剛開啟的時候，市場上的選擇非常多，因此買球員的俱樂部不會輕易滿足球員老東家索要的高額轉會費。但是，等到轉會窗口即將關閉的時候，市場上

談判軟技能

商業的世界就是弱肉強食，要嘛店大壓客，要嘛客大壓店，這個觀點我不止說過一次。那麼，到底什麼決定著你的大小呢？德州撲克這個遊戲背後的邏輯，跟商業談判有著驚人的相似點。在德州撲克中，你的籌碼量比你拿到的牌更重要。談判技巧決定你拿什麼牌，你的籌碼量還是決定於你自身的實力：你有多少用戶？你有什麼技術？你有什麼核心競爭力是人無我有、人有我優的？你的團隊凝聚著怎樣的精神力和意志力？等等。

能被簽約的好球員已經寥寥無幾，不下點血本，機會就很渺茫了。反過來，如果對手的時間壓力更大，你就需要耐住性子，讓時間成為自己的籌碼。

比如 NBA 勞資雙方的談判，如果不能在新賽季開始前達成協議，新賽季就會停擺。沒有了比賽，雖然球員的收入也會受到影響，但遠遠比不上球隊老闆們所承受的巨大商業損失：門票收入、電視轉播收入、贊助商收入、特許商品的收入等。少比賽一場，上千萬美元就沒了，所以老闆們更急。因此，代表球員利益的工會主席一般都是先去「釣釣魚」，拖到實在不能拖了，才啟動談判。

當然，最厲害的談判高手體現在能夠化腐朽為神奇，把別人談不成的生意談成。這種「破局而生」的能力最為難能可貴。那麼如何應對談判場上的僵局和困境呢？有以下 3 種方法。

第一，臨陣換將，發起持久戰。

很多談判是漫長的持久戰，因此你可以安排兩組人輪流上場，用車輪戰術消耗對手的精力。每到關鍵問題僵持不下的時候，你一換人，對方就要把他們所持的立場、所提出的要求從頭到尾再梳理一遍，對方的鬥志就這樣被消磨了。也有時候，調換人員是為了實施黑臉白臉戰術，把讓對方不爽的黑臉撤掉，引誘對方向你這個白臉的意見靠攏。如果你預感到談判的過程可能會劍拔弩張，不妨安排一位女性成員一起參與，畢竟大家出於對女士的尊重，會稍微收斂克制一些。切記，不要一屋子男人談判，那樣會使陽剛氣息太重，閒聊、吹牛可以，談判就算了。

第二，按下暫停，讓賓主盡歡。

如果談判的場面一度十分尷尬，你可以提出讓雙方休息一下。這種暫時擱置的策略可以為你贏得時間，在內部形成共識，最重要的是，可以緩解緊張的對立情緒。中國人習慣在飯桌上談生意，從「飯局」一詞中可見一斑。所謂飯局，意不在飯，在於「局」。「局」的本意是棋盤，因此飯局就是在餐桌上的賽局。能夠吃好喝好，賓主盡歡了，再談正事，就能變得順暢許多。

第三，共同利益，盡量一邊坐。

還記得小時候看《古惑仔》，兩幫人馬上就要打起來了，這時候一定會出來一個胖子當和事佬。他一般會說：「大家都是求財。」你看，求財這種說法，就是把雙方的利益共同化了。的確，沒有人為了打架而打架，大家都是為了利益，都是求財。所以，談判時切忌形成利益對立。很多高手談判時不會相對而坐，都是盡量坐在一邊，以此形成心理暗示：我們是一邊的，我們的利益是共同的。同時，他們還在語言上不停地暗示：「我們都是為了讓這個項目快速完成」、「我們都是為了盡可能地減少成本」。少用「你」、「我」，多用「我們」，這不僅適用在談判上，在公司內部管理上也是非常重要的。

一句話理解談判軟技能：

破局而生，化腐朽為神奇。

PART 4

做得到的 自我疊代

Chapter 16

學習這件事，也需要學習
學習工具

| 1 萬小時定律 |
首先你得足夠努力

小提琴的練習時間

1993 年，有幾位心理學家在柏林的頂級音樂學院做了一個實驗。他們把學習小提琴演奏的學生分成三組：第一組是校園明星人物，他們將來有望成為世界級的小提琴演奏家；第二組比較優秀，但是和第一組相比還有差距；第三組都是「學渣」。實驗中，這三組學生都要回答同一個問題：「從你學琴開始到現在，一共練習過多少個小時？」大多數人本以為，第一組的天才學生不用練很久，而第三組的「學渣」應該是天天苦練，水平仍然不

1 萬小時定律

人們眼中的天才之所以卓越非凡，並非天資超人一等，而是付出了持續不斷的努力。1 萬小時的錘鍊是任何人從平凡變成世界級大師的必要條件。——葛拉威爾（Malcolm Timothy Gladwell）《異數》（*Outliers*）

行。結果讓人大跌眼鏡：第一組平均已經練習了 1 萬個小時，第二組練了 8,000 個小時，第三組只練了 4,000 個小時。

同樣的情形，還出現在其它領域。由此，研究者們認為：一個人的技能要達到世界水平，他的練習時間就必須超過 1 萬個小時——任何行業都不例外。注意，1 萬個小時是必要條件，不是充分條件，也就是說，如果你認為「只要練 1 萬個小時，就一定能成為專家」，那就大錯特錯了。

十年磨一劍

英國神經學家丹尼爾．列維廷（Daniel J. Levitin）認為，要達到大師級水平，人類腦部確實需要 1 萬個小時，以便透徹吸收一種知識或培養一種技能。這個時間定義從何而來？很簡單，你聽說過「十年磨一劍」、「台上一分鐘，台下十年功」吧。

10 年，每週練習 20 小時，大概每天 3 小時，加起來就是 1 萬小時。你可能會說，10 年太久了，能不能短一點呢？可以。我們來看職業和工作，如果你每天工作 8 小時，一週工作 5 天，那麼成為一個領域的專家則至少需要 5 年。所以，你看那些 2、3 年就換一個行業的人，大多一事無成。

1 萬小時定律，理解起來容易，做起來難，動輒 5 年、10 年，實在不容易堅持。那麼，關於堅持，我給你 3 個建議。

第一，帶著目的學。我當年考清華 –MIT Global MBA，用的蹩腳英文就是跟一部叫作《六人行》的美劇學的。很多人都看過這部片子 10 遍以上。大家都知道看美劇學英語，但是 99% 以上的人，美劇沒少看，英語卻依舊很爛。為什麼呢？ 1 萬小時定律從來不是簡單粗暴地堆砌時間，你必須帶著目標學。比如，第一遍看中英文字幕版本，先熟悉劇情，提升語感。第二遍看純英文字幕的版本，看英文，聽英文，能聽懂嗎？第三遍得看沒有字幕的版本，純靠聽和看劇情，能聽懂多少？有些英語「狂人」，最後只聽，劇情都不看了，演到哪裡都能跟著劇中人一起說台詞。這是帶著目的學。

第二，帶著喜歡學。1 萬個小時是非常痛苦且漫長的過程，要說純靠毅力，我不相信世界上任何一個人可以做到。那還可以靠什麼呢？答案只有一個，就是喜歡，發自內心的喜歡。我因為做投資，經常去矽谷。我發現矽谷和國內創業最大的不同，就是當你跟矽谷創業者聊項目的時候，他們談的第一件事，永遠不是他這個項目有多麼強，而是他們有多麼喜歡這件事，他們從心裡認為做這件事是有價值的。這種喜歡可以讓他們在最艱難的時候堅持下來。有太多創業者在放棄的時候能夠找出特別多的理由來證明這個項目為什麼不行，比他當初跟你說的這個項目為什麼能行的理由還充分。這些理由不但能說服你，還能說服他自己。但是結果就是失敗了而已。這所有的理由歸結成一句話，其實就是不夠喜歡。這和情侶分手是不是一個道理呢？追根究柢，就是不夠喜歡。

第三，帶著環境學。有一句話叫作：「人是環境的產物。」我特別同意，就拿我們的線上商學課舉例子。說實話，100 天的商學課，想堅持下來也不容易。我們透過後台數據發現，有一些人特別善於營運社群和班級，大家在學習的過程中互相分享、互相激勵，繪製心智圖，討論問題，交流學習感受，熱鬧非凡。在這樣的環境下，學員堅持下來的比例非常高，並反饋說收穫特別多。當然也有做得不太好的，因為場景的原因，學員只能自己聽、自己學，聽的時候確實特別興奮，但是一旦停下來，就想不起來堅持了。聰明的做法是主動把自己置於一種氛圍中，比如我讓自己去清華，去 MIT，在那裡，甚至都沒什麼需要堅持的，那些優秀的同學每天給你的壓力，讓你根本沒有時間停下來。

一句話理解 1 萬小時定律：

以 5 年、10 年為人生刻度，規劃自己的職業生涯。

|刻意練習|

光努力沒用，得用對方法

記憶 π 的能力

你一定還記得圓周率，就是那個約等於 3.1415926 的 π 。我們上學的時候，有個專有名詞形容 π ：無限不循環小數。那麼問題來了，你能記到小數點後多少位呢？你覺得人類最多可以記到多少位呢？

有個教授招募了一個學生，付費讓他每週用一個小時記憶 π ，看看他能記住多少位。一開始，這個學生記到第 10 位就卡住了，後來他們不斷尋找規律，練了兩年，差不多花了 100 多個小時，這個學生便可以背到 80 多位了。80 個不循環的數字，想想就挺可怕的。

但人類的極限還不止於此，記憶 π 的世界紀錄最早是由美國人創造的：小數點後 500 位。後來，這個紀錄被一個印度人打破了，他記到小數點後 1 萬位。現在的世界紀錄是由一個日本人保持的：小數點後 10 萬位。這些紀錄的創造者並不是天才，保持世界紀錄的這個日本人，當年打破紀錄的時候已經是一位 60 多歲的老人了[1]。是什麼讓一個普通人也能把圓周率從 10 位背誦到幾萬位呢？答案就是「刻意練習」。

1 原口證，1945 年生，於 2006 年 10 月 3 日成功背誦圓周率 π 至小數點後 10 萬位。

刻意練習

傑出並不是一種天賦，而是人人都可以學會的技巧，這個技巧就是刻意練習。

刻意練習不是特別高深的方法論，我來幫你梳理一下它的核心理念。

第一，走出既有誤區。

很多人都有一個根深蒂固的錯誤認知——天才和普通人之間有本質上的區別。所謂「天降英才」、「天賦異稟」，就是告訴我們，天賦是與生俱來的。這個觀點澆滅了許多人的夢想，也給了一些人逃避和懶惰的理由。而刻意練習的理論是，只要掌握了正確的方法，天賦是可以被培養和訓練出來的。

比如音樂神童莫札特，據說他在 4 歲時就能分辨任何聲音的音高，甚至能聽出時鐘報時、打噴嚏的高低不同。這種能力萬裡挑一，異常罕見。可是有人不信邪。2014 年，日本的一個心理學家就做了這樣一項實驗：他在東京的一所音樂學校招募了 24 個年齡為 2 至 6 歲的孩子，組織他們進行了幾個月的訓練，教他們像小莫札特那樣分辨音高。

結果參與研究的每個孩子都被培養出了這種萬裡挑一的「天賦」。其實莫札特並不是神童，他的老爸就是一名作曲家，老莫札特在培養了小莫札特的哥哥和姊姊之後，有了更多經驗，才把小莫札特培養成了我們眼中的天才。

第二，建立心理表徵。

不懂象棋的人，看到的不過是一顆顆棋子在移動而已，但是象棋大師，除了能看到棋子的位置變化，還能看出誰有殺招、誰能在幾步之內將死對手、能有幾種方法將死對手等。同樣是看棋，普通人和象棋大師的角度和深度有天壤之別，這是因為他們對象棋的認知能力不一樣。高級一點的說法就是，象棋大師相比於普通人，在下棋這件事上擁有更強大的心理表徵。

有人說，凡事都有 3 個階段：第一個階段，看山是山，看水是水；第二個階段，看山不是山，看水不是水；第三個階段，看山還是山，看水還是水。說的其實就是這個道理。刻意練習最核心的一點，就是建立高手獨有的心理表徵。

第三，循環 3 個 F。

現在，你知道了天才可以培養，也知道了要建立像大師那樣的心理表徵。具體怎麼做呢？方法就是循環 3 個 F。

第一個 F 是專注（Focus），在整個刻意練習的過程中，要帶著明確的目的，注意力要高度集中，行為高度專注；第二個 F 是反饋（Feedback），在專注練習的過程中，要不斷主動獲取外界的反饋；第三個 F 是修正（Fix）。

任何刻意練習，都遵循這樣一種簡單的邏輯：一，取得進步；二，遭遇瓶頸；三，克服障礙；四，穩定提高；五，直到下一個障礙出現。不管是什麼障礙，越過它最好的辦法就是堅持到底，就是想出不同的辦法去突破瓶頸，這就是修正。

這是心理學家安德斯．艾瑞克森（Anders Ericsson）在《刻意練習》（*Peak: Secrets from the New Science of Expertise*）一書中所提到的方法論，我將它總結為「3F 法則」。有了這 3 個 F，你就可以不斷提升，最終擁有大師級的心理表徵。

一句話理解刻意練習：

傑出不是一種天賦，而是人人都可以學會的技巧。

| 批判性思維 |

這些觀點對嗎？

海綿式思維

幾年前，韓寒拍了一部電影《後會無期》，裡面有一句台詞紅了：「懂得了很多道理，卻依然過不好這一生。」這話乍一聽好像很有道理，但是你以為你懂得的道理，是真的懂嗎？坦白地講，我不是特別喜歡這類話，這種話除了給人們麻痺自己提供藉口，沒有任何積極的意義。當然，我知道這句話有戲謔的成分，但仍想追問一個隱藏的事實：為什麼這樣的話，特別容易被大眾接受呢？

我們從小到大接受的填鴨式教育，讓我們像海綿一樣，只要遇到水就吸收，不做任何思考判斷。就連考試，也更加偏愛有標準答案的選擇題。我在國內外頂尖學府都有過求學經歷，關於考試，我最大的感受就是，相比於國內，國外的學校更喜歡用主觀論述題考察學習成果。

對思考過程的「再思考」

受海綿式思維模式的影響，我們面對任何事情時，都希望求得一個確定的標準答案。但是，「小孩的世界才分對錯，大人

批判性思維

批判性思維與海綿式思維的全盤接收不同，前者講求的是在吸收資訊的過程中，要質疑、分析、評價、反思。

的世界只看利弊」。絕大多數事情都不是非黑即白的，一個人不是好人，也不一定就是壞人。生活當中的絕大部分問題都不是選擇題和判斷題，而是主觀題。那這道主觀題怎麼解？這就需要批判性思維。

用一句話概括批判性思維，就是對思考過程的「再思考」。舉個例子，下圍棋的時候，你的思考過程就是自然思維，而復盤時候的反思就是對思考的再思考。普通的思考由於利益相關、立場不同、時間緊迫等原因，總會有不少偏差和誤區。而對於思考的再思考，因為其更純粹，所以誤區往往會少得多。

有一段總結批判性思維的話，我覺得挺有意思，分享給你：懷疑，但不否定一切；開放，但不搖擺不定；分析，但不吹毛求疵；決斷，但不頑固不化；評價，但不惡意揣測；有力，但不偏執自負。

那麼，要想具備批判性思維，到底該怎麼做呢？我分享 3 個技巧給你。

第一，避免歸因偏差。一些結論本身沒問題，但是支撐結論的理由是不準確的，不仔細分辨，就很容易做出錯誤的決策。比如，下屬向你提離職，說自己感覺太累了，想休息一段時間，或者說覺得自己不適合這份工作，希望換一個行業發展。而實際的情況是怎麼樣的呢？在職場上有句名言：「加入公司，離開經理。」[1] 員工的離職原因，不是錢沒到位，就是他的直屬主管有問題。聰明的老闆一定能察覺，給員工的離職做出正確的歸因，從而有針對性地解決問題。

第二，識破推理謬誤。有的理由聽起來沒問題，但結論卻很荒謬。比如，「他們金牛座都這麼固執」，或者「這個人不可靠，他說的話你一句都不能信」，這就屬於典型的推理謬誤——以偏概全。要是街坊鄰里之間閒聊，這樣說說倒也無妨，要是認真，你就輸了。推理謬誤還有其它一些常見的種類。例如移花接木，就是前後偷換概念。2016年，遼寧衛視「春晚」有個小品叫《吃麵》，小品中，宋小寶點了一份海參炒飯，上來以後翻了半天沒找到一點海參，就問海參在哪兒？然後一個廚師跑出來說：「我就是海參。」這就是典型的移花接木。再就是滑坡推理，即認為一件事發生，那麼與它相關的其它事情也一定會發生，把「可能性」轉化成了「必然性」。有一句台詞，叫作「再工作幾年，我就能升職加薪，當上總經理，出任CEO，迎娶『白富美』，走上人生巔峰，想想還有點小激動呢」，這句話看起來順理成章，實則把可能當成了必然。還有訴諸權威，就是但凡權威人士認可的，就是合理的，最常見的例子莫過於「電視裡的專家說了，多吃綠豆能防癌」。若你再遇見這一類觀點，我建議你別往心裡

1 員工加入是因為公司，而離開大多是因為不喜歡經理的管理方式。

去，他就那麼一說，你也就那麼一聽。

第三，細聽弦外之音。有那麼一種論述，聽起來很有道理，但總覺得話有點沒說透，問你哪兒沒說透，你還說不上來。比如「直接感受莎士比亞的著作大有裨益，因此英語專業的學生都應該至少去看一部莎士比亞的戲劇」。這句話的理由和結論都沒問題，但是其中隱含了一些假設條件，說的人把它省略了，所以顯得有點「跳」。如果把省略的假設補上，假設一就是「表演必須非常逼真，這反映了莎士比亞所倡導的一切」，假設二就是「學生將會理解這部戲劇，而且能將它與莎士比亞聯繫起來」。顯然只有這兩個假設都成立，理由才能支撐結論。

回到開篇那句話，「懂得了很多道理，卻依然過不好這一生」，這裡面就有一種假設，就是馬雲那樣的人生才叫過好了的一生。所以，即便懂得很多道理，也成不了下一個馬雲，這是大實話，沒問題。但問題是，什麼叫過好了的一生，這種假設成立嗎？這個問題，留給你們想一想。

一句話理解批判性思維：

對思考過程的「再思考」。

｜圖形化思維｜

實在弄不明白，就畫幅圖

好記性不如爛筆頭

我們先來做道題：超市的收銀台前，有6個人排隊等著結帳，他們分別是A、B、C、D、E、F。F不是最後一個，他和最後那個人之間還有2個人；E也不是最後一個；A的前面至少有4個人，並且A沒有排在最後；D不是排在第一位的，並且他的前後都至少有2個人；C既不是第一個，又不是最後一個。那麼，這6個人排隊的順序是什麼呢？

別崩潰，這道題其實一點都不難，但你聽完之後肯定會懵。這個時候，我要是給你一張紙和一枝筆，再讓你聽一遍題，一邊聽一邊畫，你很快就能得出正確答案。

「好記性不如爛筆頭」，這句話真的不假，但筆怎麼用，卻很關鍵。

心智圖

我讀本科的時候，很荒廢課業。那時候，我因為喜歡參加社會活動，經常逃課，到了考試之前，就向同學借筆記。筆記上一、二、三、四……一條一條總結地整整齊齊，字也寫得漂亮，

圖形化思維

圖形化思維就是用圖形的組合，把我們接收的資訊和我們的想法直觀地呈現出來。

但我就是看不明白。就好像開會的時候，很多人在筆記本上振筆疾書，一字不落，其實回去了自己都看不懂。

有研究告訴我們：透過讀，我們只能記住 10%；透過聽，我們只能記住 20%。這也解釋了為什麼我們聽的大部分課、讀的書都還給老師了。而透過圖形和影像，我們能記住的比例在 50% 以上。所以心智圖這種學習方法備受推崇，被人們形容為：「用簡單的圖形，演繹複雜的思考。」

我們常用的條目式記錄，就是把資訊按順序羅列，能記下來的內容本身就不多，要命的是，它還體現不出每一條資訊之間的關聯。如果你用圖形化思維，這就都不是問題了。

舉個最常見的例子，我們看外國警匪片的時候，總能看到一面神秘的「線索牆」，警察把收集的各種資訊，如地圖、照片、便條紙、名片、剪下來的報紙等，用大頭釘釘上，大頭釘之間還得用各種彩色的線連起來。這麼做能讓辦案的警察有一種全局觀，避免陷入一些細節裡出不來，同時，這還能幫助他們一眼看出每件事之間有什麼聯繫，從而更容易找到線索。

那麼，圖形化思維具體怎麼用呢？還是 3 種方法。

第一，掌握基本模型。入門水平的圖形化思維就是掌握基本模型，說白了，就是用好線框和箭頭。你平常遇到的大多數複雜內容，不管是業務流程、資本關係、組織架構、行業競爭狀況……都不需要精湛的繪圖技能。比如，之前在賽局理論的章節裡，我們畫過賽局模型。再比如，要描述一家企業的組織結構，樹狀圖就非常好用。除了豎著的樹，還有橫著的樹，比如一般的目錄結構、網站結構，都是橫著的樹狀圖。常見的基本模型可以參考 PPT，點擊「插入」選單，下方會出現叫作 SmartArt 的預設模板，裡面的模板種類就一目瞭然了。

第二，瞭解視覺規範。在繪製大量圖形之前，你最好先瞭解常用的視覺規範，明確不同符號所對應的不同含義。通常來說，用粗線條、鮮豔的色彩來表示「重點」，用虛線和括號裡的文字來表示當前不存在，但過去有過或者未來會有的元素。適當使用一些固定樣式的圖標，比如「上漲」、「放大」、「擴散」等，可以增強整體表現力。再比如，在工作流程圖裡，菱形常常代表不同的可能性，這一步是 Yes（是）或者 No（否），會把流程引向不同的分支。有興趣瞭解流程圖設計的讀者，可以學用一款叫作 Visio 的軟體，微軟的 Office 辦公軟體系列裡面就包含它，裡面有全套的流程圖視覺規範。

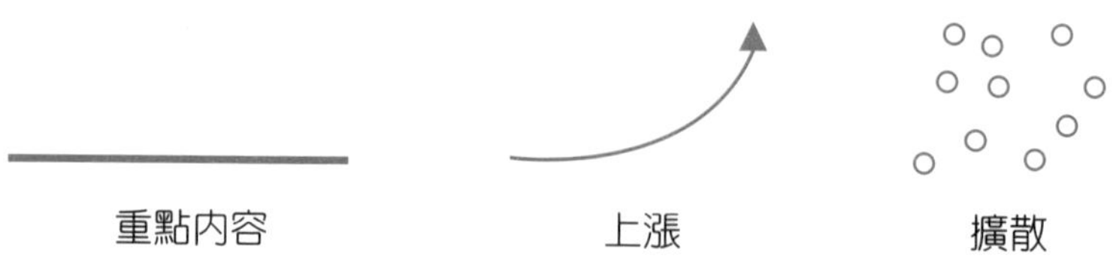

第三，爭取一氣呵成。用圖形化思維非常容易陷入一個誤區，就是聽一點、畫一點，總是想把別人的話原封不動地畫下來。可實際上，一字不落地玩命記並沒什麼用。聰明的人會把一段話從頭到尾聽完，充分理解之後再開始畫圖。從語言到圖形，一定要有所取捨，最重要的不是訊息點本身，而是每個訊息點之間的關係，是並列、先後、因果，還是包含……那些明顯離題的內容和不重要的細枝末節，就沒必要都畫上了。

一句話理解圖形化思維：

用簡單的圖形，演繹複雜的思考。

｜學習金字塔｜

再不明白，就自己去教

教學是更厲害的學習方法

上一節提到：如果自己動手畫圖，能記住 50% 的訊息。那還有沒有更厲害的學習方法，能讓我們記住更多呢？還真的有。

1946 年，美國學者艾德格．戴爾（Edgar Dale）提出了「學習金字塔」的概念，大概意思是說，人是一種忘性很大的生物，不管當時學得多明白，兩個星期以後還是會「還給老師」。至於還回去多少，會有點區別。如果你是透過閱讀文字來學習，就只能記住 10%；透過聽講學習，能記住 20%；透過看圖學習，能記住 30%；透過看影像資料、展覽、現場觀摩這些方式，能記住 50%；透過提問、發言、參與討論，一邊互動一邊學習，能記住 70%。最後，透過演講、教學、實際操作，能記住 90%[1]。

學習金字塔的精華

為什麼大家一起學要比自己一個人學好呢？這就得講一個

1 中國研究者曾提出，上面這些數字不可能這麼巧都是整數，而且用「記住」代表「學會」，在說法上也不太嚴謹。不過問題不大，我們重點理解「學習金字塔」的精華就可以了。連艾德格．戴爾自己都說，這個結論不是透過科學實驗得來的，對數字沒必要那麼糾結。

學習金字塔

從閱讀、聽課、運用多媒體到現場觀摩、互動討論，再到最後教別人，這個學習效果不斷提升的過程，實際上是一個從「自己學」到「大家一起學」，從「被動學習」到「主動學習」的轉化過程。

很重要的概念——隱性知識。有「隱性知識」，肯定就會有跟它對應的「顯性知識」。顯性知識指的是可以用文字、圖表、公式來記錄和表述的知識，只要肯花時間，就能照著書本學個八九不離十。但是隱性知識很不一樣，它更多的是教你「怎麼用知識解決具體問題」，比如好演員的鏡頭感、好文章的臨場感，只能靠感覺，很難用語言描述。想要學會，必須要跟老師、同學浸染在一起，和環境融為一體。這也是為什麼現在特別流行一個詞，叫「沉浸式」，例如沉浸式學習、沉浸式體驗、沉浸式話劇、沉浸式遊戲等。把「沉浸」這兩個字，換成「體驗」或「身歷其境」，就能明白這個意思了。

那具體來說，怎麼運用「學習金字塔」來提升自己的學習效率呢？我覺得有 3 種方法。

第一，複合感官。複合感官就是把能用的感官都調動起來。就閱讀、聽課這一類傳統的學習方式來說，雖然效率未必很高，但還是得用，還得用好。比如你學「用得上的商學課」，實在記不住的話，你可以看完書再聽一遍音頻，再看看音頻中附帶的小漫畫，然後趁熱打鐵寫一篇筆記，最好調用圖形化思維，畫一幅心智圖。如果只是「聽」，你就會發現，聽的時候道理都懂，我說的內容你也完全接受，但你過兩天就想不起來了，更別說使用了。因此，關於被動學習這件事，你需要把握一條原則：調動盡可能多的感官，口、耳、鼻、舌、身，能用的都用上。

第二，知行合一。孔子在《論語》裡講：「學而時習之，不亦說乎。」說的是學過之後得實操練習，只有上手做，才能進一步體會知識的真諦。我在京東的時候，每年都能看見創始人劉強東開電動三輪車去送貨。所以，說起京東用戶對產品和服務有什麼意見，老劉就算不聽主管彙報，不查系統後台，也能知道得清清楚楚。再好的知識不實踐，也不過就是知道，根本不叫知識。把學到的東西「用上」才是實踐，就是知行合一，它是把「知道」轉化為「知識」的唯一途徑。

第三，教學相長。教學是「學習金字塔」中最高效的一種方式。這一點，我感同身受。做天使投資人、做商業顧問，都需要我去世界各地給企業家、創業者講課。講什麼呢？講商業模式、講團隊管理、講網路對傳統商業的衝擊顛覆、講資本市場視角下的商業邏輯。可以說，不斷講課的積累，讓我每一次都比上一次有了更大的進步。而且講課是一門手藝活，學員聽課有兩個結果，一是覺得這個老師好厲害，二是自己真的變厲害了。後者才是真的學到東西了。

所以，我給自己下死命令，3 分鐘一個「段子」，5 分鐘一次互動，首先確保學員聽得進去。然後反覆推敲，把沒用的大道理砍掉，把不是「人話」的句子改成「人話」。學員每次給我好評，說能從我這裡學到很多東西，可我真實的感受是，就算已經重複講了很多遍的內容，我自己能學到的也一定比你們學到的多得多。

一句話理解學習金字塔：

從自己學到一起學；從被動學到主動學。

Chapter 17

溝通就是好好說話？太傻太天真
溝通管理

｜周哈里視窗｜
沒弄懂溝通區域，怎麼溝通？

「溝通漏斗」

我年輕的時候玩過一個遊戲，就是一群人圍坐在一起，主持人跟第一個人小聲說一句話，然後這個人把這句話原封不動地悄聲傳達給第二個人，以此類推。按道理說，傳話沒什麼難度，而且主持人說的是非常簡單的一句話：「阿蘭德龍，我愛你。」結果到最後一個人大聲公布時，他聽到的是：「樓上的沒有樓下的高。」這和原話已經相去甚遠。這個遊戲讓我明白了一個道理：你說的和別人聽到的，很可能並不一樣。

圖 17-1「溝通漏斗」

有一個著名的「溝通漏斗」理論：你心裡想的是 100%，嘴上能說出來的是 80%，別人能聽到 60%，聽懂 40%，而最後付諸行動的只有 20%。

周哈里視窗的 4 個區域

怎麼避免進入「溝通漏斗」的陷阱，讓溝通達到最佳效果呢？我們先來理解一個關於溝通區域的概念：周哈里視窗（Johari Window）。

周哈里視窗根據「自己知道—自己不知道」和「別人知道—別人不知道」這兩個維度，將人際溝通劃分為 4 個區：公開區、盲目區、隱蔽區、未知區。

所謂公開區，是指訊息對你和他人都是公開的。比如你今天穿了一件黑色 T 恤，別人看到的也是一件黑色 T 恤，毫無疑問。這就叫作公開區。

周哈里視窗（Johari Window）

周哈里視窗是美國學者喬瑟夫（Joseph Luft）和哈里（Harry Ingham）共同提出的一個理論，它也被稱為「自我意識的發現—反饋模型」。它把人際溝通比作一扇窗，將其分為 4 個區域：公開區、盲目區、隱蔽區和未知區。

所謂盲目區，是指別人知道、你不知道的訊息。比如，你吃完飯沒擦嘴，臉上掛著飯粒而渾然不知……所謂「被蒙在鼓裡」，說的就是這種在盲目區的狀態。

所謂隱蔽區，是指自己知道、別人不知道的區域，也就是你心裡的小祕密。比如我每個月拿多少薪水，我自己知道，但是你不知道。這條訊息就在隱蔽區。

最後一個，是自己不知道、別人也不知道的區域，叫作未知區。比如一個人生了重病，因為症狀不明顯，自己沒有察覺，別人更沒發現。

	自己知道	自己不知道
別人知道	公開區	盲目區
別人不知道	隱蔽區	未知區

圖 17-2 周哈里視窗

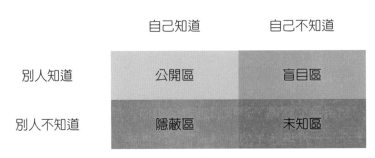

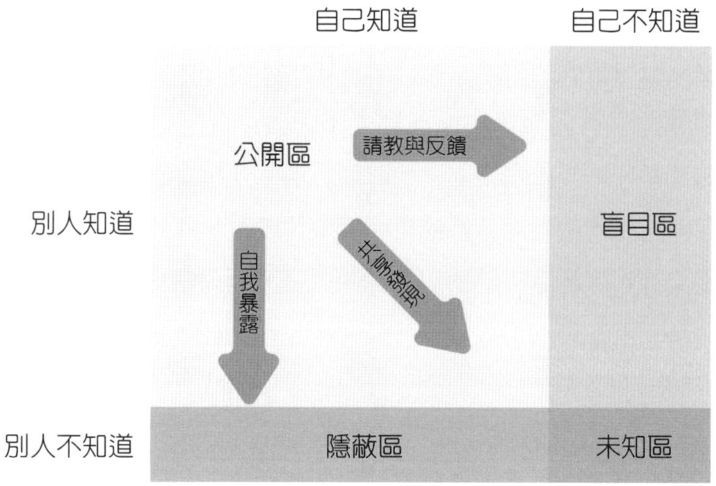

圖 17-3 周哈里視窗

從周哈里視窗的 4 個象限可以看出來，真正有效的溝通是在公開區裡進行的，也就是我們常講的「打開天窗說亮話」。也就是說，要想讓溝通更有效，就要盡可能擴大「自己知道」、「別人也知道」的公開區，努力縮減盲目區、隱蔽區和未知區。我們通常可以有 3 種方法做到這一點。

第一，請教與反饋。主動尋求對方的解釋和說明，瞭解對方的想法，以此縮小別人知道、自己不知道的盲目區。想想你身邊有沒有這種人：埋頭於手頭的工作，兩耳不聞窗外事。他們的口頭禪是「怎麼沒有人說過呢」、「你怎麼不早點告訴我呢」……對於這類人來說，公開區域永遠都很小。這裡說的請教與反饋，不一定是下級向上級、晚輩向長輩，而更強調「積極尋求」、「主動獲取」。就像我經常問別人「我帥不帥」，這就是在主動尋求反饋，雖然得到的答案一般都不是我想聽的。

第二，自我暴露。縮小別人不知道、自己知道的隱蔽區。比如，曾經有人告訴我交友最好的方法，就是告訴對方你的一個小祕密。如果你看過綜藝節目《極限挑戰》，應該還記得，孫紅雷從來都不好好完成導演組布置的任務，全程就是耍寶、搞怪，被評為極限三傻的「大傻」，但他卻能收穫最多人氣。為什麼？想清楚這個道理，你就知道「自我暴露」的威力了。

第三，共享發現。嘗試搞定別人不知道、自己也不知道的未知區。共享發現其實是結合了上面的兩點，相當於在尋求反饋的同時，主動自我暴露。婚姻當中有個常見的問題，就是隨著兩個人分工的不同，各自的世界越來越不一樣，在認知上的公開區也就越來越少。這時候如果一個人不願意聊，另一個人懶得問，這個「未知區」就會越拉越大，再想溝通就難了。那些懂得經營婚姻的人往往能有意識地製造新的話題，發掘新的興奮點，不斷開發和擴大公開區，縮小未知區。對於他們來說，「三年之痛」、「七年之癢」的問題可能會大大減少。

一句話理解周哈里視窗：

你說的和別人聽到的，很可能並不一樣。

｜關鍵對話｜

壓根說不到點上，怎麼溝通？

關鍵對話是什麼？

在平時的工作和生活中，你一定會遇到這些對話：一，對話的兩個人意見不合，比如你想說服老闆調薪水，老闆不願意；二，對話時帶有強烈的情緒，很容易失控，比如情侶吵架，孩子不聽話惹你生氣；三，談話造成的影響、風險特別大，比如重要的面試、商務談判。

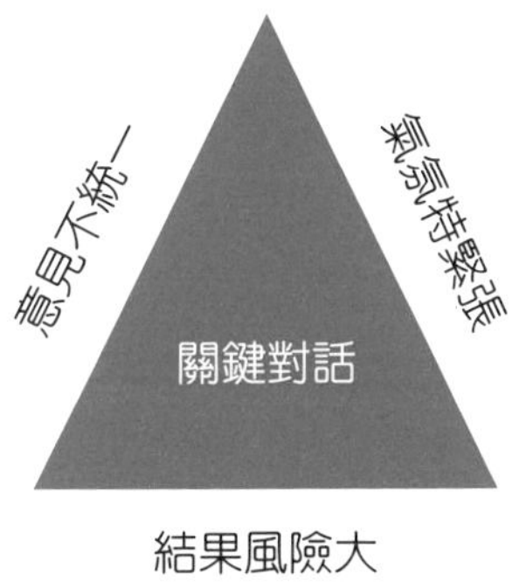

圖 17-4 關鍵對話

有人給這類對話起了一個名字，叫作「關鍵對話」。

基因決定反應

面對關鍵對話，人們的第一反應不外乎兩種：要嘛拔腿就跑，要嘛衝動行事。這是數萬年來人類進化所形成的基因決定的。原始人打獵的時候，聽見草叢裡有一陣響動，下意識的反應肯定是拔腿就跑，或者是抄起工具準備拚命。不管選擇哪種方

關鍵對話

關鍵對話可以總結為 3 句話：意見不統一，氣氛特緊張，結果風險大。

式，他們全身的血液會快速流向四肢，好讓自己跑得夠快、打得夠猛，而此時大腦就會瞬時供血不足，無法冷靜思考。

再看看你自己吵架或生氣時，一旦情緒占領大腦，你就會瞬間停止思考。說的話、幹的事，全都和平常不一樣。從另一個角度來說，如果你強迫自己關鍵時刻還要冷靜思考，那你付出的代價很可能是葬身虎口，一命嗚呼。因此，遇事不慌的基因已經在漫長的人類進化中被逐漸淘汰了。

然而，無論是逃跑還是打架，都沒法真正解決問題。我們需要的是在面對關鍵對話的時候，保持理智，積極妥善地解決問題。所以，具體應該怎麼做呢？我們把關鍵對話技巧總結成最重要的 3 個方面。

第一，從「心」開始，明確目標。

也就是審視自己內心真正的目標。你是否有過這樣的經歷：你跟別人因為一件事吵起來，吵到最後，都忘了是因為什麼了，滿腦子就想著絕不能，誰服軟誰是「孫子」。其實，摧毀溝通的第一大殺手就是好勝心太強。比如，同樣是「削減成本」這個問題，你說要簡化包裝，你的同事說要減少鋪貨通路，雖然你們倆的觀點都有道理，沒有誰對誰錯，但是你們都想證明自己的方案更好，這時候溝通的目標就從「如何削減成本」變成了「如何戰勝對方」。所以，在關鍵對話之前，你得明確自己真正的目標，無論出現多少可能轉移注意力的情況，都不要關注，只有盯住真正的目標才是重要的。

第二，營造氛圍，避免衝突。

我們可以把溝通需要的能力看作大腦的兩台處理器：一是大腦 A，負責談話的內容；二是大腦 B，負責談話的氛圍。比如無論你怎麼說，對方就是不買單，這往往是因為你只關注了 A，而沒有關注 B。那怎麼調整氛圍呢？——道歉、解釋誤會、尋找共同目標。比如，一對夫妻因為怎麼過週末這件事吵起來了，丈夫想去跟朋友打籃球，妻子想讓他陪著看電影，說不到一塊，於是妻子開始哭訴：「你就是不愛我！」這時候，如果丈夫回這麼一句：「這跟愛不愛妳有什麼關係？能不這麼鬧嗎？」估計後果不堪設想。萬一沒忍住真的這麼說了，丈夫需要保持冷靜，先道歉：「親愛的，我剛剛沒顧及妳的感受，是我不好。」然後再解釋誤會：「我不是不在乎妳的感受，我非常愛妳。」接著尋找共同目標：「我也想看這部電影，咱們找個工作日的晚上一起去看，順便帶妳吃妳一直想吃的火鍋？」看，這不就解決了嗎？

第三，主動耐心，化解沉默。

有一方陷入沉默，逃避對話，其實跟兩個人激烈對抗是一樣的，都屬於溝通當中不好的情緒。要真是遇上不愛說話的溝通對象，就得想想辦法了。一般來說，想要打開一個人的心防，就得調動自己的好奇心和耐心。比如，你朋友不開心了，你可以問她：「怎麼了？」如果她說「沒事」，那麼考驗你的時候到了。尤其是各位男士需要特別注意，「沒事」這句話千萬不能輕信，每次聽到，都要擺正態度，拿出十足的耐心，多追問兩句，才能把一場「危機」化解於萌芽。

一句話理解關鍵對話：

意見不統一，氣氛特緊張，結果風險大。

｜非暴力溝通｜

只知道批評指責，怎麼溝通？

暴力溝通是什麼？

有一類溝通方式被稱作「暴力溝通」。其實，暴力溝通說的不是肢體動作上的暴力，而是「語言暴力」。

比如，丈夫對妻子說：「就妳事多，妳到底能不能快一點啊！」妻子對丈夫說：「喝，喝，就知道喝，喝死你算了！」老師對學生說：「笨死了，學問沒長，飯倒不少吃！」老闆對員工說：「你除了遲到還會幹什麼？要不要我送你一個鬧鐘？」

是否聽著很耳熟？你有沒有覺得被人指責、嘲諷，比被人打一頓還難受？有句老話說得好：「良言一句三冬暖，惡語傷人六月寒。」

如果把暴力溝通分類，大概有這麼幾種。

一，道德評判。如果他人的行為不符合我們的價值觀，他就是不道德的。比如，別人比我更關注細節，他一定有「強迫症」；別人沒有我注重細節，他就是「馬虎大王」。還有一種形式上的道德評判，也是我最反感的——貼標籤。比如，「直男癌」、「拜金女」、「渣男」、「剩女」。這都是拿自己的道德標準去評判別人。喜歡這麼做的人，往往不懂得換位思考，不懂得尊重他人的個性。

非暴力溝通

非暴力溝通是用相互尊重、理解和包容的態度來完成對話的方式。用該理論的提出者——馬歇爾．盧森堡博士（Marshall B. Rosenberg）的話來說，就是「情意相通，和諧相處」。

二，做比較。「你看隔壁家的孩子，學習多用功啊」、「你看你們公司小王，多上進啊」……比較本身就是對溝通對象的一種貶低。

三，強人所難。比如父母會嚇唬孩子：「你再不聽話，我就不要你了。」妻子會威脅丈夫：「你不把薪資單給我，咱們就離婚！」

非暴力溝通

這種動不動就「撂狠話」的溝通方式，真的達到目的了嗎？事實上，這麼說話，聽的人要嘛反抗，要嘛就傷心透了，一句話都說不出來。你除了讓自己痛快，根本得不到其它任何好處。溝通在很多時候是為了解決問題，而非暴力溝通也能做到。

運用非暴力溝通，有以下 3 個關鍵步驟，我給你分別拆解一下。

第一，提出陳述，不做評論。

我們往往會直接評論別人的行為表現。比如，「你怎麼那麼倔」、「你完全沒有時間觀念」、「你花錢毫無節制」。但是這種評論很容易帶上自己的情緒和評判標準，會讓對方覺得我是在批評他。這容易讓對方產生逆反心理：「你說我倔，那我就倔給你看！」

所以，非暴力溝通的第一個步驟就是觀察，認真觀察正在發生的客觀事實，然後就事論事，只陳述事實，不發表評論。比如，不要說「你這個人就知道發脾氣」，相反，你可以說「你今天發了兩次脾氣」。再比如，「你這週上班遲到了三次」、「你這個月買包花了三萬多元了」，這都是比較具體的觀察和陳述。

第二，表達感受，不加想法。

說到感覺，一定得注意區分感受和想法。我對此有個小技巧，感受是相對客觀的，想法卻是偏向主觀的。比如，「我覺得你不愛我了」是你自己的想法，而「你總是大半夜才回家，我很難過」是感受；「我覺得妳不在乎我」是想法，而「妳一天都不理我，我很孤單」是感受。

只有區分了感受和想法，你才不會把莫須有的事強加在別人身上。也許，丈夫半夜回家確實是因為加班；女朋友不回微信確實是怕影響你準備第二天的考試。如果不管三七二十一，先表達想法，上來就是一頓批評，再聽對方解釋，那對方很可能也就沒心情向你解釋了。

第三，明確需求，不要含糊。

如果你想要求對方為你做一件事，該怎麼說呢？還是上面的例子，妻子抱怨丈夫回家太晚，怒氣沖沖地對他吼道：「你除了工作就是工作，能不能少花一些時間在工作上！」結果，丈夫報了個高爾夫球班，這回倒真是少花時間在工作上了，但是回家更晚了，問題還是沒解決。其實，妻子完全可以換一種方式，比如「我希望你每週至少有兩個晚上在家吃飯」，或者「你是否可以每週至少抽出三天輔導孩子功課」。也就是用具體的描述來提要求，而不是只說抽象的話。

一句話理解非暴力溝通：

良言一句三冬暖，惡語傷人六月寒。

｜非語言溝通｜

只關注語言本身，怎麼溝通？

溝通方式的重要性

你是否有過這種經歷：剛跟別人吵完架，你仔細復盤說過的每一個詞，覺得都沒有問題，你占了所有的道理，你把對方說得啞口無言。

他怎麼就不承認錯誤呢？他怎麼還生氣了呢？我年輕時經常有這樣的困惑，感覺跟人溝通特別費勁，我說得那麼清楚，這人怎麼就聽不懂呢？等到 30 多歲，我才漸漸明白一個道理：溝通時，你說了什麼不重要，怎麼說的才重要。

非語言溝通是什麼？

如果把溝通分解成 3 個部分，即語言內容、眼神手勢、語速語調，你覺得哪個部分最重要？

美國傳播學家亞伯特．麥拉賓（Albert Mehrabian）曾提出一個公式：

訊息傳遞＝ 55% 視覺＋ 38% 聲音＋ 7% 語義

意思就是說，溝通這件事，只有 7% 是關於語言內容的，

非語言溝通

非語言溝通就是指溝透過程中利用身體動作、體態、語氣、語調、語速，甚至穿著、空間距離等，傳遞和交流訊息。

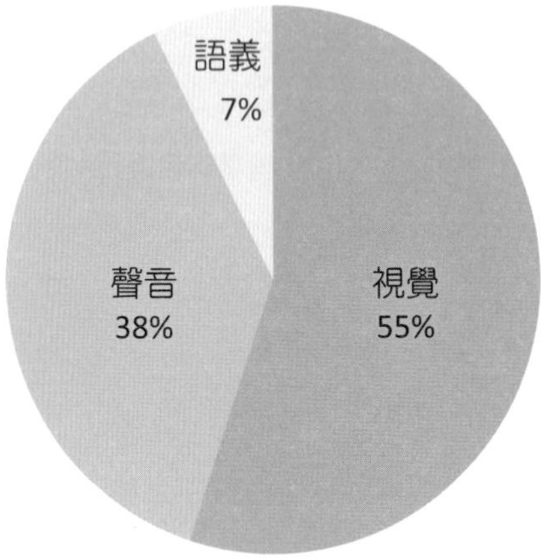

圖 17-5 訊息傳遞的組成

也就是你說了什麼，剩下的 93% 都是關於怎麼說的，也就是「非語言溝通」的部分。這個公式也被稱作「麥拉賓法則」（The Rule of Mehrabian）[1]，你說話時的手勢、眼神接觸、身體姿態作為重要的視覺元素，發揮了 55% 的作用；你的嗓門大小、語調高低、語速快慢作為重要的聲音元素，發揮了 38% 的作用。

想要做好非語言溝通其實很有難度。因為非語言的部分不像語言的組織、表達那麼容易訓練。我們常常會習慣性地用錯語調，控制不住動作和表情，讓人感覺不舒服，甚至已經被人誤會，自己都還沒意識到。非語言溝通的技巧有很多，我們在這裡

1 也有人指出，這個研究結論只適用於對情緒和喜好的表達，對於其它類型的訊息傳遞是不適用的。在這裡，讀者領會精神即可。

只談最重要的 3 點。

第一，眼神：心靈的小窗戶。眼神往往能表達一種很強烈的情感。當年我在美國讀 MBA 的時候，有一門溝通管理課，專門訓練眼神。為了讓眼睛看起來更明亮、更自信，老師甚至建議大家在演講之前滴幾滴眼藥水。美國人認真起來，有時候也是真可愛。當時，我學到的第一個詞是「Eye Contact」，意思就是目光接觸、眼神交匯。做現場演講時，我總是滿場轉，而不是坐在講台上乾巴巴地講，主要就是為了找眼神。誰「瞅」我，我「瞅」誰，不「瞅」我的，我就走到他身邊，使勁「瞅」他，直到他「瞅」我了為止。瞅著瞅著，他們就不「瞅」手機了，而是開始認真聽我講了。

那眼神接觸怎麼練？很簡單，從熟人開始，再到陌生人，不躲避眼神，刻意練習直視，不張嘴，就用眼神溝通。慢慢地，你就會發現，你的眼睛會說話了。

第二，聲音：情感的小象徵。有一次，一位義大利知名影星參加一場宴會，有人請他即興表演一段悲劇，於是，他用義大利語唸了一大段「台詞」。儘管聽不懂，但是他那動情的聲音淒涼悲愴，來賓們聽了都止不住地黯然神傷，還有人現場就哭了。不過，一位義大利人卻忍不住笑了。原來這個人唸的根本不是什麼台詞，而是宴會上的菜單。

所以說，聲音是一個非常重要的溝通工具，想辦法讓你的聲音抑揚頓挫、富有魅力，就能讓人真切地感受到你的熱情與自信。如果你不確定自己的聲音是否存在問題，有一個很簡單的辦法，就是錄音，然後放給自己聽。

第三，動作：內心的小表達。幾百年前，達文西就說過：「精神應該透過姿勢和四肢的運動來表現。」確實，在溝通中，人的肢體動作也能體現很多種意思。比如簡單的坐姿，略微前傾，傾向對方，這表示謙虛、有興趣；如果是躺在老闆椅上，兩腿蹺在桌上，那肯定是在表示傲慢。手指敲桌子、抖腿，都是焦慮不安的表現。如果你想結束談話了，你就少點頭，多看幾次手錶，這樣不用說話，對方也能明白。

一句話理解非語言溝通：

說了什麼不重要，怎麼說的才重要。

｜公眾演講｜

面對人群就發抖，怎麼溝通？

恐懼演講心理

演講這件事，在商業世界裡幾乎躲不開，無論是向老闆彙報工作，還是向客戶展示產品，演講都是必要的。而且但凡是演講，往往都特別重要：講好了，人生步入巔峰；講不好，檣櫓灰飛煙滅。

問題來了，誰都知道演講重要，但一上演講台就手心冒汗，心跳加速，腦子裡一片空白，把熬夜準備的內容忘得一乾二淨。尷尬的沉默讓每一秒都像一年那麼漫長。台下的聽眾，有些開始低頭擺弄手機，有些交頭接耳，開始聊天。

害怕演講的不止你一個。我雖然上過大大小小的演講台，但是每次上台前依然會緊張。我們在「關鍵對話」中講過，當人們遇到危險時，血液會流向四肢。人在感到緊張時也會如此。演講時面對那麼多觀眾，大腦會瞬間缺血，懵是自然的生理反應。

送禮物心態

學會了正確看待恐懼心理，那怎麼樣才能克服恐懼呢？源自史丹佛大學最受歡迎的溝通課——《高效演講》（*As We Speak*）

送禮物心態

不要極力取悅那些不那麼在乎你演講的人，把心態調整成「我來送禮，喜不喜歡隨你」這種感覺，緊張感自然就會緩解。

一書中提到了一種方法：送禮物心態，也有人把它翻譯成「分享精神」。什麼意思呢？演講就像是你送出的禮物，你沒法奢望所有人都喜歡，只要其中有人接受了，就算成功。演講時，沒有人比你更在乎你講得如何，坐在下面的觀眾通常想的都是「演講結束後吃什麼」、「週末去哪兒約會」這樣的事，甚至連朋友圈的更新都比你的演講重要。

那如何準備一場精彩的演講呢？我在這裡介紹 3 種能「抓」人的技巧。

第一，7 秒開場。關於演講，有一個著名的 7 秒法則：聽眾會不會用心聽你的演講，只取決於最開始的 7 秒。想想你平時聽到的開場白，「各位早上好，今天天氣不錯」、「歡迎大家來捧場」，甚至還有「廁所出門右轉，大家可以隨時去」。說上這麼一句沒用的，這 7 秒就差不多了。

至於正確的開場方法，你可以講一個生動的故事，這種方法是歷屆美國總統、奧斯卡影帝、影后都喜歡用的，比如「我女兒早上問了我這樣一個問題」、「從小我父親就教育我」等。這種開場白既消除了和觀眾的距離感，又很容易吸引人。此外，你可以運用強大的數字，「一年砍掉 2,000 萬棵樹，才能滿足中國人對免洗筷的需求」，或者提個問題：「你們當中有多少人覺得，工作的一半時間都在開會？」或者運用「想像」，「想像你自己拿著百萬元年薪」。總之，有一個吸引人的開場白，你就已經成功了一半。

第二，「3 事法則」。開場之後，你就得琢磨，為了達到演講的目標，需要告訴聽眾哪 3 件事？為什麼是 3 件，而不是 30 件？因為講 3 件事，可以在內容足夠飽滿的同時，又不至於訊息量過大。

仔細研究，你就會發現「3」這個數字很有意思，所謂「一生二，二生三，三生萬物」，有人研究發現，人們每天只需要做好 3 件事，日子就會很充實。另外，那些容易學習、容易被記住的事，往往也只有 3 點。如果你做年度總結，說：「我打算談一談公司自創立以來的 16 個大進展。」我敢肯定，下面會呼嚕聲一片。而如果你這樣說，「咱們聊聊公司發展的 3 個階段：過去、現在和將來」，是不是清楚多了？

第三，「你」和「我們」。多數人開口第一個字都是「我」，比如「我覺得」、「我希望」。可惜聽眾對於瞭解別人沒多大興趣，他們更關心自己。有一種方法可以提醒你注意這一點，就是在講話中，用 1 次「我」，就要用 10 次「你」。這不是讓你討好、諂媚他人，而是教你用戶思維，讓你講與聽眾有關的故事。有人因此問我，馬丁．路德．金恩的「我有一個夢想」，為什麼說的都是「我」呢？人家那是固定的句式，整篇演講裡還有 40 個「We」（我們）呢！這些「我們」傳達了一種強大的號召力，突顯了黑人群體的共同利益。

最後，回歸到公眾演講的本質，所有的技巧都代替不了內容和思想本身，你要表達的觀點永遠凌駕於所有技巧之上。

一句話理解公眾演講：

我來送禮，喜不喜歡隨你。

Chapter 18

讓別人做你想讓他做的事

職場溝通

|反饋|

有些進展，該彙報，就要彙報

彙報的能力

你有沒有這樣的困惑：為什麼你拚命工作，卻好幾年既沒升職又沒加薪呢？為什麼能力看上去不如你的人，反而半年就升職，如今已經「甩」你好幾條街了呢？你一直懷疑你跟老闆八字不合，其實，想要在職場升職快，不光要做事，更關鍵的是讓別人知道你在做事。這就要考驗你向上級反饋的方式了，也就是向老闆彙報的能力。

彙報

誰經常向我彙報工作，誰就在努力工作；誰不經常彙報工作，誰就沒有努力工作。——馬克．麥考梅克（Mark H. McCormack）《哈佛學不到的經營策略》（*What They Don't Teach You at Harvard Business School*）

提高職場「能見度」

在關於品牌的章節中，我們瞭解了品牌需要有定位，需要透過媒介管道被大眾關注，這是一個品牌形成影響力，並將影響力向外擴散的過程。其實，在職場中，個人也是一個品牌，也需要形成自己的影響力。有人把形成個人影響力理解為具備職場「能見度」。

不論是擴大影響力還是提高能見度，都要從「彙報工作」開始。懂得彙報的技巧，你的能力就更容易得到認可，上司和同事就更願意相信你在晉升之後，能創造與職位相匹配的價值。

這樣重要的職場溝通技巧，該如何才能用好？我給你 3 個建議。

第一，永遠提供選擇題。有人說，我平時挺注意彙報工作的，可是每次老闆都不滿意。為什麼？因為你不是在「彙報」，而是在「請教」。簡單來說，「請教」的公式是：您告訴我，該怎麼做？而彙報的公式則是：我這樣做，您同意嗎？

《哈佛商業評論》（*Harvard Business Review*）雜誌發表過一

篇叫〈管理時間：誰背上了猴子？〉（*Management Time : Who's Got the Monkey ?*）的文章。這篇文章把工作和難題比喻成猴子，你沒想清楚就去跟老闆商量，就是你把猴子從肩膀上扔到了老闆身上，相當於你在給老闆安排工作。老闆需要的是員工來解決問題，而不是僅僅把問題列出來。

我們一直都有一個誤區，以為能看到問題，能說出問題很厲害，其實不然，有解決方案才叫厲害。優秀的員工在彙報之前會準備 3 套方案：最可行的、最大膽的和最保守的，並提前衡量每個方案的利弊。彙報的時候可以這麼說：「我們有 3 個方案可以選，A 方案是……優點是……缺點是……；B 方案是……優點是……缺點是；C 方案是……優點是……缺點是……我感覺 A 方案最可行，您看呢？」我們在批判性思維裡面講過，人們不喜歡做主觀論述題，而是喜歡做選擇題，你的老闆也不例外。

第二，先說結論少閒扯。有些人彙報起來，絮絮叨叨一大堆，從頭到尾不說完整就憋得難受。請記住，老闆非常忙，沒工夫跟你閒扯。美國麥肯錫管理諮詢公司（McKinsey & Company）有一種訓練方法，專門解決這個問題。他們發明了一種「電梯測驗」，做銷售的人一般都經歷過這種訓練。就是要求你在等電梯的短短 30 秒裡，清晰、準確地向客戶說明白你的方案。彙報工作也是這樣，通常是先說結論，之後再說得出這個結論的原因有幾個，分別是什麼。

彙報不是影評，沒有「劇透」的說法。結論先行，層次分明，見解獨到，這才是好的彙報。

第三，拿捏時機才好辦。英文裡有個詞叫「Timing」，就是「時間 Time 的 ing 形式」，什麼意思呢？就是時機。我覺得這個詞特別傳神。

比如，愛情當中有一句很淒涼的話：「你是對的人，只是沒有出現在對的時間。」職場也是一樣，為什麼你總是「撞牆」？很可能是你沒選對溝通的時機。這裡你可能犯的錯誤有兩種：第一種是你彙報不即時。公司裡講求分工協作，一個細節變動，就可能「牽一髮而動全身」，影響很多部門，所以彙報一定要即時。拖到老闆主動來問你，就是職場大忌。第二種錯誤是你挑的時機不討巧。聰明的員工會觀察老闆的工作習慣，在他用來處理重要事務、不希望被打斷的大塊時間裡，最好別去打擾。另外，老闆看起來鬱悶、煩躁、壓力大的時候，你就別往槍口上撞了。

一句話理解職場溝通：

在對的時候，用對的方法，提高職場「能見度」。

| 協調 |

有些資源，該利用，就要利用

「馬爸爸」的協調智慧

2000 年，馬雲想模仿金庸小說裡的「華山論劍」，把當時的網路大老聚在一起，在西湖旁邊舉辦一個行業論壇。那個時候的網路，最夯的是新浪、搜狐、網易這三大門戶，阿里巴巴在它們面前只能算「小打小鬧」。

所以，馬雲想要請這些門戶的老大給自己捧場，聽上去還是挺難的一件事。

那馬雲是怎麼做的呢？他先打電話給金庸，說了一番自己的雄心壯志，誠心誠意邀請他來當評委，沒想到金庸爽快地答應了。

然後，馬雲又打電話給網易和新浪的老大，這兩個人都是金庸迷，一聽說金庸要來，都馬上點頭說來。最後，馬雲打電話給搜狐老大張朝陽，張朝陽雖然不是金庸迷，但是聽說網易和新浪的人都來，自己也不能落下，就一起出席了「西湖論劍」。

馬雲後來總結說，好多問題看起來很難，但其實做起來沒有想像的那麼難，關鍵在於會不會協調資源。有些事就像做幾何題一樣，多畫幾條輔助線，引入一些看上去不相關的變數，問題也就解決了。

協調力

協調力包括 3 種綜合能力：確保整體平衡發展的「調整力」，在人與人之間起聯繫作用的「仲介力」，以及向成功方向引導的「推進力」。——大久保幸夫《12 個工作的基本》（仕事のための 12 の基礎力）

不靠默契，靠協調

在職場中，一個人的協調能力如何發揮，會直接反映在他的工作進展上。通常，帶業務線的人都需要多個職能部門配合支持，而職能部門都有自己的日常工作。比如財務，今天必須把薪資單做完，但此刻你有緊急的付款問題需要請他審核處理，這時候你該怎麼協調呢？你會發現，要想齊心協力，還真的不能光靠默契。

特別是在職場上協調資源的時候，別人為什麼要聽從於你呢？這也是最難的部分。對此，我給你 3 個建議。

第一，花言巧語，把對方架上去。

此法也叫「戴高帽」，和拍馬屁是一個道理。俗話說「千穿萬穿，馬屁不穿」，意思是說，但凡謊話都容易露餡，只有拍馬屁不會。就算說得天花亂墜，聽的人因為心裡舒服，也就不深究了。比如，你在面對客戶時可以說：「您在這行可比我有經驗多了，這個方案的好處您肯定比我更明白。」你在面對同事時可以說：「總聽老闆講，你是公司裡最專業的，還特別有耐心，人特別好，我就厚著臉皮來了。」你把他抬得高高的，他一時下不來，也就不好意思拒絕你了。

第二，互換立場，從對方角度想。

以前商場裡的試衣間總有這樣的提示：「請勿把口紅染到衣服上。」提醒的作用是起到了，但是會讓人有點不舒服。後來很多店鋪改了說法：「不要讓我們的衣服弄花您美麗的妝容。」站在你的角度為你著想，的確讓人舒服多了。平常很多人找我幫忙，都會說：「老路啊，我是您的『鐵粉』啊，您多給我講一講，多幫我出出主意啊。」這麼說沒什麼不對，但是說實在的，聽多了也挺煩。為什麼我就該幫你，你怎麼不幫幫我呢？還有一次，有個人找我合作，跟我說：「我們希望幫路總擴大一下商學課的影響力，所以想請您來做一場演講。您把課程的 QR Code 發給我，我在線上線下都做一些推廣。」實際上，那一次宣傳沒什麼效果，最後還是我幫他多一些。但是，他這樣說話就讓人特別受用，我也就不會太在乎，到底是誰幫誰多一些了。

第三，借用背書，讓資源滾打滾。

比如，你組織一次活動，先問 A：「你來參加嗎？」你會發現，A 最常見的回答就是：「來的都有誰啊？」這個時候，如果你特別誠實地告訴他：「我最看重你，所以第一個跟你說。」那麼十有八九 A 的回答是：「哦，我不太一定，看情況再說吧。」A 要看的是什麼情況呢？他要看有多少人來，還要看都有誰來。人們在參與一件事的時候，會在潛意識裡擔心自己是唯一參加的那個傻瓜，或者擔心去的人裡面沒有自己喜歡的人。這個時候，聰明的做法就是先借用背書，就像馬雲一樣，建議你這麼說：「B、C、D、E 都沒問題，還有跟你關係不錯的那個 F，也說好了要來。」同樣的方法，再去跟 B、C、D、E、F 說，大家就都能來了。

一句話理解協調：

要想齊心協力，不能光靠默契。

｜拒絕｜

有些事，該說不，就要說不

痛苦，是可以拒絕的

有一個人感覺特別痛苦，他就去問禪師：「禪師，我怎麼才能解脫呢？」禪師笑了笑，給了他三天時間，讓他自己「悟」。第一天，禪師問他：「你悟到什麼了？」他搖了搖頭，於是禪師舉起戒尺，照著他的手心，狠狠打了一下。第二天，禪師又問了同樣的問題，他還是不知道，結果又挨了一次打。第三天，他還是什麼也沒悟出來，但是當禪師舉起戒尺的時候，他趕忙伸手攔住。禪師笑著說：「你終於悟了，痛苦，是可以拒絕的。」

「理所應當」的幫助

我們在生活中承受的很多痛苦，從本質上來說，是因為我們不懂得拒絕。有時候，明明是幫助別人，卻被當成理所應當。比如「你 PPT 做得那麼好，要不你幫我改吧，反正你一下就搞定了」、「那個方案，我實在寫不出來，要不你幫我寫吧，反正你都寫了那麼多了，不差這一個」。還有，常有人跟我說：「老路，你幫我看看，你這麼專業，隨便出個主意就幫我們大忙了，反正你也不費勁。」

拒絕

一味地順從，會失去自我。一味地拒絕，會失去朋友。就人生而言，一方面應該懂得有容乃大，另一方面也應該明曉不能是來者不拒。——汪國真《拒絕》

剛開始我不懂拒絕，所以苦不堪言，每天花大量時間來應對這些莫須有的請求。有很多人自己都沒想清楚，就習慣性地找別人幫忙。後來有一天我想明白了，我終究不能讓所有人滿意。所以我就很自私地給自己定下一條規矩，以下這類人的請求，我一定盡全力滿足：一，真心幫助過我；二，真正關心過我；三，真的在乎我的時間。除此之外，不管是誰，一律說「不」。

話說回來，大家也不能都像我這麼任性，畢竟職場是一個講求溝通協作的地方，一刀切地說「不」，會給你增添很多不必要的麻煩。因此，我們還是總結出 3 種溝通方法，可以讓你在拒絕別人的同時不傷情面。

第一，推卻得留有餘地。人都有感性的一面，不管是多麼通情達理的人，在被別人拒絕的時候，心裡還是會很不爽。所以高明的拒絕就是，雖然沒辦法幫你，但是意思到了，或者有折中方案。比如同事拜託你幫他改 PPT，你可以說，確實擠不出時間幫忙改了，但是可以跟他一起過一遍，提一些修改意見。這相當於不是直接擋回去一件事，而是先接過來，再還回去。

第二，回絕得有理有據。你總得找點託辭才能拒絕別人，實在不行，也得編個像樣的理由，每次都是「臣妾做不到」也不行。什麼是像樣的理由呢？比如，別人勸你酒，你說「我不會喝」，人家會放過你才怪。那如果你說：「不好意思兄弟，最近在喝中藥，不能碰酒。」別人也就有台階下了。當然，一方面堅持原則，另一方面還得保持靈活，不管理由多充分，拒絕別人還是要委婉一點。羅斯福在就任美國總統之前，曾經在海軍擔任要職。有一次，他的好朋友向他打聽海軍在小島上建立潛艇基地的計畫。羅斯福神秘地向四周看了看，壓低聲音問道：「你能保密嗎？」朋友說：「當然能！」羅斯福微笑說：「那麼，我也能。」

第三，能不能之後再議。曾國藩有句名言：「事緩則圓。」很多時候，「緩兵之計」都是解決棘手問題的上上之策。比如別人找你借錢，你可以說：「等老婆給我發零用錢了，我就借給你。」再比如，面試官讓你回去等通知，十有八九就是沒有通知。關於用「緩兵之計」來應對，我是有切身體會的。有些人在麻煩別人之前，自己完全不過大腦，遇到這種情況，你完全沒必要第一時間去幫忙，因為很有可能他在下一秒就反悔了。

一句話理解拒絕：

一味地拒絕，會失去朋友；一味地順從，會失去自我。

｜爭取｜

有些利益，該拿下，就要拿下

加薪要爭取嗎？

美國職場心理專家對世界 500 強的部分公司做過調查。他們發現，除了例行的年終調薪，只有 28% 的老闆會主動為員工加薪。我就是其中之一，我的團隊幾乎沒有人提加薪，因為他們知道我會優先考慮員工的利益，如果沒加，那一定是有原因的。在我看來，升職加薪是老闆的事情，你只管把手頭的事做好，主動提加薪反而會讓我不舒服。當然，對付我這樣的老闆也有招數，就是主動承擔更大的責任，因為在這類老闆的邏輯裡，責、權、利是相互匹配的，更大的責任必然意味著更大的權和利。

當然，這個調查還給我們帶來了另一個重要的結論：有 54% 的人透過自己的爭取，獲得過「非常規加薪」。看來，「會哭的孩子有奶吃」這句話，在大多數場景下都有效。

幾種錯誤的爭取方式

不過，主動爭取加薪是需要技巧的，我見過很多錯誤的方式，比較典型的有以下幾種。

一，瞎攀比。有人開口就是：「某某業績比我差，入職比

爭取

「會哭的孩子有奶吃」這句話的確不錯，但我們一直都理解錯了。這個「會哭」，不是跟壓根不哭相比，而是與「瞎哭」、「亂哭」區別開來。聰明人知道在什麼時候哭，該怎麼哭。

我晚，憑什麼他的薪水比我高？」這句話聽起來有理有據，實則犯了職場大忌。薪資保密是職場基本規則，相互攀比，不但顯得自己沒有職業素養，還破壞了團隊氛圍。除非你不想在這兒幹了，否則一定不要做這種事。

二，求可憐。「老闆，我家裡上有老、下有小，老婆要生二娃，要送孩子出國，還有房貸、車貸沒還完……」公司又不是慈善組織，哪裡來的義務幫你還貸款、養一家老小呢？更何況，我這當老闆的一個娃還沒有，你都二娃了。你跟我「哭窮」，不是「找死」嗎？

三，撂挑子[1]。這是最不可取的一種方式。具體形式就是威脅老闆，不給加薪就不幹了。其實這跟兩口子過日子是一個道理，動不動就把「離婚」掛在嘴邊，不該離的都被說離了。同樣的，你拿辭職威脅老闆，就算他先答應了你，但從今往後，你也別再指望他拿你當「自己人」。在他心裡，你毫無職業精神，忠誠度已經大打折扣。他會抓緊做好人才儲備，時機一到，就跟你結束這種「同床異夢」的日子。

1 編註：撂挑子，拋下應完成的工作，放手不幹。

大多數老闆確實是「裝傻」的高手，你不提加薪確實沒戲，你提的方式不對，也達不到自己想要的效果。那麼，要想成功地獲得「非常規加薪」，具體該怎麼做呢？還是 3 個建議。

第一，天時——看勢頭選時機。如果你長期在一家公司工作，你的職業成長軌跡和這家公司的發展軌跡大體上應該是重合的，或者至少勢頭相近。假設公司還處於初創期，只看見老闆投入，沒看見賺錢，這個時候，你說要加薪，老闆會怎麼想呢？他可能正糾結不知道裁誰呢，你來得太是時候了。相反，眼看著公司拿融資、發新股、銷售利潤翻倍、未來一片大好的時候，老闆心裡想的很可能是，這個團隊想要再進一步，還缺夢想、缺勇氣、缺創意、缺執行力……反正就是不缺錢。他巴不得看見你有拚勁、有野心，想挽起袖子加油幹。他會告訴自己，願意跟著他一路走下去的，絕對不能虧待。

第二，地利——用稀少說價值。薪資的本質是一種勞動力價格。我們在供需定理中說過，但凡價格，都是由供需關係決定的。你得瞭解，市場上和你類似的人才供給有多少，自己是否具有不可替代性。為什麼 NBA 全聯盟幾百名球員，哈登能簽上億美元的大合約，而一些邊緣球員只能簽底薪的臨時合約呢？因為哈登在每場貢獻十幾次助攻的同時，自己還穩拿 30 多分，帶領全隊行雲流水，而且只有哈登能做到這一點。換句話說，你在某一件事上不可或缺，發揮的作用沒人能替代，跟老闆談判的時候，你的籌碼也就大多了。

第三，人和——用責任換利益。從老闆的視角和心態看，一個員工該不該調薪，和他過往的貢獻沒有任何關係。我給你加薪，是因為基於你過往的表現，我判斷你在未來會給公司創造更大的價值。你應該問自己，除了手頭的事，你還能做什麼？打算怎麼做？做到什麼水平？能為公司帶來多少回報？想清楚了，就做一張明確的行動計畫表，帶著這張表去找老闆談，結果肯定不一樣。帶著主動承擔更多責任的心態，無論是對付主動的還是被動的老闆，都更有效。

一句話理解職場利益的爭取：

知道什麼時候哭、怎麼哭的孩子，有奶吃。

| 禁忌 |

有些話，不該說，就別說

幾種不該說的「話」

有人總結過，職場上有這麼幾種「話」，千萬不能亂說。

一是官話。不少主管一開會就是總結，一總結就是三點：第一，這是一次成功的會、團結的會；第二，大家提了很多好意見，關鍵是落實；第三，散會，換下一撥人，開下一次會。這些流於形式、缺少實際內容的話，都屬於官話。官話多了，就沒人把你當回事了。

二是空話，就是說出口卻兌現不了的話。這種話務虛不務實，主要用來表決心。決心越大，態度越正，空話就越響。老闆給員工「畫大餅」，基本都是空話；員工跟老闆拍胸脯，常常也是空對空。

三是假話。職場上人人趨利避害，免不了編一些沒有意義的假話。但是相信我，你覺得自己的謊話說得有多精巧，別人分辨起真假來就有多明瞭。尤其是你的老闆，他之所以能當老闆，必然有他的過人之處。你使的一些小伎倆、小手段，可能都是他多少年前玩剩下的。明明是因為起床太晚遲到了，非說是路上堵車。老闆可能上下班也走這條路，今天堵不堵車，他還不知道嗎？就算他不知道，被你騙過去了，但是這樣沒有意義的謊話，

職場溝通禁忌

在職場，攻城掠地要靠能力、靠付出、靠真本事。同時，為了防守，我們也要懂得基本的職場規則，否則進一步退三步，非智者所為。

就算說成功 99 次，只要有一次被識破，老闆就會默認前面 99 次也都是騙他的，你不覺得虧嗎？我經常跟團隊說這樣一句話，老闆就像監考老師，你在下面「打小抄」，他看得一清二楚，就看他想不想抓你。

四是真話。假話不能說，真話還不讓說嗎？有些時候，真話確實不能說。舉個例子，你是為汽車客戶服務的，賓士跟你約開會的時間，問這週四行不行。你心想做人要實在，所以回答：「不行啊，週四已經約了 BMW，週五約了 Audi，咱們下週吧。」這時候賓士客戶會怎麼想？估計在心裡衝你翻好幾個白眼了。在你被開除多次以後，你就明白，有些真話，不該說就別說了。

3 種要小心的情況

職場溝通的禁忌有很多，除了上面 4 種話不能說，還有以下 3 種情況，你得格外小心。

第一，不顧彙報關係。從走入職場的第一天起，你就應該明白，職場是一個等級社會，每個人都處在不同的階層。對於初入職場的新人來講，第一件事就是弄清楚誰是你的老闆。這裡說的老闆，不是名片上印著這個O、那個O的「大頭兒」[1]，你該關心的就是你在彙報工作時面對的直屬主管。你在職場上絕大部分的向上溝通都跟他有關。站在他的角度想，他最不希望看見的是什麼呢？就是你越級彙報，有事跳過他，直接找大老闆說。要想體現工作能力，你可以有100種方式，但是有意或無意地跳過直屬主管，你也會有100種死法。如果大老闆主動找你瞭解情況怎麼辦？能「一問三不知」嗎？當然不行。你可以大大方方地回答，關鍵是之後你要第一時間主動跟你的直屬主管同步。

第二，不看人前人後。我一直信奉一條處世之道：說別人好，要背著人說；說別人的不是，一定要當人面說。不在背後議論別人，不傳閒話，是職場規則中少不了的一條。都說「世上沒有不透風的牆」，真的沒有嗎？你可能會說，你只跟你最信任的人講，比如A，而A也是這麼想的，他也跟他最信任的B講了，以此類推，全世界就都知道了。有人說，職場本就是個「是非之地」，想要潔身自好，又談何容易？確實，有人的地方就有江湖。遇上了同事之間傳閒話，把你捲進來了，你可能就要學會巧妙地保持中立，不經意地附和幾句：「是嗎？真的假的？」總歸都是不清不楚的事，你能做到不表態、不摻和，就行了。

第三，不分角色場合。同事之間的關係就像刺蝟：離得太遠，彼此之間缺少溫暖；挨得過近，難免就會傷到對方。真的把同事當家人，親密無間了，你就容易「口無遮攔」，讓別人不舒

1 現在的公司會設置很多帶「O」（Officer）的高階主管職位，比如CEO、COO（首席營運官）、CFO（首席財務官）、CTO（首席技術官）等。

服。比如，你和你的直屬主管私下關係非常好，在一起打過槍、打過仗、拚過酒；他可能也跟你說過，沒有什麼主管員工的分別，大家都是兄弟。這個時候，你必須提醒自己，不能毫無保留地相信這句話。無論你的直屬主管再怎麼民主，他也是人，也希望保持自己的威嚴，尤其是在團隊成員或者在客戶面前時。多提醒自己，開玩笑要有分寸，分清楚角色場合，保證你不吃虧。

一句話理解職場溝通的禁忌：

有些話，不該說，就別說。

Chapter 19

你和比爾・蓋茲，都只有 24 個小時

時間管理

| 時間四象限 |

優先級，你設得對嗎？

你如何支配每天的 24 個小時？

在我看來，時間管理是一個本應被列入高考的科目，而從小到大，竟然從來沒人教過我們。直到我們渾渾噩噩，荒度半生，才從支離破碎的訊息中瞭解了一個真相：這個世界上的任何一個人每天都只有 24 個小時，你每天支配這 24 個小時的方式，決定了你是哪種人。

小鎮青年度年如日，週而復始；職場人士被 Deadline（截止日期）倒逼，通常以小時為單位；那些活在風口浪尖的人的時間

時間管理

如果你把所有的時間和精力都消耗在瑣事上，那就不會有時間去做真正重要的事。

大多以分鐘為單位。比如，吳曉波老師參加一場晚宴，至少要見 7 批人；萬達集團創始人王健林 4 點起床，6 點半到機場，從印尼雅加達到海口，再到北京，2 個國家、3 個城市，會見省委書記，簽約價值 500 億元的萬達城，飛行 6,000 公里，幾乎沒有休息時間[1]。

人生的「玻璃罐子」

那麼，如何管理時間，才能像成功人士那樣將你的人生效率最大化呢？

有這樣一個實驗。一位教授帶著一個玻璃罐走進教室，他先在罐子裡放入一堆高爾夫球，問學生：「這個罐子滿了嗎？」學生們回答：「滿了。」教授倒入一杯小石子，填滿了高爾夫球之間的空隙，然後問道：「滿了嗎？」學生們回答：「滿了。」教授又倒入一杯沙子，將石子間的縫隙填得滿滿的，並問道：「滿了嗎？」學生們很無奈地答道：「這回肯定滿了。」教授微微一

1　數據源於微博帳號「萬達集團」於 2016 年 12 月 1 日發布的行程單照片。參見 https://m.weibo.cn/3281037352/4047831435972540。

笑，又拿出了一瓶啤酒。「現在你們把這個罐子想像成自己的人生，高爾夫球代表重要的東西，包括家人、朋友、健康、愛情；小石子代表一般重要的事情，比如工作、房子、車子；沙子代表不重要的小事。如果你先把沙子倒進去，會怎麼樣呢？你就沒有空間放高爾夫球和小石子了。先放入高爾夫球，也就是真正重要的事，然後再放入小石子、沙子，就容易得多。」教授說道。「那啤酒代表什麼呢？」有個學生問道。教授大笑著說：「它代表無論你的生活過得多麼緊湊，你仍然有時間和朋友們喝幾杯。」

針對時間管理，美國管理學專家史蒂芬．柯維（Stephen Richards Covey）提出了一個實用的工具——時間四象限法，即

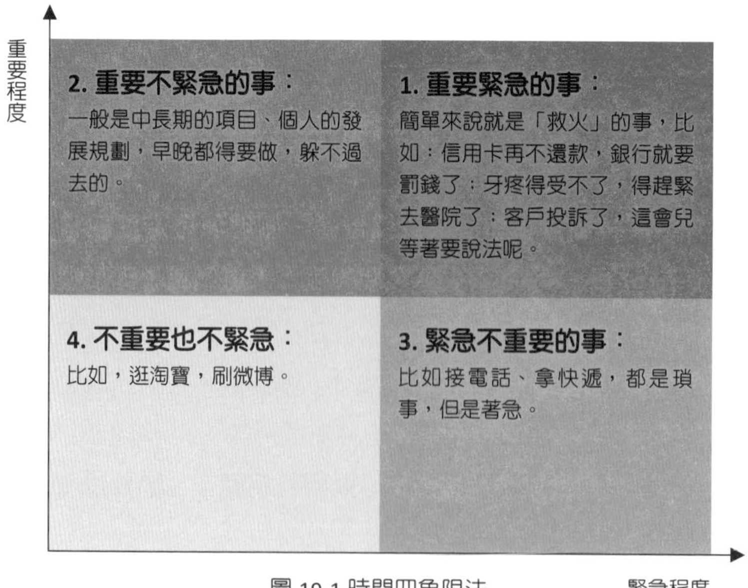
重要程度
2. 重要不緊急的事：
一般是中長期的項目、個人的發展規劃，早晚都得要做，躲不過去的。
1. 重要緊急的事：
簡單來說就是「救火」的事，比如：信用卡再不還款，銀行就要罰錢了；牙疼得受不了，得趕緊去醫院了；客戶投訴了，這會兒等著要說法呢。
4. 不重要也不緊急：
比如，逛淘寶，刷微博。
3. 緊急不重要的事：
比如接電話、拿快遞，都是瑣事，但是著急。
緊急程度
圖 19-1 時間四象限法

根據事情的輕重緩急，把日常事務劃分成 4 個類型：重要緊急、重要不緊急、緊急不重要、不重要也不緊急。這個模型本身不需要多做解釋，但怎麼用好這個模型，我還是給你準備了 3 條建議。

第一，不重要也不緊急的事，少做。有機構做過統計，自從 iPhone 有了指紋解鎖功能後，人們平均一天解鎖手機的次數高達 80 次，我們真的有那麼多「既重要又緊急」的事要處理嗎？事實可能是，我們只是習慣性地數一下朋友圈裡的按讚數，然後隨便打開一個 App，再無聊地關掉。絕大部分人的時間就是這樣被浪費的，以至於他們不是「疲於應付」就是「虛度光陰」。如果你想改變這種生活，第一步就是把手機放遠一點。

第二，緊急不重要的事，快做。有些小事沒那麼重要，可是不做又不行。在我很忙的時候，最頭痛的就是被瑣事干擾。對此，我的經驗是快速做，別思考，別占用精力。拿訂外賣來說，有些人用手機下訂單之後，就開始每隔 5 分鐘看一次外送員到哪兒了，看完還會抱怨兩句：「再不來就要餓死了。」有這個時間，你手頭的那點正事早就能幹完了。

第三，重要不緊急的事，早做。如果你手頭上「既重要又緊急」的事特別多，那麼原因只有一個，就是「重要不緊急」的事，你從來不早做。你或許決定不了一件事情的重要性，但事情是否緊急，卻幾乎都是由你自己決定的。比如牙齒敏感了那麼久，不早點去看醫生，非要等傷到神經，疼到無法忍受了才去。再比如客戶提了好多次意見，不早點改進，非要等起了衝突，媒體都來關注了，才去處理。如果你只能記住關於「時間四象限」

模型的一條，我建議你記住這一條：重要的事，早做。在工作當中，70% 至 80% 的時間應該被用來處理「重要不緊急」的事情，否則你就要不斷處理既重要又緊急的事。

你選擇哪一種工作方式呢？

一句話理解時間四象限：

大事早做，從容不迫。

｜戰勝拖延｜

拖延症，你治得好嗎？

躲不開的拖延症

看看你是否有過這些「症狀」：明天開學，今天狂補暑假作業；明天 Deadline，今天熬通宵寫企畫；總是「偽加班」，明明白天能做完的事，偏要拖到下班後再做；幹活之前得先醞釀心情，一邊醞釀，一邊刷朋友圈；不斷跟自己說，反正那麼多次都是最後一秒才交差的，這次也一定能在最後時刻大爆發……。

如果上述經歷你都有過，那麼你跟我一樣，也是拖延症的「重度患者」。

拖延症的幾種原因

每個人患上拖延症的原因不太一樣，但是大體上可以被歸為 3 類。

一，逃避壓力型。一想到要做的事，就覺得難、煩躁，每分每秒都是煎熬，害怕做不好讓人笑話，所以能躲一會兒是一會兒，像鴕鳥一樣，把頭埋起來，欺騙自己。

二，追求完美型。這些人的理念是，不做則已，要做就做到極致，沒有十足的把握絕不動手，結果一拖就沒有結果了。比

拖延症的危害

拖延行為會產生許多負面的結果：從外在看，也許是損失金錢、損失信用；從內在看，你會變得自責、焦慮、消極、倦怠，在「拖延怪圈」中苦苦掙扎。

如明明現在的工作已經沒有發揮空間了，早就應該結束了，但是你告訴自己，要跳槽得提前做好準備。所以你一邊做著所謂的準備，一邊能拖一天是一天。這種類型的內心潛台詞永遠是：「我還沒準備好。」

三，尋找刺激型。這種人比較煩人，他們覺得自己天生就是來拯救世界的，所以總想給自己加戲。他們會故意壓著很多事不做，等最後火燒眉毛了，再來玩命搏一把，要的就是演出絕地逢生、英雄歸來的戲碼。比如，再有一個月就到期末考試了，你還是不管不顧，天天玩，等到考試頭一晚熬個通宵，第二天直接進考場。說實話，我就有這種類型的拖延症，可能是籃球比賽的絕殺瞬間看多了的緣故。

那麼，如何預防和治療拖延症呢？有 3 個小技巧。

第一，拆分任務時間。

項目管理中有一個非常有名的工作方法，叫作 WBS（Work Breakdown Structure，即工作分解結構）。意思就是把一個大項目分解成比較小的、容易管理和交付的工作包。有一個寓言故事就是講這種工作方法的：老鐘錶對小鐘錶說：「你一年要擺 31,536,000 下。」小鐘錶嚇壞了，說：「這麼多，這怎麼可能做到呢？」這時候，老鐘錶笑著說：「忘掉剛剛那個數字，你只需要一秒擺一下就可以了。」小鐘錶心想：一秒擺一下太容易了。果然，它很輕鬆地就擺了一下。一年過去了，它成功地擺了這 3,000 多萬下。

絕大多數時候，拖延是一種習慣性的逃避，因為當一大堆任務擺在你面前時，想想就覺得難。不妨試一試把大任務拆解成小工作包，每次只要完成一件小小的工作，心中就會輕鬆很多。

第二，用好碎片時間。

美國「時間管理之父」亞倫．拉凱恩（Alan Lakein）發明了一種時間管理方法，叫作「瑞士起司法」。瑞士起司上有很多小孔，所以這種方法就是告訴人們要學會「見縫插針」，用好碎片時間，而不是等待整塊時間出現。比如，你現在準備開始一項簡單的工作，大概需要 20 分鐘才能完成，但你發現現在離午飯時間就差 15 分鐘了，這時候你會怎麼做？很多人都會因為時間不夠，而選擇什麼都不幹，等著到時間去吃飯。

「瑞士起司法」告訴我們，你可以先用 15 分鐘來構思，記下思路和要點，然後去吃飯，回來後再用 5 分鐘把工作完成。用好碎片時間，你就沒法以缺少整塊時間為藉口而拖延了。

第三，找到最佳時間。

科學研究發現，每個人都有屬於自己的生物鐘，一天 24 個小時中狀態最佳的時間段，對於每個人來說都大不一樣。最典型的有兩種：百靈鳥型和貓頭鷹型。

百靈鳥型的人能早起，早上的精力最充沛，比如王健林，凌晨 4 點就能起床工作。貓頭鷹型的人正好反過來，狀態最好的時間在晚上，比如我。我把很多需要精力高度集中的事都放在夜深人靜的時候處理。對於很多人來講，你也許有些時候就是效率低，那沒關係，這個時間段可以少幹活，但是你得保證，在狀態好的時間段，把進度補上來。

一句話理解拖延症：

明日復明日，明日何其多。

｜抵抗干擾｜

「小干擾」，你封鎖得了嗎？

破碎的「無效時間」

我平時有個習慣，每次下載 App 之後的第一個動作就是禁用它的「通知」功能，因為我最討厭工作的時候，手機不斷收到外賣優惠或者促銷折扣等推播訊息的干擾。有人可能會說：關掉通知後錯過重要的訊息怎麼辦？在我看來，這些推播中 99.99% 都是無效訊息。如果來者不拒，你原本能用於工作的整塊時間就會被割裂成破碎的「無效時間」。

暢銷書《拆掉思維裡的牆》的作者古典說過：現代人的生活就是「信息過多、思考過淺，隨時干擾、永遠在線」。美國一位資訊學教授做過相應的調查：職場人士平均每工作 11 分鐘就會被打斷一次，每次被打斷平均需要 25 分鐘才能再度集中精神，繼續做原來的事。這就是你每天看似忙碌，回頭想想卻好像什麼也沒做的原因。

心流狀態

抵抗干擾最好的辦法，是讓自己進入一種「心流」的狀態。什麼是心流？比如你跟朋友一起打遊戲或者一起逛街，不知不覺

心流

心流是指在做某些事情的時候，那種全神貫注、投入的、忘我的狀態。

幾個小時就過去了，根本沒過癮。這就說明，你剛剛進入了心流狀態。

在心流狀態下，你感覺不到時間的存在，在這件事情完成之後，你會有一種充滿能量並且非常滿足的感受。你在心流狀態下做一件事時，好像進入了一個封閉的環境，外面再吵雜也不會干擾你。唯獨與這件事相關的所有訊息，是你不會忽略的，不管它們有多複雜，你也不會感到絲毫費力。

當然，工作畢竟不是打遊戲或者逛街。怎麼能在工作的時候抵抗干擾，讓自己進入心流呢？有 3 種方法。

第一，物理封鎖法。如果你特別容易受周圍聲音的影響，建議你戴上耳機或者耳塞。我常年出差，包包裡一定備一副隔音耳塞，專門用來對付飛機上的兩種人：一，「熊孩子」和「熊家長」；二，在機尾說話生怕機長聽不見，到哪兒都像在自己家裡一樣隨便的那種人。另外，不管是在家還是在辦公室，你都可以設立一個工作區，在這個區域內盡量不出現與工作無關的物品，盡量保持工作區的簡潔、清爽、一目瞭然。如果有條件，可以像程式設計師那樣，用兩台顯示器來工作，用一個螢幕來做手頭最重要的事，用另一個螢幕來處理雜事，比如收郵件、微信對話、上網查資料等。這樣做的好處在於，處理重要事務的那個螢幕不會突然彈出各種干擾訊息。微軟公司做過一項調查，多顯示器能明顯提升員工的工作效率。

第二，番茄工作法。1992 年，義大利人法蘭西斯科．西里洛（Francesco Cirillo）發明了一種叫「番茄工作法」的時間管理法，可以有效地抵抗干擾。具體來說，1 個番茄時間就等於 25 分鐘連續工作和 5 分鐘強制休息，這樣，30 分鐘就構成了一個最小時間單位，也有人把它叫作「煮」1 個「番茄」。這樣循環下來，等你連著「煮」了 4 個「番茄」，也就是工作了 2 個小時以後，可以休息 15 至 30 分鐘。如果你每天能「煮」10 個「番茄」，你就有 5 個小時的大塊時間，可以被用來高質量地完成那些「重要不緊急」的工作。剩下的時間，可以用來做一些瑣事、雜事，即便有打擾也無所謂了。

第三，Deadline 倒推法。很多在外商企業工作的朋友，一聽 Deadline 這個詞就渾身哆嗦。這個詞若直譯成中文就是「死線」（多麼殘暴的說法：到日子，活兒沒幹完，你就可以去死了）。這也是為什麼職場上流傳著這麼一條舉世公認的「真理」：Deadline 是第一生產力。如果你做的是個大工程，包含很多分項工作和很多細節，那建議你拿張紙，畫一張進度表，把今天該做什麼、明天該做什麼，一直到 Deadline 之前的每一天做什麼，都在表裡用線段表示出來。這種表格有個專有名字，叫作「甘特圖」，一聽就知道是用亨利．甘特（Henry Laurence Gantt）的名字命名的。有了甘特圖，你現在是領先還是落後，最後能不能來得及趕完工，有沒有調整的餘地，全都一目瞭然。我團隊裡的一個小夥伴在準備婚禮的時候，做了一張超大的甘特圖，九大模塊，共計 80 個小項目，按照婚禮時間倒推，標注好每個項目的完成時間，自己驅動自己，按計畫完成。最終在幾乎沒有請假也沒有花錢請專人策劃的情況下，辦了一場所有人都按讚的定製化婚禮。

一句話理解抵抗干擾：

俯首埋頭，進入心流。

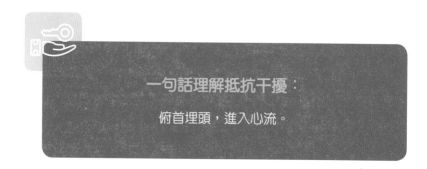

|壓力管理|

壓力大，你扛得住嗎？

「昂貴」的壓力

2008 年金融危機的時候，京東的資金鏈出現了問題：如果無法拿到新一輪的融資，京東將一夜回到一無所有。在最艱難的那段日子，京東的 CEO 劉強東額頭前面的一縷頭髮幾乎一夜之間變白。我雖然沒有白頭髮，不過在創業以後，也時常因為壓力過大而焦慮得睡不著覺。

壓力不僅傷人，還很「昂貴」。據權威統計，美國員工因壓力過大而產生的「經常性曠工」、「心不在焉」、「創造力下降」等現象，給企業帶來每年超過 1,500 億美元的生產力損失[1]。中國職場上因為員工壓力而造成的損失也同樣不容樂觀，我估計，跟美國相比，可能有過之而無不及。

ABC 原理

心理學中有一個非常有名的「ABC 原理」[2]。「A」代表事

1　資料來源請參見 https://www.forbes.com/sites/karenhigginbottom/2018/04/20/the-price-of-presenteeism-2/。

2　「ABC 原理」是由美國臨床心理學家亞伯．艾里斯（Albert Ellis）於 20 世紀 60 年代創立的一種公信力治療體系。

壓力管理

讓我們心理上受苦的不是事情本身，而是我們對事件的想法和圍繞這個事件所編造的「故事」。——張德芬《遇見未知的自己》

件本身，「B」代表你對這件事的看法，「C」是這件事帶來的結果。我們總希望透過改變「A」來改變「C」。

比如，大學畢業後無處可去，終日焦慮，就想著有份工作就好了；工作中缺乏經驗，不能讓客戶滿意，壓力很大，就想著熬過這兩年就好了；兩年後，老闆設定了新的業績指標，壓力更大了，就想著招兩個新人就好了。結果招來了人，發現還得花心思培訓、管理、激勵——應付不完的壓力輪迴。

只改變「A」，可能永遠也沒法改變「C」，但你可以從「B」著手，也就是你對這件事的看法。

比如，你上班看到老闆臉色不太好（A），如果你認為老闆是在對你不滿（B），你這一天都會如坐針氈，壓力很大（C）；但是如果你認為是老闆身體不舒服（B），你也許會去關心一下老闆，換來他對你的感謝，你自然壓力全無（C）。不同的看法，就會產生不同的結果。

人的慾望是世界上最難填滿的溝壑，只要有慾望，就會有壓力。壓力永遠不會因為賺了更多的錢而變少，賺了 100 萬元，你還想要 1,000 萬元。我們唯一能做的就是改變心態，做到所謂「盡人事，聽天命」。

除了心理的「按摩」，還有什麼具體的方法可以幫助我們管理壓力呢？我在這裡還是提供 3 種小方法。

第一，給自己「洗個腦」。

有一種專門應對壓力的工作法，由美國教育家大衛·艾倫（David Allen）提出的，叫作「GTD 工作法」（Getting things done，即「把事情搞定」）。

它的核心理念就是「清空大腦」。當人們頭腦裡有很多件待辦事項的時候，自然的生理反應就是壓力大。這時候你只需按照任務清單，按部就班地完成每一件事。這比同時想著幾件事更有效，壓力也能因此得到舒緩。

第二，給自己掃個除。

我有個習慣，只要家裡有我覺得一年之內用不上的東西，就一定會被我扔掉。

大多數人其實很難做到這一點，因為大多數人會覺得「或許以後還用得上」，然而事實證明，大部分「或許以後用得上」的東西以後往往根本用不上。放心地扔吧！在我看來，扔東西是減緩壓力、提升生活品質的不二法則，你從這件事上獲得的益處遠大於可能的損失。類似的方法還有定期刪掉你永遠不會看的收藏夾，刪掉那些你永遠懶得整理的老照片，把你一年也穿不了一次的舊衣服捐出去，等等。

第三，給自己放個假。

壓力實在大的時候，不妨給自己放個假。放假的方式有很多種，時間長一點的，比如旅行。我每年一定會給自己徹底放個假，享受一次長途旅行，回來之後的狀態總是會更加飽滿。

當然，時間不充裕的話也有其它選擇，比如在專屬自己的時光裡，跑步、閱讀、烘焙。

總之，做一些你可以沉浸其中的事情。

一句話理解壓力管理：

盡人事，聽天命。

｜精力管理｜

精力差，你管得好嗎？

管理精力，而非時間

有一段時間，我因為壓力大、工作忙，整個人非常焦慮，並且經常失眠。給團隊開會，不到 20 分鐘就開始心不在焉。回到家，本想放鬆一下，可是心裡總想著工作，最後，所謂的「休息」毫無質量可言。有親人過生日，有朋友來北京，本應是生活中開心的一部分，我卻感到巨大的負擔。每天一進家門就往床上一躺，哪兒都不願意去。那時我有一句名言：「等我熬完這一段，我就可以開始熬下一段了。」因為我真的不知道，這樣疲憊的狀態什麼時候才能結束。

我的時間已沒法用任何效率工具來管理，即便不放鬆也不睡覺，省出來的時間也不能被很好地利用。問題出在哪兒了呢？管理學大師彼得．杜拉克（Peter F. Drucker）的一句名言剛好能回答這個問題：「我們更應該管理能量，管理精力，而非時間。」

「全情投入」

美國學者吉姆．洛爾（Jim Loehr）、東尼．史瓦茲（Tony

精力管理

管理精力，而非時間，才是高效表現的基礎。——吉姆・洛爾（Jim Loehr）、東尼・史瓦茲（Tony Schwartz）《用對能量，你就不會累》（*The Power of Full Engagement*）

Schwartz）共同合作寫了一本書，叫《用對能量，你就不會累：身體、情緒、腦力、精神的活力全開》[1]（*The Power of Full Engagement*），英文直譯就是「全力投入的力量」。聽得出來，「全力投入」就是這本書的核心主張。什麼叫「全力投入」？就是「該幹活就幹活，該玩就玩，該休息就休息」。聽起來很簡單，能做到太難了。

彼得・杜拉克認為，人的能量和精力主要來自 4 個方面——體能、情緒、思想和精神。

在我看來，體能和情緒是管理精力最重要的基礎。如果用縱軸表示體能由低到高，橫軸表示情緒從負面到正面的變化，就可以形成「精力象限」。情緒越低落，精力就越消極，表現也就越糟糕；反之，情緒越高漲，精力就越積極，表現也就越高效。全情投入只可能存在於「高—正面」的象限。

如何讓自己進入「高—正面」象限，保持全情投入呢？我想給你 3 點建議。

第一，做到張弛有度。

1　編註：台北：天下文化，2011 年。

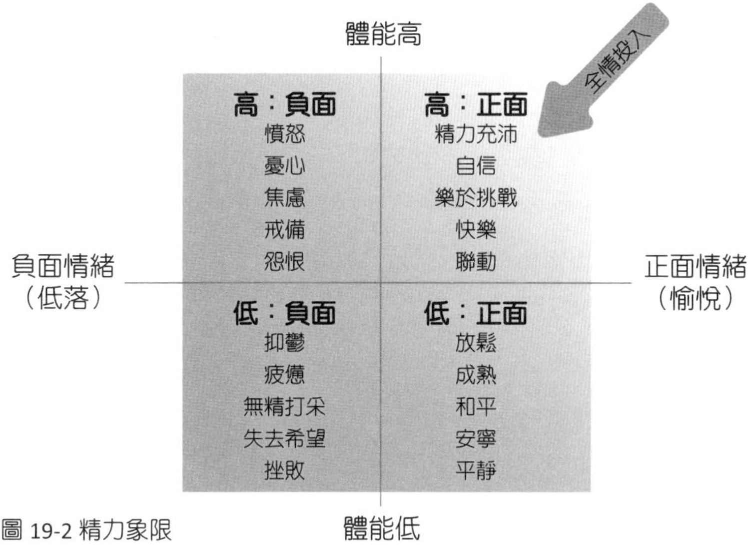

圖 19-2 精力象限

所謂「一張一弛，文武之道」，說的就是要勞逸結合。小時候，父母經常告訴我們，學的時候就認真學，玩的時候就踏踏實實地玩。精力管理的核心就是：工作的時候不閒聊，專注於提高效率；效率高了就不用加班，就能早回家；在休息時間，不管是多麼重要的工作，都要徹底忘掉它，進入完全充電的模式。這樣，第二天又能夠全情投入工作中。如此往復，形成良性循環。

在這裡，我想跟你分享日本作家村上春樹的生活方式：清晨 5 點起床，晚上 10 點之前就寢，這樣一種樸素而規則的生活宣告開始。一日中，身體機能最為活躍的時間因人而異，在他，是清晨的幾個小時。期間他集中精力完成重要工作，隨後則用於運動，或是處理雜務，打理那些無須高度集中精力的工作。日暮時分便優哉游哉，不再繼續工作。或是讀書，或是聽音樂，放鬆精神，盡量早點就寢。他大體依照這個模式度日，直至今天。拜其所賜，這二十來年工作順利，效率甚高。

第二，突破慣常極限。

我在美國讀 MBA 的時候，除了圖書館，最常去的地方就是健身房。鍛鍊肌肉最科學的方法，就是將每個動作做到力竭，也就是「再也沒法多做一下」。突破極限，意味著你要破壞原有的肌肉纖維，然後肌肉在重新生長的過程中才能變粗、變長。人的精力水平也是一樣的，不管是改善體能，還是調整情緒，都要堅持到「再也沒法多做一下」，然後在不斷突破極限的過程中，尋找進步的空間。

第三，養成儀式習慣。

行為心理學中有一個「21 天效應」，是說重複一種行為 21 天，就會變成習慣。人的意志力是有極限的，而如果能把一些費勁的行為養成習慣，我們就不用額外消耗精力了。比如每天早上刷牙洗臉時，你不需要思考，也不用費精力，機械地執行即可。類似的，控制生氣是很消耗精力的，那麼每次發怒時強制自己數一、二、三，稍微冷靜一下，怒氣可能就消了一半。

再比如，每次想吃甜食的時候，硬憋著肯定消耗精力，那麼你可以讓自己站起身來，到樓下走 5 分鐘，血氧含量提高了，大腦運轉就不那麼依賴糖分了。養成好的行為習慣，用習慣去對抗精力消耗，人就能輕鬆很多。否則，工作需要消耗精力，減肥需要消耗精力，早睡需要消耗精力，所有的事都靠精力去干預和維持，那麼就會出現我在本節開篇提到的那種情況：精力消耗殆盡，完全陷入惡性循環。

一句話理解精力管理：

該幹活就幹活，該玩就玩。

Chapter 20

成為一個什麼樣的人，取決於你自己
職業生涯規劃

| 什麼是好工作 |

你工作快樂嗎？

大家眼中的「好工作」

在 500 強公司拿高薪是很多年輕人的夢想。問題是，每年畢業的大學生都在做這個夢，500 強卻只有 500 個。2005 年，我本科畢業的時候，一份月薪 3,000 元的工作是所有同學心裡的目標，而我的第一份工作是電話業務員，月薪 800 元。十多年後的今天，曾經拿到 3,000 元月薪 Offer 的同學，以及一畢業就進了事業單位的同學……大多在中年危機中煎熬，曾經的好工作放到今天來看就不那麼好了。那到底什麼是好工作呢？我們來看看關於好工作，通常會遇到的 3 個問題。

大公司真的好嗎？

大公司確實好，因為它有相對完整的架構和體系，以及相對完善的薪酬和福利。除此之外，你亮出名片的時候還特別有「面子」，爸媽都跟著臉上有光。但是，你做好準備成為一顆螺絲釘了嗎？百度、阿里巴巴、騰訊的確比我的公司大，但並不代表它們所有的員工都比我的員工強，若論綜合能力，也許有的還不如我們。在大公司，你只能做一件事，還要一直做，以達到最高的個體效率。而在我這樣的創業公司，沒多少員工，每個人都身兼數職，你想不「打怪」都不行，你想不「升級」都不行。

大公司的成功緣於公司的資源和體系，而很多人往往不能意識到這一點，錯誤地把成功的 90% 歸為自己的能力。比如，電視劇《喬家大院》裡的孫茂才本是個乞丐，他投奔了喬家，為喬家的生意立下功勞，有了一定的地位。孫茂才認為，喬家生意蒸蒸日上，他居功至偉。後來，他私慾膨脹，被喬家趕了出來，於是投奔了喬家的對手錢家。錢家卻對孫茂才說：「不是你成就了喬家的生意，而是喬家的生意成就了你。」在職場中，你能否分辨清楚哪些是自己的能力，哪些是大公司帶來的資源和便利？離開大公司後，你剩下的才是你真正的本事。

外商真的好嗎？

大家都認為外商好，但好在哪裡呢？無非是「高大上」的辦公樓，略顯奢侈的差旅標準，旁人豔羨的目光，但這些是你想要的嗎？外商的工作看起來光鮮，然而大多數人都很難升職成為高級管理者。舉個例子，微軟中國公司上面有大中華區，大中華區上面有亞太區，然後才是美國總部。就算在總部，還有副總裁、高級副總裁、執行副總裁和首席執行官等各個級別。如果說微軟總裁是總司令的話，那麼微軟中國總經理的角色也就是個連長，或者是個營長，至於總經理之下的副總、總監和高級經理，執行者的屬性就更強了。很少有本土人士能夠真正進入跨國公司的核心圈，你看到這層「玻璃」了嗎？

國外真的好嗎？

我在 MIT 和杜克大學的很多中國同學都留在美國了。他們為了拿到身分，辛苦地計算著各種時間，時不時地還要驚恐地關注著最新的移民法案；他們費盡千辛萬苦拿到 Offer，卻早已看到了自己職業生涯的「天花板」。美國雅虎公司於 2014 年 6 月公布的數據顯示，雖然公司 39% 的員工為亞裔，但亞裔在管理層中僅占 17%，其中華人的比例更是少之又少。大多數在國外工作過的同學都能深刻地感受到，只要長著這張黃色的臉，職業生涯最高能到哪裡，幾乎都是預測得到的。

我有一個小學同學住在洛杉磯，她一個人親歷了一次地震。她跟我講：「如果我沒躲過去，可能都沒人知道。」出國真的未必如你想像的那麼光彩。也許你在國外旅行的時候看到的是「好山好水」，但當你真的在那兒生活的時候，體會到的就只剩下「好寂寞」了。

不管是大公司、外商，還是出國，這些選擇本身並沒有問題，都是不錯的選擇。我主要是想告訴你：要先弄清楚你想要什麼。如果你不清楚自己想要什麼，你就永遠也不會找到所謂的好工作。因為你永遠只能看到你得不到的東西，而你得到的，都不是你想要的。

一句話想清楚什麼是好工作：

問問自己，你真的知道自己想要的是什麼嗎？

｜跳槽與積累｜

90% 的情況下，你的公司並沒有那麼爛

工作是理性的事

許多年前，我在一家網路公司任職，當時部門來了一個新主管。新官上任三把火，需要機會展示權威，而我不幸成了給「猴」看的那隻「雞」。有一次週末加班，我遲到了半小時，新主管當著部門 200 多人的面，把我說得一無是處。我在公司的人緣一直都不錯，很多人因此替我打抱不平：「週末加班也不給加班費，遲到半小時，至於這麼不給面子嗎？」、「老路，我們支持你，咱們不伺候了。你去哪兒，兄弟們就跟你去哪兒。」而我卻格外冷靜，我清楚地意識到，面對「空降」高階主管這件事，我在哪兒都免不了會碰到。因此，我決心搞定這個新老闆，不然永遠都得在這個問題上認栽。這之後的結果是：我在這個新老闆的器重之下，一年之內連升三級，成了她在團隊裡最信賴的人。在取得這些成就後，我毅然決然地遞交了辭職信。

跳槽之前，我建議大家注意 3 點。

一，工作需要你理性對待。工作是一件理性的事，不要意氣用事。或許有人覺得你發脾氣、甩手不幹很有個性，但銀行不會因為你有個性就免了你的信用卡帳單；或許你很帥地「炒」了老闆，或者很酷地挖苦了一番人資，但由此帶來的後果還是要由

你自己承擔的。

二，在 90% 的情況下，你的公司並沒有那麼「爛」。你之所以會認為「我的公司太爛了」，是因為你被有限的資訊蒙蔽了，沒有看到其它公司的情況，也就沒有進行充分的對比。而當你真的跳槽了，就會發現，你原本認為不錯的公司也沒有那麼好。就像《圍城》裡說的：「城裡的人想出去，城外的人想進來。」

三，有些問題是躲不開的。跳槽前請想一想，跳槽是否能解決問題。一般來說問題發生了，躲是躲不開的，在現在這家公司不能解決，在下一家公司多半也解決不了。

當然，我並不是反對跳槽，該跳的時候還得跳，只是不要因為盲目和躲避而跳槽。對此，我想給你 3 個建議。

第一，不要重蹈覆轍。

人生就像一條曲線，偶爾會遇到低谷，但我認為，總體趨勢應該向上，而不該像心電圖那樣，每次都要回到起點。我面試過不少人，有人有 4、5 段工作經歷，多則 3 年，少則 1 年。都 30 多歲了，還要回到起點從一個初級職位幹起，和 20 多歲的年輕人一起競爭，跟畢業生拿差不多的薪水，不覺得有點辛苦嗎？這種日子好過嗎？

第二，積累好再跳。

你在新公司的價值取決於你之前的積累，這種積累包括：經驗、人脈、口碑。如果每次跳槽都換個行業，那意味著你前些年的積累都將付諸東流，一切從頭開始。其實在職業生涯早期，我也想不清楚這些問題，但是我發現，但凡「大咖」都有一個共同的特點，他們都是在某個行業堅守了 10 年、15 年以上。要想成為那樣的人，就必須專注於一個行業，以 5 年、10 年為人生刻度，成為這個行業的專家。當時，我選擇了電商。老實講，你覺不覺得我如今做的知識付費，也是電子商務的一種呢？

第三，年輕人敢闖就換。

剛畢業的年輕人在工作的頭 3 年，應該拚命地換工作，盡可能接觸各個行業和職業。3 年後，當你大概瞭解了職場的基本運轉規律、各行各業的差異，以及自己想要什麼的時候，再選擇一個行業，專注 5 年到 10 年，不要輕易更換。不過 5 到 10 年並不容易堅持。在一個崗位做了 2、3 年後，大部分人會覺得自己已經弄懂了一切，懶得去尋求進步了。其實這個時候，比賽才剛剛開始，無論是客戶關係、人脈、在業內的名氣等，都還是遠遠不夠的。

還有一些人會遇到瓶頸，直至徹底厭倦、放棄，就像跑馬拉松一樣，開始很輕鬆，但是很快就會出現不適感。一般熬過這種難受，你就會發現自己還能往前跑一段。緊接著，第二次、第三次，不適感仍會襲來，如此往復。大多數人第一次就放棄了，一些人能堅持到第二次，到第三次時，雖然大家都堅持不住了，可是跑到這裡的人也沒幾個了，這點資本已經足夠你安穩地活一輩子了。

其實，我自己也跳過很多次槽。現在回頭看，職業生涯早期的跳槽大多是隨性而為，上面說的這些問題，我全都遇過一遍。但是後幾年的跳槽則有了很大的不同，每一次，我都清楚自己要的是什麼，為什麼而跳。記得有一位獵頭朋友說過這樣一句話：「如果你 35 歲還在透過人力銀行投履歷，沒有獵頭一天到晚騷擾你的話，你就該反省一下，自己到底是哪裡做錯了。」這句話，你覺得有道理嗎？

一句話想清楚跳槽與積累：

在這家公司解決不了的問題，
在下一家公司真的能解決嗎？

｜入對行與跟對人｜

你想改變世界，還是想賣一輩子汽水？

沒有絕對的好行業

當年，賈伯斯在邀請百事可樂的總裁約翰·史考利（John Sculley）加入蘋果時，問過他一個問題：「你是想改變世界，還是想賣一輩子汽水？」很明顯，電腦行業比飲料行業更有發展前景。史考利也因此被打動，選擇跨行跳槽。但是這位在百事非常成功的總裁，到了蘋果卻表現平平。

於是我禁不住要問這樣一個問題：賣電腦和賣汽水，到底哪個才算是好行業呢？

現代職業分工已經達到了近乎極致的精細，人們基本上只能在一個行業成為專家。

比如喬丹，打籃球是「男神」，打棒球就是「癡漢」了。同樣，籃球「禪師」菲爾·傑克遜當球員和教練時，拿到了 12 枚總冠軍戒指，而當他成為管理這幫球員和教練的總裁時，卻遭受了連連罵聲[1]。

不管是賣電腦還是賣汽水，我們需要記住一點：大多數人認可的行業不見得就是好行業。畢竟成功或有錢的總是少數人，

1 菲爾·傑克遜從 2014 年開始便成為 NBA 紐約尼克隊的總裁。3 年來，球隊的戰績卻是可憐兮兮的 80 勝 166 負，一次季後賽都沒有進入。

大多數人都很普通，見識有限。所謂的好行業，會有好幾百萬人同時盯上並瞬間湧入，這會導致競爭過於激烈，幾乎沒有人能達成最初定下的目標。

那麼，如何客觀地評判一個行業是否夠好，是否適合自己呢？我認為有 3 個標準。

第一，不可逆轉的趨勢。

在我看來，母嬰行業就是好行業，因為開放「二胎」政策帶來的整個市場越來越大，是不可逆的趨勢；養老是好行業，因為中國的高齡化是不可逆的趨勢；知識付費也是好行業，因為碎片化的學習是不可逆的趨勢。判斷一個行業好壞，不是看是否能賺錢，而是看未來走向。

第二，不可複製的天賦。

我有一個特別會買衣服的朋友，他能在眾多衣服中翻出一件特別適合自己的衣服。而我買一輩子衣服也達不到他這個水平。對於他來說，「時尚」就是個好行業，但對我來說就是「災難」了。

當然，天賦這件事情，別人沒辦法幫你判斷，只有你自己才能判斷。如果你學得快、有悟性，能看到別人看不到的東西，那麼恭喜你，你很可能找到了適合你的行業。

第三，不可替代的稀少性。

我們公司之前一直在為一個崗位招聘，叫作「大文字」，前段時間碰巧認識了一個在微軟工作的朋友。這位朋友的文字讀起來讓人如沐春風，一眼就能看出技高一籌。但是，在微軟這樣的 IT 公司，這種能力除了讓她在朋友圈獲得一些讚，也沒什麼實際用處了。

而同樣的能力在知識付費領域，就被我們視如珍寶，她的不可替代性、稀少性極強。所以，我甚至願意給幾倍的薪水，挖她過來。對她來說，微軟和我們這家創業公司所在的知識付費行業，哪個是好行業呢？

閱人無數，不如名師開悟

除了入對行，在我看來，一件更重要的事就是跟對人，所謂「讀萬卷書，不如行萬里路；行萬里路，不如閱人無數；閱人無數，不如名師開悟」。好的主管，不是讓你錢多、事少、離家近，而是至少具備以下 3 個特點。

第一，寬廣的心胸。

如果一個老闆每天都發脾氣，那他肯定不是個心胸寬廣的人。能發脾氣的時候卻不發的，多半是非常厲害的人。中國老闆最大的毛病，就是容忍不了能力比自己強的人。所以常常可以看到的一種現象是，領頭的很有能力，手下卻是一群庸才和閒人，如果是這樣的話，還是不要去的好。

第二，從下屬角度思考問題。

這一點其實在面試的時候就能發現。如果面試官總是從自己的角度來考慮問題，幾乎不聽你說了什麼，這就危險了。從下屬的角度來考慮問題，並不代表他必須同意你的說法，但他必須瞭解你的立場，以及你為什麼會這麼想，然後他才有辦法說服你。只關心自己怎麼想的老闆，往往難以獲得下屬的信服。

第三，敢於承擔責任。

如果出了問題就把責任往下推，有了功勞就往自己身上攬，這樣的老闆不跟也罷。要選擇關鍵時刻抗得住，能夠為下屬的錯誤「買單」的人當老闆，因為這是他作為老闆的責任。

一句話幫我們看清什麼是好行業：

入對行，跟對人，成功只是時間問題。

｜選擇｜

讀清華還是北大？這不是選擇

選擇無處不在

知名主持人董卿在《朗讀者》這個節目上，有過這樣一段關於「選擇」的朗讀，我很喜歡，把它分享給你。

生存，還是毀滅，這是一個永恆的選擇題，以至於到最後，我們成為什麼樣的人，可能不在於我們的能力，而在於我們的選擇。

選擇無處不在：面朝大海，春暖花開是海子的選擇；人不是生來被打敗的，是海明威的選擇；人固有一死，或重於泰山，或輕於鴻毛，是司馬遷的選擇。

選擇是一次又一次自我重塑的過程，讓我們不斷地成長，不斷地完善。如果說人生是一次不斷選擇的旅程，那麼當千帆閱盡，最終留下的就是一片屬於自己的獨一無二的風景。

我始終認為，我最終會成為什麼樣的人，取決於我所做過的每一個選擇。我可以選擇靠臉吃飯，雖然很明顯這是條死路，也可以選擇靠才華，雖然費了很大的勁也沒什麼才華；我可以選擇，稿子質量差不多就行了，也可以選擇反覆修改 18 遍，不斷地打磨、雕琢；我可以選擇每天抱怨，自己為什麼不是「富二代」，也可以努力奮鬥，讓我的孩子成為「富二代」。

我們永遠都有選擇，雖然有些選擇不是立竿見影的，而是需要積累。比如，農民伯伯可以選擇自己去澆地，也可以選擇讓老天爺去澆地。誠然，你澆一次水，秧苗也不見得馬上就能長出來，但常常澆水，大部分秧苗終究會長出來的。但如果你不澆，收成就一定會很糟糕。

那我們應當如何做出選擇呢？我認為有 3 個問題是你需要想清楚的。

第一，什麼叫選擇？很多人會說：「我命苦，沒得選。」如果你認為「去阿里巴巴還是去騰訊」、「上清華還是上北大」這種才叫選擇的話，你的確沒什麼選擇。但是你可以選擇的是：是否更周到地為客戶服務、是否對同事更耐心、是否把工作做得更細緻等等。你也可以選擇：是否在痛苦中繼續堅持、是否拋棄自己的負面想法、是否原諒一個人的錯誤、是否相信我在這裡講的這些話。生活每天都在給你選擇的機會，你可以選擇「視而不見」，也可以選擇「做出選擇」。

第二，什麼是更重要的選擇？你選擇相信什麼？你選擇和誰交朋友？你選擇做什麼？你選擇怎麼做？在這些選擇當中，意識形態層面的選擇又遠比客觀條件的選擇重要：比如選擇做什麼產品其實並不那麼重要，而選擇怎麼做才重要；選擇用什麼人並沒有那麼重要，而選擇怎麼用這些人才重要。

第三，什麼是比選擇更重要的？一個大學生畢業了，他要去改變世界也好，要創業也好，做遊戲代練也好，只要不犯法、不害人，都沒有什麼關係。要緊的是，他在選擇了以後，怎麼把事情做好。

除了這些，你還可以選擇時間和環境。比如，你可以選擇把這輩子最大的困難放在最有體力、最有精力的 20、30 歲，也可以走一步看一步，等到 40 歲再說。只是 40 多歲正是你這輩子最脆弱的時候，上有老、下有小，如果在那個時候碰上了職業危機，你連翻盤的機會都沒有。你可以選擇停留在「舒適區」，也可以選擇不輕易饒過自己；你可以選擇在辦公室吹冷氣、打《王者榮耀》，也可以選擇在 40 度的酷熱天氣拜訪客戶。只是這一切的選擇最終會累積起來，引導你到達你應得的未來。

因為生活而工作

「生活還是工作」是每一個職場人都會面對的選擇題。我想，我們還是因為生活而工作，不是因為工作而生活。生活是最要緊的，工作只是生活的一部分。我總是覺得生活的各個方面都是相互影響的，如果生活本身一團亂麻，工作也不會順利。所以要有娛樂、社交，要鍛鍊身體，要有和睦的家庭。

最要緊的是要開心。前段時間，一個前同事找我聊天，倒了一肚子苦水。我問他：「幾年以前，你什麼都沒有，薪資不高，沒有客戶關係，沒有業績，處於被開除的邊緣。現在的你，比那時的條件好了很多，為什麼卻更不開心了？如果你做得越好越不開心，那你為什麼還要工作？人最重要的是要讓自己高興起來，那種發自內心的改變會讓你更有耐心、更有信心、更有氣質、更能包容，否則，看看鏡子裡的你，你滿意嗎？」

一句話理解選擇：

你最終會成為什麼樣的人，
就決定在你的每個選擇之間。

｜等待｜
逆境，是上帝幫你淘汰競爭者的地方

耐得住寂寞

當下社會，人心浮躁，人們最不喜歡的就是「等待」。但很多時候，並不是每一分努力都會得到回報，並不是每一個善意都能換來理解，我們唯一能做的就是靜觀其變。縱觀商業圈成功人士，哪個沒有經歷過等待的歷練？

周潤發等待過，劉德華等待過，周星馳等待過，郭德綱[1]也等待過。看到他們如今的功成名就，你可曾看到他們當初的等待和耐心？你可曾看到「金馬獎影帝」在街邊擺地攤？你可曾看到德雲社一群人在劇場裡給一位觀眾說相聲？你可曾看到周星馳的角色連一句台詞都沒有？每一個成功者都有過一段低沉苦悶的日子，我幾乎能想像他們借酒澆愁的樣子。在他們一生中最燦爛美好的日子裡，他們渴望成功，但卻「兩手空空」，一如年輕時的你我。沒有人保證他們將來一定會成功，而他們的選擇是耐住寂寞。如果當時的他們總是唸叨著「成功只屬於富豪權貴」，你覺得今天的他們會怎樣？

我曾經也不明白，為什麼有些人能力不比我強，卻要「坐」在我的頭上，年紀比我大就一定要當我的主管嗎？為什麼有些人

1　編註：郭德綱，中國知名相聲演員，於 1996 年創立德雲社。

不需要努力就能賺錢？為什麼比我大 10 歲的 70 後彷彿趕上了特別容易賺錢的好時期，而輪到我們 80 後，成家立業卻變得如此之難了。有一天，我突然想明白了，當我還在上小學的時候，他們就已經在社會裡掙扎奮鬥了，他們在社會上積累了數十年的經驗，我們新人來了，他們有的我們就都想要——我們這不是在要公平，我們這是在「搶劫」。因為我們要得太急，因為我們耐不住寂寞。

職業生涯就像體育比賽

職業生涯就像一場體育比賽，有「初賽」、「複賽」、「決賽」。「初賽」的時候大家剛剛進社會，大多數都是實力一般的選手，這時候努力一點、認真一點，很快就能讓你脫穎而出。然後是「複賽」，能參加「複賽」的都是贏得「初賽」的，每個人都有些能耐，在聰明才智上都不相上下，這個時候再想要勝出，就不那麼容易了。單靠一點點努力和認真還不夠，要有很強的堅忍精神，要懂得靠團隊的力量，要懂得收服人心，還要有長遠的眼光。

看上去贏得「複賽」並不容易，但也不是那麼難。因為這個世界的規律就是在給人一點成功的同時，讓人驕傲自滿。剛剛贏得「初賽」的人，往往不知道自己贏得的僅僅是「初賽」，有了一點小小的成績，大多數人就會驕傲自滿起來。雖然他們仍然不好對付，但是他們沒有耐心，沒有容人的肚量，更沒有清晰長遠的眼光。就像一頭憤怒的鬥牛，雖然猛烈，最終還是會敗的。而贏得「複賽」的人則像鬥牛士一樣，不急不躁，跟隨自己的節奏，慢慢耗盡對手的耐心和體力。贏得「複賽」以後，這類人大約已經是很了不起的職業經理人了，或是當上了中小公司的總經理，或是成為大公司的副總，主管著每年幾千萬元乃至幾億元的生意。

最終的「決賽」來了。說實話，我自己都還沒有贏得「決賽」，因此對於「決賽」的決勝因素也只能憑猜測。這個時候的輸贏，或許就像武俠小說裡寫的那樣，大家都是「高手」，只能等待對方犯錯。世界的規律依然發揮著作用，贏得「複賽」的人已經不只是驕傲自滿了，他們往往剛愎自用，聽不進去別人的話。有些人的脾氣變得暴躁，心情變得浮躁，身體變得糟糕，他們最大的敵人就是他們自己。在「決賽」中要做的，就是不被自己擊敗，同時等著別人被自己擊敗。這和體育比賽是一樣的，最後看「高手」之間的較量，誰失誤少，誰就能贏得「決賽」。

面對逆境

人總是會遇到挫折、低潮，以及不被人理解的消沉時刻，大多數人過不了這道「門檻」。每當此時，我們不妨想一想那些我們已經擁有卻不曾關注的寶貴財富：年輕、健康、收支平衡、完整的家庭。還有什麼可怕的？逆境是上帝幫你淘汰競爭者的地方。要知道，你不好受，別人也不好受，你堅持不下去了，別人也一樣。千萬不要告訴別人你堅持不住了，那只能讓別人獲得堅持的信心。讓競爭者看著你微笑的面孔，失去信心，退出比賽。勝利終將屬於那些有耐心的人。

在最絕望的時候，我喜歡看電影《當幸福來敲門》，這部電影看 100 遍都不過分。在電影裡，威爾．史密斯跟他的兒子說了一句話，這句話，我這輩子可能都忘不了。他說：「Don't ever let somebody tell you that you can't do something.」（不要讓任何人告訴你，你做不到。）

每當我遇到挫折，遇到我邁不過去的「坎」時，我就願意再看一遍這部電影，然後獨自一人望向窗外。我知道，我在靜靜等待，等待屬於我的時刻到來。

一句話理解等待：

不要告訴別人你堅持不住了，
那只能讓別人獲得堅持的信心。

｜後記｜相信

最終修訂這本書稿的時候，正值 2019 年年初。裁員潮、總體經濟低迷、資本市場寒冬等不甚樂觀的消息不絕於耳。

然而，我們從不希望兜售焦慮，而是希望你看到，即便是在這樣的經濟環境裡，仍然有成功的創業者、優秀的職業人，從我們身邊脫穎而出，取得驚人的成績。我們堅定地相信，方法比努力更重要；我們堅定地相信，從長週期來看，對於自己的投資，才是真正的「價值投資」。

新的一年，我給我們的小團隊定了一個主題，叫作「相信」。我們相信，資本寒冬下的中國，會挺過去，會變得更好。

我們相信，風口褪去的知識服務行業，終究會大浪淘沙始見金，好的內容最終會幫助更多的人發生真正的改變。

我們相信，我們這個小團隊，夢想高遠，腳踏實地，終究會實現不一樣的成就。

我們更相信，書本前的你會在新的一年，在追求自己夢想的道路上，勇敢前行，不負韶華。

謝謝你。謝謝你。謝謝你。

參考書目

期刊文獻：

1. 威廉・翁肯（William Oncken），〈管理時間：誰背上了猴子？〉，《哈佛商業評論》，1974 年 11-12 月號。

網路文獻：

1. Bill Gurley：A Deeper Look at Uber's Dynamic Pricing Model。2014 年 3 月 11 日，取自 http://abovethecrowd.com/2014/03/11/a-deeper-look-at-ubers-dynamic-pricing-model/。
2. Forbes：The Price Of Presenteeism。2018 年 4 月 20 日。取自 https://www.forbes.com/sites/karenhigginbottom/2018/04/20/the-price-of-presenteeism-2/。
3. 吳曉波：我所理解的社群經濟。2016 年 2 月 16 日，取自 https://mp.weixin.qq.com/s/-FL9wqdKc-X7l3KfVYzu-A。
4. 周鴻禕：集中優勢兵力，單點突破。2013 年 8 月 6 日，取自 http://blog.sina.com.cn/s/blog_49f9228d0101db1h.html。
5. 趙大偉：社群商業——移動互聯時代的新商業圖景。2014 年 7 月 10 日，取自 https://www.tmtpost.com/121367.html。

6. 鍾朋榮：格蘭仕給中國製造業的啟示。2003 年 7 月 16 日，取自 http://www.people.com.cn/GB/jingji/1045/1970776.html。
7. 鏈上觀：除了理想還有生意，羅輯思維的社群生意經。2014 年 7 月 7 日，取自 http://www.tmtpost.com/120683.html。

中文專著：

1. 胡震寧，《為什麼你還沒有好工作》。北京：北京航空航天大學出版社，2009。
2. 奚愷元，《別做正常的傻瓜》。北京：機械工業出版社，2006。
3. 桂曙光，《創業之初你不可不知的融資知識》。北京：機械工業出版社，2010。
4. 崔凱，《投融資那點事兒》。北京：人民郵電出版社，2015。
5. 常青，《應該讀點經濟學》。北京：中信出版社，2009。
6. 張維迎，《博弈與社會》。北京：北京大學出版社，2013。
7. 張德芬，《遇見未知的自己》。北京：華夏出版社，2008。
8. 趙大偉，《互聯網思維獨孤九劍》。北京：機械工業出版社，2014。
9. 談婧，《重新定義分享》。北京：中國友誼出版公司，2016。
10. 黎萬強，《參與感》。北京：中信出版社，2014。

譯著：

1. M·尼爾·布朗（M. Neil Browne）、斯圖爾特·M·基利（Stuart M. Keeley），《走出思維的誤區：批判性思維指南》。張曉輝、馬昕／譯。北京：中央編譯出版社，1994。
2. M·尼爾·布朗（M. Neil Browne）、斯圖爾特·M·基利（Stuart M. Keeley），《學會提問》。吳禮敬／譯。北京：機械工業出版社，2012。
3. N·格里高利·曼昆（N. Gregory Mankiw），《經濟學原理》。梁小民、梁礫／譯。北京：北京大學出版社，2015。
4. Staffan Nöteberg，《番茄工作法圖解：簡單易行的時間管理方法》。大胖／譯。北京：人民郵電出版社，2011。
5. 大久保幸夫，《12 個工作的基本》。程亮／譯。南昌：江西人民出版社，2016。
6. 丹·艾瑞里（Dan Ariely），《怪誕行為學》。趙德亮、夏蓓潔／譯。北京：北京大學出版社，2008。
7. 丹尼爾·柯伊爾（Daniel Coyle），《一萬小時天才理論》。張科麗／譯。北京：中國人民大學出版社，2010。
8. 丹尼爾·卡尼曼（Daniel Kahneman），《思考，快與慢》。胡曉姣、李愛民、何夢瑩／譯。北京：中信出版社，2012。
9. 史蒂芬·柯維（Stephen Covey）、羅傑·梅里爾（Roger Merrill）、麗貝卡·梅里爾（Rebecca R. Merrill），《要事第一：最新的時間管理方法和實用的時間控制技巧》。劉宗亞等／譯。北京：中國青年出版社，2010。

10. 吉姆·洛爾（Jim Loehr）、托尼·施瓦茨（Tony Schwartz），《精力管理：管理精力，而非時間·互聯網＋時代順勢騰飛的關鍵》。高向文／譯。北京：中國青年出版社，2015。
11. 安德斯·艾利克森（Anders Ericsson）、羅伯特·普爾（Robert Pool），《刻意練習：如何從新手到大師》。王正林／譯。北京：機械工業出版社，2010。
12. 米哈里·契克森米哈賴（Mihaly Csikszentmihalyi），《心流：最優體驗心理學》。張定綺／譯。北京：中信出版社，2017。
13. 艾·里斯（AL Ries）、傑克·特勞特（Jack Trout），《定位：有史以來對美國營銷影響最大的觀念》。王恩冕等／譯。北京：中國財政經濟出版社，2002。
14. 彼得·林奇（Peter Lynch）、約翰·羅瑟查爾德（John Rothchild），《戰勝華爾街》。北京：機械工業出版社，2007。
15. 彼得·德魯克（Peter Drucker）、克萊頓·克里斯坦森（Clayton Christensen）、羅伯特·奎恩（Robert E. Quinn）等，《自我發現與重塑》。劉錚箏、萬艷、蔣薈蓉／譯。北京：中信出版社，2015。
16. 彼得·邁爾斯（Peter Meyers）、尚恩·尼克斯（Shann Nix），《高效演講：斯坦福最受歡迎的溝通課》。馬林梅／譯。長春：吉林出版集團有限責任公司，2013。

17. 阿蘭・拉金（Alan Lakein），《如何掌控自己的時間和生活》。劉祥亞／譯。北京：金城出版社，2005。
18. 威廉・尼克爾斯（William G. Nickels）、吉姆・麥克修（James M. McHugh）、蘇珊・麥克修（Susan M. McHugh），《認識商業》。陳智凱、黃啟瑞／譯。北京：世界圖書出版公司，2009。
19. 科里・帕特森（Kerry Patterson）、約瑟夫・格雷尼（Joseph Grenny）、羅恩・麥克米蘭（Ron McMillan），《關鍵對話：如何高效能溝通》。畢崇毅／譯。北京：機械工業出版社，2012。
20. 埃里克・萊斯（Eric Ries），《精益創業：新創企業的成長思維》。吳彤／譯。北京：中信出版社，2014。
21. 格里高利・哈特萊（Gregory Hartley）、瑪麗安・卡琳奇（Maryann Karinch），《非語言溝通》。梅子、鄭春蕾／譯。北京：中華工商聯合出版社，2015。
22. 馬歇爾・盧森堡（Marshall B. Rosenberg），《非暴力溝通》。阮胤華／譯。北京：華夏出版社，2009。
23. 馬爾科姆・格拉德威爾（Malcolm Gladwell），《異類：不一樣的成功啟示錄》。季麗娜／譯。北京：中信出版社，2009。
24. 傑里米・里夫金（Jeremy Rifkin），《零邊際成本社會：一個物聯網、合作共贏的新經濟時代》。賽迪研究院專家組譯。北京：中信出版社，2014。

25. 簡·博克（Jane B. Burka）、萊諾拉·袁（Lenora M. Yuen），《拖延心理學：向與生俱來的行為頑症宣戰》。蔣永強、陸正芳／譯。北京：中國人民大學出版社，2009。
26. 羅傑·道森（Roger Dawson），《優勢談判：耶魯大學最受歡迎的談判課》。劉祥亞／譯。重慶：重慶出版社，2015。

創新觀點32

放棄的魚，就是你選擇熊掌的代價：用得上的商學課，全球超過81萬人訂閱，100則超實用商戰策略

2020年5月初版　　定價：新臺幣450元

著者	路騁
叢書編輯	陳冠豪
特約編輯	李偉涵
內文排版	李偉涵
封面設計	兒日

出版者	聯經出版事業股份有限公司
地址	新北市汐止區大同路一段369號1樓
叢書編輯電話	(02)86925588轉5315
台北聯經書房	台北市新生南路三段94號
電話	(02)23620308
台中分公司	台中市北區崇德路一段198號
暨門市電話	(04)22312023
台中電子信箱	e-mail：linking2@ms42.hinet.net
郵政劃撥帳戶第	0100559-3號
郵撥電話	(02)23620308
印刷者	文聯彩色製版印刷有限公司
總經銷	聯合發行股份有限公司
發行所	新北市新店區寶橋路235巷6弄6號2樓
電話	(02)29178022

副總編輯	陳逸華
總經理	陳芝宇
社長	羅國俊
發行人	林載爵

行政院新聞局出版事業登記證局版臺業字第0130號

本書如有缺頁，破損，倒裝請寄回台北聯經書房更換。　ISBN 978-957-08-5501-2 (平裝)
聯經網址：www.linkingbooks.com.tw
電子信箱：linking@udngroup.com

7/31 20

國家圖書館出版品預行編目資料

放棄的魚，就是你選擇熊掌的代價：用得上的商學課，全球超過81萬人訂閱，100則超實用商戰策略/路騁著．初版．新北市．聯經．2020年5月．416面．14.8×21公分（創新觀點：32）
ISBN 978-957-08-5501-2（平裝）

1.商業管理 2.企業策略

494 109003508

「夏格拉，你想想，是誰把這個小傢伙身上的蛛網切斷的？是誰讓女王陛下受到重創？他現在在哪裡？夏格拉，他在哪裡？」

甘道夫領著皮聘晉見因波羅莫之死而灰心喪志的迪耐瑟。

潔白、美麗的剛鐸，堅忍卓絕的擔任對抗邪惡第一線的屏障。

「再會，洛汗之女！我祝你王室綿延不絕，願你和你的子民都幸福快樂。對你的兄弟說：我們會在黑暗之後再相聚的！」

道路不停的往上攀升，像是巨蛇般蜿蜒，在陡峭的岩石間鑽來鑽去，在每一個道路轉彎處，路旁都有一座巨大的雕像。

這是米那斯提力斯城內所有殘存騎兵所拼湊出來的部隊。他們隊伍整齊高速的衝向敵人，口中呼喊著殺敵的口號。

伊歐墨騎向一座綠色的小丘，將帥旗插上，白馬的徽記在風中飄揚。

這世上沒有任何英雄好漢可以消滅戒靈之王……

一切的動盪、殺戮、仇恨都是來自於魔多的邪黑塔。

在恐怖的光芒中，山姆看見了那座極盡威脅之能事的西力斯昂哥塔。

半獸人聲音中充滿了憤怒和恐懼。「你這個該死的告密者！」他大喊著：「你沒辦法完成你的工作，連照顧你的伙伴都辦不到。

那是一座由灰燼、熔岩和火熱的岩石所堆積成的巨大高塔，它的身影直入雲霄，讓凡人只能驚嘆的看著它冒著煙氣的身體。

造船者瑟丹所打造的美麗精靈船隻。

這的確是美麗的聖樹之子嗣，它是世間僅存的一株，樹中之王。

比爾博坐在壁爐小小的火焰前面。他看起來非常蒼老，十分安詳，滿臉睡意。

佛羅多和山姆自小看到大的許多屋子都不見了，整排樹都沒了。他們看見遠方有座磚塊搭成的高大煙囪，正不停的朝著天空排放黑煙。

III

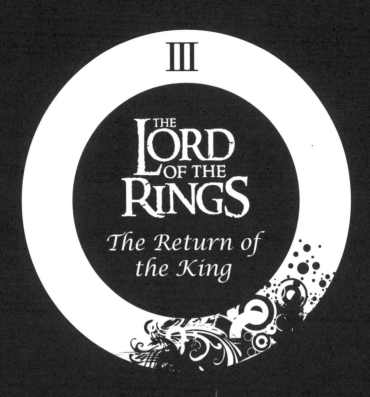

THE LORD OF THE RINGS

The Return of the King

托爾金作品集

魔戒三部曲

王者再臨

托爾金 J. R. R. Tolkien 著

朱學恆 譯

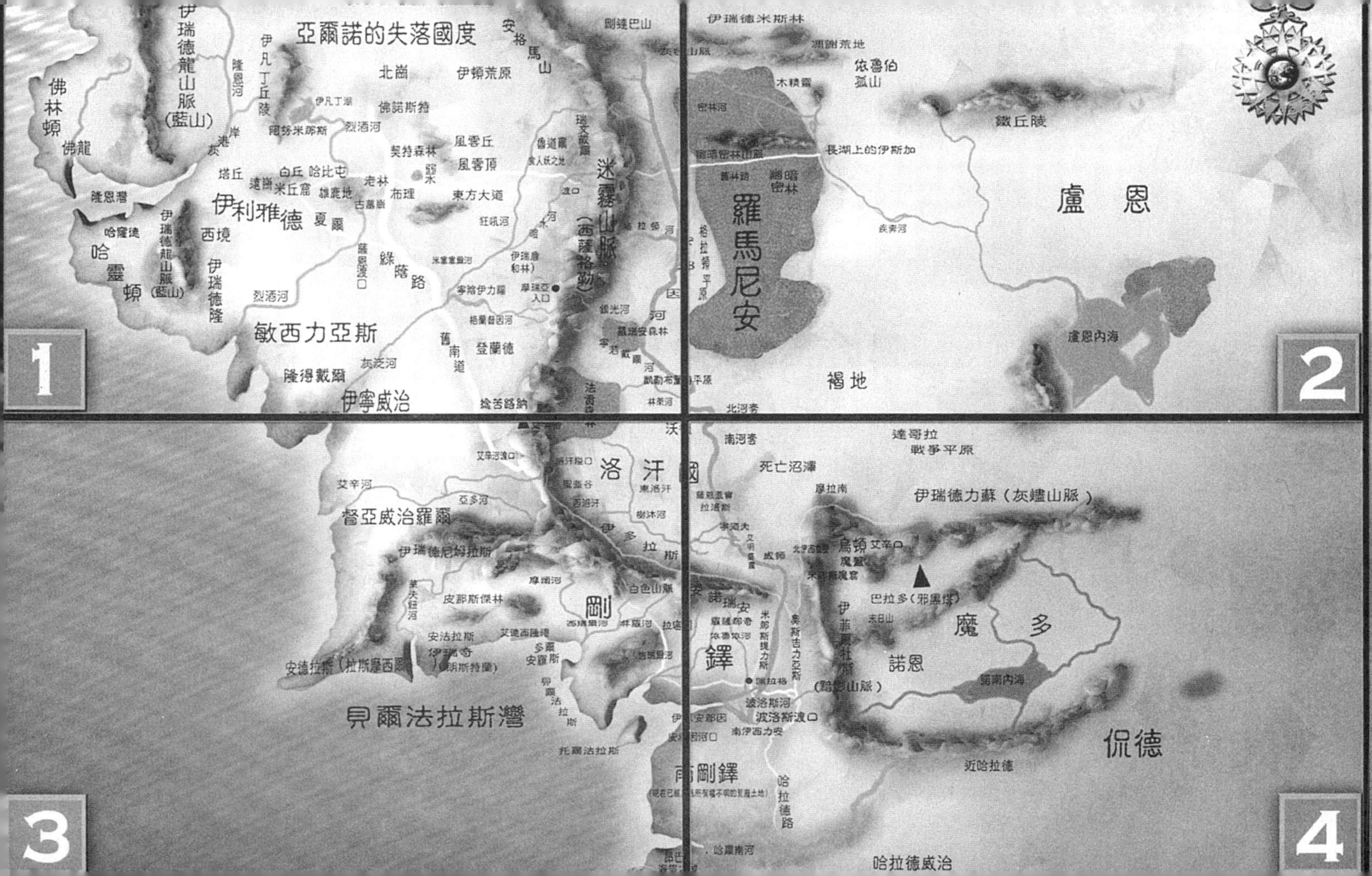
1
2
3
4
亞爾諾的失落國度
佛林頓
佛龍
伊瑞德龍山脈(藍山)
隆恩灣
哈寶徒
哈靈頓
伊瑞德龍山脈(藍山)
西境
伊瑞德隆
伊利雅德
夏爾
敏西力亞斯
隆得戴爾
伊寧威治
灰泛河
烈酒河
北崗
伊頓荒原
安格馬山
風雲丘
風雲頂
東方大道
迷霧山脈(西薩格勒)
舊南道
登蘭德
羅馬尼安
褐地
盧恩
鐵丘陵
長湖上的伊斯加
依魯伯孤山
盧恩內海
伊瑞德米斯林
洛汗國
死亡沼澤
達哥拉戰爭平原
伊瑞德力蘇(灰燼山脈)
督亞威治羅爾
艾辛河
伊瑞德尼姆拉斯
白色山脈
剛鐸
南剛鐸
貝爾法拉斯灣
魔多
諾恩
巴拉多(邪黑塔)
伊菲爾杜斯(黯影山脈)
諾南內海
侃德
近哈拉德
哈拉德路
哈拉德威治
波洛斯河
波洛斯渡口
南伊西力安

亞爾諾的失落國度
安格馬
福羅契爾冰封灣
卡恩督
(此地在古代曾是安格馬的巫王國度)
北大荒
剛達巴山
安格馬山
伊瑞德龍山脈(藍山)
佛林頓
佛龍
隆恩河
伊凡丁丘陵
伊凡丁湖
北崗
伊頓荒原
佛諾斯特
烈酒河
阿努米那斯
灰港岸
風雲丘
契特森林
風雲頂
魯道爾
瑞文戴爾
食人妖之地
迷霧山脈
(西薩格勒)
塔丘
白丘
哈比屯
遠崗
米丘窟
雄鹿地
老林
弱水
布理
東方大道
渡口
古墓崗
隆恩灣
伊利雅德
夏爾
西境
狂吼河
喧水河
格拉頓
哈隴德
哈靈頓
伊瑞德龍山脈(藍山)
伊瑞德隆
薩恩渡口
綠蔭路
米塞塞爾河
伊瑞詹和林)
摩瑞亞入口
寧陰伊力福
烈酒河
銀光河
格蘭督因河
敏西力亞斯
舊南道
登蘭德
羅瑞安森林
寧若戴爾河
灰泛河
隆得戴爾
凱勒
1

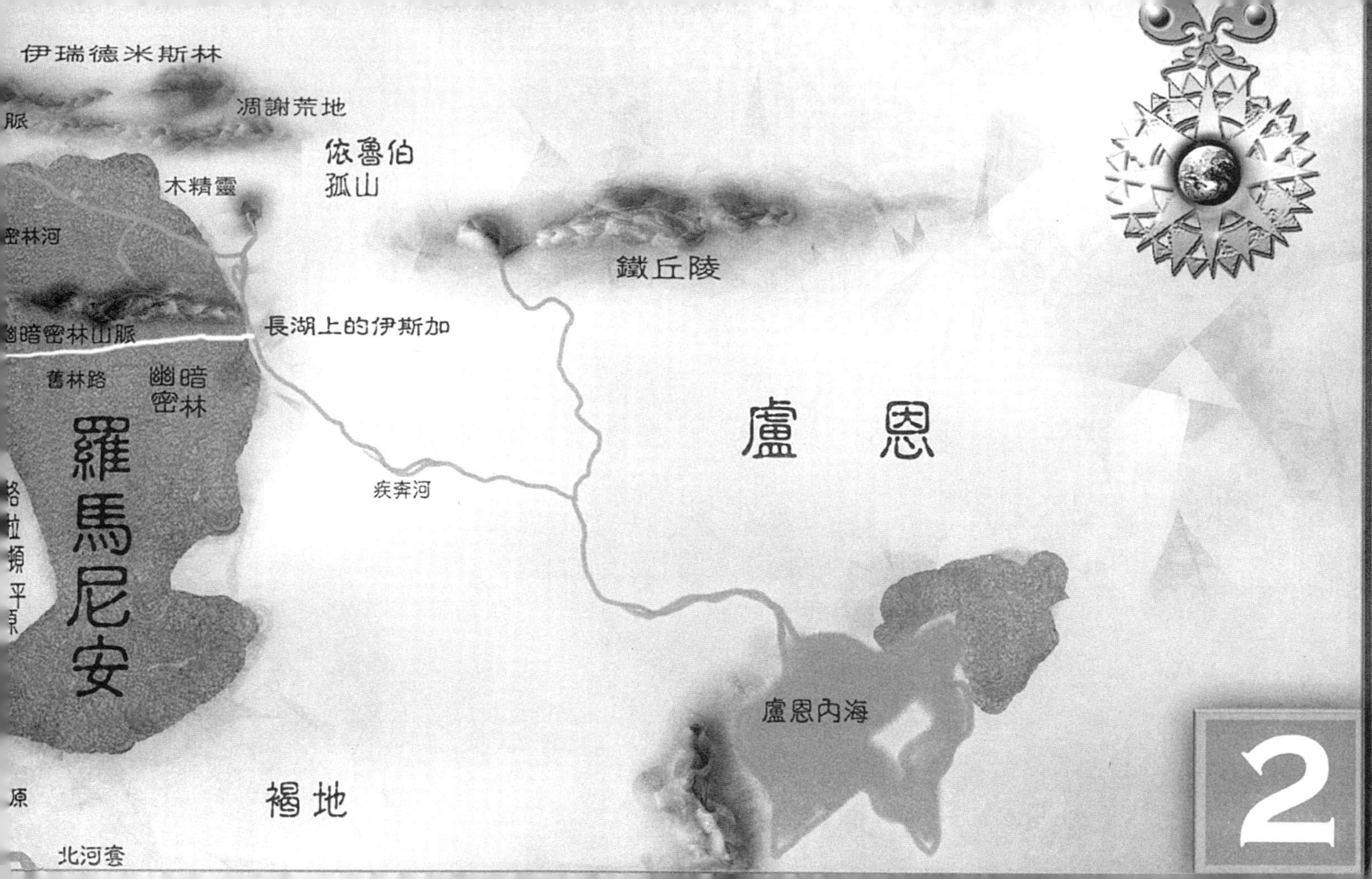
伊瑞德米斯林
凋謝荒地
脈
依魯伯
孤山
木精靈
密林河
鐵丘陵
幽暗密林山脈
長湖上的伊斯加
舊林路
幽暗
密林
羅馬尼安
盧恩
疾奔河
路
拉
頓
平
原
盧恩內海
褐地
北河套
2

艾辛河渡口
洛汗隘口
洛
汗
艾辛河
聖盔谷
東洛汗
亞多河
西洛汗
督亞威治羅爾
樹沐河
伊多拉斯
伊瑞德尼姆拉斯
萊夫紐河
摩頌河
白色山脈
皮那斯傑林
剛
西瑞爾河
林羅河
安法拉斯
艾德西隆得
多爾安羅斯
吉瑞爾河
伊瑞奇
安德拉斯（拉斯摩西爾）
（朗斯特蘭）
貝爾法拉斯
貝爾法拉斯灣
托爾法拉斯
3

死亡沼澤
摩拉南
伊瑞德力蘇（灰燼山脈）
寧道夫
艾明莫爾
威頓
北伊西立安
烏頓
艾辛口
魔蓋
米那斯魔窟
巴拉多（邪黑塔）
末日山
伊菲爾杜斯
（黯影山脈）
諾恩
魔多
諾南內海
諾瑞安
羅薩那奇
依魯依河
米那斯提力斯
奧斯吉力亞斯
佩拉格
波洛斯河
波洛斯渡口
南伊西力安
哈拉德路
哈爾南河
近哈拉德
哈拉德威治
侃德
4

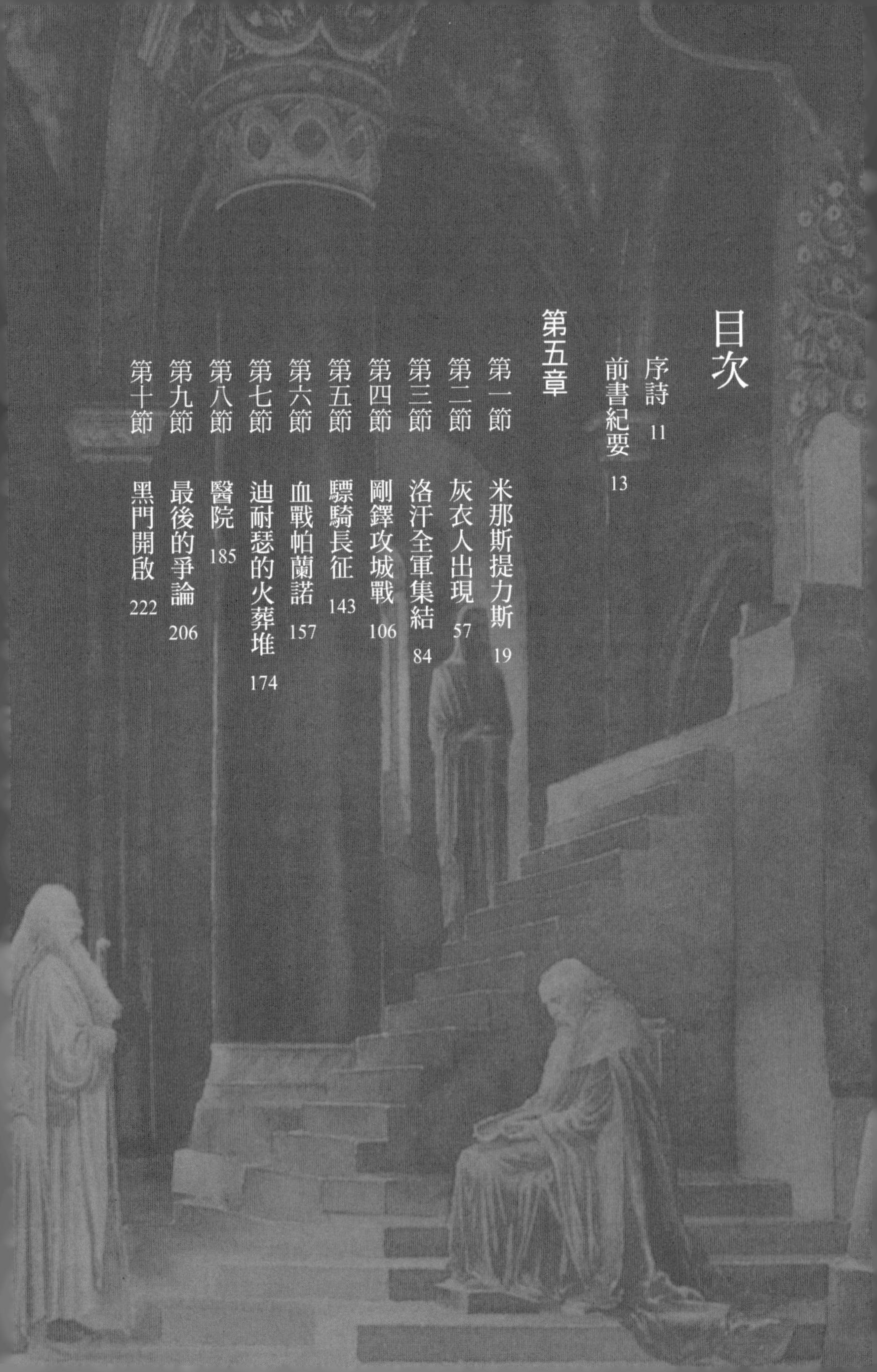

目次

序詩 11
前書紀要 13

第五章

第一節 米那斯提力斯 19
第二節 灰衣人出現 57
第三節 洛汗全軍集結 84
第四節 剛鐸攻城戰 106
第五節 驃騎長征 143
第六節 血戰帕蘭諾 157
第七節 迪耐瑟的火葬堆 174
第八節 醫院 185
第九節 最後的爭論 206
第十節 黑門開啟 222

第六章

第一節　西力斯昂哥之塔　239
第二節　魔影之境　267
第三節　末日火山　291
第四節　可麥倫平原　313
第五節　宰相與人皇　329
第六節　眾人別離　351
第七節　歸鄉旅程　374
第八節　收復夏爾　386
第九節　灰港岸　421

附錄

附錄一　帝王本紀及年表　3
附錄二　編年史　69
附錄三　族譜　92
附錄四　夏爾曆法　97
附錄五　文字與語言　107
附錄六　第三紀元的語言與種族　126
附錄七　中西名詞對照表　143
附錄八　詩句與歌詞索引　188

魔戒之王

天下精靈鑄三戒，
地底矮人得七戒，
壽定凡人持九戒，
魔多妖境暗影伏，
闇王坐擁至尊戒。
至尊戒，馭眾戒；
至尊戒，尋眾戒，
魔戒至尊引眾戒，
禁錮眾戒黑暗中，
魔多妖境暗影伏。

前書紀要

在首部曲《魔戒遠征隊》中，記述了灰袍甘道夫發現哈比人佛羅多所擁有的戒指，其實正是至尊魔戒，統御所有力量之戒的魔戒之王。因此，佛羅多和夥伴們從夏爾一路被魔多的黑騎士追殺，最後，在伊利雅德的遊俠亞拉岡的幫助下，他們終於克服萬難，逃到了瑞文戴爾的愛隆居所。

愛隆在該處慎重地舉行了一場會議，決定將魔戒摧毀，佛羅多也被指派為魔戒持有者。魔戒遠征隊的成員就這樣被挑選出來，他們的任務是前往魔王之境的末日火山，在該處摧毀魔戒。遠征隊中包括了代表人類的亞拉岡和剛鐸城主的繼承人波羅莫；幽暗密林的精靈國王之子勒苟拉斯代表精靈，孤山山脈的葛羅音之子金靂代表矮人；佛羅多和他的僕人山姆衛斯，以及兩名年輕的親戚梅里雅達克和皮聘則代表哈比人，而率領全體的是灰袍甘道夫。

一行人祕密地從瑞文戴爾離開，在經過長途跋涉之後，卻因意圖在冬天橫越卡蘭拉斯隘口而無法通過該處；之後，甘道夫帶領他們從密道進入摩瑞亞礦坑，試圖從山底下前往目的地。甘道夫在該處由於和一名黑暗世界的邪靈搏鬥，因此落入了無底深淵。被揭穿了西方王儲身分的亞拉岡繼承遺志，帶領著眾人逃出摩瑞亞的東門，進入精靈的疆界羅瑞安，並且沿著大河而下，來到拉洛斯瀑布。他們在這段旅程中已經意識到遭人跟蹤，對魔戒念念不忘的生物咕魯，鍥而不舍地緊追在後。

他們必須決定是否該往東前往魔多，或者是和波羅莫一起前往援助剛鐸的主城米那斯提力斯，面對即將到來的大戰，還是應該解散小隊。當魔戒持有者決定必須繼續前往魔多的旅程時，絕望的波羅莫試圖搶奪魔戒。故事的首部曲就在波羅莫屈服於誘惑，佛羅多逃出虎口，和山姆衛斯一起消失的狀況下結束了。在此同時，剩餘的遠征隊成員遭到半獸人士兵突如其來的攻擊，有些是聽命於黑暗魔君的半獸人，有些則是來自叛徒薩魯曼旗下的半獸人。魔戒持有者的任務，似乎已經遭遇到空前未有的危機。

二部曲（亦即是第三章和第四章）《雙城奇謀》描述的是遠征隊解散之後的狀況。第三章中記述了波羅莫的悔悟和犧牲，眾人將他的屍體放入船中，漂向拉洛斯瀑布。梅里雅達克和皮瑞格林則是被半獸人士兵俘虜，敵人沿著東洛汗平原將他們帶往艾辛格，亞拉岡、勒苟拉斯和金靂則是緊追在後。

此時，洛汗國的驃騎出現了，在元帥伊歐墨的率領之下，騎兵隊在法貢森林的邊境包圍了半獸人，並且將他們徹底殲滅。哈比人及時逃出，躲進森林中，並且遇見了名為樹鬍的樹人，他也是法貢森林真正的主人。在他的陪伴下，哈比人見識到了樹人的怒氣，以及他們朝向艾辛格進軍的過程。

在此同時，亞拉岡和同伴們遇見了剛離開戰場的伊歐墨，驃騎元帥送給他們駿馬，讓他們繼續尋找同伴。雖然亞拉岡一行人在法貢森林中沒有找到哈比人，卻意外地和甘道夫重聚。他從死裡復生，化身成白騎士，卻依舊穿著灰色的袍子。他們和老巫師一起穿越洛汗，來到了驃騎王希優頓的宮殿。甘道夫治癒了年老的國王，並且將他從弄臣巧言的詛咒中釋放出來，眾人這才明瞭巧言原來是薩魯曼所安排的內奸。一行人和御駕親征的國王一起迎戰艾辛格的大軍，在聖盔谷以寡擊眾，獲得了勝利。甘道夫接著帶領眾人前往艾辛格，他們發現原先雄偉的堡壘已經被樹人徹底破壞，薩魯曼和巧言則是被困在堅固不破的歐散克塔中。

在談判過程中，薩魯曼拒絕悔改，甘道夫撤銷了他的頭銜、打斷了他的手杖，把他交給樹人看管。巧言從窗戶中對著甘道夫丟出一枚水晶球，卻沒有砸中，反而被皮聘所撿起。這原來是努曼諾爾殘存的三枚真知晶球之一。當天夜裡，皮聘抵抗不了晶球的誘惑，偷走晶球，並且加以使用；索倫也因此而發現了他的行蹤。在這章尾聲中，一名戒靈騎在飛行的坐騎上前來，讓眾人明瞭到大戰即將展開。甘道夫把真知晶球交給亞拉岡，和皮瑞格林快馬加鞭地趕往米那斯提力斯。

第四章的主人翁則是佛羅多和山姆衛斯，他們迷失在艾明莫爾的山區，不知何去何從。當他們終於脫離山區的時候，狡詐的咕魯卻又尾隨而至。佛羅多馴服了咕魯，讓他帶領著兩人穿越死亡沼澤，以及寸草不生的摩拉南，來到了北方魔多的黑色大門前。

由於此時已經無路可走，佛羅多只好接受咕魯的建議：前往他所知道的一條「祕密通道」。據他說，這條通道就在「黯影山脈」，亦即是魔多的西方屏障中。在他們旅行的途中，又被波羅莫的弟弟法拉墨所率領的剛鐸突擊隊所擄獲。法拉墨發現了他們此行的真正目的，但卻謹慎自制，不受讓波羅莫崩潰的魔力所誘惑，反而派人護送他們前往旅程的最後一段，西力斯昂哥，也就是蜘蛛小徑。他也警告佛羅多，這是個危險的地方，咕魯並沒有完全吐實。當他們抵達十字路口，朝向米那斯魔窟前進的時候，卻發現一股無比強大的黑暗力量從城中傾巢而出。索倫已經派出了他的先頭部隊，由戒靈之王所率領的大軍，吹響了魔戒聖戰的號角。

咕魯領著哈比人走上一條避開米那斯魔窟的祕道，在黑暗中他們終於來到了西力斯昂哥。咕魯又再度恢復了之前的邪惡本性，準備將他們獻給這條隧道的邪惡守護者屍羅。在山姆衛斯奮不顧身的搏鬥下，他的計畫失敗了；咕魯被打傷，屍羅也被重創。

二部曲結束於山姆衛斯所面臨的兩難狀況中。佛羅多被屍羅刺中，看來毫無生機地躺在地上：山姆衛斯如果不捨棄敬愛的主人，這次任務就將一敗塗地。最後，他決定取走魔戒，繼續這絕望的任務。但正當他準備進入魔多時，半獸人分別從米那斯魔窟和西力斯昂哥的高塔前來察看。山姆衛斯藉著魔戒隱形的力量，這才知道佛羅多只是陷入昏迷，並非死亡。當他準備救回主人時，一切已經太遲了；半獸人已經將佛羅多抱入隧道，前往他們的高塔中，大門正好在山姆衛斯面前重重關上。

本書，也就是第三部分，魔戒聖戰的最後一部分，將描述甘道夫和索倫對抗的戰略，記載了光明與黑暗雙方的衝突，以及黑暗時代的終結。首先，讓我們來看看西方大戰的結果如何——

第五章

第一節　米那斯提力斯

皮聘從甘道夫的斗篷下往外張望。他搞不清楚自己是睡是醒，感覺好像依然身在這段急如星火、半飄半飛翔的夢境中。黑暗的景物不停往後飛掠，風聲在他耳邊呼呼地吹著，除了在天空中漫遊的星辰之外，什麼都看不見，右邊則是襯著黑色天空的巨大山脈陰影。他迷迷糊糊的試著想要弄明白現在身處於何時何地，但這種如夢似幻的感覺讓他完全無法判斷。

他回想他們第一晚在高速下馬不停蹄地奔馳，然後，在曙光之中，他見到了一抹薄弱的金光，並抵達了一座寂靜的城鎮以及山丘上那棟空盪盪的大房屋。當他們前腳才踏進那大屋，那長著翅膀的魔影再度自上空飛掠而過，人們無不驚恐萬分。但甘道夫一直在他耳邊呢喃著溫柔的話語，讓他在一處角落沉睡，他很疲倦十分不安，隱約感覺到人們來來去去，互相交談，而甘道夫則在發號施令。然後，又是上馬急馳，在夜間狂奔。這是第二，不，是他使用過晶球之後的第三夜。一想起那段恐怖的經歷，他不禁打了寒顫，完全清醒過來，耳邊急促的風聲也立刻轉變成各種威脅的聲音。

一道光芒照亮了天空，一團黃色的火焰在黑暗的屏障後面閃耀。皮聘縮起身體，感到十分害怕，不明白甘道夫究竟帶他來到了什麼恐怖的地方。他揉揉眼睛，這才發現原來是將圓的月亮正從東方的陰影中緩緩升起。看來時候尚早，應該還會再趕上好一段路。他換了個姿勢，開口說話。

「甘道夫，我們在哪裡？」他問。

「在剛鐸國境內，」巫師回答道：「還在安諾瑞安一帶。」

兩人沉默了片刻。接著，「那是什麼鬼東西？」皮聘突然間抓住甘道夫的斗篷大喊道：「你看！火！紅色的火焰！這裡有惡龍嗎？你看，還有那邊！」

甘道夫對著駿馬大喊作為回應。「影疾，快！我們必須再快一點，時間已經很緊迫了。你看！剛鐸的烽火已經燃起，這是通知盟友馳援的信號，戰火已經點燃了。你看，阿蒙丁山上亮著火焰，愛倫那赫的烽火也點燃，訊號正迅速往西傳去：那多、伊列拉斯、明瑞蒙、加侖漢，以及在洛汗邊境的哈力費理安。」

但影疾卻突然慢了下來，接著抬起頭嘶鳴了幾聲。從黑暗中傳來了其他馬匹的回應，接著就聽見了隆隆的馬蹄聲，月光下，三名騎士急馳而來，像是鬼魅一般飛掠而過，消失在西方。影疾抖擻精神，立刻撒開四蹄疾奔，夜色如呼嘯的風般掠過牠身邊。

皮聘又開始覺得昏昏欲睡，沒太注意甘道夫正在告訴他剛鐸的習俗，城主如何在偏遠的山丘上和廣大疆域的邊界上建造烽火臺，同時也在這些地方設置驛站，隨時備好快馬將消息傳遞到北方的洛汗，或是南方的貝爾法拉斯去。「北方的烽火已經沉寂了許久了，」他說：「古代由於剛鐸擁有七晶石，他們根本不需要這種簡陋的通訊方法。」皮聘又不安地動了動。

「快睡吧，不要害怕！」甘道夫說：「因為你不像佛羅多一樣必須去魔多，你要去的是米那斯提力斯。這是自由世界最後的堡壘。如果剛鐸淪陷，或是魔戒失落，連夏爾都會跟著落入魔掌。」

「聽起來並不怎麼讓人心安啊！」皮聘說，不過，睡意還是老實不客氣地征服了他。在他沉睡進入夢鄉之前，最後一個印象是高聳的白色山峰，這些山峰沐浴在西行圓月的光輝中，好像漂浮在雲海間的島嶼一樣。他想著佛羅多不知身在何方，如果他真的已經到了魔多，現在是生是死？他並不知道，遠方的佛羅多也正在看著同樣的月亮，在黎明前自剛鐸沉落。

皮聘被人聲給吵醒了。又一個晝藏夜行的日子過去了。此刻晨曦微露：寒冷的黎明快要來臨，冰冷的灰色迷霧包圍著他們。影疾渾身冒著熱氣，汗水淋漓，但牠依舊驕傲地昂首挺立，未露疲態。許多披著厚重斗篷的高大人類站在牠身邊，在他們身後的迷霧中矗立著一堵石牆。看來這石牆已經有部分坍塌，不過，在天色未明之前就已經聽見許多人忙碌工作的聲響：鐵鎚擊打、車輪滾動、鏟子挖掘。四處有火把與火堆在迷霧中黯淡閃爍著。甘道夫正在和擋住他去路的男子說話，當皮聘凝神傾聽的時候，才發現他們正在討論的是他。

「是的，我們的確認識您，米斯蘭達，」那群人類的領袖說：「你也知道七重城門的通行口令，因此可以通過此處前行。但我們不認識你的同伴。他到底是什麼種族？是北方山脈中的矮人嗎？在這種時候，我們不希望讓任何陌生人踏上我們的土地，除非他擁有強大的戰力，是前來幫助我們而我們又能夠信任他。」

「我願意在迪耐瑟王的寶座前替他擔保。」甘道夫說：「至於一個人的勇氣和戰功，你們不能單純用外表來評斷。印哥，雖然你比他高一倍，但他經歷過的戰鬥和危險遠遠超過你。他和我都剛離開艾辛格攻防戰的現場，我們正準備將消息傳到剛鐸去。如果不是因為他日夜兼程的趕路，已經很疲倦了，我會叫他起來的。他叫做皮瑞格林，是個非常勇敢的人。」

「人？」印哥懷疑地重複道，旁人哈哈大笑。

「人類！」皮聘完全甦醒過來，大喊道：「人類！我才不是哪！我是哈比人，不是什麼勇敢的人類，除非必要，我才不願意冒險咧。你們別被甘道夫給騙了！」

「許多立下偉大功績者是不會誇口的。」印哥說：「但是，哈比人是什麼種族？」

「也就是半身人。」甘道夫回答道：「不，不是預言中的那一位；」他看見那些人臉上驚訝的神情後說：「不是他，是他的同類。」

「是的，而且還是曾經和他一起旅行的同伴。」皮聘說：「你們城市的波羅莫也曾經和我們同行，他在北方的大雪中救了我一命，最後為了保護我而在寡不敵眾的狀況下犧牲了。」

「不要多說！」甘道夫說：「這種噩耗應該先告訴他父親才對。」

「我們已經猜到了，」印哥說：「最近發生了許多詭異的事件。不過，你們現在趕快過去吧！米那斯提力斯的城主一定急於接見任何帶來他兒子最後消息的人，不管這人是人類還是——」

「哈比人！」皮聘說：「我能為你們城主效力之處大概不多，但為了悼念勇敢的波羅莫，凡我所能做到的，我願竭盡棉薄之力。」

「祝你們好運！」印哥說，他率領的人紛紛讓路給影疾通過，影疾穿過了牆上的一座小門。

「米斯蘭達，願你在這危急存亡的關頭，給予迪耐瑟和我們所有國民帶來睿智的指引！」印哥大喊道：「不過，你每次都會帶來悲傷與危險的消息，他們說，你向來如此。」

「那是因為我難得來，而且只有在眾人需要援助的時候才出現。」甘道夫回答：「至於你，我的指引是：你現在修補帕蘭諾平原上的圍牆已經為時過晚。要對抗即將來臨的風暴，勇氣將是你們最好的防禦——我為你們帶來的，就是勇氣與希望。我所帶來的消息並非全都是噩耗。放下你們的鏟子，磨利你們的刀劍吧！」

「今天日落之前這裡的工事就會完成。」印哥說：「這是我們最不需要加強防禦的一段城牆，也是最不可能遭到攻擊的地方，因為它面對著我們的盟友洛汗國。你知道他們嗎？你認為他們會回應我們的召喚嗎？」

「是的，他們會來的。但是，他們已經在你們的背後奮戰了許多回合。不管是這條路或是任何其他的道路，都已經不再絕對安全了。要剛強勇壯！若不是有我甘道夫在，你將會看到大批敵軍橫掃過安諾瑞安而來，根本不會有驃騎國的援軍！即使到現在，這裡還是危機四伏。珍重再見，不要鬆懈！」

甘道夫這才來到了拉馬斯安澈之後的平原。在伊西立安落入魔王之手後，剛鐸人將他們艱辛建造的這道外牆，稱為拉馬斯安澈。這道城牆從山腳下向外延伸三十餘哩，然後從另一邊折返，將帕蘭諾平原完全包在裡面；這片從山腳緩降到低平的安都因河谷的綿長斜坡與層層階地，是十分豐饒富庶的城關之地。這道城牆的東北方向距離王城大門最遠，約有十二哩的距離，那段城牆矗立在隆起的河岸上，俯瞰著大河邊長而平坦的河灘，人們將該處的防禦工事修得高聳堅固；因為從奧斯吉力亞斯城的橋樑和渡口過來的道路，由此穿過有兵力駐守的城牆大門，大門兩旁是有城垛的塔樓。這道外牆的東南面離王城最近，約莫三哩遠。安都因河繞了很大一圈流經南伊西立安的艾明亞南的山丘，在該處急轉向西，城牆就建在河岸邊；在它下方是哈龍德的碼頭和港口，專門停泊從南方封地溯流前來的船隻。

這城關的土地非常肥沃，阡陌縱橫、果園遍布。每戶農莊都建有穀倉和烘穀房、羊圈和牛欄，許多潺潺小溪沿著山勢流下，穿越這片綠野，注入大河安都因。不過，居住在這地的牧人和農人並不多，大部分剛鐸的居民還是住在要塞的七層城池內，還有一部分人則是居住在山中的羅薩那奇谷中，或是更南邊擁有五條溪流的美麗蘭班寧。位在高山和海洋之間的那片區域，居住著一支刻苦耐勞的民族，他們雖然被認為是剛鐸人，但他們的血統已經混雜了，他們當中有身材矮壯、皮膚黝黑的人類，其祖先很可能是西方皇族來到之前的黑暗年代中，居住在陰暗群山中的人類初民。再過去，在廣大的貝爾法拉斯領地上，印拉希爾王子居住在海邊的多爾安羅斯城堡中。他和他的子民都擁有高貴的血統，他們身材高大，長著藍灰色的眼眸，是一群充滿了榮譽感的子民。

甘道夫策馬奔馳了一段時間之後，天色漸漸變亮，皮聘這才醒過來開始打量四周。他的左邊是如同大海一般深邃的霧氣，完全將東方遮掩在陰影中；右邊則是高聳直達天際的山脈，似乎在天地創生時，大河憑著蠻力硬是撞出一座雄偉的山谷來，未來這將會成為一塊充斥著戰鬥和衝突的地方。正如同甘道夫承諾的一樣，他也看見了白色山脈的盡頭，亦即是明多陸因山黑漆漆的身影，它的峽谷隱含著黑紫色的陰影，陡峭的山壁隨著天色而漸漸變得明亮。在它伸出的山腳下，坐落著固若金湯的城池，七層堅固難攻的城牆將它團團圍住；結實而古老的城牆，恍惚間會讓人以為這是巨人們從山脈中開鑿出來的奇觀。

正當皮聘驚訝地凝視這奇景時，城牆從朦朧的灰色逐漸轉變成白色，在晨曦中泛起淡淡的紅光；突然間，太陽躍到了東方的陰影之上，燦爛的金光灑滿了整座要塞。皮聘感動得驚呼出聲，因為矗立在要塞最高一層中的愛克西里昂高塔，在天空的反襯下散發出萬丈光芒，閃爍如珍珠與白銀打造出來的塔身高聳、美麗又優雅，它那耀眼奪目的尖頂彷彿是用水晶雕成的；白色的旗幟從城垛上升起，在晨風中獵獵飄揚，他聽見從高遠之處傳來了清澈的銀號角聲。

就這樣，甘道夫和皮聘於日出時來到了剛鐸城池的大門前，沉重的鐵門在他們面前緩緩打開。

「米斯蘭達！米斯蘭達！」人們大喊著：「你的出現，讓我們明白風暴的確迫近了！」

「風暴的確迫在眉睫，」甘道夫說：「我是乘著這陣風暴的前翼趕來的。讓我進城！在迪耐瑟王還擔任攝政王時，我必須立刻晉見他。不管接下來發生什麼事情，你們所熟知的剛鐸可能從此消失在歷史中。快讓我進城！」

在他威嚴無比的嗓音下，人們敬畏地紛紛退讓，不敢再繼續質問；不過，當看到哈比人和他們胯下的駿馬時，人們依舊無法掩飾眼中的好奇之色。王城中的人們極少騎乘馬匹，在街道上更少見到馬匹的蹤影，唯一的例外只有替攝政王跑腿的信差。他們交頭接耳說道：「這一定就是洛汗國王所擁有的駿馬吧？或許驃騎軍團很快就會前來支援了。」影疾依舊頭也不回，自信地往目標走去。

米那斯提力斯的城池是以獨特的方式興建的，城分為七層，每層都鑿山而建，各層皆有獨立的城牆和入口。但這些入口並非呈一直線：主城牆的正門位在整座城半圓的東方，下一座門則是建造在城的東南方，第三座則是在城的東北方，如此交錯而上興建；因此，進入要塞的道路，便會一下左一下右沿山交錯而上。每當這條道路經過垂直正門的位置時，它都會穿過拱形的隧道，隧道打穿一座極為龐大突出、將整座城池除了第一層之外皆分割成兩半的巨大岩石。這特殊的景觀一部分是依天然的山勢，一部分是因古代巧匠的鬼斧神工；這座邊緣鋒利如船艦龍骨般的巨岩就位於正門廣場後方，面向東，一路直伸到與這座圓形城池的最高層齊平，上面興建了一圈城垛，因此那些在要塞中的人，可以像是巨艦上的水手一般，從頂端俯瞰七百呎之下的正門。通往城中要塞的入口也同樣朝東，但是從堅硬的岩石中挖鑿出來的；然後是一道點著燈火的長長斜坡，往上通往第七座門。如此，人們終於來到了執政廳，以及淨白塔下的噴泉庭院；高聳簡潔的淨白塔由底直入雲霄三百呎，攝政王的旗幟就在塔頂俯瞰著千呎以下的大平原。

這的確是座固若金湯的城池，只要城內還有一兵一卒，就算千軍萬馬也無法將其奪下。除非有敵人從後方來襲，攀越明多陸因山較低的山脊，來到山脈連接衛戍之丘的狹窄山肩上。不過，那道與第五層城牆齊高的山肩，已經修建了強大的防禦壁壘，一直修築到了山脈西邊的絕壁之下；那片區域坐落著先王們的陵寢，在高塔和山脈之間永遠沉寂。

皮聘注視著這座巨大的石造城池，越來越覺得敬畏不已。這比他所曾經幻想過的任何建築都要雄偉輝煌，比艾辛格還要高大、堅固，也更為美麗。但事實上，它卻是座逐年衰頹的都城，能在此安居樂業的人口已經減少了一半。他們所經過的每條街道上都有一些雕樑畫棟的大宅與庭園，它們的大門和拱門上刻著美麗陌生的古文字，皮聘猜測那一定是曾經居住在該處的偉人的名號。但是，現在這些建築都變得一片死寂，不再有腳步聲在長廊中回響，不再有笑語聲點綴廳堂，空洞的門窗中也不見有人向外張望。

終於，他們走出幽暗來到了第七門，溫暖的陽光從大河對岸照過來，照在光滑的城牆、穩立的石柱以及巨大的拱門上，拱門的中心石上雕刻著一個戴王冠的國王頭像；此時的佛羅多正在伊西立安的林間艱苦跋涉著。甘道夫下馬步行，因為要塞中不准任何馬匹進入。在主人溫柔輕聲的安撫下，影疾不甚情願地讓人將牠帶開。

此門的守衛都穿著黑衣黑甲，頭盔的形狀也十分特殊，有高聳的盔尖以及與臉側密合的長護頰，在太陽穴的地方則打造著海鳥翅膀的裝飾。這些頭盔都閃爍著銀色的光芒，因為它們是以古代鼎盛時期所傳承下來的祕銀所打造的。在披風上則是刺繡著一株盛開如雪的白樹，樹的上方還有一頂銀色皇冠以及好些光芒四射的星辰。這就是伊蘭迪爾的家徽，如今，全剛鐸中除了駐守在聖白樹曾經一度生長的噴泉庭院中的禁衛軍之外，沒有任何人穿著這樣的衣飾。

看來，他們抵達的消息已經先一步傳來了；他們沒有受到質問就立刻獲准入內。甘道夫快步橫越鋪著白色石板的庭院，一座美麗的噴泉在晨光下舞動著，周圍長著一片青嫩翠綠的草地；但在綠地的正中央卻佇立著一株枯死的樹木，它低垂在噴泉的上方，噴出的泉水灑在它光禿折斷的枝幹上，再憂傷地落回清澈的池水中。

皮聘緊跟在甘道夫身後，匆匆走過時瞥了它一眼。他覺得這樹看起來好憂傷，不禁好奇在這個每樣東西都受到悉心照料的花園中，為什麼會留下這麼一株枯死的老樹。

是七星和七晶石，還有聖白樹相傳。

甘道夫曾呢喃過的那句話浮現在他心頭。接著，他發現自己已經來到了精光閃耀的高塔下方大殿的門前；他跟在巫師身後經過高大沉默的守門衛士，走進陰涼、幽暗的廣大石廳。

在兩人穿越一條空曠的長廊，行走時，甘道夫在皮聘耳邊低聲說：「皮瑞格林先生，小心你的一言一行！這可不是哈比人輕鬆開玩笑的時刻。希優頓是個慈祥的老好人，迪耐瑟與他全然不同，他既驕傲城府又深沉，家世顯赫、權柄蓋世，他只差在沒有國王的稱號而已。等一下他大部分的問題都會是針對你的，因為只有你能告訴他有關他兒子波羅莫的遭遇。他最寵愛波羅莫，或許可以稱之為溺愛；之所以如此，因為他們是不一樣的人。在這父子親情的掩飾之下，他會認為從你比從我身上更容易打探到他想要的情報。不要洩漏不該說的事情，對佛羅多的任務更要謹守祕密。時候到了我會處理的。除非別無選擇，否則你最好也別提到亞拉岡。」

「為什麼不提？神行客有什麼不對嗎？」皮聘低聲問道：「他準備要來這邊，不是嗎？而且，他應該很快就會到了。」

「或許，或許吧。」甘道夫說：「不過，即使他來到這裡，出現的方式最好是出乎眾人的意料之外，連迪耐瑟也想不到。情狀最好是那樣。至少，不應該由我們來宣告他即將前來的消息。」

甘道夫在一座光可鑑人的金屬大門前停下來。「聽著，皮聘先生，我現在沒時間把剛鐸的歷史都講給你聽；如果你當初曾經多學一點，不是老在夏爾的樹林裡掏鳥蛋逃學，情況會好得多。照著我說的做！當你為一位握有大權的王侯帶來他繼承人的死訊時，如果還多嘴告訴他有另一個人即將前來向他索取王位，那就太蠢了。這樣夠清楚了嗎？」

「王位？」皮聘驚訝地說。

「是的，」甘道夫說：「如果你這一路上都是渾渾噩噩的，現在也該醒來了！」他開始敲門。

門打了開來，但卻看不到是誰開的門。皮聘看見門後是一座寬廣的大殿，大殿兩側有寬敞的翼廊，旁邊開著深嵌於牆上的窗戶，光線自其中透入；隔開兩側翼廊與主殿的是兩排直撐殿頂的高聳石柱。它們是由整塊黑色大理石雕鑿而成的，巨大的柱頭上雕刻著各種奇花異獸；再向上去，深幽的陰影中可見寬闊的拱頂上閃爍著黯淡的金光，其間鑲嵌著各種顏色的精細花紋。在這座莊嚴肅穆的大殿中，沒有懸掛任何裝飾品或是歷史圖畫，也沒有任何織錦或木造的物品；但在石柱之間，卻靜默佇立著一尊尊高大冰冷的石像。

當皮聘看著這兩長排的先王雕像時，他突然間想到了亞苟那斯的巨大岩雕，一股敬畏之情不禁油然而生。在大殿的盡頭處有個許多台階的高台，上面有一個高大的王座，王座上方有大理石雕成的華蓋，狀如冠盔；王座後方的牆壁上，雕刻著一棵繁花盛開的大樹，上面綴飾著許多寶石。不過，王座卻是空盪盪的。在高台下方最低一級的寬深台階上，安置著一張樸素的黑色石椅，一名老者坐在椅上，正凝視著自己的雙膝。他手中握著一根頂端是金色圓球的白權杖。他沒有抬頭。他們倆嚴肅莊重地向他走去，直到離他座椅三步的地方才止步。然後，甘道夫開口了。

「您好，米那斯提力斯的城主和攝政王，愛克西里昂之子迪耐瑟！在這黑暗的時刻，我前來提供我的建議和情報。」

老人這時才抬起頭來。皮聘看見一張輪廓深刻的臉，有著高傲顴骨和白如象牙的肌膚，以及一雙深邃的黑眼和鷹勾鼻；這臉讓他實在難以聯想到波羅莫，反而有些像亞拉岡。「眼前的時刻確實黑暗，」老人說：「米斯蘭達，你總是在這種時刻來訪。雖然種種跡象顯示剛鐸的末日近了，但這黑暗如今卻不及我個人的黑暗。據說你帶來了親眼目擊我兒死亡的人證，就是這位嗎？」

「是的。」甘道夫說：「是兩名目擊者中的一位，另一位正在洛汗國的希優頓王身邊，不久之後就會趕來。您也看得出來，他們就是半身人，但他並非預言所說的那一位。」

「但他依舊是個半身人，」迪耐瑟神情嚴厲地說：「對這稱呼我沒有一點好感，就是這該死的預言擾亂了我們的籌畫，將我兒子從宮中誘走，踏上那招致他死亡的任務。我親愛的波羅莫啊！我們現在正需要你，當初應該派法拉墨去的。」

「本來也應該是他去的；」甘道夫說：「不能因為你難過就不講理！波羅莫主動爭取這項任務，不容其他人去執行。他很強勢，想要的東西就必定要得到。我和他同行了相當時日，對他的個性也有相當的了解。不過，你剛剛提到他的死訊，難道在我們來此之前你就得知了嗎？」

「我收到了這個。」迪耐瑟放下權杖，將之前他所凝視的東西從膝蓋上拿起來。他兩手各握著從中被一劈為二的半個號角：那是用銀環固定在一起的野牛角。

「這是波羅莫隨身攜帶的號角！」皮聘驚呼道。

「是的。」迪耐瑟說：「當年我也曾經攜帶過，我們家族中的每個長子都攜帶過，這可直溯至皇族血脈斷絕之前的遙遠年代，它是馬迪爾之父維龍迪爾在盧恩的原野中所獵殺到的巨大野牛之角所打造的。十三天之前，我聽見了微弱的號角聲在北方邊境響起；大河將斷裂的號角帶來給我：它再也無法發出任何聲音了。」他暫停片刻，氣氛變得十分凝重。突然，他把陰沉的雙眸轉向皮聘：「半身人，對此你有什麼要說的？」

「十三，十三天，」皮聘結巴地回答：「是的，我想是這麼久了。沒錯，當他吹響號角的時候，我正在他身邊。但是我們孤立無援，四周只有越來越多的半獸人。」

「那麼，」迪耐瑟銳利的目光盯住皮聘：「你當時在場？說詳細些！為什麼沒有援軍？怎麼你逃了出來而他卻喪命？像他那麼驍勇善戰的人，怎麼可能只是半獸人就攔得住他？」

皮聘一下子漲紅了臉，忘了害怕，說：「即使是最強的猛將，也可能被區區的一支羽箭射死，而波羅莫渾身上下都插滿了箭矢。當我最後看見他的時候，他正坐靠著一株大樹，試圖從腰側拔出一支黑羽箭。然後我就被打昏、被俘虜了。我從此再沒看見他，也不知道後來的情形。但我心中對他無比崇敬，他是如此英勇奮不顧身。我們在森林中遭到黑暗魔君手下的伏擊，他為了拯救我同胞梅里雅達克和我，奮戰至死；雖然最後他失敗倒下，但我對他的感激並沒有減少一分一毫。」

接著，皮聘直視著老人的眼睛，在之前那冰冷語氣的藐視與懷疑下，他體內的傲氣開始沸騰：「毫無疑問的，對於一位人類中如此尊貴的君王來說，像我這樣一個哈比人，一個來自北夏爾的半身人，所能提供的協助一定是微不足道的。但是，即使如此，為了回報這救命之恩，我還是願意獻上我的忠誠。」皮聘掀開他灰色的斗篷，抽出他的短劍放在迪耐瑟的腳前。

老人的臉上掠過一抹淡淡的微笑，如同冬日黃昏冰冷微弱的陽光一般；他將號角的斷片放到一旁，低下頭來伸出手說：「把那武器給我！」

皮聘拿起短劍，將劍柄遞給攝政王。「這是哪裡來的？」迪耐瑟問道：「它經歷了許多、許多年的風霜，這必是我族在遙遠的過往於北方鑄造的武器吧？」

「它是從我故鄉邊境上的陵墓中找到的。」皮聘說：「但如今只有邪惡的屍妖居住在該處，因此，我不願對您詳述該處的情形。」

「我看得出來你有過不凡的經歷，」迪耐瑟說：「這也再次證明了人不可貌相——連半身人也不例外。我接受你的效忠，因為你不受我的言辭所威嚇，雖然你的腔調在我們南方人聽來很奇怪，但你說話十分有禮貌。在未來的日子裡，我們會需要所有有禮貌的人，不管他們是大是小。向我宣誓吧！」

「拿住劍柄，」甘道夫說：「如果你下定決心了，就跟著城主說。」

「我已經決定了！」皮聘道。

老人將短劍放在膝蓋上，皮聘按住劍柄，跟著迪耐瑟緩緩說道：「本人在此宣誓效忠剛鐸，以及這國度的攝政王；自此之後，為它喉舌，義無反顧，置生死於度外，不惜踏遍天涯，穿越戰火及昇平。直到我主解除我的束縛，或世界毀滅，至死方休。以上，夏爾的帕拉丁之子，皮瑞格林謹誓。」

「愛克西力昂之子迪耐瑟，剛鐸的管理者，輔佐吾皇的攝政王，謹記閣下的誓言。我將不會遺忘你的誓言，必定回應你的效忠：以愛回應忠誠，以榮譽回應英勇，以復仇回應背叛。」皮聘取回寶劍，將它收回鞘中。

「現在，」迪耐瑟說：「我對你的第一個命令是：直言無諱，不許沉默！把完整的經過全都告訴我，把你記得所有關於吾兒波羅莫的事都說出來。坐下，開始說！」他話一說完，就敲響了腳凳邊的一個小銀鑼，僕人們立刻走了過來。皮聘這才發現他們原來都站在門邊的壁龕中，因此，當甘道夫和他進來的時才會沒有注意到。

「為客人送上酒菜和座椅，」迪耐瑟說：「一小時之內不准任何人打擾。」

「國事繁忙，我最多只抽得出這麼多時間來。」他對甘道夫說：「情況看來似乎有許多更重要的事，但對我而言，都比不上這件事急。或許我們可以晚上再談。」

「希望能再早一些。」甘道夫說：「我從艾辛格星夜飛馳，橫越四百五十哩的土地，並不只是為了送一名小戰士來給你——不論他是多麼彬彬有禮。希優頓打贏了一場大仗，艾辛格已經被攻破，我折斷了薩魯曼的法杖，難道這對你來說都不重要嗎？」

「對我來說都很重要，但就對抗東方的威脅這點上，我已經知道夠多的情報了。」他黑色的雙眸轉向甘道夫，皮聘注意到這兩人之間有許多相似之處，並且可以明顯感覺到兩人之間的較勁，似乎有隱而不明的火焰在兩人的雙眸之間奔馳，隨時可能爆發出來。

迪耐瑟看起來的確比甘道夫還要像巫師，更有王者之氣、更英俊、更強而有力，年紀看起來也更大些；但是，皮聘卻可以感受到甘道夫擁有更強的力量和智慧，他的尊貴是不輕易外顯的。而且，甘道夫的年歲更長，比眾人想像的蒼老多了。「到底有多老呢？」他思索著，這才發現自己以前竟然從來沒對此產生過疑問。樹鬍提到過有關巫師的事情，不過，即使是那個時候，他也不認為甘道夫是他們的一分子。甘道夫究竟是什麼？他到底是在遠古的什麼時候來到這個世界，又是什麼時候才會走？不久之後，他的沉思被打斷了。甘道夫和迪耐瑟依舊互不相讓地瞪著彼此，彷彿想要讀取對方的心思，不過，最後還是迪耐瑟先撤回了目光。

「是啊，」他說：「雖然他們說晶石已經失落了許久，但是剛鐸的王公貴族依舊擁有比凡人銳利的目光，還有許多收集情報的管道。大家先坐吧！」

僕人拿著椅子和矮凳各一張進來了，還有一人捧著一個托盤過來，托盤上放著銀壺和銀杯以及白色的糕點。皮聘坐了下來，但他無法將目光從蒼老的攝政王身上移開。不知道是真的還是幻想，他似乎覺得對方在提到晶石時，雙目突然精光暴現，掃向皮聘的臉孔。

「現在，我的忠臣哪，告訴我你的故事，」迪耐瑟半是和藹、半是嘲諷的說：「能和吾兒為友之人所說的話，總是受歡迎的。」

皮聘永遠無法忘記在大殿中所待的那一個小時，在剛鐸統治者銳利目光下，不時被他尖銳的盤問刺得難以招架，同時又意識到甘道夫在他身旁注視和傾聽著，而且（皮聘感覺到）正強自克制著內心逐漸膨脹的不耐和怒氣。當一個小時過去，迪耐瑟再度敲響銀鑼時，皮聘覺得精疲力盡。「現在最多也不過九點而已，」他想：「我已經覺得可以吃下三頓早餐了。」

「領米斯蘭達大人到為他所準備好的客房去，」迪耐瑟說：「如果他的同伴願意，可以暫時和他同住。還有，通知下去，我已經接受了他的效忠，你們都應該稱他為帕拉丁之子皮瑞格林，並且把低階的通行密語告知他。通知將軍們在第三小時鐘響後，立刻來此報到。」

「至於你，米斯蘭達大人，到時若你願意出席，也應該過來一趟。除了我短暫的睡眠時間之外，不會有人阻止你來見我。請你對一名老人的愚行息怒吧，等你再來時，請給予我忠告！」

「愚行？」甘道夫說：「不，大人，你是到死也不做昏庸之人。你儘管把你的哀傷當作掩飾吧！難道你以為我不明白你讓我在旁枯坐一小時，看你質問我一無所知的同伴是什麼用意嗎？」

「既然你了解，就該感到滿足。」迪耐瑟回答道：「在需要的時刻驕傲到蔑視忠告和協助是愚蠢的；但你是按照自己謀略來提供你的才智。但是不論它多有價值，剛鐸的統治者都不會成為他人的掌上玩物。對他來說，這世界上的一切都比不上剛鐸的福祉；而統治剛鐸，大人，是我的而非他人的責任，除非人皇再度回歸。」

「除非人皇回歸？」甘道夫說：「攝政王啊，負責維繫王國，隨時做好對這件事的準備，這不就是你的責任嗎？為了完成這個任務，你應該接受所有可能的協助。我只能這麼說：不管是剛鐸、其他或大或小的國度，都不歸我管轄，但我所關切的是這世界上一切善良事物現在所面臨的危機。至於我的部分嘛，即使剛鐸毀滅，但只要今夜所發生的事情能夠流傳下去，能夠在未來開花結果，那我的任務也就不會白費了。我也負有輔佐人君的義務，難道你不知道嗎？」話一說完，他就轉過身，和皮聘並肩離開。

在走路的時候，甘道夫並沒有多看皮聘一眼或是和他說話。他們的帶路人領他們出了大殿的門，穿過噴泉庭院，踏上一條夾在兩邊都是高聳岩石建築的小徑。在轉了幾個彎之後，他們來到一棟靠近要塞北邊外牆的屋子，離衛戍之丘連接山脈的那條狹窄山肩不遠。進入屋內，他們被領著登上一道寬敞的雕花樓梯，來到高於街道的二樓，他們被領進一個漂亮的房間，明亮、通風，牆壁上還掛著許多閃著黯沉金光的掛毯。房間內的布置相當簡單，只有一張小桌子、兩張椅子和一個長凳；不過，房間兩側均都有掛著簾幕的凹室，裡面有著鋪設整齊的床和盥洗的盆具。房內還有三扇面北的狹窄高窗，可以俯瞰安都因那仍籠罩在迷霧中的河灣，以及更遠處的艾明莫爾與拉洛斯瀑布。皮聘得要爬上長凳，才能越過厚厚的石窗台向外眺望。

「甘道夫，你在生我的氣嗎？」在領路人走出去關上門後，他說：「我真的已經盡力了。」

「你真的盡力了！」甘道夫說，突然放聲大笑起來；他走到皮聘身邊，伸手摟住他的肩膀，一起望向窗外。皮聘有些驚訝地瞥了一眼此刻挨在自己臉旁的那張臉，因為那笑聲聽來十分歡欣和愉快。但是，他在巫師的臉上起初只看見哀傷和憂心的皺紋；不過，當他凝神細看時，可以注意到在這神情之下藏著無比的快樂：這情緒若一湧而出，可足以感染全國的人民，讓他們一起開懷大笑。

「你的確已經盡力了，」巫師說：「我希望你以後不要再這樣被困在兩個恐怖的老人之間進退不得。不過，皮聘哪，剛鐸的統治者依舊從你身上得知的事比你想的還要多。你無法隱瞞帶領眾人離開摩瑞亞的並非波羅莫的這個事實，同時，你們當中有一名受到高度崇敬的人將要前來米那斯提力斯，而且他擁有一把名聞遐邇的寶劍。在剛鐸，人們很看重昔日的歷史；自從波羅莫離開之後，迪耐瑟有很長的時間去推敲那首有關伊西鐸剋星的詩歌。」

「皮聘，他和這個時代的其他人類都不同，不論他父系的血統如何，就當是命運巧合吧，西方皇族的血統在他身上十分鮮明，在他另一名兒子法拉墨身上也是，但他最鍾愛的波羅莫卻沒有繼承到這血統。他具有感知力，如果他專心一意，甚至可以知道人們心中的思想，即使他們住在遠方也一樣。要欺騙他非常困難，光是有這樣的念頭就很危險。」

「千萬記住這點！因為你現在已經對他宣誓效忠了。我不知道你當時腦中或心中想到什麼，竟會那樣做；但你做得好極了。我沒有阻止你，因為慷慨激昂的行為不該受到冰冷忠告的攔阻。那感動了他，同時（容我這麼說）也激發了他的幽默感。現在，至少在你不值班的時候，你可以在米那斯提力斯自由來去。不過這事還有另一面。你現在成了他的屬下，他不會忘記這事情的。隨時提高警覺！」

甘道夫沉默了片刻，嘆氣道：「算了，沒必要為了明天會發生的事情而憂愁。可確定的是，從今天開始，未來每一天的狀況都會越來越糟糕，而我也沒有辦法阻止情勢的演變。棋盤已經擺好了，棋子也開始移動。有一枚棋子是我十分想見的，就是已成為迪耐瑟繼承人的法拉墨。我想他應該不在城中，但我又沒時間去收集情報。皮聘，我得走了，我得去參加他這場眾將領的軍事會議，儘可能的得知消息。這盤棋魔王已經占了先機，他即將展開全面的攻勢了。帕拉丁之子皮瑞格林，剛鐸的戰士，像你這樣的卒子可能知道的和我們一樣多，磨利你的寶劍吧！」

甘道夫走到門口，轉身說道：「皮聘，我得趕時間！」他說：「你出門的時候幫我個忙，如果你還不是太累，最好能夠在休息前幫我辦好——去找影疾，看看牠被安置的狀況如何。剛鐸的人民睿智而善良，對待動物也很仁慈，但他們並不像其他的民族一樣擅於照顧馬匹。」

甘道夫話一說完就走了出去；就在這時，要塞的高塔中傳來了清脆的鐘聲。這洪亮的鐘聲敲了三響，在空氣中回響如悅耳的銀鈴，然後停止：日出之後三小時的鐘聲。

幾分鐘之後，皮聘離開房間，走下樓梯，觀察著外面的街道。這時的陽光溫暖而明亮，高塔和建築都朝西投下清楚分明的陰影。明多陸因山雪白的頂峰襯著湛藍的天空，顯得格外耀眼。全副武裝的男子在城中的街道來來往往，似乎正隨著報時的鐘聲進行換班和上哨。

「我們在夏爾都稱這個時間為九點，」皮聘大聲地對自己說：「正是在春日的陽光下坐在窗邊吃頓豐盛早餐的好時間。天哪！我真希望能夠有頓早餐可吃！這些人到底吃不吃早餐哪，還是大家都已經吃完了？他們到底什麼時候、在哪裡吃午餐咧？」

這時，他注意到一個身穿黑、白兩色衣服的男子，從要塞中央沿著狹窄的街道朝他走來。皮聘覺得十分寂寞，下定決心要在對方經過時和他攀談；不過，其實他並不需要這樣做，因為那人已經逕自來到他面前了。

「你是半身人皮瑞格林嗎？」他說：「有人告訴我你已經宣誓效忠這座城和城主了。歡迎！」他伸出手，皮聘熱情地和他握手。

「我是巴拉諾之子貝瑞貢，我今天早上不需要值勤，我奉命來告訴你通行密語，以及對你說明一些你會想要知道的事情。至於我個人，我也很想知道有關你的事情。雖然我們曾經聽過半身人的傳言，但我們的故事裡極少提到你們，更別說親眼目睹了。此外，我還聽說你還是米斯蘭達的朋友。你跟他很熟嗎？」

「呃，」皮聘說：「我想你可以說我從小就認識他了，而且最近我還和他東奔西跑的。不過，他可是本深不可測的巨著，我對他有恐怕只有一兩頁粗淺的了解而已。或許，我對他的認識跟他人相比還算可以吧。在我們的遠征隊中，我想，只有亞拉岡是真正了解他的人。」

「亞拉岡？」貝瑞貢說：「他是誰啊？」

「啊，」皮聘結結巴巴地回答：「他是個和我們一起到處旅行的人，我想他現在還在洛汗國。」

「我聽說你去過洛汗，我也很想要聽聽你對那地的認識；因為我們把最後一絲希望都投注在那裡的人身上了。啊，抱歉，我都忘記此行的任務了，我應該要先回答你的問題才對。皮瑞格林先生，你想要知道什麼？」

「呃，這個嘛，」皮聘說：「請恕我無禮，但我心裡一直掛念著這件事，這急迫的問題是，嗯，就是早餐的狀況啦！我是說，你們到底什麼時候用餐，吃飯的地方又在哪裡？還有旅店呢？我之前有注意過，但是在我們騎馬上來時連一家都沒看到。我一路抱著希望，想著一來到禮儀文明之邦後，能夠好好喝杯啤酒哪！」

貝瑞貢嚴肅地看著他。「閣下果然是位身經百戰的老兵。」他說：「雖然我不是個遊歷四方的人，但人們都說，沙場老兵會隨時把握下一個休息和飲食的地方。如此說來，你今天還沒吃過東西嗎？」

「這個──客氣的說，算是有啦。」皮聘說：「但那只是你們城主仁慈賜下的一杯酒和一兩塊蛋糕而已；但他可是咄咄逼人地盤問了我一個小時，那可很耗力氣啊！」

貝瑞貢笑了：「我們有句俗語說，人小胃口大。但你所吃的東西，和城堡中其他的人並沒有兩樣，而且還有地位崇高的陪客和你一起。這裡是座面臨戰火的要塞，我們每天都在日出前起床，隨意吃些東西，立刻開始值勤。別失望！」他注意到皮聘臉上的表情，立刻笑著說：「勤務特別重的人們，可以在上午額外補充他們損失的精力。然後，我們還有午餐，大家會在勤務允許的狀況下集合起來吃飯；即使在這麼緊張的狀況下，我們在日落的時候也不會忘記晚餐。」

「來吧！我們先散散步，然後去找些吃的東西，再去城垛上用餐，欣賞這美麗的早晨。」

「等等！」皮聘漲紅著臉說：「貪吃，或因為你們的盛情讓我餓到竟然忘了一件工作——甘道夫，也就是你口中的米斯蘭達，交代我去看看他的坐騎影疾。那是洛汗國的駿馬，我聽說牠是他們國王最鍾愛的珍寶，但他特別賜給米斯蘭達。我認為影疾的新主人愛牠的程度勝過愛許多人，如果他的善意忠言對這座城有任何價值的話，你們最好也用同樣的尊敬態度對待影疾；如果可能的話，甚至要比你對待眼前的這名哈比人更有禮貌些。」

「哈比人？」貝瑞貢問道。

「這是我們對自己的稱呼。」皮聘說。

「我很榮幸得知這名稱，」貝瑞貢說：「現在我得說，陌生的口音無損於有禮的言辭，哈比人真是談吐文雅的種族！來吧！你應該讓我認識一下這匹駿馬。我喜歡動物，但在這座岩城中我們沒有多少機會可以看見動物；因為我的同胞都是來自山谷，在那之前則居住在伊西立安。別擔心！我們不需要在馬廄裡待很久，只需要禮貌性的拜訪一下，然後就可以去補充體力了。」

皮聘見到影疾受到很好的照顧，在第六環城中，也就是要塞的牆外，設有相當完善的馬廄，其中飼養著幾匹快馬，城主的信差就住在馬廄旁，他們隨時待命傳遞城主或是將軍們的緊急軍令。此時，所有的馬匹和騎士都已經出城去了。

影疾一看見皮聘走進馬廄，立刻轉過頭開始嘶鳴。「早安！」皮聘說：「甘道夫只要一得空，就會盡快趕來。他很忙碌，但他請我來問候你，看看你是否安好。還有，我希望你在長途奔馳多天之後，能好好休息。」

影疾昂昂首，前蹄刨著地面。但他讓貝瑞貢溫柔地撫摸牠的頭，拍拍牠結實的身軀。

「牠看起來養精蓄銳正在等待競賽，而不是風塵僕僕千里而來。」貝瑞貢說：「真是一匹強壯高貴的駿馬！牠的馬鞍呢？肯定要十分華麗才配上牠。」

「再華麗的馬鞍都配不上牠。」皮聘說：「牠不佩戴任何鞍具。如果牠願意載你，牠就會這樣載你；如果牠不願意，天下間沒有任何的嚼環、馬鞍或鞭子可以馴服牠。再會了，影疾！耐心點，戰爭就快到來了。」

影疾昂首嘶鳴，整間馬廄也跟著搖晃起來，兩人忍不住摀住耳朵。然後，在確認馬槽中的食料充足之後，他們就離開了。

「現在該我們去找自己的食料了。」貝瑞貢說，他領皮聘走回要塞，來到高塔北邊的一扇門前。然後，他們走下一段陰冷的長階梯，進入一條點滿了油燈的寬走廊。走廊兩邊有許多的木門，其中有一扇是開著的。

「這是我隸屬的衛戍部隊的糧倉。」貝瑞貢說：「塔剛，早安！」他對著門內大喊：「時候還早，但是我身邊有個剛向城主宣誓效忠的新兵。他已經勒緊褲帶騎了很長的一段路，今天早上又很認真的工作了一段時間，現在餓得受不了了，給我們弄點吃的東西吧！」

他們弄到了麵包、奶油乳酪和蘋果。蘋果是冬天存糧中最後僅剩的幾個，雖然皮有點皺，但還是很脆很甜；除此之外，他們還拿到了一壺新釀好的麥酒，以及木製的碟子和杯子。兩人將這些東西全都收到柳條籃內，再爬上樓梯回到陽光底下。貝瑞貢帶皮聘走到向外突出的巨大城垛的最東端，該處的牆上有個窗洞，窗台下方有張石椅。從這裡往外望，晨光下剛甦醒的世界可盡收眼底。

他們又吃又喝，一會兒討論著剛鐸和它的傳統與習俗，一會兒說著夏爾和皮聘所見過的陌生國度。他們越聊，貝瑞貢就越覺得驚訝，也越來越敬佩眼前的哈比人——他一下坐在椅子上晃著他的小短腿，一下踮起腳尖越過窗台望著下方的大地。

「皮瑞格林先生，我就實話實說好了，」貝瑞貢說道：「在我們眼中，你看起來幾乎和小孩子一樣，最多不過度過九個寒暑；但是，你所經歷的險惡風浪，遠超過我們許多的灰髮老人。我本來以為，你是我主一時興起，像他人說的，效法古代國王的行止挑選他駕前的隨從。我現在才明白並非如此，請您原諒我的愚昧。」

「沒問題。」皮聘說：「不過，你們說的也不完全錯。以我族的傳統來看，我的確還只是個少年，照我們在夏爾的說法，還要四年我才算『成年』。啊，別替我費心了！過來這邊看看，告訴我該看見些什麼。」

太陽正在緩緩上升，下方河谷中的霧氣漸漸消退。最後一層霧氣正從上方飄過，像是隨著東方的微風吹來的絲絲白雲，要塞上的白色軍旗和其他旗幟此刻正迎著東風招展飄揚，極目遠眺，在下方谷底大約十五哩遠的地方，可以看見灰濛濛的大河從西北方流來，波光閃爍，然後轉了個大彎，再朝西南流去，直到消失在一片迷霧與微光中，再過去，大約一百五十哩外，是大海。

皮聘可以一覽無遺望見展現在他面前的整片帕蘭諾平原，上面點綴著小小的農莊、田地、穀倉和獸欄，不過，到處都看不見任何的牲畜或其他動物。綠色的田野上縱橫交錯著許多道路與小徑，許多忙碌的人們來來往往，排列成行的四輪馬車朝著主城門滾滾而來，有些則正往外離開。不時會有騎士策馬飛馳到城門口，翻身下馬，急奔入城。不過，絕大多數的車輛都是沿著主要幹道往城外去，那條幹道往南轉向，然後沿著山丘轉了個比大河還陡的彎，迅速消失在視線中。那是條十分寬闊、平整的大道，沿著它的東邊有一條綠色的馬徑，再過去則是一堵高牆。騎士們在馬徑上來回奔馳，但所有的街道上都擠滿了往南走的大篷車。皮聘很快就發現它們其實是井然有序的：篷車分成三列，最快的一列是由馬拉的；另一列比較緩慢、龐大，篷布也較為華麗的是由牛拉著；沿著路的西側走的第三列，是許多靠人艱難拉著前進的小車。

「這條路是通往土姆拉頓和羅薩那奇的山谷，再下去是山中的村落，然後會去到蘭班寧。」貝瑞貢說：「這些最後出發的車輛載著無法作戰的老弱婦孺。他們必須在中午以前撤離正門和主幹道至少三哩。這是上級的命令。很悲傷，但是卻不得不如此。」他嘆氣道：「許多在此分離的人可能再也無法相聚了。這座城裡的孩童本來就很少，現在則是全都走光了。只剩下幾個堅持不肯離開的少年，想要找些工作做，我自己的兒子就是其中一名。」

兩人沉默了片刻，皮聘緊張地往東看，彷彿隨時都會看見成千上萬的半獸人鋪天蓋地殺來。「我在那邊看見的是什麼啊？」他指著安都因河拐彎的地方問道：「那是另一座城嗎？還是什麼東西？」

「那以前的確是一座城，」貝瑞貢說：「是剛鐸的王都，而這裡只不過是座堡壘。你所看到的就是奧斯吉力亞斯在安都因河兩岸的廢墟，很久以前它就遭敵人攻下，被徹底的燒毀。不過，在迪耐瑟年輕的時候，我們將它奪了回來，不是當作人民的居所，而是當成一個前哨站；我們也將大橋重新建好，用來運輸部隊。然後，米那斯魔窟的墮落騎士就出現了。」

「你說的是黑騎士？」皮聘雙眼圓睜，彷彿過去的恐懼又被喚醒。

「是的，他們披著黑衣黑甲，」貝瑞貢說：「看來你對他們似乎有所了解，只是你在之前的故事中並沒有提到他們。」

「我見過他們，」皮聘輕輕地說：「但是，我不會在這麼靠近他們的地方說他們，太近了。」他猛然閉口，把視線移向大河上方，但他似乎只能看見一大片充滿威脅性的陰影。或許他看見的是山脈隆起的輪廓，它們參差不齊的峰頂被相距六十哩的霧氣給淡化了；或許那只是一團烏雲，可是烏雲後方卻是更深暗的陰影。不過，就在他觀看的時候，那層難以穿透的陰影正在不斷地擴張集結，緩緩、緩緩地升騰而起，將太陽遮蔽。

「你是說在這麼靠近魔多的地方？」貝瑞貢低聲說：「是的，魔多就在那邊。我們很少提到它，但多年來我們一直住在這觸目可見那陰影的地方。有時候它看起來比較遙遠、模糊，有時候卻比較靠近、深沉。現在它正在逐漸擴大、變得更黑，而我們的恐懼和不安也隨之增長。那些墮落騎士在不到一年之前奪回了渡河的橋樑，我們許多最精銳的戰士都死在他們手中。波羅莫好不容易才將敵人趕回東岸，我們至今依舊死守著奧斯吉力亞斯西邊的廢墟。至少暫時是如此。不過，我們預料那裡將會出現新一波的攻勢。或許是這場戰爭中最大的攻勢。」

「什麼時候呢？」皮聘問道：「你們猜得到嗎？我昨晚看到了烽火的訊號和傳令的快馬，甘道夫說那是戰爭即將爆發的訊號。他似乎十分著急，但現在一切好像又慢了下來。」

「這是因為一切都已經準備妥當了。」貝瑞貢說：「這是在潛水前的深呼吸。」

「那昨晚為什麼又要點燃烽火呢？」

「如果兵臨城下才去請求援助，那就未免太晚了。」貝瑞貢回答道：「不過，我並不清楚城主和將軍們的策略；他們有許多收集情報的方法。我主迪耐瑟和凡人不同，他可以看到十分遠的地方。有些人說，當他在夜間獨自坐在高塔中時，他只要集中注意力向四方探索，就可以預測部分的未來；有時，他有時甚至會試著入侵魔王的思想，和他展開搏鬥。因此他才會未老先衰、體力透支。但不管怎麼樣，我的法拉墨大人也在前線，在大河那一邊執行某種危險的任務，或許是他把情報傳了回來。」

「不過，你若想知道我個人對於烽火點燃的看法，我認為那多半是因為昨天傍晚從蘭班寧傳來的消息。安都因河口有一支龐大的艦隊在集結，那是南方昂巴的海盜船。他們早就不再畏懼剛鐸的力量，並且已經和魔王結盟，現在準備為了他的緣故發動致命的攻擊。因為，這攻擊會牽制住蘭班寧和貝爾法拉斯一帶的援軍，該處的戰士人數眾多，又身經百戰。因此，我們才會更倚重洛汗國那邊的消息，聽到你們所帶來得勝的情報時才會那麼興奮。」

「但是，」他停了停，起身環顧北方、東方和南方，「艾辛格的叛變，讓我們明白自己正身處在一張爾虞我詐的巨大羅網中。這次將不會是以往河灘上的小規模衝突，不會是來自伊西立安和安諾瑞安的偷襲、伏擊和劫掠。這是場經過長時間細心擘劃的戰爭，不管我們多麼自傲，都只不過是其中的一小部分罷了。根據情報，從遠東的內陸海、北方的幽暗密林，到南方的哈拉德，全都有敵軍在調動。這一回，全世界都面臨了考驗——挺立抵禦住，或倒下——落在魔影的統治之下。」

「不過，皮瑞格林先生，我們至少還有一種榮幸：我們一直都是黑暗魔君最痛恨的敵人，這恨從遠古累積至今，比大海還要深。這裡將是承受最嚴重攻擊的地方。也因此，米斯蘭達才會馬不停蹄地趕到這邊來。如果我們陷落了，還有誰能挺身抵抗？皮瑞格林先生，你覺得我們有任何背水一戰的希望嗎？」

皮聘沒有回答，他看著這固若金湯的城池和高塔，以及迎風飄揚的旗幟，還有藍天中的豔陽，然後轉向東方逐漸聚攏的陰影，心中想起了魔影那大批的爪牙：森林和山脈中的那些半獸人、艾辛格的叛徒、替魔眼觀察四周的飛禽走獸，以及出現在夏爾的黑騎士，和騎著有翼妖獸的戒靈。他不禁打了個寒顫，希望似乎破滅了。就在那一瞬間，太陽顫晃了一下，變得晦暗不明，似乎有雙黑暗的翅膀正越過她。他覺得自己依稀聽見雲霄深處傳來一聲呼喊：極為微弱，但是冰冷殘酷，讓人心跳與血液都凍結。他臉色發白，靠著牆壁蹲了下來。

「怎麼搞的？」貝瑞貢問道：「你也感應到有什麼不對勁了嗎？」

空。」

「是的，」皮聘低聲說：「這是我們失敗的徵兆，也是末日的陰影，墮落騎士已經飛上了天

「是的，這是末日的陰影。」貝瑞貢說：「我恐怕米那斯提力斯將會陷落，永夜將會來臨。我渾身的血液似乎都凍結了。」

兩人垂頭喪氣地坐在那邊，沉默不語了好一陣子。突然，皮聘抬起頭來，發現陽光依舊燦爛，旗幟依舊飛揚。他搖搖頭，「已經過去了！」他說：「不，我絕不會就這樣灰心喪志。甘道夫曾經倒下，卻又回來，再度與我們同在。我們會挺身對抗，即使只剩一隻腳，或是用跪的，我們也不會屈服。」

「你說的對！」貝瑞貢大聲說道，站起身來，來回踱著大步。「不，雖然所有的事物到最後都有一個終局，但剛鐸還不該毀滅。即使屍積成山，國破家亡，我們也絕不低頭。世界上還有其他的靜謐之地，還有逃往山中的祕密道路。希望和回憶，依舊可以保留在某個草木翠綠的隱密山谷中。」

「即使如此，我還是希望結局會真的到來，」皮聘說：「我根本不算是戰士，也不喜歡戰鬥，但束手無策的等待一場躲不開的戰爭感覺最糟糕了。今天真是漫長的一天！如果我們可以不要袖手旁觀、能夠先發制人，我的心情至少會好一點。如果不是甘道夫，洛汗國可能依舊抱持著偏安的心態。」

「啊，你真是一語道破了許多人心中的痛處！」貝瑞貢說：「不過，當法拉墨回來之後，局

勢可能會改變。他非常勇敢，遠遠比許多人所想像的更勇敢。在這種年日裡，許多人不相信像他這樣一個飽讀詩書、滿有智慧的人，能夠在沙場上做一名剛毅果敢、判斷準確的大將。但法拉墨就是這樣一個人。他不像波羅莫那樣魯莽急躁，但決心毅力卻絲毫不遜色。可是，他又能夠做些什麼呢？我們不可能攻擊那座大山後方的——的國度。我們的力量已經大幅縮小了，除非敵人自己闖進來，否則我們無法主動攻擊。到時我們下手絕不會留情的！」他拍打著腰間的寶劍。

皮聘看著他：高大、自信、泱泱大度，就如他在這片土地上已經見過的一些人一樣；當他論及戰鬥的時候，眼中閃爍著光芒。「真可惜！我不能體會這種躍躍欲試的感覺。」皮聘想著，卻沒有開口。「甘道夫說我是個卒子？或許是吧，但我大概走錯棋盤了。」

兩人就這樣一直聊到日正當中，直到正午的鐘聲響起，要塞內起了一陣騷動；除了值班的人之外，其他人全都集合用餐。

「你要和我一起來嗎？」貝瑞貢說：「你今天可以和我的部隊一起用餐。我不知道你會被分派到那個小隊去，或許王上會讓你直接在他麾下聽令。不過我們都歡迎你一起來。趁現在還有時間，多認識一些人總是好的。」

「我很高興有這個機會。」皮聘說：「說實話，我覺得滿孤單的。我最好的朋友留在洛汗，一路上都沒有人可以聊天作樂。或許我可以直接編到你的隊上去？你是將軍嗎？如果是的話，你應該可以收容我，或替我說情？」

「不，不，」貝瑞貢笑著說：「我不是什麼將軍。我既沒有官階也沒有爵銜，只是要塞衛戍第三連的一名小兵而已。不過，皮瑞格林先生，即使只是剛鐸之塔中的衛兵，在城內都十分受人敬重，在整個國度中更是莫大的榮譽。」

「那我真的是愧不敢當。」皮聘說：「先帶我回房間吧，如果甘道夫還沒回來，就請你領著我繼續逛逛吧！」

甘道夫不在房內，也沒有留下任何的消息；因此，皮聘就跟著貝瑞貢一起用餐，同時結識了許多第三連的戰士。皮聘十分受歡迎，而貝瑞貢也一樣沾光大受尊敬，令他覺得受寵若驚。有關米斯蘭達的同伴和他與城主的密談，已經在要塞中傳得沸沸揚揚，謠言還說他是半身人的王子，特地從北方趕來與剛鐸結盟，準備提供五千精兵協助對抗魔王。有些人還說當洛汗國的騎士趕到時，每個人都會載著一名半身人戰士，他們體型雖小，卻個個勇敢。

雖然皮聘必須滿懷遺憾地摧毀這些謠言，但他就是甩不掉他的新頭銜。人們認為，能夠和波羅莫平起平坐、受到迪耐瑟大人禮遇的人，這樣的稱號才恰當。他們感謝他能夠來到眾人當中，紛紛專注地聆聽外地的消息，並且給他許多的飲料和食物讓他開懷大吃。事實上，他唯一要擔心的就是甘道夫建議他必須「提高警覺」，不能像平常哈比人和朋友閒聊時一樣口無遮攔。

最後，貝瑞貢站了起來。「先向您道別了！」他說：「我必須去值一班到天黑的勤務，我想，在場的每位也都一樣。如果，像你說的，你真的感到有些孤單的話，或許你會希望找個比較快樂的嚮導，我兒子會很高興能夠帶你到處逛逛這城，我得說，他真的是個不錯的小傢伙。如果您願意，可以到最下一環城去找製燈街上的舊客房，城中所有留下來的孩子都在那邊。在正門關起來之前，還有很多東西值得看看呢。」

他走了出去，很快的其他人也跟著一起離開。天色依然晴朗，只是有些霧茫茫的，而且即使在這麼南方，以三月天來說，這天也相當燠熱。皮聘覺得有些昏昏欲睡，但客房顯得太過冷清，他決定出門去逛逛整座城。他帶了一些省下的食物去餵影疾，雖然牠那邊不缺什麼吃的，但牠還是很高興地接受了。然後，皮聘就開始在錯綜複雜的街道中四處穿梭。

他所過之處，人們無不好奇地瞪大了眼睛。迎面碰上他的，會對他尊敬地行禮，按著剛鐸的禮俗撫胸鞠躬致意；不過，他還聽見人們在他背後好奇地大呼小叫，通知屋內的親朋好友趕快來看半身人的王子、米斯蘭達的夥伴。許多人所說的不是通用語，不過，不需要多久，他就能猜得出來Ernil i Pheriannath是什麼意思。看來，他的頭銜已經早他一步傳進城裡了。

最後，在穿過好些街道拱門、美麗的巷弄與人行道之後，他來到了最底下、最寬一環的城區中，在路人的指引下來到了製燈街，那是條通往正門的大路。不久之後他就找到了老客房，那是一座看來飽經風霜的石頭建築，兩翼的廂房沿著街邊向後延伸，中間有一小塊綠地，後方的主屋則是一座有許多窗戶的屋子，屋前有一條寬闊的石柱門廊，並有幾階樓梯下到屋前的綠地。男孩們在柱子間嬉戲，這是皮聘在米那斯提力斯城中唯一看到孩童的地方，他不禁停下腳步看著他們。這時，有一名少年發現了他，一聲呼嘯之後就帶著幾名同伴衝過草地來到街道旁，在皮聘面前停了下來，開始仔細地打量著他。

「你好！」少年說：「你是從哪裡來的？我們之前沒見過你。」

「的確，」皮聘說：「不過他們說我已經成為剛鐸的戰士了。」

「喔，幫幫忙！」少年說：「那我們這些人全都可以打仗啦。你到底幾歲，叫做什麼名字？我已經十歲了，很快就要五呎高啦。我現在就比你高了。我爸爸是衛戍部隊的士兵，他是最高的。你的爸爸呢？」

「我應該先回答哪個問題？」皮聘說：「我的父親在夏爾的塔克鎮小井附近種一塊地。我快二十九歲了，這點我贏你；不過，我只有四呎高，除了長胖之外，我可能不會再長高了。」

「二十九歲！」少年驚訝地忍不住吹了聲口哨。「天哪，你還真老啊！幾乎和我舅舅伊歐拉斯一樣老了。不過，」他滿懷希望地說：「我打賭我可以把你扳倒在地上，或是把你抱起來。」

「如果我讓你，或許可以吧，」皮聘笑著說：「或許我也可以用同樣的招數對付你，我們老家也知道一些摔角的技巧。我告訴你，我在家鄉可算是又高又壯的傢伙呢，我可從來沒讓人把我扳倒在地上過。所以，如果別無選擇，我搞不好得要宰了你才行。等你年紀再大一些，你會知道人是不可貌相的；雖然你可能把我當成一個軟弱的陌生少年，看起來很好欺負，但我必須警告你：我不是，我可是個老練、勇敢、邪惡的半身人！」皮聘擺出一副凶惡的表情，讓那孩子不由自主地退了一步，但他隨即握緊雙拳，兩眼閃動著打鬥的光芒走向前。

「等等！」皮聘哈哈大笑著說：「你也別輕易相信陌生人所說的話！我可不是什麼戰士。況且，如果你想當挑戰者，至少應該先自我介紹才夠禮數吧。」

少年驕傲地挺起胸膛，說：「我是衛戍部隊成員貝瑞貢的兒子伯幾爾！」

「我果然猜得不錯，」皮聘說：「你看起來就和你老爸一樣。我認識他，是他叫我來找你的。」

「那你為什麼不早說呢？」伯幾爾說，他臉上的表情突然變得很不高興。「別告訴我他改變了主意，要叫我和女人們一起離開！最後一班車子都走了。」

「他的口信即使不算好，也沒差到這個地步。」皮聘說：「他說，除了扳倒我之外，你還可以帶我在城裡面逛逛，排遣一下我的寂寞。我可以告訴你一些遠方國度的消息作為回報。」

伯幾爾拍著手，鬆了一口氣笑起來。「太棒了！」他大喊著：「快來吧！我們趕快趕到正門口去看看吧。現在就出發！」

「那裡有什麼好看的？」

「邊境的將軍們在日落前應該要進城，跟我們來就可以看到了。」

伯幾爾的確是個相當不錯的夥伴，事實上，他是皮聘離開梅里以來，所遇到最好的同伴，他們很快就打成一片，又說又笑地在街道間穿梭，絲毫不在意人們投以奇怪眼光。過不了多久，他們就發現自己混入了朝向正門走去的人潮中。皮聘在那邊展現了讓伯幾爾更為尊敬的特殊地位：當他報出名號，說出通行密語之後，守衛向他敬禮，讓他通過；更好的是，守衛讓他帶著同伴一起過去。

「太好了！」伯幾爾說：「我們小孩子現在沒有大人帶是不准走出正門的；這下子我們可以看得更清楚了。」

正門外，大路的兩旁和匯聚所有通往米那斯提力斯的道路的廣場上，都站滿了人。所有人都專注地看著南方，很快地人們開始低聲交談：「那邊有了塵煙！他們來了！」

皮聘和伯幾爾奮力擠到群眾最前面，準備看個清楚。遠處傳來了號角聲，人們的歡呼聲如同波浪一般朝他們湧來。然後是一聲震耳的號角，他們四周所有的群眾全都開始歡呼起來。

「佛龍！佛龍！」皮聘聽見人們喊著。「他們在喊些什麼？」他問道。

「佛龍來了！」伯幾爾回答道：「胖子佛龍，羅薩那奇的統治者。我的祖父住在那邊！萬歲！他來了。佛龍萬歲！」

在隊伍的正前頭是一匹四肢粗壯的大馬，上面坐著一個虎背熊腰的男子，一臉灰色的鬍子，看起來年紀很大了。他披著鎖子甲，戴著黑色的頭盔，肩膀上扛著一支沉重的長槍。在他身後是一長列的部隊，他們都全副武裝，手持巨大的戰斧；這些人臉色都十分嚴肅，他們比皮聘在剛鐸看到的人要黝黑、矮壯一些。

「佛龍！」人們大喊著：「患難見真情！佛龍萬歲！」但是，當羅薩那奇的援軍通過之後，人們開始竊竊私語：「這麼少！只有兩百名，這是怎麼一回事？我們還以為會有兩千名的支援。這一定是和那黑色艦隊入侵的消息有關。他們只能派出一小支部隊來支援。雖然是杯水車薪，但總比什麼都沒有要好。」

這支部隊就在眾人的歡呼之下進入了剛鐸的正門，外圍地區的戰士在這黑暗時刻前來援助剛鐸的主城；但是，來的援軍總是太少，總是比眾人需要的或是希望的少。林羅谷的援軍跟在德佛林王子身後步行前來，總共三百人；來自摩頌河上游的黑根谷，高大的都因希爾帶著兒子敦林和迪魯芬，以及五百名弓箭手來支援。從安法拉斯，遙遠的朗斯特蘭來的則是一長列各式各樣的幫手，有獵人、牧人和小村中的農人，除了他們的領主哥拉斯吉爾的衛隊之外，這一大群人幾乎沒有攜帶任何裝備。從拉密頓來的是幾十名剽悍的山民，沒有軍官領隊；伊瑟來的漁民，是從船上抽調出來的幾百名援手。皮那斯傑林的綠丘來的賀路恩，則帶來了三百名老練的綠衣戰士。最後，軍容最壯盛的是多爾安羅斯的印拉希爾王，他是攝政王的血親，家徽則是巨艦和銀色的天鵝；他領著一隊騎著一色灰馬、鐵衣重甲的騎士，身後還跟著七百名全副武裝的戰士，個個高壯如將領，全都擁有灰眸黑髮，一路唱著軍歌前進。

援軍只有這樣，不到三千人。不會再有其他的支援了。他們的歌聲和腳步聲走進城內，緩緩消失。圍觀的群眾沉默不語地佇立了片刻，煙塵懸浮在空中，微風止息，夜晚臨近。城門關閉的時間已經近了，紅紅的太陽已經落到了明多陸因山之後。陰影降臨了主城。

皮聘抬起頭，他覺得天空似乎變成毫無生氣的死灰色，彷彿頭上掛著一片濃重的灰塵與煙霧，連陽光都變得十分迷濛。但在西方，落日將一切都染上了鮮紅的色彩，在這燃燒天際的餘燼中，明多陸因山看起來更顯得深黑一片。「這美麗的一天，就這樣在熊熊的怒火中結束了！」他自言自語道，完全忘記了身邊的那名少年。

「如果我不在日落鐘響前回去，我就真的要面對熊熊的怒火了！」伯幾爾說：「來吧！關門的號角聲已經響起了。」

他們手牽著手走回城中，是城門關閉前最後進城的兩個人。當他們抵達製燈街時，全城的鐘塔都響起了肅穆的鐘聲，許多的窗戶中亮起了燈火，沿著士兵所駐守的城牆與營房也傳來了歌聲。

「我得先說再見了。」伯幾爾說：「替我向我父親問好，謝謝他派你來陪我。請你有空再來找我。我真希望現在不是戰時，不然我們一定可以好好大玩一場的。我們可以去羅薩那奇的祖父家玩，那邊春天的風景好漂亮，森林和田野間都長滿了花朵。或許我們將來還是可以去那邊的。他們絕對打不垮我們的城主，而且我父親又非常的勇敢！再見，要再來喔！」

兩人分手後，皮聘立刻匆忙地趕回要塞。這段路程實在很長，他開始覺得又熱又餓；天黑得很快，四周馬上就變得漆黑一片，天上連一顆星星也沒有。等他趕到的時候，已經錯過了大家集合用餐的時間，但貝瑞貢還是很高興地和他打招呼，讓他坐在自己身邊，聽他說自己兒子的消息。吃完飯之後，皮聘聊了一會兒，然後才向大家告退，他覺得心頭有種鬱悶的感覺，很想要再見到甘道夫。

「你知道路嗎？」貝瑞貢站在他們之前觀賞風景的地方問他：「今晚天色很黑，我們又會開始燈火管制，不能讓任何一個區域在敵人眼中變得明顯。還有另一個消息我必須轉達給你：明天一大早你會被召喚到迪耐瑟王身邊去，我想你可能不會被編到第三連來了，希望我們日後有機會見面。再會，願你有個好夢！」

客房內十分幽暗，只有桌上點了一盞小燈。甘道夫還是不在。皮聘覺得心情更沉重了。他爬到板凳上，試著往窗外張望，但外面黑得好像一池墨水一樣。他爬下板凳，關上窗戶，躺回床上。他躺在床上等著甘道夫回來的聲響，最後才不安地睡著了。

到了深夜，他被一道光芒弄醒，發現甘道夫已經回來了，正在簾外的房間中來回踱步。桌上點有一支蠟燭，擺了許多文件。他聽見巫師嘆著氣，嘀咕著：「法拉墨究竟什麼時候才會回來？」

「嗨！」皮聘把頭伸出床邊的簾子外。「我想你可能已經把我全都忘了。我很高興看見你回來。今天好漫長啊！」

「但今晚可能會短得讓人擔心。」甘道夫說：「我回來這邊，因為我需要安靜獨處。你應該趁還有床可睡的時候好好休息。天一亮，我就會帶你去晉見迪耐瑟王——不對，是一接到召喚就去，而不是等到天亮。黑暗已經來襲了。明天將不會有日出。」

第二節　灰衣人出現

甘道夫走了，影疾的馬蹄聲消失在夜空中。梅里走回到亞拉岡身邊，他隨身只有一個很輕的小包，因為他的行李早就在帕斯加蘭弄丟了，現在僅有的幾件有用之物是他在艾辛格的廢墟中撿來的。哈蘇風已經安上了馬鞍。勒荷拉斯、金靂和他們的坐騎已在旁邊待命。

「遠征隊還剩下四名成員。」亞拉岡說：「我們一起出發吧！但我們不會像我原來所想的，只有四個人上路。驃騎王已經決定立刻離開此地。在那有翼的黑影出現之後，他希望藉夜色的掩護趕回山中。」

「然後前往何處？」勒荷拉斯問道。

「我現在還不確定。」亞拉岡回答：「至於驃騎王，他準備在四天之後在伊多拉斯集結所有的部隊。在那裡，我想他會先研判有關這場戰爭的情報，然後帶著驃騎軍團前往米那斯提力斯。至於我，以及任何願意與我同行的人……」

「我跟你一起走！」勒荷拉斯說。「金靂也是！」矮人跟著說。

「嗯，至於我自己，」亞拉岡回答：「我前面的路很黑暗。我也必須趕去米那斯提力斯，但我尚未看見可行之路。長久以來所預備的一個時刻，開始迫近了。」

「別把我丟下啊！」梅里說：「我一直沒派上什麼用場，但我也不想被拋在一邊，像是行李一樣到結束的時候才被想起來。我不認為現在驃騎們還會花時間照顧我。雖然，國王的確說過，當我們到達他的皇宮時，我要坐在他身邊告訴他所有夏爾的狀況。」

「是的，」亞拉岡說，「梅里，我認為你該待在他身邊。但是，不要預期會有快樂的結局。我恐怕希優頓王要很久之後才能夠再度安坐在他的王宮中。許多的希望將在這苦澀的春天裡破滅。」

很快的，所有人都準備好出發：一共二十四騎，金靂坐在勒苟拉斯後面，梅里則坐在亞拉岡前面。他們趁著夜色飛快趕路。不久之後，一行人就越過了艾辛河渡口中央的山丘，一名騎士從後面趕了上來。

「王上，」他對驃騎王說：「我們身後還有別的騎士。當我們渡過河口時，我想我聽見了他們的馬蹄聲。現在我們完全確定了。他們正馬不停蹄地趕上來。」

希優頓立刻下令全軍停止前進。驃騎們調轉馬頭，擎起長槍。亞拉岡跳下馬，把梅里抱下來，同時拔出寶劍，在驃騎王身邊站定。伊歐墨和他的貼身護衛也從隊伍前頭繞到了後方。梅里這時更覺得自己是絲毫派不上用場的行李，他想，如果真的開打了，他也不知道自己該做些什麼。萬一驃騎王單薄的兵力被包圍、擊敗，就算他孤身一人逃入黑暗中，在一望無際的洛汗原野中，他根本不知該如何是好。「這樣不行！」他想。他拔出寶劍，把腰帶勒緊。

西沉的月亮被大片的浮雲遮住了，但突然間又穿雲而出，照射出清朗銀光。接著，他們都聽見了馬蹄的聲音，過不多久，他們便看見黑暗的身影從渡口的方向急馳而來。月光照射在槍尖上，不時閃爍出寒光。追兵的人數難以判定，但他們看起來並不比驃騎王的衛隊少。

當他們來到五十步的距離時，伊歐墨大聲喊道：「停步！停步！是誰在洛汗國土上策馬奔馳？」

追兵們以高超的馬術勒住馬匹煞住衝勢，接著是一陣讓人喘不過氣的沉寂；然後，在月光下，眾人看見一名騎士跳下馬，緩緩走向前。他舉起手，對著眾人露出掌心，這是和平的手勢，但驃騎王的手下仍然抓緊了武器。到了十步之外，那人停了下來，他十分的高大，全身都包圍在陰影中。然後，他清澈的聲音響起。

「洛汗？你們剛剛說的是洛汗國嗎？這真是太好了。我們從很遠的地方趕來，就是要找尋這個國度。」

「你們已經找到了。」伊歐墨說：「在你們越過那邊的渡口之後就進入了這國。這是驃騎王希優頓的疆土。未經他同意，無人可在驃騎國中奔馳。你是誰？為何如此匆忙？」

「我是賀爾巴拉．納丹，北方遊俠。」那人大聲說道：「我們在找亞拉松之子亞拉岡，我們聽說他在洛汗國。」

「你們也找到他了！」亞拉岡大喊道。他把韁繩交給梅里，衝上前去擁抱來客。「賀爾巴拉！」他激動地說：「這真是個意外的驚喜！」

梅里鬆了一口氣。他本來以為這是薩魯曼的最後伏兵，要趁驃騎王身邊兵力薄弱的時候偷襲他。不過，看來他這次不用為了保衛希優頓而犧牲了，至少暫時是如此。他將寶劍收回劍鞘中。

「太好了！」亞拉岡轉回頭說：「這是我從遠方故鄉來的同胞。他們為什麼會來此，人數有多少，我想，賀爾巴拉會說明的。」

「我帶了三十個人前來。」賀爾巴拉說：「匆忙中我們只能集結到這麼多同胞，但我們的好兄弟愛拉丹和愛羅希爾也和我們一起趕來了，他們等不及想要打仗哪！我們一接到你的召集令，立刻就披星戴月的趕過來。」

「可是，我沒有召集你們啊，」亞拉岡說：「我只在心中想過。我經常想到你們，今夜更是如此；但我沒有送出隻字片語。不過，來吧！這些事情都可先放到一邊去。我們正冒著絕大的危險趕路。如果驃騎王同意，你們可以加入我們一起走。」

事實上，希優頓對這消息感到很高興。「好極了！」他說：「亞拉岡大人，如果你的同胞都和你一樣，三十名的騎士就足以力抗千軍了！」

驃騎們立刻再度上路，亞拉岡和登丹人一起騎了一陣子。當他們討論到北方和南方的消息時，愛羅希爾對他說：

「我從我父處帶口信來給你：**時日無多。若汝時機緊迫，勿忘亡者之道。**」

「我的時日似乎總是不夠用，無法完成我想達成的事。」亞拉岡回答：「但是，局勢必須真的很緊迫，我才會走上那條路。」

「我們很快就會知道了。」愛羅希爾說：「先別在公開場合討論這件事吧！」

接著，亞拉岡對賀爾巴拉說：「兄弟，你帶的那是什麼東西？」他注意到對方沒有攜帶長槍，反而背著一根長棍，似乎是根旗杆，但長棍的一端卻又裹著黑布，上面緊密纏著皮繩。

「這是我替瑞文戴爾的公主帶來給你的禮物。」賀爾巴拉回答道：「她花了很多時間，祕密織縫了這東西。她同時也請我帶幾句口信給你：**如今來日無多。我們的希望或者來臨，或者全部的希望都破滅。因此，我將這親手為你做的東西送給你。再會了，精靈寶石！**」

於是亞拉岡說：「現在我知道你背著的是什麼東西了。先暫時替我保管吧！」他轉過頭，看著北方眾多星辰下的大地，隨後，在剩下的旅程中都不再開口。

當他們騎過深溪谷終於來到號角堡時，東方已經泛白。他們躺下休息片刻，同時討論目前的處境。

梅里呼呼大睡，直到被勒苟拉斯和金靂叫醒。「太陽曬屁股了！」勒苟拉斯說：「其他人都起床了，睡蟲先生，趕快起來啦！把握機會欣賞眼前的風景吧！」

「三天之前的晚上這裡有過一場血戰，」金靂說：「我和勒苟拉斯在這邊打了個小賭，我就靠一顆半獸人的腦袋贏了他。快過來看看吧！梅里，這裡還有很多洞穴，絕美的洞穴！勒苟拉斯，我們要不要去看看？」

「不行！我們沒時間啦。」精靈說：「別讓倉促破壞了對美景的欣賞！我已經答應你，如果世界再度恢復和平與自由，我會和你一起回來這裡的。現在已經快中午了，聽說到時我們會先用餐，然後就立刻開拔。」

梅里打著哈欠，爬了起來。幾個小時的睡眠實在不夠，他很睏乏，而且覺得心情低落。他想念皮聘，覺得自己只是個沒用的負擔，其他人都在忙著策劃要如何加快速度，去處理一件他搞不清楚的事情。「亞拉岡呢？」他問道。「在堡頂的房間裡。」勒荀拉斯說：「我想他可能沒吃也沒睡。他幾個小時前上去那兒，說他必須好好思考一下，只有他的同胞賀爾巴拉和他一起去，看得出來他似乎心事重重。」

「這些新來的傢伙看起來實在奇怪。」金靂說：「他們看起來飽經風霜，卻又有王者風範，洛汗國的驃騎在他們身邊看起來像是小孩子一樣。他們全都神情嚴肅陰沉，看起來像是飽經風吹雨打的岩石一樣，連亞拉岡也是；而且他們全都一言不發。」

「不過，如果他們開口說話，也全都像亞拉岡一樣彬彬有禮。」勒荀拉斯說：「你注意到愛拉丹和愛羅希爾兄弟嗎？他們的裝束不像其他人那般陰沉，他們俊美、英勇，正像精靈貴族；瑞文戴爾的愛隆之子有這種氣勢，也不足為怪。」

「他們為什麼要來？你打聽到了嗎？」梅里問道。他現在已經穿好衣服，正披上灰色的斗篷；三人一起走向號角堡破損的大門。

「就像你聽到的一樣，他們是回應召集而來的。」金靂說。「他們說，瑞文戴爾收到了消息：**亞拉岡需要同胞的支援，請登丹人立刻前往洛汗！**但現在他們也不清楚這消息是怎麼傳去的。我猜多半是甘道夫通知的。」

「不，是凱蘭崔爾。」勒荀拉斯說：「她不是透過甘道夫告訴我們，北方會有一群灰衣人出現嗎？」

「對了，我想你說的沒錯。」金靂說。「是森林女皇！她能夠看透許多人的內心和慾望。勒荀拉斯，我們為什麼不也設法請我們的同胞前來支援？」

勒荀拉斯站在大門前，明亮的雙眼轉向北方和東方，臉上露出了憂慮的神情。「我想他們不會來了，」他回答道：「他們不須要趕來參戰，戰火已經延燒到我們的家門前了！」

有好一陣子，三名夥伴就這樣走著，談論著戰況的各個變化。他們從破損的大門往下走，經過道路兩旁的千人塚，最後來到了聖盔渠，俯瞰著前方的深溪谷。黑而陰沉的死亡丘已經矗立在該處，胡恩日前踐踏和破壞草原的痕跡依舊相當清晰。登蘭德的俘虜和許多當地的守軍有些在渠中、有些在牆後、有些在原野中工作；但是，每個人都一反常態地一聲不出，這是座在血戰之後正在休養生息的山谷。很快的，三人轉回頭，去堡壘中的大廳準備吃午餐。

驃騎王已經到了，他們一走進去，他就下令在他身邊替梅里安排一個位置。「這其實並不合我的意，」希優頓說：「這裡比我在伊多拉斯的美麗宮殿差遠了。而你本來該在這邊的朋友也已經走了。不過，距離你我能夠一起安心坐在梅杜西宮中的時刻恐怕還要很久，在我出征回來之前，不可能有時間大宴賓客。不過，現在先來吧！邊吃邊說，趁我們有時間的時候盡量聊聊。然後你就跟我並騎。」

「我有這個榮幸嗎？」梅里又驚又喜地說：「這實在太好了！」他這輩子從未對任何親切的話語感到如此感動過。「我一直擔心我只是每個人的負擔，」他結巴地說：「但您知道的，我願意盡我所能去做。」

「我可一點也不懷疑你的好意。」驃騎王說：「我已經替你特別準備好了一匹小馬；在我們的旅途上，牠會用不遜於任何駿馬的速度載著你前進。我們已經決定要從號角堡走山路，而非走平原前往伊多拉斯，因此會在登哈洛和等待我們的王女伊歐玟會合。如果你願意的話，可以擔任我的隨扈。伊歐墨，此地有任何的武裝可以讓我的貼身侍從使用的嗎？」

「王上，這裡的武器庫並不完備。」伊歐墨回答道：「或許我們可以找到一頂輕裝頭盔給他，但恐怕沒有適合他身量的刀劍和盔甲。」

「我自己有柄寶劍。」梅里從位子上跳下來，將他那把銳利的短劍從黑色的劍鞘中抽出。剎那間，他對眼前的老人湧起一股無比敬愛之情，於是單膝跪下，拉起老人的手虔誠地一吻。「希優頓王，夏爾的梅里雅達克願將它置於您的膝上，您能夠恩准嗎？」他大聲道：「請接受我的效忠！」

「我很高興地接受。」驃騎王說，並將蒼老的雙手放在哈比人的褐髮上，對他施以祝福。「梅杜西王室的驃騎侍從梅里雅達克，平身！」他說：「取回你的寶劍，願你戰無不勝！」

「我將視您如父。」梅里說。

「至少暫時如此。」希優頓回答。

他們邊吃邊聊天，直到伊歐墨打斷他們。「王上，我們出發的時間快到了。」他說：「我可以命令手下吹響號角了嗎？可是，亞拉岡呢？他的座位一直是空的，他也沒來用餐。」

「我們立刻準備出發，」希優頓說：「派人通知亞拉岡大人，讓他知道開拔的時候快到了。」

驃騎王帶著梅里以及貼身護衛走到號角堡的門口，驃騎們正在翠綠的平原上集結，許多戰士已經上馬了。這將會是個龐大的隊伍，驃騎王只留下一小部分守軍看守號角堡，其餘所有的兵力全都前往伊多拉斯。昨晚已經有一千名槍兵連夜策馬離去，但這時還有五百名左右的驃騎準備和國王一起出發，他們大部分都是西谷一帶的戰士。

遊俠們井然有序，沉默地坐在離其他人一段距離的空地上，每個人都佩帶寶劍、長槍和弓箭，他們披著暗灰色斗篷，兜帽遮住了他們的面孔和頭盔。他們的坐騎全都碩壯強健、抬頭挺胸，但毛髮卻未整理，十分蓬亂。有一匹駿馬暫時還沒有騎士，那是他們從北方千里迢迢帶來的亞拉岡的坐騎，牠的名字叫做洛赫林。牠們的馬鞍上沒有任何閃爍的寶石或是黃金，馬具配備也都平淡無奇；遊俠們身上也沒有任何的徽章或標誌，只除了每個人的斗篷都用一枚星形的銀色領針別在左胸。

驃騎王登上坐騎雪鬃，梅里坐在小馬史戴巴上，在一旁等候。伊歐墨從大門內走出，亞拉岡在他身邊，賀爾巴拉距離兩人一步之遙，依舊扛著那根綁著黑布的長杆，身後則是兩名無法分辨年紀的高大男子。他們正是愛隆的兒子，幾乎沒有人能分辨他們之間的不同：他們都是黑髮灰眸，擁有精靈那俊美的臉孔，銀灰色的斗篷下都穿著閃亮的鍊甲。跟在他們身後出來的是金靂和勒苟拉斯。但梅里的目光無法從亞拉岡的身上移開，他太吃驚，因為亞拉岡的變化太大，他彷彿一夜之間經歷了多年的歲月。他臉上神情凝重，面色灰白，疲乏不堪。

「王上，我十分憂慮不安。」他站在驃騎王的駿馬旁說道：「我聽說了一些異常的消息，也看見遠方出現了新的危機。我苦思許久，恐怕此刻我必須改變我的目標了。希優頓，告訴我，你們現在趕往登哈洛大概需要多少時間？」

「現在是正午過後一小時，」伊歐墨說：「我們在三天之後的傍晚應該可以抵達，那時是月圓之後的第一天，驃騎王下令的全軍集結可在第二天完成。如果我們想要集結洛汗的所有兵力，速度無法更快了。」

亞拉岡沉默了片刻。「三天，」他喃喃道：「那時洛汗的兵力才集結起來。我看也無法再快了。」他抬起頭，看來已經下定了決心；他臉上的憂慮減少了一些。「那麼，王上，請您見諒，我和同胞們必須採取不同的策略了。我們必須踏上自己的道路，不再隱藏行蹤。對我來說，低調隱匿的時刻已經結束了。我要走最短的路往東疾行，我準備前往亡者之道。」

「亡者之道！」希優頓打了個寒顫。「你為什麼會提到這地方？」伊歐墨轉過頭瞪著亞拉岡，梅里注意到，所有在旁聽見這幾個字的驃騎，臉色似乎都變得十分蒼白。「如果真有這條路，」希優頓說：「它的入口應該是在登哈洛；但沒有任何活人可以通過那個地方。」

「唉！吾友亞拉岡！」伊歐墨說：「我本來希望我們可以一同騎赴戰場；但是，如果你所尋找的是亡者之道，那我們就必須分別了，而且，恐怕永無機會在陽間會面了。」

「無論如何，我都必須走那條路。」亞拉岡說：「不過，伊歐墨，請記住我的話：縱使中間隔著魔多的千軍萬馬，我們還是會見面的。」

「亞拉岡大人，你可依願而行。」希優頓說：「或許，踏上他人不敢走的陌生道路，是你命中注定的。這樣的分離讓我感到憂傷，我的戰力也將因此大幅削減；但是，我不能夠再拖延，我們必須馬上向山徑出發！再會了！」

「王上，再會！」亞拉岡說：「驃騎向您的勝利！梅里，再會！我將你交給會妥善照顧你的人，這比我們追獵半獸人到法貢森林時所抱的希望好太多了。我希望勒苟拉斯和金靂會和我同行，但我們不會忘記你的。」

「再會！」梅里說。他找不出其他的話好說。他覺得自己非常渺小，那些陰鬱的話語不但讓他感到一頭霧水，更使他覺得心情莫名地沉重。他這時比任何時刻都更懷念皮聘那永遠樂天、不知死活的態度。驃騎們已經準備好了，馬匹不安地躍動；他希望大家趕快開始，把一切做個結束。

希優頓對伊歐墨說了幾個字，元帥舉起手大喊一聲，隨著這聲號令，驃騎們出發了。他們通過聖盔渠，越過深溪谷，然後迅速往東一轉，踏上沿著山腳蜿蜒一哩左右的小徑；然後往南轉進山中，消失在眾人的視野裡。亞拉岡騎到聖盔渠，看著驃騎王的部屬全都進入了深溪谷。然後，轉過身對賀爾巴拉說道：

「三名我關心的人離開了，個子最小的那個是我最關心的。」他說：「他不明白自己正騎向什麼樣的結局；但，即使他知道，他還是會堅持向前的。」

「夏爾的人個子雖小，卻是個十分可貴的種族。」賀爾巴拉說：「他們不知道我們為了捍衛他們的安全付出了多少代價，但我並不感到後悔。」

「如今我們兩族的命運已經交織在一起了。」亞拉岡說：「未來也是一樣！唉！我們必須在這裡暫時分離。好啦，我必須先吃點東西，然後也得快馬加鞭離開。來吧，勒苟拉斯和金靂！我吃飯的時候有些話要和你們說。」

三人一起走回號角堡；但亞拉岡在大廳的餐桌前依然沉默了好一陣子，其他人等著他開口。「說吧！」勒荀拉斯終於開口說：「說出來會好一點，可以讓你擺脫心中的陰影！從我們清晨來到這惡戰之地後，到底發生了什麼事情？」

「我經歷了比我們在號角堡的惡戰更嚴酷的爭鬥。」亞拉岡回答：「兩位好友，我使用了歐散克的真知晶石。」

「你竟然使用了那被詛咒的巫術之石！」金靂高聲大叫，臉上露出震驚又恐懼的神情。「你對——他說了什麼？連甘道夫都害怕跟他會戰！」

「你忘記你是在跟誰說話。」亞拉岡聲色俱厲地說，他的眼中閃動著光芒。「我豈不是已在伊多拉斯的宮門前公開宣告了我的稱號嗎？不，金靂，」他臉上嚴厲的神情消退了，看起來像一個多夜沒睡極其疲乏的人，他語調和緩地說：「不，朋友們，我是晶石名正言順的主人，我本來就擁有使用它的資格和力量，至少我是這樣認為的。沒有人可以質疑我的資格。至於力量——勉強還算足夠。」

他深吸一口氣：「那是場艱苦的較勁，事後身心的疲倦很難這麼快就恢復。我沒有對他吐露任何事，最後並將晶石的使用權奪了回來。單是這樣，就讓他難以忍受了。而且，他看見了我。是的，金靂先生，他看見我了，但那不是我展現在你們面前的形貌。如果那是有助於他，我就鑄下錯誤了。但我並不這麼認為。單是知道我還活著，還在這世間對抗他，我認為對他來說已是很沉重的打擊了；因為，在此之前他並不知道這件事。歐散克之眼看不穿希優頓的盔甲，但索倫無法忘懷伊西鐸和伊蘭迪爾的聖劍。就在他苦心擘畫，準備發動最後攻勢的一刻，伊西鐸的後裔和聖劍出現在他眼前；我刻意向他展示了重鑄的聖劍。他還沒有強大到足以擺脫恐懼的威脅，不，他現在會寢食難安！」

「但他還是擁有無比的勢力，」金靂說：「現在他下手會更不留情，不會再有任何遲疑。」

「忙中必定會出錯，」亞拉岡說：「我們必須對魔王施壓，不再被動的等待他出擊。兩位，當我掌控了晶石之後，我知道了很多情報。我發現敵人在剛鐸南方發動了強大的攻勢，這將會拖住米那斯提力斯大部分的援軍，如果不趕快對付這場攻勢，我估計主城將會在十天以內陷落。」

「那這就是它的命運了。」金靂說：「我們哪裡還有多餘的力量可派去，又哪有可能及時抵達呢？」

「我派不出任何援軍，因此我必須親自前往。」亞拉岡說：「但是，只有一條路可以穿越這些山脈，讓我在大勢已去之前及時抵達海岸，那就是亡者之道。」

「亡者之道！」金靂說，「這真是個凶惡的名稱；我看得出來，洛汗的人民也不喜歡這名字。活人能夠行經這條道路而不死嗎？即使你通過了這條路，僅僅數十人又要如何擊退魔多的大軍？」

「自從驃騎們來到這塊土地之後，就再也沒有活人走過這條路了，」亞拉岡說：「因為這是一條對他們封閉的路。是，在這黑暗的時刻，伊西鐸的子嗣只要有膽識，就可以走這條路。聽我說！這是愛隆之子帶給我的口信，它出自於天下最博學的愛隆之口：**請亞拉岡記得先知的預言，以及亡者之道。**」

「先知是怎麼說的？」勒苟拉斯說。

「在佛諾斯特的最後一任國王，阿凡都任內，先知馬爾貝斯是這麼說的——」亞拉岡說：

大地被暗影籠罩，
黑暗之翼展向西方。
高塔顫動，王之陵寢
末日迫近。亡者甦醒；
毀諾者的時刻將臨。
在伊瑞赫之石，眾將再起
聆聽山中的號角迴盪
是誰吹響號角？誰將召喚他們
離開微光，被遺忘之民啊！
是他們立誓效忠者的子嗣。
他將自北方而來，危機迫切：
他將進入亡者之道的大門。

「毫無疑問，這是條黑暗的道路，」金靂說：「但在我眼中，這預言更為黑暗。」

「如果你想要更了解這個預言，請你和我一起來，」亞拉岡說：「因為這就是我準備踏上的道路。但我並非是心甘情願的，這只因危機迫切，別無選擇。因此，你們也必須是自願的才行；

在這條道路上將會遭遇到恐懼和挑戰，甚至是更糟糕的事情。」

「我願意和你一起踏上亡者之道，不論它通往何種結局。」金靂說。

「我也願意！」勒苟拉斯說：「我並不害怕亡者。」

「我希望被遺忘之民沒有忘記如何戰鬥，」金靂說：「否則我看不出為什麼要去打攪他們。」

「如果我們能趕到伊瑞赫，應該就可以明白了。」亞拉岡說：「他們所毀的誓言是對抗索倫，如果他們要履行誓言，他們就必須要作戰。因為，在伊瑞赫置放著一塊黑色巨岩，據說，那是伊西鐸從努曼諾爾帶來中土大陸的；它被安放在一座山丘上，山中之王在剛鐸創建時於該處向伊西鐸宣誓效忠。可是，當索倫再起，邪惡再度壯大蔓延時，伊西鐸召喚山中的子民實踐他們的誓言，但是他們拒絕了，因為在那黑暗的年代中，他們反而開始敬拜索倫。」

「於是伊西鐸對他們的國王說：『汝將為最後一王。倘若西方戰勝汝之闇王，吾將此詛咒降於汝與汝之子民：若不履行誓言，汝等將永無安息之日。此戰火將綿延無數歲月，在終了之前，汝等將再度接受召喚。』他們在伊西鐸的怒火前逃竄，不敢前去為索倫作戰；他們躲在山中的隱密處，自此與世隔絕，在荒涼的山中人數也漸漸變少。不過，在伊瑞赫以及其他這些人居住過的地方，無法安息的亡者開始徘徊遊蕩。由於沒有任何活人可以伸出援手，我只能朝這個方向前進。」

他站了起來。「出發！」亞拉岡拔出寶劍高聲喊道，劍刃在號角堡大廳的朦朧中閃出冷冽的劍芒。「前往伊瑞赫之石！我準備踏上亡者之道，願意的人跟我來！」

勒苟拉斯和金靂沒有回答，只是起身跟著亞拉岡一同離開大廳。沉默的遊俠們依舊戴著兜帽，等待在外面青綠的草地上。勒苟拉斯和金靂一起上馬，亞拉岡躍上洛赫林。哈爾巴拉舉起巨大的號角，雄渾的號角聲在聖盔谷中迴盪著；隨著號聲，眾人如同奔雷一般越過谷地，所有留守的部隊則是敬畏地目送他們遠去的身影。

在希優頓從山脈間的小道緩慢前進時，灰衣部隊卻迅速馳過平原，在第二天下午抵達了伊多拉斯；他們在該處暫停了片刻，然後進入山谷，天黑的時候正好抵達登哈洛。

王女伊歐玟親自迎接，很高興見到他們；她從來沒有見過像登丹人和愛隆之子這麼威猛的戰士；但在眾人之中，她的目光還是最常停留在亞拉岡的身上。當眾人坐下和她一起用餐的時候，她從他們口中聽到了自希優頓御駕親征之後所發生的事情；在此之前，她所知道的僅有少數的消息。當她聽見聖盔谷的大戰、敵人的慘敗和希優頓與騎士的衝鋒時，她眼中閃起了光芒。

最後，她說：「諸位大人們，你們都已經累了，請先到我倉促中為諸位準備的地方休息。明天我們將會替你們安排更豪華的地方。」

但是，亞拉岡說：「不，王女，不用替我們操心！我們只要能夠在這邊躺一晚，明天早上能用餐就夠了。我們的任務極其緊急，明天天一亮就必須立刻出發。」

她對他露出迷人的微笑，說道：「大人，您真是有心，在征途中竟願意繞這許多路，將消息帶來給伊歐玟，在她避難於野時來陪她說話。」

「其實，沒有人會認為繞這樣一趟路是浪費時間，」亞拉岡說：「不過，王女，如果不是我必須走的路得經過登哈洛，我也不會前來此地。」

從她的回答中聽來，她似乎被觸怒了。「那麼，大人，您走錯路了；從哈洛谷沒有任何往東或是往南的路，看來您最好還是回頭吧。」

「不，王女，」他回答說：「我並沒有走錯路；在妳出生、為此地增添光彩美麗之前，我就已經來過這裡。有一條路可以離開這座山谷，我要走的就是那條路。明天我準備進入亡者之道。」

她聽到這話，像是受到沉重的打擊，臉色蒼白地瞪視著他，久久說不出話來，在座其他人也都沉默不語。「可是，亞拉岡，」她最後終於說：「難道你的任務是去送死嗎？你在那條路上只會遇到死亡。它們不會容許活人通過的！」

「或許它們會容許我通過，」亞拉岡說：「至少我得冒這個險，其他的路都不行。」

「這太瘋狂了，」她說：「跟在你身邊的都是驍勇善戰、以一當百的勇士，你不該帶他們落入死亡的陰影，應該領他們踏上戰場，那裡正需要他們。我請求你留下來，和我的兄長一起走；如此一來，我們的希望才會更加光明，鬥志才會更加昂揚。」

「王女，這不是瘋狂的行為，」他回答道：「我踏上的是預言中的道路。而且，跟隨我的人都是自願的，如果他們現在想留下來和驃騎一起進軍，也是可以的。而我，就算單槍匹馬，也要踏上亡者之道。」

他們的討論就這樣結束了，一群人沉默地用餐；但她的雙眼始終停留在亞拉岡身上，其他人都看得出來她內心極其痛苦。最後，眾人站了起來，向王女告退，感謝她的款待，然後離去休息。

亞拉岡和勒苟拉斯及金靂同宿一個帳篷，當他的兩名同伴進去之後，王女伊歐玟從後面走來，叫住了他。他轉過身，看見穿著白衣的她像夜色中一道閃爍的清光；但她的雙眼卻在燃燒。

「亞拉岡，」她說：「你為什麼選擇這條死亡的路？」

「因為我別無選擇。」他說：「只有這樣做，我才能看到自己在對抗索倫的戰爭中盡到該盡的責任。伊歐玟，我並非刻意選擇危險的道路。如果我能夠隨心所欲，那麼如今我早就回到北方，在美麗的瑞文戴爾山谷中徜徉。」

她沉默了片刻，似乎在思索他這句話的意思。然後，她突然將手放在他手臂上。「你是個意志堅定、剛毅果斷的君王，」她說：「這樣的人才會贏得榮譽。」她暫停片刻，「大人，」她說：「如果你堅持要走，請讓我跟隨你。我已經厭倦了在山中躲躲藏藏，希望去面對危險與戰鬥。」

「妳的責任是照顧妳的子民。」他回答道。

「不要再說什麼責任了！」她叫道：「難道我不是伊歐的子嗣？我是個女戰士，不是奶媽或傭人！我受夠了遲疑不決，苦苦等待。既然他們已經不再遲疑，下定決心出戰，為什麼現在我不能按照自己的意願生活？」

「很少人能夠因此獲得榮譽。」他回答：「至於妳，王女，妳不是同意在國王回來之前管理這些人民嗎？如果當時選中的不是妳，那麼就會是其他的元帥或將軍擔起同樣的職務。不管他願不願意，他都不能夠馳騁在沙場上。」

「為什麼總是選上我？」她苦澀地說：「當驃騎們出征的時候，為什麼總是我得留下，在他們贏得名聲時在家管理家務，在他們歸來時為他們準備好吃住？」

「也許沒有人歸來的日子，很快就會到了。」他說：「那時，就會需要不計名聲的勇氣，因為沒有人會記得為了保衛你們家園而立下的英勇事蹟。但英勇的事蹟不會因為無人讚美而減損了它的英勇。」

她回答道：「你說了這麼多，背後的意思不過是：妳是個女人，就應該待在家裡。當男人戰死沙場的時候，妳必須留在屋內被活活燒死，因為男人已經不需要妳了。但我是伊歐王室的成員，不是什麼女僕。我能騎善戰，不畏懼死亡和痛苦。」

「妳害怕什麼，王女？」他問道。

「我害怕的是牢籠。」她說：「害怕經年累月地被關在牢籠中，直到最後垂垂老去，所有立下偉大功績的機會都失去了，沒有留下值得回憶之事，也沒有了希望。」

「然而妳竟建議我不要冒險踏上我所選擇的道路，因為它太危險？」

「我當然可以這樣建議別人，」她說：「但我並未建議你逃避危險，而是希望你能騎赴戰場，用你的劍去贏得榮譽和勝利。我不願意見到高貴、優秀之物遭到無故的浪費。」

「我也一樣。」他說：「因此，王女，我必須對妳說：留下來！南方沒有妳該負的任務。」

「那些跟著你一起去的人也沒有。他們去，只是因為敬愛你、不願意和你分開。」說完她就轉身，消失在夜色中。

天色剛亮，太陽尚未躍上東方高高的山脊，亞拉岡就已經準備好出發了。他的同伴全都已經上馬，正當他也準備翻身上馬時，王女伊歐玟前來向他們道別。她穿著如同驃騎的裝飾，腰間佩帶著長劍。她手中拿著一杯酒，舉至唇邊喝了少許，祝他們一路順風；然後她將杯子遞給亞拉岡，他喝了一口，說道：「再會，洛汗之女！我祝妳王室綿延不絕，願妳和妳的子民都幸福快樂。對妳的兄長說：我們會在陰影的那頭再相聚的！」

最靠近她的金靂和勒荀拉斯，發現她似乎流下了眼淚，在一張如此堅強、高傲的面孔上看到淚水，更令人感到沉重。她開口問道：「亞拉岡，你還是要去嗎？」

「是的。」他說。

「你還是不願同意我的請求，讓我和你一起去嗎？」

「不，王女。」他說：「在獲得驃騎王和妳兄長的恩准前，我不能同意；而他們要到明天才會回來。然而我必須把握每一分每一秒的時間。再會了！」

她跪了下來，說：「求求你！」

「不，王女。」他拉著她的手，扶她站了起來。然後他親吻她的手，隨即躍上馬鞍，頭也不回地離開了；只有那些靠近他、熟識他的人，才看得出他忍受著極大的痛苦。

伊歐玟雙手握拳動也不動地站在那邊，如同石雕一般，她看著他們的身影，直到眾人都消失在丁默山，亦即「亡靈之山」的陰影中，那兒正是亡者之門的坐落處。當他們走得完全看不見身影後，她轉過身，如同瞎子一般蹣跚而行，腳步踉蹌回到屋中。她的同胞沒有人目睹這場告別，因為眾人全都畏懼地躲了起來，直到天色大亮，那些魯莽的陌生人全都離開之後才出現。

有些人說：「他們都是精靈變成的妖怪，讓他們前往那些屬於他們的黑暗角落，永遠別再回來。這年頭已經夠壞了！」

當一行人策馬離開時，天色依舊灰濛濛的，太陽尚未爬上他們前方亡靈之山的山脊上。就當他們穿越羅列在路兩旁的古老岩石來到丁禍時，一股恐怖的氣氛籠罩了他們。那裡的樹林黑暗陰森，連勒苟拉斯也無法忍受久待。眾人在山腳下發現了一片低窪的空地，在他們行進的小路中央赫然矗立著單獨一大塊巨石，就像是死神的手指一般。

「我覺得血液都快結冰了！」金靂說，其他人都沉默不語，他所發出的聲音完全被腳底下潮濕的松針給吸收了。馬匹不願意經過這塊看來十分凶險的巨石，騎士們只好下馬，牽著牠們通過。如此，他們終於來到峽谷深處；那裡聳立著一堵陡峭的岩壁，黑暗之門就坐落在岩壁上，像是黑夜在他們面前裂開大口一般。在它巨大的拱門上雕刻著許多符號和圖案，都已模糊難辨，恐懼的氣息如同灰霧一般從其中源源湧出。

眾人停了下來，每個人都忍不住覺得膽寒，只除了精靈勒苟拉斯，因為人類的亡靈對他來說並不恐怖。

「這是個邪惡的入口，」賀爾巴拉說：「我可能會在門後送命，儘管如此，我還是膽敢進入；只是，馬匹不會進去的。」

「但是我們必須進去，因此這些馬也得去。」亞拉岡說：「如果我們能夠通過這片黑暗，之後還有很遠的路要趕，每耽擱一小時，就讓索倫更接近勝利一步。跟我來！」

於是，亞拉岡領路，在他那堅強的意志力下，所有的登丹人和坐騎都跟著他一起進入。這些馬匹們對牠們主人的愛是如此深切，只要主人能夠堅定地走在牠們身旁，牠們就願意面對那門裡的恐懼。但是，洛汗國的駿馬阿羅德退卻了，牠站在那裡，在恐懼中渾身冒汗，不停發抖，讓人看了真是難過。於是勒苟拉斯伸手遮住牠的眼睛，在這陰沉的氣氛中對牠柔聲吟唱著歌曲，直到牠勉強願意被領進去，因此勒苟拉斯也進去了，門外只剩下矮人金靂。

他的雙膝打顫，對自己的反應感到極端憤怒。「從來沒聽說過有這種事！」他說：「精靈願意進入地底，而矮人竟然不敢！」話一說完他就一頭衝了進去。但他跨進門時，覺得自己的雙腳如同鉛塊般沉重；同時鋪天蓋地的黑暗也立刻籠罩了他，葛羅音之子金靂，曾經毫無畏懼地探索過這世界無數的地底深處，此刻只覺眼前一片漆黑。

亞拉岡從登哈洛帶了火把過來，現在他正舉著火把走在最前面；愛拉丹拿著另一支火把走在後面押陣，金靂踉蹌地尾隨在後，想要趕上他。除了火把微弱的光芒之外，他什麼都看不見；但如果眾人停下來，似乎就有一種永無休止的竊竊私語聲從四面八方向他包圍過來，那種喃喃不停的語言是他從來沒有聽過的。

沒有東西攻擊他們或阻止他們前進，但矮人越往前走恐懼就越深：主要是因為他現在知道，不可能回頭了；眾人身後的路已經被黑暗中緊隨在後無形無影的大批隊伍給堵住了。

時間就這樣不知不覺地流逝，直到金靂眼前出現了一幅他日後都不願意回想的景象。就他所判斷，道路十分的寬廣，但隊伍卻突然來到了一處極空曠的地方，兩邊已經沒有任何山壁，讓人不寒而慄的氣息緊緊壓著他，讓他幾乎無法移動。隨著亞拉岡的火把往前靠近，在他左邊出現了一樣閃閃發亮的東西。亞拉岡停下腳步，前往查看這到底是怎麼一回事。

「他難道都不害怕嗎？」矮人咕噥道：「若是在其他的洞穴中，葛羅音之子絕對是第一個衝去查看黃金反光的人。但絕不是在這裡！就讓它留在那邊吧！」

即使如此，他還是漸漸走近，看見亞拉岡跪在那邊，愛拉丹則是舉著兩支火把替他照明。在他眼前是一名勇士的骸骨。他原先似乎穿著鍊甲，他身旁的馬具也仍完好，多半是因為這座洞穴十分乾燥的緣故，他身上的鎖子甲是鍍金的。他的黃金腰帶上鑲著石榴石，他趴在地上的頭骨上戴著黃金打造的頭盔。眾人這時才發現，他倒在靠近洞穴遠端的石壁前，在他面前是一扇緊閉的石門，他那白森森的指骨依舊抓著門縫。他身旁有柄斷折破碎的寶劍，看來他在絕望中似乎用它砍過這扇門。

亞拉岡沒有碰他，在沉默地注視了片刻之後，他起身嘆了一口氣道：「心貝銘花永遠不會來到世界的這處盡頭！」他喃喃道：「總共十六座的墓丘如今都已長滿了青草，在這麼漫長的歲月中，他就這樣躺在一扇打不開的門前。這到底是通往哪裡？他又為什麼想要過去？恐怕永遠不會有人知道了！」

「因為這並非我的任務！」他轉過身，對著身後不斷低語的黑暗大喊道：「把你們的寶藏和祕密留在那被詛咒的年代中！我們只想要盡快通過。讓我們走，跟著過來！我召喚你們前往伊瑞赫之石！」

沒有任何回答，除非這較之前的低語還要恐怖的沉默算是答覆；一陣寒風吹來，火把的火焰一陣搖晃後熄滅，再也無法點燃。接下來的時間，不管是一小時還是更多時間，金靂都記不得了。其他人拚命趕路，但他總是最後一個，緊追在後的成群恐怖似乎隨時都會攫住他，還有一種窸窸窣窣的聲音跟在他背後，聽起來像是模糊的腳步聲。他踉踉蹌蹌地往前，直到最後像隻野獸一樣四腳著地往前爬。他再也忍受不了這種狀況了！如果他不能夠結束這一切，他就要轉過身去面對那緊追不捨的恐怖亡靈。

突然間，他聽見水滴落下的聲響，十分清晰響亮，如同一塊岩石落進黑暗陰森的夢境裡。四周逐漸變亮，終於！眾人穿越另一扇又高又寬的拱門，一條小河在他們身旁奔流著。前方，是一條夾在陡峭山崖之間向下的斜坡，山崖如同銳利的刀尖一樣直上天際。這條斜坡又窄又深，上方一線的天空是黑暗的，可以看見細小的星星在閃爍。不過，稍後金靂才知道，這是他們從登哈洛出發的同一天，距離日落還有兩小時。不過，對他來說，這似乎是置身另一個世界、另一個年代的黃昏。

眾人再度上馬，金靂回到勒苟拉斯身邊。他們排成一列前進，夜色逐漸深沉，恐懼依舊緊追著他們。勒苟拉斯轉回頭準備和金靂說話，矮人只能看見精靈那雙明亮的眼睛在自己面前閃閃發亮。在他們身後是愛拉丹，他是負責押陣的人，但卻不是走這條下坡路的最後一人。

「亡者跟在後面。」勒苟拉斯說：「我看見人類和馬匹的影子，蒼白的旗幟像是條條雲霧，長矛如同迷霧夜裡冬日的樹叢，亡者正跟著我們。」

「是的，亡者緊跟在後，他們已經聽到了召喚！」愛拉丹說。

他們終於走出了峽谷，彷彿突然間從牆縫中鑽出來一樣，橫在他們眼前的是一座巨大的山谷，他們身邊的小河往下流去，形成許多小瀑布，發出冰冷的水聲。

「我們到底是在中土世界的什麼地方？」金靂說，愛拉丹回答道：「我們才從摩頌河的源頭下來，這條冰冷的河川一路流向沖刷著多爾安羅斯城牆的大海。此後，你就不需要問別人河名的由來了，人類叫它黑根河。」

摩頌谷是個倚著山脈陡峭南壁的寬廣平地，它陡峭的斜坡上長滿了綠草；但在這個時候，太陽已經下山了，一切看起來都灰濛濛的。遠處下方人類居住的房舍中透出點點火光；這是座土地肥沃的山谷，有許多居民住在這裡。

亞拉岡頭也不回地大喊，讓所有人都聽得清清楚楚：「朋友們，忘記你們的疲倦！策馬向前，向前！在今天結束之前我們必須抵達伊瑞赫之石，眼前還有很長的道路。」於是，眾人頭也不回地馳過山地，最後來到一座橫越洶湧激流的橋樑，看見一條通往下方平原道路。

當他們靠近的時候，村中人家的燈火紛紛熄滅，大門緊閉，在室外的人們驚慌大喊，像是被獵殺的動物一般倉皇奔逃。在聚攏的夜色中，人們不停地重複一句話：「亡者之王！亡者之王來了！」

遠方的警鐘不停地響著，所有的人在亞拉岡面前驚慌地逃竄。灰衣部隊像獵人般毫不遲疑地向前衝，直到他們的馬匹也因為過度疲倦而腳步蹣跚。如此，在午夜之前，在一片如同山中洞穴般漆黑的黑暗中，他們終於抵達了伊瑞赫山丘。

亡靈所帶來的恐懼氣息在山丘間流連，竄入四周的田野。在山丘頂上矗立著一塊黑石，它像一顆大圓球，露出來的部分大約和人一樣高，一半被埋在土裡。它看起來不像這世間的東西，彷彿是從天上掉下來的，某些人也確實這麼認為；但是那些記得西方皇族傳說的人都知道，這是伊西鐸在努曼諾爾毀滅時帶出來的，在他登陸之後將它立在這裡作為紀念。山谷中的居民都不敢靠近它，當然更不敢把家園建造在附近；因為他們說這是幽冥人聚會的地方，他們會在恐懼的時候聚集，圍石而坐，竊竊私語。

一行人來到巨岩之旁，在死寂的黑夜中停了下來。愛羅希爾遞給亞拉岡一支銀號角，他奮力一吹；對站在近旁的人而言，他們似乎聽到了回應的號角聲，彷彿是從遠方洞穴的深處傳來的。他們沒有聽見別的聲響，卻可以感覺到有一群龐大的部隊聚集在他們所站立的山丘周圍；有一股如同幽靈呼吸般的寒風從山脈間吹下。亞拉岡下了馬，站在巨岩旁用宏亮的聲音喝問道：

「毀諾者們，你們為何前來？」

一個彷彿從遠方傳來的聲音穿透夜色，回答了他：

「為了實踐我們的誓言，並獲得安息。」

於是亞拉岡說：「時候終於到了。現在我要前往大河安都因旁的佩拉格，你們必須緊跟著我。當這塊大地上所有索倫的奴僕都被肅清之後，我將視誓言已經獲得實踐，諸位就可以離去，獲得永久的安息。因為我是伊力薩王，伊西鐸的子嗣，剛鐸的繼承人！」

話一說完，他就命令賀爾巴拉展開他帶來的旗幟。看哪！那是面黑色的旗幟，如果上面有任何的花紋，在黑暗中也無法分辨。四周立刻陷入一片沉寂，在漫長的黑夜中，再也沒有人聽見任何的喘息或是嘆氣。一行人在巨岩旁紮營，但由於四周的陰寒之氣，他們並沒有睡著。當冰冷蒼白的黎明浮現，亞拉岡立刻起身，領著眾人十萬火急地趕路。眾人經歷了無比的疲倦，這種只有亞拉岡曾經承受過的經驗，這次，也同樣憑藉著他的意志力敦促眾人向前。除了北方的登丹人、矮人金靂和精靈勒苟拉斯之外，根本沒有任何凡人能夠承受這種折磨。

他們越過了塔龍之頸，來到了拉密頓。幽冥大軍緊跟在後，恐懼的寒氣在他們之前飛快地蔓延。最後，他們來到了西瑞爾河上的卡藍貝爾，血紅的太陽也落到眾人身後西方的皮那斯傑林山後。西瑞爾渡口的城鎮已經空無一人，許多男子都已經前往參戰，其餘的人在聽到亡者之王前來的傳言後，全都躲入附近的丘陵中。第二天，黎明並未出現，灰衣部隊策馬騎入魔多策動的風暴中，就此消失在凡人的眼中；但亡者依舊緊跟在後。

第三節　洛汗全軍集結

此刻，一切的力量都開始朝向東方集結，準備迎接即將到來的戰火和魔影的攻擊。正當皮聘站在王城的大門口，看著多爾安羅斯王隨著他的旗幟前來的時候，驃騎王也正好從山脈中走了出來。

白晝正在消逝，最後一絲陽光將驃騎們長長的身影投射在他們前方。黑暗已經悄悄爬上遍滿陡峭山坡、沙沙作響的松林腳下。驃騎王在這黃昏時分放緩了騎行速度。小徑繞過一顆巨大裸露的岩石，沒入低聲呢喃的陰暗樹林中。驃騎們排成一列長長的隊伍不停地往下走。當他們最後到達這座峽谷的谷底時，發現夜幕已經降臨了此地。太陽已經消失了。黃昏的微光閃爍在瀑布上。

一整天的行程中，在他們下方遠處始終有一條溪流從背後高處的隘口奔躍流下，在覆滿松樹的岩壁間開出一條窄道；此時它穿越了多岩的谷口，流入寬廣的谷地中。驃騎們跟著小溪前進，哈洛谷就這麼突然呈現在眾人面前，喧譁的水聲在黃昏中聽起來格外響亮。雪界河在此和諸多較小的支流會合，水勢湍急，在多岩的河床上激起陣陣水霧，一路流向伊多拉斯和底下翠綠的山丘及平原。在右前方，在這座大山谷的頂端，雄偉的厲角山聳立在雲霧繚繞的山脈上方，它鋸齒狀的山峰上覆蓋著終年不化的積雪，在世界遙遠的高空中閃閃發亮，山的東面籠罩著青灰的陰影，西面則沐浴在夕陽的猩紅光輝中。

梅里驚奇不已地看著這個陌生的國度，在這漫長的旅途上，他已經聽了許多關於這地的傳說。這是個沒有天空的山谷，他的雙眼透過陰暗山谷間迷濛的空氣，看見的只有不斷升高的山坡，巨大的岩壁層層相疊，迷霧包圍著一座座的懸崖。他半夢半醒地坐在那邊，傾聽著流水的聲響、樹木的低語、岩石的碎裂，以及瀰漫在這一切聲響之後一片廣大的寂靜。他喜歡山，或者說，他喜歡的是那些遠方故事中連綿起伏的山脈；但現在他卻被中土大陸的重擔壓垮了。他渴望躲在安靜的小房間中，坐在爐火邊，把這龐大無名的世界關在門外。

他覺得非常、非常的疲倦，雖然他們前進的速度並不快，但中間沒有多少休息的時間。幾乎整整三天，他一小時接一小時地顛簸著攀上爬下，翻過隘口、穿越狹長的山谷、度過許多小溪。有些時候，當路比較寬廣的時候，他會和驃騎王並轡而騎，沒有注意到許多驃騎看見這景象都露出微笑：哈比人騎著毛髮蓬鬆的灰色小馬，驃騎王騎著高大的白色駿馬，兩者形成有趣的對比。在這些時候，他會和希優頓王聊天，告訴他有關自己家鄉和同胞們的故事，或是反過來聆聽驃騎國的傳說，以及他們遠古時先祖的偉大功業。不過，大多的時間，特別是在這最後的一天，梅里只是獨自騎在國王後面，一言不發地聆聽著背後的驃騎們緩慢、宏亮的說話聲。這種語言中似乎有許多他聽得懂的字，但他們說起來比夏爾的念法更為豐富和有力，但他還是沒辦法把這些字串在一起聽懂他們講的話。有些時候，會有某個驃騎提高清亮的聲音，唱起軍歌，即使梅里完全聽不懂歌詞的內容，卻還是會覺得熱血沸騰。

但不論狀況如何改變，他還是覺得十分的孤單，這天傍晚時，情況更是變本加厲，他開始想念不知混到這大千世界何處的皮聘，思索亞拉岡、勒苟拉斯和金靂的下場又會怎麼樣。然後，突然間，他想到了佛羅多和山姆，禁不住打了個冷顫。「我幾乎都忘記他們了！」他懊悔地說。「但是，他們的任務其實比我們任何一個人都重要，我來此就是為了幫助他們。如果他們現在還活著，恐怕已經距離此地數百哩了！」光是想到這樣的遭遇，他就覺得渾身發冷。

「終於到了哈洛谷了！」伊歐墨說：「我們的旅程就快到終點了。」眾人停了下來。離開狹窄的峽谷後，道路急遽下降，一眼望去，就像透過高高的窗戶，看見下方整座籠罩在薄暮中的大山谷。在河邊可見一盞小小的燈火在閃爍著。

「或許這段旅程已經結束了，」希優頓說：「但我還有很長的路要走。昨晚是月圓，明天一早我就必須騎往伊多拉斯，集結驃騎全軍。」

「但如果您聽我的建議，」伊歐墨壓低聲音說：「在那之後您該回到這裡來，靜觀這場戰爭的變化，不管是贏是輸都一樣。」

希優頓笑了。「不，吾兒，請讓我這樣稱呼你，也請你別用巧言那一套溫言軟語來說服我！」他挺起胸膛，回頭看著身後排成長列的麾下戰士，往後一直延伸入暮色之中。「自從我策馬西征以來，感覺似乎經過了好多年，但我絕不會再倚靠任何的枴杖了。如果這場仗輸了，躲在山中又有什麼用處？如果這場仗贏了，就算我耗盡最後一分力氣，馬革裹屍又有什麼好遺憾的？現在先不提這個，今晚我會在登哈洛過夜，至少我們還可以平靜地度過一晚。走吧！」

在逐漸增濃的暮色中他們下到了山谷。雪界河在此流近山谷的西邊，很快的，小徑就將他們領到了渡口，該處淺淺的水流大聲嘩啦地沖刷過岩石。渡口有人把守，當驃騎王騎近的時候，許多男子從岩石的陰影間跳了出來；當他們看見來人是國王時，紛紛高興地大喊：「希優頓王！希優頓王！驃騎王回來了！」

然後，有人吹響了號角，號角聲在山谷中迴盪，其他的號角跟著回應，河流對岸立刻燃起了點點燈火。

從高山上突然傳來了雄壯的號聲，聽起來像是從某個空曠的地方發出的，它們匯集成一個聲音，在山壁間不停地撞擊迴盪著。

就這樣，驃騎王自西方凱旋歸來，回到了白色山脈下的登哈洛。他發現他留守子民的軍力已經集結起來了；當他來到的消息一傳開來，將軍們立刻騎馬來到渡口晉見王上，並且帶來了甘道夫的口信；率領眾將前來的是哈洛谷的領主督希爾。

「王上，三天以前的黎明，」他說：「影疾像是一陣風般從西方趕來伊多拉斯，甘道夫帶來了您打勝仗的消息，讓我們感到歡欣鼓舞。但他同時傳達了您的旨意，要驃騎迅速集結。然後，那有翼的魔影就出現了。」

「有翼的魔影？」希優頓說：「我們也看見了牠，但那是在甘道夫離開前的深夜。」

「或許吧，王上，」督希爾說：「那可能是同一個，或是另一個像牠的，那會飛行的黑暗有著飛鳥的外形，那天早上越過了伊多拉斯，讓所有的人都因恐懼而顫抖。牠在宮殿上盤旋，當牠往下俯衝，幾乎撞上屋頂時，空中傳來了一聲刺耳的尖叫，幾乎讓我們心臟停止跳動。然後，甘道夫建議我們不要在平原上集結，而是在這山脈的掩護中和您會合。他也要求我們非萬不得已不要多點燈火。我們都照著做了。甘道夫說話極有權威，讓人無法質疑。我們相信如果是您也會這樣做的。後來，這些邪惡的東西就再也沒出現在哈洛谷了。」

「做得很好。」希優頓說：「我現在要去上方營地，在我就寢前，我會在那裡會見所有的元帥和將軍，請他們來見我，不要拖延！」

小徑往東橫過山谷直行，此處路寬大約半哩。四周全是平野和雜草叢生的草地，在降臨的夜幕中呈一片灰茫，但在前方，在谷地遠處那端，梅里看到一座隆起的岩壁，那是厲角山巨大山麓最後的外露層，是雪界河在過往歲月中所切割開來的痕跡。

在所有平坦的空地上都聚集著人群。有些只是毫無章法的擠在路邊，夾道歡迎從西方凱旋的國王和驃騎們；但是，在他們後方是整齊劃一的帳篷和棚架、一排排堅固的繫馬樁、大量的武器，以及層層林立、茂密如新栽灌木林般的長槍。此刻，集結在此的龐大部隊被籠罩在夜幕中，雖然夜晚的寒風自高處吹下，卻無人點燈，無人燃火。披著厚重斗篷的哨兵們毫不懈怠地來回巡邏。

梅里不知道眼前究竟有多少的驃騎。在這越來越濃的夜暗中，他估算不出他們的數量，但在他看來，這像是一支有成千上萬人的大軍。就在他左顧右盼的時候，國王率領的部隊來到了山谷東邊的峭壁下；道路從這裡突然開始往上攀爬，梅里驚訝地抬起頭來。他這時所走的路是他之前從未見過的，這是遠在歷史歌謠的記載之前，人類雙手所建造的偉大工程。它不停地往上攀升，像是巨蛇一般蜿蜒，在陡峭的岩石間鑽來鑽去。它陡峭如梯子，忽前忽後，盤升而上。馬匹可以在上面前進，車輛也可以緩慢地拖拉上去；但是，如果上方有人防守，敵人就無法攻上此地，除非他們生出翅膀由天而降。在山路的每一個轉彎處，都立有一座雕成人形的巨石，這些人形高大壯碩，粗手大腳，每個都盤腿而坐，粗短的手臂擱在肥胖的肚皮上。其中有些在歲月的磨蝕下已經變得面目模糊，只剩下深凹的眼洞憂傷地望著路過的旅人。驃騎們幾乎無人對這些雕像瞥上一眼。他們都叫這些為普哥人，對它們視若無睹，它們既無力量，連威嚇力也一點都不剩了。但當這些石人憂傷地隱現在路旁時，梅里充滿好奇地注視著他們，心中升起一種幾乎是同情的感覺。

過了好一陣子，他回頭一看，才發現自己已經身在谷地上方好幾百呎了，但在遙遠的下方，他仍依稀可見一長排蜿蜒的驃騎繼續在騎過渡口，秩序井然地進入為他們準備好的營帳中，只有國王和他的衛隊往上走向高處的要塞。

最後，國王的隊伍來到了懸崖邊緣，盤升的路切入石壁中繼續向上走過一小段斜坡，出到了一塊寬廣的高地上。人們叫這裡費瑞安台地，上面長滿了青草和石南；它高踞在雪界河所切割出的深谷上方，坐落在背後那座大山的山坳中：南邊緊靠著厲角山，北面是鋸齒般的愛蘭薩加山；在兩者之間，正對著這些驃騎的陡峭山坡上，聳立著松林遍布的黝黑陰沉的丁默山，也就是「亡靈之山」。那塊高地被一條兩旁矗立著雙排大石的路隔成兩半，那路一直延伸進樹林中，消失在夜幕裡。那些膽敢踏上這條路的人，很快就會來到丁默山之下黑暗的丁禍，面對那塊充滿威脅性的巨石，以及張開黑暗大口的封印之門。

這就是黑暗的登哈洛，一處早已被遺忘的人類所留下的痕跡。他們的名號早已失傳，沒有任何歌謠或傳說還記得他們。現在早已無人知曉當年他們為何興建這個地方，究竟是為了安身立命？還是祭祀神明？或是讓帝王埋骨此處？他們在黑暗的年代中在此默默地埋頭工作，那時還沒有任何船隻前來大陸西方的海岸，登丹人的剛鐸也尚未建立；然而現在他們都消失了，只留下那些古老的普哥人，沉默地坐在路的每一個轉彎處。

梅里瞪視著那些隔開道路的巨大石塊，它們破損漆黑，有些歪斜，有些傾倒在地，有些甚至摔成了碎片；它們看起來像是一排排衰老、飢餓的牙齒。他想著這些岩石原來有什麼用處，同時也暗自希望國王不會隨著它們走入其後的黑暗中。然後，他看見了道路的兩旁有著許多的帳篷與棚架；奇怪的是，這些帳篷都不是設在樹下，反而是刻意避開樹林，朝峭壁旁擠過去。比較多數的帳篷設在右邊，也就是台地比較寬廣的那一邊，在左邊是一個範圍不大的營地，中間設有一座高聳的大帳篷。一名騎士從左方出來迎接他們，他們轉離了石路。

當他們走近之後，梅里才發現那騎士是名女子，梳成辮子的長髮在微弱的光線中閃閃發亮；不過，她腰部以上的穿著和戰士一樣，頭上戴著頭盔，腰間繫著長劍。

「驃騎王萬歲！」她大聲喊道：「我真高興可以看見您安全回來。」

「我也一樣，伊歐玟，」希優頓回答道。「一切都還好吧？」

「都很好，」她回答；不過，梅里覺得她的聲音出賣了她的情緒。如果不是因為那張臉是如此的堅毅、冰冷，他可能會認為她之前才掉過眼淚。「一切都很順利。只是人們被迫突然離家，踏上漫長的遷徙之道，對他們來說相當疲累。人民們的確有抱怨，因為他們已經許久沒遭遇過戰爭了；不過，沒有什麼壞的狀況發生。就如您所見的，一切都已經就緒了。您的下榻處也已經準備好了；因為我獲得了所有您的消息，也知道您抵達的時間。」

「那麼，亞拉岡來過了。」伊歐墨說：「他還在嗎？」

「不，他已經離開了。」伊歐玟別過頭去，看著東南方黑暗的山脈。

「他去了哪裡？」伊歐墨問道。

「我不知道。」她回答道：「他前夜抵達，昨天一早太陽出來之前就離開了。他已經走了。」

「女兒啊，妳看來很傷心。」希優頓說：「究竟發生了什麼事情？告訴我，他是不是提到了那條路？」他指著朝向丁默山的那排漆黑岩石說：「亡者之道？」

「是的，王上；」伊歐玟說：「他已經進入了那從未有人生還的黑暗中。我沒辦法說服他。他走了。」

「那麼我們的道路注定就此分開了。」伊歐墨說：「他可能已經身亡了。我們必須在沒有他的狀況下前進，希望也變得黯淡許多。」

他們不再交談，緩步穿過這塊長著矮石南的草地，來到國王的大帳篷。梅里發現一切都已經準備妥當，連他都沒被忽略。在國王的大帳旁邊安設有一座小帳篷，他孤單地坐在帳內，看著人們來來去去，和國王商議、討論。夜越來越深，西方山脈的頂端綴滿了星辰，但東方依舊漆黑一片。隔開道路的巨岩緩緩被夜色吞沒，但在岩石再過去那邊，比夜色更暗的，是丁默山那龐大蹲伏的陰影。

「亡者之道。」他自言自語道：「亡者之道？這究竟是什麼意思？他們都拋下我，他們全都迎向某種命運：甘道夫和皮聘去東方參戰，山姆和佛羅多去魔多，神行客和勒苟拉斯及金靂去亡者之道。不過，我想，很快就會輪到我了。不知道這些人究竟在討論些什麼？驃騎王又準備怎麼做？不管他去哪裡，我都會跟著一起去。」

他一邊如此陰鬱地思索著，一邊突然想到自己已經餓了許久。他一躍而起，要出去看看是否有其他人與他同感。不過，就在那一刻，號聲響起，一名男子前來召喚他，請國王的隨扈到國王身邊報到。

在大帳篷的最內部有一塊以簾幕隔開的小空間，地上還鋪著許多的獸皮。希優頓、伊歐墨、伊歐玟，以及哈洛谷的領主登希爾都坐在一張小桌旁。梅里站在國王的凳子旁邊耐心等待，直到老人從沉思中回過神來，轉頭對他露出笑容。

「來吧，梅里雅達克先生！」他說：「你不需要站著。只要還在我的國度裡，你就應該坐在我旁邊，講述各種故事，讓我輕鬆一些。」

大夥在國王左手邊為哈比人空出了一個位置，但沒有人真的請他講故事。大家都不怎麼交談，大部分的時間中只是沉默地吃喝。最後，梅里鼓起了勇氣，問出他一直如鯁在喉的問題。

「王上，我兩次聽你們提到亡者之道，」他說：「那是什麼地方？神行客又──我是說亞拉岡大人，他又去了哪裡？」

驃騎王嘆了一口氣，但一時間沒有人回答，最後，伊歐墨才開口道：「我們不知道，因此我們才會覺得心情非常沉重。」他說：「至於亡者之道，你自己已經踏上了它的第一階。不，我不該說這麼不吉利的話！我們之前所走的道路會前往丁禍的亡者之門，但門後情況如何，無人知道。」

「沒有人類知道，」希優頓說：「但是，現今極少提起的古代傳說講過一些。如果我伊歐王室代代口傳的古老故事是真的的話，那麼丁默山底下的大門通往一條密道，穿過大山去到某個早已被人遺忘的出口。自從布理哥之子巴多越過了那扇門，從此在人間消失之後，就再也沒有人類膽敢嘗試那條道路。布理哥當時舉杯慶祝黃金宮殿的落成，而巴多舉起牛角杯一飲而盡，匆匆立下重誓前往冒險，卻再也沒有回來繼承屬於他的王位。」

「人們說黑暗年代的亡靈看守著那條道路，不讓任何的生人進入它們隱密的廳堂；不過，有些時候，人們會看見它們如同幽影一般從大門出來，在石路上來回走動。那時，哈洛谷的居民會門窗緊閉，害怕地躲在屋內。不過，亡靈極少現身，只有在世局動盪、死亡將臨的時候才會出現。」

「不過，在哈洛谷另有一個傳說，」伊歐玟低聲說：「在不久之前一個沒有月光的夜晚，有一大群的陰影出現在那條道路上。沒有人知道它們是哪裡來的，只知道它們踏上那條石路消失在山中，彷彿是專程來赴約的。」

「那亞拉岡又為什麼要走這條路呢？」梅里問道：「你們難道不知道任何可能的理由嗎？」

「除非他曾經私下跟你說過什麼話，」伊歐墨回答：「否則目前還在陽世的人，恐怕都無法回答你的問題。」

「自從我第一次在王宮中見到他以來，他似乎變了很多，」伊歐玟說：「他變得更嚴肅、更蒼老，我覺得他像命定將死之人，就像亡靈會召喚的人一樣。」

「或許他確實收到了召喚，」希優頓回答：「而我內心也認為自己將不會再看見他了。但他確實是個擁有不凡命運的王者。女兒，在我看來，這名客人的離開讓妳十分的難過，請聽我說個故事，願妳從中獲得安慰。據說，當我們伊歐一族從北方前來，越過雪界河之後，我們想要找個在危急時候可以避難的地方。布理哥和他的兒子巴多爬上這處要塞的石階，去到了那扇門前。在門檻上坐著一名老人，蒼老得讓人無法猜測年紀；或許他曾經一度高壯尊貴，但現在卻萎縮衰老得像一塊石頭。由於他動也不動，一聲不出，一開始他們的確以為他是石像；等到他們經過他，準備走進門內時，他開口了。那聲音彷彿是從地底竄出一般，讓他們驚訝的是，他所用的竟然是西方語：此路不通！」

「於是他們停下腳步，打量著他，這才發現他還活著；但他沒看他們。**此路不通！**他的聲音又說了。**這是亡者所建，由亡者所看管，直到時機來臨才會開放，此路不通！**」

「『**那時機是什麼時候呢？**』巴多問道，但他再也無法獲得任何答案。老人就在那時倒下，無聲無息地死去；我族從此再也無法得知古代山中居民的過往歷史。不過，或許，預言中的時機終於到了，而亞拉岡可以通過那條路。」

「可是，除了大膽闖入那座門，誰會知道時機是否已經到來？」伊歐墨說：「即使我走投無路，必須面對魔多的大軍，我也不願意去走那條路。唉，在我們最需要他的時候，這位尊貴的戰士竟然失去了理智！難道地面上的邪惡還不夠嗎，需要他進入地底去找尋？戰爭已經迫在眉睫了。」

他停了下來，因為在那一刻，門外傳來一陣吵鬧聲，一名男子呼喊著希優頓，而守衛立刻喝問攔阻。

守衛隊長推開簾幕，「王上，有個人在這裡，」他說：「是一名剛鐸的傳令，他希望能立刻見你。」

「讓他進來！」希優頓說。

一名高大的男子走了進來，梅里差點驚呼出聲；在那一剎那間，乍見之下，他以為波羅莫又重生歸來了。然後，他定睛一看，這才確定不是；這名男子是個陌生人，只是模樣很像波羅莫，看起來像是他的親人，同樣的高大自傲、擁有一雙灰眸。他似乎剛從馬背上下來，身上披著深綠色的斗篷，底下穿著精工打造的鎖子甲，在他頭盔的前方鑲著一顆小銀星。他的手中拿著一支黑羽鋼刺箭，箭尖漆成朱紅色。

他單膝跪下，將箭支獻給希優頓。「洛汗之王，剛鐸之友，我向您致敬！」他說：「我名叫賀剛，是迪耐瑟麾下的傳令，王上派我將這開戰的信物交給您。剛鐸正處在危機之中，洛汗國一直是我國忠實的盟友，但這次，迪耐瑟王請求您全軍支援、全速出動，否則剛鐸將會陷落！」

「朱紅箭！」希優頓緊握著這信物，彷彿期待這召喚已久，當它來臨時卻又感到恐懼去面對。他的手顫抖著。「我在位的年歲中從來沒有收過朱紅箭！真的已經到了這個地步嗎？迪耐瑟王認為我要怎樣才算全軍全速馳援？」

「王上，這點只有您才知道。」賀剛說：「但是，不久之後，米那斯提力斯就會被團團圍住；除非您的軍力足以突破敵方滴水不漏的包圍，否則迪耐瑟王命令我告知您他的判斷：驃騎們強大的兵力若能進入城中，會比留在平原上好。」

「但是，他也知道我們慣於在開闊之地於馬背上作戰，而且我們的子民平常都散居各處，集合驃騎是需要時間的。賀剛，米那斯提力斯的城主是否知道的比他所送來的口信還要多？因為，如你所見，我們已經處在戰爭狀態下，並非毫無準備。灰袍甘道夫已經來過我們這裡，我們早已動員準備面對東方的大戰。」

「我不知道迪耐瑟王知道或是猜到了些什麼，」賀剛回答：「但我們的確迫切需要援軍。我王並非指派我前來下達軍令，他只請求您記得舊日的情誼和誓言，您的傾力相助對洛汗國的未來也是好的。根據我們的情報，有許多勢力已經前往東方加入了魔多的黑旗下。從北方直下到達哥拉平原，全都衝突不斷，戰爭的流言四起。在南方，哈拉德林人也正在調動部隊，我國沿岸全都面臨極大的威脅，因此，該地沒有多少援軍能夠前來支援我們。請您盡快！我們這時代的命運都將繫於米那斯提力斯城前的一戰，如果洪水無法在該處被阻住，那麼它將會淹沒洛汗國美麗的國土，就連這山中的要塞都將無法倖免。」

「這真是很糟糕的消息，」希優頓說：「但並非完全出乎意料。請這樣回覆迪耐瑟王——就算洛汗本身沒有受到威脅，我們也會前往支援。但是，我們在和叛徒薩魯曼交鋒的過程中受到重創，而且正如他的情報中所清楚顯示的，我們必須考量我國北方和東方的邊境。黑暗魔君這次集結的兵力龐大到十分驚人的地步，他甚至可能同時開闢多個戰場，以多股兵力分進集結。」

「不過，這些謹慎與否的話就不用再多說了。我們會去的。開拔的時間是明天，在一切都整編完畢之後，我們就會立刻出發。我本來可以派出一萬名兵力讓你們的敵人受到重創；但是，恐怕現在會少多了，因為我不敢讓自己的子民毫無防衛地暴露在敵人面前。但是，我還是會親自率領至少六千名兵力馳援。告訴迪耐瑟，雖然可能戰死沙場，但驃騎王還是決定御駕親征前去剛鐸。不過，兩國之間的距離並不近，而我麾下的戰士和馬匹在抵達的時候，都必須還有精力作戰才行。明天早晨之後的一週，你們才能夠聽到伊歐子嗣自北方前來的吼聲。」

「一週！」賀剛說：「如果必須要這麼長的時間，那也別無他法。但是，七天之後抵達，你們恐怕只能看到化成廢墟的米那斯提力斯；除非，另有我們意料之外的援軍抵達。不過，到時至少你們可以掃蕩那些褻瀆我們屍骨、在白塔上大開慶功宴的半獸人和野人們。」

「我們至少可以做到這一點。」希優頓說：「我才經歷過一場惡戰，剛趕回此地，我必須先去休息了。你今晚可以留在這裡。如此你明天早上可以目睹洛汗全軍集結，然後你可以懷抱著鼓舞之心回國，再說休息之後你會騎得更快。早上最適合研討戰略，或許夜裡的思緒會讓許多想法改觀。」

話一說完，國王就站了起來，其他的人也跟著起立。「現在每個人都去休息吧，」他說：「願你們好睡！至於你，梅里雅達克先生，我今晚不需要你幫忙了。請你明天天一亮就做好準備聽我召喚。」

「我會準備好的，」梅里說：「即使您讓我和你一起前往亡者之道，我也不會退縮。」

「不要說這種不祥話！」驃騎王回答：「能夠獲得這種名號的路並不只一條。但我也沒說要讓你和我一起踏上任何的道路。晚安了！」

「我不要被留下來，等到大家都回來之後才想起我！」梅里說：「我不要留下，我不要！」在對自己一遍又一遍的重複中，他在自己的帳篷裡睡著了。

一名男子把他搖醒了。「醒醒，醒醒，哈比特拉先生！[1]」對方大喊道；梅里一下子從深沉的睡夢中驚醒坐起來，但外面看起來還是漆黑一片啊。

「怎麼一回事？」他問道。

「驃騎王叫你。」

「但太陽還沒升起來啊！」梅里說。

「是沒有，哈比特拉先生，而且看起來今天也不會升起來了。在這種濃密的烏雲之下，人們會以為它永遠都不會出現了。不過，雖然太陽不見了，時間卻不會等人，動作快一點！」

梅里匆匆披上幾件衣服，往外看去。整個世界正在變黑。連空氣看起來都是黑褐色的，周遭一切都籠罩在灰黑色之中，看不見影子；彷彿萬物都靜滯下來。天空看不出有任何雲朵的形狀，只有在遠處的西邊，可以看見那一大片黑暗如同伸出的魔爪般繼續向前蔓延，只有十分微弱的光芒從爪縫間滲透出來。頭頂的天空上則像壓著沉重的頂蓋，陰暗、沒有形狀，光線不但沒有增亮，甚至變得越來越微弱。

梅里注意到有許多人指著天空竊竊私語，他們的臉色都顯得灰白、哀傷，有些人甚至露出畏懼的神色。他懷著一顆沉重的心，走去見國王。剛鐸的傳令賀剛比他早到，他身邊還站著另外一個人，穿著和外貌都很接近，只是比較矮壯。當梅里走進帳篷的時候，他正好在和國王說話。

「王上，它是從魔多的方向來的。」他說：「是從昨晚日落的時候開始的。我在您國境東谷的山丘中看見它慢慢升起，在天空逐漸蔓延，我奔馳了一整夜，同時也眼睜睜地看著它在背後將星辰一顆顆吞食。現在，這巨大的烏雲將黯影山脈和此地之間所有的大地全都籠罩在黑暗中；而且，它還在不停地變黑。戰爭已經開始了！」

好一會兒，驃騎王沉默不語地坐著。最後，他終於開口說：「我們終於還是遇上了！」他說：「這是我們這個時代最大的一場大戰，許多事物都將就此消逝。但至少我們不需要再躲藏了。我們會走最快的路全速趕去。立刻開始集合！不能等待任何遲到的部隊了。你們在米那斯提力斯的補給品夠嗎？如果我們要全力趕去，就必須輕裝趕路，只能攜帶足夠我們到達戰場的糧食和飲水。」

「我們早已做了準備，戰備存糧非常充足。」賀剛回答道。「你們可以儘量減輕負擔，以最快的速度趕去！」

1 哈比特拉（Hobytla）：根據語言學家的研究，哈比人這個名稱是來自於洛汗語的哈比特蘭（Hobytlan），亦即「住洞者」之意。在此，該名男子是用洛汗語稱呼梅里。

「傳令下去，伊歐墨，」希優頓說：「驃騎全軍出擊！」

伊歐墨走了出去，要塞中的號角響起，底下山谷中傳來震耳的回應；只是，在梅里的耳中，這些號角聲似乎沒有昨晚聽起來那麼的清澈、雄壯。在這沉重的空氣中，它們似乎變得十分沉悶刺耳，帶著一絲不祥的預兆。

驃騎王轉向梅里。「梅里雅達克先生，我要前去參戰了。」他說：「再一會兒我就要上路了。我解除你的職務，但這不包括我倆之間的友誼。如果你願意的話，應該留在這裡，你可以服侍代替我治理臣民的伊歐玟公主。」

「可是，可是，王上，」梅里結巴地說：「我對您獻上了我的忠誠和寶劍。希優頓王，我不想要在這樣的狀況下和您分離。我所有的朋友都已經前去參戰了，如果只有我一個人留在這裡，我會抬不起頭來的。」

「但是，我們必須要騎高大的快馬，」希優頓說：「雖然你的勇氣不遜於任何人，但你還是沒辦法騎乘這樣的馬匹。」

「那就把我綁在馬背上吧，或是讓我掛在馬蹬上或任何東西上。」梅里說：「雖然距離很遠，但就算我不能騎，我用跑的也要跑到；就算我把腿跑斷，延遲幾個禮拜才到也不在乎！」

希優頓露出微笑。「若是這樣，我寧可讓你和我一起騎乘雪鬃。」他說：「不過，你至少可以和我一起前往伊多拉斯，看看黃金宮殿梅杜西。我會先往那個方向去。史戴巴可以載你這段路：在抵達平原之前，我們不會開始急行軍。」

伊歐玟站了起來。「來吧，梅里雅達克！」她說：「我帶你看看我替你準備的裝備。」兩人一起走了出去。「這是亞拉岡對我唯一的請求，」伊歐玟在行經帳篷間時說道：「你應該有參戰的資格。我同意了，並且盡可能照辦。因為，我心裡認為你最後一定會需要這些裝備的。」

她領著梅里來到了禁衛軍駐紮的地方；一名軍械人員遞給她一頂小頭盔、一面圓盾牌，以及其他的裝備。

「我們沒有適合你穿的盔甲，」伊歐玟說：「也沒時間特別替你打造一件；不過，這裡有一件皮背心，以及皮帶和一柄小刀。你已經有了一把寶劍了。」

梅里深深一鞠躬，王女向他展示那面盾牌，它和金靂當初收到的盾牌一樣，上面也同樣有著白馬的徽記。「把這些全收下，」她說：「穿戴它們迎向好運！再會了，梅里雅達克先生！不過，或許我們還會再見面，你和我。」

如此，在這逐漸聚攏的陰暗中，驃騎王做好率領所有驃騎往東進發的準備。人們的心情十分沉重，許多人在這黑暗中感到害怕。但他們是個堅強的民族，對於王上有無比的忠誠。即使是在伊多拉斯撤退來此的老弱婦孺住紮的營地裡，也極少聽見啜泣或是低語的聲音。他們明知自己即將面臨末日，卻依然沉默地面對它。

兩個小時很快就過去了，驃騎王坐在白馬上，牠在微弱的光線中閃著亮。雖然他頭盔下方飄揚的頭髮雪白，但他看來自信而高大；許多人看見他毫不畏懼，都興起了有為者亦若是之感。

在淙淙的河流旁聚集了五千五百名全副武裝的驃騎，其他還有數百名騎著輕裝馬匹的男子，一聲號角響起，驃騎王舉起手，驃騎全軍就沉默出發了。最前面是驃騎王家族中十二名武勇過人的先鋒，然後是驃騎王，右邊則是伊歐墨。他已經在要塞中和伊歐玟道別了，這讓他十分難過；不過，此時，他將精神全都專注在眼前的漫漫征途上。梅里騎著史戴巴與剛鐸的傳令跟在後面，在那之後則是另外十二名驃騎王室的成員。他們經過了一長列神情堅毅的人們，但是，當他們幾乎走到隊伍的終點時，有一道銳利的眼神射向哈比人；那是一位比一般男子都要矮小的年輕人，梅里打量著他，心中邊思索著。他注意到對方擁有一對清澈的灰眸，此時，他不禁打了個寒顫；因為那是一副生亦何歡、慷慨赴死的神情。

他們沿著雪界河旁灰色的道路往下騎行，河水在岩石間嘩嘩奔流；他們穿越了下哈洛和上溪兩座小村，那兩地許多婦女從黑暗的門後向外望，臉上神情哀傷。就這樣，沒有號角，沒有豎琴的伴奏，也沒有雄壯的歌聲，日後傳頌無數個世代的洛汗東征就這麼開始了。

清晨，自黑暗的登哈洛
塞哲爾之子和領主及將官同時出發：
他來到伊多拉斯，古老的廳堂
籠罩迷霧中的驃騎皇宮；
黃金宮殿在黑暗中失色。
他向子民道別，
離開家園和王座，美麗的故鄉，

在光明消退前，這曾是他生活之處。
驃騎王奮勇向前，恐懼緊追不捨，
命運就在前方。忠誠驅策著他，
諾言讓他不敢鬆懈，誓要抵抗邪惡。
希優頓王馳向前。五日五夜不停歇
伊歐子嗣勇征東
穿越佛德、沼境、費理安森林，
六千兵馬橫越森藍德，
通過明多陸因山下的蒙登堡，
南國的海王之城
遭敵圍困，烈火侵攻。
末日驅趕驃騎，黑暗吞沒大地，
駿馬與騎士，蹄聲傳千里
落入沉寂中，歌謠永傳頌。

驃騎王的確是在深沉的昏暗中抵達伊多拉斯，雖然當時的時間不過是中午。他在那裡只短暫停留了片刻，讓將近百名因取武器遲來的驃騎和他們會合。在用過午餐之後，他準備再度出發，同時向他的隨扈和藹地道別。但梅里再一次的懇求，希望不要和他分開。

「我之前已經說過了，未來的征途並不適合你的坐騎史戴巴。」希優頓說：「梅里雅達克先生，雖然你可能善於使劍，而且人小志氣高，但是，在我們將於剛鐸面臨的血戰中，你又能派上什麼用場呢？」

「誰能夠未卜先知呢？」梅里回答：「但是，王上，既然你接受我成為您的侍衛，為什麼又不讓我和你並肩作戰？我不願意在歌謠和傳說論到我時，總說我被人撇在後方！」

「我接受你的效忠是為了你的安全，」希優頓說：「同時也希望你會服從我的命令。我麾下的驃騎都沒辦法承載你而又跟上隊伍。如果這場戰鬥是在我的家門口發生，或許你可以名留青史；但這裡距離迪耐瑟的王城三百零六哩之遙，不要再跟我爭辯了。」

梅里深深一鞠躬，悶悶不樂地轉身走開，看著眼前的馬隊。隊伍已經準備好要出發了：人們正在收緊馬肚帶、檢查馬鞍、安撫馬匹；有些人則不安地看著逐漸降低的天空。一名騎士悄悄走來，在哈比人的耳邊低語。

「我們的俗諺說，**有志者，事竟成**。」他低語道：「我就是這麼做到的。」梅里抬頭一看，發現對方正是他早上注意到的那名年輕人。「我看得出來，你希望和驃騎王同進退。」

「是的。」梅里說。

騎士說：「那麼你可以跟我一起走。你可以坐在我前面，在我們騎上遠處的大平原之前，我可以用斗篷遮住你，而這黑暗會是我們最好的掩護。你最好不要拒絕我的好意，不要多說，只管來就對了！」

「實在太感謝你了！」梅里說：「大人，多謝你的援手，但我還不知道你的大名。」

「喔，是嗎？」騎士柔聲說：「那就叫我德海姆好了。」

因此，當驃騎王出發的時候，哈比人梅里雅達克就坐在德海姆身前。兩人胯下高大的駿馬溫佛拉對這多出的重量並不在乎；因為德海姆儘管敏捷結實，但卻比大多數的男子要輕。

眾人就這麼騎入黑暗中。在伊多拉斯以東三十六哩，雪界河匯流入樹沐河附近的一片柳樹林中，他們紮營過夜。隔天他們緊接著穿越佛德，接下去是沼境，在他們右邊有一大片橡樹林，沿坡生長在剛鐸邊界上黝黑的哈力費理安山的山丘上；但在他們左邊遠處，迷霧籠罩著樹沐河河口的沼澤。在他們策馬前進的途中，不斷聽到有關北方戰爭的傳言。獨行者策馬狂奔而過，帶來東方邊境遭到突襲的消息，以及半獸人正在向洛汗的高地進軍。

「前進！繼續前進！」伊歐墨大喊道。「我們現在回頭已經太晚了。希望樹沐河能夠保衛我們的側翼。我們必須更加快腳步。前進！」

希優頓國王就這麼離開了自己的國家，一哩又一哩的朝向目標邁進。驃騎們越過了一座又一座的烽火臺：加侖漢、明瑞蒙、伊列拉斯、那多。但它們的烽火全都熄滅了。大地一片暗灰與沉寂；他們眼前的魔影越來越深重，每個人心中懷抱的希望之火也跟著漸漸熄滅。

第四節　剛鐸攻城戰

皮聘被甘道夫叫了起來。房間裡面點著蠟燭，只有非常微弱的光線透過窗戶照進來；空氣十分凝重，彷彿有風暴即將來臨。

「什麼時候了？」皮聘打著哈欠說。

「日出兩小時了。」甘道夫說：「你該起床了。城主已經召喚你，準備指派給你新的任務。」

「他會提供早餐嗎？」

「不！我會給你，到中午之前你也只能夠吃這麼多，食物現在已經開始採配給制了。」

皮聘可憐兮兮的看著那一小條麵包，以及（他認為）非常單薄的奶油，旁邊還有一杯稀牛奶。「你為什麼要帶我來這邊呢？」他說。

「你自己應該很清楚吧。」甘道夫說：「我是為了不讓你惹麻煩，如果你不喜歡這裡，最好記住，這是你自找的。」皮聘不敢再多說。

不久之後，他就和甘道夫再度走入那個冰冷的長廊，前往高塔的大廳。迪耐瑟坐在灰濛濛的大廳中；皮聘覺得他好像一隻耐心的老蜘蛛，似乎從昨天以來都沒有移動過。他示意甘道夫在旁邊坐下來，卻讓皮聘乾站在那邊，沒有理會；過了好一會兒，老人才轉向他：

「好啦，皮瑞格林先生，我希望你已經好好享受了昨天一整天，還喜歡嗎？不過，我恐怕本城的膳食供應不如你期望的好。」

皮聘有種很不自在的感覺，他的所作所為不知怎地都被城主得知了，連他腦中的想法似乎也被他猜到不少。因此，他沒有回答。

「你要怎麼效忠我？」

「大人，我還以為你會告訴我。」

「我會的，不過我必須先知道你到底適合做什麼。」迪耐瑟說：「如果我把你留在身邊，或許我很快就可以知道了。我的貼身侍衛之前請求加入城中的守軍，因此你可以暫時取代他的地位。你可以服侍我、替我傳令，如果在這場戰爭和會議中我還有任何的閒暇，你可以陪我聊天。你會唱歌嗎？」

「是的，」皮聘說：「呃，是的，至少我的同胞們可以忍受我的歌聲。不過，大人，我們民族沒有適合這種偉大殿堂與黑暗時代的詩歌。我們歌曲中最糟糕的也不過是大風大雨。絕大部分我會唱的歌都是讓人哈哈大笑的，或者是有關食物和美酒的。」

「這些歌為什麼不適合這個時刻，或是不適合我的宮殿呢？我們已經在魔影之下生活得夠久了，當然想要聽聽不受魔王威脅的地方的故事。這樣一來，儘管我們晝夜不懈的犧牲和努力很少獲得感謝，我們也不會覺得是徒勞無功的。」

皮聘的一顆心往下沉。他一點也不想對米那斯提力斯的城主唱任何夏爾的民謠，尤其是那些他最熟悉的搞笑歌曲；對於目前這種景況，那些歌曲太，呃，太俚俗不登大雅之堂了。不過，現在他暫時不需要考慮這兩難的處境，攝政王並沒有命令他當場唱歌。事實上，迪耐瑟轉向甘道夫，詢問有關洛汗國的狀況和他們的戰略，以及國王的外甥伊歐墨的地位。城主對於這個居住在遠方的民族所知甚詳，讓皮聘覺得非常佩服。而且，他想，迪耐瑟一定已經很久沒有離開過這座城市了。

這時，迪耐瑟揮揮手，示意皮聘暫時離開。「去要塞的兵器庫，」他說：「穿戴好淨白塔的制服和裝備。我昨天就已經下令了，今天應該已經準備好了。等你穿好之後就趕快回來！」

果然如同攝政王所說的一樣，皮聘很快地就穿上了非常獨特的制服，只有黑銀兩色。他披上一件合身的鎖子甲，或許上面的環甲是鋼鐵鑄造的，但卻黑得如同墨水一般。他還收到一頂相當高的頭盔，兩邊裝飾著小小的烏鴉翅膀，中間有顆銀色的星星。在鎖子甲之外則是一件黑色的斗篷，胸前用銀線繡著聖樹的徽記。他的舊衣服被疊得很整齊，收到一旁去，但他還是可以保留羅瑞安的灰色斗篷，只是在值勤的時候不能夠穿著它。如果他有鏡子的話，他會發覺自己現在看起來真的非常像是剛鐸人給他的稱號：Ernil i Pheriannath——半身人王子。但他覺得渾身不舒服，而天空的陰沉也開始讓他心情沉重起來。

這一整日天色陰暗朦朧。從沒有太陽的黎明一直到黃昏，那沉重的陰影越來越濃，城中所有人的心情都感到壓迫而沉重。在高空中，一大團烏雲從黑暗之地緩緩地朝西移動，吞噬了光明，帶來一股戰爭的風；但在烏雲下方，空氣是靜止的，令人感到窒息，整個安都因河谷彷彿都在等候一場毀滅性風暴的侵襲。

在日出後第十一個小時，皮聘終於可以暫時休息一下。於是，他離開大殿出去找些吃的和喝的，一方面激勵自己低落的士氣，一方面也讓自己在等候中能夠比較撐得住。在公共食堂中他再度遇見了貝瑞貢，他越過帕蘭諾平原前往堤道上守衛塔執行一項任務，才剛回來。兩人一起散步到城牆邊，因為皮聘覺得待在室內像在坐牢，在守衛森嚴的要塞中更覺得氣悶。這時兩人又再度並肩坐在昨天他們吃東西聊天的那個朝東的窄窗口前。

現在時間該是日落了，但鋪天蓋地的烏雲已經遠伸至西方，太陽只有在最後落到靠近海平面的時候，才脫離烏雲，在將臨的夜暗前投射出最後一抹告別的光芒；而佛羅多正好在那十字路口看見這光照在國王斷落的頭上。但是，在明多陸因山陰影下的帕蘭諾平原，不見任何的光芒：大地一片沉褐，陰鬱淒涼。

對皮聘來說，他上次坐在這裡似乎是好幾年前的事了；那時他還是個無憂無慮，不受一路上所經歷的磨難影響的快樂哈比人。現在，他是個準備面對恐怖攻勢的大城中的一名小小士兵，身上披著帶有悠久歷史，卻十分沉重的高塔衛戍部隊制服。

如果是在其他的時空下，皮聘或許會對自己身穿的新衣感到高興，但是，他現在知道這並非兒戲。他真真實實是在最危險的時刻做了一位嚴厲君主的侍衛，一名誓死效忠的僕人。鎖子甲十分沉重，頭盔也重重壓著他的頭。他將斗篷披在椅子上，疲倦地將眼光從下方黑暗的平原上移開，打了個哈欠，接著又嘆了一口氣。

「你覺得累了？」貝瑞貢問道。

「是的，」皮聘說：「很累了，我已經厭倦了無所事事的等待。我在我主的門口不停地踱步，熬過了許多個小時，在這段時間中，他一直和甘道夫、印拉希爾王和其他重要的人物討論不休。貝瑞貢先生，我到現在還不習慣餓著肚子服侍別人，看著他們吃東西，這對於哈比人來說真是個嚴酷的考驗。我想你一定會認為我應該要覺得深感光榮；但是，這樣的光榮又有何用？事實上，在這襲來的陰影之下，就算是吃吃喝喝又有何用？這到底是怎麼一回事？連空氣都是凝重的褐色！難道每當吹起東風，你們這裡就會這麼陰暗嗎？」

「不，」貝瑞貢說：「這並非自然的天候。這是他惡毒的詭計，是他從火山之中激發出的毒煙，想要摧折我們的士氣，打亂我們的部署；而它的確產生了影響。我希望法拉墨王子趕快回來，他絕不會低頭喪志的。可是，現在誰知道他能不能穿過黑暗，渡河回來？」

「是啊，」皮聘回答：「甘道夫也很焦急。我覺得，他發現法拉墨不在這裡時，覺得很失望。現在他自己又跑到哪裡去了？在午餐之前他就離開了攝政王的會議室，我想，他的心情也很糟糕。或許，他已經有得知壞消息的預兆。」

突然間，就在他們說話時，兩人像被用力一棍打啞了，渾身凍結如兩塊傾聽的石頭。皮聘摀著耳朵蹲了下去，而在談論到法拉墨時正從城垛上往外望的貝瑞貢，還是呆站在那裡，無法動彈，瞪大雙眼看著城外。皮聘認得那令人戰慄的尖叫聲：那是他許久以前在夏爾的沼澤地所聽到的同一個聲音。只是，它的力量變得更強，仇恨變得更深，以極度的絕望毫不留情地刺透人心。

最後，貝瑞貢勉強擠出幾句話：「他們來了！」他說：「鼓起勇氣往下看！那些墮落的生物出現了。」

皮聘勉強爬上座椅，朝牆外望。他下方的帕蘭諾平原一片朦朧，向著安都因大河延伸而去，越來越模糊。此刻，當他凝神細看的時候，可以看見半空中有五個鳥形的身影，猶如過早降臨的黑夜，旋風般疾掃過大河飛來，牠們恐怖如吃腐屍的兀鷹，身形卻比巨鷹還龐大，渾身散發著死亡的氣息。牠們越飛越近，幾乎要進入城中弓箭的射程內，但隨即又盤旋離開。

「黑騎士！」皮聘喃喃道：「會飛的黑騎士！貝瑞貢，你看！」他大喊著：「牠們一定是在找什麼東西！你看牠們一直在盤旋俯衝，全都瞄準著那一點！你可以看見那邊地面上有什麼東西在移動嗎？黑色的小東西。沒錯，是騎著馬的人，四個還是五個！啊！我受不了了！甘道夫！甘道夫快來救我們！」

另一聲淒厲的尖叫響起又消失，他再次從城牆邊往後縮，像是被獵殺的動物一般不停地喘息。透過那聲令人膽寒的尖叫，他聽到下方傳來顯得十分遙遠、微弱的號角聲，尾音最後還猛然往上揚。

「法拉墨！法拉墨大人！這是他的號聲！」貝瑞貢大喊著：「真是太勇敢了！但是，如果這些邪惡的魔鷹還擁有恐懼以外的武器，他們怎麼可能趕到城門口？你看！他們挺住了。他們會趕到門口的。不！馬匹發瘋失控了……天哪！騎士都被甩了下來，他們正在徒步奔跑——不，還有一個人騎在馬上，他又騎回去照應他人。那一定是法拉墨將軍，他可以掌控人類和馬匹。啊！又有另外一隻恐怖的魔怪在朝他俯衝。來人哪！快來人哪！沒有人願意出去幫忙嗎？法拉墨！」

話聲一落，貝瑞貢立刻奔入黑暗中。貝瑞貢這種不顧己身安危，先想到自己熱愛的長官的行為，讓皮聘覺得十分羞愧。他立刻站起身，向外眺望。就在那一刻，他看見一道銀白色的閃光從北方衝來，像是昏暗平原上的一道流星。它以如同飛箭一般的速度前進，而且越來越快，迅速和朝城門奔來的四人會合。在皮聘眼中，那蒼白的光芒似乎正在不停地擴大，將它四周的陰影驅散開來。當那身影越來越靠近的時候，他覺得自己似乎聽見一聲大吼，聽起來像城牆內的回聲。

「甘道夫！」他大喊著：「那是甘道夫！他總是在最絕望的時候現身。衝啊！白騎士，衝啊！甘道夫，甘道夫！」他瘋狂地大喊，彷彿正在替賽場中的選手加油，只是這位選手早已不再需要加油。

但是，這時，天空中的黑影已經發現了這名不速之客。一道黑影向他盤旋而來；但皮聘似乎看見甘道夫舉起手，一束白光射向天際，那名戒靈發出一聲長長刺耳的尖叫，轉身飛開。另外四名戒靈見狀立刻猶豫不前，隨即迅速往空中攀升，向東方飛去，消失在上方低沉黑暗的烏雲中。下方的帕蘭諾平原一時間似乎變得比較光明了些。

皮聘繼續觀看，他看見白騎士和那馬上的人會合了，並停下來等待那些步行的人。人們從城中蜂擁而出，很快的一行人就都走到了外牆下方視線不及之處，他知道他們已經進了正門。他推測他們一定會立刻前來白塔晉見攝政王，於是急忙趕到要塞的入口處，加入許多在那邊的人，他們也同樣在城牆上目睹了這場追殺和援救。

沒多久，在一環環向上通往高塔而來的街道中就傳來了震耳的喧鬧聲，人們歡呼、大喊著法拉墨和米斯蘭達的名號。皮聘看見排列成行的火炬，後面跟著歡欣鼓舞的群眾，簇擁著兩名緩步騎行的騎士：白衣騎士不再發出光芒，他在朦朧中顯得蒼白，彷彿他的火焰在剛剛已經燒盡了或被遮住了；另外一名騎士穿著深色裝束低垂著頭。他們一起下馬，僕從接過影疾和另一匹馬的韁繩，兩人一起朝門口的衛兵走來：甘道夫腳步沉穩，灰色的斗篷隨風翻飛，眼中依舊有著熊熊火焰殘留的餘燼；另一個人一身綠衣，步履有些不穩，似乎是受了傷或是因為剛剛的追逐而精疲力盡。

皮聘擠上前去看見他們正經過拱門的燈下，當他看到法拉墨蒼白的面孔時，他猛吸了一口氣。從那張面孔上，可以看出他遭受過無比恐懼或痛苦的攻擊，但現在一切都已控制住，並已恢復平靜。法拉墨在門前站了一會兒，和守衛說話，他神情自重而嚴肅，皮聘凝望著他，這才明白他長得和哥哥波羅莫有多麼相像；皮聘從第一眼見到波羅莫時就喜歡他，仰慕他偉大的君王風範，行事舉止卻又和藹可親。但是，一見到法拉墨，皮聘卻感覺到一股前所未有的情緒波動——眼前是一名擁有高貴血統和氣質的人類，就像亞拉岡不時顯露出來的一樣，或許相較起來沒有那麼尊貴，但也不像亞拉岡那麼難以捉摸、不易親近。這是擁有上古人皇血統的現世繼承者，同時也被那古老種族的智慧和哀傷所感染。他現在才明白，貝瑞貢提到他時，為什麼會充滿了敬愛之情。他是個人們樂於服從和跟隨的將軍，即使是在那些黑翼的陰影籠罩之下，皮聘也願意跟他出生入死。

「法拉墨！」他跟著其他人一起放聲大喊：「法拉墨！」法拉墨在城中人類的吵雜聲中，聽出了他陌生的口音，轉過身來低頭看見他，不禁露出驚訝的神色。

「你是什麼時候來的？」他說：「一名半身人，竟穿著高塔的制服！你是……」

他話還沒說完，甘道夫就走到他身旁插話道：「他是和我一起從半身人的故鄉來的。」他說：「他是和我一道的。我們先別在這裡耽擱時間吧。還有很多話要說、很多事情要做，而且你也已經疲倦了。他會跟我們一起來的。事實上，如果他沒像我這般健忘，還記得他的新職責的話，他這個時候也該去服侍攝政王了。來吧，皮聘，跟我們走！」

不久之後，他們來到了城主的房間。房中生有一盆炭火，周圍安設了數張寬大的座椅；僕人們也跟著送上美酒。皮聘幾乎不為人注意地站在迪耐瑟的座位後方，著急地想要聆聽最新的消息，甚至連自己的疲倦都忘記了。

在法拉墨吃了幾片麵包、喝了一大杯酒之後，他在父親的左手邊一張較低的椅子上坐了下來。另一邊，甘道夫坐在一張雕花木椅上；起初他看起來像是睡著了，因為法拉墨一開始只是談著十天前他被派去執行的祕密任務，他描述了伊西立安目前的狀況，以及魔王和盟友們的調兵遣將；他提到了在路上埋伏哈拉德林人，將他們和巨獸一起殲滅的過程。這就像過去常聽到的，完全是一名將軍在向主上進行例行的報告，即使戰果看來十分的輝煌，但和目前的危機相比，也淪落為稀鬆平常的邊境衝突。

接著，法拉墨的視線突然停留在皮聘身上。「但現在要談我們所遇上的怪事了。」他說：「這並不是我所見過第一位從北方傳說中來到南方的半身人。」

一聽見這話，甘道夫立刻抓住扶手，猛地坐直身；但他什麼也沒說，只使了個眼色制止了皮聘正要張開的大嘴。迪耐瑟看看他們的臉，點了點頭，似乎他們不用開口他就已經洞悉了未說之事。所有的人都沉默、專注地傾聽著法拉墨娓娓道來這段故事；他的目光大部分時候都看著甘道夫，偶爾會瞟向皮聘，似乎是為了提醒自己之前所見過的那兩人。

當他的故事逐步講到他和佛羅多及僕人的相遇，以及在漢那斯安南所發生的事時，皮聘察覺到甘道夫緊握著椅把的手正在微微顫抖著。那雙手此刻看起來極為蒼白，而且十分蒼老，當他看著它們時，皮聘突然感到一陣恐懼，這才明白，甘道夫本人竟然也在擔心，甚至是害怕。房間中的空氣變得十分凝滯、沉重。最後，當法拉墨敘述他和對方分別，而他們意圖前往西力斯昂哥的計畫時，他的聲音低沉下去，他搖了搖頭，無奈地嘆了口氣。甘道夫立刻跳了起來。

「西力斯昂哥？魔窟谷？」他說：「時間，法拉墨，什麼時間？你和他們是什麼時候分開的？他們大概什麼時候會抵達那個受詛咒的山谷？」

「我是在兩天前的清晨和他們分別的。」法拉墨說：「如果他們往南直走，從那邊到魔窟都因谷大約有四十五哩；然後從那邊還得往西走十五哩才會到那座被詛咒的高塔。即使以最快的腳程計算，他們在今天之前也到不了那個地方，或許現在也還沒到。我明白你在擔心什麼。但這籠罩天地的黑暗和他們的冒險之間並無關連。這黑暗是從昨晚開始的，伊西立安昨天一整夜都籠罩在陰影中。根據我的判斷，魔王早就準備好對我們發動總攻擊，而進攻擊的時間早在這兩名半身人離開我的保護前就決定了。」

甘道夫來回踱步。「兩天前的早晨，也就是他們已經走了三個白天了！你和他們分開的地方距離這裡有多遠？」

「直線距離大約七十五哩。」法拉墨回答：「我已經盡全力趕回來了。昨晚我在凱爾安卓斯紮營，那是在大河北邊我們駐紮兵力的一個三角洲，馬匹則是留在這邊的河岸上。當黑暗來襲，我知道情況緊急，便立刻和其他三名能騎馬者趕來。我將其餘的部隊派往南邊，加強奧斯吉力亞斯渡口的防衛。我希望我這麼做沒有錯吧？」他看著父親。

「錯？」迪耐瑟大吼一聲，眼中突然精光閃動。「你問我幹麼？那些人是由你指揮的。還是，你請我評判你所有的作為？你在我面前裝得十分謙卑，但你暗地裡根本把我的話當耳邊風，一意孤行。你看，和以前一樣，你說話還是很有技巧；可是，你從頭到尾都一直看著米斯蘭達，希望他確認你說的對不對，有沒有洩漏太多！他從很久以前就贏得了你的信任。」

「吾兒啊，你父親雖老，卻還沒有那麼不中用。我還是和以前一樣能聽能看；你口裡只說一半或不願說的，都瞞不了我。我知道很多謎團的答案。唉，不值得啊，波羅莫死得真不值得！」

「父王，如果我所言所行令您感到不快，」法拉墨平靜地說：「在您將如此嚴厲的評斷加在我身上之前，我真希望能夠事先知道您的指示。」

「那會改變你的決定嗎？」迪耐瑟說：「我很清楚，你還是會做出同樣的事。我太了解你了。你一直以來就想效法古代的君王，像他們一樣高貴、慷慨、仁慈、謙和。這對於出身高貴、在承平之世治國的王族來說，是很恰當的。但是，在亂世中，慷慨謙和往往必須付出死亡做代價。」

「我不後悔。」法拉墨說。

「你不後悔！」迪耐瑟大吼道：「法拉墨大人，但死的不是只有你，還有你父親，以及你所有的子民。在波羅莫去世之後，保護他們就成了你的職責！」

「那麼，父王希望——」法拉墨說：「我和哥哥的命運交換嗎？」

「是的，我真希望是這樣！」迪耐瑟說：「波羅莫效忠的是我，他不是巫師的玩偶。他會記得父王的需要，不會浪費命運賜給他的機緣。他會把那充滿力量的禮物送到我面前。」

法拉墨一時之間失控了：「父王，我要請您記得，為什麼在伊西立安的是我而不是他。至少，不久之前，我這不肖子還聽過您的教誨一次。將那任務交給他去執行的就是攝政王您啊！」

「這杯自釀苦酒我自會喝下，不需要你來提醒我！」迪耐瑟說：「我現在豈不每天每夜都在品嘗這苦果，預感還有什麼更壞的事會發生？現在果然不出我所料。事情何以不從我所願！那東西應該到我手裡的！」

「冷靜一點！」甘道夫說：「波羅莫也絕對不可能把它帶來給你的。他已經死了，而且死得其所，願他安息！你不過是自欺欺人罷了。如果他拿走那東西，那麼他將會淪入魔道；他會把那東西占為己有，當他回來的時候，你連自己的兒子也不會認得了！」

迪耐瑟臉上神情變得堅硬又冷酷，說：「你發現波羅莫沒有那麼容易操弄，是吧？」他柔聲說：「但我身為他的父親，我可以肯定的告訴你，他會把那東西帶給我的。米斯蘭達，或許你很睿智，但不論你如何機巧算盡，你都不是全知全能的。有些忠告，不是巫師的羅網和蠢人的愚行可以掩蓋的。在這件事上，我所知道的比你推測的還要多。」

「那您所知道的是？」甘道夫說。

「我所知道的，足夠判斷出我們必須全力避免兩個愚蠢的作法。使用那東西是非常危險的。而在這種時刻，像你和我那兒子所做的那樣，派一名沒腦袋的半身人把它送到魔王的國度中，更是徹頭徹尾的瘋狂。」

「英明的迪耐瑟王，您又會怎麼做呢？」

「我兩個都不做。但幾乎可以確定的是，我絕對不會拿眾人全面的毀滅去冒險，讓那東西處在除了愚者之外誰都不抱希望的危險中，讓魔王有重新找回那東西的可能性。不，我們應該要將它收好，藏起來，收在陰暗、幽深，沒人找得到的地方。除非面臨最後的絕境，否則絕對不使用它，將它放在他拿不到的地方，除非他徹底戰勝我們，我們全都死亡，那時無論有什麼事降臨，我們都無所謂了。」

「大人，您的思考模式和以前一樣，都僅限於剛鐸統治者的角度。」甘道夫說：「但是，除了你們之外，還有其他的人類、其他的生靈，而且時間還在繼續。以我來說，甚至是他的奴僕都讓我非常同情。」

「如果剛鐸陷落，其他的人類能從哪裡獲得援助？」迪耐瑟回答道：「如果我現在已經將那東西安全地收藏在這城堡的寶庫中，我們這場討論就不會因此起爭端，我們也不會在這一片昏暗中因恐懼而顫抖，擔心最壞的事發生。如果你不相信我能通過那考驗，你對我的了解根本就不夠！」

「我如論如何都不相信你。」甘道夫說：「如果我信任你，我早就把那東西送到你手中，不需要讓我自己和其他人經歷這麼多的磨難。現在聽完你這一番話之後，我就更不信任你了，就和我不信任波羅莫一樣。等等，你先別動怒！在這件事情上，我也不信任我自己；即使它是白白送給我的禮物，我也絕對不會拿的。迪耐瑟，你很堅強，在某些事務上你還是可以控制自己；但是，如果你拿到那東西，它會徹底擊垮你的。即使它被埋在明多陸因山下，當黑暗增長的時候，它還是會讓你朝思暮想，焚燬你一切的理智，到時候，更糟糕的狀況將會隨之降臨到我們身上。」

在那一刻，迪耐瑟看著甘道夫的雙眼又再度發出異光，皮聘再度感覺到兩人意志力的拉扯與抗衡。但這次，兩人的目光就像銳利的刀劍一樣，在交鋒時冒出火花。皮聘渾身發抖，擔心會有某種致命的一擊。可是，迪耐瑟突然間鬆懈下來，再度變得冷酷。他聳了聳肩。

「如果我拿到！如果你拿到！」他說：「這種假設都是空談。它已經進入了魔影的勢力範圍，只有時間會證實，等待著它和我們的是什麼。而這時間不長了。在此之前，所有對抗魔王的人都當團結一致，並盡可能抱持最後一絲希望，當這希望灰飛煙滅，剛毅之人仍可以自由之身戰死。」他轉過身面對法拉墨道：「你認為奧斯吉力亞斯的防衛怎麼樣？」

「不夠強。」法拉墨說：「正因為這樣，我才會把伊西立安的部隊派去增強那裡的防衛。」

「我看這恐怕還是不夠。」迪耐瑟說：「敵人的第一擊將會落在該處。他們會需要一些剛勇的將領來指揮他們。」

「許多地方都一樣，」法拉墨嘆氣道：「如果我敬愛的哥哥還在世就好了！」他站起身。

「父王，我可以告退了嗎？」話沒說完，他的雙腿一軟，幸好扶住了父親的椅子才沒有摔倒。

「我看得出來你很累了。」迪耐瑟說：「你趕了很長的一段路，我聽說一路上還有邪惡的陰影追擊。」

「先別談這個！」法拉墨說。

「那就先不談吧。」迪耐瑟說：「先去休息吧。明天我們會面臨更嚴酷的考驗。」

所有的人都向城主告退，把握機會好好休息。甘道夫和皮聘拿著小火把，準備走回暫居的地方，此時外面是一片無星無月的黑暗。在他們回到房內之前，兩人都保持沉默，最後，皮聘握住甘道夫的手說。

「告訴我，」他說：「還有希望嗎？佛羅多還有希望嗎？我的意思是，至少佛羅多還有成功的可能嗎？」

甘道夫把手放在皮聘頭上。「從一開始就沒有多少希望。」他回答道：「正如你剛剛聽見的，這只是一個愚蠢者的希望。當我聽見西力斯昂哥時——」他頓住，走到窗台前看著外面，彷彿雙眼可以穿透東方的黑暗。「西力斯昂哥！」他呢喃著：「為什麼會選那條路呢？」他轉過身說道：「皮聘，聽見這個地名的時候，我幾乎失去了信心。但事實上，我認為從法拉墨帶來的消息中，還可看見希望。因為，情況很清楚，魔王在抓住佛羅多之前開啟了戰端。因此，從今天起的許多天，他的目光都會在全世界梭巡，反而遺漏了他自己的國度。而且，皮聘，我從這裡就可以感覺到他的倉皇和恐懼，他被迫在一切準備周全之前發動攻擊，一定是有什麼事情讓他不得不如此。」

甘道夫沉思了片刻。「或許，」他喃喃道：「小子，或許連你所做的傻事都有幫助。我來算算：大約五天之前，他就發現我們打垮了薩魯曼，取走了晶石，但這又怎麼樣呢？我們也不能在不讓他發現的狀況下好好利用晶石。啊！我怎麼推想；亞拉岡嗎？他的時機快到了。皮聘，他的內心十分堅強，毅力遠遠超越一般人。他勇敢、意志堅定，能夠自己做出正確的選擇，必要時也敢鋌而走險。或許就是這樣啊！他可能利用晶石刻意出現在魔王面前、挑戰他，為的就是這個目的。我是這麼推測。算了，除非洛汗國的驃騎能及時抵達，我們才可能知道進一步的消息。這真是動盪的亂世啊！趁還能夠休息的時候閉上眼休息吧！」

「可是，」皮聘說。

「可是什麼？」甘道夫說：「今晚我只接受一個可是。」

「咕魯，」皮聘說：「天曉得他們怎麼能和他一起行動，甚至是聽從他的帶領？我也看得出來，法拉墨跟你一樣，一點都不喜歡他們要去的那個地方。到底有什麼問題？」

「我現在也不能回答。」甘道夫說：「但我認為佛羅多和咕魯在一切結束之前是會碰面的，不管會導致善果或是惡果都一樣。但今晚我不願意詳述西力斯昂哥的歷史，我擔心的是陰謀，那個可憐的小傢伙可能正計畫著某種陰謀。我們又能如何？叛徒往往會作繭自縛，甚至創造出他無心締造的善果，世事難料。晚安！」

第二天的早晨像是黃昏一樣灰暗，原先因為法拉墨回來而鼓舞的民心士氣，現在又再度低落下去。這天，有翼的陰影並未再度出現，但是，從早到晚，人們不時會聽見高空傳來微弱的尖叫聲；許多聽到那聲音的人都不禁渾身發抖，較為膽小的人更會喪膽哭泣。

如今，法拉墨又再度離開了。「他們就是不讓他休息。」有些人低聲說：「王上對他的兒子太嚴苛了，他現在必須挑起兩個人的重擔，一是他自己的，一是屬於他那永遠不會回來的哥哥。」人們不停地望向北方，問道：「洛汗的驃騎呢？」

事實上，法拉墨並非自願離開的。但是，城主畢竟還是剛鐸的統治者，那天他也不準備在戰略會議中向任何人低頭。那天一早，城主就召開戰略會議；在會議中，所有的將領們都同意，由於南方遭受到突如其來的威脅，導致他們的兵力大幅減少，因此無法主動出擊，除非洛汗國的驃騎抵達，才有可能扭轉這局勢。在這期間，他們必須增派人手防禦城牆，進行等待。

「不過，」迪耐瑟說：「我們也不能輕易放棄外圍的防禦，拉馬斯安澈的城牆是我們耗費無數人力才修建好的。魔王的部隊也必須為了渡過河口而付出慘重的代價。他要全力進攻我城，不能由北自凱爾安卓斯前來，因為那裡有沼澤地，也不能從南攻向蘭班寧，因為河太寬，會需要許多的船隻。因此，他會集中全力攻擊奧斯吉力亞斯，當年波羅莫阻擋住他的攻勢，就是同樣的狀況。」

「但那時只不過是刺探。」法拉墨說：「今天，就算我們讓敵人付出十倍於我方的傷亡人數，也還是不值得的。他可以承受一整個軍團的傷亡，但一個連隊的犧牲對我們卻是重大的損失。如果他強攻渡河，我們派在外地的駐軍撤回主城的過程將會極其危險。」

「凱爾安卓斯又如何呢？」印拉希爾王說：「如果奧斯吉力亞斯守住的話，該處也必須要能守得住。我們也別忘記左翼可能有的威脅。洛汗國的援軍可能會來，但也可能失約。根據法拉墨的情報，魔王的黑門前聚集了大軍，他可能同時派出數個軍團，攻擊一個以上的渡口。」

「在戰爭中本來就要冒許多險。」迪耐瑟說：「凱爾安卓斯已經駐有部隊，目前我們不會再派出援軍。但我絕不會拱手讓出渡口和帕蘭諾平原——關鍵在於在場有哪一位將軍擁有勇氣執行上級的意志。」

眾人一片沉寂。最後，法拉墨說了：「長官，我不會違抗你的旨意。既然您已經失去了波羅莫，我願意去，代他盡力而為——只要您下令。」

「這就是我的命令。」迪耐瑟說。

「再會了，父王！」法拉墨說：「倘若我能僥倖生還，請你給我個公平的評斷！」

「那要看你是以什麼樣的姿態生還！」迪耐瑟說。

在法拉墨往東進發之前，最後和他說話的是甘道夫。「不要因為心中的痛苦，而輕賤自己的生命。」他說：「除了戰爭以外，這裡還有其他的理由需要你。法拉墨，你的父親是愛你的，他最後會明白的。再會了！」

就這樣，法拉墨大人又再度離開了，他帶走了一些能夠抽調出來的自願者。城牆上，有些人透過陰暗的天色，朝著遠方的廢墟城市望，猜測著該處到底面臨什麼樣的狀況，因為什麼都看不見。其他人則依然如同以往一樣看著北方，估算著希優頓馳援的距離。「他會來嗎？他還記得兩國之間的盟約嗎？」他們說。

「是的，他會來的！」甘道夫說：「但他有可能來得太遲。但你們想一想！朱紅箭最快也不過兩天前才抵達他手中，從伊多拉斯到此的路又很遠。」

在新的情報傳來時，已經又是夜晚了。一名男子匆忙從渡口騎來，報告從米那斯魔窟出發的大軍正在逐漸接近奧斯吉力亞斯，南方高大殘酷的哈拉德林人也加入了他們的陣容。「我們也才剛剛得知，」信差說，「黑影將軍是他們的首領，在河對岸都可以感受到他散發出來的恐怖氣息。」

皮聘來到米那斯提力斯的第三天，就在這噩耗中結束了。只有少數幾人前去休息，因為大家都明白，現在，即使是法拉墨也不可能守住渡口很久了。

第二天一早，雖然黑暗已經擴張到底，也不再變得更深沉，但它還是在人們的心中造成極為沉重的壓力，他們也都覺得十分恐懼。噩耗很快又再度傳來。敵人已經強渡了安都因河口，法拉墨正撤退到帕蘭諾的城牆後，在堤道堡壘中重新集結他的兵力；但敵人擁有十倍於他的兵力。

「即使他能夠成功橫越帕蘭諾平原，也不可能擺脫緊追不捨的敵人。」信差回報：「他們為了渡河已經付出了慘重的代價，但卻沒有像我們所希望的那樣慘痛。他們的渡河計畫十分的周詳。我們現在才知道，長久以來，他們就開始祕密地製造木筏和渡船，藏放在東奧斯吉力亞斯中。他們像甲蟲一般蜂擁而來。但真正擊敗我們的還是黑影將軍。光是聽見他即將到來的謠言，就沒有多少人能夠抵擋。他自己的部下也對他畏懼不已，只要他一聲令下，他們會當場自相殘殺。」

「那麼，那裡比此地還更需要我！」甘道夫立刻策馬出城，他模糊的身影很快就消失在眾人的視線中。皮聘徹夜不眠、獨自站在城牆上，凝望著東方。

天亮的鐘聲又再度響起，在這濃密的黑暗中顯得格外諷刺。皮聘這時卻看見遠方有了火光，就在帕蘭諾平原城牆屹立的地方。守衛們大聲呼喊，城中的所有男子全都嚴陣以待。遠方不時發出紅色的閃光，慢慢地，透過滯重的空氣，可以聽見一聲聲低沉的悶響傳來。

「他們已經攻下了城牆！」人們大喊道：「敵人炸開了缺口。他們來了！」

「法拉墨在哪裡？」貝瑞貢不安地大喊：「千萬別說他已經戰死了！」

首先帶來消息的是甘道夫。上午過了一半，他帶著屈指可數的騎士護送一列馬車回來。車上載滿了傷患，都是他們從堤道堡壘的廢墟中搶救出來的戰友。他立刻趕去見迪耐瑟。城主此刻坐在淨白塔中的大廳內，皮聘侍立在他身邊；透過黯淡的窗戶，他暗色的雙眸不停地注視著北方、南方和東方，彷彿想要看穿那籠罩在他四周的邪惡黑暗。他的目光最常停留在北方，有時他會停下來側耳傾聽，彷彿藉著某種古老的魔法，他的耳朵可以聽見遠方平原上如雷的馬蹄聲。

「法拉墨回來了嗎？」他問道。

「不，」甘道夫說：「但當我離開的時候，他還活著。他決定要留下來斷後，以免帕蘭諾平原的撤退行動潰不成軍。有他在現場坐鎮，至少可以讓部隊再堅持一陣子。但我對此實在沒把握。他要抵禦的那個敵人太強大，因為我所擔心的那人已經到了。」

「不會是——不會是黑暗魔君吧？」皮聘在恐懼中忘記了分寸。

迪耐瑟苦笑著說：「不，皮聘先生，時候還沒到哪！只有在我們一敗塗地之後，他全面獲勝之後才會來。他會利用其他人當作他的武器。半身人先生，所有睿智的君王，都會這麼做。否則，為什麼我會坐在這座塔中思考、觀察和等待，甚至連自己的兒子都不惜犧牲？我並不是已經不能出陣作戰了！」

他站起身，掀開黑色的斗篷，看啊！斗篷底下他穿著鎖子甲，腰帶上繫著一柄長劍，劍柄長大，突出於黑銀兩色的劍鞘中。「我已經這樣生活了多年，連睡覺的時候都不會除下。」他說：「這樣，我的身體才不會因為年歲而變得老朽膽怯。」

「但是，在巴拉多之王的指揮之下，他的麾下大將已經攻占了你的外層防禦。」甘道夫說：「他是古代的安格馬巫王、妖術師、戒靈，九名墮落之王的首領，在索倫的手中，他是柄讓人充滿恐懼的利刃，是讓人絕望的幽影。」

「那麼，米斯蘭達，你終於碰上可以和你匹敵的對手了！」迪耐瑟說：「至於我，我從很久以前就知道邪黑塔真正的掌權者是誰。你回來就只為了告訴我這些消息嗎？或者，你是因為打不過對方而逃之夭夭？」

皮聘打了個寒顫，擔心甘道夫會因這刺激而勃然大怒，但他的恐懼是多餘的。「或許吧！」甘道夫柔聲回答：「但對我們實力的真正考驗還沒到來。如果古代的預言沒錯，無論多麼勇武的英雄好漢都殺不了他，他的剋星是連賢者都不得而知的謎團。無論如何，至少，那邪惡的首領自己並不急著向前；他正是照著你之前所提過的睿智規範而行，躲在後方，驅趕著他的奴僕瘋狂向前。」

「但你猜錯了，我回來的目的是護送那些還可以醫治的傷患；拉馬斯的城牆已經多處被毀，魔窟的大軍很快就會從多個缺口進軍。我來主要是提這件事：很快的，平原上就會掀起戰火；我們必須準備一支突擊的伏兵，最好全是騎馬的戰士。那是我們唯一的希望，目前敵人的騎兵依舊是他們最弱的一環。」

「我們現在也好不到哪裡去，如果驃騎們現在能出現就好了！」迪耐瑟說。

「其他的部隊會比他們先抵達。」甘道夫說：「凱爾安卓斯的守軍已經和我們會合，那座三角洲已經淪陷。另一支從黑門前出發的部隊，從東北方渡河攻擊了他們。」

「米斯蘭達，有些人指責你樂於帶來壞消息，」迪耐瑟說：「但這對我來說並不算是新消息了：昨天天黑以前我就知道了。至於突擊的伏兵，我已經考慮過這件事了。我們下去吧。」

時間慢慢流逝。經過一段時間之後，城牆上的守軍開始看見撤退的先頭部隊。疲憊的戰士一小群一小群散亂地往回走，其中大多數人身上都掛彩了；有些人甚至像是被追殺一般地沒命狂奔。人們依舊可以看見遠處東方閃動著火光，這些火焰似乎從各處穿透了城牆，在平原上蔓延開來。房屋和穀倉起火了。然後，一條條細小的紅色火龍蜿蜒穿過黑暗，迅速從四面八方朝主城門前往奧斯吉力亞斯的大道匯聚而來。

「這些敵人，」男人們說：「外牆已經陷落了，他們從每一個缺口蜂擁而入。看來他們還帶著火把！我們的部隊呢？」

時間逐漸接近傍晚，光線越來越微弱，連視力很好的人，都無法從要塞中看清楚戰場上的情況。唯一能確定的是：火焰不停地蔓延，火龍的長度和數量也一直在增加。最後，距離主城不到一哩的地方，一群秩序井然的戰士出現了，他們以穩定的步伐前進，依舊保持著隊形。

城中的人們屏息以待。「法拉墨一定就在那邊。」他們說：「他可以指揮人類或是野獸，他會安全回來的！」

撤退的主要隊伍距離主城大約只剩四百呎了，在他們身後有一小隊騎兵從黑暗中急馳而來，那是斷後部隊倖存的最後幾名戰士。他們又再度轉過身，面對數量驚人的敵人。這時，突然間傳來了凶猛的喊叫，敵人的騎兵衝鋒了。原先的火焰長龍變成了波濤洶湧的急流，一列一列的半獸人拿著火把，野蠻的南方人擎著紅旗，用粗魯的語言不停叫罵著衝上來，眼看就要趕上撤退的隊伍。同時，從黑暗的天空中傳來一聲刺耳的尖叫，長著翅膀的黑影飛出，戒靈俯衝而下，準備大開殺戒。

撤退的隊伍立刻潰散。人們開始脫隊，不假思索地四散奔逃，有些將武器拋下，有些恐懼大喊，有些則是趴在地上不能動彈。

要塞中傳來了衝鋒的號角聲，迪耐瑟終於出動了他的伏兵。他們集結在正門和外牆邊的陰影中，就等著他的訊號，他們是城內所有僅存的騎兵。他們隊伍整齊地以高速衝向敵人，口中大聲吶喊著殺向敵人，城牆內也響起回應的吶喊；在騎兵的最前端，是多爾安羅斯王和他擎著藍旗的天鵝騎士。

「安羅斯為剛鐸而戰！」他們大喊著：「安羅斯和法拉墨要會合了！」

他們以奔雷的氣勢擊潰了撤退隊伍兩翼的敵人；但一名騎士超越了後面的所有人，猶如一陣草原上的疾風掠過敵陣：影疾載著他，他再度渾身發光，高舉的手中閃動著耀眼的光芒。

戒靈尖叫一聲，猛地拉高衝勢飛開，因為牠們的首領還沒前來挑戰敵人手中淨化的火焰。魔窟的部隊本來一心一意只想殘殺劫掠撤退者，冷不防被這一陣猛烈的衝殺擊垮，立刻像大風中的火星一吹而散。剛鐸撤退的部隊歡呼著轉過身，開始攻擊追兵。原先的獵人成了獵物，撤退反而轉成進攻。戰場上立刻屍橫遍野，滿地都是半獸人和人類的屍體，驟然熄滅的火把冒出惡臭，在平原上捲起陣陣的煙霧。騎兵毫不留情地繼續向前。

但迪耐瑟並不允許他們繼續追擊。雖然敵人的攻勢受阻，暫時被擊退，但東方的部隊依舊源源不絕地前來增援。號角再度響起，發出退兵的號令。剛鐸的騎兵停了下來。在他們的掩護之下，撤退部隊重整隊形，再度秩序井然地朝向正門邁進。他們抵達城門，抬頭挺胸地邁入；城內的人民也以敬佩的眼光看著他們，大聲稱讚他們；但是，眾人內心也都很沉重，因為從戰士的數量看來，他們的犧牲非常慘重。法拉墨損失了三分之一的部下，而他自己人又在哪裡呢？

他是最後進來的人，他的部下都已經進了城內。騎兵們策馬進城，最後是多爾安羅斯的旗幟和領袖，他懷中抱著和他流著相同血脈的迪耐瑟之子法拉墨，他是在屍橫遍野的戰場上找到他倒下的軀體。

「法拉墨！法拉墨！」人們在街道上哭喊著。但他沒有回答，他們將他簇擁著送進要塞，回到他父王的身邊。正當戒靈在白騎士攻擊的光芒下後退時，法拉墨正和哈拉德的一名大將在馬上僵持不下，從敵陣中冷不防飛來一箭射中了他，令他墜落下馬。如果不是多爾安羅斯騎兵的衝鋒，他可能早就被南方人的利劍斬殺在戰場上。

印拉希爾王將法拉墨送入淨白塔，他說：「王上，你的兒子在英勇奮戰之後回來了。」他描述了他所見的奮戰經過。但迪耐瑟只是站起來，注視著兒子的臉孔，一言不發。然後，他命令僕人們在房中安排一張床，將法拉墨放在床上，接著請眾人離開。他自己則是上到高塔頂端的祕室中；那時，許多抬頭觀望的民眾看見窄窗內冒出蒼白的光芒，在閃動一陣之後，光芒就熄滅了。當迪耐瑟從塔上下來之後，他走到法拉墨身前，坐在他身邊，依舊一言不發；只是，攝政王的臉色灰敗，看起來比他臥床的兒子更像個死人。

就這樣，米那斯提力斯最後終究遭到了圍困，被敵人滴水不漏地包圍了。拉馬斯城牆遭到突破，整個帕蘭諾平原也落入敵人的掌握中。從城外最後進來的消息，是由北方逃來的部隊在正門關閉前所帶進來的。他們是從安諾瑞安和洛汗進入米那斯提力斯必經之道上的守軍。這些殘兵是由印哥所帶領，五天前就是他讓甘道夫和皮聘通過的，那時，太陽還依然升起，早晨還充滿希望。

「驃騎們還是沒有消息。」他說：「洛汗國的援兵不會來了。即使他們來了，恐怕也無法突破包圍圈。我們首先聽到的消息是，有一支新的部隊已經從凱爾安卓斯的方向渡河了。他們的兵力非常強大：好幾個魔眼直屬的半獸人軍團，以及無數個由我們以前從未見過的陌生人類所組成的連隊。他們身材並不高，但十分壯碩兇殘，像矮人一樣留著鬍子，拿著巨斧。我們猜測，他們可能是從東方的荒野中前來的野蠻部族。他們在北方的道路上部署了重兵，還有許多則是進駐了安諾瑞安。驃騎們看來是無法趕過來了。」

正門關了起來。城牆上的守衛一整夜都可以聽見敵人在外面肆虐的聲音，他們恣意破壞、四處放火，砍殺任何在城外的人類，不管他們原先是死是活。在這一片黑暗中，人們無法估計越過大河的敵人究竟有多少，但是，當依舊黯淡的清晨到來時，籠罩在平原上時，人們才發現昨夜的恐懼並沒有讓他們誇張敵人的數量。平原上黑壓壓擠滿了他們行進的部隊，在幽暗中，極目所及之處，只見敵人安置了許多黑色或是鮮紅色的營帳，密密麻麻地如同惡臭的毒蕈圍在這座受困的城市四周。

半獸人如螞蟻般忙碌地工作，他們在弓箭射程之外，繞城挖掘一條條寬大的壕溝；每當一座壕溝完成時，溝內就被注滿了火焰。這火焰究竟是如何被點燃的，是靠著獨門的技術還是靠魔法？沒有人看得見。他們忙碌一整天，不斷向前推進，米那斯提力斯的守軍束手無策地看著，完全無法阻止。只要一段壕溝完成，守軍們就可以看見對方推來巨大的車輛，緊接著就是更多的敵軍。他們都躲在壕溝的掩護之後，同時也架設起巨大的弩砲和投石器。城牆上的武器都無法射到那麼遠的地方，也無法阻止敵人的工作。

一開始，人們只是哈哈大笑，並不怎麼害怕那些裝置。因為環繞這座城的主城牆不只極高，厚度更驚人，這是在努曼諾爾人在流亡中力量和工藝衰微之前所建造的。它的外牆面如同歐散克塔一樣，黝黑、堅硬、光滑，不管是火焰或是鋼鐵都無法破壞；除非有某種力量能將它連根拔起，否則它根本不畏懼任何形式的攻擊。

「沒用的，」他們說：「就算敵人那無名的主將親自前來也一樣，只要我們還活著，他也絕對進不來。」但有些人忍不住質疑道：「只要我們還活著？還有多久？他擁有的武器從古到今已經不知擊垮了多少強敵。那就是飢餓。道路都已經被封閉了，洛汗國的援軍是不會來了！」

但那些裝置並沒有把彈藥浪費在金剛不壞的城牆上。規劃這場剿滅魔多大敵戰役的並非雞鳴狗盜之輩，而是擁有詭詐智慧的力量和心智。巨型的投石器架好後，在敵人的呼喊和繩索、滑輪的運作之下，難以計數的彈藥被投向極高的高空。因此這些彈藥越過了城垛，如同致命的暴雨一般直落在第一環城中。許多彈藥藉著獨特的技術，在著地時炸成一大團火焰。

很快的，城內就陷入了一片火海，所有多餘的人力全都被抽調去撲滅各處冒出的火苗。在這一團混亂之中，又有第二波沒那麼危險、卻更為恐怖的彈雨落了下來。這些東西落在城門後所有的街道上；它們小而圓，卻不會爆炸燃燒。當人們跑去想要弄清楚是什麼東西時，卻紛紛克制不住地發出慘嚎或嚎啕大哭。敵人這回射進城內的是戰死在奧斯吉力亞斯、拉馬斯城牆、平原上的那些戰士的頭顱。他們的模樣非常可怕；有些頭顱已經被破壞得難以辨認，有些則是被砍滿了恐怖的傷口，但許多還是可以被辨識出來，每個人看起來都死得非常痛苦；而且半獸人還在他們的頭上毫不留情地烙下了魔眼的印記。雖然這些人頭遭到如此的毀損和侮辱，但城中的守軍還是會從中發現他們曾經認識的人，想起他們活著時全副武裝昂首闊步而行，或耕作田地，或在假日從翠綠的山谷騎上山來時的模樣。

人們徒然朝著那些聚集在正門前的殘忍敵人揮舞拳頭，對方毫不理會咒罵，也聽不懂西方人類的語言，只是用類似野獸和食腐鳥類的嘶啞語言吼叫著。但很快的，米那斯提力斯城內的守軍士氣陷入了新的低潮，沒有多少人還敢挺身抵抗魔多的部隊，因為邪黑塔的王又帶來了另一個比飢餓更快速、更強大的武器：恐懼和絕望。

戒靈又再度出擊。這一次，他們的闇王發動了幾乎全部的力量，而他們傳達他意志和力量的聲音，也隨著變得更具破壞力，充滿了邪惡與恐怖。他們如同等待啃食人類屍體的兀鷹一樣，在空中不停地盤旋。他們刻意保持在人類的視力和弓箭的射程之外，卻從不離開，他們致命的聲音迴盪在空氣中。每一次淒厲的尖叫聲都讓人越來越難以忍受，到了最後，在這些黑影掠過上空時，連意志最堅定的戰士都會趴倒在地上，無法動彈，再不然，他們就是渾身僵硬地站著，讓武器從軟弱的手中落下，腦中的思緒完全被黑暗所掩蓋，再也不想要抵抗，只有想著躲藏、逃竄和死亡。

在這黑暗的一天中，法拉墨都躺在淨白塔的廳中的臥榻上，高燒不退，神智不清；有些人說他快要死了，很快的，這消息就傳遍了全城，人人都說他快要死了。他的父親坐在他身邊，一言不發，只是看著他，完全不再注意防禦的事。

這是皮聘所見過最黑暗的時刻，即使是被強獸人抓住的時候也沒有這麼絕望。他的職責是服侍攝政王，等候召喚，但他似乎被人遺忘了，他站在沒有點燈的廳堂門邊，盡可能地控制住自己心中的恐懼。他眼睜睜看著迪耐瑟在他的眼前不停衰老，彷彿他高傲的意志中有什麼東西崩斷了，他堅定的心智也被擊垮了。或許是傷心，也或許是悔恨所造成的。他在那張堅毅的臉上看見了淚水，這比怒氣更讓人難以忍受。

「王上，不要哭。」他結結巴巴地說：「或許他會好起來的。您問過甘道夫了嗎？」

「不要拿巫師來安慰我！」迪耐瑟說：「那愚蠢的最後一線希望已經破滅了。魔王找到了它，他的力量開始增強；他看見我們每一絲的想法，我們所做的一切都是徒勞。」

「我派自己的兒子出去冒那不必要的危險，沒有感謝他，沒有祝福他，現在，他躺在這裡，血液中流著劇毒。無奈啊，無奈啊，不管戰事如何演變，我的血脈都將從此斷絕，剛鐸就連宰相的家族也將從此終結。人類的皇族將落入賤民統治之下，即使躲入山裡最後也將被全部滅絕。」

許多人來到門口，求見城主。「不，我不出去！」他說：「我必須要留在兒子身邊，他在死前或許還會開口。那時刻已經不遠了。你們想要跟誰就去跟誰，即使是那個灰袍傻瓜也無妨，儘管他的希望已經破滅了。但我只會留在這裡。」

因此，甘道夫接掌指揮了剛鐸主城最後的防衛戰。只要他一出現，人們就士氣大振，將那魔影的記憶趕出腦海。他不疲不休地來回穿梭在要塞和主城門之間，從南到北巡視城牆的每一個段落；多爾安羅斯王穿著閃亮的盔甲隨他一同巡視。他和他的騎士依舊擁有真正努曼諾爾人皇者的血統，他們仍像君王貴族般鎮定自若。看見他們的人們會低聲說：「古老的傳說或許是真的；那些人的身體裡面或許真流著精靈的血液，畢竟寧若戴爾的子民曾經在那地居住過很長的一段時間。」然後，就會有人在這一片灰暗中唱起有關寧若戴爾的歌謠，或是遠古流傳下來的安都因河谷的頌歌。

但是，當甘道夫他們離開之後，人們又再度被陰影所籠罩，熱血也跟著冷卻下來，剛鐸的英勇枯萎化成飛灰。就這樣，他們度過了另一個黯淡、恐懼的白天，進入了絕望的夜晚。在第一環城中已經有多處被熊熊烈火吞沒，城牆上的守軍已經有多處被切斷了退路。還能忠於職守堅持著自己崗位的士兵很少，大多數都已逃入了第二座城門。

距離戰場很遠的地方，大河上已經搭建了更多的橋樑，一整天都有更多的部隊和武器越過大河。最後，攻擊終於在半夜發動了。先鋒部隊穿越了火焰壕溝之間許多刻意留下的通道，不顧生死不計損失地向前衝鋒，即使是在進入城牆上弓箭手的射程範圍時仍保持著隊形與陣勢。然而如今城牆上剩餘的守軍實在太少，雖然火光為弓箭手照出許多標靶，讓剛鐸一向引以為豪的箭術大得施展，卻也因為人數上的差距而無法重創敵人。接著，在看穿城中的士氣已經被打垮之後，那隱藏的將領指示全軍發動攻擊。在奧斯吉力亞斯建造的巨大攻城塔開始緩緩地穿越黑暗，推上前來。

信差們再度衝進了淨白塔的廳堂，由於事態緊急，皮聘還是讓他們進來了。迪耐瑟緩緩將目光從法拉墨的臉上移開，沉默地看著他們。

「王上，第一城已經陷入了烈焰之中，」他們說：「您有什麼指示？您依然還是城主與攝政王。並不是每個人都願意聽從米斯蘭達的指揮。人們逃離了城牆，讓城牆無人防守。」

「為什麼？那些笨蛋為什麼要逃？」迪耐瑟說：「晚死不如早死，反正我們遲早都會被燒成焦炭。回去你們的烈火堆！我呢？我現在要去我的火葬場！我的火葬場！迪耐瑟和法拉墨不需要墓窖。不需要！不要做香料防腐處理，躺在那兒做漫長的死亡睡眠。我們要像西方的第一艘船艦駛來之前，野蠻人的國王一樣燒成飛灰。西方的勢力失敗了，回到你們的火焰中吧！」

信差們既沒鞠躬也沒回答，都立刻轉身逃了出去。

迪耐瑟站了起來，鬆開他一直握著的法拉墨那發燙的手。「他一直在燒，他已經在燃燒了。」他哀傷地說：「他靈魂的聖堂已經崩潰了。」然後，他緩緩走向皮聘，低頭看著他。

「永別了！」他說：「帕拉丁之子皮瑞格林，永別了！你的服役時間很短，現在已經快結束了。我解除你的職務。去吧，去選擇你最想要的死法吧。你想和誰在一起都可以，即使是那個帶你來此面對這死亡的蠢蛋也可以。把我的侍從找來，然後就走吧。永別了！」

「王上，我不會說永別的。」皮聘跪下來說。突然間，他又恢復了哈比人的精神，他站起身，直視老人的雙眼。「我會接受您讓我離開的命令，大人，」他說：「因為我真的很想要見到甘道夫。但他並不愚蠢，除非連他都願意放棄生命，否則我絕不願意想到死。但是，只要您還活著，我就不願意自己發過的誓言和服侍您的職務被解除。如果他們最後殺進了這要塞，我希望我人在這裡，站在您身邊，好好的揮舞一下身上的這柄寶劍。」

「半身人先生，如你所願吧。」迪耐瑟說：「但我的生命已經毀了。找我的侍從進來！」他轉過身回到法拉墨身邊。

皮聘離開他，把侍從找了進來。他們是六名強壯英俊的男子，但卻因為這召喚而渾身發抖。不過，迪耐瑟只以平靜的聲音命令他們為法拉墨的床蓋上溫暖的被褥，把床抬起來。他們照做了，將法拉墨扛著離開了這廳堂。他們緩緩步行，盡可能不驚動到臥榻上發燒的人，而迪耐瑟如今倚著一根枴杖，跟在他們後面，皮聘走在最後。

他們走出了淨白塔踏入黑暗，彷彿進行喪禮一般，低垂的烏雲被下方搖曳的火光照成暗紅色。他們無聲地穿越廣大的庭園，在迪耐瑟的命令之下，在那枯萎的聖樹旁停了下來。

除了下城的喧鬧之外，一切都寂靜無聲，他們可以清楚的聽見水滴從枯枝上哀傷地落入池水中的聲音。然後，他們繼續走到要塞的門口，衛兵們驚訝但無可奈何地打量著他們。一行人轉向西，最後來到了第六城後方牆上的一座門前。人們稱這作梵和倫，因為只有舉行喪禮的時候它才會打開，除了城主之外沒有其他人可以使用這條道路，唯一的例外是負責清潔維護陵寢的工作人員。在門後是一條蜿蜒的小路，在九轉十八彎之後，才會來到明多陸因山陰影下眾王和宰相安息的陵寢。

一名看門人坐在路旁的小屋中，他拿著一盞油燈眼中充滿恐懼地迎上前來。在城主的命令之下，他打開大門，大門無聲地往後滑開，他們拿過他手上的油燈，走了進去。路很黑，在搖晃的油燈光芒映照下，兩旁古老的高牆和許多柱狀欄杆顯得十分陰森。他們一直往下走，緩慢的腳步聲不停地回響著，直到他們來到「死寂之街」，拉斯迪南，置身於蒼白的圓頂、空曠的廳堂，以及早已亡故的人們的畫像之間。他們走進了宰相陵寢，將重負放了下來。

皮聘不安地看著四周，發現自己身在一個寬廣的拱頂大廳中，微弱的光芒照在覆蓋著的牆上，四壁彷彿都掛著帘子，整個地方一片黑暗。在微弱的光芒中，他依稀能夠辨認出許多排由大理石雕刻成的石桌；每張石桌上躺著一具雙手交疊長眠的人，頭枕在冷冰冰的岩石上。但最靠近眾人的一張寬闊石桌上空無一物。迪耐瑟做了個手勢，他們將法拉墨和他父王抬放到桌上並排在一起，用一張裹屍布將他們蓋住，侍從們接著低頭垂首立在兩旁，彷彿是在亡故者的床前致哀一般。然後，迪耐瑟開口低聲道：

「我們會在這裡等待，」他說：「但別找香料師過來。帶乾燥的柴火過來，堆放在我們身邊和身下，在上面倒滿油。聽我的命令，你們可以將火把丟上來。不要多說，只管照做就是了。再見！」

「王上，謹遵指示！」皮聘立刻轉過身，充滿恐懼地逃離這亡者居住的地方。「可憐的法拉墨！」他想：「我一定得趕快找到甘道夫才行，可憐的法拉墨！他需要的不是淚水而是醫藥啊。喔，我到底能在哪裡找到甘道夫？我想，一定是在最忙亂的地方，他搞不好沒時間分身來對付將死的人和瘋子。」

到了門口，他轉身對一名留下來看守的侍從說：「你的主人失去理智了。」他說：「動作慢一些！只要法拉墨還活著，請你們不要帶火過來！在甘道夫到之前什麼事也不要做！」

「米那斯提力斯的統治者究竟是誰？」那人回答道：「是迪耐瑟王？還是灰袍聖徒？」

「看起來如果不是灰袍聖徒，那就什麼統治者都沒有了。」皮聘說，在此同時他使盡渾身解數飛奔上那蜿蜒的小徑，穿過那驚訝的看門人身邊，跨出大門，繼續不停地奔跑，直到要塞的入口處。當他經過的時候，衛兵向他打招呼，他認出了貝瑞貢的聲音。

「皮瑞格林先生，你要去哪裡？」他大喊著。

「我要找米斯蘭達。」皮聘回答道。

「王上的命令一定很緊急，不該被我拖延；」貝瑞貢說：「不過，如果你可以的話，請趕快告訴我：到底發生什麼事了？王上究竟去哪裡了？我才剛上哨，但我聽說他走向那禁門，侍從們還扛著法拉墨走在前面。」

「沒錯，」皮聘說：「他們去了死寂之街。」

貝瑞貢忍不住低下頭，隱藏眼中的淚水。「他們說他已經快死了，」他嘆道：「現在他終於還是走了。」

「不！」皮聘說：「還沒死。即使是現在，我想我們還是有機會阻止他的死亡。可是，貝瑞貢，城主在他的王城陷落之前就崩潰了。他已經發瘋了，會做出很危險的事情來。」他很快地轉述了迪耐瑟詭異的話語和動作。「我必須立刻找到甘道夫才行！」

「那你必須前往戰火正熾烈的地方。」

「我知道，王上准許我離開。不過，貝瑞貢，如果你可以的話，請你想想辦法阻止這不幸發生。」

「除非是攝政王直接的命令，否則他不准許任何穿著黑銀制服的人擅離職守。」

「好吧，你必須要在軍令和法拉墨的生命之間做出選擇。」皮聘說：「至於命令，我認為你要對付的不是什麼王者，而是個瘋子。我得走了。如果可能的話，我會盡快趕回來！」

他死命的跑著，往下一直衝、衝、衝，朝向外城跑去。人們狂奔經過他身旁，逃離大火現場，有些注意到他穿著的制服的人轉過身大吼大叫，但他全不理會。最後，他終於穿過了第二門，門外的城牆之間幾乎全都陷入熊熊燃燒的烈焰之中。但是，周圍卻處在一種十分詭異的沉寂中。沒有人們的呼喊聲、沒有金鐵交鳴的聲音。接著，突然間傳來一聲可怕的吼叫與巨大的震動爆響，然後是深沉的隆隆迴盪聲。在足以讓人兩腿發軟跪地的恐懼中，皮聘強逼著自己走過轉角，來到正門後的廣場上。他一下子停住了腳步。他看到甘道夫了；但是，他卻不由自主地往後縮，躲進陰影中。

自從午夜開始，敵方強烈的攻勢就未曾停歇過。戰鼓雷鳴，成千上萬的敵人從北方和南方蜂擁而來。龐大無匹的巨獸也出現在戰陣中，在忽明忽暗的血紅火光中猶如一座座移動的房子，哈拉德林人拖拉著這些猛瑪穿過火焰中的小路，牠們正拉著巨大的攻城塔和武器朝向正門靠近。但是，他們的統帥一點也不在乎他們的表現，或是有多少人會被殺，這些部隊的用處只是在測試敵人的防禦強度，並讓剛鐸的守軍疲於奔命。他把最精銳的部隊都投入正門前。正門由鋼鐵所鑄成，看來極其堅固，在由兩旁堅固的石塔樓與稜堡的強大火力守衛下，的確難以攻破。但是，它是關鍵點，相比於周圍高不可攀金剛不壞的城牆，這是整體防禦中最弱的一點。

鼓聲越來越響，火勢越來越猛。巨大的攻城塔、投石器橫過平原，不停的靠近；在這陣形之中，有一座龐大驚人的破城鎚，它的長度和百年的神木一樣高，藉著粗大的鐵鍊晃動。魔多的鐵匠們早已為了鑄造這恐怖的武器而努力多時，它的尖端鑄成咆哮狼頭的形狀，上面被施以破壞的法術。為了紀念遠古時的地獄之鎚，他們將這破城鎚命名為葛龍德。巨獸拖著它，四周環繞著許多的半獸人，後面跟著負責使用整個裝置的山嶺食人妖。

不過，正門周圍的守軍依舊十分強悍，多爾安羅斯的騎士和最勇敢老練的戰士都集中在該處。箭雨飛矛稠密落下，攻城塔坍塌，或突然像火把一樣熊熊燃燒。正門兩旁的屍體堆積如山；但在難以想像的瘋狂力量驅使下，有越來越多的敵軍奮不顧身地衝上前。

葛龍德緩緩前行，沒有任何的火焰能夠傷害它；不過，拖拉的巨獸經常陷入瘋狂、胡亂的衝撞，踩死一大堆護衛在它四周的半獸人。但是，他們的屍體會立刻被丟到一邊，由其他人接替他們的位置。

葛龍德繼續前進，鼓聲狂亂地噪響著。在屍山上出現了一個醜惡的身影：一名高大、渾身裹在黑斗篷與兜帽中的騎士。他踐踏著屍體緩緩地騎向前，絲毫不在乎剛鐸的箭矢。他停了下來，高舉一把蒼白的長劍。在這一瞬間，攻守雙方人馬都陷入了極度的恐懼中；人們垂手呆立，弓弦全部停息。在那片刻，一切死寂。

戰鼓再度響起，隆隆不絕。葛龍德在食人妖的怪力猛推之下被拋向前。它撞上了正門，正門晃了晃，巨大的聲響如同密雲中的悶雷一般響徹全城。但純鐵的大門和鋼造的巨柱依舊挺住了這股攻擊。

黑影將軍從馬蹬上站起來，發出讓人不寒而慄的喊聲，念誦著某種已被人遺忘的古老語言，其力量與恐怖足以同時摧毀岩石和人心。

他喊了三次，巨大的破城鎚跟著揮動了三次。在最後一擊之下，剛鐸的大門被破了。彷彿某種爆炸的咒語起了作用，剛鐸的大門在一道刺目的白光中轟然一聲炸得粉碎，坍塌在地。

戒靈之王無視一切地往前行。在遠處血紅火焰的襯托下，他黑暗的身影赫然聳現，現出一個帶著讓人絕望力量的龐大形體。戒靈之王就這麼走到了從未有敵人踏入的拱門下，所有的戰士在他面前四散奔逃。

只有一個人例外。甘道夫騎在影疾身上，動也不動地在大門前的廣場上等候著：影疾是這世界上的駿馬中，唯一能夠忍受這無比恐懼，堅強不屈，像死寂之街上的石雕般文風不動。

「你不能進入此地！」甘道夫說，那龐大的黑影停了下來。「退回到你的深淵去！退回去！

和你的主人一同墮入等待著你們的虛無。退回去！」

黑騎士掀開兜帽，看啊！在那兜帽底下，他有一頂國王的皇冠，卻戴在一個看不見的無形頭顱上。紅色的火光射穿他頭顱的位置，那披著斗篷的肩膀寬闊又黑暗。鬼氣森森的笑聲從隱形的口中傳了出來。

「老笨蛋！」他說：「你這個老笨蛋！這是我的時刻。當你看見死亡的時候，難道認不出來嗎？死吧！別胡言亂語了！」話一說完，他就高舉長劍，火焰從刀刃飛濺而出。

甘道夫不為所動。就在那一刻，在城中的某個庭院裡，一隻公雞扯開喉嚨啼叫；牠尖利、清澈的啼聲與咒語和戰火都無關，只是在歡迎早晨的到來；在高空中，在死亡陰影之上，黎明已經來臨。

彷彿為了回應這聲響，從遠方傳來了另一種樂音——號角聲、號角聲、無數的號角聲。在黑暗的明多陸因山下號角聲不停地迴盪著。北方的號角雄壯地吹奏著。洛汗的驃騎終於趕來了！

第五節　驃騎長征

梅里躺在地上，裹在毯子內，由於四周伸手不見五指，所以他什麼也看不見。可是，雖然夜空中一點微風也沒有，四周的樹木卻都在微微地嘆息。他抬起頭。然後他又聽見了那聲音：像是在茂密的森林與山丘中迴盪的微弱鼓聲。這脈動聲會突然消失，然後又在其他的地方接續下去，有時遠，有時近；不知道值夜的衛兵是否聽見了這聲音。

他看不見他們，但他知道周遭全都是洛汗國的驃騎。他在黑暗中可以聞到馬匹的氣息，可以聽到牠們移動馬蹄，踩踏在蓋滿松針的地面上的聲音。部隊在靠近愛倫那赫烽火臺旁的松林中紮營，愛倫那赫是座矗立於狹長的督伊頓森林邊緣的山丘，附近就是東安諾瑞安的寬敞大道。

梅里雖然很累，卻一直睡不著。他已經連續騎了四天，那永不消散的黑暗開始讓他心情也跟著變沉重。他開始懷疑自己為什麼這麼迫切地要跟來，為什麼在明明有各種藉口，甚至連驃騎王都對他下令的情況下，他還是堅持不肯留在後方。他也思索著，如果老國王知道他違抗命令偷偷跑來，會不會生氣？或許不會吧。德海姆和統領他們馬隊的將軍艾海姆之間似乎有某種默契。他和所有的部下都當梅里是不存在的，當他說話的時候也佯裝不知。大家可能都把他當成德海姆所攜帶的另一個背包。德海姆則十分滿足於這情況，他也不和任何人交談。梅里覺得自己很渺小、微不足道，非常孤單。時間變得越來越緊迫，眾人的處境也越來越危險。他們距離米那斯提力斯建造在平原周圍的外牆大概還有一天的馬程。斥候被派去前線偵察狀況。有些再也沒有回來。其他人則是匆忙的趕回，報告前方的道路全都被敵人占領了。一支敵軍駐守在道路上，大約在阿蒙丁山脈西方三哩的地方，還有一些人類的部隊正沿著道路向此推進，距離已經不到九哩。半獸人則在路旁的山丘和森林中遊蕩。驃騎王和伊歐墨連夜召開會議。

梅里很想要找個人聊天，他想到了皮聘，但這只是讓他更睡不著而已。可憐的皮聘被關在那巨大的岩城中，孤單而害怕。梅里希望自己能像伊歐墨一樣，是個高大的戰士，可以吹響號角之類的樂器，騎著快馬趕去救援他。最後，他坐直身，聆聽那再度響起的鼓聲，現在似乎越來越靠近了。他可以聽見人們低聲交談，被半遮掩住的油燈在樹木間移動，附近的人類開始在黑暗中不安地走來走去。

一名高大的身影突然出現在面前，不小心絆到他，開始詛咒討厭的樹根。他認出那是艾海姆將軍的聲音。

「大人，我不是什麼樹根，」他說：「也不是行李，而是個渾身淤青的哈比人。你至少可以告訴我發生什麼事情，補償我所受的傷害。」

「在這該死的黑暗中，什麼東西都有。」艾海姆回答道：「我王下令所有人必須立刻做好出發的準備，我們可能要緊急出動。」

「是敵人來了嗎？」梅里緊張兮兮地問：「那是他們的鼓聲嗎？由於都沒人做出回應，我還以為我在幻想呢！」

「不，不是，」艾海姆說：「敵人在道路上，不在山裡。你聽見的是沃斯人，他們是居住在森林中的野人，靠著鼓聲來跟遠處的同胞交談。據說，他們還居住在督伊頓森林中。他們是遠古時代遺留下來的少數民族，十分隱密地居住在森林中，過著像是野獸一般野蠻又機警的生活。他們不會和剛鐸或洛汗並肩作戰，但現在他們為了這黑暗和半獸人的出現而困擾，他們害怕黑暗的年代又要重新降臨了，看來實在很有可能。我們最好感謝他們不準備獵殺我們，謠傳他們使用的是毒箭，在野外求生的本領更是無人能敵。不過，他們自願要協助希優頓王，剛剛他們的首領才被帶去見驃騎王，那也是火光的來源。我只聽說了這麼多。現在我得趕快去執行王上的命令了。趕快打包好吧，背包先生！」他消失在陰影中。

梅里可不喜歡所聽到的野人和淬毒的箭矢，但是，還有比這更沉重的事在令他擔心。等待實在讓人難以忍受。他非常想要知道究竟會發生什麼事情。他站了起來，在最後一盞油燈消失在樹林間之前，小心地跟了過去。

不久之後，他來到了一塊空地上，驃騎王的小帳篷就設立在一株大樹下，一盞上方被遮掩住的大油燈掛在樹枝上，在四周投射出一圈蒼白的光芒。希優頓和伊歐墨坐在那裡，他們面前地上坐著一個相貌奇怪、矮胖的人，身軀粗糙得猶如一塊老岩石，一頭亂髮和鬍鬚，像是乾燥的苔蘚一樣掛在他肥胖的腦袋和下巴上。他的腿很短，胳膊很粗壯，身材很臃腫，只有腰間掛著蔽體的草葉。梅里覺得之前似乎在哪裡看過這個人，接著，他突然想起了登哈洛的普哥人。眼前這是一個活過來的老石像，或者他是那些遠古工匠所雕琢的對象在經過無數年代所傳下來的後裔。

當梅里悄悄爬近的時候，眾人正陷入沉默，接著，野人開口說話了。看來似乎是在回答某個問題。他的聲音十分低沉、沙啞，但梅里驚訝地發現，他所使用的竟然是通用語；只是說得不怎麼完整，中間還夾雜著一些古怪的字眼。

「不，馬隊之父，」他說：「我們不戰鬥、只狩獵。殺死森林中的哥剛[1]，討厭半獸人。你們也恨哥剛，我們可以幫忙。野人耳朵和眼睛都很銳利；知道所有路。野人在有石屋之前就住這裡；在高大人還沒從海上過來前就在這裡。」

「但我們需要的是戰場上的支援，」伊歐墨說：「你和你的同胞要怎麼幫助我們？」

「帶情報回來。」野人說：「我們從山上看。我們可以爬高山往下看。石城關起來。外面在燒；現在裡面也在燒。你想要去那裡嗎？那你們必須快！但哥剛和人類在那邊，」他朝著東方揮舞著粗短的手，「擋在馬路上，很多人，比騎馬的人多。」

「你怎麼知道？」伊歐墨說。

老人平板的臉與漆黑的眼中沒有透露什麼，但從他的聲音中可以感覺到他的不悅。「野人自由生活、不拘束，但不是小孩。」他回答：「我是偉大的頭目，剛布理剛。我可以數很多東西：天上的星辰、樹上的枝葉、黑暗中的人類。你的人數是二十乘二十的十五倍，他們有更多。大戰，誰會贏？還有更多繞著石城走來走去。」

「沒錯！他說的真的非常精確。」希優頓說：「我們的斥候回報，他們在路上挖了壕溝和插了木樁。我們不可能以突襲的方式攻擊他們。」

「可是我們卻十分緊急，得更快趕到。」伊歐墨說：「蒙登堡已經陷入大火中了！」

「讓剛布理剛說完！」那名野人說：「他知道的不只一條路。他會帶你們走那沒有陷阱、沒有哥剛、只有野人和野獸的道路。在住石屋的人更強大的時候，他們蓋了不只一條路。他們切割山脈，就像獵人切割獵物。野人以為他們吃石頭。他們坐大車從督伊頓到瑞蒙。現在他們不走這條路。路被人遺忘，但野人可沒忘。道路依舊靜靜躺在山上和山後的草地和樹林中，就在瑞蒙後面，一路下到丁山，最後又回到馬路上。野人會帶你走這條路。然後你們可以殺死哥剛，用明亮的鋼鐵趕走可怕黑暗，野人可以安心地回去森林睡覺。」

伊歐墨和驃騎王用自己的洛汗語交談了片刻。最後，希優頓轉向野人說：「我們願意接受你的協助。」他說：「雖然我們會把大批敵人留在後方，但那又怎麼樣呢？如果岩城陷落，我們也不需要回去了。如果它得救了，那些半獸人部隊的補給線也會被切斷。剛布理剛，如果你說的是真的，我們會給予你豐厚的獎賞，驃騎將永遠成為你的盟友。」

「死人不會是活人的朋友，也不會送禮物。」野人回答道：「但如果你在這黑暗之後活下來，那就不能打擾森林中的野人，也不能再像追捕動物一樣獵殺他們。剛布理剛不會帶你進陷阱。他會親自和馬隊之父一起過去，如果他帶錯路，你可以殺掉他。」

「就這麼辦！」希優頓說。

「我們要花多久時間才能繞過敵人，回到大路上？」伊歐墨問道。「如果你帶領我們，那我

---

1 哥剛就是半獸人。

們必須徒步前進；而且我猜那條路不會很寬吧？」

「野人走路很快。」剛布理剛說：「石車谷那邊的道路可以讓四匹馬並行，」他往南揮舞著手說：「但在開口和尾端都很窄。野人從日出到中午就可以從這邊走到丁山。」

「那麼先鋒至少必須要七個小時才能到，」伊歐墨說：「但全部隊伍通過大概要十小時。路上還可能會有意料之外的阻礙；而且，如果我們的部隊拉得很長，那麼離開山脈之後要重新集結也會花很多時間。現在是什麼時候了？」

「誰知道？」希優頓說：「整個看起來都像夜晚。」

「的確到處都黑暗，但不是整個都是夜晚。」剛布理剛說：「太陽出來的時候，即使我們看不見她，也可以感覺到她。她已經爬出了東方山脈。目前的天空正好日出。」

「那麼我們必須盡快出發！」伊歐墨說：「就算如此，我們今天也無法及時趕到剛鐸。」

梅里等了片刻，沒有聽到什麼新消息，於是他溜回去準備聽候開拔的號令。這是大戰前的最後階段。在他看來，他們應該不會有多少人能活下來。不過，一想到皮聘和米那斯提力斯中的烈焰，他就只能強壓下胸中的恐懼。

那天一切都進行得十分順利，他們沒有看見或聽見任何等著伏擊他們的敵人的蹤影。野人派出了一批機警的獵人，因此沒有任何的半獸人或間諜有機會發現山中的動靜。當他們越接近被包圍的城市，光線就變得越黯淡，長長一列的驃騎與馬匹像是黑色的剪影般在黑暗中穿梭。每個連隊都有一名野人負責帶路，剛布理剛則是親自走在希優頓身邊。出發所費的時間比預期的要久，因為驃騎們得牽著坐騎在營地後面濃密的森林中擇路而行，進入隱藏的石車谷。當先鋒踏上阿蒙丁山東方那片寬廣的灰色灌木林時，時間已經是下午了，林中果然有一個隱蔽的寬闊山谷，它位在那多山到丁山東西走向的丘陵間。穿過這一路伸展下去的山谷，這條古代馬車可以通行的道路在安諾瑞安再度和通往主城的馬道會合。不過，這條谷中的道路已經有許多世代沒有人使用了，它已經多處斷裂，或消失，被掩蓋在無數年月累積的樹葉和濃密的樹林之下。但這樹林正好提供了驃騎們在參戰前隱藏行蹤的最後機會；因為，在那之後就是通往安都因平原的道路，而該處東方和南方的山坡都是岩石，草木不生，那些光禿禿的山丘綿延不斷，層層疊疊，往上攀升，和明多陸因山的龐大山肩連結在一起。

前鋒部隊停了下來，後方的部隊也從石車谷中快速湧出，散開在灰色的樹林間紮營。驃騎王召集所有的將軍開會。伊歐墨派出斥候打探前方的道路，但老剛布理剛只是搖搖頭。

「派騎馬的人去沒用。」他說：「野人已經都看過黑暗中能看到的景象了。他們很快就會回來，和我在這邊會合。」

將軍們都來了；接著是一些普哥人身形的野人從樹林中無聲無息地走出來，梅里簡直分不出他們和剛布理剛有什麼兩樣。他們用一種奇特的低沉語言和剛布理剛交談。

剛布理剛轉過頭對驃騎王說道：「野人說了很多事情。」他說：「首先，要小心！丁山之後一小時步行的路程處，還有很多人類紮營。」他朝西方黑色的烽火臺後揮舞著手。「但從這裡到岩城人蓋的新牆之間看不到敵人。許多敵人在那邊忙碌，牆已經不在了，哥剛用地底的爆雷和黑鐵的棍子把牆弄倒了。他們很粗心，不注意四周的狀況，他們認為朋友看住了所有的道路！」說到這裡，剛布理剛發出了奇特的咕魯聲，看來他似乎在笑。

「這是好消息！」伊歐墨大喊道：「即使在這麼黑暗的狀況下，希望之火又再度點燃了！魔王的計謀經常反而成為我們的幫手。這該死的黑暗成了我們最佳的掩護。現在，他旗下的半獸人急著想要敲掉剛鐸的每一塊石頭，卻同時也破壞了我之前最擔心的防衛。剛鐸的外牆本來會成為我們最大的阻礙。現在，只要我們能夠衝過這段路，就可以長驅直入趕到城外。」

「森林中的剛布理剛，我必須再度感謝你。」希優頓說：「願你們能夠獲得好運！」

「殺死哥剛！殺死半獸人！野人只會因這個感到高興。」剛布理剛回答道：「用明亮的鋼鐵趕走臭空氣和黑暗！」

「我們千里迢迢趕來就是為了這個目的，」驃騎王說：「我們會試著達到這目標的。不過，我們會達成什麼，只有明天才能知曉。」

剛布理剛趴了下來，用額頭接觸地面，代表告別之意。然後，他站了起來，似乎準備離開；但他突然間站住不動，抬起頭，像是受驚的林中野獸聞到陌生的味道一樣嗅聞著，他的眼睛迅即一亮。

「風改變了！」他大喊著。話一說完，一眨眼間，他和子民們全都消失在朦朧中，驃騎從此再也沒有見到他們。不久之後，東方又傳來了微弱的鼓聲，不過，雖然這些野人看來粗魯不文，但沒有任何一名驃騎懷疑他們的信實。

「我們不需要進一步的帶領了，」艾海姆說：「我們的隊伍中有些騎士，曾經在承平的時候去過蒙登堡，我就是其中一個。當我們走上大道時，會看見它往南方轉，從那裡到我們抵達主城的外牆前還有二十一哩的距離。在那段大道的兩旁幾乎都是青草，剛鐸的信差和傳令們，都是利用那段道路全力奔馳。我們可以急馳前進，也不會發出太大的聲音。」

「那麼，既然我們等一下就必須拚盡全力，面對險惡的敵人，」伊歐墨說：「我建議大家可以先休息，藉著夜色出發，這樣我們就可明天一早出動，或是在王上下令的時候出發。」

驃騎王同意了，將領們也都回到各自的部隊去。但艾海姆很快又返回。「斥候在這片灰色森林之外，沒有發現任何可疑的狀況，王上，」他說：「只發現了兩個人──兩具人屍和兩匹馬屍。」

「哦？」伊歐墨說：「有什麼特別的嗎？」

「是這樣的，大人，他們是剛鐸的信差；其中一具屍體或許是賀剛，至少他的手中依舊握著朱紅箭，但他的腦袋已經被砍掉了。還有一件事，從跡象看來，當他們被殺的時候，正逃往西方。我研判當他們回來的時候，發現敵人已經展開攻擊，或是已經攻占了外牆。如果他們使用驛站所提供的馬匹，那麼多半是在兩天之前抵達的。他們不能進入王城，只好轉身回來。」

「真糟糕！」希優頓說：「那麼迪耐瑟就根本不知道我們出發的消息，他可能因此感到無比的絕望。」

「**雖說事態緊急刻不容緩，但遲到總比不到好**。」伊歐墨說：「或許這次人們會發現，古人的諺語從來沒有這麼貼切過。」

時間正值夜晚，洛汗的部隊在道路的兩邊無聲無息地移動。這條路已經越過了明多陸因山的外環，開始往南彎。人們可以看見遙遠的正前方出現沖天的火光，山脈黑暗的輪廓在紅光中隱隱可見。他們已經靠近了帕蘭諾平原的拉馬斯外牆，但日出的時刻尚未到來。

驃騎王騎在先頭部隊的中央，家族的衛隊全都在他身邊，艾海姆的馬隊緊跟在後；梅里注意到德海姆離開了原來的位置，在黑暗中穩步前進，直到貼近驃騎王的禁衛軍為止。前方傳來一聲盤查的號令，梅里聽見前面傳來低語聲，是被派出去觀察情況的偵查員回來了，他們來到驃騎王面前。

「王上，火勢非常猛烈！」一人說：「主城幾乎全陷入火海中，平原上全都是敵人。但似乎所有的力量都投入了攻擊。我們推測，外牆這邊沒有多少人留守，而且他們毫不注意四周狀況，全心全意在破壞。」

「王上，您還記得野人所說的話嗎？」另一個人說：「我在和平的年代裡居住在谷地中，我叫威法拉，我也嗅得出空氣帶來的消息。風向的確已經改變了。空氣中有種來自南方的氣息，是非常微弱的海鹹味。明天早晨會有新的變化。當我們通過城牆的時候，濃煙上方應該正好是黎明。」

「威法拉，如果你說的沒錯，願你活過這一戰，往後年年歲歲都生活在祝福中！」希優頓說。他轉過身面對四周的禁衛軍，朗聲開口說話，連第一馬隊的騎士都聽得見他雄渾的聲音：

「英勇的驃騎們，諸位伊歐的子嗣！關鍵的一刻已經到來了！在你們面前是敵人和烈焰，你們的家園卻在遠方。雖然你們是在異國作戰，但所爭取到的光榮卻永遠是屬於你們自己的。你們已經起過誓，現在是履行的時候了！為了國王，為了土地，也為了同盟的友誼！」

驃騎們紛紛用長槍敲擊盾牌，製造出驚人的聲響。

「吾兒伊歐墨！你帶領第一馬隊，」希優頓說：「走在中央驃騎王旗幟的後方。在我們通過外牆後，艾海姆，你帶領部隊走右翼，葛林伯帶著部隊走左翼。其餘的部隊按情況跟在這三隊之後，打散任何集結的敵人。我們現在不清楚戰場上的情況，因此也沒辦法規劃其他的戰略。向前衝，不要畏懼黑暗！」

先頭部隊盡全力策馬飛馳，不管威法拉預測到怎樣的改變，四周依舊是一片黑暗。梅里坐在德海姆後面，一手緊抓著前方的他，另一手試著鬆開劍鞘拔出他的劍。他這才痛苦地體會到驃騎王對他所說的話：**梅里雅達克，在這樣的戰鬥中你能派上什麼用場？**「只有這個，」他想：「拖累一名騎士，希望自己能夠在馬上坐穩，不會被後面飛奔的馬匹給踩死！」

他們距離外牆不到三哩，因此很快就抵達了，梅里覺得真是太神速了。戰場上傳來驚慌的呼喊聲，還有金鐵交鳴的聲音，但為時甚短。留守在外牆的半獸人數量很少，又措手不及，因此，他們很快就被殺死或是驅散了。在拉馬斯城牆北門的廢墟前，驃騎王又再度停下來，第一馬隊緊跟在他後方與兩旁。雖然艾海姆的部隊在陣形的右翼，但德海姆還是盡量靠近驃騎王。葛林伯的部隊則是轉從更東邊的城牆缺口通過。

梅里從德海姆的背後不停窺探。在很遠的地方，至少是十哩以外的平原上，可以看見非常猛烈的火勢。不過，在它和驃騎們之間，火勢則像一彎新月一樣，最近的距離不過是三哩左右。在黑暗的平原上他幾乎什麼也看不清楚，他既還沒看到早晨的希望，也還沒感覺到任何的風，更別提什麼風向的變化了。

洛汗國的部隊無聲無息地踏上剛鏵的平原，緩慢卻穩定地擁入集結，就如上漲的潮水湧過人們素來認為安全的堤壩缺口一樣。然而黑影將軍的全副心神都放在那即將陷落的城池上，還沒有任何情報告訴他這萬無一失的計畫出現了漏洞。

過了不久之後，驃騎王領著部下往東走，來到了圍城大火和外側平原之間。他們依然沒有受到任何阻攔，希優頓也還沒有發出任何號令。最後，他又停了下來，米那斯提力斯城又更靠近了些，空氣中充滿了焦味和死亡的氣息。馬匹非常不安。驃騎王動也不動地坐在雪鬃背上，眺望著米那斯提力斯的苦難，彷彿被這恐怖或痛苦所震撼。他似乎畏縮了，因著年老而膽怯了。梅里自己也感覺到極大的恐懼與懷疑壓上身來。他的心跳得很慢。時間似乎在猶疑不定中靜止了。他們太遲了！遲到比不到還糟糕！或許希優頓會承認失敗，低頭屈服，轉過身軀，夾著尾巴逃回去躲進山裡。

突然間，梅里終於感覺到，毫無疑問地，局勢改變了。起風了！風颳在他臉上。晨光已經漸漸探出頭來。在很遠、很遠的南方，可以依稀看見雲朵像模糊的灰影，在往上翻滾、移動——它們的後方就是早晨了。

就在同一瞬間，一道刺眼的白光閃過，彷彿閃電從王城的地底竄出一般。剎那之間，王城變得黑白分明，最高的尖塔像是閃著光芒的細針；然後，黑暗再度掩沒一切，一聲巨大的轟隆聲從城門滾過平原傳來。

一聽見那聲響，驃騎王老態龍鍾的身軀突然挺直起來。他再度恢復了自信尊貴的儀態，他挺著胸膛，立在馬蹬上大聲呼喊，這是人類所發出過最清亮的聲音：

奮起，奮起！希優頓的驃騎！
魔物甦醒，燒殺擄掠！
長槍應揮舞，巨盾應接敵，
太陽升起前，吾等將浴血奮戰！
衝，衝！衝向剛鐸！

話一說完，他就從掌旗官古斯拉夫手中搶過一支巨大的號角，奮力一吹，連號角都抵受不住這力量而迸裂成碎片。驃騎全軍的號角都在同時回應，交織成一闕壯烈的樂曲。這震耳欲聾的洛汗號角聲，在那一刻像是天雷疾電一般席捲過剛鐸的平原和山丘。

衝，衝！衝向剛鐸！

驃騎王對雪鬃大喝一聲，駿馬立刻撒開四蹄狂奔。他身後的旗幟在風中飛舞，白色的駿馬在綠色的草原上馳騁，但連這旗幟都追不上他的衝勢。驃騎全軍萬馬奔騰地緊跟在後，驃騎王仍然一馬當先地衝向敵人。伊歐墨緊追不捨，頭盔上白色的馬尾在風中翻飛，第一馬隊來勢洶洶，但還是都趕不上希優頓。他看起來像是萬夫莫敵的狂人，列祖列宗的血液都在他的體內沸騰，他騎在雪鬃背上猶如古代的神靈，甚至就像世界初創之時，主神大戰中偉大的歐羅米一樣。他高舉黃金的盾牌，啊！它像太陽般反射出萬道金光，坐騎的白蹄四周彷彿都被綠色的火焰包圍。黎明的確降臨了，曙光和海上吹來的風一起來臨，讓黑暗退卻，魔多的大軍忐忑不安，軍心畏懼動搖；他們開始逃竄以及死亡，憤怒的鐵蹄踐踏過他們身上。接著，洛汗國所有的驃騎唱起雄壯的戰歌，同時毫不留情地斬殺敵人，戰鬥殺敵的喜悅籠罩了他們，他們清澈嘹亮又威嚴的歌聲甚至直傳到了王城中。

第六節　血戰帕蘭諾

可惜，帶隊攻擊剛鐸的，並非半獸人的酋長或是無知的盜匪。這黑暗消退得過早，遠在他主人計畫的時間之前，運氣在此刻背離了他，整個世界都轉而敵對他；就在他伸出手準備攫獲勝利時，勝利卻從他的指尖溜走。但他並沒有這麼容易就被打敗。他依舊指揮著重兵，駕馭著極強大的力量。他是戒靈之王，還擁有許多武器。於是，他離開了城門，消失在黑暗中。

驃騎王希優頓已經抵達了從大河通往正門的道路上。他掉轉馬頭，朝向一哩之外的主城衝去。他讓坐騎的速度減緩一些，開始尋找脫隊的敵人。他麾下的禁衛軍騎士將他包圍在正中心，德海姆也擠在護衛的行列中。在靠近城牆的地方，艾海姆的部隊正衝殺在攻城的裝置之間，劈砍、殺戮，徹底破壞，把敵人驅趕入燃燒著烈焰的壕溝中。整個帕蘭諾平原的北半部都遭到了驃騎的攻擊，敵人的營帳陷入火海，半獸人像是被獵人驅趕的獵物一般朝大河飛奔而逃；洛汗的驃騎如入無人之境恣意斬殺敵兵。但是，他們還沒有攻破包圍，也還沒有奪回正門。許多敵人依舊占據著門前的區域，平原的另外一半，還是擠滿了未受一丁點損傷的敵軍。在道路的南方分布著哈拉德林人的主力部隊，他們的騎兵正集結在首領的旗幟下；他仔細一看，在晨光中發現了驃騎王的王旗，已經超前了主戰場，身邊的護衛也十分薄弱。於是，哈拉德林的首領暴吼一聲，展開他那面在猩紅大地上飛舞著一隻黑蛇的旗幟，率領精銳的戰士策馬衝向白馬綠地的王旗所在處。南方人拔出彎刀的景象，讓戰場上泛起如星辰般的點點刀光。

希優頓這才發現到他，不等他的攻勢衝來，驃騎王已大喝一聲，命令雪鬃衝上前迎戰。兩邊部隊以雷霆萬鈞之勢交鋒激戰。不過，北方戰士的怒火更熾烈，而他們的馬術和槍術也比南方人精湛。雖然敵眾我寡，但驃騎們像是雷電一樣，在敵陣中來回衝殺。塞哲爾之子希優頓從中殺入敵陣，一槍將敵方首領刺穿墜馬。同時伸手拔出寶劍，將敵方的王旗連掌旗軍官一劍砍成兩半；黑色的大蛇墜落倒地。敵方餘剩的騎兵一見狀況不對，立刻轉身飛奔而逃。

但是，正當驃騎王光榮得勝之際，他的金盾突然變得黯淡。嶄新的晨光從天際被抹除了；黑暗籠罩在他四周。馬匹驚慌失措，尖聲嘶叫著直立而起。騎士被拋下馬背，匍匐在地上。

「集合！集合！」希優頓大喊著：「伊歐子嗣別退卻！不須懼怕黑暗！」但恐懼的雪鬃卻發狂般人立起來，前蹄在空中揮舞；接著，牠尖聲慘嚎著倒了下來，胸腹間中了一枚黑箭，驃騎王被壓在牠的身體下。

恐怖的黑影如雲朵般從天而降。天哪！那是一隻長著翅膀的妖獸：牠看起來像是一隻體型驚人的怪鳥，赤裸裸的身上沒有任何羽毛，雙翅是像蝙蝠一樣的巨大肉翅，指尖還有利角；而且牠臭氣薰天。這或許是遠古世界中誕生的妖物，牠們在被遺忘的山脈中苟延殘喘，滯留在冰冷的月光下，遠超過了牠們該生存的時代，並在可憎的巢穴中孵育出這最後過時的邪惡後代。黑暗魔君接納了牠，用腐敗的肉類餵養牠，直到牠的體型超越了所有的飛禽；然後，魔王將這些妖獸賞給他的僕人當坐騎。牠以極快的速度朝地面俯衝下降，然後，牠收攏翅膀，發出嘎聲大叫，撲上雪鬃的身軀，利爪刺進肉裡，彎著光禿無毛的長頸環顧四周。

在牠身上坐著一個黑暗、龐大，且殺氣騰騰的身影。他戴著鋼鐵的皇冠，但在冠圈與黑袍之間應該是頭顱的地方卻空盪盪的，只在雙眼的位置冒出致命的光芒——他是捲土重來的戒靈之王。在黑暗消退的時候，他將坐騎召來，重新從空中返回，現在他又回來了，帶來了毀滅，將希望轉變成絕望，將勝利轉變成死亡。他手中握著一柄巨大的釘頭錘。

即使王室的禁衛軍在他四周死傷枕藉，有些則因馬匹失控而被帶到遠處，希優頓並沒有被眾人所遺忘，但在這一團混亂中，依然有一人站立著不動——那是年輕的德海姆，他的忠誠超越了恐懼，他的眼中盈滿了淚水，因他敬愛驃騎王如父。梅里在整個衝鋒陷陣的過程中坐在他背後，毫髮未傷，直到黑影降臨；他們的坐騎溫佛拉在恐懼中拋下兩人，如今在平原上狂奔。梅里像隻昏惑的野獸般趴在地上，極端的恐懼讓他緊閉雙眼，癱瘓如生重病。

「你是驃騎王的臣民！驃騎王的臣民！」他在內心大喊著：「你必須要留在他身邊，你自己說將會視他如父！」但他的意志毫無反應，身體卻止不住拚命顫抖。他不敢睜開眼或是抬起頭。

在這無邊無際的黑暗中，他心裡似乎聽見了德海姆說話的聲音；只是這時他的聲音聽起來很奇怪，讓他回想到另一個他曾聽過的聲音。

「離開，發臭的妖術師，腐屍之王！讓死者安息！」

一個冰冷的聲音回答：「不要擋在戒靈和他的獵物之間！否則輪到你時他將不會只殺死你而

已，他會把你帶往超越一切黑暗的哀哭之地，讓你的血肉全被吞食，讓你的靈魂赤裸裸地攤在魔眼之前永恆受苦。」

鏘的一聲，德海姆拔出了寶劍。「隨你怎麼做，但我將盡力阻止你！」

「阻止我？愚蠢，天下的英雄好漢都無法阻止我！」

在這生死交關的一刻，梅里聽見了戰場上所有聲音中最奇怪的一種聲音。德海姆似乎笑了，那清脆的笑聲猶如響亮的銀鈴。「我不是什麼英雄好漢！在你眼前的是名女子——我是伊歐玟，伊歐蒙德之女。你正擋在我與我王和我父之間。如果你並非永生不死，那就滾開吧！不管你是活人還是邪惡的幽靈，如果你敢碰他一根汗毛，我都會將你千刀萬剮，永世不得超生！」

妖獸對她尖叫，但戒靈卻突然遲疑了，沉默地沒有做出任何回應。極度的驚訝蓋過了梅里的恐懼；他張開眼睛，發現那陣黑暗已經離開他們了。妖獸就在距離他只有幾步的地方，在牠周圍似乎籠罩著一片黑暗，戒靈之王如同絕望的陰影穩穩騎在牠身上。在牠左邊不遠的地方是自稱為德海姆的伊歐玟。隱藏她身分用的頭盔已經落在地上，她淡金色的秀髮脫開了束縛，披散在肩上隨風飛揚。她深灰如海的雙眸堅定凶狠，毫不退讓，但她臉頰上還掛著之前的淚水。她手中握著寶劍，另一隻手舉起盾牌，遮擋敵人恐怖的目光。

她是伊歐玟，也是德海姆！梅里的心中閃過那張在登哈洛啟程時看見的臉孔：一張生亦何歡、死又何懼的臉。他內心充滿了憐憫和驚訝，突然間，他種族特有的、緩慢激發的勇氣被喚醒了。他握緊了雙拳。她不該死，不能讓這麼美麗、這麼堅定的人死掉！至少，她不該孤立無援、孤身一人死去。

敵人並未轉過來面向他，但他依然幾乎不敢動彈，害怕那可怖的眼神會落到自己身上。慢慢地、慢慢地，他爬向一旁；但黑影將軍凶惡的注意力全集中在眼前的女子身上，仍在遲疑，只把他當作泥濘中的小蟲一樣不屑一顧。

突然間，妖獸拍打著醜惡的翅膀，掀起了陣陣腥臭的氣流；牠再度飛騰上空中，然後迅速俯衝，尖叫著對準伊歐玟撲來，用尖喙利爪展開攻擊。

她依然毫不退縮，無所畏懼，身為驃騎之女、王室成員，她雖纖細卻剛強如精鋼，美麗卻也同樣的致命。她在電光石火間一劍揮出，準確熟練地砍中敵人。妖獸伸長的脖子被她一砍為二，斷落的醜陋腦袋像石頭似的滾落在地。她敏捷地往後一躍，那龐然大物發出轟然巨響摔落地面，巨大的翅翼外展，重重地砸在地上；牠一死，那陰影就跟著消退了。伊歐玟周身籠罩在光明中，日出的光芒照著她閃閃發亮的金髮。

黑騎士從這一團模糊的血肉中站起來，高大的身軀散發出驚人殺氣，巨塔般聳立在她前方。戒靈發出一聲仇恨的怒吼，像是燒灼的毒液刺入耳中；在同一瞬間，他毫不留情地對準伊歐玟揮出巨大的釘頭錘。她的盾牌在此重擊下立刻碎裂，持盾的手臂也因此骨折，她踉蹌跪倒。他像一團烏雲籠罩住她，雙眼冒著寒光，再次舉起釘頭錘準備給她致命的一擊。

但是，他突然發出痛苦的嚎叫，踉蹌往前仆倒，釘頭錘偏離了目標，砸在地面上。梅里的寶劍從他身後刺入，穿透了黑色的斗篷，插進黑甲間的縫隙，割斷了他膝蓋的肌腱。

「伊歐玟！伊歐玟！」梅里大喊著。接著，她勉強支起身體，使盡最後一絲力氣，將寶劍刺進皇冠和斗篷之間的位置。寶劍炸成碎片，皇冠哐噹一聲滾落地面。伊歐玟摔倒在敵人的屍體上。但，天啊！那斗篷和盔甲內竟然是空盪盪的！它們殘破四散，不成形狀；一聲淒厲的慘號聲直衝戰慄的天空，然後消弱成尖泣聲，隨風消散。一個無形薄弱的聲音消逝了，被吞沒了，自此消失在這個紀元中。

哈比人梅里雅達克站在死者當中，像一隻日光下的貓頭鷹般不停地眨眼睛。他的視線完全被淚水遮住了，透過這層薄霧，他看著美麗的伊歐玟動也不動地躺在地上，還有那個在生命中最光榮的一刻猝死的驃騎王。雪鬃在痛苦掙扎中已經滾了開來，但牠卻成了殺死主人的凶手。

梅里彎下身，拉起他的手親吻，這時，希優頓竟然張開眼睛，那雙眼睛依舊明亮清澈，他十分費力卻平靜地開口說道：

「再會了，哈比特拉先生！」他說：「我的身體已經不行了。我要前去和祖先重聚了。即使在偉大的列祖列宗身邊，我也不會有絲毫的羞愧。我砍倒了黑蛇。黑暗的早晨卻帶來歡欣的一天，還會有燦爛的日落！」

梅里不停地啜泣，說不出話來。「王上，請原諒我，」他最後終於說：「我違背了您的命令，但卻除了站在您面前哭泣之外，什麼都不能做。」

年邁的國王笑了：「不要傷心！我早就原諒你了。勇敢的心是不該遭到拒絕的。願你日後能過得幸福；當你在太平歲月中抽著菸斗時，別忘了我！看來，我們是不可能坐在梅杜西皇宮裡面，聽你解釋那些藥草的來源了。」他閉上眼，梅里深深一鞠躬。接著，他又開口說：「伊歐墨呢？我的雙眼已經開始變暗了，我希望在死前可以見他一面。他必須繼承我的王位。我還有話要跟伊歐玟說。她，她不讓我離開她，現在我再也不能見到她的面了，可惜哪！她對我來說比親生女兒還要親……」

「王上，王上，」梅里斷斷續續地說：「她就——」可是，就在那一刻，巨大的聲響將他們包圍，整個戰場的號角似乎都響了。梅里看著四周，根本忘了戰爭，忘了整個周遭的世界，自從希優頓王倒下後，彷彿已經過了好幾個小時，然而事實上只不過是短短的十幾分鐘而已。這時，他才意識到他們正處在即將爆發的大戰中間，隨時都有身陷重圍的危險。

敵人的增援從大河急急趕了過來，魔窟的部隊從城牆下衝過來，南邊哈拉德林的步兵則是和騎兵一起向戰場上集結，在他們的隊伍之後還有猛瑪巨大的身影，牠們背上還背著攻城塔。但在北邊，頭盔上飄著白纓的伊歐墨率領著他再度集結起來的強大先鋒部隊；而剛鐸所有的戰士也全都從城門一擁而出，多爾安羅斯的天鵝騎士一馬當先，毫不留情地格殺正門前的敵軍。

這時，梅里的腦海中只有一個念頭：「甘道夫呢？他不在嗎？他能不能救活驃騎王和伊歐玟？」就在這個時候，伊歐墨已經急忙趕了過來，倖存的王室禁衛軍在重新控制住慌亂的坐騎後也緊跟過來。他們驚訝地看著倒在一旁的妖獸的屍體，連他們的馬匹都不願意靠近牠。伊歐墨從馬背上一躍而下，來到驃騎王身前，悲憤莫名，傷心欲絕，默然肅立。

一名驃騎從戰死的掌旗官古斯拉夫手中拿下王旗，將它朝天高舉。希優頓慢慢地睜開眼睛。看見王旗，他示意將旗幟交給伊歐墨。

「萬歲，驃騎王！」希優頓說：「迎向你的勝利！替我向伊歐玟道別！」說完他就死了。直到他死前，都還不知道伊歐玟就在他身邊。四周的將士無不落淚哭泣，喊著：「希優頓王！希優頓王！」

伊歐墨開口道：

不須過度傷悲！王者已逝，
這是命中注定。等他墓丘立起，
女人才會為他哭泣。吾等必須再度投入戰場！

但他自己也是滿臉淚痕。「禁衛軍留下來，」他說：「讓他光榮地離開戰場，不要被人所踐踏！對，還有此地所有奮戰而死的驃騎王子民。」他檢視著戰死將士的屍體，回憶著他們的名字。突然間，他看見了倒在地上的妹妹伊歐玟，認出了她的臉孔。滿臉淚痕的他呆立當場，像一個在喊叫中突然被一箭穿心的人；他的臉色瞬間變得煞白，滿腔怒火暴漲，片刻之間什麼話也說不出來。一股狂亂的情緒攫住了他。

「伊歐玟，伊歐玟！」他大喊道：「妳怎麼會在這裡？這是怎樣瘋狂和邪惡的事啊？死亡，死亡，到處都是死亡！死亡奪走了我的一切！」

接著，不等城內的友軍到來，也未和任何將軍協商，他就衝回到先鋒部隊前方，吹著號角，大喊著全軍進擊的號令。他悲痛的聲音在戰場上回響著：「誓死奮戰！向毀滅的世界末日前進！」

隨著號令驃騎們發動了攻擊。但洛汗國的子民不再歌唱，他們眾口同聲嚇人地大聲呼喊著：

「誓死奮戰！」他們聚集急馳，像是洶湧的潮水越過驃騎王戰死之處，衝向南方。

哈比人梅里雅達克依舊楞楞地站在那邊眨眼睛，沒有人跟他說話，事實上，根本沒人注意他。他擦去眼淚，彎下身撿起伊歐玟送給他的綠色盾牌，將它扛在背上。然後，他開始尋找刺中敵人的寶劍。當他一劍刺出之後，連持劍的那隻手都跟著麻痹了，現在他只能用左手來工作。看啊！他的武器就在前面，但劍刃的部分卻像插進爐火的枯枝一樣不停地冒煙，在他的注視下，只見金屬扭曲、萎縮，直到全部消融。

古墓崗的寶劍、西方皇族的寶物就這麼毀了。這柄寶劍歷史悠久，是在登丹人建立北方王國不久，他們主要的敵人還是安格馬巫王時，鑄劍人一錘一錘慢慢鑄造出來的。不過，如果他知道此劍後來的經歷，或許會覺得很欣慰吧。沒有別的劍——即使是由當年最厲害的戰士來揮——能給予敵人這麼沉重痛苦的一擊，刺穿那不死的身軀，破除將他看不見的力量與其意志結合在一起的咒語。

人們這時抬起驃騎王，將斗篷綁在長槍柄上充作擔架，準備把他抬進城去。其他人輕輕地抬起伊歐玟，跟在驃騎王後面。但是，他們一時之間無法把驃騎王戰死的禁衛軍全都運走；有七名禁衛軍騎士在此陣亡，隊長迪歐溫也赫然在其中。眾人先將這些屍體搬離敵人和那妖獸的身邊，並且在四周插上長槍。稍後，等一切都結束時，人們回到此地，一把火將妖獸的屍體燒掉。至於雪鬃，他們替牠挖了個墓穴，在上面安置一塊墓碑，上面以剛鐸和驃騎的語言刻著：

忠實的僕人，卻是主人的末日，
輕蹄的子嗣，來去如風的雪鬃。

雪鬃的墓窖上長滿了綠而長的青草，但焚燒妖獸屍體的地方卻是永遠焦黑一片。

傷心的梅里緩緩地走在抬擔架的驃騎身旁，不再關切戰況。他又累又傷痛，四肢像是受了風寒般不停顫抖。從大海上飄來了一陣驟雨，似乎萬物都在為希優頓和伊歐玟哭泣，這灰色的淚水也澆熄了城中熊熊的火焰。在這滂沱大雨中，剛鐸的先鋒衝了過來；多爾安羅斯王印拉希爾策馬來到他們面前，勒住轡繩停了下來。

「洛汗的人們，你們扛著什麼樣的重擔？」他問道。

「是希優頓王，」他們回答：「他過世了。伊歐墨王現在率軍作戰，他頭上的白纓正在風中飄揚。」

印拉希爾下了馬，熱淚盈眶地跪在擔架旁邊，向驃騎王與他的率軍進攻致敬。當他站起身，看見伊歐玟時，吃了一驚。「這是女子嗎？」他說：「為了援助我們，難道連洛汗的女子都來了嗎？」

「不！只有她而已。」他們回答：「她是王女伊歐玟，伊歐墨的妹妹。直到不久之前，我們才知道她也跟來了，並為此悲傷抱憾不已！」

印拉希爾注意到她美麗的容顏，雖然蒼白冰冷，他仍禁不住俯身端詳，同時摸了摸她的手。「洛汗的男子啊！」他大喊道：「難道你們當中都沒有大夫嗎？她的確受了重傷，但我想她還有可能活下來。」他將自己雪亮的手腕護甲靠近她的唇邊，看哪！上面竟然蒙上了十分微薄的霧氣。

「你們必須要盡快找人來！」他立刻派麾下的一名騎士回城裡找幫手。但他在向陣亡者深深一鞠躬之後，立刻上馬騎向戰場。

帕蘭諾平原上的戰鬥，從之前的奇襲轉成一場熾熱的血戰；金鐵交鳴、人喊馬嘶，各種聲音越演越烈。號角和喇叭聲震耳欲聾，猛瑪被棒刺驅趕上戰場時也發出低沉的咆哮聲。在主城南邊的城牆下，剛鐸的步兵戰士正和固守該處不退的魔窟部隊陷入激戰，城中的騎兵則是趕往東方支援伊歐墨：齊斯的執政官高大的胡林、羅薩那奇爵士、綠丘的賀路恩、印拉希爾王和全部的天鵝騎士都在這支部隊中。

他們正好解救了洛汗國的驃騎，因為憤怒讓伊歐墨做出錯誤的抉擇，戰局反轉變得對他十分不利。他狂暴的衝鋒徹底擊垮了敵人的前鋒，大批的驃騎殺氣騰騰地衝入敵陣中，讓這些南方騎士落馬、步兵則四散奔逃。但是，只要猛瑪一出現，馬兒就止步不前，開始人立後退，因此，這些猛瑪根本沒有遭到任何攻擊，像一座座防衛塔聳立在戰場上，潰散的哈拉德林人利用牠們當作重新集結的陣地。一開始驃騎們對哈拉德林人大約只處在一比三的劣勢中，但他們的狀況迅速惡化，因為奧斯吉力亞斯的方向來了敵人新的生力軍。這些部隊原先在該處集結整編的目的是等待黑影將軍的命令，在城破之後大肆燒殺，洗劫米那斯提力斯。現在將軍雖然被殺，但魔窟的副將葛斯摩接管指揮，將這些預備隊派上戰場；他們是拿著斧頭的東方人、侃德的維瑞亞人、紅衣紅甲的南方人，以及從遠哈拉德來的黑皮膚野人，他們長得像是食人妖和人類的混血，白眼紅舌，很是恐怖。有些人這時已經趕到驃騎的後方，有些則是往西布陣，阻擋剛鐸的部隊和他們會合。

就在這天色漸亮、戰勢開始轉對剛鐸不利，他們的希望動搖的時刻，城中傳來了另一聲呼喊。這才不過是上午的時光，一陣強風吹來，大雨轉向北方，太陽露出臉來。在這清朗的天空下，城牆上的瞭望員看見了新的恐怖景象，他們最後的一絲希望也跟著煙消雲散。

安都因大河從哈龍德轉彎處起，連綿數哩的流域，城牆上的人們可以一覽無遺，視力好的人還可以看見任何沿河上來的船隻。此時朝那邊張望的人，一看之下無不發出驚恐的呼喊；在波光粼粼的大河上，順風快速航來了一支黑色的艦隊：大型的快速帆船，以及許多吃水深的多槳船，它們黑色的帆桅迎風鼓動。

「這是昂巴的海盜！」人們大喊著：「昂巴的海盜船！你們看！昂巴的海盜來了！貝爾法拉斯已經被攻占了，伊瑟和蘭班寧一定都淪陷了。現在海盜準備對我們展開攻擊了！這真是末日的最後一擊啊！」

由於城內根本無人指揮，慌亂的人們四處逃竄，有些人拉響警鐘，有些人吹起了撤退的號令。「回到城內！」他們大喊著：「回到城內！在被包圍之前趕快回到城內！」但那讓黑色巨艦飛快航行的強風，將這喧鬧呼喊聲全都吹散了。

事實上，驃騎們根本不需要這些警告，他們所有的人都能清清楚楚地看見那些黑帆。伊歐墨距離哈龍德不到一哩遠，在他與港口之間，是一大群他們之前遭遇的敵人，後方則是蜂擁而來的新敵軍，正切斷他和印拉希爾王的部隊。他看著大河，心中的希望開始消退，原先祝福他的強風現在被他視為詛咒的惡風。然而魔多的部隊士氣大振，紛紛展開更強大的攻勢。

伊歐墨神情剛毅、鐵定了心，他的思緒再次冷靜清晰起來。他下令吹響號角，把所有可召集的部隊集合到他的帥旗下；他決定要在平原上組織盾牆，然後下馬奮戰直到最後一兵一卒，要在帕蘭諾平原上寫下此一雄壯的史詩，縱使西方再也無人存活下來紀念最後一任的驃騎王也不在乎。因此，他騎上一座綠色的小丘，將帥旗插上，白馬的徽記在風中飄揚。

戰勝懷疑、戰勝黑暗，迎接晨光，
我揮舞寶劍，在青天下歌唱。
奮戰向絕望，無悔迎心傷：
這是最後一戰，寧讓鮮血染紅大地！

他含笑念出這些詩句。再一次，他胸中戰鬥的火焰又被點燃了；而且他毫髮無傷，他還年輕力壯，他還是驃騎王：一群強悍子民的君王。看，他在絕望中仍大笑著看向那些黑色巨艦，高舉寶劍，準備抵擋它們。

眼前的景象令他大吃一驚，絕望被狂喜所取代；他將寶劍往天上使勁一扔，長嘯著接住寶劍。所有人的目光都和他看住同一個方向，看哪！第一艘巨艦航向港口的同時展開了一面大旗，當她轉彎航向哈龍德的時候，強風吹開了大旗。旗上繡著聖白樹，這是剛鐸的象徵；但它的旁邊還環繞著七星，上方則是一頂高聳的皇冠，那是數百年來無人見過的伊蘭迪爾的家徽！大旗上的星辰在陽光下閃閃發光，因為它們是愛隆之女亞玟所繡上的寶石。皇冠在晨光中光輝耀目，因為它是由祕銀和黃金所繡成的。

如此，亞拉松之子亞拉岡，伊力薩，伊西鐸的繼承人，通過亡者之道，乘著大海之風來到剛鐸王國！驃騎們歡欣鼓舞，揚聲歡呼大笑，舉劍閃出一片寒光，王城中的驚訝和歡喜已由號角和鐘聲交織成歡慶的樂章。魔多的部隊則驚訝得不知如何是好，他們不明白為什麼自己的戰船竟然會滿載著敵人；一股恐懼攫住他們，明白戰況已經扭轉，厄運已經當頭籠罩下來。

多爾安羅斯的騎士往東直奔，緊追在逃竄的敵人之後：維瑞亞人、痛恨陽光的半獸人和黑皮膚的野人全都望風逃竄。伊歐墨往南急馳，敵人看見他就丟盔棄甲、不敢戀戰，但這些敵人最後還是無處可逃。剛鐸的援軍從船艦上湧出，踏上哈龍德港，像是狂風一般席捲向敵人。來人有勒荷拉斯、拿著斧頭的金靂、擎著大旗的賀爾巴拉，以及前額戴著星鑽的愛拉丹和愛羅希爾，還有那些以一當百的北方遊俠登丹人，領著大批從蘭班寧、拉密頓和南方封邑來的驍勇善戰的戰士衝向戰場。但在眾人之前一馬當先的是亞拉岡，他手中握著西方之炎——安都瑞爾聖劍，重鑄聖劍的光芒變得更加耀眼，和古時一樣致命；他的前額戴著伊蘭迪爾之星。

最後，伊歐墨和亞拉岡終於在戰場上重聚了，他們將寶劍交擊，高興地看著對方。

「縱使中間隔著魔多的千軍萬馬，我們還是又見面了！」亞拉岡說：「我在號角堡豈不就說過了嗎？」

「你是這麼說過，」伊歐墨說：「但是希望往往不可靠，而當時我也不知道你是有預知能力的人。不過意料之外的援助使人感到蒙受雙倍的祝福，也從未有朋友的重逢比我們的更歡喜！」兩人伸手緊緊相握。「你來得正是時候！」伊歐墨說：「你來得絕對不算太早，老友，我們經歷了許多的犧牲和哀傷。」

「那麼，在我們有機會好好聊聊之前，讓我們替戰友們復仇吧！」亞拉岡說，於是兩人並肩再度回到戰場上。

他們眼前還有一場十分艱苦的戰鬥，因為南方人相當英勇善戰，在走投無路的時候更是出人意料的凶猛難纏；東方人則是身經百戰，更為強悍，而且絕不投降。因此，在各處，不論是焚燬農舍或穀倉、小山或丘嶺上、城牆下或田野間，他們不停地重整隊形，不斷發動反擊，一直拚戰到這一天結束。

最後，太陽終於落到明多陸因山之後，把整個天空染成火紅，所有的山丘綠野都染遍鮮血，河水泛紅，暮色中的帕蘭諾草原也赤紅一片。這時，剛鐸平原上的大戰才終於結束了；拉馬斯城牆內沒有任何活著的敵人。所有的敵軍，除了在逃命中被殺或淹死在大河的血紅泡沫中外，其餘全部遭到殲滅。只有極少數的人往東逃回魔窟或魔多；哈拉德林人的國度自此只流傳一個自遠方來的傳說，那是關於剛鐸的怒火與可怕。

亞拉岡、伊歐墨和印拉希爾朝著主城正門騎去，他們已經疲倦得無法感受歡欣或是悲傷的情緒。這三個人毫髮無傷，這是他們極度的幸運、精湛的戰技和勇氣所結合的成果；的確，當他們憤怒的時候，沒有多少人膽敢阻擋他們的去路。不過，許多戰士都受了傷，或殘疾，或戰死在帕蘭諾平原上。佛龍下馬孤身作戰時，被敵人用斧頭砍死；摩頌的敦林和迪魯芬兄弟領著弓箭手靠近射擊猛瑪的眼睛，卻因此被猛瑪踐踏而死；賀路恩再也不能回到家鄉皮那斯傑林，葛林伯也無法和家人團聚，遊俠賀爾巴拉也再不會回到北方的國度。在這場大戰中犧牲的人難以計算，有將領有士兵，有聲名顯赫者有沒沒無聞之人；因為這是一場大戰，沒有一首詩歌能夠完全描述今天的慘況。許多年後，洛汗的一名詩人作了一首蒙登堡的墓丘之歌：

吾人聽見山中號角迴盪，
南方國度的利劍閃耀。
快馬奔向岩城
如同清晨的強風，戰火點燃。
馬隊之長，希優頓戰死，
偉大的塞哲爾之子再也無法
回到北方的黃金宮殿和綠色草原。
哈丁和古斯拉夫，
登希爾和迪歐溫，勇猛的葛林伯，
賀爾巴拉和西魯布蘭，宏恩和法斯拉，

都戰死在遠方的國度；
他們埋骨於蒙登堡的墓丘，
身旁是他們的戰友、剛鐸的戰士。
賀路恩不會回到海旁的山丘，
年邁的佛龍也不會回到開滿花的山谷，
無法光榮重返他位在阿那赫的故鄉，
高大的弓箭手，
迪魯芬和敦林也無法回到黑暗的河水邊，
山下的摩頌谷再也不是他們的居所。
自天亮到日落，死亡如影隨形，
王者也必須低頭，
他們全都在大河旁的剛鐸沉睡。
此時灰暗如同淚水、閃耀著銀光，
當年卻鮮紅翻滾：
映射著血紅的夕陽和鮮血，
山中的烽火在日落時重新燃起，
拉馬斯安澈的露水也化為鮮紅。

第七節　迪耐瑟的火葬堆

當正門前的魔影退走之後，甘道夫依然動也不動地坐在馬上。但皮聘站了起來，彷彿身上卸下了千斤重擔；他站在那裡傾聽著號角聲，覺得小心臟高興得幾乎要爆開了。從此，在往後的歲月裡，每當他聽見遠方吹來號角聲時，他總是忍不住會熱淚盈眶。不過，此刻他突然想起了自己此行的任務，於是急忙跑向前。就在那時，甘道夫動了動，彎身和影疾說話，似乎正準備奔出正門。

「甘道夫，甘道夫！」皮聘大喊著，影疾停了下來。

「你在這裡幹什麼？」甘道夫問道：「城裡的律法不是規定，穿著黑銀制服的人必須留在要塞裡面，只有在王上下令時才能離開嗎？」

「他是下了命令，」皮聘說：「他趕我離開。可是我覺得很害怕。上面可能會發生很可怕的事情，我想城主已經瘋了。我恐怕他會自殺，還會殺了法拉墨，你能不能想想辦法？」

甘道夫看著門外，此時平原上已經傳來廝殺的聲音。「我必須趕快走，」他握緊拳頭說：「黑騎士就在外面，他還是能給我們帶來毀滅。我沒時間了！」

「那法拉墨怎麼辦？」皮聘大喊著：「他還沒死，如果沒人阻止他們，他們會把他活活燒死的！」

「活活燒死？」甘道夫質問道：「這是怎麼一回事？快說！」

「迪耐瑟去了陵寢，」皮聘說：「他把法拉墨一起帶過去，對我們說大家都會被燒死，他不願意繼續等，並命令侍從堆起火葬堆，把他和法拉墨一起燒死在上面。他已經派人去找柴薪和油了。我告訴了貝瑞貢，但我擔心他不敢離開崗位，他正在站崗。再說，他又能怎麼辦？」皮聘一口氣把全部經過都說完，走上前伸出顫抖的手抓住甘道夫的膝蓋說：「你能救救法拉墨嗎？」

「或許我可以，」甘道夫說：「但若我這麼做，我恐怕會有其他人因此逝去。好吧！既然沒有別的人會去救他，我必須去。但這會帶來哀傷和悲慘的結果。沒想到連在我們最堅強的堡壘中心，魔王也有力量打擊我們，這背後一定是他的意志在運作。」

他下定決心，立刻付諸行動；他一把抓起皮聘，將他放在身前，命令影疾掉轉頭。他們飛奔而上米那斯提力斯的街道，身後戰鬥的聲音已越來越響。兩人所到之處，每個人都正掙扎著從絕望和恐懼中站直身，拿起武器，扯開喉嚨互相大喊：「驃騎終於來了！」將軍們在發號施令，各處都有部隊集結，已經有部隊開始朝向正門衝去。

他們遇上了印拉希爾王，他對兩人喊道：「米斯蘭達，你們要去哪裡？驃騎們正在剛鐸的平原上奮戰！我們必須集結所有的兵力去支援！」

「光是所有的人還不夠，」甘道夫說：「你還必須要快才行。我一能夠抽身就會立刻趕過去；但我有緊急要務必須先趕到迪耐瑟王身邊。城主不在，就由你接管指揮了！」

他們繼續衝向前；他們越往上接近要塞，越感覺到風吹拂在臉上，他們看見遠方晨光閃爍，南方天空的曙光正逐漸揭露。但他們沒有感到它帶來多大希望，他們不知道眼前會面對什麼不幸的狀況，只擔心自己來得太遲。

「黑暗正在消退，」甘道夫說：「但在城中卻依舊濃重。」

他們在要塞門口沒有遇上任何衛兵。「那麼貝瑞貢已經走了。」皮聘燃起了希望。兩人轉過頭，沿著小路匆匆趕往禁門。門敞開著，看門人倒在門前。他被殺死，而鑰匙也被拿走了。

「這是魔王的計謀！」甘道夫說：「他最喜歡這種事，同胞鬩牆，人們因為困惑而起爭端，不知該效忠何人。」他下了馬，吩咐影疾回到馬廄去。「朋友，」他說：「我們早就該上戰場，但眼前的事情讓我無法抽身。但若我發出訊號，請你趕快過來！」

兩人穿過禁門，走上蜿蜒的道路。天色漸亮，兩旁高大的石柱和雕像有如灰色鬼魂般地緩緩掠過。

突然間，寂靜被打破了，他們聽見底下傳來刀劍撞擊與喊叫的聲音。自從要塞建立以來，此地從未傳出過這種聲音。好不容易，皮聘和甘道夫終於來到拉斯迪南，兩人立即衝向宰相陵寢，它巨大的拱頂在曙光中隱隱浮現。

「住手！不要亂來！」甘道夫奔向門前的石階說：「停止這種瘋狂的行為！」

門前是迪耐瑟的侍從，手中拿著劍和火把；穿著黑銀制服的貝瑞貢單槍匹馬站在石階最上面一級，擋著門不准他們進入。已經有兩名侍從被他所殺，讓這神聖之地沾染了他們的鮮血；其他人不停地咒罵他，詛咒他是叛徒，不肯效忠王上的命令。

就在甘道夫和皮聘狂奔向前的時候，他們聽見陵寢中傳來迪耐瑟的嘶吼聲：「快點，快點！照我說的做！殺死這個叛徒！難道我必須自己動手嗎？」台階上方被貝瑞貢用左手拉住關上的門被猛拉開來，在他身後站著王城的城主，高大又凶猛，眼中冒著可怕的怒火，手上拿著出鞘的寶劍。

此時，甘道夫躍上台階，人們遮住雙眼，不住後退；他的到來像黑暗之地閃起一道耀眼的白光，而他的怒氣也讓人不敢阻擋。他伸手一揮，迪耐瑟的寶劍就脫手飛了出去，落回他背後陰暗的陵寢內；迪耐瑟在甘道夫面前驚詫得連連倒退了好幾步。

「這是怎麼一回事，王上？」巫師說：「亡者居住的地方，不應該是活人嬉戲的處所。當外面戰火正熾的時候，為什麼你的部下要在這神聖之地自相殘殺？難道連拉斯迪南都淪入魔王之手了嗎？」

「剛鐸之王何時開始要向你負責了？」迪耐瑟問：「難道我不能指揮自己的侍從嗎？」

「你可以。」甘道夫說：「但當你變得瘋狂，發出邪惡的命令時，其他人可以違抗你的命令。你的兒子法拉墨呢？」

「他躺在裡面，」迪耐瑟說：「發燒，一直在燒。他們已經在他的體內點燃了火焰。但很快的，一切都會化為飛灰。西方已經失敗了。一切都將被大火吞噬，一切都將結束。飛灰！都會灰飛煙滅，隨風而逝！」

於是，甘道夫明白他已經徹底瘋狂了，擔心他已經做出無法挽回的惡事，他立刻衝向前，貝瑞貢和皮聘緊跟在後。迪耐瑟連連退後，一直退到了石桌旁邊。他們發現法拉墨躺在石桌上，還是處在高燒昏迷的狀態。石桌底下和四周已經堆滿了柴薪，上面澆滿了燈油，連法拉墨的衣服和被單都沾滿了油，只差一把火來吞噬一切。甘道夫展現了他所隱藏的真正力量，就如他隱藏在灰袍下的光之力量。他縱身一躍跳上柴堆，輕輕抱起病重的法拉墨，隨即跳下來，抱著他走向門口。但是，當他這樣做的時候，法拉墨發出呻吟，在昏迷中叫著父親的名字。

迪耐瑟彷彿大夢初醒，眼中的火焰熄滅了，老淚縱橫；他說：「不要帶走我的孩子！他在叫喚我了！」

「他是叫了，」甘道夫說：「但你還不能見他。他必須在死亡之門前尋求醫治，但也可能找不到。而你的責任是出去為你的城池奮戰，或許死亡會在那裡等著你。這點你心裡應該知道。」

「他不會再醒過來了，」迪耐瑟說：「戰鬥是徒勞無用的。我們為什麼要苟延殘喘呢？我們為何不一起離開人世？」

「剛鐸的宰相，權力不是給你用來選擇自己的死期的。」甘道夫回答：「只有那些墮落的君王，在黑暗力量的宰制下，才會因為驕傲和絕望而自殺，並殺死他們的親人來減輕自己死亡的痛苦。」他抱著法拉墨走出陵寢，將他放在門廊上剛才抬他來的擔架上。迪耐瑟跟在後面，渾身顫抖地站著，疼愛地望著兒子的臉龐。有那麼片刻，眾人寂靜無聲，看著年邁的王者掙扎著。

「來吧！」甘道夫說：「其他人需要我們。你還有很多事情可以做。」

突然間，迪耐瑟笑了。他挺起胸膛，再度露出自傲的神情，同時飛快走回之前所躺的石桌，拿起他剛才所躺著的枕頭。然後他走到門口，揭開覆蓋的枕巾，啊！底下竟是一顆真知晶石！當他舉起晶石的時候，旁人似乎見到裡面有火焰逐漸亮起來，城主瘦削的面孔也因此沾染了紅光，那臉看起來像是岩石雕成，輪廓分明，高貴冷酷，而且可怕無情。他的雙眼閃閃發亮。

「驕傲和絕望！」他大喊著：「你以為淨白塔的眼睛瞎了嗎？不，灰袍蠢漢，我看見的比你知道的還要多。你的希望只是無知的代名詞。儘管去醫治他吧！儘管去戰鬥吧！沒用的。你們或許可以暫時贏得勝利，爭取幾吋土地，苟活幾天。但是，要對抗這正興起的力量，我們絕無勝算。他對這座城市只不過才伸出一根手指頭而已。整個東方都出動了。即使是現在，原先替你們帶來希望的海風也欺騙了你，正從安都因河上吹送來一整支黑色艦隊。西方已經失敗了。所有不想成為奴隸的人，都該離開這裡。」

「這樣的想法的確會讓魔王穩贏不輸。」甘道夫說。

「那你就繼續懷抱希望吧！」迪耐瑟哈哈大笑：「米斯蘭達，你以為我不了解你嗎？你想要取而代之，坐上四方的寶座，統治北方、南方和西方。我已經看透你的想法和計謀。你以為我不知道你讓這名半身人守口如瓶？或是沒看出你把一名間諜送進我的殿堂中？但是，在我們談話的過程中，我已經得知你所有同伴的名號。看來，你暫時會先用左手操縱我作為抵抗魔多的擋箭牌，然後再以右手安排這個北方遊俠取代我。」

「甘道夫米斯蘭達，我挑明了說吧！我才不願意當你的傀儡！我是安那瑞安家族的宰相，我絕不會退位做那人的內臣。即使他要求王位是合法的，他也依然只是伊西鐸的繼承人。我絕不會向這樣一個早已失去王權和尊嚴的破落家族的末代子孫低頭！」

「那麼，如果你能夠照自己的意思進行，」甘道夫說：「你會怎麼做呢？」

「我會讓一切照舊，和我這輩子所過的每一天，以及我之前所有祖先所過的一樣，」迪耐瑟回道：「太太平平地做這城的城主，把我的王位留給兒子，他會是自己的主人，不是巫師的玩物。但是，如果命運不讓我這樣做，那我也只能玉石俱焚：我不願過著低下的生活，也不願讓榮譽受損，更不讓我受到的敬愛被分割。」

「以我看來，盡責交出職權的宰相所擁有的榮譽和敬愛，都不會受到減損，」甘道夫說：「至少你不應該在你兒子的生死未卜之際，剝奪他的選擇。」

聽見這些話，迪耐瑟眼中的火再度冒起。他將晶石夾在脅下，掏出一柄小刀，走向擔架。但貝瑞貢立刻跳了出來，用身體擋住法拉墨。

「哼！」迪耐瑟叫道：「你已經偷走我兒子一半的愛，現在，你又偷走我屬下騎士的心，如此一來，他們終於徹底將吾兒從我手中奪走了。但是，至少這件事不是你能夠阻止的，我要決定自己的命運。」

「過來！」他對侍從們大喊：「如果你們尚未完全變節，就過來！」於是，有兩名侍從奔上台階跑向他。他迅速伸手奪過其中一人手上的火把，往後躍回陵寢內。在甘道夫能來得及阻止他之前，迪耐瑟已經將火把插進柴薪中，屋內立刻陷入火海。

迪耐瑟跳上石桌，站在烈焰與濃煙中，渾身浴火的他拿起腳邊的宰相權杖，在膝上一把折斷；他將折斷的權杖丟進火中，然後把晶石抱在胸前，在石桌上躺下來。據說從那之後，如果有任何人使用那晶石，除非他擁有極強大的意志力能將晶石轉現其他景象，否則他永遠只能看見一雙蒼老的手在火焰中緩緩燃燒。

甘道夫哀傷、戰慄地轉過頭，關上門。他沉思片刻，門外一片死寂，眾人只聽見門內不停傳來熊熊烈火的燃燒聲。接著，迪耐瑟大聲慘叫一聲，之後就再也沒有發出任何聲音，再也沒有任何凡人看見過他。

「愛克西里昂的兒子迪耐瑟就這麼過世了。」甘道夫說。然後，他轉向貝瑞貢和呆立當場的城主侍從說：「同樣的，你們所知的剛鐸也跟著消逝了；無論是好是壞，它都結束了。這裡發生過邪惡的事情，但請先把你們之間的仇恨擺到一邊，因為這一切都是魔王的計謀。你們只不過是被捲入計謀中的無辜旁觀者。想想，你們這些盲目服從的僕人，如果不是因為貝瑞貢的抗命，淨白塔的將軍法拉墨現在也會化成焦炭。」

「把你們倒下的同伴抬離這個傷心地；我們會將剛鐸的宰相法拉墨抬到一個他可以好好休息之處，或是讓他聽從命運的安排靜靜死去。」

於是，甘道夫和貝瑞貢將擔架抬往醫院，皮聘低著頭走在後面。但城主的侍從依舊呆呆地看著眼前的陵寢；就在甘道夫來到拉斯迪南的盡頭時，後面傳來巨大的聲響。他們回過頭，看見陵寢的圓頂裂開來，冒出大量的黑煙；接著轟然一聲，整個圓頂垮了下來，但烈焰依舊在崩落的石塊中竄動。侍從們這才恐懼地逃離該處，跟著甘道夫。

不久之後，他們回到禁門，貝瑞貢哀傷地看著守門人。「我永遠都不會原諒自己的！」他說：「但我當時急瘋了，他又不肯聽我解釋，只是拔劍相向。」然後，他掏出從死人身上搶下來的鑰匙，把門鎖起來。「現在這該交給法拉墨大人了。」他說。

「多爾安羅斯王正暫代城主的職務，」甘道夫說：「但既然他不在這裡，我就先代為安排了。我命令你先暫時保管它，直到城中恢復秩序為止。」

最後，他們終於回到城中，一行人在曙光中走向醫院；這些獨立開來的美麗建築，原先是為了照顧重症病患用的，但此時已成了治療戰場上重傷戰士的醫院。它們距離要塞的大門不遠，就在第六城中，靠近南邊的城牆，這些建築的四周是一座長滿翠綠樹木與草地的花園，城中唯有此地是這模樣。醫院裡面有少數幾名被准許留在米那斯提力斯中的婦女，因為她們擅長醫療，或是必須擔任醫師的助手。

當甘道夫與同伴們抬著擔架進入醫院時，他們聽見城門前的戰場上傳來一聲大叫，尖利刺耳的叫聲直竄空中，然後被風吹散了。那聲尖叫是如此恐怖，讓所有的人都不由自主地呆立了好一會兒，但是當它消逝之後，所有的人突然間內心都充滿了暌違許久的希望，那是自東方的黑暗襲來之後就不再有的；他們覺得天色似乎變得更明亮，太陽也破雲而出。

但是甘道夫的表情十分凝重、哀傷，他吩咐貝瑞貢和皮聘抬著法拉墨進醫院，自己則走到附近的城牆上，像是一尊白色雕像般站在陽光下凝視戰場，以他特有的能力看見了那些倒下的人；當伊歐墨從戰鬥的最前方騎馬趕到，站在那些陣亡者的身旁時，他長嘆了一聲，然後他重又披上斗篷，走下城牆。貝瑞貢和皮聘走出醫院時，正好看見他站在門口沉思。

他們看著甘道夫，他沉默了好一會兒。最後，他說：「吾友們，還有這城與所有西方大地的居民們，遺憾和光榮的偉大功績已經同時發生了。我們該哭泣還是歡笑？敵方大將出乎意料地被毀滅了，你們聽見的是他最後絕望的慘叫；但他並不是空手離開的，我們為此付出了慘重的代價。如果不是因為迪耐瑟的瘋狂，我或許可以阻止這一切。沒想到魔王竟然可以影響到這裡！唉！現在我已經得知他的意志是怎麼進入城內了。」

「雖然宰相們認為這是只有他們知道的祕密，但我從很久以前就猜到，七晶石中至少有一顆保存在淨白塔中。在迪耐瑟還保有睿智的時候，他並不敢使用它，更別說挑戰索倫了；因為他知道自己力量的極限。但是，他被自己蒙蔽了；隨著他國度的處境日益危險，他開始使用晶石，自從波羅莫離開後，我猜他使用得更頻繁，也多次被魔王所欺騙。他的力量太強，不會屈服於黑暗之下，然而他所看到的只是魔王允許他看的事物。毫無疑問的，他所知道的情報往往對他是有用的；但是，魔王讓他盡情觀看的魔多強大的力量，使他內心充滿了絕望，到最後終於擊垮了他的心智。」

「現在我明白到底是什麼地方不對勁了！」皮聘說著，不禁打了個寒顫：「當時城主離開法拉墨躺著的房間，等他回來之後，我第一次感覺到他變了，變得又老又虛弱。」

「當法拉墨被帶進城內時，我們有許多人都看見高塔最頂層發出奇異的光芒。」貝瑞貢說：「但是我們之前看過那光芒，城內長久以來就謠傳城主有時會和魔王的意志搏鬥。」

「唉！那麼我的推測是正確的。」甘道夫說：「索倫的魔掌就是這樣伸入了米那斯提力斯；我也因此在這邊被牽絆住。而且，現在我還是被迫必須留在這裡，不只是因為法拉墨，而是很快我就會有其他的事要忙了。」

「現在我必須要下去和那些前來的人見面。我在戰場上看到一個令我非常傷心的景象，但不幸或許不會就此終止。皮聘，跟我來吧！貝瑞貢，你應該回到要塞中，告訴衛戍部隊的隊長發生了什麼事情。我恐怕他會把你調離衛戍部隊；不過，請你跟他這樣說，如果他願意聽從我的建議，你應該被派到醫院來，擔任你所敬愛將軍的守衛和僕人，如果他能夠醒來，你必須隨侍在側，因為是你把他從大火中救回來的。去吧！我很快就會回來。」

話一說完，他就轉過身，帶著皮聘走向下城。當他們在街道上加快腳步時，海風帶來一陣灰濛濛的大雨，所有的火焰都熄滅了，濃密的煙霧在他們面前升起。

第八節 醫院

當他們終於走近米那斯提力斯毀壞的城門時，梅里的雙眼已經因為疲倦和淚水而變得迷濛一片。他對四周殘破和殺戮的景象毫不在意。空氣中充滿了烈火、濃煙和焦臭的氣味；許多攻城的裝置都被燒毀或是被推入著火的壕溝中，許多屍體也被用同樣的方式處理。戰場上到處都是南方巨獸的屍體，牠們有些被燒死、有些被巨石砸死、有些則是被摩頌的精銳弓箭手射穿眼珠而死。大雨已經停了好一陣子，太陽在高空露出臉來；但整個下城依舊籠罩在惡臭的煙霧中。

人們開始設法在一片狼藉的戰場中清出一條道路來；幾個人扛著擔架從正門走出。他們小心地將伊歐玟放在柔軟的枕墊上，並用一大塊金色的布蓋住國王的屍體；他們舉著火把走在他四周，火焰在陽光下顯得慘澹無光，被風吹得左右搖曳。

就這樣，希優頓和伊歐玟來到了剛鐸的主城，所有遇見他們的人都脫帽敬禮；一行人穿越了焦黑的第一城，繼續沿石板路向上前進。對梅里來說，這段往上走的路彷彿走了好幾年，像是一場噩夢中毫無意義的跋涉，不停地一直往前走，走向某種記憶無法抓住的模糊終點。

他眼前的火把慢慢地閃動了幾下，接著就熄滅了，他開始被黑暗包圍。他想：「這是通往墓穴的隧道，我們要永遠待在那邊了。」但是，在他的噩夢中突然闖進一個活生生的聲音。

「哇，梅里！謝天謝地，我終於找到你了！」

他抬起頭，眼前的迷霧消失了一些。那是皮聘！他們正面對面地站在一條小巷子裡，除了兩人之外沒有別人。他難以置信地揉了揉眼睛。

「驃騎王呢？」他問：「還有伊歐玟呢？」話沒說完，他就踉蹌地坐倒在路旁的門廊上，開始號啕大哭。

「他們已經上到要塞裡面了。」皮聘說：「我想你一定是走到睡著，最後轉錯彎了。當我們發現你沒跟著一起過來時，甘道夫派我來找你。可憐的梅里啊！我真高興能再見到你！你看起來累壞了，我就先不吵你。不過，你得先告訴我，有沒有受傷?或是哪裡不舒服?」

「沒有，」梅里說：「好吧！我想應該沒有。可是，皮聘，在我刺了他一劍之後，我的右手就不能動了，而我的寶劍好像一根柴一樣燒毀了。」

皮聘一臉焦慮。「看來你最好趕快跟我來，」他說：「真希望我抱得動你，你不應該再走路了。他們根本就不應該讓你走路，不過你也必須原諒他們。這城裡發生了許多悲慘的事情，梅里，一名剛離開戰場的哈比人很容易就會被忽略的。」

「被忽略不見得不好，」梅里說：「我不久前就被那——啊，不，不，我沒辦法說。皮聘，扶我一把！我覺得眼前又變暗了，我的手臂好冷哪！」

「梅里小子，靠著我！」皮聘說：「來吧！一步一步，不遠了。」

「你這是要去埋葬我嗎？」梅里問。

「不，當然不是！」皮聘試著強顏歡笑，但他的內心卻很擔心又難過。「不，我們這是要去醫院。」

他們離開了那條一邊是高大的房子，一邊是第四城外牆的狹窄巷道，重新走回通往要塞的大路。他們一步一步地往前走，梅里搖搖晃晃，嘴裡喃喃自語，像是夢遊的人。

「我這樣沒辦法把他帶過去；」皮聘想著：「難道沒人可以幫我了嗎？我不能把他丟在這邊。」就在此時，一名男孩從後面跑了過來，經過他們旁邊時，他認出對方正是貝瑞貢的兒子伯幾爾。

「嗨，伯幾爾！」他大喊著：「你要去哪裡？真高興看你還活蹦亂跳的！」

「我替醫生跑腿，」伯幾爾說：「不能逗留。」

「沒問題！」皮聘說：「但請你通知上面，我身邊有個病了的哈比人，也就是你們所說的派里安。他剛從戰場回來，我想他走不動了。如果米斯蘭達在那邊，他聽到這消息會很高興的。」伯幾爾拔腿就跑。

「我最好在這邊等。」皮聘自言自語道。他扶著梅里躺在一處有陽光的人行道上，自己坐在旁邊，把梅里的頭放在自己的膝蓋上。他溫柔地按摩著梅里的四肢，緊握著朋友的手；梅里的右手相當冰冷。

不久後，甘道夫就親自來找他們。他彎身察看梅里的情況，摸著他的額頭，然後小心地將他抱起來。「他應該被光榮地抬進城內。」他說：「他果然沒有辜負我的信任！如果愛隆不接受我的建議，你們兩個都不會跟著遠征隊出發，那麼今天令人悲傷的不幸可能就不止如此了。」他嘆了一口氣說：「不過，這又是我的另一項責任，而這場戰爭也還勝負未明。」

最後，法拉墨、伊歐玟和梅里雅達克終於都躺到了醫院的病床上；眾人十分細心地照顧他們。雖然，古代的知識如今大都已經失傳，但剛鐸的醫術依舊高明，醫生都擅於治療外傷和疼痛，以及大海以東的人類會感染的所有疾病，只除了衰老。他們找不到防止衰老的方法；事實上，他們的平均壽命如今已經大幅縮減，跟一般的人類沒有多大差異了；在他們當中，除了血統較純的家族之外，能夠活超過一百歲依然硬朗的人已經很少了。此時，他們的醫術正受到嚴苛的挑戰；有許多染上同樣症狀的病患是他們治不好的，他們稱這為黑影病，因為病源來自戒靈。染上這種病的人會慢慢陷入昏迷的睡夢中，然後變得無聲無息、全身冰冷，接著就藥石罔效了。對於此地的醫生來說，這名半身人和洛汗之女的病況已經屬於棘手的後期。今天早上，他們兩人在夢中還會發出囈語，眾人仔細地聽著，希望能從中找出他們受傷的原因。但很快的，他們就陷入黑暗的昏睡中；當太陽西沉時，他們的面孔蒙上了一層灰色的陰影。但法拉墨則是一直高燒不退。

甘道夫不停來回關切地看著每一個人，眾人聽到每一句囈語都會跟他報告。時間過去，外面戰況的演變時好時壞，傳來的消息也千奇百怪；但甘道夫依舊觀察著三個人，不準備離開此地。最後，天空被夕陽染得一片血紅，夕陽餘暉照進窗內，落在病人的臉上。那些站在周圍的人以為自己看見他們的臉龐終於恢復了血色，然而這只不過是幻覺而已。

最後，院中最年長的老婦人攸瑞絲看著法拉墨英俊的臉，忍不住啜泣起來，她就像城裡所有的人一樣敬愛法拉墨。她說：「唉！如果他死了該怎麼辦才好。如果剛鐸像古代一樣由人皇治理就好了！古老的傳說曾經記載：**王之手乃醫者之手**。這樣人們才能分辨誰是貨真價實的統治者。」

站在旁邊的甘道夫說話了：「攸瑞絲，大家會永遠記得妳說的話！因為妳的話語帶來了希望。或許人皇真的已經回到了剛鐸，妳沒聽說外面的情形嗎？」

「我在這邊根本忙到沒空搭理外面那些大呼小叫的聲音。」她回道：「我只希望那些殺人的惡鬼，不要跑來醫院打擾這些病人！」

甘道夫急急忙忙出去了，此時天空的霞光已經開始消退，餘暉中的山丘也在漸漸黯淡下來，暮色開始籠罩大地。

隨著太陽落下，亞拉岡、伊歐墨和印拉希爾帶著將領和騎士們走近城門。當他們來到門前時，亞拉岡開口道：

「看那火紅的落日！這是許多事情結束和崩毀的預兆，整個世界都將天翻地覆。不過，這座城和這個國度已經在宰相的統治下經歷了許多年，我擔心如果就這麼橫衝直撞走進去，人們可能會因此產生疑惑和爭論，在大戰還沒結束的時候，我不願意見到這種狀況發生。在魔多或我們有一方獲勝之前，我不會進城，也不會做出任何裁決。我會把帳篷設在城外，我會在這邊等待城主的迎接。」

伊歐墨大惑不解地問道：「你已經展開王旗，露出伊蘭迪爾的家徽，難道你寧願讓這些遭到質疑嗎？」

「不，」亞拉岡說：「但我認為時機尚未成熟；此刻我除了對付魔王和他的僕從外，沒有心思做其他的爭鬥。」

印拉希爾王說：「大人，您說的話十分睿智，我是迪耐瑟的親族，在這件事上我可以給您一些建議。他是個意志很堅強、十分自傲的人，但年紀已經大了。自從他兒子倒下之後，他的脾氣變得相當奇怪。可是，即使如此，我也不願見到您像個乞丐一樣住在門外。」

「不是乞丐。」亞拉岡說：「就說我是遊俠的領袖，不習慣居住在岩石搭建的城中。」他下令收起王旗，並且摘下額前的北方王國的星辰，交給愛隆的兒子保管。

於是，印拉希爾王和洛汗的伊歐墨離開他身邊，在民眾的夾道歡迎下進入城內，往上騎向要塞；他們來到高塔的大殿，要找宰相。但是，他們發現他的座位空無一人，驃騎王希優頓的屍體則是在王座前的停靈台上，他的四周立著十二支火把，站著十二名剛鐸和洛汗的騎士。停靈台上掛著綠色和白色的布幔，一塊巨大的金色布幔蓋到他的胸前，上面放著出鞘的寶劍，盾牌則放在腳前。火把的光芒照在他的白髮上，如同溫暖的陽光灑在泉水上一樣。他的臉孔變得英俊而年輕，然而那祥和神態是年輕人無法企及的；他看起來只像是睡著了。

在他們低頭向先王默哀片刻之後，印拉希爾問道：「宰相呢？米斯蘭達呢？」

一名守衛回答：「剛鐸的宰相正在醫院中。」

伊歐墨接著問：「我妹妹伊歐玟呢？她應該也被放在我王身邊，擁有同樣的尊榮！他們把她藏到哪裡去了？」

印拉希爾說：「可是王女伊歐玟在被送來的時候還活著呀！難道你不知道？」這意外的消息讓伊歐墨沉重的心情豁然開朗，但擔憂與害怕也隨之而來。他不再多說，立刻轉身離開大殿，印拉希爾緊跟在後。當他們走出要塞時，夜幕已經降臨，天空滿是星斗。甘道夫走了過來，一名披著灰斗篷的人跟在旁邊；他們正好在醫院的門前遇上。他們向甘道夫打聲招呼，問道：「我們要找宰相，有人說他在醫院裡，他受傷了嗎？還有王女伊歐玟也在嗎？」

甘道夫回答道：「她也躺在裡面，她還沒死，但已生命垂危。法拉墨大人則是如你所聽說的，中了支毒箭，他現在是宰相；因為迪耐瑟已經過世了，他的陵寢被火焰燒毀。」聽完甘道夫所說的事情經過，他們都覺得心情非常沉重。

接著，印拉希爾說：「這場勝利的代價實在太慘痛了，洛汗和剛鐸竟然在同一天失去領導者。伊歐墨統治了驃騎，但此時誰能代管王城？我們應該派人去找亞拉岡大人！」

披著斗篷的男子開口說：「他已經到了！」他走到門旁的燈下，眾人這才發現他就是亞拉岡。他披著羅瑞安的灰色斗篷遮住身上的鎖子甲，除了凱蘭崔爾給他的綠色寶石之外，他身上沒有其他信物。「我來，是因為甘道夫懇求我。」他說：「不過，現在我還只是亞爾諾的登丹人領袖；在法拉墨大人醒來之前，多爾安羅斯的領主應該代管這座王城。不過，我個人建議，在我們接下來對抗魔王的日子中，甘道夫應該擔任大家的領袖。」眾人紛紛點頭同意。

然後，甘道夫說話了：「別在門口耽誤時間了，眼前的狀況很緊急。趕快進去吧！亞拉岡是裡面的病人唯一的希望。剛鐸睿智的婦人攸瑞絲剛才說過：**王之手乃醫者之手，人們才能藉此分**

辨貨真價實的統治者。」

於是亞拉岡先行，其他人跟在他身後走進去。門口有兩名穿著要塞衛戍部隊制服的人，一名很高大，但另一名的身高卻跟小孩一樣。當他看見一行人的時候，開心地大叫起來。

「神行客！太棒了！你知道嗎？我早就猜到黑船裡的是你。但他們都鬼叫著什麼海盜，根本不理我。你是怎麼辦到的啊？」

亞拉岡哈哈大笑，牽起哈比人的手：「真高興見到你！可惜現在不是聊旅途經歷的時候。」

印拉希爾吃驚地對伊歐墨說：「我們要用這個名字來稱呼吾王？或許他登基時會用別的稱號！」

亞拉岡聽見他說的話，轉身道：「你說的沒錯，在古語中我被稱作伊力薩，意思是『精靈寶石』，又稱作恩維尼亞塔，意思是『復興者』；」他拿起胸口的綠色寶石說：「如果我的王室能夠建立起來，那麼神行客將做為我王室的稱號。幸好它在古語中聽起來不會這麼俚俗，從此之後，我及我的繼承人都將繼承這**泰爾康泰**的稱號。」

接著，他們走進醫院。當他們朝病房走去時，甘道夫向他們敘述了伊歐玟和梅里雅達克的戰功。「我之所以會知道，」他說：「是因為我一直站在他們身邊，開始時他們在夢中不停地自言自語，之後才陷入致命的昏迷中。這才讓我知道了很多發生的事情。」

亞拉岡先去查看法拉墨，然後是王女伊歐玟，最後才是梅里。在他檢查了病人的臉色和傷口之後，不禁嘆了口氣。「這次必須發揮我所有的能力和知識才行。」他說：「真希望愛隆在這裡，畢竟他是我們所有種族中最古老、最睿智的一位，力量也比我強大。」

伊歐墨注意到他的疲倦和哀傷，說：「你應該先休息一下，至少吃點東西吧？」

亞拉岡回答：「不，對這個三人來說，特別是法拉墨，已經沒有時間了。我們得盡快。」

他召喚攸瑞絲問：「醫院中應當有藥草吧？」

「是的，大人，」她回道：「但我推測要照顧這場大戰中的傷者應該是不夠的。可惜的是，我也不確定能夠在哪裡找到更多的藥草；在這亂世中許多事物都遭到了破壞，到處都是大火在燒，跑腿的孩子們又很少，道路也都被封鎖了。你看，羅薩那奇已經有很久沒有商人來我們市場叫賣了！即使如此，我們在這裡還是盡可能地利用手頭有的東西來醫治所有的人，大人，我相信您應該也看得出來。」

「等我看見時我會判斷的。」亞拉岡說：「我們目前還缺一樣東西，就是說話的時間。妳有**阿夕拉斯**嗎？」

「大人，我確定我不知道這東西，」她回答道：「至少沒聽過這個名字。我去問我們的草藥師，他知道所有藥草的古名。」

「它又叫做王之劍，」亞拉岡說：「或許妳聽過這名字，因為現在居住在山野間的人都這麼叫它。」

「喔，那個啊！」攸瑞絲說：「如果大人您先說這個名字，我本來可以馬上告訴您的。不，我確定我們完全沒有這東西。因為，我從來沒聽過這東西有任何偉大的療效。事實上，每當我跟妹妹們在森林裡面看見這東西的時候，我都會對她們說：『王之劍。這名字真奇怪，不知道為啥叫這名字？如果我是國王，我會在花園裡面種比它更漂亮的東西。』不過，當您揉搓它的時候，它聞起來仍有一種甜美的味道，對吧？可是用甜美來形容好像不太對，或許用通體舒暢比較接近。」

「就算它是通體舒暢好了。」亞拉岡說：「現在，女士，如果妳真的敬愛法拉墨大人，就不要多話，請盡快把城裡所有的王之劍拿過來，即使只有一片也好！」

「如果找不到，」甘道夫說：「我會親自載著攸瑞絲去羅薩那奇，請她帶我去森林，當然，不需要找她妹妹陪伴，影疾會讓她知道什麼叫做真正的匆忙。」

在攸瑞絲離開之後，亞拉岡請其他的婦女煮開水。然後，他握住法拉墨的手，並將另一隻手放在病人的額上。法拉墨的前額滿是汗水，但他依然動也不動，似乎連呼吸都在衰竭。

「他已經快不行了。」亞拉岡轉頭對甘道夫說：「但這不是因為他所受的傷。你看！他的傷口已經快癒合了。如果他像你想的一樣，是被戒靈的毒箭給射中，那麼他當天晚上就死了。我猜這是南方人的毒箭，是誰把它拔出來的？有留下來嗎？」

「是我拔的，」印拉希爾說：「血也是我止的。但我沒把箭留下，因為當時有很多事情要忙。不過，我記得那看起來的確像是南方人用的箭。不過，我相信它是從空中的魔影來的，否則，這傷口不深也不重，他怎麼會莫名其妙地高燒不退？你的看法如何？」

「疲倦、因他父親而起的傷悲，再加上這傷口，以及最重要的是那黑之吹息。」亞拉岡說：「他是個意志堅定的人，即使在他前去外牆參戰之前，他就已經幾乎落在魔影之下了。在他努力試圖守住前哨站時，那黑暗一定悄悄地滲入他的身體中。真希望我能夠早點趕到這裡！」

這時，草藥師走進來。「大人，您要找的是**王之劍**，那是鄉里愚民們所使用的稱呼，」他絮絮叨叨地說：「貴族們則是稱它**阿夕拉斯**，對於那些懂瓦林諾語的人來說……」

「我懂，」亞拉岡說：「而且只要有這種藥草，我才不管你叫它**王之劍**或是**阿夕亞阿蘭尼安**！」

「請大人恕罪！」那人說：「我知道您不只是將軍，更是飽讀詩書的人。可是，大人，我們醫院裡面沒有這種東西，因為這裡是照顧最嚴重的病患和傷者的地方。因為除了除臭跟提神之外，我們不知道它還有什麼藥效。除非，您所說的是我們城中的老婦人依然不明就理背誦的那首詩，就像我們好心的攸瑞絲一樣。

黑之吹息撫過
死亡陰影飄落
所有光明消失，
阿夕拉斯！阿夕拉斯！
起死回生之力，
就是真王之力！

我覺得這只不過是首老太太記憶中的童謠罷了。如果它真的有什麼含意，您應該可以判斷。不過，還有些老人把這藥草泡水治頭痛。」

「那麼，奉王之名，你趕快去給我找那些少一些見聞、卻多一些智慧，家裡有這東西的老人！」甘道夫受不了，大喊起來。

亞拉岡跪在法拉墨旁邊，一隻手依舊放在他的額前。旁觀者都感覺到他正陷入一場激烈的搏鬥。亞拉岡的臉色因為疲倦而泛灰，同時他也不停地呼喚著法拉墨的名字，但眾人聽他的聲音變得越來越小，彷彿亞拉岡正在離開他們，走進某個遙遠的黑暗山谷中，呼喚一名迷途的旅人。

終於，伯幾爾跑了進來，手中的布包裡面包著六片葉子。「大人，這是王之劍！」他說：「但我恐怕已經不夠新鮮了，我想它們至少是兩週以前摘下來的。希望這能派上用場，大人？」看著法拉墨的樣子，他不禁開始啜泣。

但亞拉岡卻露出了微笑。「這能幫上忙的！」他說：「最糟糕的時候已經結束了。留下來看著，放心吧！」於是，他拿起兩片葉子，將它們放在手上，吹了一口氣，然後將它們揉碎，一股清新的感覺立刻瀰漫在四周，彷彿空氣甦醒了過來，顫動閃爍著歡欣的火花。接著，他將葉子丟進端到他面前一碗冒著熱氣的水中，眾人的心立刻輕快舒暢起來。那飄向眾人的香氣讓人想起晴朗的清晨，某些美麗陽光普照的春天大地。亞拉岡站了起來，神色已經煥然一新，他眼中露出笑意，同時將那碗捧到法拉墨昏睡的面孔前。

「好了！誰會相信呢？」攸瑞絲身邊的女子說：「這種雜草竟然有這麼好的效果。這讓我想起年輕時在印羅斯米盧伊看過的美麗玫瑰，我想連國王也找不到更好的了！」

突然，法拉墨的身體抽動了一下，他睜開眼，看著彎身的亞拉岡，眼中立刻露出熟悉、敬愛的神情。「大人，是您呼喚我，我來了。王上有什麼吩咐？」

「不要再待在幽影的世界中，醒過來！」亞拉岡說：「你很累了。好好休息一下，吃點東西，做好準備等我回來。」

「我會的，大人，」法拉墨說：「吾皇歸來，誰還會呆坐終日！」

「先暫別了！」亞拉岡說：「還有其他人需要我。」他和甘道夫以及印拉希爾一起離開房間；貝瑞貢和兒子難掩喜色地留下來照顧他。在皮聘跟著甘道夫走出來，關上門時，他聽見攸瑞絲大呼小叫的聲音：「吾皇歸來！你聽見了嗎？我剛剛不是就這麼說的嗎？那是醫者之手啊！」很快的，消息就從醫院傳了出去：人皇真的歸來了，他在大戰之後帶來醫治；這消息很快就傳遍全城。

此時，亞拉岡來到伊歐玟身邊，他說：「她受的傷最嚴重，那是沉重的一擊。她骨折的手臂已經被固定住了，假以時日，如果她還有活下去的力量，應該是會復原的。持盾的那隻手沒有大礙，讓人擔心的是使劍的那隻手；雖然表面沒有傷口，但那隻手幾乎已完全失去了生機。」

「唉！她所對付的敵人，遠超過她的意志和身體所能承受。那些沒被恐懼震驚嚇倒，還能拿起武器對付這敵人的戰士，必定擁有鋼鐵般的意志。這是戒靈的厄運才會讓她出現在他面前。她是個美麗尊貴的女子，是眾后中最美麗的女子。我卻不知道該如何適切形容她。當我第一次看到她，感覺到她的不快樂時，我似乎覺得自己看見一朵傲然挺立的白花，如同百合一樣美麗，卻堅毅得像是精靈以鋼鐵打造的。或者，像是一場寒冷的霜凍把它包圍在透明的堅冰中，雖然看起來依舊美麗，但已遭到打擊，很快就會凋謝死亡，對嗎？她的症狀並非自今日開始的，對吧，伊歐墨？」

「大人，我沒想到你竟然會問我。」他回答：「我認為你在這件事情上，如同在其他的事上一樣，都是無可指責的；但我妹妹伊歐玟在第一次見到你之前，從來沒遇到過什麼冰霜的侵襲。在巧言正受寵、國王遭到蠱惑的時日裡，隨侍在側的她既擔憂又恐懼，會把心中的憂愁和我分享；雖然她在照顧國王時的憂懼與日俱增，但那並不足以讓她變成這樣！」

「吾友，」甘道夫說：「你有駿馬、有戰功，還有廣大的原野讓你馳騁；而她，雖是生為女兒身，卻擁有足以和你匹敵的勇氣和堅強意志。但是，她卻命定要照顧一名她敬愛如父的老人，看著他日漸落入癡呆、難堪的景況；而她自己所扮演的角色，更讓她覺得羞愧不已，絲毫幫不上忙。」

「你以為巧言只是玩弄希優頓而已嗎？**混帳！伊歐皇族算什麼東西？他們不過是一群騎馬強盜，住在稻草屋裡，喝著骯髒的水，孩童和畜生廝混在一起！**你之前不是聽過這說法嗎？這是巧言的老師薩魯曼所說的話。不過，我想巧言必定用更高明的方法來包裝這種話。大人，如果不是因為你妹妹愛你，不是因為她繼續任勞任怨、緊閉雙唇，你可能早就從她口中聽見這種說法了。但是，誰知道她在夜闌人靜之處，孤單的時候，她會怎麼樣看待自己一無是處的人生？那禁錮她的閨房四壁似乎都在不斷箝緊、不斷壓抑她那自由奔放的意志！」

伊歐墨沉默下來，看著妹妹，彷彿在重新思考他們過去在一起的生活。亞拉岡說：「伊歐墨，你所看見的我也都看見了。當一名男子遇到這麼美麗、尊貴的女子時，有幸受到她的青睞，卻又不能回應她的厚愛，這世界上沒有比這更讓人惋惜的事情了！自從我離開登哈洛，騎向亡者之道時，悲傷和遺憾無時無刻不在我腦中盤旋；一路上我最擔心的就是她會怎樣對待自己。但是，伊歐墨，我認為，她對你的愛比對我的真切；因為，她愛你、了解你；但對我，她所愛的只是一個幻影，一種想法：能夠開創豐功偉業的希望，以及洛汗以外的遙遠異國。」

「我或許有能力治好她的身體，將她從黑暗的深谷中喚回。但是，我不知道她醒來的時候會怎麼樣。是希望、原諒，還是絕望？如果是絕望，那麼，除非有奇蹟出現，否則她會死！唉！她的所作所為已經讓她成為足以名留青史的女子了！」

亞拉岡彎身注視著她的臉；那張臉確實白如百合、冰冷如霜，又堅毅得宛如石雕。他俯身親吻她的額頭，溫柔地呼喚她，說：

「伊歐蒙德之女伊歐玟，醒來吧！妳的敵人已經被妳消滅了！」

她沒有什麼反應，但呼吸開始加深了，胸脯在白色的亞麻床單下穩定地起伏。亞拉岡再次揉碎兩片**阿夕拉斯**，丟入熱水中。接著，亞拉岡用這水擦洗她的前額，和她擱在床單上冰冷、毫無知覺的右手。

接著，不論亞拉岡身上是否確實隱藏了早被遺忘的西方皇族的力量，還是他對伊歐玟所說的話產生了影響；當藥草甜美的香氣充斥在整個房間時，眾人似乎感覺到有一陣無比清新的微風從窗戶吹了進來，它沒有任何味道，但是一股完全清新、乾淨、充滿活力的空氣，似乎是從眾星滿布的穹蒼下、雪山的山巔上飄來，從未被其他生靈呼吸過的新鮮空氣。

「醒來，伊歐玟，洛汗的王女！」亞拉岡說，同時握住她的右手，感覺她的手逐漸變暖，似乎慢慢有了生氣。「醒來！黑影已經離去，所有的黑暗都被洗滌乾淨了！」然後，他將她的手放在伊歐墨手中，退了開來。「呼喚她！」他說，接著就無聲無息地離開。

「伊歐玟！伊歐玟！」伊歐墨淚流滿面地喊著。她張開了眼睛，說：「伊歐墨！我真是太高興了！他們還說你被殺了。不，那只是在我夢中聽見的陰沉的聲音。我睡了多久了？」

「不久，妹妹，」伊歐墨說：「不要再多想了！」

「我好累喔！」她說：「我必須休息一下。告訴我，驃騎王最後怎麼了？唉！別告訴我那是夢，我知道那是真實的。就像他預知的一樣，他戰死在沙場上。」

「他的確去世了，」伊歐墨說：「但是臨死前，他交代我向比女兒還親的伊歐玟告別。他現在被以最尊貴的禮節停放在剛鐸的要塞中。」

「這實在令人悲痛！」她說：「但是，這比在黑暗的日子中我所希望的還要好。當時，我還以為伊歐王族的名譽真會淪落到比山野間的牧羊人還不如。還有，那名驃騎王的隨從半身人呢？伊歐墨，你應該冊封他為驃騎的騎士，他真的好勇敢！」

「他就在這醫院中，我會去找他的。」甘道夫說：「伊歐墨應該先留在這裡。不過，在妳恢復健康之前，不要再談什麼戰爭和悲傷的事情。看見妳恢復健康又充滿希望地醒來，真讓人高興！妳真是個勇敢的女子！」

「恢復健康？」伊歐玟說：「或許吧！至少在驃騎中還有坐騎可以讓我騎乘，能讓我四處征戰的時候是這樣的。至於希望？我就不知道了。」

甘道夫和皮聘來到了梅里的房間，看到亞拉岡正站在床邊。「可憐的好梅里！」皮聘喊著奔向床邊。因為，他覺得朋友的狀況看起來更糟糕了。梅里的臉色泛灰，彷彿背負了多年沉重的哀傷；突然間，一股梅里會就此死去的恐懼攫住了皮聘。

「不要害怕。」亞拉岡說：「我來得正好，也已經把他叫回來了。他現在很疲倦，也很哀傷，因為他大膽地攻擊戒靈，也受到和伊歐玟一樣的傷。不過，他樂觀、堅強的天性足以克服這一切。只是，他不會忘記他的傷悲；不過它不會讓他心情陰沉，只會帶給他睿智。」

亞拉岡將手放在梅里的頭上，撫過那褐色的捲髮，輕觸他的眼瞼，呼喚著他的名字。當阿夕拉斯的香氣瀰漫在房中，芬芳如果園的氣息，彷彿陽光下飛滿蜜蜂的石南原野時，突然，梅里醒了過來，他說：

「我好餓，現在幾點了？」

「過了晚餐時間，」皮聘說：「不過，如果他們讓我拿，我想我還是可以帶一些東西來給你吃。」

「他們肯定會的。」甘道夫說：「只要這位洛汗國的驃騎想要，而剛鐸又有這樣東西，他們都會獻給這位受人尊敬的騎士。」

「好極了！」梅里說：「那麼我想要先吃晚餐，然後抽管菸。」話才說完，他的臉色突然一變。「不，不抽菸了！我想我以後都不抽菸了。」

「為什麼？」皮聘問。

「這麼說吧，」梅里緩緩道來：「他過世了。抽菸會讓我想起他。他說他很遺憾再也沒有機會和我聊藥草的事情了，這幾乎算是他最後的遺言。我以後每次抽菸都一定會想起他的，還有那天，皮聘，你還記得嗎？那時他騎馬走近艾辛格，對我們彬彬有禮。」

「那你還是抽吧！正好用來懷念他！」亞拉岡說：「他是個信守諾言的仁君，是名偉大的國王；他走出了陰影，騎向最後一個清朗的黎明。雖然你服侍他的時間很短，但這應該是你此生都念念不忘、足以讓你感到光榮的回憶。」

梅里露出微笑，說：「好吧！如果神行客願意提供必要的器具，我就會邊抽菸邊懷念他。我的背包裡面還有薩魯曼最好的菸草，不過，我不知道在經過這一場大戰之後，它會變成什麼德行。」

「梅里雅達克先生，」亞拉岡說：「如果你覺得我越過千山萬水、上山下海地來到剛鐸出生入死，還會記得給弄丟自己裝備的戰士帶來補給品，那你就錯了。如果你找不到背包，那你一定得找這裡的草藥師。他會告訴你，他不知道你想要的藥草有任何的功效，但是平民們叫它**西人草**，貴族們叫它**佳麗納**，之後還會補充一大堆語言裡面的各種稱呼，接著再補上幾句他不明白的古代詩句；最後，他才會很抱歉地告訴你醫院裡沒有這東西，然後留下你去好好思索語言演進的歷史。好了，我得走了！自從我離開登哈洛後就沒在這樣的床上睡過覺，從黎明前的黑暗時刻到現在都沒有吃過東西。」

梅里抓住他的手，狠狠地吻了一下。「我真是太抱歉了！」他說：「趕快走吧！自從那晚我們在布理與你相遇之後，每次都會拖累你。不過，我族本來就習慣在這種時刻說些輕鬆的話，讓事情聽起來不要那麼嚴肅。我們總怕會過於誇大。如果開玩笑不合時宜，一時之間我們通常都會不知道該說什麼才好。」

「我很清楚，否則我就不會以同樣的方式對待你了。」亞拉岡說：「願夏爾永遠繁榮興盛！」他回吻梅里一下，就和甘道夫一起離開。

皮聘留了下來。「不知道這世界上還有沒有其他人像他一樣？」他說：「當然，除了甘道夫以外；我想他們一定有什麼親戚關係。親愛的老弟，你的背包就在你床邊，當我找到你的時候，背包也還在你背上咧。他當然早就看到啦！就算真的不見，我這邊也還有留些好東西。來好好樂一樂吧！這是長底葉喔！我先去找點吃的東西，你在這邊先把菸斗填滿，稍後我們就可以一起輕鬆一下了。天哪！我們圖克家人和烈酒鹿家，還真是不習慣跟這些高貴人物住在一起啊！」

「沒錯，」梅里說：「我還不行，不管怎樣都還沒習慣。不過，皮聘，至少我們現在可以看見他們、尊敬他們。我想，你最好先愛那些和你比較接近、適合你去愛的人：你必須有個出發點，而且有根基，夏爾的泥土可是很深厚的呢！不過，依然還是有很多東西很高深，不是我們可以理解的。如果不是因為他們，我想這世界上就會有許多老爹，不能夠安安靜靜地在院子裡種菜，而且，大部分的老爹還都不知道他們在背後的付出。我很高興自己認識他們，至少認識他們的一小部分。天哪！我不知道我為什麼要這樣說話。菸葉哩？如果菸斗沒壞，幫我把它從背包裡拿出來吧！」

亞拉岡和甘道夫前往醫院和院長會面，他們建議應該讓法拉墨和伊歐玟繼續待在院中一些時日，接受完善的照顧。

「關於王女伊歐玟，」亞拉岡說：「她很快就會想要起床離開這裡；但是，如果你們有辦法，要用各種方式留住她，至少十天之內不能讓她出院。」

「至於法拉墨，」甘道夫說：「必須盡快讓他知道他父親已經去世了。但在他完全康復、開始處理國事之前，不要告訴他迪耐瑟發瘋的過程。也請你注意，不要讓貝瑞貢和那位派里安人把這件事告訴他！」

「那另外一個派里安人，在我院裡的梅里雅達克，又該怎麼辦？」院長說。

「他明天可能就可以下床了，應該可以自由活動一小段時間。」亞拉岡說：「如果他想走動，就隨他吧！他可以在朋友的照顧下散散步。」

「他們真是個驚人的種族。」院長點頭道：「真是堅韌哪！」

在醫院的門口，已經有許多人聚集過來想要看看亞拉岡，當他離開時，眾人跟隨在後簇擁著他。當他終於坐下吃過飯，人們從四面八方前來，懇求他治好他們垂危、受傷的朋友或親人，以及那些被黑影病所感染的同胞。亞拉岡站起身，走了出去，派人請愛隆的兩個兒子過來，他們三人一起忙碌到深夜。消息很快就傳遍全城：「吾皇真的歸來了。」由於他所佩戴的那枚綠寶石，居民們都稱呼他「精靈寶石」。就這樣，他在出生時被預言將會獲得的稱號，就在這時由他的子民為他選定了。

最後，當他累得實在無法再工作時，他披起斗篷，溜出城外，在天快亮前回到營帳中小睡片刻。第二天早上，要塞高塔上飄揚的是多爾安羅斯的旗幟，那是一面天鵝般的巨艦航行在藍海上的旗子。人們抬起頭，開始懷疑昨夜王者的到來是否只是一場夢境。

第九節　最後的爭論

大戰後的隔天，迎接眾人的是一個美麗、晴朗的清晨，雲淡風輕，轉吹西風。勒苟拉斯和金靂很早起來，他們向守衛要求入城，因為他們急著想見梅里和皮聘。

「真高興知道他們還活著！」金靂說：「這兩個小傢伙害我們在洛汗國的草原上追得死去活來，如果我們的努力全白費就太可惜了。」

精靈和矮人並肩走進米那斯提力斯，看見他們經過的人，無不驚訝這樣一對夥伴。勒苟拉斯俊美得超乎常人，在晨光中，他邊走邊用清脆的聲音吟唱著精靈美麗的歌謠；但金靂只是沉默地走在他身邊，撫摸著鬍子，打量著四周一切。

「這裡有些不錯的石匠工藝，」他看著多面牆壁說：「但也有一些欠佳，還有這些街道應該能鋪得更好一點。等到亞拉岡登基之後，我會自告奮勇的提供山中的石匠，我們會讓這裡成為居民自豪的地方。」

「他們需要更多的花園。」勒苟拉斯說：「這些屋子都死氣沉沉的，生長的植物和令人賞心悅目的東西太少了。如果亞拉岡登基為王，森林之民將會送來婉轉的鳥兒，以及不會枯死的樹木。」

最後，他們來到了印拉希爾王面前。勒苟拉斯打量了他片刻，深深一鞠躬；因為他看出來眼前的統治者確實擁有精靈血統。「您好，大人！」他說：「寧若戴爾的居民離開羅瑞安森林已經是很久以前的事了，不過，人們還是可以發現，並非每個精靈都離開了安羅斯的港岸乘船西渡。」

「我家鄉的傳說也是這麼說的，」印拉希爾說：「但我們已經有許多年沒有見過像你這樣美麗的種族了。在這戰亂悲傷之中，我很驚訝竟然有榮幸見到你。你有什麼事情嗎？」

「我是和米斯蘭達一起離開伊姆拉崔的九人之一，」勒苟拉斯說：「這位矮人是我的朋友，也是我的同伴，我們是和亞拉岡大人一起來的。不過，現在我們想要見見老友梅里雅達克和皮瑞格林，據說他們在您這邊。」

「他們在醫院裡，我帶領兩位過去吧。」印拉希爾說。

「大人，你只要派人為我們帶路就好了。」勒苟拉斯說：「因為亞拉岡也請我們送了這個消息給你——他不希望在這個時候再度進城，但是各軍的將領必須立刻召開會議，所以，他希望您和洛汗的伊歐墨能夠盡快前往他的營帳，米斯蘭達已經過去了。」

「我們會去的。」印拉希爾說；雙方禮貌地道別了。

「他真是位不錯的統治者和將領！」勒苟拉斯說：「如果剛鐸在這日暮西山的年代，依舊還有這種人才，那它全盛時期的輝煌燦爛就不難想像了。」

「毫無疑問，那些做工比較精良的建築都是最早建造的。」金靂說：「人類自有史以來都是這樣：他們在春天會遇到霜降，或在夏天遇到乾旱，然後他們就衰微了。」

「不過，他們卻極少就此滅絕。」勒荀拉斯說：「他們的血脈往往會在廢墟中消失，等到春天來臨，往往又從意料之外的時機與地方冒出新芽來。人類的成就會超越我們的，金靂。」

「不過，我猜，到最後還是功敗垂成，只餘下『本來有可能成功』的遺憾。」矮人回答。

「關於這點，精靈們不知道答案！」勒荀拉斯說。

這時，王子的侍從前來帶領兩人前往醫院；他們在那邊的花園裡見到了朋友，久別重逢，令人十分高興。他們邊散步邊聊，為這難得的安詳片刻滿心歡喜，享受這城中高處清朗的晨光和微風。當梅里覺得有些疲倦時，他們過去在城牆上坐了下來，背後則是醫院翠綠的園圃；在他們面前的南方，安都因大河在豔陽下波光粼粼，一直流向連勒荀拉斯都看不見的遠方，進入寬廣的平原和蘭班寧以及南伊西立安的綠色迷濛中。

當其他人有說有笑的聊著時，勒荀拉斯卻沉默下來，逆著光看著前方，在凝視中，他看見那些沿大河飛近內陸的海鳥。

「你們看！」他大喊著：「是海鷗！牠們竟飛到這麼遠的內陸來。牠們真令我驚奇，但也讓我內心感到不安。我這輩子從來沒看過牠們，直到我們抵達佩拉格；在那裡，當我們準備登船作戰時，我聽到牠們在空中鳴叫的聲音。我當場呆立，完全忘記了中土世界的戰爭；因為牠們鳴叫的聲音向我述說著大海的景象。大海！唉！我還沒機會看看它。但是，每個精靈的內心深處都對大海有種嚮往，一被挑動起來就不可遏抑。啊！那些海鷗。從今以後，無論是在山毛櫸或榆樹下，我都無法享有安寧了。」

金靂說：「千萬不要這麼想！中土世界還有無數東西等你去看，還有很多工作可以做。如果所有美麗的人兒都乘船出海，對那些命定得留下的人來說，這個世界就更無聊了。」

「不只無聊，而且還很乏味哪！」梅里說：「勒荀拉斯，你千萬不能夠出海，這世界上永遠都會有大人或是小人，甚至是像金靂這麼睿智的矮人，需要你。至少我希望你別走。不過，我有種感覺，這場戰爭最糟糕的部分即將來到。我真希望一切都趕快結束，能夠有個好結局！」

「不要這麼陰沉嘛！」皮聘大喊道：「陽光正燦爛，我們至少還可以相聚個一兩天。我想要聽聽你們的故事。說嘛，金靂！你和勒荀拉斯今天早上已經提過十幾次那場和神行客同行的旅程，但是你們啥也沒說。」

「陽光或許依舊燦爛，」金靂說：「但我不想再去回憶走出黑暗的那段過程。我當時若是知道前行會遭遇到什麼，我想，無論什麼樣的友誼，都不能讓我踏上亡者之道。」

皮聘說：「亡者之道？我聽亞拉岡說過，卻不知道他是指什麼？你可以再告訴我們多一些嗎？」

「我可不大願意。」金靂說：「因為我在那條路上真是丟臉丟到家了。我，葛羅音之子金靂，一向認為自己比人類更強悍、在地底比任何精靈更耐勞，但這次我兩邊都輸了。我是靠著亞拉岡的意志力才勉強走完那條路的。」

「同時也包括了對他的愛戴吧。」勒荀拉斯說：「每個認識他的人，都會以自己的方法來愛他，即使是那驃騎國冷冰冰的美女也是一樣。梅里，在你抵達登哈洛的當天一早，我們離開了那裡，該地的居民害怕到不敢目送我們離開，只有王女伊歐玟例外，她現在也在醫院裡養傷。那場分離真讓人難過，連我看到都覺得很不忍心。」

「唉！我當時只想到自己。」金靂說：「不！我不想再提那場旅程了。」

他沉默下來；但皮聘和梅里依舊吵著要聽，最後勒苟拉斯拗不過兩人，只好說道：「我會說個明白，省得你們吵個不停；因為我並不覺得恐怖，也不害怕人類的亡靈，我認為它們十分的無力、脆弱，沒什麼好怕的！」

接著，他扼要地描述了在山脈中那段鬼魂肆虐的道路，以及在伊瑞赫的那場黑暗的聚會，以及在那之後兩百七十九哩的絕命狂奔，這才抵達了安都因河上的佩拉格。「離開那黑石之後，我們頭也不回地騎了四晝夜，直到第五天才終於抵達。」他說：「看哪！在魔多製造的黑暗中，我的希望之火反而越來越旺盛；因為在那一片幽暗中，那隊亡靈大軍的力量似乎變得越強也越恐怖。我看見有些人騎著馬，有些人奔跑著，但都用同樣驚人的高速在移動。他們十分沉默，但眼中閃動著可怕的光芒。在拉密頓的高地上，他們追過了我們，在我們四周急速掠過，如果不是亞拉岡下令制止，他們可能直接擺脫我們，揚長而去。」

「他一聲令下，他們都退了回去。『連人類的亡靈都服從他的意志，』我想：『他們恐怕還會為他的需要效力！』」

「奔馳的第一天白晝還有亮光，隔天迎接我們的是沒有曙光的清晨，但我們繼續前進，越過了西瑞爾河、瑞龍河；第三天我們來到了吉瑞爾河口的林希爾。拉密頓的戰士們在該處和沿河上行的昂巴海盜以及哈拉德林人在渡口搏鬥。不過，當我們抵達時，攻守雙方全都放棄戰鬥四散奔逃，大喊著亡者之王前來攻擊他們了。只有拉密頓的統治者安格柏有膽量迎接我們；亞拉岡請他集合部隊，如果他們有膽量的話，等幽靈大軍過去後，請跟在我們後面前進。」

「『在佩拉格，伊西鐸的繼承人會需要你的協助！』他說。」

「就這樣，我們度過了吉瑞爾河，一路追趕魔多的盟軍；然後我們休息了片刻。不過，不久之後亞拉岡就站了起來，大聲說：『糟了！米那斯提力斯已經遭到攻擊了，我擔心它會在我們抵達之前陷落。』因此，我們天還沒亮就立刻上馬，催促馬匹在蘭班寧平原上全力奔馳。」

勒苟拉斯暫停下來，輕嘆一口氣，把目光轉向南方，輕聲唱道：

凱洛斯河、依魯依河上銀光閃耀
在那蘭班寧的翠綠大地上！
綠草茂盛，在海風吹拂下
白色的百合搖晃，
錦葵和小金花的金鐘在風中搖曳
在那蘭班寧的翠綠大地上，
在海風吹拂下！

「在我同胞的歌謠中，那裡的平原翠綠無比；但是當時呈現在我們面前的卻是一片灰黑，看來像是荒廢的大地。在那寬廣的平原上，我們毫不留情地踐踏花草，連續一天一夜追趕我們的敵人，直到最後來到大河的出海口。」

「那時，我心想：我們已經靠近大海了；因為在黑暗中水面顯得一望無際，無數的海鳥在岸邊飛翔。啊，那海鷗的聲音！女皇不是曾告訴我要小心嗎？我現在果然無法將牠們遺忘。」

「我則是一點也不理牠們，」金靂說：「因為那時我們必須面對出發以來最艱苦的戰鬥。昂巴的主力艦隊全都集結在佩拉格，大約有五十艘巨艦以及數不清的小船。許多被我們追趕的敵人已經先抵達了港口，並且將他們的恐懼散播開來。有些船隻已經起錨了，他們想要駛離這條河，或是逃到對岸去；許多艘小船都燒了起來。但哈拉德林人這時已被逼到無路可退，只能掉過頭來背水死戰，他們在絕望中真是凶猛；當他們看清我們時，都紛紛哈哈大笑，因為那時敵我的兵力實在非常懸殊。」

「但亞拉岡停下來，以宏亮的聲音高喊道：『出來吧！我以黑石之名召喚你們！』一瞬間，原先停在隊伍最後方的亡靈軍團如潮水般湧出，將擋在它前方的一切全都淹沒。我聽見了微弱的呼喊聲、模糊的號角聲，以及無數竊竊私語的聲音：那彷佛是遠古黑暗年代中某一場被遺忘的戰爭的回聲。他們拔出蒼白的刀劍，但我不知道那些刀劍是否還可以傷人；因為這些亡靈根本不再需要任何武器，沒有人可以抵擋他們所帶來的恐懼。」

「他們飄向所有靠岸的船隻，然後連在港外下錨的船隻；所有的水手都害怕得喪失理智，紛紛跳入水中，只有那些被綁在船上划槳的奴隸例外。我們毫不留情地驅趕這些敵人，一路如狂風掃落葉般殺到岸邊。然後，亞拉岡將剩下的每艘船都指派一名登丹人，他們安撫了被留在船上的俘虜，請他們不要害怕，因為他們已經獲得了自由。」

「在天黑之前，所有膽敢抵抗我們的敵人都被消滅了；他們不是被淹死，就是徒步逃往南方，希望能夠回到故鄉。魔王一定沒想到，他的計謀竟然被代表恐懼和黑暗的亡靈所破壞了，想起來真是美妙又不可思議，這就叫以其人之道還治其人之身啊！」

「的確不可思議。」勒荷拉斯說：「那時，我看著亞拉岡，心中想著：如果他將魔戒據為己有，憑他那強大的意志力，他會成為多麼偉大而可怕的君王啊！魔多怕他是有道理的。但是，他的高貴情操超越了索倫的理解，因為他是露西安的子孫哪！不論經過多少年，她的血脈都不會墮落。」

「那樣的預言不是矮人看得出來的。」金靂說：「不過，那天的亞拉岡真是威風凜凜。你們想想！整個黑色艦隊都歸在他的掌握之下；他選了最大的一艘當作旗艦，頭也不回地上船。然後，他用從敵人那邊搶來的號角，吹出響徹雲霄的號音，然後亡靈部隊就都退回到岸上。他們沉默地站在那邊，除了燃燒的船隻在他們眼中反映出點點紅色的火光之外，旁人幾乎看不見他們。亞拉岡對著亡靈，中氣十足的開口道：

「『這是伊西鐸繼承人的命令！你們的諾言已經實踐了。回去吧，不要再作祟打擾那些山谷了！去吧，去安息吧！』」

「亡者之王出列，站在幽靈大軍之前，折斷他的長槍並丟到地上。然後他深深一鞠躬，轉身離開；整支灰色的大軍也迅速退離，像是被一陣突如其來的大風吹散的霧，消失得無影無蹤；而我卻彷彿剛從一場夢中醒來一樣。」

「那天晚上，當其他人還在忙時，我們把握機會休息。船上的俘虜都被釋放了，有許多俘虜是過去被俘的剛鐸人；很快的，人們從伊瑟和蘭班寧開始往此地集結，而拉密頓的安格柏也召集了所有的騎兵。在亡靈所帶來的恐懼消退之後，他們終於能夠前來支援我們，來看看伊西鐸的繼承人；因為這名稱已如野火燎原般在黑暗迅速蔓延開來。」

「我們的故事就快結束了，那天傍晚和夜裡，許多船隻都已經做好了出航的準備，第二天一早，艦隊就開航了。雖然這只是前天的事情，但感覺起來卻像已經過了好多年了；那是我們離開登哈洛的第六天。不過，亞拉岡依舊擔心我們是否會到得太遲。」

「『從佩拉格到哈龍德還有一百二十六哩，』他說：『但是，我們明天就得抵達哈龍德，否則一切將前功盡棄！』」

「現在船槳都是由自由人所操縱，他們十分盡力地划著槳；不過，由於我們是逆流而上，所以速度還是很慢。雖然在南方河水流速並不快，但我們卻也沒有海風相助。雖然我們剛在港口大勝，但如果不是勒苟拉斯突然哈哈大笑，我的心情可能會變得非常惡劣。」

「『都靈的子嗣，抬起你的鬍子來吧！』他說：『你沒聽過人家說：**在一切都絕望時，希望往往會由此而生**。』但是他到底從遠方看到什麼希望，他不肯說。當夜晚降臨，我們只能看見越來越深沉的黑暗，而我們胸中卻熱血沸騰，因為我們可以看見北方遠處的雲朵下閃著紅光，亞拉岡說：『米那斯提力斯已經陷入了大火中。』」

「但到了午夜，希望真的出現了。伊瑟經驗豐富的水手看向南方，告訴我們風向變了，大海吹來了新鮮的風。在天亮之前，所有的巨艦都張滿帆迎風前進，我們的速度加快了，曙光正好照在我們船頭破浪的泡沫上。接下來，就如同你所知道的，我們在日出之後三小時，乘著海風以及陽光一起到來，我們在戰場上展開了旗幟。不論未來如何，那都是無比榮耀的時刻，讓人永難忘懷的一天！」

「無論接下來會如何，我們所創造的功業是不可磨滅的。」勒荷拉斯說：「能夠通過亡者之道是前無古人的壯舉，即使剛鐸未來毀滅，無人可以讚頌我們的行徑，它也不會因此而失色。」

「搞不好一語成讖；」金靂說：「因為亞拉岡和甘道夫還是依舊愁眉不展。我不清楚他們在底下的營帳中究竟在討論什麼。對我來說，我像梅里一樣，希望隨著我們這場勝仗戰爭就結束了。不過，不管未來還有什麼任務，因著孤山子民的榮譽，我都希望能夠參與。」

「而我是為了巨綠森林同胞的榮譽，」勒荷拉斯說：「並為了對聖白樹之王的敬愛而戰。」

眾人陷入沉默之中，他們在高高的城牆上坐了一陣子，每個人都思索著自己的處境，而各軍將領在此同時正在開會討論著。

印拉希爾向勒荷拉斯和金靂告別之後，立刻派人去請伊歐墨，並和他一起出城，來到設在離希優頓陣亡處不遠的亞拉岡的營帳中。他們和甘道夫、亞拉岡以及愛隆之子，一起召開了一場關鍵性的會議。

「諸位大人，」甘道夫說：「請聽剛鐸的宰相在死前所說的話：**你們或許可以在帕蘭諾平原上贏得一天的勝利，但是要對抗這正興起的力量，我們絕無勝算**。我不是想讓你們像他一樣放棄希望，但是，請你們仔細思索他話中的真實性。」

「真知晶石不會說謊，即使是巴拉多塔的主人也無法使它們顯現假象。或許，他可以選擇讓意志較弱的人看到哪些東西，或者是讓他們誤解所看見的景象。但是，迪耐瑟必定看見了魔多大軍向他大舉進攻，也知道還有更多的部隊正在集結，至少他看到的這部分是真實的。」

「我們的力量只不過剛好足以擊退第一波攻擊，第二波將會更強大。這場戰爭到時就會如同迪耐瑟所看見的，我們最終沒有獲勝的希望。勝利無法靠武力獲得，無論你們是坐在此地承受一次又一次的圍城攻擊，或者是出兵到大河對岸後被徹底消滅。你們眼前沒有好的選擇；謹慎行事能使你們加強防禦這堅固陣地，等待對方展開攻擊；這樣至少可以撐久一些。」

「那麼，你建議我們撤回米那斯提力斯，或是多爾安羅斯，或是登哈洛，像是躲在沙堡中的小孩，束手靜待大浪湧來？」印拉希爾說。

「這不是什麼新建議，對吧？」甘道夫說：「迪耐瑟在位的時候，你們不就是一直這樣做嗎？但是，不！我說的是謹慎的做法，而不是建議各位謹慎行事。我說勝利不能靠武力獲得，但我依然期待勝利，只是不認為武力足以依恃。因為在這一切戰略和計謀中，我們還必須要考慮統御魔戒，它是巴拉多要塞的礎石，也是索倫獲勝的希望。」

「大人們，要考慮魔戒，諸位現在都已明白我們和索倫所面臨的狀況。如果他重新獲得魔戒，你們再怎麼英勇也是枉然，他將會迅速又徹底地取得天下，而其速度將快到無人能預見這世界的未來。如果魔戒被毀了，他將會失敗；這失敗將會徹底到讓他再也爬不起來。因為，他從誕生以來本質中所擁有最強大、最精華的力量都將失去，而所有一切用那力量所創造、所開始的事物都將崩潰，他將會永世不得超生，從此成為只能在黑暗中自怨自艾的怨靈，永遠再也無法修煉成形。而這世界也將從此除去一大邪惡。」

「當然，還會有其他的邪惡出現；因為索倫本身也只是個僕人和先鋒而已。但是，我們的責任不是去掌控整個世界未來的走向，而是盡我們的能力，幫助我們所處的時代，剷除我們所知道的世間邪惡，這樣，未來的子孫才有更潔淨的大地可耕耘。而他們會遭遇到怎樣的天候，就不是我們所能掌管的了。」

「索倫對這一切知之甚詳，他知道他所失落的珍寶已經再度現世；但還不知道這東西在哪裡，至少我們希望是這樣。因此，他現在必然感到疑懼不定，因為如果我們找到了這東西，我們之中有些人擁有足夠的力量駕馭它。他也知道這一點。亞拉岡，如果我沒猜錯，你已經使用歐散克晶石在他面前現身了吧？」

「我在離開號角堡之前這麼做過。」亞拉岡回答：「我認為時機成熟了，而晶石來到我手中就是為了這個目的。那時，魔戒持有者已經離開拉洛斯瀑布十天了，我認為索倫之眼必須從他自己的國度中被引開。自從他回到黑塔之後，幾乎沒有任何力量向他挑戰。不過，如果我預先知道他會如此迅速發動攻擊來回應，我可能就不敢向他顯現了。我差一點就趕不及前來救援。」

「但是，這要怎麼辦呢？」伊歐墨問道：「你說，如果他拿到了魔戒，我們的努力都將化為烏有；可是，如果我們擁有魔戒，他為什麼不會認為攻打我們是白費力氣呢？」

「他還不確定，」甘道夫說：「他行事不像我們，他的力量是建立在趁敵人部署不完備時，展開攻擊。而且，我們也不可能在短短數日中就得知如何掌控它全部的力量。事實上，它只能由一個主人獨自擁有，不能由許多人同時持有。索倫在找我們起內訌的時刻，等我們當中某個人起來稱王，要把其他人踩在腳下時，如果他能夠出其不意發動攻擊，那時魔戒可能會幫助他。」

「他正在觀察。他看見也聽見許多事。他的戒靈還在到處飛翔。他們在日出之前曾飛過這個戰場，只是那些疲倦和受傷的人們並未發覺他們。他研究一切跡象：當年奪去他寶物的聖劍已經重鑄了，命運之風已經轉向有利我方，他的第一波攻勢竟意外失敗了，還有他的大將竟然戰死在此。」

「就在我們在此開會的同時，他的疑慮也在增長。他的魔眼此刻正盯在我們身上，幾乎忽視了所有其他人的行動。我們必須保持這樣的狀況，我們全部的希望都寄託在這一點上。因此，我的建議是這樣：魔戒不在我們的手上；無論是睿智還是極端愚蠢，它都被送去銷毀了，以避免它摧毀我們。沒有了它，我們不可能以武力打敗他的武力。但是，我們必須不計一切代價引開他去注意到自己真正的危險。我們無法以武力獲得勝利，但是，我們可以藉著武力給予魔戒持有者僅有的一絲機會，即使這機會非常渺小。」

「如同之前亞拉岡所說的，我們必須繼續下去。我們必須逼得索倫精銳盡出；我們必須引出他隱藏的兵力，這樣他的根據地才會空虛。我們必須立刻出擊，迎戰他的大軍。我們必須把自己當作餌，讓他的血盆大口來吞噬我們。由於他對魔戒的貪婪和對勝利的渴望，他會吃下這個餌，因為他會認為如此倉促出兵乃是新的魔戒之王太過自傲所導致的。他會說：『哼！他把自己的脖子伸得未免太快也太遠了。就讓他來吧，我會讓他陷入萬劫不復的陷阱中。我會把他徹底擊垮，而他無禮奪去的東西，將再次永遠歸我所有。』」

「我們必須鼓起勇氣眼睜睜地走進陷阱中，但我們自己生還的希望是不大的。諸位大人們，我們很可能戰死在一個毫無其他生靈的死寂大地上；即使巴拉多被推翻了，我們也無法活著看到新的世代。即使如此，我認為，這是我們的責任。這樣總比困守在此，毫無意義地坐以待斃——知道自己的死不會換來新紀元的誕生——要強多了。」

眾人沉默良久。最後，亞拉岡開口說：「既然是我開的頭，因此我必須繼續下去。如今我們已來到了生死存亡的邊緣，希望和絕望只隔一線。只要稍有動搖，就必敗無疑。我希望大家不要反對甘道夫的這項提議，他多年以來和索倫的爭鬥終於要面對最後的考驗了。如果不是他，我們可能早就被各個擊破。儘管如此，我並不要求指揮任何人，諸位應該要選擇自己的命運。」

愛羅希爾開口說：「我們從北方前來的目的就在此，我父愛隆也是同樣的看法。我們不會回頭。」

「至於我，」伊歐墨說：「我對這些複雜的事所知甚少，但我不需要知道。我只知道，吾友亞拉岡拯救了我和我的同胞，這就夠了；因此，當他召喚時，我必加以協助。我會去！」

「而我，」印拉希爾說：「亞拉岡大人是我的君王，不管他承不承認都一樣。他的期盼對我就是命令。我也會去。但是，此刻我仍暫代剛鐸宰相的職務，因此我必須優先考量它的人民。我們行事仍須謹慎。我們必須準備好面對所有的可能性，不論是好是壞。只要我們還有一絲能夠獲勝歸來的希望，我們就必須保護剛鐸。我可不願在凱旋歸來時，見到城池化為廢墟和被敵人蹂躪的家園。而驃騎的情報也顯示，在我們的北方邊境上，還有一支尚未遭到攻擊的部隊。」

「的確，」甘道夫說：「我並不建議你讓城中毫無防衛。事實上，我們東征的部隊不需要多到足以對魔多展開攻擊，只要多到讓魔王無法忽視就可以了。而且部隊的移動速度必須要快。容我詢問各位將領，我們最遲在兩天內可以動員多少部隊？這些人必須是明知危險也願意前去的老練戰士。」

「我們的兵馬都很疲憊，許多人受到不同的輕重傷，」伊歐墨說：「我們損失了許多馬匹，這點最讓人擔心。如果我們得趕快出發，那麼我想最多也只能派出兩千騎兵，另外留下兩千人防守王城。」

「除了眼前的兵力之外，」亞拉岡說：「由於海岸的威脅已經解除，南方海岸地區也有不少生力軍正在趕來的路上。兩天之前我派了四千兵馬從佩拉格經過羅薩那奇前來；無畏的安格柏帶領他們。如果我們在兩天之內出發，他們應該可以在我們離開之前抵達。此外，我還下令其他人乘坐所有可以找到的船艦沿河上來支援；以這樣的風勢看來，他們不久就會到了；事實上，今天已經有幾艘船抵達了哈龍德。我判斷，到時我們可以帶領七千名步兵和騎兵，同時還能在城內留下比攻防戰開始前更多的兵力。」

「城門被毀了，」印拉希爾說：「我們哪有足夠的技術可以將它完全修復？」

「在丹恩的國度中，依魯伯的工匠們有這種技術，」亞拉岡說：「如果我們的希望沒有完全破滅的話，假以時日，我會派葛羅音之子金靂去請求山中的工匠前來修建。不過，戰士遠勝過厚門，如果人們逃離崗位，就算再厚的門也擋不住敵人。」

這就是各軍領袖會議的結果：如果可能的話，他們應該在後天的早晨帶領七千兵馬出發。由於這部隊未來將會進入寸草不生的惡劣地區，因此大部分的部隊應該是步兵。亞拉岡必須從他在南方召來的人當中徵召兩千名戰士；印拉希爾必須派出三千五百名士兵；伊歐墨則必須挑選五百名善於步戰的洛汗戰士，另外再率領五百名最精銳的驃騎。除此之外，還有五百名由安羅斯騎士和登丹人組成的騎兵，由愛隆的兩名兒子率領。這樣加起來總共七千兵馬——六千名步兵、一千名騎兵。另外，洛汗國的主力騎兵，大約三千名的兵力，則必須在艾海姆的帶領下，沿著西大道伏擊安諾瑞安的敵人。城中也同時派出快馬，前往北方和東方收集情報，打探奧斯吉力亞斯和米那斯魔窟的狀況。

在他們安排好所有的兵力分配，又考慮好行軍的細節與所選擇的路線後，印拉希爾突然放聲大笑。

「這實在是，」他大喊道：「這一定是剛鐸歷史上規模最大的玩笑：我們只率領七千兵馬出戰，這不過是剛鐸全盛時期部隊前鋒的數量，而我們竟要攻打魔王固若金湯的黑暗基地！這樣就好像小孩子拿著彈弓柳枝，威脅全副武裝的騎士一樣！米斯蘭達，如果魔王知道的和你所說的一樣多，他非但不怕，還會一笑置之，用小指捏死我們這些想要刺他的蜜蜂。」

「不，他會試著困住這蜜蜂，拔掉牠的刺。」甘道夫說：「在我們當中，有些人單是名號就足以力敵千軍。不，我想他笑不出來！」

「我們也不該笑。」亞拉岡說：「如果這是個玩笑，它也沉重得讓人笑不出來。不，這是危難中最後的乾坤一擲，對於任何一方來說，勝負都將由此分曉。」然後，他拔出了安都瑞爾聖劍，將它高舉在陽光下，發出璀璨的光芒。「在最後一場戰爭結束之前，你將不會入鞘！」他說。

第十節　黑門開啟

兩天之後，西方的部隊全都集合在帕蘭諾平原上。半獸人和東方人的部隊曾從安諾瑞安反攻，但都被驃騎給衝散，潰不成軍地逃向凱爾安卓斯；在這處威脅被消滅，南方的生力軍也抵達後，主城兵力的配置變得相當充足。斥候回報，東方的道路在到國王石像倒落的十字路口處，都沒有敵人的蹤跡。現在，最後出擊的一切準備已經就緒。

勒荀拉斯和金靂再度共乘一騎，隨著亞拉岡與甘道夫一起出發，他們與登丹人和愛隆之子同為先鋒部隊。梅里對不能跟著去感到很羞愧。

亞拉岡說：「你不適合走這麼遠的路；但你不要覺得羞愧。就算你在這場戰爭中再沒有任何表現，你都已贏得了極大的榮譽。皮瑞格林會代表夏爾的人民前去；不要嫉妒或抱怨他有機會冒險，雖然他順著命運的安排立下不少功勞，但還是沒法和你相比。事實上，如今所有的人都處在一樣的危險中。我們可能注定要在魔多大門前面臨死亡。如果我們失敗了，那麼，接下來你也將面對最後的奮戰，不論是在這裡，或是在任何黑暗之潮追上你的地方。再會了！」

因此，梅里只能萬分沮喪地站在那裡，看著部隊集結。伯幾爾站在他身邊，也是一副垂頭喪氣的模樣；因為他父親將率領城中戰士的連隊參戰，在他的罪名宣判之前，他不能夠重回城中的衛戍部隊。皮聘則是以剛鐸戰士的身分和貝瑞貢的連隊同行。梅里可以看見他就在不遠的地方，在米那斯提力斯的高大戰士之中，他是一個矮小但抬頭挺胸的傢伙。

最後，號角聲響起，部隊開拔，一營接一營、一連接一連，他們向東而去。在他們沿城門大路走向堤道，從視線中消失許久之後，梅里還是站在那邊。晨光照在槍尖和頭盔上的最後一絲反光也消失了，心情沉重的梅里還是低著頭站在那邊，他覺得好孤獨，身邊一個朋友也沒有。每個他所關心的人都進入了籠罩在遙遠東方天際的陰暗中；他心中覺得自己能與他們重聚的希望實在十分渺茫。

彷彿回應這失望，梅里手臂的疼痛又回來了，他覺得虛弱、衰老，陽光似乎也變得十分黯淡。伯幾爾搖了搖他，梅里這才驚醒過來。

「來吧，派里安先生[1]！」少年說：「我看得出來你還沒完全好！我可以扶你回醫院去。不要擔心！他們會回來的。米那斯提力斯的戰士永遠不會被擊敗的。而且，現在他們有了精靈寶石大人，還有我爸爸貝瑞貢，他們一定會所向無敵的！」

在中午之前，部隊就抵達了奧斯吉力亞斯。所有能夠抽調出來的石匠和工人，全都忙得不可

1 剛鐸語中的哈比人，亦即是灰精靈語中的派里亞納。

開交。有些人在整修敵人所興建、但在大敗撤退時又破壞的浮橋和渡筏；有些人在收集各式各樣的補給品；其他渡河抵達東岸的人，則是趕工擺設克難的防禦措施。

前鋒快速地穿越剛鐸古都的廢墟，渡過寬闊的大河，踏上剛鐸在全盛時期所修築從美麗的日之塔通往高聳的月之塔的筆直大道，月之塔現在已經成了被詛咒的米那斯魔窟。他們在離開奧斯吉力亞斯五哩處停下來紮營，結束了第一天的行軍。

但是騎兵依舊繼續前進，在天黑之前，他們來到了四周環繞著一大圈樹木的十字路口，此地一片沉寂。他們沒有發現任何的敵蹤，也沒有聽見任何的聲響，路旁也沒有箭雨從岩石或密林之後飛出，不過，隨著他們越來越深入敵境，那種受到監視的感覺也越來越明顯。岩石和樹木，甚至葉片似乎都在聆聽他們的一舉一動。黑暗已經被驅退了，遠處西方，火紅的夕陽正照著安都因河谷，白雪覆蓋的山峰在藍天下羞紅了臉龐；但是，伊菲爾杜斯上方依舊籠罩著一片陰影。

亞拉岡朝十字路口的四個方向派出號手，他們一齊吹響震耳的軍樂，然後傳令官大喊著：「剛鐸之王已經回來了，他要收回所有屬於他的土地！」那個放在國王石像上的醜惡半獸人腦袋，也被砍了下來，敲成碎片，古王的頭像則被安設回去，他頭上依舊環繞著白色和金色的花朵；人們努力刷洗、抹除半獸人們在石雕上留下的骯髒痕跡。

接著，眾人開始討論是否該先攻擊米那斯魔窟，如果他們攻下它，應該將它徹底摧毀。「而且，」印拉希爾說：「或許從那邊通過山上的隘口突擊，會比攻擊黑暗魔君北面的正門要來得容易。」

甘道夫急忙反對這項意見，一方面是因為那山谷中的邪惡力量，會讓人們變得瘋狂和恐懼；

一方面則是因為法拉墨所帶回來的消息。如果魔戒持有者真的試圖走這條路，那麼他們就絕不能讓魔王的注意力轉移到這裡。因此，第二天當主力部隊來到時，他們決定在十字路口設下堅強的防禦兵力以防魔多派兵越過魔窟的隘口或是從南方抽調來更多的敵人。這些留守的部隊大多是熟悉伊西立安環境的弓箭手，他們將埋伏在森林和各道路連接口的斜坡上。甘道夫和亞拉岡跟著前鋒騎往魔窟谷的入口，觀察那座邪惡的城市。

那是個黑暗、了無生氣的地方；因為居住在那邊的半獸人和魔多的怪物都已經戰死了，戒靈也都離開了。不過，谷中的空氣依舊充滿了恐懼和憎恨。於是，他們破壞了谷口的那座橋樑，在谷中放了一把大火，然後就離開了。

隔天，也就是他們離開米那斯提力斯的第三天，部隊開始沿著道路往北方前進。從十字路口到摩拉南，也就是魔多的大門，大約有一百多哩，沒有人知道在他們抵達目標之前會遇上什麼狀況。他們光明正大的前進，但依舊十分謹慎，騎馬的斥候會先勘察前方的道路，步兵則分兩翼前進，東邊的側翼尤其小心；因為該側的森林黑暗濃密，地貌崎嶇起伏，布滿溝壑，在過去則是伊菲爾杜斯那綿長陡峭的山坡。天氣還是相當良好，依然是吹西風，但仍舊吹不走籠罩著黯影山脈的迷霧；在山脈後方，有時還會升起詭異的黑煙，懸在空中飄盪，久久不散。

甘道夫下令號手，每隔一段時間就吹響號角，然後傳令官會大喊：「**剛鐸之王**來了！離開這塊土地，或者投降！」但印拉希爾說：「不要說**剛鐸之王**，用**人皇伊力薩**會更好。雖然他還沒有登基，但這是事實；如果傳令官用這個名號，會讓魔王更加擔心。」此後，傳令官會一天三次高喊伊力薩王的到來，但依舊沒有人回應他們的挑釁。

不論如何，雖然他們在看似平靜的狀況下前進，但全軍的士氣，從上到下，都在逐漸低落，隨著他們每向北前進一哩，心中的不祥預感便加重一分。在他們離開十字路口的第二天快要結束時，他們首次遇到了敵人。一支由半獸人和東方人所組成的強大部隊，想要以偷襲的方式消滅先頭部隊；他們就守在法拉墨埋伏哈拉德林人的同一個地方，該處地勢險峻，道路深入穿越東方突出的山丘底下。不過，西方眾將早已獲得了警訊，敵人的行蹤已被馬伯龍所帶領漢那斯安南的精良斥候給發現了；因此，埋伏者本身反而遭到了圍困。西方部隊的騎兵繞過山丘，從敵人的側翼和後方展開攻擊，消滅了大部分的敵人，其餘則潰逃入山中。

不過，這場勝利無法提振眾人的士氣。「這只是一場佯攻，」亞拉岡說：「我認為它主要的目的在使我們輕敵，對敵人的實力做出錯誤的判斷，而不在對我們造成多大的傷亡。」從那天傍晚開始，戒靈飛來在高空監視，觀察這部隊的一舉一動。他們飛得很高，除了勒苟拉斯之外無人看得見，但人們還是可以感覺到他們的存在，因為陰影加深，太陽的光芒也暗淡了；雖然戒靈還沒有朝著敵人俯衝，也保持沉默沒有發出任何的尖嘯，但他們所帶來的恐懼還是令人難以擺脫。

這場無望的旅程依舊繼續著。到了離開十字路口的第四天，也是從米那斯提力斯出發的第六天，他們終於來到人類國度的盡頭，開始踏上西力斯葛哥隘口前的荒漠之地；他們可以遠遠望見往北和往西延伸到艾明莫爾高地的腐臭沼澤和沙漠。這些地方是如此荒涼，籠罩著他們的恐怖氣息是如此強烈，以至於部隊中有些人嚇得完全崩潰，無法繼續向北騎行，連路都走不動。

亞拉岡看著他們，他的眼中只有憐憫，沒有憤怒；因為這些人都是洛汗的年輕人，他們是從遠方的西谷來的，或是從羅薩那奇來的農夫。對他們而言，從小就聽說魔多是邪惡之地，但卻不是真實的，只是一則傳說，與他們儉樸的生活一點關係也沒有。然而現在他們卻必須面對這成真的噩夢，他們一點也不明白這場戰爭，或為什麼命運會安排他們來到這個地方。

「去吧！」亞拉岡說：「但要盡量保持自己的尊嚴，也別用跑的！你們還是可以執行一項任務，不讓自己顏面喪盡。請你們往西南方走，前往凱爾安卓斯；如果該處仍像我所推測的，還是在敵人的占領之下，那麼，如果你們能，就把它奪回來！之後，為了剛鐸和洛汗，請誓死守住它！」

有些人在這樣的寬宏大量下，反而克服了自己的恐懼，得以繼續前進；其他人則是看到了新希望，聽見還有自己能力可及的任務可以執行，於是他們離開了。如此一來，由於之前在十字路口已經留下了不少守軍，西方眾將最後領到黑門前來挑戰魔多大軍的力量，不足六千人。

如今部隊行進的速度放緩了，因為隨時都有可能受到攻擊。將領們將隊伍收攏，因為派出斥候或小隊去偵察已是浪費人力。到了離開魔窟谷的第五天傍晚，他們紮了最後一次營，並盡可能從附近收集了一些枯木和柴薪，在四周燃起營火。眾人十分警覺地度過夜晚的每個時辰，清楚意識到有許多模糊的形影在他們四周不停地移動、窺探，惡狼嚎叫的聲音一整夜毫不停歇。風停了下來，空氣似乎凝結了。雖然天空萬里無雲，月光十分明亮，但他們還是什麼都看不見，因為地面上不斷冒出黑煙，將白色的新月籠罩在魔多的迷霧中。

氣溫下降了。當曙光來臨時，空氣又再度開始流動；不過這次吹的是北風，很快的，它帶來了清新的氣息。夜裡那些遊走的威脅全都消失了，大地看來一片空曠。在北邊，有許多發出惡臭的坑洞，其間還有一座座由熔渣、碎石和爆裂土塊所堆成的山丘，都是魔多居民破壞過後的痕跡。南邊是西力斯葛哥的銅牆鐵壁和夾在其間的黑門，兩旁則是高聳漆黑的利牙之塔。在最後的行進路程中，眾將領決定轉離向東彎去的道路，避開路旁山丘上隱藏的危險；因此，他們現在是從西北的方向朝摩拉南前進，一如多天前佛羅多所做的一樣。

在險峻的拱門下，黑門的兩扇龐大鐵門緊閉著。城牆上似乎空無一人，四周無比安靜，但卻有著山雨欲來的氣勢。他們終於抵達了這趟愚行的終點，孤伶伶又寒冷地站在灰濛濛的晨光中，面對他們的軍隊沒有希望攻破的高聳城牆和堡壘，即使他們帶來威力強大的攻城器械，而魔王也只有足夠防守城牆與大門的兵力，他們還是無法攻克這地。何況，他們很清楚，在摩拉南四周的山丘和岩石間都藏匿著大批的敵人，在那之後陰暗骯髒的大地上，無數邪惡的生物已在其中挖洞與鑿出隧道。當他們站在那裡時，他們看見戒靈全都聚集在一起，像禿鷹一樣盤旋在利牙之塔上；他們知道自己在魔王的監視下，但是，魔王依舊按兵不動。

他們別無選擇，只能盡責地將這場戲演到底。因此，亞拉岡此刻盡可能將部隊排列成最佳的陣勢，分別登上兩座半獸人多年來以火山噴出的岩石與灰土所堆起來的大山丘上。在他們前方，面對魔多的方向，有一片寬闊、不停冒出濃煙和惡臭的泥漿沼澤與污水塘。當部隊布好陣形之後，將領們率領一群精銳騎兵、掌旗官和號手，緩緩騎到黑門前。甘道夫是帶隊的主傳令官，隊中有亞拉岡和愛隆之子、洛汗的伊歐墨，以及印拉希爾；勒苟拉斯、金靂和皮瑞格林也被要求一起前往，如此一來，魔多所有各方的敵人都有一位目擊者在場。

他們來到了摩拉南內的人能聽見的範圍，展開了所有的旗幟，並且吹響了號角。傳令官們排成一列，將他們中氣十足的聲音送入魔多的城牆內。

「出來吧！」他們喊道：「讓黑暗大地之王出來吧！他將受到正義的審判。他毫無理由對剛鐸宣戰，摧毀人民的家園。因此，剛鐸的人皇要求他應該要為這項罪行贖罪，並且永遠離開此地。快出來！」

四周陷入很長一段時間的寂靜，不管是城牆還是大門都悄然無聲，沒有任何的回應。但是，索倫其實早已安排好計畫，他只想在痛下殺手前好好玩弄、折磨這些討厭的老鼠。因此，就在他們準備轉身離開時，這片寂靜突然被打破了。震耳的低沉鼓聲如同悶雷一般，在山中不停回響，接著是刺耳的號角聲撼動大地，讓人們的耳鼓隱隱生痛。黑門的中央轟然一聲打開，邪黑塔的一隊使者旁若無人地走了出來。

在隊伍最前端是個高大邪惡的身影，他騎著像是黑馬的生物。那隻生物的身軀巨大，臉孔像是個可怕的骷髏面具，不像活馬的頭，在它的眼窩和鼻孔中燃燒著赤紅的火焰。騎士渾身披著黑袍，連高高的頭盔都是黑色的；但這不是戒靈，他是一名活人。他是巴拉多之塔的大將，沒有任何傳說提及他的名號，因為連他自己都忘記了。他開口道：「我是索倫之口！」不過，據說他是名叛徒，屬於黑暗努曼諾爾人的一支；這些人在索倫掌權的時候前來中土世界定居，他們敬拜魔王，迷上了邪惡的知識。當邪黑塔再度興起時，他便投靠其中為索倫效力。由於他的詭詐和聰敏，他越來越受魔王的信任，地位也越來越高；他學到了非常強大的巫術，也極為了解索倫的想法，而且他比任何半獸人都殘酷。

這時從黑門走出來的就是他，跟隨他的只有幾名黑衣黑甲的戰士，和一面黑底繡著血紅邪眼的旗幟。他在西方眾將面前幾步之處停下來，上下打量著他們，接著哈哈大笑。

「你們之中，有誰有資格和我談話嗎？」他問：「或者有誰有足夠的大腦了解我說的話？至少不是你！」他輕蔑地轉向亞拉岡：「要成為人皇，不是只靠塊精靈的破玻璃就夠了，更別提這塊爛布啦！看你們這副德行，山裡的強盜看起來都沒這麼落魄！」

亞拉岡一言不發，但他看著對方的眼睛，緊盯不放，兩人無聲地較勁了片刻。但很快的，亞拉岡雖然沒動也沒有伸手去拿武器，但對方卻連退好幾步，彷彿受到攻擊的威脅。「我只是負責傳令的使節，你們不能攻擊我！」他大喊著。

「如果你們認同這種慣例，」甘道夫說：「那所謂的使節也不應該態度這麼無禮。我們根本沒人威脅你。在你把口信帶給我們之前，你沒什麼好怕的。不過，在那之後，除非你的主子回心轉意，否則你和他所有的奴僕都將處在極大的危險中！」

「哦！」使者說：「那你是發言人囉，灰鬍老頭？我們好像經常聽見有關你的消息，聽說你東奔西跑，總是躲在暗處鬧事？不過，甘道夫先生，這次你的膽子實在太大了些；你將看見膽敢把羅網織到索倫大帝腳下的人會有什麼下場。我奉命將這些信物帶來給你們看看，特別是你，如果你敢上前看清楚的話。」他對士兵比了個手勢，對方拿著一個黑布包裹走上前來。

那名使者把黑布解開，讓西方所有的將領都能夠看見他手中的是什麼東西。眾人看清楚那些東西之後，每個人都如受重擊，呆立當場說不出話來：那是山姆攜帶的短劍，接下來是一件連著精靈胸針的灰色斗篷，最後是佛羅多在破爛的衣服底下所穿的閃亮祕銀甲。眾人眼前陷入一片黑暗，最後一絲希望也跟著徹底破滅。站在印拉希爾王之後的皮聘，哀傷地大叫一聲，跳了出來。

「安靜！」甘道夫聲色俱厲地把他推回去，使者哈哈大笑。

「原來你們還隨隊帶著這種小妖怪！」他大喊著：「我實在不了解你們能在他們身上找到什麼用處；不過，派他們來潛入魔多當間諜，真是蠢到超越了你之前的一切愚行。不過，我很感謝他，這小傢伙顯然曾經看過這些東西，你們現在想否認也沒有用了。」

「我不想要否認。」甘道夫說：「事實上，我很清楚這些東西的來歷，而你這位索倫的臭嘴先生根本什麼也不知道。你為什麼要把這些東西帶過來呢？」

「矮人戰甲、精靈斗篷、西方皇族的刀劍、老鼠國夏爾的間諜——嘿！別吃驚！我們清楚得很——這些都是你們一項大陰謀的鐵證。現在，或許帶著你這些東西的傢伙，是你們不在乎的陌生人？還是你們無法割捨的好友？如果是後者，那麼請你們用僅剩的睿智趕快決定該怎麼做。索倫並不喜歡間諜，他的命運會和你們的決定息息相關。」

沒有人回答他；但他可以看出他們的臉色灰敗、眼中含著恐懼，於是，他再度開始冷笑；在他看來，他這項計謀相當成功。「很好，很好！」他說：「我知道他是你們很寶貝的了。或者，他的任務對你們重要到不能失敗？可惜，他失敗了。接下來，我們將會用邪黑塔所能策劃出最長也最慢的拷問術來日夜不停地折磨他，讓他求生不得、求死不能；他將永遠不會獲得釋放，除非，直到有一天他變得不成人形時，他可能會被送去給你，這樣你們就可以好好的欣賞自己到底做了什麼好事。除非你們願意接受我主上的條件，否則事情肯定是這樣。」

「說吧！」甘道夫穩定沉著地說，但他身邊的人可以清楚看見他神情痛苦，此刻他看來蒼老又枯槁，像是終於被擊敗、壓垮了。他們毫不懷疑他會接受對方的條件。

「條件是這樣的，」使者面露微笑，得意地將視線掃過每個人的臉。「剛鐸和其盟友的烏合之眾，應該馬上退到安都因河對岸，發誓永遠不再公然或祕密地攻擊索倫大帝。安都因河以東的土地此後永遠全部都歸索倫所有。安都因河以西直到迷霧山脈和洛汗隘口的土地，全都成為魔多的屬地，必須定時向索倫納貢，那裡的人們必須解除武裝，但擁有自治權。但他們必須協助重建遭到粗暴摧毀的艾辛格，那裡也將歸索倫所有，他的大將會進駐該處，當然不是薩魯曼，而是更高貴、更值得信任的人。」

他們看著使者的表情，知道了他的想法。他會是那名所謂的大將，整個西方殘餘的領土都將在他的管轄之下；他會成為他們的暴君，而他們會成為他的奴僕。

甘道夫回答：「對交換一名僕人，這樣的條件要得太高了，你的主人是想經由交換，取得須經過數年苦戰才能攻下的領土！還是因為剛鐸平原一戰摧毀了他用武力強奪的希望，所以他才會來這邊和我們討價還價？況且，如果我們這名俘虜的身價真有這麼高，我們又有什麼保證，能夠確信謊言之王索倫會信守承諾？這名俘虜在哪裡？把他帶出來，交給我們，然後我們會考慮這些條件。」

甘道夫像是與一名致命對手過招的人，專注地看著對方，那名使者一時之間似乎不知所措，但他隨即又狂笑起來。

「你別想粗野地跟索倫之口強詞奪理！」他大喊道：「你要求保證！索倫什麼都不給。如果你們想得到他的寬恕，必須先照著他所吩咐的去做。這就是他的條件，要不要隨便你們！」

「我們會要這個！」甘道夫突然說。他掀開斗篷，刺眼的白光像是刀劍一般割裂了此地的黑暗。在他高舉的右手前，醜惡的使者退縮了，甘道夫上前一把將那些信物搶了過來：鎖子甲、斗篷和寶劍。「我們會接受這個，紀念我們的朋友！」他大喊：「至於你所說的條件，我們完全拒絕。滾！你的任務已經結束，準備面對你的死亡吧！我們來這邊不是浪費唇舌和那萬惡的索倫交易，更不是把時間浪費在他卑賤的僕人身上。滾！」

魔多的使者再也笑不出來了。他的表情因著驚訝和憤怒而極度扭曲，看起來像是一隻伏身要撲食獵物的野獸，卻被一根有刺的大棒當臉打中了口鼻一樣。他滿腔怒火，口中流涎，喉中發出一陣陣含混的怒吼。但是，當他看著西方眾將凶狠的神情與致命逼人的雙眼時，恐懼壓過了他的憤怒。他大叫了一聲，轉身跳上馬，帶著隊伍沒命地逃回黑門內。就在他們逃跑時，他的士兵們吹響號角，發出早已安排好的信號；他們甚至還沒抵達城門，索倫就已經展開了攻擊。

戰鼓雷鳴，熊熊火焰四處噴發！摩拉南的大門全都打開，千軍萬馬如同洪水一般掩殺而至。

所有的將領全都上馬，調轉馬頭騎回本隊，魔多的大軍興奮地狂呼高喊。空中塵沙飛揚，一支東方人的部隊從附近衝殺而出，他們一直埋伏著，等候遠處高塔後方伊瑞德力蘇山脈陰影中發出信號後行動。難以計數的半獸人，從摩拉南兩邊的山丘中蜂擁而出。西方的戰士已被困住，很快的，除了他們所站立的灰色山丘之外，周圍所有的土地都將被數十倍於他們的敵人給團團圍住，他們將會陷入汪洋大海般的敵軍當中。索倫的鋼牙終於準備咬下這個送上門來的餌食。

亞拉岡只剩下極短的時間可以指揮部隊應戰。他和甘道夫站在其中一座山丘上，揚起美麗又無畏的聖樹與星辰的旗幟；在另外一座山丘上，則是飄揚著洛汗與多爾安羅斯的旗幟，白馬與銀天鵝彼此爭輝。每座山丘都以刀槍劍戟圍成了滴水不漏的防衛陣形。在面對魔多的正前方，也是對方的第一擊會對準的最前線，愛隆的兩名兒子和登丹人站在左邊；右邊則是印拉希爾王和多爾安羅斯的高大騎士，以及白塔部隊的精銳。

狂風吹拂，號角鳴響，箭矢飛射；太陽雖然高掛在南方的天空中，卻被魔多的黑霧蒙上了一層面紗，只能透過凶險的迷霧遙遙閃爍著，發出暗紅色的光芒，彷彿是白日將盡的夕陽，或許是這世界所看到最後一次的夕陽。在這逐漸聚攏的昏暗中，戒靈來了，帶著他們那令人不寒而慄的死亡尖叫聲；一切希望都熄滅了。

當皮聘聽見甘道夫拒絕對方的提議，佛羅多命定要永遠在黑塔中受苦時，他低下頭被恐懼壓得直不起腰來；不過，他費力控制住自己，他現在和貝瑞貢並肩站在一起，跟印拉希爾的士兵一同站在剛鐸部隊的最前線。既然一切都已經毀了，他覺得自己最好趕快死去，撇下自己苦難的結局。

「我真希望梅里也在這裡。」他聽見自己喃喃自語。當他看著敵人以雷霆萬鈞的氣勢朝向這邊衝鋒的時候，腦中心念電閃，「啊，嗯，現在我終於明白可憐的迪耐瑟心裡是怎麼想的了。既然我們都一定會死，梅里和我為什麼不乾脆死在一起？好吧，反正他不在這裡，我希望他能夠死得輕鬆一點。不過，現在我得好好表現才行！」

他拔出寶劍，仔細觀察著它，上面有金色和紅色交錯的刻痕，流暢的努曼諾爾文字像是火焰一般在劍刃上閃爍著。「它就是為了這個時刻所打造的；」他想：「真希望我能用它殺死那可惡的使者，這樣我的功勞至少可以和老梅里同等了。好吧，在我死前會用這東西好好殺幾個醜傢伙。我真希望未來還能再看見陽光和綠草！」

就在他想著這些事時，敵人第一波攻勢已經衝進他們的陣形中。半獸人被山丘前的沼澤所阻，因此停下腳步對著守軍射出箭矢；但是一大群山丘食人妖則是推開他們，從葛哥洛斯一路衝了過來，像是野獸一般狂吼。牠們比人類高大，也比人類壯碩，身上只披著貼身的鱗甲，或許那是牠們可怕的皮膚也說不定。這些食人妖拿著巨大的黑圓盾，多骨節的手揮舞著沉重的錘子。牠們毫無所懼地衝進泥水塘中，跋涉過泥漿，大吼著奔來。牠們像是颶風一樣衝破了剛鐸人的防線，如同鐵匠敲打熱鐵般猛擊頭盔和腦袋、武器和盾牌。貝瑞貢被對方一擊震倒在地上，高大的食人妖酋長彎下腰，伸出巨手；這些兇狠的生物會將敵人的喉嚨咬斷。

就在此時皮聘舉劍猛地往上一刺，西方皇族打造的劍鋒刺穿了食人妖堅硬的皮膚，深深刺進牠的內臟，大量的黑血噴濺出來。牠搖晃了一下，像巨石般轟然撲倒，壓住了底下的人。惡臭、劇痛和黑暗籠罩了皮聘，他眼前的景象變得模糊不清。

「噢，這結束跟我猜想的一樣啊！」他正在緩緩飄走的思緒想著，小小的意志甚至還開心地笑了笑，很高興終於可以擺脫一切的疑惑、恐懼和憂慮。就在他的神智漸漸離體時，他隱約聽見一些聲音，彷彿是從遙遠上方某個被遺忘的世界裡傳來的聲音：

「巨鷹來了！巨鷹來了！」

皮聘的思緒又停留了片刻。「比爾博！」他想：「不！那是他故事裡很久很久以前發生的事情。這是我的故事，它要結束啦！大家再見！」他閉上了眼睛，陷入黑暗中。

第六章

第一節 西力斯昂哥之塔

山姆渾身痠痛地從地上爬起來。有片刻時間，他完全不知道自己身在何處，接著，之前所有絕望和悲慘的情緒全都回來了。他就在半獸人堡壘之下地道的入口前，銅門緊緊地關著，地道裡一片漆黑。他一定是之前猛撞那扇門時，把自己給撞昏了；不過，他不清楚自己究竟躺在地上昏睡了多久。他之前因為絕望和憤怒全身像著火了一樣；現在他覺得彷彿身在冰窖，凍得渾身發抖。他悄悄爬到門前，將耳朵貼上去傾聽著。

他可以聽見遠處傳來微弱的半獸人走動喧鬧聲，但它們很快就漸行漸遠，最後再也聽不見了。四周一片寂靜。他的頭很痛，眼前有各種幻影在黑暗中跳來跳去，但他掙扎著穩住自己，仔細思考眼前的處境。情況顯然很清楚，他完全不可能從這個入口進入半獸人的堡壘，他可能得在這裡等上好幾天之後它才會打開，而他不可能等，時間非常寶貴，也非常緊迫。他對自己的責任已經不再有任何的懷疑：他必須救出主人，即使犧牲生命也在所不惜！

「犧牲生命比較有可能，而且也容易得多。」他神情凝重地對自己說，同時收起寶劍刺針，轉身離開銅門。他在黑暗的隧道中慢慢摸索著離開，不敢動用精靈的星光。在此同時，他試著拼湊起自從佛羅多和他離開十字路口後所發生的一連串事件。他連現在是什麼時間都不知道。應該是快要第二天了吧，他想，但是，他連這中間過了多少天都不能確定。他在一個黑暗充斥的國度，在這邊，現實世界的時間似乎早已被遺忘，而走進這國度的人也會跟著一起被遺忘。

「不知道他們會不會想到我們，」他說：「現在他們的狀況又是怎麼樣？」他對著眼前的空氣胡亂揮了揮。事實上，正回到屍羅巢穴的隧道中的他，面對著的是南方，而不是西方。在外面西方的世界裡，這天是夏墾曆法的三月十四日，時間接近中午，此刻亞拉岡正帶領著黑色艦隊從佩拉格啟航，梅里正隨著驃騎們進入石車谷，米那斯提力斯開始陷入火海，而皮聘眼看著迪耐瑟眼中的瘋狂之色逐漸高漲。即使是在這憂患的處境中，他們的朋友還是會不時地想到佛羅多和山姆。他們並沒有被遺忘。但是，雙方相隔太遠，沒有人能夠對他們伸出援手，只有想念是不足以幫助老爹的兒子山姆衛斯的，此刻他完全孤立無援。

最後，他好不容易回到半獸人通道入口的石門，卻同樣還是找不到令緊閉大門打開的機關；因此，他照舊用之前的老方法爬了過去，身輕如燕地跳落地面。接著，他悄無聲息地走向屍羅巢穴的出口，那張巨網的殘骸依舊在冷風中迎風飛舞。在經歷了之前讓人透不過氣的黑暗之後，這裡的風讓他冷得直打哆嗦。他小心翼翼地爬了出去。

萬籟俱寂，透著不祥。他眼前的亮度黯淡如烏雲籠罩下的黃昏。從魔多冒出的大量黑煙掠過低空，飄向西方，大團翻滾的烏雲和濃煙下方此刻還閃著暗紅色的火光。

山姆抬起頭看著半獸人的高塔，突然間，它窄小的窗戶一個個冒出光來，像許多紅色的小眼睛。他不知道這是否是某種訊號？他之前由於狂怒與絕望而忘卻的恐懼，現在又回到他的心頭。

極目所及之處，他能走的路只有一條：他必須繼續往前走，找到這個醜陋高塔的正門。可是，他覺得兩腿無力，渾身止不住地發抖。他把視線從眼前的塔樓與峭壁的尖峰上收回，強迫自己不聽使喚的雙腳服從命令，一步一步慢慢地往前走，專注傾聽著聲響，仔細看著路旁所有岩石濃黑的陰影，他循著原路，經過了佛羅多倒下的地方，屍羅的腐臭之氣仍瀰漫在該處；然後他繼續往上走，最後又來到他戴上魔戒、看著夏格拉的隊伍經過的山坳。

他在那裡停下腳步，坐了下來。他已經走不動了。他有種感覺，如果自己走過這個隘口，向下踏出一步，他就進入魔多了，那一步會是不能撤回的，他會永遠都回不來了。他毫無理由地拿出魔戒，再度戴上。他立刻感覺到它的沉重，同時，也更清楚的感覺到那隻凶惡的魔多之眼，此刻比以往更強烈、更急切地在搜尋著，力圖看穿它自己為了防衛而製造出來的黑暗，現在在它的不安和疑惑中，這些黑暗反而成為一種阻礙。

和之前一樣，山姆立刻覺得自己的聽力敏銳起來，但眼前的世界卻變得模糊不清。山道兩旁的岩壁顯得相當蒼白，彷彿是隔了一層迷霧，但是，他依舊可以聽見遠方屍羅在痛苦哀嚎的聲音；他還聽見叫喊聲和兵器互相撞擊的聲響，尖厲清晰，彷彿近在咫尺。他跳了起來，立刻緊貼在岩壁上不敢動彈。他很高興有魔戒的幫助，因為眼前又來了另一支半獸人的隊伍。起先他是這樣想的。然後，他突然意識到不是這樣，他又被自己的聽力給騙了：半獸人的呼喊聲是來自高塔，現在塔頂就在他頭頂上方，位在峭壁的左邊。

山姆打了個寒顫，試著強迫自己往前走。塔裡很明顯出了什麼狀況。或許這些半獸人擺脫了上級嚴格的命令，殘酷的天性大發，這時正在虐待佛羅多，甚至是把他殘忍地亂刀砍成碎片。他繼續仔細聽著，漸漸地，心中燃起了一絲希望。他很確定，高塔中起了爭鬥，這些半獸人一定是窩裡反了，夏格拉和哥巴葛的部下打起來了。雖然這只是很渺茫的希望，但也足以讓他再度鼓起勇氣，這或許是唯一的機會。他對佛羅多的敬愛壓下了所有其他的情緒，他忘記自身所處的危險，放聲高呼道：「佛羅多先生，我來了！」

他朝著那斜坡跑去，翻過了隘口。道路立刻往左轉，急遽下降。山姆已經進入了魔多。

他拿下魔戒，或許這是他內心深處對危險的警告，但他自己只是想要能夠看得更清楚一點。「最好把最壞的情況都看清楚，」他嘀咕著，「在迷霧中瞎闖可沒什麼好處！」

他眼前的大地看起來堅硬、殘酷、貧瘠，毫無生氣。在他腳下，伊菲爾杜斯最高的山脊往下陡落成大片的懸崖，直落入一道陰暗的山溝，在山溝的對面是另一座升起的山脊，比這邊低很多，但是邊緣凹凸不平，盡是參差不齊尖牙般的險岩，在它背後紅光的襯映下顯得一片深黑，這就是摩蓋，這黑暗國度的內圈屏障。在它之後遠方，差不多是筆直的方向，在橫過一片寬廣黑暗、上面點綴著幾點火星的大湖後，有一團非常大的火勢；從那團烈火中升起了一股巨大騰滾的煙柱，底端是暗紅色的，上端是黑色的，它融入了籠罩在這被咒詛的大地上方，雲霧洶湧的天頂中。

在山姆眼前的是歐洛都因，也就是火焰之山。在它灰白的錐形山頭下方深處，熔爐不時會噴出高熱、致命、劇毒的岩漿，蔓延過附近的地面。有些岩漿會沿著巨大的溝渠流向巴拉多，有些則是蜿蜒地流向多岩的平原，最後，在它們冷卻之後，看起來像是飽受折磨的大地所吐出的恐怖石龍。疲倦的山姆現在看見的是末日火山劇烈活動時的景象，它的光芒被伊菲爾杜斯的山勢所阻擋，讓從西方爬上來的人只能看見彷彿泡在鮮血中的山壁。

在這恐怖的光芒中，山姆驚嚇呆立著，當他轉向左邊時，他可以看見那恐怖陰森的西力斯昂哥塔，他從另外一邊看見的岩角不過是它最高的尖塔。它的東面有三個從底下山壁延伸出來的巨大樓層，背靠著另一座高聳的峭壁，這座峭壁上有一層層逐漸後退的龐大稜堡，越上去越小，面對東南方和東北方的塔壁，都是平滑精妙的鬼斧神工。在最底下一層，也就是山姆腳下兩百呎的地方，有一道城牆，包圍著一個狹窄的庭院。城牆的大門位在東南方，面對著一條寬廣的道路，路的外緣沿著絕壁的邊緣修築，直到它轉向南，蜿蜒下降到黑暗中，和從魔窟谷隘口過來的道路會合。然後它繼續向前，穿越摩蓋一處崎嶇的裂口，進入了葛哥洛斯盆地，通往巴拉多。山姆所在高處的這條狹窄小路，有道往下的陡峭階梯與陡坡，在靠近塔門旁的起伏城牆下和大道會合。

看著眼前的道路，山姆突然吃驚地明白，這座堡壘建造的目的不是為了讓敵人不能進入魔多，而是為了將敵人關在裡面。事實上，這是剛鐸許久以前所建造的堡壘，是伊西立安東方的前哨站，在最後聯盟的大戰之後，西方皇族的人類為了監視依舊潛伏著索倫屬下的這塊邪惡大地所興建的。但是，就跟尖牙之塔一樣，這裡的防衛最後還是失敗了，背叛者將這塔獻給了戒靈之王，它已經被邪惡的生物占領了許多年。在索倫回歸魔多之後，他覺得這高塔非常有用；因為他的僕人很少，大多是被恐懼所驅使的奴隸，所以這座高塔的目的依舊和古代一樣，是為了防止有人逃出魔多。不過，如果有敵人試圖祕密潛入魔多，它至少是抵擋任何闖過魔窟谷和屍羅巢穴的勇者的最後防禦崗哨。

山姆非常明白，要越過這有嚴密監視的城牆，進入那有人把守的大門，是多麼沒希望的事。即使他做到了，在底下那條重兵看守的道路上他也走不遠：連紅光都照不到的濃重黑暗也無法讓他躲過擁有夜視能力的半獸人。不過，那條路雖然毫無希望，他眼前的任務卻更糟：他不是要躲開大門的守衛逃走，而是要單槍匹馬闖進高塔去。

他的思緒轉到了魔戒上面，但是，他從那上面只能獲得恐懼和危險。當他一看見在遠處燃燒的末日火山之後，就開始意識到魔戒產生了變化。當它越靠近它在久遠以前被鑄造成形之地，它的力量就越增強，也越來越邪惡，除了意志力極強的人，簡直無法控制它。山姆站在那邊，雖然沒戴上魔戒，只是將它掛在脖子上，他還是覺得自己膨脹變大了。他彷彿披上自己的巨大幻影，站在魔多的高牆上，成為一個巨大又可怕的威脅。他覺得自己從此刻起只有兩種選擇：避開魔戒，儘管他得承受它的折磨；或是宣告自己是魔戒的主人，戴上它挑戰躲在黑暗谷地中黑塔樓內的邪惡力量。魔戒已經開始在引誘他，啃食他的理智和意志。他的腦中開始浮現異想天開的景象：他看見了萬夫莫敵的山姆衛斯，本紀元的英雄山姆，手握冒著火焰的聖劍橫越這片黑暗大地，在他的召喚下萬軍都來投靠歸順，在他的帶領下前去推翻巴拉多。然後，所有的烏雲都散去，陽光照耀大地，在他的旨意之下，葛哥洛斯的山谷變成長滿花朵和果樹的美麗山谷。他只需要戴上魔戒，宣告自己成為它的主人，這一切就都會實現。

在那嚴酷考驗的時刻，是他對主人的敬愛幫助他保持了理智；此外，還有在他內心深處仍持有的、無法被征服的、單純的哈比人意識：他心中清楚知道自己沒有偉大到足以承受這重擔，即使那些幻象能成真也不會有差別。他只想要一個小花園，當個自由的園丁，而不是把花園擴張成一個王國；他只想要用自己的手栽種一切，而非指揮他人為他效命。

「反正，這些都只是騙人的幻覺而已。」他對自己說：「我連喊都來不及喊，他就會發現我，把我抓起來。如果我在魔多戴上魔戒，他很快就會發現我的行蹤了。唉，我只能說，這次的希望渺茫到跟春天降霜一樣！正當隱形可以幫上忙的時候，我卻不能使用魔戒！就算我能夠更深入魔多，它也會變成是個越來越沉重的負擔。我到底該怎麼辦呢？」

其實他並不是真的感到疑惑，他知道自己必須立刻走向那座門，不再耽擱。他聳聳肩，彷彿是將那些幻影和陰影甩開，開始慢慢地往下爬。他每走一步，就覺得自己縮小很多，走不了多遠，他就恢復成原來那個渺小、恐懼的哈比人。他這時正經過高塔的外牆下，即使他不戴上魔戒，也可以聽見裡面吼叫打鬥的聲音。此時，那聲音似乎就是從外牆之內的庭院傳出來的。

山姆正往下走到一半，突然有兩名半獸人衝出了黑暗的大門，跑到了籠罩著暗紅光芒的路上。他們並不是向他跑來，而是跑向大路；不過，沒跑多遠，兩個人就踉蹌撲倒在地，動也不動了。山姆沒有看見攻擊的箭矢，但他推測這兩個傢伙多半是被在城牆上或是大門陰影內的敵人給射死了。他繼續前進，緊靠著左邊的牆壁。他抬頭看了一眼，就知道完全不可能爬上去。這座石牆幾乎有三十呎高，牆面上沒有任何的裂縫或突出處可供攀爬，最要命的是，最上面還做成像是顛倒階梯的形狀。大門是唯一的入口。

他繼續小心翼翼地前進，同時忍不住想著，高塔中究竟有多少夏格拉的人馬？哥巴葛又有多少兵力？他們到底在爭執什麼？裡面究竟發生了什麼事情？夏格拉的隊伍大概有四十人，但哥巴葛的人數幾乎有兩倍之多；不過，夏格拉的巡邏隊只是他管轄部隊的一部分。幾乎可以肯定的是，他們是為了佛羅多和戰利品而爭吵。山姆停下了腳步，他突然間想通了，裡面的狀況他簡直像親眼目睹一樣：祕銀鎖子甲！一定是這樣！佛羅多穿著它，絕對會被他們發現的。從山姆所聽到的片段來看，哥巴葛一定會想要將它據為己有。魔多的命令可說是佛羅多此刻唯一的護身符，如果他們決定不管上級的命令，佛羅多可能隨時都會被殺。

「快點啊，你這個慢吞吞的傢伙！」山姆自言自語道：「快跑啊！」他拔出刺針，衝向敞開的大門。但是，正當他準備要從巨大的拱門下闖過的時候，突然覺得一陣戰慄，彷彿撞上了某種像屍羅的蛛網的東西，只不過這是隱形的。他看不見是什麼阻擋了去路，只知道有某種十分強悍，靠他的意志無法突破的力量擋住了路。他打量著四周，然後，在門旁的陰影中看見了兩名監視者。

他們看起來像是兩個坐在寶座上的雕像，每尊雕像都有三個連在一起的身體，上面的三顆頭顱：一顆面向外，一顆面向內，一顆面向大門。雕像的頭顱有兀鷹似的臉，膝蓋上擱著像鳥爪一樣的雙手。他們似乎是用一整塊巨大的岩石雕刻而成，不會移動，但卻有意識：有某種邪惡的妖靈附在他們體內。他們能夠分辨敵我。不管是否隱形，都沒有敵人可以走進這門內。這兩座雕像會阻擋他進入或是離開。

山姆硬著頭皮又闖了一次，這次他似乎在胸口和腦袋上都挨了一拳，踉蹌地連退數步。最後，因為他實在想不出別的辦法，出於大膽，回應一個突如其來的想法，他緩緩拿出了凱蘭崔爾賜的水晶瓶，將它舉起來。它的白光迅疾增強，拱門下黑暗的陰影立刻潰散。醜惡的監視者動也不動地坐在那邊，顯露出他們僵硬可憎的形體。有那麼片刻，山姆看見他們黑色的石眼中露出惡狠狠的光芒，讓他不禁退了幾步；不過，慢慢地，他可以感覺到這兩具雕像的意志動搖了，被恐懼所取代。

他立刻衝過他們，同時邊將玻璃瓶收進胸前的口袋中，在那剎那間，他清楚感覺到身後似乎有扇大門用力地關了起來，他們的警戒又再度清醒過來。從那些邪惡的頭顱中冒出淒厲的喊聲，在他面前的高牆間回響。從極高的地方傳來了一聲刺耳的鐘聲，宛如在回應這警告。

「完蛋了！」山姆說：「我剛按了門鈴！好吧，來吧！」他大喊著：「告訴夏格拉隊長，那個強悍的精靈戰士帶著精靈寶劍來拜訪了！」

沒有任何回應，山姆大步走向前。他手中的刺針閃動著藍芒，整個庭院都籠罩在陰影中，但他可以清楚看見地面上都是屍體。在他腳旁就有兩名半獸人弓箭手，背上都插著小刀。再過去還有更多慘不忍睹的屍體。有些是被砍死、有些是被射死，有些臨死前還緊抓著對方不放，有些則是互咬、互抓而死的。整個庭院的地面淌滿了黑色的血液。

山姆注意到有兩種制服，一種上面繡著血紅眼，另一個則是有著骷髏面孔的月亮；但他並沒有停下腳步更仔細察看。在庭院的另一邊，高塔最底端的大門半開著，裡面透出紅光；一名高大的半獸人就死在門邊。山姆跳過那具屍體，走了進去；他環顧四周，有些不知如何是好。

一條寬廣、會發出回音的走廊，從門口往後通向山內。走廊兩旁牆上所插著的火把提供了微弱的照明，底端則消失在黑暗中。走廊兩邊有許多扇門，但除了地上的幾具屍體之外，一切都是空盪盪的。從之前兩名隊長間的交談，山姆知道，不管佛羅多是死是活，都會被關在塔頂最高的房間裡面；只是，光要找到通往上面的路，可能就得花上一整天。

「我猜，它應該會在靠近後面的地方。」山姆喃喃地說：「整個高塔似乎是往後傾斜向上，反正我就先沿著這些火光走走看！」

他沿著走廊緩緩往前，每一步都變得更沉重，他又開始感覺到恐懼。除了他的腳步聲之外，四周一片死寂；不只如此，這腳步聲似乎越變越大聲，到了最後甚至有點像是巨人鼓掌的聲音。滿地的屍體、空曠的走廊、潮濕得好像沾滿了鮮血的牆壁，在在都讓他疑神疑鬼，擔心敵人會突然從旁衝出，將他殺死。除了眼前的威脅之外，門口那兩個恐怖雕像，一直是他心中揮不去的陰影。這幾乎已經超過了他容忍的極限，他寧願和敵人面對面（當然，對方的數量不可以太多），也不想要繼續忍受這種提心吊膽的折磨。他強迫自己想著佛羅多，想著他被緊緊綁住，仆倒在某個黑暗角落的樣子。

他走過了火光照耀的地方，來到了走廊盡頭的一扇拱門前，這就是之前那個地底通道的另一邊，他的確沒猜錯。這時，頭上突然傳來了一聲被扼住的慘叫，他立刻停下腳步，然後聽見了腳步聲不斷逼近，有個傢伙從上面拚命往下跑。

山姆的意志管不住自己的手，他拉出項鍊、握緊魔戒。但山姆並沒有戴上它，因為，正當那隻手把魔戒捧在胸口時，一名半獸人出現了。他從右邊的一扇黑暗敞開的門中跳出來，朝向山姆衝來。當他抬起頭來，看見山姆時，他距離山姆甚至不到六步；山姆可以聽見他急促的呼吸聲，和他滿布血絲的雙眼。他猛地煞住腳步，因為，在他眼中，前方並不是一個渾身發抖試著握緊手中寶劍的小哈比人，他看見的是一個巨大沉默的身影，裹在一團灰色的陰影中，背後搖曳的火光讓那人顯得無比高大；他右手拿著一柄劍，劍所發出的光芒讓他痛苦難當，而另一隻手緊握在胸前，手中顯然握著某種莫名恐怖的強大力量，足以將他一擊殺死。

半獸人呆了片刻，接著慘叫一聲，轉頭朝原來的方向逃跑。敵人意料之外夾著尾巴逃竄，令山姆精神大振，他像一隻意氣風發的獵犬大喊一聲追了上去。

「沒錯！精靈戰士來啦！」他扯開喉嚨喊著：「我來了！帶我上去，不然我就扒了你的皮！」

不過，半獸人畢竟是在自己的巢穴裡，他不但動作敏捷，而且吃飽喝足、體力充沛。山姆卻是個又累又餓的陌生人；樓梯很高、很陡，又曲折迂迴，山姆很快就開始拚命喘氣。半獸人很快就逃離了他的視線，山姆只能勉強隱約聽見他往高處跑的腳步聲。他不時會發出毫無意義的吼叫聲，回音在石壁間不停迴盪。但是，漸漸地，所有的聲音都消失了。

山姆踉蹌地繼續往上爬。他可以感覺到自己走的路是對的，因此連精神也振奮不少。他把魔戒收起，勒緊褲帶。「好啦，好啦！」他說：「只要他們都這麼害怕我和刺針，那一切將比我所希望的好辦得多。反正，看起來夏格拉和哥巴葛以及他們的部下，已經替我完成了大部分的工作。除了那個害怕的小老鼠之外，我相信這裡應該都沒有活口了！」

話一說完，他突然停了下來，彷佛腦袋撞上一堵隱形牆壁似的。他剛才所說的話背後的意思重重給了他一擊。沒有留下活口！剛剛那聲慘叫是誰發的？「佛羅多，佛羅多！主人！」他邊哭邊喊道：「如果他們殺了你，我該怎麼辦？我一定得到上面去看看是怎麼一回事！」

他不停地往上爬，除了轉角處偶爾插著的火把，或通向塔樓更高一層的開口處有些許光芒外，樓梯間一片黑暗。山姆試著計算到底有多少階樓梯，但在兩百階之後他就搞混了。他刻意放低音量，因為他覺得好像可以聽見上面有說話的聲音。看來，留下的老鼠恐怕不只一隻。

正當他覺得自己再也喘不過氣、腳再也抬不起來時，樓梯到了終點。他停下來不動。那些聲音變得更清楚、更靠近。山姆打量著四周，他已經爬到了高塔最高的第三層堡壘上，這是個平坦的屋頂：直徑約有二十碼，旁邊圍有低矮的矮牆。平台的正中央有個圓頂小房間，樓梯的出口就在房間內，房間的東方和西方各有一扇低矮的門。山姆往東可以看見下方魔多廣大漆黑的平原，以及遠方冒火的火山。在深邃的火山口中正有一股高熱的新岩漿噴湧出來，一條條刺眼的火河洶湧地向四方流淌，即使是在距離這麼遠的地方，它們的光還是把塔頂染得一片通紅。往西的視野則是被平台後方角樓的基石給擋住了，這座角樓最高的尖端甚至超越了背後的山頂。有一扇窗戶中閃動著光芒。角樓的入口距離山姆所站之處不過十碼。門是開著的，但裡面一片黑暗，聲音就是從那邊傳過來的。

一開始，山姆並沒有在聽；他往東邊的門走了一步，往外打量。他立刻就明白此處是打鬥最激烈的地方。整個平台上都擠滿了半獸人的屍體、無主的頭顱和肢體散落一地，整個地方充滿了死亡的氣味。一聲吼叫和敲打的聲音讓他縮了回去。一名半獸人憤怒的聲音傳來，他立刻認出那沙啞、粗魯、殘忍又冰冷的聲音——那是夏格拉，高塔的隊長。

「你說你不敢再去？媽的，史那加，你這個混蛋！如果你覺得我受的傷重到讓你可以騙我，那你就錯了！過來，我會把你的眼珠打出來！就像我此刻對待瑞德伯一樣。等到有新兵來時，我再來對付你，我會把你送去給屍羅。」

「他們不會來的，至少在你死之前不會！」史那加傲慢地說：「我已經告訴你兩次了，哥巴葛的部下先到門口，我們這邊沒人出得去。拉格夫和馬斯蓋許衝了出去，但他們也接著被射死了。我告訴你我從窗戶看到了，他們是最後兩個。」

「那就該你去了。我必須要留在這裡，我受傷了。願黑坑吞掉那該死的叛徒哥巴葛！」夏格拉接著又吐出了一連串的詛咒和辱罵：「我給他的東西比我自己拿的還要好，但這個禍害竟然在我勒死他之前刺了我一刀。你快去，要不然我就吃了你。你一定得通知路格柏茲那邊才行，否則我們兩個都會被丟到黑坑裡完蛋的！沒錯，你也一樣，躲在這邊是逃不掉的。」

「我才不要再下去，」史那加說：「我管你是不是隊長，不去！把你的手從刀子上拿開，不然我就一箭射穿你。等到他們知道這裡是怎麼一回事之後，你就不再是隊長了。我為了這座塔裡面的兄弟對抗那些魔窟的傢伙，看看你們兩個混蛋隊長，為了爭那個俘虜打成什麼樣子！」

「你說夠了，給我閉嘴。」夏格拉吼說：「我有我的命令，是哥巴葛試著搶走那件漂亮的鎖子甲，才會這樣的。」

「還不是你惹火了他，你這個盛氣凌人的笨蛋。他比你有頭腦得多。他告訴你好幾次，更危險的敵人還沒有被抓到，你就是不聽。而你現在還是不聽。我告訴你，哥巴葛說的沒錯。附近有個可怕的戰士，他可能就是那些殺人不眨眼的精靈，或是那些凶狠的**塔克人**[1]。我告訴你，他來了！你也聽到了警鐘，他通過了那些監視者，這一定是**塔克**幹的！他在樓梯上，在他離開之前，我才不出去。就算你是戒靈，我也不下去。」

「是嗎？是這樣嗎？」夏格拉大喊道：「你想做什麼就做什麼？當他來的時候，你會丟下我逃走？不，不行！我要先殺了你！」

矮小的半獸人從角樓的門中逃了出來，高大的夏格拉緊追在後，他的手臂很長，奔跑的時候彎著身子，臂長及地。不過，他有一隻手癱軟不動，似乎還在滴血；另一隻手則是抱著一個黑色的大包袱。山姆縮到樓梯門後面，藉著黯淡的紅光趁他經過時看了他一眼：夏格拉的臉似乎被利爪抓傷，上面血肉模糊；口水不斷從他的血盆大口的尖牙上往下滴，他像野獸一樣拚命地嗥叫。

就在山姆面前，夏格拉在平台上拚命追殺史那加，對方一路巧妙閃躲，最後大叫一聲衝回角樓中，消失不見。夏格拉停了下來。從東邊的門望出去，山姆可以看見他站在矮牆前，不停地喘氣，左手虛弱地擺動著。他把包袱放到地上，用右手拔出一柄紅色長刀，對著上面吐了口口水。他走到矮牆邊，探出上半身望著底下遠處的庭院。他大喊了兩次，卻都沒有絲毫回應。

突然間，正當夏格拉靠著矮牆打量著底下時，山姆驚訝地發現屍堆中有一具屍體開始移動。他緩緩地往前爬，接著伸出手，抓住那包袱。他踉蹌地站了起來，在另外一隻手中握著一柄底部折斷的長矛；他瞄準目標，準備奮力一刺。就在那一瞬間，可能是因為疼痛或是憤怒，一聲吸氣的嘶聲漏出了齒間。夏格拉立刻像蛇一般敏捷地閃到一邊，反轉過身，一刀刺進敵人的咽喉。

「逮到你了吧，哥巴葛！」他大喊著：「還沒死透嗎？哼，我可是有始有終的！」他一腳把敵人踹開，開始在對方的屍體上又砍又踩，發洩那野蠻的怒氣。最後，他終於滿意了，抬起頭發出野獸般的勝利狂嚎；接著，他舔舔刀子，用牙齒將它咬住，拿起包袱蹣跚地向樓梯門走來。

山姆沒時間多想。他或許可以從另一扇門溜出去，但多半會被對方發現；他也不可能和這個可怕的半獸人一直玩捉迷藏，他採取了他認為自己所能做到的最佳行動。他跳了出去，大吼一聲面對夏格拉！他不再握著魔戒，但魔戒依舊在他身上，那股隱藏的黑暗力量並沒有消失，光是這樣就足以讓魔多的奴隸低頭；況且，他的另外一隻手上還拿著刺針，寶劍所發出的光芒猶如恐怖的精靈家鄉中冷酷無情的星光，毫不留情的刺痛了半獸人的眼睛，所有的半獸人作夢都害怕冰冷的星光。夏格拉不可能一面對抗他，一面還拿著寶物。他低吼著彎下腰，露出口中的獠牙；然後，再一次的，他像所有的半獸人一樣躲向一旁，在山姆跳向他時，用那包袱當作盾牌兼武器，狠狠地打中敵人的面孔。山姆腳步一個踉蹌，在他來得及站穩之前，夏格拉就衝進樓梯間逃了下去。

山姆咒罵著追了進去，但他沒有追多遠。很快的，他就想起了佛羅多，還有另外那名闖進角樓裡面的半獸人。這又是個兩難的選擇，而且他還沒有多少時間可以考慮。如果夏格拉逃了出去，他很快就會找到幫手跑回來。但如果山姆去追他，另外那名半獸人可能會在上面做出什麼恐怖的事情來。而且，山姆有可能根本追不上夏格拉，或是被他所殺。他迅速轉過身往回朝樓上跑。「我想這次可能又錯了。」他嘆氣道：「但不論如何，我都必須先上去，管他之後會發生什麼事情！」

---

1 塔克是精靈語中的西方皇族，後來被半獸人扭曲原意，引用到他們自己的方言中，意指剛鐸人。

此時底下的夏格拉已經衝出了樓梯，背著寶貝的包袱衝過庭院跑出了大門。如果山姆能看見他，預知他這一逃會讓同伴們多麼難過，山姆可能拚了命也要追上他。不過，此時他的心思全都集中在眼前搜尋的任務上。他小心翼翼地來到角樓門前，走了進去。門內一片黑暗，不過，很快的，他瞪大的雙眼就發現了右手邊的微光。那是從另一道樓梯的入口所透出來的，那道樓梯又窄又暗，看起來似乎是沿著角樓環形外牆的內壁盤旋而上。在上面某處有支火把發出微弱的光芒。

山姆悄無聲息地開始往上爬。他走到了那搖曳的火把旁，火把插在他左手邊的門上，面對著向西的一面窗戶，這就是他和佛羅多之前在下方隧道口所看到的許多紅眼之一。山姆飛快走過門口，急忙爬往二樓，擔心隨時都會遭到攻擊，或是被無聲無息的手從後面勒住。接著，他又來到另一扇向東的窗前，另一支火把插在門上，照著一條穿過角樓中段的通道。這扇門是開著的，裡面的通道除了火把的光以及室外穿窗照入的微弱紅光外，別無任何照明。不過，樓梯到此為止，不能再往上爬了。山姆悄悄走進通道，在它兩旁各有一扇矮門，但都緊閉著，還上了鎖。四周一點聲音也沒有。

「死路，」山姆嘀咕著：「我爬了這麼久，竟是死路！這裡應該不是塔頂。現在我該怎麼辦？」

他又跑回底下一層，試著打開那邊的門，卻徒勞無功。他又跑了上去，大顆大顆的汗珠從他額前滴落下來。他覺得一分一秒都很寶貴，但時間卻毫不留情地流逝，而他束手無策，想不出任何辦法來。他完全無力分神去想夏格拉、史那加或是其他可能還在塔裡晃蕩的半獸人。他只渴望找到主人，只想要再看看他、再碰碰他。

最後，疲倦和情緒擊垮了他，他在通道旁的樓梯上坐了下來，雙手捧著頭，不知該如何是好。四周很安靜，安靜得嚇人。當他抵達時，已經燒了很久的火把，這時火焰搖晃了幾下，也跟著熄滅了；他覺得黑暗如同潮水一般將他淹沒。隨後，由於這長久努力卻毫無所獲的挫折感，萬念俱灰的悲傷，山姆被內心一股自己也說不上來的思緒所牽動，他驚訝地發現自己竟然開口唱出歌來。

他的聲音在這黑暗、冰冷的塔中聽來十分虛弱，同時還不停地顫抖。這是一名絕望、疲倦的小哈比人，沒有任何半獸人在聽到這聲音後還會誤認他是精靈戰士。他呢喃著夏爾的兒歌、比爾博的詩句，故鄉的情景一幕幕掠過他的腦海。接著，他突然間覺得體內有股新的力量甦醒了，他的聲音嘹亮起來，從他腦中冒出的字句，自動填入這簡單的曲調中：

西方大地陽光下，
春天繁盛百花開，
樹茂水流如盛夏，
百鳥歡鳴齊飛來。
萬里無雲夜空藍，
搖曳生姿柏樹旁，
精靈星辰如白鑽，
茂密枝葉閃星光。

千里跋涉終停步，
黑暗氣息將我隔。
參天高塔未能覆，
巍峨眾山無法遮，
萬影群舞日仍熾，
星光閃耀永不逝，
此刻奮起仍未遲，
鼓起餘勇趁此時。

「參天高塔未能覆……」他再度開始唱道，然後突然停了下來。他覺得自己聽見一個微弱的聲音在回應他的歌聲。但這時又什麼都聽不見了。沒錯，他現在是聽見了某個聲音，但那不是人聲，而是逐漸走近的腳步聲。通道上有一扇門打了開來，門樞發出轉動的聲音。山姆縮下身仔細聽著，那門喀達一聲關上，接著一個刺耳的半獸人聲音傳了過來。

「喂！上面那個，你這個死老鼠！不要再叫了，不然老子就要上來對付你了。你聽見了嗎？」

沒人回答。

「好吧，」史那加低吼著：「我就上來看看，看你到底在搞什麼鬼。」

門樞再度發出轉動的聲音，山姆這時已經來到通道門邊，偷偷往內望，終於看見通道中有一束閃爍的火光，一名半獸人走出門外，他似乎帶著一具梯子。山姆突然間明白了：最頂層的房間，必須透過通道天花板上的陷板門才能打開。史那加把梯子往上一戳，穩住兩邊，接著就爬了進去。山姆聽見他拉開門閂的聲音，然後，那刺耳的聲音又開始說話了。

「你不給我好好安靜躺著，我就要你好看！我猜你可能活不了多久了，如果你不想要現在就開始樂一樂，最好閉上你那張嘴，懂了嗎？這是提醒你的一點教訓！」接著是一聲聽起來像是鞭子甩動的聲音。

山姆胸中的氣憤立刻爆發成狂怒。他跳了出去，像是野貓一樣敏捷地攀上樓梯。他的腦袋從一個圓形大房間的地板中央冒出來。天花板上掛著一盞紅色的油燈，西邊的窗戶又高又暗。窗下牆邊的地板上躺了一團東西，但有個半獸人的身影站在它前面。對方又再度舉起鞭子，但這一鞭再也沒能抽下去。

山姆大喊一聲衝了出去，手中緊握著寶劍刺針。半獸人猛地轉過身，在他來得及反應之前，山姆就一劍將他持鞭的手砍了下來。半獸人因為痛苦和恐懼開始狂嚎，但還是一低頭朝山姆衝撞過去。山姆的第二劍揮太大力砍歪了，身體一下失去平衡往後摔倒，他一伸手抓住絆到他也摔倒的半獸人。但在山姆來得及爬起來之前，他就聽到一聲慘叫和轟然巨響。原來，半獸人在慌張狂亂之際竟不小心從陷板門跌了下去。山姆沒有時間管他，立刻跑向蜷縮在地板上的那身影——那果然是佛羅多。

他渾身未著寸縷，神智不清地躺在一堆爛布上。他舉著手臂護住頭，身側有道火紅的鞭痕。

「佛羅多！親愛的佛羅多先生！」山姆大喊著，淚水讓他眼前一片模糊。「我是山姆，我來了！」他扶起主人，緊擁著他。佛羅多睜開了眼睛。

「我還在作夢嗎？」他呢喃著：「其他的夢都好恐怖！」

「主人，你不是在作夢。」山姆說：「這是真的！是我，我來救你了！」

「我真不敢相信！」佛羅多緊抱住他說：「原來還是個拿著鞭子的半獸人，現在卻變成了山姆！那我剛剛聽到底下傳來的歌聲不是在作夢囉？我還試著回答！那是你嗎？」

「確實是我，佛羅多先生，我差一點點就完全放棄了。我一直找不到你……」

「好啦，山姆，親愛的山姆，你已經找到我了！」佛羅多說。然後，他閉上眼，滿足地躺在山姆的臂彎裡，彷彿是個作噩夢的小孩，在某個愛的聲音或雙手驅趕走了噩夢後，終於可以安歇一樣。

山姆覺得自己可以一輩子都坐在這種無盡的幸福裡；但情勢不允許。他光是找到主人還不夠，他還得試著救他出去。他親了一下佛羅多的前額。「乖！佛羅多先生，快醒來！」他試著讓自己的聲音放輕鬆，聽起來像是在夏日早晨在袋底洞裡拉開窗簾，叫主人起床的樣子。

佛羅多嘆了一口氣，坐直身。「我們在哪裡？我怎麼到這邊來的？」他問道。

「等我們逃出去之後再說吧，佛羅多先生。」山姆說：「你在高塔的最上面，就是在半獸人抓到你之前，我們在底下的隧道口看到的高塔。我已經不記得那是多久以前了，我想至少有一天了吧。」

「只有一天？」佛羅多說：「我感覺好像過了好幾個星期。有機會你一定得好好告訴我。有個東西打中我，然後我就落入黑暗中，開始做起噩夢，醒過來卻發現現實變得更糟糕，我的身邊全都是半獸人。我想他們把某種辛辣的飲料灌進我喉嚨裡，我的思緒變得比較清楚，但全身還是又痛又累。他們把我身上所有的東西都剝了下來；然後有兩個壯碩的傢伙跑來審問我，一直不停地問，手上還邊玩弄著刀子，最後我都快發瘋了！我永遠忘不了他們的爪子和眼神。」

「佛羅多先生，你越說就越忘不了。」山姆說：「如果我們不想要再看見他們，我們最好趕快離開。你走得動嗎？」

「還好，我走得動。」佛羅多緩緩爬起來。「山姆，我沒受傷，只是覺得非常非常累。對了，我這邊還有點痛！」他伸手摸著左肩上方的脖子處。他站了起來，在山姆看來，他宛如穿了一件火紅的衣服，上方的燈光將他通體的肌膚照成了血紅色。

他在地板上來回走了幾次。「好多了！」他說，精神也稍稍提振了一些。「只有我一個人、或是有守衛在旁邊的時候，我動也不敢動；後來，吼叫和打鬥就開始了。我想，是那兩個壯碩的傢伙為我和我的東西互相起了爭執。我躺在這裡害怕得不敢動彈。然後，一切都安靜下來了，這樣更讓人害怕。」

「沒錯，看起來他們似乎起了爭執。」山姆說：「這個地方恐怕有好幾百個那種恐怖的傢伙。對山姆．詹吉來說，這任務可真是太困難了一點。不過，幸好他們全都替我把辛苦的部分完成了，將對方殺了個精光。等我們逃出去之後，有機會可以作首歌來紀念一下。現在我們要怎麼辦？佛羅多先生，你可不能就這樣光著屁股走在這黑暗之地啊！」

「山姆，他們把所有東西都拿走了。」佛羅多說：「我身上的所有東西。你明白嗎？所有東西！」他再度縮坐在地板上，垂下了頭，彷彿他自己所說的話這才讓他明白這事態到底有多嚴重，絕望壓倒了他。「山姆，我的任務失敗了。即使我們可以逃出這裡，我們還是逃不掉。只有精靈能夠逃離。遠遠離開中土世界，逃到大海的那一邊去。最後，可能連海洋都無法阻擋魔影的擴張。」

「不，其實不是每樣東西，佛羅多先生，你的任務沒有失敗，至少暫時還沒有。佛羅多先生，請你見諒，是我拿走的，我替你好好保管著——它就掛在我的脖子上，而且它還好沉重！」山姆撥弄著掛在鍊子上的魔戒。「但我想你一定會想把它收回去！」現在，到了真要歸還的地步，山姆卻覺得對戒指有些難以割捨，同時也不想讓主人再承受這重擔。

「在你手上？」佛羅多吃驚地說：「你把它帶來了？山姆，你真是太棒了！」接著，他的語氣迅速又詭異地改變了。「把它給我！」他大喊一聲，站起來，顫抖著伸出手。「立刻把它給我！它不是你的！」

「好嘛！佛羅多先生，」山姆吃驚地說：「拿去！」他慢慢地掏出魔戒，將鍊子繞過頭。「可是，主人，你現在人在魔多，等你走出去的時候，就會看見火焰山和所有一切了。你會發現魔戒現在變得很危險，而且非常沉重。如果這對你來說承受不了，或許我可以幫你分擔一下？」

「不，不行！」佛羅多大喊著，一把將魔戒從山姆手中搶走。「不，你不行，你這個小偷！」他氣喘吁吁地吼著，瞪著山姆的雙眼中充滿了恐懼和敵意。接著，將魔戒死死緊握在拳頭中的他突然吃驚地呆住了。似乎有一層迷霧從他眼前消退了，他揉捏著疼痛的眉心；剛剛那恐怖的景象在他眼前是如此真實，他因為傷口的疼痛與恐懼仍處在半困惑的狀態裡。在他眼前，山姆幻化成另一隻貪婪的半獸人，虎視眈眈地覬覦著他的寶物，嘴裡還一直流著口水。但現在那幻象已經消失了。山姆跪在他面前，臉上神情極其痛苦，彷彿有人一刀刺入了他的心，他眼中充滿了淚水。

「喔，山姆！」佛羅多大喊一聲。「我剛剛說了什麼？我做了什麼？請原諒我！在你做了那麼多之後，我竟然這樣！那是魔戒恐怖的力量。我真希望它根本沒有被發現！山姆，別管我了，我必須背負這重擔直到最後。這是無法改變的。你就別夾在我和這厄運之間了吧。」

「沒關係的，佛羅多先生，」山姆抬起袖子擦著眼淚道：「我明白的。可是我還是可以幫你，可以嗎？我是來救你出去的。馬上，好嗎？不過，你必須先弄到一些衣服和裝備，然後還得要有些食物。衣服會是最容易弄到的。由於我們人在魔多，我們最好穿魔多的打扮；反正我們也沒有多少選擇，不是嗎？佛羅多先生，我恐怕你必須要穿半獸人的衣服了，我也一樣。如果我們要一起走，最好得穿一樣才行。先把這披上！」

山姆解開灰斗篷，將它披在佛羅多的肩膀上。然後，他卸下背包，將它放在地板上。他拔出刺針，現在，劍刃上幾乎沒有什麼藍光。「我都忘了這個了，佛羅多先生！」他說：「不，他們沒有拿走所有的東西！如果你還記得，你把女皇的水晶瓶和刺針借給了我，我都還帶在身上。佛羅多先生，請把它們再借給我一段時間，我必須去看看能找到些什麼。你留在這邊，稍微走一走，活絡一下筋骨。我很快就會來，我不會走太遠的。」

「山姆，要小心！」佛羅多說：「動作要快！或許還有半獸人躲起來在等待！」

「我得要冒這個險才行，」山姆說。他打開陷板門，爬了下去。不久之後，他又探出頭來，丟上來一柄長刀。

「這應該可以派得上用場。」他說：「剛剛打你的那傢伙已經死了，看來他在匆忙中摔斷了脖子。佛羅多先生，如果你還有力氣，我請你把梯子收上來，在我喊出口令之前，你絕對不要把梯子放下去。口令就用**伊爾碧綠絲**好了，這是精靈的用語，半獸人不會這樣說的！」

佛羅多坐了一陣子，冷得發抖，許多恐怖念頭在他腦中跑來跑去。然後，他站了起來，把披著的灰斗篷裹緊，為了不讓自己再胡思亂想，他只好來來回回地走動，試圖看清楚這房間的每一個角落。

雖然恐懼讓這段時間感覺起來有好幾小時，但實際上山姆的聲音不久之後就從下面傳了上來：**伊爾碧綠絲**、**伊爾碧綠絲**！佛羅多把梯子放下去。山姆氣喘吁吁地爬上來，頭上頂著一個大包袱，他讓那些東西轟的一聲掉到地上。

「快點，佛羅多先生！」他說：「我花了不少時間才找到尺寸夠小、我們可以穿的衣服。看來我們得將就一點了。但動作必須快點。我沒有遇到任何活人，也沒看到任何跡象，但我就是很不安。我認為這地方遭到監視了。雖然我不能解釋，但是我就是有種感覺——好像會飛的黑騎士就在附近，在上空的一片黑暗中。」

他打開包袱，佛羅多強忍住噁心打量著裡面的東西，但他其實別無選擇：他得要穿上這些東西，再不然就得光著身子走。裡面有用某種骯髒獸皮做的、毛絨絨的褲子，以及一件骯髒的皮上衣。他套上這些衣服，在衣服外面還有一件對半獸人來說有點太短的結實環甲，但對佛羅多來說卻太長也太重了。他接著綁上腰帶，腰帶上還掛有一柄寬刃的短劍。山姆也扛來了幾頂半獸人的頭盔，其中一頂佛羅多戴了剛好。那是頂箍著鐵環的黑帽子，鐵箍上還畫了紅色的邪眼，底下則是突出的、類似鷹嘴的護鼻。

「魔窟的裝備，哥巴葛的東西比較合身，也做得比較好，」山姆說：「但我想在經過這邊的騷動之後，帶著魔窟的徽記在這裡到處走動並不安全。好啦，佛羅多先生，你看！請容我大膽說一句：很逼真的小半獸人哪！如果你可以戴上面具、把手臂弄長、弄出一雙彎腿來，就真的天衣無縫啦！這應該可以隱藏掉一些破綻。」他將一件寬大的黑斗篷披在佛羅多的肩膀上。「好啦！我們走的時候，你可以再撿一面盾牌背上。」

「山姆，那你呢？」佛羅多說：「我們不是要穿成對嗎？」

「佛羅多先生，我剛剛考慮了一下，」山姆說：「我最好不要把任何東西留下來，因為我們沒辦法把它們銷毀。而且我也不可能在外面套上盔甲，對吧？我得要偽裝一下才行。」

他跪了下來，小心翼翼地摺起精靈斗篷，它竟能摺成令人驚訝的一小團。然後，他將斗篷收進地上的背包裡面。接著，他站起來，背起背包，戴上半獸人的頭盔，然後也披上一件類似的黑斗篷。「好啦！」他說：「現在我們看起來夠相配啦。該出發了！」

「山姆，我可無法從頭跑到尾，」佛羅多苦笑著說：「我希望你已經打聽好路上的旅店在哪裡了；另外，你忘記了食物和飲水？」

「天哪！我還真的忘記了！」山姆說，他吹了聲口哨。「呼，佛羅多先生，你這一說我才覺得又渴又餓！我不知道已經有多久沒吃過東西了。光是忙著要找你，我把這事都忘記了。讓我想想！我上次檢查的時候，我還有不少的精靈乾糧，而且加上法拉墨將軍給我們的食物，我們節省一點至少還可以走幾個禮拜。不過，水已經完全喝光了。就算還有剩下來，也絕對不可能夠兩個人喝。半獸人難道不吃也不喝嗎？還是他們靠著這惡臭的空氣和毒液就可以活下來？」

「不，山姆，他們會吃會喝。孕育他們的魔影只會模仿、不會創造，它不可能造出完全屬於它的新東西。我不認為它將生命賜給了半獸人，它只是扭曲、改造他們；如果他們想要活下來，就必須和其他的生物一樣吃東西。如果他們只能找到臭水和臭肉，那他們也得吃，但說劇毒就太誇張了。他們餵我吃過一些東西，所以我的狀況比你要好。但我猜這裡某處應該還有吃的和喝的。」

「可是我們沒時間去找了。」山姆說。

「嗯，其實狀況沒你想的那麼糟糕。」佛羅多說：「你不在的時候，我的運氣還不錯；他們的確沒有拿走所有的東西。我在地板上的破布堆裡面找到了我的食物背包。他們當然搜過那包包。不過，我猜他們一定不喜歡**蘭巴斯**的樣子和味道，可能比咕魯還更不喜歡。這些精靈乾糧被丟得到處都是，有些還被踩碎了，不過，我還是把它們都收起來了。食物應該沒有你說的那麼少，但他們拿走了所有法拉墨給的東西，也割破了我的水壺。」

「好啦，那就沒什麼好說的了！」山姆說：「我們已經找到足夠出發的東西了。但飲水的問題會很麻煩的。佛羅多先生，算了啦，我們趕快出發了！不然，到時就算找到一整池的水也沒用了！」

「山姆，你得先喝點水再走，」佛羅多說：「這點我可不退讓。來，吃掉這精靈乾糧、喝掉你水壺裡最後的一點水！反正我們本來就沒有什麼希望，擔心明天也沒啥用，或許根本不會有明天。」

最後，他們終於出發了。兩人小心地爬下梯子，山姆接著將梯子放在半獸人屍體旁邊的走廊上。樓梯間相當黑暗，但在角樓平台上仍可以看見遠方火山的紅光，只不過，這時火山似乎漸漸穩定下來，只剩下慵懶的暗紅色。他們撿起兩面盾牌，當作最後的道具，接著就繼續前進。

兩人緩緩步下極長的樓梯。背後角樓裡那個他們再度相聚的房間，相形之下變得相當溫暖。他們又來到露天空地上，這裡連牆壁都充滿了恐懼的氣息；或許西力斯昂哥塔中的人都死光了，但那種邪惡和威脅感並沒有絲毫減少。

最後，他們來到了通往庭院的出口，兩人不約而同地停下腳步。即使從這個距離，他們也可以感覺到門口監視者虎視眈眈盯著他們的眼光，在大門旁那兩個沉默黑影背後，隱隱閃著魔多那朦朧的光。兩人小心翼翼地穿越滿地半獸人的屍體，覺得每一步都變得更加沉重。還沒走到拱門口，兩人就都停了下來。再往前多挪一吋，對他們的意志和四肢來說，都是極痛苦與疲憊的考驗。

佛羅多已經沒有力氣再做這樣的搏鬥。他坐了下來。「山姆，我走不動了！」他呢喃著：「我快要昏倒了。我不知道自己是怎麼了。」

「我知道，佛羅多先生。撐住！是那扇門，門上有些邪惡的古怪。但我走得進來，這次也一定能踏出去。這次總不可能比上次更危險。來吧！」

山姆再度拿出凱蘭崔爾賜給他們的星光瓶。彷彿是為了獎賞他的勇敢堅毅，以及為他因忠心所立下的事蹟增添光彩，潔白的星光突然間大放光芒，如同耀目的閃電一般灑滿整個陰暗的庭院；這光穩定照耀，沒有減弱消散。

「**姬爾松耐爾！伊爾碧綠絲！**」山姆大喊道，不知道為什麼，他突然間想起在夏爾遇到的精靈，以及在森林中驅趕走黑騎士的歌聲。

「Aiya elenion ancalima!」佛羅多也跟著大喊。

監視者的意志如同絲線一般突然斷裂了，山姆和佛羅多踉蹌地衝向前。然後，他們拔腿飛奔，經過拱門和巨大雕像恐怖的視線，奔出門外。隨即身後傳來破裂的聲音。拱門的拱心石差點就砸中他們的後腳跟，整座城門都垮了下來，化成一堆廢墟。他們在千鈞一髮之際逃了出來。警鐘響起，監視者發出恐怖刺耳的尖叫。黑暗的高空中傳來了回應。從墨黑的天空中疾箭般衝出一隻長著翅膀的怪獸，淒厲的嚎叫撕裂了烏雲。

第二節 魔影之境

山姆僅餘的警覺剛好足夠他將水晶瓶收進懷裡。「佛羅多先生，快跑！」他大喊著：「不，不是那個方向！那邊是懸崖！跟我來！」

他們沿著門口的道路狂奔，跑了五十步之後，路就沿著懸崖突出的底部急轉了一個彎，讓他們躲開了高塔的監視。他們暫時躲過了。兩人縮躲在岩石下，不停地喘氣，然後，兩人的血液彷彿霎時凍結了。戒靈棲息在已塌成廢墟的城門旁城牆上，發出讓人恐懼的死亡叫聲，在所有的峭壁間不停迴盪。

在恐懼中，兩人蹣跚前行。很快的，道路就又往東急轉，一時之間他們又驚恐地暴露在高塔的視線之中。他們一面飛奔，一面回頭偷瞄了一眼，發現那巨大的黑色身影依舊棲息在堡壘的牆上。接著，兩人就鑽進岩壁間的一條小路，沿著陡峭的斜坡和通往魔窟的道路會合。他們來到了十字路口，但附近依舊沒有半獸人的蹤跡，也沒有任何對戒靈嚎叫的回應。但是，他們心裡都很清楚，這種沉寂是不會持久的，追捕隨時都會開始。

「山姆，這樣不行的，」佛羅多說：「如果我們真的是半獸人，我們應該衝回高塔，而不是沒命地逃跑。我們遇到的第一個敵人就會識破我們，我們必須趕快離開這條路！」

「可是我們不行哪！」山姆說：「除非我們長出翅膀。」

伊菲爾杜斯的東面十分陡峭險峻，絕壁上毫無攀附的地方，山勢直直地落到下方的深溝中。在十字路口不遠的地方，有一座高聳的石橋；它跨過深溝，通往摩蓋亂石遍布的崎嶇山丘。山姆和佛羅多別無選擇，只能死命地往那座橋衝；但是，他們還沒抵達橋頭，那嚎叫聲又再度開始了。他們身後，就是那直入雲霄的西力斯昂哥高塔，上面的岩壁反射著恐怖的紅光。突然間，驚人的鐘聲響起，然後，眾鐘齊鳴、號角響起，從橋的另一端傳來了回應。佛羅多和山姆兩人往底下的深溝中看，歐洛都因火山將熄的光芒都被擋住了，因此他們什麼也看不見；不過，他們已經聽見了鐵鞋的腳步聲，道路的方向則是傳來達達的馬蹄聲。

「快點，山姆！我們得跳下去！」佛羅多大喊。他們笨手笨腳地翻過橋上的矮護欄。很幸運的，這裡底下已經不是深不見底的深溝，摩蓋的斜坡在此已經幾乎和路面齊平了；不過，這裡實在太黑，他們根本猜不出跳下去有多深。

「好啦，我放手了，佛羅多先生，」山姆說：「再見！」

他鬆手了，佛羅多緊跟在後。就在他們掉下去時，他們聽見匆促的馬蹄聲掃過石橋，雜沓奔跑的半獸人腳步聲緊隨在後。但是，如果山姆敢笑，他可能會大聲笑出來。哈比人在擔心會跌在岩石上摔傷的恐懼中跳了下去，結果他們只往下掉了十多呎，而且，他們著地的位置是壓根沒想到的一叢有刺灌木中。山姆躺在那邊動也不動，慶幸地吸著被割傷的手指。

當頭頂上的馬蹄與腳步聲都離去之後，他冒險壓低聲音說：「佛羅多先生，天哪，我根本沒想到魔多會有植物生長！如果我早知道，我會預料就是這種植物。這些樹上的刺搞不好有一呎長，我全身的衣服被刺得都是洞，真希望我當初穿了半獸人的盔甲！」

「盔甲一點用都沒有，」佛羅多說：「連皮褲也是一樣。」

他們掙扎了半天才爬出那灌木叢，上面的刺和荊棘像鐵絲一樣強韌，又像爪子一樣緊抓住他們。兩個人最後好不容易脫身時，身上的斗篷已都破得不成樣子了。

「山姆，我們該往下走，」佛羅多耳語道：「快點進入底下的山谷，然後往北走，動作一定要快快快！」

在外面的世界，白晝又來臨了，在魔多的一片黑暗之外，太陽正爬出中土大地的東緣；但這裡卻依舊和夜晚一樣黑暗。火山停止了噴火，峭壁上的紅光也跟著消失了。自從他們離開伊西立安之後一直持續不斷的東風似乎停了下來。他們緩慢、艱辛地往下爬，在荊棘叢、枯樹與崎嶇的怪岩之間摸索攀爬，不斷往下走，直到再也無法繼續往下為止。

不久之後，他們停了下來，肩並肩地靠在大石上坐下，兩人都是汗流浹背。「現在即使是夏格拉給我水喝，我也會跟他握手向他道謝！」山姆說。

「別說這樣的話！」佛羅多說：「這只會讓狀況更糟糕。」然後，他伸了伸懶腰，只覺得渾身痠痛，頭暈腦脹，因此沉默了好一會兒。最後，他終於掙扎著站起身。不過，他驚訝地發現山姆竟然睡著了。「山姆，快醒來！」他說：「快點！我們最好繼續走下去！」

山姆掙扎著站起來。「真沒想到！」他說：「我一定是不小心睡著了。佛羅多先生，我已經好久沒有好好睡過覺了，我的眼睛會不聽話的自己閉起來。」

佛羅多領著路，盡可能朝他所估計的北方走，一路上繞過許多深溝底的岩石。不過，這時他又停了下來。

「山姆，這樣不行的。」他說：「我受不了了，這件鎖子甲好重，我現在真的撐不起來。在我真的很累的時候，連祕銀甲我都覺得很重。這比祕銀甲重多了。穿著它又有什麼用呢？我們又不可能一路殺進去。」

「可是我們或許還會需要它，」山姆說：「戰場上有時候會有亂箭。而且，那個咕魯還沒死。我可不想見到你毫無遮掩地面對黑暗中的突襲。」

「山姆老弟，你看看我——」佛羅多說：「我真的很累了，我覺得一點希望也沒有。但是，只要我還走得動，我就會想辦法趕往火山。魔戒就已經夠折磨人了，這額外的重量簡直就是要我的命。我一定得脫掉它。千萬不要以為我不知感恩；我知道你為了找到這件盔甲，一定在那些骯髒的屍堆裡翻了很久。」

「佛羅多先生，不要再說了！就算我用背的，也要把你背過去。你就脫掉吧！」

佛羅多將斗篷解開，將半獸人的盔甲脫下丟到一邊去。他打了個寒顫。「我真正需要的是保暖的衣物；」他說：「如果不是我感冒了，就是天氣變冷了。」

「佛羅多先生，你可以穿我的斗篷。」山姆說。他卸下背包，拿出精靈斗篷。「佛羅多先生，這個怎麼樣？」他說：「你可以把半獸人的爛衣服拔緊一點，然後再把腰帶綁上去，這個斗篷就可以穿在外面了。這看起來不太像是半獸人，但它可以保暖。我敢打賭，這可能比任何的盔甲都更能夠保護你；這是女皇親手做的。」

佛羅多接下斗篷，扣緊領針。「好多了！」他說：「我覺得輕多了，這下子可以繼續走了。可是，這黑暗似乎滲進了我心中。山姆，當我躺在監牢裡的時候，我試著回想烈酒河、林尾和小河流經夏爾磨坊的樣子。可是我現在都想不起來了。」

「佛羅多先生，別鬧了，這下子換你開始說水的事了！」山姆說：「如果女皇可以看見、聽見我們，我會跟她說：『女皇大人，我們只想要光明和水：只要乾淨的水和普通的光明，就勝過任何的珠寶了！』唉，這裡離羅瑞安好遠哪……」山姆嘆了一口氣，對著高聳的伊菲爾杜斯比劃著，現在，那座山脈在黑暗的天空下，已經化成更黑暗的暗影。

他們又再度出發了。走沒多遠，佛羅多又再度停下來。「有一名黑騎士在我們上方；」他說：「我可以感覺到。我們最好暫時先別動。」

他們躲在一顆巨石下，面對西方坐著，有很長的一段時間沒有交談。然後，佛羅多鬆了一口氣。「他走了！」他說。兩人站了起來，接著驚訝地看著眼前的景象。在他們左手邊，朝南的方向，天空開始逐漸發白，原先漆黑山峰與山脊開始顯出了可見的形狀，它們後方正逐漸變亮，並且慢慢向北擴展。上方的高空正展開一場搏鬥，魔多的黑雲正節節敗退，來自外界的強風，扯碎了烏雲的邊緣，將濃煙黑霧全都吹回它們黑暗的家園。在那緩緩露出的開口中，微弱的光線透入魔多，像是淡淡的晨光穿透狹窄的窗戶照進監獄中一般。

「佛羅多先生，你看看！」山姆說：「你看看！風向變了，有事情發生了。他不再能夠控制一切了，外面的世界正把他的黑暗一吋吋撕碎。我真希望能夠看見外面是怎麼一回事！」

這正是三月十五日的早晨，在安都因河谷上方，太陽正從東方升起，南風開始吹拂大地上。希優頓在此刻於帕蘭諾平原上犧牲了。

就在佛羅多和山姆的眼前，那光芒沿著伊菲爾杜斯的山峰開始擴散，然後，他們看見有一個身影，從西方迅速飛馳來。在山頂閃爍的光芒掩映下，一開始它只是天際的一個小點，然後變成像是天空中的一道污跡，最後閃電般越過他們的頭頂，穿入高處黑暗的天頂中。在它消失之前，它發出長長的刺耳尖叫聲，那是戒靈的聲音。不過，這聲音不再讓他們感到恐懼：那是痛苦、害怕的聲音，是邪黑塔擔心會收到的壞消息──戒靈之王被消滅了。

「我跟你說過了吧！一定有什麼事情發生了！」山姆大喊著：「『戰況很順利！』夏格拉說，但哥巴葛沒有那麼強的信心。實際上他也猜對了。看來有希望了，佛羅多先生，你是不是覺得比較有希望了？」

「不，其實沒有很明顯，山姆。」佛羅多嘆了一口氣。「那是在山的另一邊，我們是往東走，不是往西走。我很累了，山姆，魔戒變得好重。它開始持續不斷出現在我腦海中，像是一個大火輪一樣。」

山姆的興奮之情立刻被澆熄了。他緊張地看著主人，握住他的手說：「佛羅多先生，別喪氣！」他說：「至少我如願以償了：眼前不就有了光嗎？至少可以讓我們看得比較清楚，但也變得更危險了些，再多走幾步，然後我們就可以試著休息。先吃點東西吧，精靈的乾糧應該可以讓你振奮起來。」

兩人分了一塊**蘭巴斯**，邊用乾裂的嘴唇盡可能的多嚼了幾下，接著又繼續上路了。雖然這只不過是極度微弱的灰光，但也足以讓他們看清楚自己身在山脈之間的峽谷中。山勢緩緩往北攀升，谷底似乎原來有一條現已乾枯的溪水流過。在它亂石遍布的河床過去，他們發現了一條飽經踐踏的道路，沿著西邊的懸崖往前延伸。如果他們早知道有這條小路，本來可以早點走到這裡的，因為它在那座石橋的西端就離開了通往魔窟的大道，沿著一道陡峭的階梯直接通往谷底。這是巡邏隊或是信差習慣用的捷徑，讓他們可以在往北走時省掉一些哨站和堡壘更快速來回於西力斯昂哥和卡拉赫安格藍山峰的險要關隘艾森口。

對哈比人來說，走這條路是很危險的。但是，佛羅多覺得他們不能冒險穿越摩蓋錯綜複雜的崎嶇地形，而且，他們不能浪費任何時間。同時，他也研判這條路是追捕他們的人最不會想到的一條。通往東方平原的路，跟回頭通往西方的路，是追兵會最先徹底搜索的路。只有在兩人走到距塔較遠的北邊之後，他才準備轉彎找一條往東走的出路，踏上他冒險旅程的最後一個階段。就這樣，他們越過岩石滿布的河床，踏上那條半獸人的捷徑，沿著它不停地往前走。左邊的懸崖一直高聳前凸，讓走在下方的他們可以完全被遮住看不見；然而小路十分曲折，每到一個轉角，兩人都會抓緊寶劍，小心翼翼地踏出腳步。

天色沒有再變亮，歐洛都因火山依舊不停吐出大量濃煙，在逆向的強風吹拂之下，濃煙不停往上竄升，最後到達風吹不到的高空，形成了巨大無比的黑天頂，而濃煙擎天的巨柱已達他們視線之外。兩人走了一個多小時，直到有個出乎意料之外的聲音讓他們停下來——難以置信，卻也無庸置疑的是滴水的聲音。在兩人左邊的峭壁中，有一道彷彿被利斧劈開的縫隙中，竟然有水不停地往下滴；或許這是最後剩餘的雨水，來自陽光照耀的大海上的甜美雨水，本可讓萬物豐饒，現在卻不幸落在這灰敗黑暗的大地上。它從岩石間流出，淌過小徑，往南流去，迅速消失在死寂的岩石間。

山姆衝向它。「如果我能夠再看到女皇，我會跟她說的！」他大喊著：「之前是光，現在又有了水！」然後他停了下來。「佛羅多先生，讓我先喝吧！」他說。

「可以啊，不過看來應該夠兩個人喝吧？」

「我不是那個意思，」山姆說：「我是說，如果這有毒，或是有什麼會很快發作的不良影響，主人，這樣我先總比你先好，如果你懂我的意思。」

「我明白，可是，山姆，我認為我們應該要相信這好運，或是說這祝福。不過，還是小心點，有可能會很冰！」

水的確滿涼的，但並不算冰，不過，如果他們在家裡喝到這種水，可能會連吐好幾口，這水嘗起來味道並不好，既苦澀又有油味。但是在這裡，它甜美得怎麼稱讚都好，他們顧不得害怕或謹慎，兩人狠狠地喝了個飽，山姆則將水壺裝滿。在那之後，佛羅多覺得輕鬆多了，兩人一連走了好幾哩的路，直到前面的路漸漸變寬，沿著路邊開始出現一道簡陋的石牆，這警告他們，多半又靠近另一個半獸人的聚點了。

「山姆，這是我們轉向的時候了，」佛羅多說：「我們必須往東走。」他抬頭看著山谷對面那陰森森的山脊，嘆了口氣說：「我想我應該還剩下一些力氣爬到上面去找個洞穴，然後我一定得休息一下。」

在此，河床已經變成在小徑的下方。他們爬下小徑，穿過河床，卻驚訝地發現眼前有一些黑黑的水潭，是由許多條山谷兩旁高地上的涓涓細流所匯聚而成的。在魔多向西伸展而來的山脈邊緣是塊瀕死的大地，但尚未完全被死亡所征服，仍有許多植物在此掙扎存活，在粗糙、扭曲、痛苦、飽受折磨的環境中生長著。在山谷另一邊的摩蓋谷地，依舊生長著矮小、變形的樹木，灰色的雜草頑強地苟活在岩石之間，枯萎的苔蘚還覆蓋在石頭上；無數交纏糾結的荊棘四處蔓延，有些長著又尖又利的刺，有些則長著像小刀一樣的倒鉤。一些去年掉落的枯葉還掛在上面，在這哀傷的風中沙沙作響著，荊棘上被蛆蟲齧咬的花苞正在開放。灰色、褐色或黑色的蒼蠅四處飛舞，身上還都有著像半獸人一樣的眼狀紅斑；在這些扭曲的植物之間，還有一群飢餓的蚊子般的小蟲嗡嗡盤旋著。

「有半獸人的衣服還不夠，」山姆揮舞著手臂說：「我真希望我有他們的厚皮！」

最後，佛羅多再也走不動了。他們已經爬到了一條狹窄山溝的上方，但距離之前所看到的最高的山脊，他們還有很遠的一段要走。「我現在必須休息一下，山姆，可能的話，我還想睡一下。」佛羅多說。他看著四周，在這片荒涼的大地上，似乎連給動物鑽的洞也沒有。最後，在精疲力竭的狀況下，他們爬到一片垂覆在低矮岩石上的荊棘底下躲藏。

他們坐在裡面，盡可能吃了一餐像樣的飯。為了把寶貴的精靈乾糧留給未來更苦的日子，他們吃掉了一半山姆背包中法拉墨所送的食物：一些乾果和一小條燻肉乾；兩人也喝了一些水。雖然之前在山谷的水潭中他們也喝了不少的水，但現在兩人又覺得口乾舌燥。魔多的空氣中有種苦味，讓他們嘴乾得很快。當山姆想到飲水的問題時，連他懷抱希望的心情都往下沉。在攀過摩蓋之後，他們還必須橫越廣大的葛哥洛斯平原。

他說：「佛羅多先生，你先睡一會吧；天又變黑了，我想這一天又快要結束了！」

佛羅多嘆了一口氣，幾乎沒等對方說完，他就睡著了。山姆強忍著自己的疲困，他握住佛羅多的手，沉默地坐著，直到夜色完全降臨。最後，為了保持清醒，他從掩蔽處爬出來看著外面的景色。這片土地似乎充滿了破裂和沉悶的聲響，但卻完全沒有任何人聲或是腳步聲。在伊菲爾杜斯上方遙遠的西方夜空，依舊是一片灰白。就在那裡，在那被風吹破的烏雲縫隙中，山姆看見了一顆閃爍的星斗。那冷冽美麗的星光震撼著他的心，就當他站在這片被棄之地抬頭仰望時，希望又再度回到了他心裡。有個念頭如疾箭般冰冷、清晰地穿透他：陰影最終只不過是暫時的，這世界上永遠都存在著它無法染指的光明和美麗。他在塔中唱的歌曲，與其說是表達希望，不如說是蔑視危險，因為那時他只想著自己。現在，有那麼片刻，他自己的命運、主人的命運，都不再困擾他了。他爬回荊棘叢底下，躺在佛羅多身邊，把所有的恐懼撇到一旁，陷入深沉、無憂的睡眠中。

兩人牽著手一起醒了過來，山姆覺得神清氣爽，準備好要面對新的一天，但佛羅多卻無精打采地嘆氣。他睡得非常不安穩，夢中都是火焰，即使醒來，也不覺得有什麼改變。不過，他的睡眠並非一點效用都沒有，至少，他更強壯了些，可以再扛著那重擔走到下一個階段。他們不知道時間是什麼時候了，也不知道自己睡了多久；不過，在草草吃了一些食物，喝了一口水之後，兩人又繼續往山溝上爬，最後來到了一片陡峭光禿的碎石斜坡。此處，有生命的東西都已放棄掙扎求生存了；摩蓋的頂端寸草不生、死氣沉沉，貧瘠得猶如一塊石版。

佛羅多和山姆四處搜尋了很久，這才找到一條可以攀爬的路，兩人手腳並用奮力爬完了最後這一百呎攻頂的路。他們來到了兩座黝黑山峰之間的裂隙，在穿過裂隙之後，他們發現自己來到了魔多的最後一條防線邊緣。在他們腳下大約一千五百呎的地方，是那個一直延伸到視線不及的黑暗中的內平原。風現在改從西方吹來，烏黑的雲朵被吹向高空，往東飄，但廣大可怖的葛哥洛斯平原上依舊只有泛灰的微光。黑煙在地面和凹溝中飄盪潛行，惡臭的煙霧從大地的裂隙中不停往外冒。

在至少四十哩外的遠方，他們看見了末日火山，它的山腳下是蓋滿了火山灰的醜惡地形，巨大的火山錐高聳直達天際，不停冒出黑煙的噴火口則是被烏雲所遮擋。它的怒火暫時停歇下來，正處在噴發過後的蓄勢當中，像是正在小睡的巨獸一樣恐怖、駭人。在它後方，高懸著一個龐大的黑影，凶險如雷雨雲，那是遮住巴拉多塔的黑霧，它就位在灰燼山脈自北延伸過來的長長山坡的山腳下。黑暗的勢力陷入沉思，魔眼轉而向內，思索著讓他擔憂、感到危險的景象。他看見了一柄光芒刺眼的聖劍，一張嚴厲、尊貴，屬於王者的面孔……短時間內，他無暇去顧及其他的事情。所有他的每座高塔、每扇大門，整個巨大的要塞，都籠罩在一片陰鬱的氣息中。

佛羅多和山姆帶著驚奇和厭惡的心情望著這片令人厭憎的大地。在他們和那座冒煙的火山之間，從北到南，一切看來全都是浩劫之後的景象，是一整塊焦黑、死寂的沙漠。他們真懷疑這塊土地的統治者究竟拿什麼來餵養和維持他的部隊和奴隸。但他還是擁有無比強大的軍力。在他們視力所及的範圍內，沿著摩蓋的外環一路往南延伸，有數不盡的帳篷。有些帳篷零散地分布，有些則是秩序井然得像是座小鎮，其中一個最大的營地就在他們正下方。在平原上鋪展開來有一哩長的範圍，像是一個巨大的昆蟲巢穴，當中有一排排簡陋的茅舍，以及許多長而低矮的建築。在營地周圍有許多進進出出忙碌的人，一條寬闊的道路從營地的東南邊延展而出，和魔窟路會合，路上有許多一排排黑色的小身影在慌張地趕路。

「我不喜歡這樣的情形，」山姆說：「看起來希望相當的渺茫；不過只要人一多，當地就一定會有水井和食物。如果我的眼睛沒看錯，這些都是人類，不是半獸人。」

他或是佛羅多，對平原南方的奴工營一點也不知情，位在火山的濃煙之後，諾南內海旁還有一大片奴隸工作的區域；當然，他們也不知道有道路往東方和南方通向那些向魔多納貢的國度，邪黑塔的士兵會從那些地方帶來大量的貨物、貢品和強徵來的奴隸。在北邊這片區域是許多的礦坑和煉鋼廠，還有為了大戰所集結的驚人兵力；黑暗的勢力正是在這裡調兵遣將，將他們集合在一起。他的首次行動，也就是他對自己力量的首次測試，已經在西邊戰線上，以及北邊和南邊，遭到了挫敗。這時，他將部隊撤回，並且補充大量的生力軍，將兵力全都集結在西力斯葛哥中，準備復仇反擊。而且，如果防衛火山不讓任何人靠近也是他的目的的話，那他這部分工作也差不多已經達成了。

「好啦！」山姆繼續說：「不管他們吃什麼、喝什麼，看來我們都弄不到。我根本找不到可以下去的路；就算我們真的下去了，也不可能穿過擠滿敵人的平原。」

「但我們還是可以試一試。」佛羅多說：「這並不比我預料的糟糕。我本來對穿越平原就不抱著希望，現在看來更是徹底絕望了。但是，我還是必須要盡力一試；以目前來說，我的目標就是盡可能不讓敵人抓到。所以，我想我們還是繼續往北走，看看在平原比較狹窄的地方是怎麼樣。」

山姆說：「我可以猜得到會是什麼樣子；地方越窄，敵人就擠得越密。佛羅多先生，到時候你就會看到了。」

「如果我們能走那麼遠，我敢說我一定能看見。」佛羅多轉身繼續前行。

他們很快就發現，要沿著摩蓋山脊或任何較高的山坡繼續往前走是不可能的，因為那些地方無路可循，而且常有深溝斷谷阻住去路。最後，他們被迫只能退回原先的山溝，看看是否能沿山谷找到一條出路。這路相當地難走，而他們又不敢冒險越過山谷踏上西邊的小徑。大約走了一哩多之後，他們果然發現如同之前推測的一樣，有一座半獸人聚居的哨站就在懸崖下，那裡有個黑暗洞穴入口，周圍建著幾棟石屋和一道石牆。那邊一點動靜都沒有，但哈比人還是謹慎小心地摸索向前，盡可能走在沿著舊水道兩岸生長得極為濃密的荊棘叢中。

他們又往前走了兩三哩，半獸人的據點也早就被拋在腦後；不過，就在他們打算鬆一口氣的時候，耳邊突然聽見了半獸人沙啞的聲音。他們飛快地躲到一叢發育不全的矮灌木後。那聲音越來越近，接著兩名半獸人走進他們的視線中。一個穿著破爛的褐色衣物，拿著一柄角弓，他的體型比較小，皮膚黝黑，寬大的鼻翼不停翕動著，很明顯是專門負責追蹤的物種；另一個則是高大壯碩的戰鬥型半獸人，就像夏格拉的部下一樣，身上配戴著魔眼的印記。他背上也背著一把弓，手中則是寬頭的短矛。照往常一樣，他們還是在不停爭執著，由於他們屬於不同種的半獸人，因此也只能用通用語交談。

在距離哈比人不到二十步的地方，矮小的半獸人停下了腳步。「不！」他大聲說：「我要回去了。」他指著後方的堡壘。「沒必要把我的鼻子浪費在嗅聞這些石頭上，這裡一點痕跡也沒有了。讓給你帶路之後，我連那氣味都沒跟上。我告訴你，那東西一定是爬上山去了，沒再沿著山谷走啦！」

「你這隻大鼻子有什麼用？」高大的半獸人說：「我的眼睛就比你那流鼻涕的鼻子管用。」

「那你的眼睛都看到些什麼啦？」另一人大喊著：「哼！你甚至連要找什麼都不知道。」

「這是誰的錯啊？」士兵說：「可不是我。那是上頭的老大的命令。一開始他們說是高大、穿著閃亮盔甲的精靈，然後又成了矮小的人類，接著又變成了一群叛變的強獸人；或許還是這一群人組合在一起。」

「啊！」那追蹤者說：「他們腦袋有問題了，這才是最大的麻煩。如果我聽說的沒錯，有些老大也很快就要掛了：高塔被攻擊，你的幾百個同胞被殺光，囚犯逃了出來。如果你們士兵都這個樣子，難怪我們打仗只有壞消息！」

「誰說有壞消息？」士兵大喊道。

「啊！誰說沒有？」

「這是叛變的人才會說，如果你不閉上你媽的臭嘴，我就用這個捅你，明白嗎？」

「好啦，好啦！」追蹤者說：「我不說了，只動腦，可以吧。不過那個鬼祟的黑矮子跟這有什麼關係？就是那個手像扇子的怪傢伙？」

「我不知道。或許沒關係。但我敢打賭，那個傢伙賊頭賊腦，一定想幹壞事。這混蛋！他才一溜走，上面的通知就到了，要盡快活捉他。」

「哼，我希望他趕快被抓，讓他好好受點苦！」追蹤者低吼道：「他把那邊的氣味全都弄混了，偷走了他找到的那件被拋棄了的鎖子甲，然後在我來得及趕到之前，把所有地方都踏遍了。」

「這倒是讓他逃過一劫，」士兵說：「哼，在我知道老大要他之前，還差點射中他，從背後，大概只有五十步！可是還是被他跑了。」

「呸！你根本就沒射中。」追蹤者說：「一開始你沒瞄準，然後又跑不快，最後又叫可憐的追蹤者來支援。我受夠了！」他轉身就走。

「你回來，」士兵大喊著：「不然我就檢舉你！」

「跟誰檢舉？不會是你們家夏格拉吧，他再也不能當隊長了。」

士兵壓低聲音說：「我會把你的名字和兵籍號碼告訴戒靈，聽說高塔現在歸他們其中之一在管。」

對方停下腳步，開口說話的聲音中充滿了憤怒和恐懼。「你這個該死的告密者！」他大喊著：「你沒辦法完成你的工作，甚至連照顧你的夥伴都辦不到。去找你們那些恐怖尖嘯黑傢伙吧，希望他們把你的肉都給凍掉！那還得他們不先被敵人幹掉才行。我聽說他們的大頭頭已經被幹掉了，我希望這是真的！」

高大的半獸人拿著短矛衝了過去，追蹤者跳到岩石後，在對方衝上來時一箭射中他的眼睛，他慘嚎一聲倒了下來；追蹤者則是跑回山谷中，消失在兩人眼前。

有好一會兒，哈比人沉默地坐著。最後，山姆開口了：「哈，這可真是乾淨俐落！」他說：「如果這種內訌的作風開始在魔多流行，那我們至少可以省掉一半的麻煩。」

「小聲點，山姆，」佛羅多耳語道：「附近或許還有其他人。我們躲得很驚險，敵人比我們想像的還要緊追不捨。不過，山姆，這就是魔多的一貫風格，它本來就充斥在這地的每一個角落。根據傳說，只要沒人管理，半獸人的行徑一向都是這樣。可是，你不能指望這個，他們更痛恨我們，歷來都是如此。如果這兩個傢伙發現了我們，他們會立刻盡釋前嫌，聯手殺死我們。」

兩人又沉默了很長一段時間。山姆又再度開口，但這次他也壓低了聲音：「佛羅多先生，你聽見他們提到那個鬼鬼祟祟傢伙的事情了嗎？我不就告訴過你，咕魯沒死嗎？」

「是的，我記得，我還懷疑你是怎麼知道的。」佛羅多說：「好啦，算了！我想我們在天黑前最好都不要離開這裡，這樣，你就可以告訴我你是怎麼知道的，中間又發生了什麼事情。不過，你說話得小聲一點才行。」

「我會試試看，」山姆說：「不過，我只要一想到那個臭傢伙，就氣得忍不住想大喊。」

兩名哈比人就這麼坐在荊棘叢後，看著魔多漸漸被黑暗、無星的夜色所掩蓋。山姆描述著咕魯陰險的偷襲、恐怖的屍羅，以及他之後的所有冒險。在山姆說完之後，佛羅多一言不發地握住山姆的手。最後，他才開口說話。

「好啦，我想我們現在也該走了。」他說：「不知道我們還有多久才會被抓到，到時這一切鬼鬼祟祟、偷偷摸摸也都白費了。」他站起來。「天很黑了，我們又不能用女皇送我們的星光。山姆，替我好好保管它，除非用手，不然我現在身上完全沒地方可以擺這個東西。而且，如果要完全遮住它那刺眼的光芒，我得用兩隻手才行。刺針我就送給你了，我身上還有半獸人的小刀，但我不認為還有機會使用到它。」

在夜色之下，於這種荒涼的地方前進是相當困難的一件事情，不過，兩名哈比人還是腳步蹣跚地沿著山谷往北走。當西方天空再度亮起、白晝降臨許久之後，他們又找了個地方躲起來，輪流睡覺。山姆醒時滿腦子都想著食物，最後，當佛羅多醒過來，提到用餐和準備再度出發時，他終於問出了最讓他感到困擾的問題。

「佛羅多先生，請恕我直說，」他問：「你到底知不知道我們還要走多遠？」

「山姆，我不是很清楚。」佛羅多回答：「在我們離開瑞文戴爾之前，我曾經看過一張魔多的地圖，但那是在魔王回歸之前畫的；但我腦中只剩下很模糊的印象。我只記得最清楚的是，北邊有個區域，在那裡，西邊的山脈和北邊山脈延伸出來的山腳幾乎會合在一起。從高塔旁邊的橋算過去，到那裡大概至少六十哩。從那邊橫越平原或許是個不錯的點，不過，如果我們走到那裡，那就比這裡距離火山要遠了，我想大概也是六十哩左右。我猜，我們現在大概是在橋北邊三十六哩的地方。即使一切很順利，我至少得花上一星期才能抵達火山。山姆，我擔心那負擔會越來越重，而我越靠近速度就會越慢。」

山姆嘆氣道：「我也擔心會這樣。」他說：「好吧，先別管飲水的部分，我們每天吃的東西得再少一點，再不然就得趁在山谷裡時走快一些。我們只要再吃一餐，所有的東西就會都吃完了，只剩下精靈的乾糧。」

「我會試著快一點的，山姆。」佛羅多深吸一口氣。「來吧！我們又得出發了！」

天色還不是很暗。兩人繼續前行，夜色這才逐漸降臨。兩人疲倦地不停走著，中途只停下來休息了幾次，一看見西方天空邊緣的光亮，他們就立刻找了個岩石底下的空洞躲了進去。

光線逐漸增強，比之前要亮多了，西方的一股強風將魔多的惡臭吹往高空。不久之後，哈比人就能夠看清楚眼前幾哩的地形了。在摩蓋和山脈之間的山溝逐漸往上升，同時也越變越窄。到了這時，它也變成了伊菲爾杜斯山邊的凹陷，不過，它的東邊則是如常的陡峭，直落入葛哥洛斯平原。前方的水道來到盡頭，成了布滿岩石的斜坡，一道岩壁如同高牆一般。從伊瑞德力蘇煙霧籠罩的北邊山脊綿延出另一道綿長的支脈前來與它會合；在這兩山之間有一個狹窄的隘口：卡拉赫安格藍，也就是艾辛口，越過隘口之後是烏頓幽深的山谷。位在摩拉南，也就是魔多大門背後的烏頓山谷，是索倫的僕人防衛黑門的堅強陣線，裡面挖建了許多錯綜複雜的隧道和兵器庫；此時，魔王正在緊急召集大軍，準備迎戰西方眾將的攻擊。在兩道相會山嶺的山坡上，建有許多的堡壘、要塞和高塔，篝火終年不熄；沿著橫越隘口處又再興建了一道土牆，牆下還挖有極深的壕溝，只能靠著一道橋樑通過。

往北幾哩，在西方山脈的主脈與支脈分叉的地方，矗立著古老的德桑城堡，不過，現在也成為烏頓山谷中眾多半獸人的駐地之一。在這漸明的微光中可以看見有一條道路從古堡蜿蜒而下，在距離哈比人一哩左右處轉向東，沿著支脈凹陷的坡側通往平原，以及遠處的艾辛口。

哈比人看著眼前的地勢，他們先前往北跋涉的旅程幾乎可說是完全白費力氣了。他們右邊的平原十分黯淡，滿是煙塵，他們沒看見任何的營帳或是部隊移動的跡象；但是，這整個區域都在卡拉赫安格藍上古堡的監視之下。

「山姆，我們來到一條死路了！」佛羅多說：「如果我們繼續走下去，我們只能走到那座半獸人的塔去，而且唯一的去路就是從它門前通過往下方的那條路，除非我們退回去。我們不可能往西上去，也不可能往東下去。」

「佛羅多先生，那麼我們只能走那條路了。」山姆說：「我們必須賭一賭運氣，希望運氣這東西在魔多還管用。如果我們回頭，或是再找別的路，那不如投降算了。我們的食物快不夠了。我們得要拚拚看！」

「好吧，山姆，」佛羅多說：「帶路吧！只要你還抱著希望，就繼續往前走。我已經徹底絕望了。不過，我真的跑不動了，山姆，我只能緊跟著你。」

「在你開始緊跟之前，你必須先睡個覺、吃點東西，佛羅多先生。來，先吃一點吧！」

他給了佛羅多一些水，和額外的乾糧，他也把自己的斗篷摺成個枕頭給主人躺。佛羅多太疲倦了，根本沒力氣爭辯這些，山姆也沒告訴他這是最後一口水，同時他所吃的是連山姆的份也包含在裡面。在佛羅多睡著之後，山姆彎身聽著他的呼吸、看著他的面孔。他的臉孔十分瘦削，多了許多皺紋，但在睡夢中的神情卻顯得十分祥和，沒有恐懼。「好啦，主人！」山姆自言自語道：「我必須要暫時離開一會兒，相信我們的好運。我們一定要找到水，不然就走不下去了。」

山姆悄悄離開，以超乎哈比人的小心謹慎，迅速在岩石間穿梭，他走回水道，沿著它往北攀爬了一段路。直到他來到連續的石階前，毫無疑問的，許久以前，這裡曾經湧出泉水，形成過一個小小的瀑布，現在一切似乎都乾枯了。但山姆不肯放棄，他彎下身來側耳傾聽著，令他欣喜的是，他果然聽見了水滴的聲音。他又往上爬了幾級石階，發現了一條從山側流出的黑色細流，匯聚成一個黑色的小池子，溢出的池水往下消失在荒地的岩石間。

山姆嘗了嘗那水的滋味，應該算是夠好了。於是他大口喝了個飽，裝滿了水壺，轉身準備走回去。就在那一瞬間，他發現有一道影子從佛羅多藏身附近的岩石間一躍而過。他強壓下差點脫口的驚呼聲，跳下石階，跳過一塊塊石頭，往回飛奔。那個身影十分謹慎，不容易被發現，但山姆猜也猜得到對方是誰——他老早就想要把對方勒死了。不過，對方聽見了他的腳步聲，很快就溜走不見了。山姆相信自己看見對方在消失之前，似乎還從東邊絕壁上回頭瞥了一眼，然後才徹底融入夜色中。

「幸好，運氣還沒有背離我，」山姆嘀咕著：「不過這可真是好險！附近的半獸人怕沒有幾千個，還要這個小壞蛋來湊熱鬧？我真希望他當初就被射死了！」他在佛羅多身邊坐了下來，並未將他吵醒。不過，他自己可不敢睡著。最後，當他覺得眼皮變得有如千斤般沉重，知道自己再也撐不下去時，他輕輕叫醒了佛羅多。

「佛羅多先生，咕魯又來了。」他說：「如果我看到的不是他，那他就一定有雙胞胎兄弟了。我剛剛去找水，一轉頭就發現他在這邊鬼鬼祟祟的。我想我們兩個如果一起都睡著會很危險，而且實在很抱歉，我真的撐不住了。」

「山姆哪，你不要對自己太嚴厲了。」佛羅多說：「躺下來好好睡吧！但我寧願對方是咕魯，也不要碰到半獸人。至少，他不會把我們出賣給半獸人，除非連他也被抓到。」

山姆忿忿不平地說：「不過，他也會殺人或是搶東西，佛羅多先生，睜大眼睛哪！我有滿滿一壺的水，你儘管喝沒關係，我們出發時還可以重新裝滿。」一說完，山姆立刻就睡著了。

當他醒來時，天色又已經逐漸變暗了。佛羅多靠著岩石坐著，但連他也睡著了。水壺空了，附近也沒有咕魯的蹤影。

魔多的黑暗又回來了，山坡上的瞭望塔燃著又紅又烈的火焰；兩名哈比人又出發了，踏上他們旅途中最危險的一段路程。他們先去把水壺裝滿，然後小心地往上攀行，來到原先道路的轉彎處，由此朝東走二十哩就是艾辛口了。這條路並不寬，路邊也沒有矮牆或護欄，隨著道路往前延伸，它邊緣的懸崖也變得越來越陡峭。哈比人聆聽了一會兒，聽不見任何的風吹草動，因此決定繼續穩定往東前進。

在走了大約十二哩之後，他們停了下來。小路在他們背後不遠之處稍往北彎了一些，因此，他們之前所經過的地方已經全被山勢擋住看不見了。這是不幸的開始。兩人休息了幾分鐘，然後繼續往前走；但他們還走沒幾步，寂靜的黑夜中突然傳來了他們一直害怕聽到的聲音：行軍的腳步聲。它離兩人身後還有一段距離，但回頭望去已經可以看見搖曳的火把微光從轉彎處冒現，距離不到一哩遠，而且正在快速逼近中，快得就算佛羅多插翅也難以往前逃跑。

「我一直擔心會這樣，山姆，」佛羅多說：「我們相信運氣，但這次它不靈光了，我們被困住了！」他慌亂地抬頭看著附近凹凸嶙峋山壁，古代的開路者砍鑿岩石開出來的路，他們頭頂上的山壁毫無躲藏的空間。他跑到路的另外一邊，探身往下望，下面是看不見底的黑暗深淵。「我們真的無路可逃了！」他靠著山壁無力地坐倒下來，低垂著頭。

「看來是這樣了。」山姆說：「好啦，我們只能走著瞧了！」話一說完，他就在佛羅多身邊坐下，峭壁的陰影籠罩著他們。

他們沒有等很久，半獸人的速度很快，走在最前面的人拿著火把。他們飛快靠近，火光在黑暗中越來越亮。山姆這時也低下頭，希望火把在靠近的時候不要照到他們的臉；同時，他也將盾牌拿到前面，刻意遮住兩人的腳。

「希望他們忙著趕路，會讓兩個疲倦的士兵在路旁休息，趕快過去就好了！」他想。

看起來他們本來是有這個希望的。帶頭的半獸人低著頭、氣喘吁吁地往前跑。他們是比較矮小的半獸人，是在黑暗魔君的軍令之下被迫驅趕來參戰的；他們只想要疾行趕到目的，躲過鞭子的痛擊。在他們身邊，沿隊伍前後跑來跑去維持秩序的，則是兩名高大的強獸人，他們不停地揮舞鞭子，大聲喝罵。一列又一列的隊伍走了過去，那會照見他們的火把已經在前面有一段距離了。山姆屏住呼吸，隊伍已經過了一半了。然後，突然間，一名負責驅趕隊伍的士兵發現了路旁這兩個身影。他用力一甩鞭子，吆喝道：「嘿！你們兩個！站起來！」他們沒有回答，他大喝一聲，號令整個隊伍停下來。

「起來，你們兩個懶蟲！」他吼叫著：「這不是休息的時候！」他往前走了一步，在黑暗中依舊認出了他盾牌上的標記。「開小差啊？」他怒吼著：「還是正準備要逃？你們這些傢伙在昨天傍晚就該到烏頓了！你們不可能不知道。給我站起來，走進隊伍裡面！不然我就記下你們的兵籍號碼往上報！」

兩人掙扎著站起來，刻意彎著腰，一拐一拐地裝成兩腿痠痛的士兵。兩人緩緩地鑽到隊伍的最後面。「不，不是後面！」士兵大喊著：「往前三排！就保持那個位置，不然等我來的時候你就知道了！」他在兩人頭上將鞭子甩出一聲爆響，然後大喝一聲，隊伍又開始前進。

對可憐的山姆來說，這行軍速度已經讓疲乏的他快要撐不住了，但對佛羅多來說簡直就是酷刑，也很快就成了噩夢。他咬緊牙關，不讓自己的腦袋多想，掙扎著繼續前進。四周汗流浹背的半獸人所散發出的臭味簡直令他窒息，他開始覺得口乾舌燥，喘不過氣來。隊伍不停地前進，他用盡所有的意志力讓自己保持呼吸，讓不聽使喚的雙腿繼續挪動。但是，在經歷過這種折磨和忍耐之後，他會面對什麼可怕的結局？他完全不敢多想。要脫隊偷偷溜走根本毫無希望，那名士兵會不時地回來嘲弄他們。

「哼哈！」他用鞭子輕打著他們的腿，哈哈笑著說：「只要有鞭子，懶惰就不見。快點！我現在是在好意地提醒你們，要是你們晚到營區，要挨的鞭子只怕到時會讓你渾身都是血。為你自己好，不要做傻事！難道你不知道我們是在打仗嗎？」

他們又走了好幾哩，道路最後終於往下經過一段長長的斜坡，進入到平原上。佛羅多的力氣幾乎已經完全耗盡，意志也開始動搖；他步伐踉蹌，跌跌撞撞。山姆絕望地試著扶住他，但連他自己也都快撐不下去了。現在，他知道兩人隨時都會面臨一死：他的主人隨時都會昏倒或是跌跤，一切都會被揭穿，而他們費盡千辛萬苦的努力都將全部白費了。「至少我可以先宰了那個臭傢伙！」他想。

正當他伸手握住了劍柄時，突然有了千載難逢的機會──他們已經踏上了平原，正在緩緩地靠近烏頓的入口。在距離大門入口的橋頭前，從西、從南以及從巴拉多來的三條道路在此會合。所有的道路上都擠滿了正在行軍的部隊，因為西方的將領們正朝著這裡進軍，而黑暗魔君已經加快了調兵遣將的速度。幾個部隊就正好巧遇在道路的會合處，而且附近也完全不在火光的照耀下，到處都一片黑暗。當下此地立刻陷入一團混亂，每一個部隊都急著想要衝進門內，結束這累人的行軍。巴拉多來的一群重裝強獸人衝散了山姆所在的隊伍，讓眾人陷入混亂之中。

雖然山姆已經累得無法思考，但他還是立刻抓住這機會拉著佛羅多，一起趴了下來；許多半獸人跟著絆倒，開始大聲咒罵。哈比人手腳並用的慢慢爬開，最後好不容易才翻到路邊的圍籬外。道路兩邊有幾呎高的圍籬，讓帶頭的士兵即使在黑夜或是大霧中，也可以有依循的路標。

他們動也不動地躺著，四周太黑，根本不可能找任何的掩護。不過，山姆覺得至少他們應該離開道路旁，找個火光照不到的地方。

「來，佛羅多先生！」他低語道：「再多爬一下子，你就可以躺著休息了。」

佛羅多擠出最後一絲力量，撐起上半身，又前進了二十碼左右。然後，他就摔進了眼前一個突如其來的凹坑中，像是死人一樣再也無法動彈。

第三節　末日火山

山姆將他破爛的半獸人披風墊到主人頭下，用羅瑞安的灰斗篷將兩人一起蓋住。在他這麼做的時候，他的思緒不禁飄到那片美麗的土地，以及精靈的身上，他希望這由他們親手編織出來的衣物，能夠含有某種力量，讓他們在這充滿恐懼死寂、毫無希望的大地上隱藏行蹤。隨著部隊擠進艾辛口，那些咒罵和叫喊聲也都消失了。看樣子，在各部隊亂成一團的情況下，並沒有人發現他們兩個失蹤了，至少現在還沒有。

山姆啜飲了一口水，讓佛羅多喝了一大口，當主人稍稍恢復了一點體力之後，他把一整片寶貴的乾糧都逼主人吃下去。然後，疲倦的兩人甚至沒有多餘的力氣感到恐懼，就這麼大剌剌地躺在地上睡覺。他們睡得並不安穩，之前濕透的汗水現在讓他們感到冰冷，身下銳利的石頭頂得他們全身疼痛，兩人還止不住打著哆嗦。一陣陣的冷風從北邊的黑門吹往西力斯葛哥，稀薄的冷空氣沿著地面沙沙地颳著。

到了早晨，天色再度泛白，在高空中依舊吹著西風，但在高山環繞屏障的暗黑大地內，空氣幾乎是完全停滯的，四周一片冰冷，卻又讓人喘不過氣來。山姆從凹坑往外打量，四周的大地全是一片陰鬱、單調、死氣沉沉。附近的道路上如今空無一人，但山姆擔心的是北邊不遠處艾辛口的城牆上，依舊有人監視著此地。在東南方遠處，陰沉的火山帶著讓人不寒而慄的氣勢矗立著，山頭冒出大量的濃煙，升到高空之後在強風的吹送下往東逶迤而去，大量翻騰的烏雲從它的山側冒出，四散籠罩了整塊大地。往東北方幾哩處橫臥著灰燼山脈的山麓，看起來像是陰鬱的灰色鬼魂，在它後方，迷霧籠罩的北方高地像一線遙遠的烏雲，幾乎和低垂的天空一樣黑。

山姆試著猜測確實的距離，以便決定他們應該要走哪一條路。「看起來至少有五十哩，」他瞪著那醜惡的火山，嘴裡嘀咕著：「如果本來要花一天，但以佛羅多先生現在的狀況，可能得走上一星期。」他搖搖頭，仔細的思索著，但一種喪氣的想法卻逐漸在他心中累積。在他堅強的內心中，希望從來沒有真正消失過，在這之前，他總是樂觀地抱持著他們會回家的想法；但現在他終於認清了這苦澀的事實：即使在最樂觀的狀態下，他們的補給品也僅足以讓他們抵達目標；等到任務完成之後，他們會孤單地置身在一塊死寂、沒有食物、沒有飲水的可怕沙漠正中央。他們不可能回去了。

「原來這就是我出發時，覺得自己該做的工作，」山姆想：「協助佛羅多先生走到最後一步，然後和他死在一起。好吧，如果這是我的使命，我必須完成它。可是，我真的好想再看見臨水路，還有小玫．卡頓和她的兄弟們，以及我們家老爹和馬利葛。我實在無法想像甘道夫會派佛羅多先生來執行一項毫無生還希望的任務。當他死在摩瑞亞之後，一切就都不對勁了。我真希望他還活著。他一定會做些什麼的。」

不過，當山姆的希望之火熄滅的同時，它也轉化成了一股新的力量。山姆平凡的小臉變得十分嚴肅，堅定的決心在背後支持著他，讓他全身覺得一陣戰慄。他似乎化成了某種不會失望、疲倦的鋼鐵怪物，連眼前這一望無際的荒原也無法讓他退縮。

懷著一股嶄新的責任感，他把目光收回，專注在附近的地面，研究著下一步該怎麼做。隨著光線漸漸增強，他驚訝地發現，原先從遠處看以為寬廣又單調的平原，竟然是坑坑洞洞、起伏不平。事實上，整個葛哥洛斯平原都滿是大大小小的坑洞，彷彿當它還是荒涼的軟泥沼時，就遭到巨石陣雨的襲擊，打得到處都凹凸不平。最大的坑洞邊緣圍有一圈凸起的碎石，寬大的裂隙從坑洞中間向四面八方延伸。這樣一塊土地，的確可以讓人從一處爬到另一處躲藏，除了最警惕盡責的哨兵可能看見之外，一般人很難發現他們，至少對一個身強體壯、又不需要趕時間的潛入者而言是如此。然而對於疲乏又飢餓，並且必須趁還有一口氣在時拚命跋涉的人而言，這地看起來實在太險惡了。

山姆仔細思索了好幾遍之後，回到主人身邊。他不需要叫醒他，佛羅多雖然還躺在地上，雙眼卻瞪著烏雲密布的天空。「好吧，佛羅多先生，」山姆說：「我剛剛觀察了附近的情況，同時也好好地想了一下。路上沒有任何人，我們最好把握機會趕快離開。你還撐得住吧？」

「我撐得住，」佛羅多說：「我必須撐下去！」

兩人又再度出發了，他們小心翼翼地隱藏行蹤，從一個凹坑躲到另一個凹坑，但總是偏向北邊山脈的山腳。不過，當他們前進的時候，最東邊的道路始終跟著他們，直到最後它才繞著山腳前進，消失在前方遠處一大片黑色屏障的陰影中。在這條平坦灰色的道路上，此刻既看不到人類也沒有半獸人走動，因為黑暗魔君幾乎已經完成了所有部隊的調度。即使是在他自己的國度中，他還是要用夜色來掩護一切，憂心外面世界的風會再度和他作對，吹開他的面紗，並為神祕的間諜闖過了他的防線而心神不寧。

哈比人艱難跋涉了好幾哩後才停下來。佛羅多幾乎精疲力竭了；山姆看得出來，他們這樣一下爬行，一下彎腰前進，有時刻意放慢腳步迂迴而行，有時又必須匆忙踉蹌跑步，照這樣下去，佛羅多沒辦法再走多遠的。

「我認為應該把握天沒黑之前回去走大路，佛羅多先生；」他說：「我們必須再次信任自己的好運！上次我們差點完蛋，但結果並沒那麼糟糕。我們可以保持速度走上幾哩，然後再休息。」

他所冒的險其實比他所知道的還要大；不過，佛羅多滿腦子都是掙扎和抵抗魔戒的混亂，根本不抱希望去在意有無危險了。他們爬回旁邊的道路，沿著這條通往邪黑塔的堅硬道路吃力地前進。他們的好運這次沒出差錯，接下來一整天他們都沒有遇上任何人；等到夜色降臨之後，兩人的身影也消失在魔多的黑暗中。整片大地都籠罩在暴風雨來臨前夕的緊張氣氛中：因為西方將領們已經越過了十字路口，在魔窟谷口放火焚燒那片邪惡之地。

就這樣，絕望的旅程繼續著，魔戒持續往南，諸王的旗幟則是走向北。對於哈比人來說，每一天、每一哩都比之前更加煎熬，他們的力量不停衰減，腳下的土地卻越來越險惡。白天他們不會遇見任何的敵人，到了晚上，當他們躲在路邊某個隱蔽處不安地打盹時，便會聽見道路上傳來喊叫聲和雜沓的腳步聲，或是快馬加鞭的急馳聲。不過，比這些都還要讓人更感危險的是，隨著他們越往前走就越逼近擊打著他們的威脅感：那是坐在黑暗王座上，日夜沉思、處心積慮要征服世界的邪惡力量。它越來越近，越來越黑，如同世界盡頭迎面逼來的夜幕。

最後，恐怖的一夜降臨了；就在西方的將領們接近魔多死域的邊緣時，這兩名旅人也陷入了徹底絕望的處境中。他們從半獸人的部隊中脫逃已經四天了，但是每一天都過得像是一場越來越黑暗的噩夢。在最後這一天，佛羅多沒有說過話，只是彎腰駝背地走著，腳步跌跌撞撞，彷彿他的眼睛已經無法看見腳前的路。山姆猜得出來，他正承受著他們全部痛苦中最糟糕的部分，魔戒的重量，那不斷折磨他身體和心靈的重擔。山姆焦慮地注意到，主人的左手經常會無意識地舉起來，彷彿是為了遮擋攻擊，或是遮住自己畏縮的雙眼以躲避搜尋他們的邪眼；有時候，他的右手會不自覺地摸上胸口，一把抓緊，然後再慢慢地，隨著他恢復意志控制住之後，那手才會鬆開。

現在，在夜幕再度落下之後，佛羅多坐在地上，頭垂在雙膝之間，手臂疲倦地垂向地面，手指則會無意識地抽搐著。山姆看著他，直到夜色將兩人的身影完全籠罩到看不見彼此為止。他再也想不出話來說，只能轉而默默沉浸在自己晦暗的思緒裡。雖然他非常疲倦，又被籠罩在恐懼的陰影中，但他的力量並沒有完全被消磨掉。精靈的乾糧有種特別的力量，要是沒有它，他們早就自怨自艾躺下來等死了。但它卻無法完全滿足食慾，山姆腦海中不時充滿了對食物的回憶，渴望著最簡單的麵包和肉。不過這精靈口糧有一種潛能，會隨著旅行者單單依靠它，不與別的食物混雜著吃，效果就會更為增加。它可以堅固意志力，增強忍耐力，並且使肌肉和骨骼遠遠超越凡人的體能。不過，此時他們必須做出新的決定。他們不能再繼續走這條路了，因為它是向東通往魔影的大本營；但火山卻在他們的右方，也就是正南方的方向，他們必須要轉向它了。不過，在火山和他們之間，依舊是一片煙霧瀰漫，遍地灰燼的荒涼大地。

「水，水怎麼辦！」山姆嘀咕著。他已經把自己的配額減到不能再少，他覺得自己的舌頭似乎變得又厚又腫。但即使他這麼極力控制，他們的水還是剩下不多了，大概只剩下半壺，而眼前卻還有好幾天要走。如果他們不是冒險走上這條半獸人的路，可能好幾天前水就喝光了。這條道路的路邊，每隔一段長距離便興建有一些臨時儲水槽，主要是供給緊急調派趕路的部隊在穿越這無水的地區使用的。山姆在其中一個水槽裡找到一些剩餘的水，已經不新鮮，而且被半獸人弄得都是泥巴，但已足以解決他們絕望的狀況了。不過那已經是一天前的事了；眼前恐怕再也沒有希望找到任何水了。

最後，疲倦憂心使得山姆打起瞌睡來，事情留到明天再說吧；他已經無能為力了。他半夢半醒睡得很不安穩。他看見像是貪婪眼睛般的光芒，還有鬼祟爬行的黑色身影，他還聽見了野獸或是飽受折磨的生物發出的哀嚎聲；當他驚醒坐起來，卻又發現四周一片漆黑，只有空盪盪的黑暗包圍著他們。只有一次，當他站起來瞪大眼睛四下張望的時候，他很確定自己在清醒的狀態下看見了像眼睛般的淡淡光芒；不過，它們眨了眨，立刻就消失了。

可厭的夜晚緩慢，接下來的晨光也相當的微弱，因為當他們越來越靠近火山時，空氣也越來越污濁，從邪黑塔中由索倫所散發出來的黑暗讓狀況更雪上加霜。佛羅多躺著不動，山姆站在旁邊，心中有著萬般不願，但他知道自己必須叫醒主人，請他再繼續走下去。最後，他彎下身撫摸著主人的眉心，對他低語道：

「主人，醒來了！又該繼續走了。」

佛羅多像是被起床號叫醒一般迅速爬起來，他站起身望向南方；但是，當他的目光看見火山和沙漠時，他又退縮了。

「山姆，我辦不到，」他說：「它好重，好重啊！」

山姆在自己開口之前就知道說了也沒用，甚至可能造成更糟糕的反效果；但是，由於他對主人的憐憫之情，他不能不開口。「那麼，主人，讓我替你分擔一會兒它的重量吧。」他說：「你知道的，只要我還有力氣，我會很樂意幫忙你的。」

佛羅多眼中突然亮起了狂野的光芒。「退開！不要碰我！」他大喊著：「我說過這是我的。滾！」他的手移動到劍柄上。不過，隨即，他的聲音變了。「不，不，山姆——」他哀傷地說：「但你必須明白，這是我的重擔，沒有其他人能夠替我承擔。現在一切都太遲了，親愛的山姆，你再也沒辦法這樣幫助我了。現在我幾乎已經完全受它控制了。我沒辦法捨棄它，如果你想要把它拿走，我會發瘋的！」

山姆點點頭，「我明白，」他說：「但是，佛羅多先生，我之前一直在想，我們還有其他東西可以放棄。為什麼不減輕我們的負擔呢？我們現在走那條路，必須盡可能筆直前進；」他指著火山說：「沒必要再帶著任何我們不需要的東西了。」

佛羅多再次望向火山。「沒錯，」他說：「在那條路上我們不需要太多東西，到達終點之後就什麼都不需要了。」他撿起半獸人的盾牌扔到一邊，接著拋掉他的頭盔；然後他掀開灰斗篷，解開沉重的腰帶，讓它落在地上，配劍也跟著一起落下。他又把破爛的黑斗篷扯下撕碎，拋撒一地。

「看，我不再是半獸人了，」他大喊著：「我也不會再帶任何善良或醜惡的武器。想要抓我的，就讓他們來吧！」

山姆也照做了，將他身上所有的半獸人裝備全都丟掉；然後他拿出背包裡所有的東西。在背著它們走了這麼遠、承受了這麼多磨難之後，這些東西似乎都和他產生了特殊的感情。最讓他難以割捨的是他的廚具。一想到要把它們丟掉，他不禁淚眼汪汪。

「佛羅多先生，你還記得我們燉過的兔肉嗎？」他說：「我們那時還在法拉墨將軍管轄的溫暖山坡上，那天我還看到了一隻猛瑪！」

「不，山姆，我想我不記得了。」佛羅多說：「我知道這些事情曾經發生過，但是我想不起來了。我想不起食物的味道、想不起喝水的感覺、想不起風聲、不記得花草樹木的樣子，連月亮和星辰的模樣都記不起來了。山姆，我赤身露體地站在黑暗中，在我和那團火輪之間沒有任何的遮掩。即使我張開眼睛，也只能看見它，其他的一切似乎都在淡褪。」

山姆走上前，親吻著他的手。「那麼我們越快把它丟掉，就越快可以休息！」他遲疑地說，找不出更好的話安慰別人。「光說無濟於事。」他邊自言自語，邊將所有要丟掉的東西收成一堆。他不願把這些東西丟在曠野中，讓其他邪惡的生物發現。「看起來，那個臭傢伙已經拿了半獸人的衣服，我可不能讓他再配上一把劍！他空手就已經夠壞了；我更不能讓他糟蹋我的鍋子！」話一說完，他就把所有的東西抱到附近一道巨大的裂隙旁，一古腦兒的將它們全丟進去。對他來說，他的寶貝鍋子哐啷落進黑暗裂縫中的撞擊聲，就如同喪鐘一樣讓人心痛。

他回到佛羅多身邊，從精靈繩索上割下一小段當作主人的纏腰帶，將精靈斗篷在他腰間束好；剩餘的部分他寶貝地捲起收回背包中。除此之外，他身上只留著水壺和精靈乾糧，刺針則是還掛在他腰間，凱蘭崔爾的水晶瓶以及她賜給他的那個小盒子，都依舊貼身藏在他胸前的暗袋中。

最後，他們終於轉向火山的方向出發了，不再考慮隱匿行蹤，而是把疲倦的身體與衰微的意志全部集中在唯一的目標上：繼續前進。在這昏暗朦朧的白晝中，即使是在這充滿警戒的土地上，除非是近在眼前，否則很難發現他們的蹤跡。在黑暗魔君的所有奴僕中，只有戒靈能夠警告他這潛近的危機：有兩名不屈不撓的小傢伙，正朝他戒備森嚴的王國核心逼近。但是，戒靈和他們長著黑翼的坐騎都正在境外執行別的任務：他們集合在遠方，偵察和威嚇西方將領的部隊，邪黑塔的注意力也正轉往該處。

這天，山姆覺得主人似乎又擠出了新的力量，或許用他們減輕了身上的負擔來解釋也還不夠。他們所走的第一程路比他希望的要快、要遠得多了。這裡的地形相當崎嶇危險，但他們的進展卻非常不錯，火山的影像也越來越清晰。不過，隨著時間的流逝，昏暗的天光也很快就衰退了，佛羅多又開始彎腰駝背，腳步變得比之前更為蹣跚，彷彿休息之後的趕路已經榨乾了他身上最後殘存的力氣。

當他們最後停下休息時，他癱在地上，說：「山姆，我口好渴！」然後就不說話了。山姆給了他一口水，水壺中只剩下最後一口了。他自己忍著沒喝；這時，魔多的夜色又把兩人包圍，而他滿腦子所想的都是關於水的回憶；他所看過的每一條小溪、每一道河川、每一泓泉水，它們在陽光下閃爍，在綠柳林中潺潺流動的樣子，此刻在他閉上的雙眼前跳躍舞動，折磨著他。他還可以感覺到自己和卡頓家的喬力、湯姆和尼伯斯，還有他們家的小玫在臨水路的池塘中蹚水時，腳趾間那濕滑軟涼的泥巴。「但那是好幾年前的事了，」他嘆了一氣，「而且是在那麼遙遠的地方。如果真有路可以回去，那也是去過那座火山之後了！」

他睡不著，只能不停地和自己辯論。「好啦，別喪氣，我們的進展比你想像的還要好哪！」他堅強地說：「至少一開始很不錯。我估算在我們停下來休息前，已經走了一半了。只要再一天就走到了。」然後，他停了片刻。

「別傻了，山姆．詹吉，」他自己的聲音回答道：「如果他還能動的話，也不可能再有今天的速度了。而且，你把大部分的食物和飲水都給了他，你自己也快不行了。」

「我還可以走很遠，我會撐下去的。」

「走去哪裡？」

「當然去火山囉！」

「然後呢？山姆．詹吉，在那之後呢？當你到了那邊，你要怎麼做？他已經沒辦法做任何事情了。」

山姆喪氣地發現，對此他竟然無法回答。他完全沒有明確清楚的想法。佛羅多並沒有對他多解釋這次的任務，山姆只模糊知道魔戒必須被丟進火焰中。「末日裂隙——」他嘀咕著，那古老的名字出現在他腦海。「好啦，或許主人知道怎麼找到那裡，我是不知道啦。」

「你看！」回應的聲音又說：「一切都只是白費力氣。他自己也這麼說過了。蠢的是你，還一直堅持、一直抱著希望。如果不是因為你這麼頑固，你們兩個好幾天前就可以躺下來等死了。看看現在的狀況，你還是會死，更可能會是生不如死。你不如現在就躺下來放棄一切吧；你反正是爬不上去的！」

「我會的，就算我只剩這副臭皮囊我也要上去！」山姆說：「就算會折斷我的背壓碎我的心，我也會把佛羅多先生背上去。不要囉唆了！」

就在那時，山姆覺得腳下的地面一陣震動，他聽見，或是感覺一種深沉的隆隆聲，彷彿有暴雷被囚禁在地底。低垂的雲端反射出一道晦暗的紅光，然後就消失了；火山看來睡得也不安穩。

通往歐洛都因的最後一段旅程開始了，山姆從來沒想過自己能夠承受這麼痛苦的煎熬。他渾身痠痛，嘴更是乾到無法吞下任何食物。天色依然黑暗，不只是因為火山的濃煙，也因為似乎有一場風暴即將來臨，只有東南方的天空還有著微弱的光芒。最糟糕的是，空氣中充滿了惡臭的氣味，呼吸變得非常痛苦和困難，兩人的腳步也變得非常不穩，經常摔倒在地上。但是，他們的意志毫不動搖，依舊蹣跚前行。

火山逐漸靠近，直到最後，每當他們一抬起頭，那高聳邪惡的影像就占據了整個視線；那是一座由灰燼、熔岩和火熱的岩石所堆積成的巨大高塔，它的身影直入雲霄，讓凡人只能驚嘆地看著它冒著煙氣的身體。迷茫難辨日夜的白晝終於結束了，在真正的黑暗降臨時，兩人終於來到了它的腳下。

佛羅多猛喘一聲趴倒在地，山姆坐在他身邊。他驚訝地發現，自己雖然累，卻覺得輕鬆許多，他的頭腦似乎再度變清楚了。不再有爭論來干擾他的心緒。他已經知道了所有絕望的說詞，但他不再理會它們。他已經鐵定了心，至死不移。他不再有欲望，也不再需要睡眠，而是更為警覺。他知道所有的險阻都將集中到一個高峰：明天將會是毀滅的末日，是最後努力將成或敗的關鍵性的一天。

但是，它究竟什麼時候會到來呢？夜晚似乎永無止盡，時間一分一秒地過去，但周遭依舊沒有任何的變化。山姆開始懷疑，第二次鋪天蓋地的黑暗是否又降臨，而白晝再也不會來臨了。最後，他伸手摸到佛羅多的手。主人的手又冰又冷，正在不停地發抖。

「我不應該把毯子丟掉的！」山姆嘀咕著；他躺了下來，試著用雙臂和身體溫暖佛羅多。然後，一陣睡意襲來，他就這麼睡著了。他們東行任務的最後一天，昏暗的晨光照在並肩而躺的兩人身上。風在前一天由西方轉向時就停了，現在它改從北方吹來，強度也開始緩緩增強；隱而不見的太陽正設法將光芒穿透進這兩名哈比人所躺的陰影裡。

「是時候了！做最後一次的衝刺吧！」山姆邊說邊掙扎著站了起來。他彎身看著佛羅多，輕柔地搖晃著他。佛羅多發出呻吟，但仍奮力站了起來；然後又一個不穩跪了下去。他艱難地抬起眼來望了望聳立在面前的末日火山，接著四肢並用開始可憐地往前爬。

山姆看著他，內心流著淚，但他乾涸澀痛的雙眼已經流不出任何的液體。「我說即使壓斷背脊我也會背他，」他喃喃道：「我說得到做得到！」

「來吧，佛羅多先生！」他大喊著：「我不能替你背負它，但是我可以把你和它一起背起來。所以，上來吧！來，佛羅多先生！山姆讓你騎一程。告訴他去哪裡，他就會去！」

佛羅多爬上他的背，雙臂無力地勾住他的脖子，兩腿緊夾在他腋下，勾住山姆的腰。山姆困難地站直身，卻驚訝發現主人的身體並不重。他本來擔心自己可能沒有足夠的力氣背起主人，更別提還要負擔那魔戒該死的重量，不過，實際的狀況和他的想像有很大的距離。或許是由於佛羅多沿路受盡折磨、身上的刀傷、蜘蛛的毒液、恐懼、哀傷和漫無目的的跋涉，讓他輕了很多；或許是山姆在絕望關頭所獲得的最後獎勵——山姆竟然輕而易舉地將主人背了起來，他感覺自己彷彿在夏爾的草原上背著小孩子騎馬打仗。他深吸一口氣，踏上最後的旅程。

他們已經抵達了火山的北坡稍微偏西的地方，那裡長長的灰色山坡雖然崎嶇，但並不陡峭。佛羅多一路上悶不吭聲，山姆只能盡力掙扎著前進，沒有任何方向的指引，完全憑著一股意志，要在自己的力氣耗盡與意志崩潰之前，盡量爬得高一點。他艱難地攀爬再攀爬，一會兒往左一會兒往右，避開太過陡峭的山坡，他不時蹣跚仆跌，最後像是扛著大殼的蝸牛一樣遲鈍地前進。當他的意志再也無法驅逼他前進，四肢也無法再支撐下去時，他停下來，輕輕地將主人放下。

佛羅多張開眼睛，吸了一口氣。他們的高度已經擺脫了下沉的惡臭氣味和濃煙，呼吸變得比較容易了。「謝謝你，山姆，」佛羅多聲音沙啞地低語道：「還要走多遠？」

「我不知道，」山姆說：「因為我不知道我們要去哪裡？」

他轉頭看了看背後，然後抬頭望著前面，這才驚奇地發現之前的努力竟然讓他們走了這麼遠。孤高聳立的厄運火山，它的實際高度沒有看起來那麼高。山姆現在看出來，它其實比自己和佛羅多所攀過的伊菲爾杜斯最高隘口要低。它亂石遍布的龐大基座從平原上聳起約有三千呎高，其上的火山錐約是基座一半左右的高度，像個巨大的煙囪或烘爐，頂端是那參差不齊的火山口。山姆已經爬到基座一半的高度，下方的葛哥洛斯平原變得相當模糊，全掩蓋在煙霧和陰影之中。當他抬起頭仔細觀察時，如果他的喉嚨不是這麼乾澀，他幾乎想要興奮的大喊。因為，在這亂石遍布，高低不平的斜坡上，他竟然看見上方有一條路！它像一條環帶從西方攀升而上，像蛇一樣繞著火山轉，一直繞到火山錐底的東側，才自視線中消失。

山姆無法立即看清這路在上方的確實走向，因為那是它最低的一段，而他又被眼前陡峭的斜坡給遮擋住了。不過，他猜測自己只要再努力往上爬一小段，他們就可以踏上這條路了。他又重新燃起了希望，或許他們真的可以征服這座火山。「哈，路在那邊顯然是有目的的！」他自言自語道：「如果不是這樣，我恐怕就真的被打敗了。」

這條路並不是為了山姆的目的而建。他並不知道，他眼前看見的是從巴拉多通往薩馬斯瑙爾，「火焰之廳」的索倫之路。這條路從邪黑塔巨大的西門出發，藉由一座巨大的鐵橋越過深淵，然後進入平原，從兩個冒煙的深坑中間穿行過三哩路，來到火山東側那條斜長的坡道。從那邊開始，這條路由南向北環繞整座火山，最後攀升到火山錐上部，離冒煙的火山口還很遠的地方，有一個黑暗的入口，朝東直視著索倫陰影要塞中的魔眼之窗。這條路經常由於火山的爆發而受到破壞或阻擋，不過，數量龐大的半獸人總會快速清理修築好這條路。

山姆深吸一口氣。眼前的確有條路，但他不知道自己要怎麼樣才能越過斜坡。首先，他必須讓自己疼痛的背先休息一下。他在佛羅多身邊躺了好一陣子，兩人都沒說話。天光慢慢亮起來。

突然間，一股莫名的急迫感臨到山姆，他簡直就像聽到有人對他大喊：「快點，快點！不然就來不及了！」他逼著自己站起來，佛羅多似乎也感應到了這召喚，掙扎著跟著跪起來。

「我可以爬過去，山姆。」他喘氣道。

因此，他們兩個人就一步步，像是小蟲子一樣艱辛地爬上陡坡。他們終於來到那條路上，並發現路是用碎石和灰燼所鋪成，十分平坦，相當寬闊好走。佛羅多爬到路上後，彷彿受到某種強制力量的逼迫，他緩緩轉過去面對著東方。索倫的陰影高掛在天空，但不知是受到外界吹來的風所打攪，或是由於自己內部巨大騷動所影響，總之，眼前的雲朵開始翻滾，有那麼一瞬間它分開了；於是他看見那無比黝黑、高聳，比它周圍陰影更黑暗的巴拉多要塞的鋼鐵塔頂與殘酷的塔尖。它只出現了一剎那，但彷彿有道暗紅的火焰從極高處的窗口向北勁射而出，那是一隻血紅邪眼的目光；陰影隨即又聚攏，那恐怖的景象消失了。邪眼看的並不是他們，它正盯著那些在他門前擺開陣勢的西方將領身上。它所有的邪惡意志全都集中在該處，準備施以最後、最致命的一擊！但是，佛羅多一瞥見那可怕的景象，立刻像挨了致命一擊般倒了下來；他的手不由自主地伸向胸前的項鍊。

山姆跪在他旁邊，他聽見佛羅多以虛弱得幾乎聽不見的聲音喊著：「山姆，救救我！救救我，山姆！抓住我的手！我控制不住它。」山姆握住他兩隻手，將它們合起來，親吻它們。他腦中突然有了個想法：「他發現我們了！一切都完了，很快就要完了。山姆．詹吉啊，這就是一切的結局了！」

山姆再一次的將佛羅多背起來，將他的手拉到自己的胸前，讓主人的腳無力地垂著。然後，山姆低下頭，沿著路奮力往上走。這路並不像他之前以為的那麼好走；幸好，當山姆站在西力斯昂哥頂端所見到火山的騷動爆發，湧出的岩漿多半都流往西坡和南坡，這一邊的路並未遭到堵塞。但是，不少地方的路面還是有崩塌落石或裂口。它在往東攀升了一段距離之後，轉了個大彎，繼續往西前進了一陣子。在道路轉彎處，它切穿了一塊飽經風霜的巨石，那可能是在無數個紀元前火山爆發時噴吐出來的。背著重擔的山姆氣喘吁吁地繞過這個大彎；就在這時，他從眼角瞥見了有什麼東西從大石上落了下來，就像他走過時踩落的黑色小石塊。

突如其來的重量擊中了他，他往前摔倒，擦破了手背，因為他還緊握著主人的手。他立刻就明白發生了什麼事情，因為他頭頂上傳來了一個讓人痛恨的聲音。

「可惡的主人！」它嘶嘶的說道：「可惡的主人騙我們；騙了史麥戈，咕魯。他不能去那邊。他不能弄壞寶貝。把它給史麥戈，嘶嘶的，把它給我們！給我們！」

山姆狠命使力站了起來。他立刻抽出寶劍，卻對眼前的情況束手無策。咕魯和佛羅多糾纏在一起。咕魯正撕扯著他的主人，試著要抓住鍊子跟魔戒。而這或許是唯一能激起槁木死灰的佛羅多反擊的情況：敵人想要從他手中把寶貝奪走。他用連山姆都驚訝不已的狂暴怒氣反擊，連咕魯都沒有料想到這一點；但即使如此，如果咕魯還和當初一樣，這也並不會造成什麼不同。但是，咕魯在極端的慾望和恐懼下走了這麼漫長、艱辛的一段路，這之中的每一分每一秒所帶來的煎熬，都在他身上留下了痕跡。他變得骨瘦如柴，全身只剩下骨架外面包著的鬆鬆外皮，他的眼中閃著狂野的光芒，但那力氣已經遠遠不如以往。佛羅多一把將他甩開，渾身顫抖地站起來。

「退下，退下！」他喘息著喊道，一手摸著胸口，隔著皮衣緊抓住魔戒。「退下，你這個鬼鬼祟祟的傢伙，離開我面前！你的時刻已經過去了。你再也不能出賣我，或殺死我了！」

突然間，就如同在艾明莫爾山崖下時一樣，山姆看見了這兩名對手在外表下的另一種形象：一個是畏畏縮縮的身影，體內幾乎被剝奪了一切生命的跡象，如今已被徹底毀滅和擊敗，但卻仍然滿心可憎的貪婪和憤怒；在他面前如今站立的是嚴厲、不再心軟，披著白袍的身影，他的胸前有著一輪火焰；從那火焰中發出了一個命令的聲音。

「離開此地，不要再阻撓我！如果你膽敢再碰我，你就必將落入末日火山的火焰中。」

那畏縮的身影退了開來，閃爍的眼中有著恐懼，卻也同時充斥著無比的渴望。

如同來時一樣突然，那影像消失了，山姆眼前看見的是不停喘息、手放在胸口的佛羅多，咕魯雙手著地的跪著，趴在主人的腳前。

「小心！」山姆大喊：「他會偷襲你！」他拿著寶劍衝向前。「快點，主人！」他呼吸急促地說：「繼續走！繼續走！沒時間了。我來對付他，你先走！」

佛羅多看著他，彷彿隔著遙遠的距離看著人。「是的，我必須繼續，」他說：「再會了，山姆！這是真正的結局了。在末日火山上，末日將會降臨。再會了！」他轉過身，挺直身子，緩慢地繼續往上走。

「現在！」山姆說：「我終於可以對付你了！」他高舉著寶劍衝向前，準備戰鬥。但咕魯並沒有站起來，他趴得更低，開始呻吟。

「不要殺我們，」他啜泣道：「不要用那可怕的鋼鐵殺我們！讓我們活下去，是的，再多活一會兒就好。失落了，迷失了！我們迷路了。寶貝消失之後，我們也會死，是的，會變成灰。」他用扁平枯瘦的手指扒著地面。「灰塵！」他嘶嘶的說道。

山姆的手開始顫抖。他憤怒的腦海中漲滿了那些邪惡事蹟的記憶。殺死這背叛、謀害人的邪惡生物才是伸張正義，罪有應得的他早就該死許多次了；而且，這似乎是唯一安全的做法。但是，在他的內心深處似乎有什麼東西阻止了他：眼前這個趴在地上、可憐兮兮、飽受煎熬、徹底被毀了的生物讓他狠不下心。雖然他自己只是短暫擁有過魔戒，但他現在勉強可以體會到咕魯心身所受到的痛苦煎熬，在被魔戒奴役的狀況下，這輩子再也沒有平安與祥和。山姆不知道該用什麼話來描述自己現在心裡的感受。

「喔，可惡，你這個臭傢伙！」他說：「走開！離開這裡！我不相信你，你還是趕快走吧。不然我真的會傷害你，是的，用這個可怕的鋼鐵傷害你。」

咕魯四肢著地的後退了幾步，接著轉過身，正當山姆準備賞他一腳時，他一溜煙的沿著小徑逃跑了。山姆不再管他，他突然間想起了主人。他抬頭看著眼前的道路，卻看不見主人的蹤影，他拔腿就跑，想要趕快追上佛羅多。如果他這時回過頭，就會發現在下方不遠，咕魯又轉過身來了，眼中重新冒出瘋狂的光芒，迅速又機警地悄悄跟在後面，像是道陰影般敏捷地在岩石間穿梭。

道路繼續往上攀升。不久又轉了一個彎，隨著最後這段東行的路，它穿過一條沿著火山錐坡面而行的切口，來到山側的幽黑大門前，也就是薩馬斯瑙爾的入口。在遠方，上升南移的太陽穿越了一切煙霧和障礙，不祥地燃燒著，發出暗紅色的光芒；但火山四周的魔多大地卻是一片死寂，幽暗攏聚，彷彿正屏息等待著致命的一擊。

山姆來到張開大口的門前，向內張望。門內又黑又熱，隱隱然有種沉悶的響聲傳出。「佛羅多！主人！」他大喊著，裡面沒有回應。他在門口呆立了片刻，心臟因為恐懼而狂跳，接著他一頭闖了進去；一個影子緊跟在他後面。

一開始他什麼也看不見。在這急迫的時刻，他再次拿出了凱蘭崔爾的星光瓶，但是，在他顫抖的手中，它顯得蒼白冰冷，不再射出足以穿透黑暗的光芒。他來到了索倫國度的核心，以及他在中土世界的力量達於顛峰時期時所使用的熔爐；在這裡，一切其他的力量都必須低頭退讓。他在黑暗中恐懼地往前走了幾步，突然間，一道紅光猛然往上衝，撞上了高處漆黑的洞頂。這時，山姆才發現自己原來是在火山錐中的一個隧道內。但在前方不遠，隧道便和兩邊山壁分開，形成一個大裂溝，紅光就是從那裡竄起的，它有時竄升大盛，有時又黯淡退回黑暗中；同時，下方深處一直不斷傳來彷彿是巨大機器運轉的低沉隆隆聲響。

光芒再度大盛，就在末日裂隙的深淵邊緣，站著佛羅多黑暗的身影，在紅光的襯映下，他渾身僵硬、挺直，彷彿已經化為石像般動也不動。

「主人！」山姆大喊道。

佛羅多抽搐了一下，隨即用十分清楚的聲音說話了；事實上，這聲音比山姆過去所曾聽過的都更清楚、更充滿力量。那聲音壓過了末日火山的翻騰和喧囂，響徹在洞頂和山壁之間。

「我來了，」他說：「但我決定不執行我來此的目的。我不執行這項任務了。魔戒是我的！」他一說完便將魔戒套上手指，突然消失在山姆的視線中。山姆倒抽一口冷氣，但他還沒來得及驚呼出聲，因為就在那一瞬間，許多事情發生了。

有個什麼東西猛力撞上山姆的背，他的雙腿遭到用力一掃，整個人橫跌出去，頭重重地撞在石地上，一個黑影越過他往前奔去。他躺著無法動彈，一時之間眼前一片黑暗。

在遠方，就在佛羅多戴上魔戒，宣布它為自己所有的時候，即使就在他黑暗國度的核心火焰之廳，巴拉多中的那力量也大為震動，邪黑塔從地基直到高聳的塔尖都開始劇烈顫抖。黑暗魔君突然間意識到了對方的存在，他的巨眼穿透所有的陰影，越過平原，來到他自己打造的門前；在一陣令人眼盲的閃光中，他自己致命的愚昧和疏忽完全暴露無遺，他所有敵人的計謀也全都被揭穿了！他的怒火驟然暴升成能焚燬萬物的烈焰，但他的恐懼也如同濃重的黑煙一般讓他窒息。因為，他明白了自己致命的危險以及懸於一線岌岌可危的命運。

他的意志從所有的籌畫計謀、一切恐懼和背叛的陷阱，以及所有的策略和戰爭中撤離了；他的整個國度陷入了劇烈的震盪，他的奴隸驚慌恐懼，軍隊停止前進，將領們突然間失去了方向和駕馭他們的意志，無不感到動搖與絕望；因為他們全都被遺忘了！魔王用來駕馭、監視他們的全部力量，此刻正以壓天蓋地之勢急轉向火山。在他的召喚下，戒靈們慘嚎一聲，用比風更快的速度回防，在絕望中急切地朝南趕往末日火山。

山姆站了起來，他覺得頭暈目眩，鮮血從他頭上流到他眼中。他往前摸索，然後看見了一個奇怪而恐怖的景象——在深淵的邊緣上，咕魯像發了瘋似的正與一個看不見的敵人搏鬥。他不停地前後搖晃著，一會兒極靠近裂隙的邊緣險險要掉下去，一會兒又撲回來摔倒在地上，他立刻爬起來，接著又摔倒。在這段過程中，他只是不停的發出嘶嘶聲，一句話也沒說。

下方的火焰憤怒地甦醒過來，紅光閃耀，照得整個洞穴一片血紅眩光、酷熱難耐。突然間，山姆看見咕魯的長手拉著什麼靠近他的嘴巴，他白森森的利齒一閃，迅即啪地一聲咬下去。佛羅多慘叫一聲，現出了身形，他雙膝跪倒在深淵的邊緣。咕魯則像瘋了一般狂舞著，手上高舉著魔戒，戒指中還連著一根血淋淋的手指。魔戒發出刺眼的光芒，彷彿是用燃燒的火焰製成的。

「寶貝，寶貝！寶貝！寶貝！」咕魯大喊著：「我的寶貝！喔，我的寶貝！」隨著叫嚷，甚至連他的雙眼都還仰望著手上的戰利品時，他不慎一腳踏了空，在裂隙邊緣晃了晃，試圖保持平衡，卻還是隨著一聲尖叫落了下去。從深淵中傳來他最後一聲淒厲的寶貝，然後他便消失了。

一陣轟然巨響和各種聲響的大混亂雜成一團。火焰激射而出，舔食著洞頂；原先的波動變成了驚人的巨震，整座火山不停地搖晃。山姆奔向佛羅多，扶起他，半抱半扛著他奔出洞門。就在那兒，高踞於魔多平原上方的薩馬斯瑙爾黑色的大門外，他因為震驚與恐懼而呆如木雞，忘了所有其他一切，像一座石像凝望著眼前的景象。

他的眼前掠過一道狂捲的烏雲，在烏雲當中是高塔和城垛，高如山丘，坐落在一座巨大陡峭的高山頂，俯瞰著下方無數的洞穴；高塔有極大的廣場和地牢，不見天日、犯人插翅難飛的監獄，還有鋼鐵和精金打造的大門：然後，一切都消逝了。高塔崩垮，高山崩裂；城牆粉碎融化、坍塌在地；濃密的煙塵和噴湧的蒸氣滾滾上騰，沖天直上，直到在高空翻騰如遮天蔽日的雲浪，在狂野翻滾中洶湧壓回地面。然後，數哩之外的大地終於傳來了陣陣隆隆的悶響，漸漸轉變成震耳欲聾的崩塌與怒吼；地動山搖，平原隆起爆開了多處裂口，歐洛都因噴發了！火焰從它的頂端直衝雲霄，天空中雷鳴電閃，滂沱的黑雨如同洪水一般直灌而下。在這風暴的正中心，隨著一聲壓過所有其他聲響的淒厲尖叫，戒靈們像是利箭一般撕裂雲層和濃煙，拚命飛馳而來，卻被天崩地裂的烈焰吞噬，他們在天空中爆裂、消融，然後消失了。

「好了，山姆．詹吉，看來這就是結局了！」一個聲音從他身邊冒出來。臉色蒼白憔悴的佛羅多就站在那邊，但已恢復了正常；他的眼中如今又有了祥和，沒有壓抑、沒有瘋狂，也沒有任何恐懼。他的重擔已經被挪走了。這又是山姆在夏爾的甜蜜時光中最親愛的主人了。

「主人！」山姆大喊一聲，不禁跪了下來。在這天崩地裂的一刻，他單單只覺得快樂、無比的喜樂。重擔脫落了。他的主人得救了；他恢復正常了，他自由了！接著，山姆注意到了那隻流血的手。

「你可憐的手哪！」他說：「我沒有東西可以包紮，也無法減輕它的痛楚。我寧願用自己的一整隻手來跟他換。不過，他已經走了，永遠的離開了。」

「是的，」佛羅多說：「你還記得甘道夫說的話嗎？即使是咕魯，也可能有他的使命要完成。山姆，如果沒有他，我根本就無法摧毀魔戒。整個任務也就前功盡棄，甚至是落到悲慘的下場。所以，我們就原諒他吧！因為任務已經完成了，一切都結束了。我很高興有你在我身邊，山姆，這一切都結束了。」

第四節 可麥倫平原

魔多的部隊將山丘四周包圍得滴水不漏，西方將領們面對的，是一片充滿了殺氣和敵意的海洋。太陽發出紅光，在戒靈的翅膀之下，死亡的陰影籠罩著大地。亞拉岡站在他的王旗旁，神情沉默、嚴肅又堅決，他彷彿陷入了對遙遠事物的回憶中；但他的雙眼精光閃爍如明星，夜越暗，越明亮。甘道夫站在山丘頂端，他渾身潔白、冰冷，沒有陰影可以沾染上他。魔多的進攻如大浪般撲向圍困的山丘，在兵器交擊聲中，震天的喊殺聲如潮水般洶湧。

甘道夫彷彿突然間看見了什麼預兆，他震動了一下，轉過身，看著北方那蒼白、清澈的天空。然後，他舉起雙手，用蓋過一切騷亂的雄渾嗓音大喊道：**巨鷹來了！**許多聲音回應著：**巨鷹來了！巨鷹來了！**魔多的部隊困惑地抬起頭，不知這究竟是什麼預兆。

風王關赫的確來了，還有牠的兄弟蘭楚瓦，牠們是北方所有巨鷹中最偉大的，也是古代鷹王索隆多最強大的子嗣；在中土世界初誕生不久，索隆多就在環抱山脈的絕頂上建造了牠的巢穴定居。跟隨在牠們之後的是長長一列北方山脈中所有的巨鷹，乘著強風俯衝而下。牠們從高空向下俯衝，直接朝著戒靈撲去，牠們巨大寬闊的翅膀在飛過時掀起了一陣狂風。

但是戒靈轉身就逃，消失在魔多的陰影中，因為他們突然聽到邪黑塔傳來了恐怖的召喚；就在這一刻，魔多的大軍全都感到戰慄，疑惑攫住他們的心，他們的笑聲中斷了，他們的雙手開始顫抖，四肢開始發軟。那股原先驅趕他們，讓他們心中充滿仇恨、憤怒的力量動搖了，他的意志撤離了他們；現在，他們在敵人的眼中看見了致命的光芒，也無不感到膽戰心驚。

西方眾將們同時振臂高呼，他們的心在這片黑暗中又充滿了新的希望。從這被包圍的山丘上，剛鐸的騎士、洛汗的驃騎、北方的遊俠、密集列陣的士兵，全都發動攻勢突圍，以銳利的長槍殺出一條血路。但是甘道夫高舉雙臂，再度用雄渾的聲音大喊道：

「住手，西方的人們哪！等一等！邪惡命定毀滅的時刻到了。」

就在他說話的同時，他們腳下的大地開始劇烈的震動，在黑門高塔的上方，比山脈更高的地方，一股龐大的黑煙直竄上高空，當中還閃爍著烈火。大地發出哀嚎、顫抖；尖牙之塔傾斜、搖晃，轟然一聲倒下；巨大的城牆傾倒，黑門坍塌成廢墟；從遠方，傳來一連串由弱轉強，震動直達天際的轟隆聲與喧囂聲，崩塌毀滅的回聲久久不歇。

「索倫的國度毀滅了！」甘道夫說：「魔戒持有者完成了使命！」當眾將一齊向南凝望魔多時，他們似乎看見灰白的雲層下升起了一團龐大的陰影，黑暗得難以穿透，它頂端冒著炫目的電光，將整個天空完全遮蔽。龐大的身軀朝向這世界延展，並向他們伸出一隻滿懷殺氣威嚇的巨手，恐怖卻無力：因為就在它撲攏過來時，一陣強風吹來，將它吹得煙消雲散，取而代之的是無比的靜默。

眾將低下了頭；當他們再度抬起頭時，看哪！所有的敵人四散奔逃，魔多的部隊像是風中的塵沙一樣快速潰散。這些妖物如同蟻穴被搗爛的螞蟻一般，不分東南西北的亂竄；索倫旗下的半獸人、食人妖和受到魔法控制的野獸，全都面臨著同樣的命運。牠們如無頭蒼蠅般的沒命狂奔，有些自相殘殺，有些慘叫著跳入深淵，有些則是躲進不見天日的洞穴中。不過，原先居住在盧恩內海和哈拉德的東方人與南方人，明白了這場戰爭已經無望，也見識到了西方眾將的英勇和榮光。那些投身邪惡已久的人們，雖然痛恨西方，但仍然是自傲、勇敢的戰士，他們這時仍然集結兵力，要在絕望中奮戰到底。不過，大部分的士兵還是往東奔逃；有些則是丟盔棄甲，投降求饒。

甘道夫把這一切指揮作戰的事務，都交給亞拉岡和其他的將領，他自己則是站在山頂上發出召喚；風王關赫俯衝而下，棲息在他面前。

「關赫老友，你曾經載過我兩次，」甘道夫說：「如果你願意的話，三次就可以告一段落了。我不會比當年在西拉克西吉爾山峰重生時重上多少。」

「我願意送你一程！」關赫回答：「即使你是用石頭做的，我也願意送你到任何地方。」

「那就來吧，請你的兄弟和另外一隻最快的巨鷹和我們一起來吧！我們需要的是比風還要快的速度，必須超越那些戒靈才行！」

「北風吹拂，但我們還是可以超越它。」關赫說。他馱起甘道夫，飛快地往南飛，蘭楚瓦和年輕迅捷的曼奈多緊跟在後。牠們越過了烏頓和葛哥洛斯平原，目睹了底下崩塌傾毀的慘狀，末日火山就在他們的面前爆發，噴出熾熱的岩漿。

「我很高興此刻有你在我身邊！」佛羅多說：「一切都結束了，山姆。」

「是的，主人，我就在你身邊！」山姆將佛羅多受傷的手，輕柔地捧在自己胸口。「而你也在我身邊。我們的旅程終於結束了。不過，在走了這麼遠之後，我不想在這時候放棄。如果你了解我，就知道這不像我的風格。」

「或許不像吧，山姆，」佛羅多說：「但這就像這個世界的一切一樣。希望消逝，終局到來，我們只需要再等一下子就好了。我們已經被困在這即將毀滅的地方，根本無路可逃了！」

「好吧，主人，我們至少可以離這個危險的地方，這個叫末日裂隙的地方遠一點，對吧？來吧，佛羅多先生，我們先沿著小徑走下去吧！」

「好吧，山姆，如果你想走，我就跟你一起走。」佛羅多說。兩人起身沿著蜿蜒的小徑一路往下走。正當他們朝著震動的山腳前進時，火焰之廳冒出了大團濃煙和蒸汽，山的那一側整個被炸開，大量洶湧的岩漿在隆隆聲中沿著東坡流淌而下。

佛羅多和山姆無法再前進了。他們最後一絲的意志和體力都在快速流失中。他們已經走到了山腳下灰燼堆出來的小丘上，但從那之後就無路可走了。它已經成了岩漿海中一座即將毀滅的小島。四周的大地全都開始龜裂，惡臭的黑煙源源不絕的冒出。他們身後的火山開始震動，山的側坡裂了開來，黏稠的岩漿沿著山坡緩緩朝向他們淌來。他們很快就要被吞沒了。一陣熾熱的火山灰落了下來。

兩人站在那裡，山姆依舊溫柔地撫摸著主人的手。他嘆氣道：「我們真是身在何等的故事裡啊，佛羅多先生，你說是吧？」他說：「我真希望自己有一天能夠聽到別人說這個故事！你猜，他們會不會說：**接下來請聽九指佛羅多和那末日魔戒的故事**？然後每個人都會安靜下來，屏息以待，就像我們在瑞文戴爾聽到獨臂貝倫和那精靈寶鑽的故事時一樣。我真希望我可以聽到！我也好想要知道，在我們離世之後，故事會怎樣發展！」

即使在他不停的說話，希望能趕走臨終前的恐懼時，他的眼睛還是看著北方，凝視著北方遠處風將烏雲吹開的地方，那裡的天空清澈，冰涼的北風漸漸增強，將黑暗和毀滅的塵雲全都吹開。

此時，關赫銳利的眼睛看見了他們，牠乘著風勢俯衝，並且冒著被噴天烈焰吞噬的危險，在空中盤旋著：下方是兩個黑黑的小人影，孤單無助，手牽著手站在小丘上，他們腳下的大地在顫抖、喘息，流淌的岩漿越逼越近。牠盯著他們俯衝而下，並看見兩人倒了下去——或許是因為精疲力竭，或許是由於高熱和黑煙，也或許終於被絕望所擊倒，兩人閉上眼睛不願望向死亡。

他們肩並肩躺著，關赫疾衝而下，蘭楚瓦和曼奈多緊跟在後；兩名受盡折磨的旅人，恍惚間以為自己還在夢中，不知何種命運即將降臨，就悠悠地被帶離了這充滿黑暗和火焰的恐怖之境。

當山姆醒過來時，他發現自己躺在柔軟的床上，頭頂上則是輕柔搖曳的山毛櫸枝葉，陽光穿過嫩綠的樹葉，灑下一片綠光和金光，空氣中溢滿了甜美的氣息。

他想起了這氣味：這是伊西立安的香味。「天哪！」他思索著：「我究竟睡了多久？」這味道讓他回到了在那溪邊陽光下做菜的時刻，在那前後的經歷此刻一時之間尚未記起。他伸了個懶腰，深吸一口氣。「哇，真是好一場夢啊！」他喃喃自語道：「我真高興醒來！」他坐了起來，發現佛羅多正安詳地睡在他身邊，一隻手放在枕頭下，一隻手放在胸口──那是右手，第三根指頭不見了。

所有的記憶瞬間全都回到山姆的腦海中，他大喊一聲：「這不是夢！我們到底在哪裡？」

有個聲音在他身後溫和地說：「在伊西立安哪，你們在人皇的照顧下，他在等你們呢！」隨著聲音，穿著白袍的甘道夫走到他面前，他的鬍子像是純白的雪一樣在陽光下閃爍著。「好了，山姆衛斯先生，你覺得怎麼樣？」他說。

山姆躺了回去，瞪大眼睛張大著嘴，一時之間又迷惑又歡喜，竟回答不出話來。最後，他好不容易才擠出聲音：「甘道夫！我以為你已經死了！不過，我也以為我已經死了。難道所有傷心的事都是幻覺嗎？這世界發生了什麼事啊？」

「一股巨大的陰影離開了。」甘道夫說，然後他笑了，那聲音像是音樂、像是久旱之後的甘霖。山姆聽著，這才意識到自己已經有許久、許久不曾聽過笑聲了，純粹因為歡愉而發出的笑聲。這笑聲充滿在他耳中，迴盪勾起他生平所有快樂的記憶。但他自己卻情不自禁掉下淚來。然後，就像春風吹拂過後降下甘霖，太陽出來後大地更顯清新，他收住了眼淚，開始笑起來，笑著跳下了床來。

「你問我覺得怎麼樣？」他大喊著：「我不知道該怎麼形容。我覺得，我覺得──」他揮舞著手臂：「我覺得好像是寒冬過後的春天，像陽光灑在綠葉上；像是號角、豎琴和所有我聽過的音樂加起來一樣！」他停了下來，轉身看著主人。「可是佛羅多先生怎麼樣了？」他說：「他可憐的手受傷了，但我希望他沒別的問題。他經歷了一段很嚴酷的折磨哪！」

「是啊，我別的地方都沒問題。」佛羅多也笑著坐了起來。「山姆，你這個愛睏鬼，我又因為等你等到睡著了。我今天一早就醒了，現在一定快中午了。」

「中午？」山姆試著推算日子。「哪一天的中午？」

「新年的第十四天，」甘道夫說：「或者可以說是夏墾曆法的四月八日[1]。但在剛鐸，從今以後元旦都會從三月二十五日，也就是索倫被推翻，你們被救脫離火海回到人皇懷抱中的那天開始算起。他照顧醫治了你們，現在他正等著你們呢！你們應該和他一起用餐。等你們盥洗完畢，我會帶你們過去。」

「人皇？」山姆說，「什麼人皇，他是誰？」

「是剛鐸的人皇和西方大地的共主，」甘道夫說：「他已經收復了所有古代的領地，他很快就要登基了，但他在等你們。」

「我們該穿什麼？」山姆慌張地說，因為他只看見他們旅途勞頓所穿的破爛衣服，疊起來放在床邊的地上。

「你們去魔多一路上所穿的衣服。」甘道夫說：「佛羅多，即使是你在那黑暗大地上所穿的

1 夏爾的曆法中三月有三十天。

半獸人衣物，也應該保留下來。沒有任何的高貴絲綢，或是戰士的精工鋼甲能比它們更光榮。但稍後我會替你們找一些別的衣服來穿。」

然後，他對著兩人伸出手，他們看見其中一隻手中閃爍著光芒。「你拿著的是什麼？」佛羅多驚呼道：「該不會是——？」

「是的，我帶了兩個寶物來給你們。當你們被救出來的時候，它們在山姆身上找到的。凱蘭崔爾女皇的禮物，佛羅多，這是你的水晶瓶；山姆，這是你的小盒子。你們應該很高興再度擁有它們吧！」

當他們梳洗完畢穿好衣服，隨意吃了頓點心之後，兩名哈比人跟著甘道夫離開。他們走出了之前睡覺所在的山毛櫸樹林，穿過長長一片在陽光下閃閃發亮的草地，周圍是挺拔、樹葉墨綠、開著鮮紅花朵的樹木。他們可以聽見林後傳來瀑布的流水聲，一條小河從他們眼前的花床間潺潺流過，直到來到草地盡頭的綠蔭下，穿過了綠樹形成的拱門，他們望見拱門遠方還有水波反射的光芒。

他們來到林中一處空地，兩人驚訝地看見穿著閃亮盔甲的騎士，和穿著黑銀二色制服的高大衛隊站在這裡，他們都尊敬地向兩人鞠躬致意；接著，一聲長長的號角吹響，他們還是沿著小溪旁的樹林繼續前進。就這樣，他們來到了一片廣闊的綠地上，在草地遠方是條水面泛著銀光的寬闊大河，河中央有一座長滿樹木的小島，河岸邊停靠著許多的船隻。在他們所站的這片平原上聚集了一支大軍，秩序井然地列隊，他們的盔甲在太陽下閃閃發亮。當哈比人走近時，戰士們紛紛拔劍出鞘，敲擊著長槍，吹響號角，用許多不同的語言、不同的音調大喊著：

半身人萬歲！毫不保留讚頌他們！

Cuio i Pheriain anann! Aglar'ni Pheriannath!

毫不保留讚頌他們，佛羅多和山姆衛斯！

Daur a Berhael, Conin en Annûn! Eglerio!

讚美他們！

Eglerio!

A laita te, laita te! Andave laituvalmet!

讚美他們！

Cormacolindor, a laita tárienna!

讚美他們！魔戒持有者，毫不保留讚頌他們！

佛羅多和山姆漲紅了臉，驚訝地看著眼前的一切，靦腆地往前走。接著，他們注意到在這歡聲雷動的人群中，有三個鋪著青草的王座安置在翠綠的草地上。右邊的座位後方，插著一面畫有一匹白色駿馬自由馳騁在綠地上的旗幟；左邊的旗幟則是一艘銀色的天鵝船鼓浪航行在藍海之上；但在中間最高的王座後方，則插著一面迎風招展的大旗，上面是一株盛開的白樹聳立在黑色大地上，白樹上方是閃耀的皇冠和七顆耀眼的星辰。在那王座上坐著一名身披鎧甲的戰士，他的膝蓋上放著一柄長劍，但他沒有戴頭盔。當他們走近時，他站了起來，兩人這才認出對方。他變了許多，變得十分高大威嚴、滿臉笑意，渾身散發著王者之氣，但不變的是那黑髮和灰眸子。

佛羅多奔向前，山姆緊跟在後。「哇！這可真是太棒了！」他說：「如果你不是神行客，我就是還在作夢了！」

「是的，山姆，我是神行客。」亞拉岡說：「從布理一路走來真是漫長啊，你那時一點也不喜歡我的長相，還記得嗎？對我們所有的人來說這都是條漫漫長路，但其中以你們的最為黑暗。」

接著，讓山姆大為驚訝與困惑的是，對方竟然向他們屈膝為禮；然後，他牽起兩人的手，佛羅多在右邊，山姆在左邊，將他們領到王座前，讓他們坐上去，接著，他轉過身，對雲集在旁的人們與將領高聲說：

「毫不保留讚頌他們！」

當眾人的歡呼和掌聲終於平靜下來時，心滿意足的山姆，終於高興地看見剛鐸的吟遊詩人站了出來，單膝跪下，請求王上恩准他開口歌唱。注意啦！他唱道：

「各位！貴族、騎士、奮戰不懈的人們，國王和王子、剛鐸的人們、洛汗的驃騎、愛隆之子、北方的遊俠、精靈和矮人，夏爾勇敢的百姓，以及西方所有的自由之民們，現在請聽我說的故事。我將會吟唱那九指佛羅多和末日魔戒的故事……」

當山姆聽見這歌謠的名稱，立刻高興地哈哈大笑，他興奮地站起來大喊：「喔，真是太棒，太棒了！我的願望全都成真了！」然後他忍不住喜極而泣。

所有在場的人們也是有的歡笑、有的飲泣，在眾人激動的情緒中，吟遊詩人清朗的歌聲如同銀鈴般響起，眾人全都安靜下來。他有時用精靈的語言、有時以通用語，描述著整場偉大的冒險，直到所有的人心中都溢滿了那甘醇的話語。他們的歡愉像利劍一樣切開了陰霾，所有人的情緒都沉浸在悲喜交集的景況裡，眼淚成了醇美如酒的祝福。

最後，太陽越過中天，樹木的陰影也拉長了，他停止了歌唱。「毫不保留讚頌他們！」吟遊詩人跪了下來，行禮道。亞拉岡站起身，所有的賓客也跟著起立，眾人全都進入準備好的帳篷中，用美酒和佳餚慶祝這劫後的喜悅。

佛羅多和山姆被帶到另一座帳篷中，在那裡他們脫下了舊衣服，侍從人員把它們小心恭敬地收起，並遞給他們嶄新的衣物。甘道夫走了進來，令佛羅多驚訝的是，他的臂彎中竟然抱著他在魔多被奪去的佩劍、斗篷和祕銀甲。此外，甘道夫則給山姆帶來了一件鎖子甲和清洗乾淨重新縫補好的精靈斗篷；然後，他將兩柄寶劍放在兩人面前。

「我不想要帶任何的劍。」佛羅多說。

「至少今晚你該佩一把。」甘道夫回答。

於是佛羅多拿了山姆在西力斯昂哥時放在他身邊的那柄劍，「我把刺針送給山姆了。」他說。

「不，主人！比爾博先生是把它送給你的，而那鎖子甲是和它配一套的；他不會希望其他人佩戴它的。」

佛羅多最後只得讓步；而甘道夫竟如他們的侍從般，跪下來替兩人別好腰帶和佩劍，然後將銀色的冠冕套在他們頭上。當他們打扮妥當後，立刻前往參加那盛大的宴會；他們坐在人皇的主桌，在座的有甘道夫、洛汗的伊歐墨王、印拉希爾王子和所有的將領；此外還有金靂和勒苟拉斯。

在肅立默禱之後，兩名隨扈替眾人送上美酒，至少，佛羅多以為他們是隨扈。他們一人穿著米那斯提力斯衛戍部隊的黑銀制服，另一人穿著白色和綠色的衣裝。但山姆覺得很好奇，為什麼這樣的少年會在這麼多重要人物的部隊中服役？接著，等到他們靠近時，他突然驚訝地看清楚了他們是誰，他大聲嚷道：

「哇！佛羅多先生你快看！看這邊！這可不是皮聘嗎？我該說皮瑞格林．圖克先生；這是梅里先生！他們長得好高啊！天哪！我想這下子要說故事的，絕對不只是我們兩個了！」

「一點也沒錯，」皮聘轉向他們說：「等這場宴會結束，我們就會馬上去找你們聊天。現在嘛，你可以找甘道夫談談。他不再像以前那樣守口如瓶了，不過他現在開口都是大笑比較多。梅里和我眼前正忙，兩位應該也看得出來，我們是王城和驃騎直屬的騎士。」

最後，這快樂的一天終於結束了；當太陽下山，圓月緩緩從安都因河的迷霧中升起，從樹葉間灑下白光時，佛羅多和山姆坐在搖曳的樹下，嗅著伊西立安的芬芳；他們和梅里、皮聘以及甘道夫一直聊到深夜，後來金靂和勒苟拉斯也加入了他們。佛羅多和山姆這才知道，當他們在那不幸的一天，在拉洛斯瀑布附近的帕斯加蘭草地上分離之後，遠征隊的成員們都發生了什麼事情；

儘管如此，他們還有許多想要知道、想要問清楚的故事。

半獸人、會說話的樹木、一望無際的草原、奔馳的騎士、閃著幽光的洞穴、白色的高塔、黃金的宮殿、戰鬥、黑色巨艦，這所有的景象都一個接一個的掠過山姆腦海，直到他覺得頭昏腦脹為止。但在這一切之上，他最驚訝的還是皮聘和梅里長高的程度，他讓他們和佛羅多及自己背對背站著比身高。他不禁搔了搔頭，「真不懂你們這種年紀還會發育！」他說：「我看哪，你們至少高了三吋，要不然我就變成矮人了。」

「你絕對不是矮人。」金靂說：「我不是說過了嗎？凡人喝了樹人的飲料，可不會只像喝了杯啤酒那樣簡單啊。」

「樹人飲料？」山姆說：「你又提到樹人了；我實在無法想像他們是什麼。天哪，我們要搞清楚這些事情得花好幾個星期哪！」

「確實是要好幾個星期；」皮聘說：「然後我們得把佛羅多關在米那斯提力斯的高塔裡，強迫他把所有的東西都寫下來。否則，到時他會忘記一大票事情，可憐的老比爾博會很失望的！」

最後，甘道夫站了起來，「王之手是醫者之手，親愛的朋友們，」他說：「但他幾乎用盡所有的力量才把你們從死亡邊緣救回來，並讓你們陷入了遺忘一切的甜美睡夢中。雖然你們已經熟睡了很久，但現在又該是睡覺的時候了。」

「不只是山姆和佛羅多，」金靂說：「還有你，皮聘。光是衝著你讓我們東奔西跑所費的功夫，我不愛你也不行。我也實在無法忘記，在最後一戰時是怎麼在山丘上找到你的。如果不是矮人金靂，你可能早就完蛋了。不過，至少我現在可以從一大堆屍體中分辨出哈比人的腳了。當我把那巨大的屍體從你身上挪開時，我真的以為你已經死了；我差點就把自己的鬍子給拔光。你下床走動也不過才一天而已，你該上床了，我也是。」

「至於我，」勒苟拉斯說：「我想在這片美麗土地上的森林中漫遊，這對我就是足夠的休息了。在未來，如果我的精靈王容許，我們的一部分同胞應該搬到這裡來。當我們來的時候，這裡將會受到我們的祝福，至少暫時如此。暫時的意思是一個月、一生、人類的數百年。安都因河就在附近，而它一路流向大海。向大海！」

向大海，向大海！白色的海鷗鳴叫哪！
風兒吹動，浪花飛揚啊！
往西，往西，圓圓的太陽正落下。
灰船，灰色的巨艦，你聽見他們的呼喊嗎？
是否就是我那先離開同胞的聲音？
我會離去，我會離開那生養我的森林；
我們的時代正要結束，我們的日子已經過去啦！
我會孤單的航向那大海呀！
最後的海岸上浪花飛濺呀！
消失的島嶼上聲音甜美啦，

在伊瑞西亞，在人類永尋不到的精靈之鄉，
樹葉永不凋落，是我同胞永恆的故鄉！

勒苟拉斯邊唱著歌，邊走下山丘進了樹林。

其他人也跟著離開了，佛羅多和山姆回到床上，沉沉睡去。第二天早上，他們在同樣滿懷希望、和平中起床；他們在伊西立安徜徉了很長一段時間。眾人所紮營的可麥倫平原就在漢那斯安南附近，在夜間可以聽見那瀑布從那石門入口落下的聲音，它穿過開滿鮮花的草地，在凱爾安卓斯旁匯入大河安都因。哈比人到處探險，重新拜訪那些他們之前曾經到過的地方。山姆總是希望能夠在某個林間陰影中或祕密處，再度發現那猛瑪的蹤跡。當他知道在剛鐸的攻城戰中出現了許多這種巨獸，但現在已經全被殺死後，他覺得那真是個令人痛惜的損失。

「算啦，我想一個人同時不可能在每個地方，」他說：「但看來，我真的錯過了很多精采的部分！」

與此同時，部隊已經準備好開拔回米那斯提力斯。疲倦的人已經恢復了體力，傷者也都康復了。他們當中有些人還與那些東方和南方部族的殘餘力量打了好幾場仗，直到他們全都投降為止。最後，這些人還深入魔多，摧毀了該地北方的要塞。

不過，當五月漸漸逼近的時候，西方的眾將領又再度出發了。他們搭著船，帶著所有的部下從凱爾安卓斯沿安都因河而下，來到奧斯吉力亞斯。他們在那邊停留了一天，第二天就來到了翠綠的帕蘭諾平原，再度看見位於明多陸因山下潔白的高塔，也就是剛鐸人的王城，西方皇族最後的遺跡。米那斯提力斯穿越劫火，即將迎接新的時代。

他們在平原中央紮營，準備等待第二天清晨。這是五月前的最後一天，在第二天日出時，人皇將回到他的王都。

第五節　宰相與人皇

剛鐸全城都處在巨大的恐懼和疑慮中。晴朗的天氣與燦爛的陽光對那些活在沒什麼希望的日子裡的人，對那些每天清晨都在等著噩耗傳來的人，似乎只是一種嘲笑。他們的城主已經死了又火葬了，洛汗國的驃騎王正停靈在他們的城堡中，曾經在夜晚造訪此城的人皇又再度出戰，去面對那沒有任何力量或是英勇能夠征服的極度黑暗與恐怖。而且，毫無音訊傳來。在部隊離開了魔窟谷，往北走上黯影山脈下的大道之後，就再也沒有任何的信差歸返，也沒有任何的流言從陰沉的東方傳來。

在將領們離開兩天之後，王女伊歐玟命令照顧她的婦女將她的衣服取來，她不聽勸阻，執意要離開病床。當她穿好衣服，將手臂用亞麻布固定好之後，就直接去找醫院的院長。

「大人，」她說：「我憂心如焚，極其難安，我在病床上實在躺不住了。」

「王女，」他回答道：「妳身體還沒康復，而我奉命必須特別照顧妳。我所受到的囑咐是，妳至少還有七天才能下床。我請求妳回去好好休息吧。」

「我已經好了，」她說：「至少我的身體都好了，只除了左手臂，但這也沒多大問題了。如果沒有事情可以讓我做，我會再度病倒的。沒有任何戰場上的消息嗎？那些女人什麼都不知道。」

「沒有任何的消息，」院長說：「我們只知道眾將領已經抵達了魔窟谷；人們說那位從北方來的人是他們的總帥。他的確是名偉大的王者，也是個醫者；而我實在很難理解，為什麼醫人的手也要拿劍呢？剛鐸現在沒有這種人了，但如果古老的傳說是真實的，那麼過去曾經有這樣的人物。然而多年以來，我們這些醫者都只想著要怎麼癒合被人用刀劍砍出的傷口；即使沒有戰爭，我們要做的事也已經夠多了：這世間充滿了傷害與不幸，實在不需要戰爭來湊熱鬧了。」

「院長大人，只要一方有敵意，不是雙方，戰火馬上就會被點燃。」伊歐玟回答道：「沒有刀劍的人還是可能死於刀劍之下。當黑暗魔君在集結大軍時，難道你只讓剛鐸的人民出去收集藥草嗎？就算身體治好了，也不見得會帶來幸福；即使痛苦的戰死沙場，也不見得總是不幸。在這黑暗的時刻，若我獲得允許，我寧願選擇後者。」

院長看著她，她高挑挺立在那兒，蒼白的臉上有一雙神采奕奕的眼睛。當她透過窗戶看向東方時，她的雙拳緊握。院長嘆了口氣，搖搖頭，片刻之後，她又轉回頭來。

「沒有別的事情可以做了嗎？」她說：「現在這座城由誰指揮？」

「我不太清楚，」他回答道：「這些事情不歸我管。洛汗的驃騎有一名將領統帥；而我也被告知，胡林大人負責統領剛鐸的人們。不過，按理而言，剛鐸的宰相還是法拉墨大人。」

「我在哪裡可以找到他？」

「就在這裡，王女。他受了重傷，不過也在漸漸康復中。但我不知道——」

「你願意帶我去找他嗎？這樣你就可以知道了。」

法拉墨正孤單地在醫院的花園中散步，陽光溫暖他的身體，他覺得生命又在他血管中流動起來；但是，當他看向城牆外的東方時，他依舊覺得心情沉重。當院長走過來喚他時，他一轉過身，就看見了洛汗的王女伊歐玟。他心中立刻充滿了同情，因為他看見她身上的傷，他敏銳的目光立時看穿了她的不安和哀愁。

「大人，」院長說：「這位是洛汗的王女伊歐玟。她和驃騎王一起並肩作戰，受了重傷，現在暫住在這裡。不過，她覺得不滿意，想要和王城的宰相談談。」

「大人，不要誤會他了。」伊歐玟說：「我不滿的不是照顧不周；對於想要療養的人來說，沒有別處可以比得上這裡。但是，我無法躺在病床上，整日無所事事，如囚牢籠。我想要戰死沙場，但我沒有如願以償，而世間的戰火卻還未熄滅。」

法拉墨比了個手勢，院長行禮之後就離開了。「王女，妳希望我能做什麼呢？」法拉墨說：「我同樣也是醫生的俘虜。」法拉墨看著她，身為男子，他的同情心深深受到震動，他覺得她那交纏了哀傷的可人氣質讓他心痛不已。她看著他，從他的眼中看見了深沉的溫柔，但自小在驃騎群中長大的她卻也明白，眼前這名男子，沒有任何驃騎能夠在戰場上勝過他。

「妳想要什麼呢？」他又說了：「如果這在我的權限之內，我會盡量協助妳的。」

「我要你對院長下令，讓他允許我出院。」她說。不過，雖然她的話中依然充滿了自信，但她內心卻動搖了，生平第一次，她對自己沒了把握。她猜眼前這名既剛強卻又溫柔的高大男子，大概會認為她是無理取鬧，像個性情不穩定的孩子，無法將單調的事情做到底。

「我自己也是在院長的管理之下，」法拉墨回答：「也還沒有執掌王城的管理權。不過，即使我繼任宰相，我也還是會聽從他的建議，在他的專業範圍內不會忤逆他，除非真有必要。」

「但我不想要療養，」她說：「我想要和我哥哥伊歐墨一樣騎向戰場，更希望能夠效法驃騎王希優頓，戰死沙場，得到榮譽和安息。」

「太遲了，王女，即使妳還有力氣，現在也已經追不上他們了！」法拉墨說：「不過，不管我們願不願意，戰死的命運最後都可能臨到我們身上。如果妳趁現在把握時間聽從醫者的指示休養，到時妳會有更好的準備，能以妳自己的方式去面對它。妳和我，都必須耐心忍受這等待的時刻。」

她沒有回答，不過，法拉墨看得出來，她心中有某種東西軟化了，彷彿是嚴霜在早春的淡淡氣息中開始融解了。一滴淚水從她眼中奪眶而出，滑落她的腮頰，如同一滴晶瑩的雨露。她高傲的頭稍稍低了下去；然後，她小聲的對著他，卻更像是對著自己說：「可是醫生還要我再躺七天，」她說：「而我的窗戶又不是朝向東方。」她的聲音現在聽起來像是一名哀傷的少女。

法拉墨笑了，但他心中卻充滿了同情。「妳的窗戶不是朝向東方？」他說。「這點我可以補救。我會對院長下令。王女，只要妳答應留在這裡接受照顧、好好休息，妳就可以自由隨意地在陽光下在這花園裡散步；這樣妳就可以盡情地往東看，我們全部的希望都寄託在那裡了。妳也會看到我在這裡散步、等待，同樣也是看著東方。如果妳看到我的時候，願意和我說說話，或一起散步，我會比較不擔心。」

於是她抬起頭來，再次看著他的雙眼，蒼白的臉頰染上了紅霞。「大人，我要怎麼減輕您的擔憂？」她說：「我不想聽活著的人說長篇的大道理。」

「那你願意聽我說坦白話嗎？」他說。

「請說。」

「那麼，洛汗的伊歐玟哪，我實說吧，妳很美麗。在我們的山谷和丘陵中，有許多漂亮的花朵，以及更加甜美的少女；但是，至今為止，我在剛鐸所見過的鮮花和少女中，無一及得上妳的美麗和哀傷。或許，只要再過幾天，黑暗就會籠罩我們整個世界，當它來臨的時候，我希望自己能夠堅定地面對它；然而，當陽光依然燦爛時，如果我仍能看見妳的身影，這將使我安心許多。因為妳和我都曾被籠罩在魔影之下，也是同一雙手將我們救了回來。」

「唉，我沒有，大人！」她說：「陰影仍然籠罩著我，請不要寄望我能醫治傷痛！我是名女戰士，我的手並不溫柔。但我還是感謝您的好意，讓我可以不用呆坐在房間中。我會依著王城宰相的恩准，在這園中四處走。」她向他行了個禮，走回屋內。法拉墨依然獨自在花園中徘徊了許久，但他的目光現在望向屋子的時間遠比望向東方還要長。

當法拉墨回到房間後，他召喚院長前來，聽他述說所有他知道的洛汗王女的事蹟。

「不過，王上，」院長說：「我相信您可從跟我們一同住在院裡的半身人口中得知更多；因為他也隨同驃騎王一起出戰，據說最後是和王女在一起。」

於是，梅里被召到法拉墨身邊，在接下來那一天中，他們一起聊了許久，法拉墨知道了很多，遠超過梅里沒有說出口的；現在他明白了為什麼洛汗的伊歐玟會這麼不安、這麼哀傷。在那美麗的傍晚，法拉墨和梅里在花園中散步，但她卻沒有出現。

不過，第二天早晨，當法拉墨離開房間時，他看見了站在城牆上的她。她一身雪白，在陽光中讓人難以逼視。他喚了一聲，她走了下來，兩人並肩在草地上散步，或是坐在樹下，有時沉默，有時交談。接下來的每一天，都是如此。院長從窗戶望見這情形，心中感到非常高興，他是一名醫者，明白有些事情比藥石都還適合治療人們的內心；而事實也顯示，在這局勢動盪黑暗、人心憂慮恐懼的日子裡，他所照顧的這兩個人正在逐漸康復，體力也日漸增強。

就這樣，自王女伊歐玟第一次見到法拉墨以來，這是第五天；這時兩人又再次站在城牆上，看著遠方。依舊沒有任何消息傳來，所有人的心情都很陰鬱沉重。連天氣也不再晴朗，而是變得很冷；昨天夜裡吹起的那陣刺骨北風，越來越強，周圍的大地看起來一片蒼茫冷清。

他們穿著保暖的衣物和厚重的斗篷，伊歐玟全身裹在一件顏色像夏夜般深藍的厚斗篷，在它的領口和摺邊都點綴著銀星。這是法拉墨命人送來，親自為她披上的；他覺得站在身旁的她，實在美麗尊貴如皇后。這件斗篷原是為他母親，安羅斯的芬朵拉斯所訂製的。她的早逝，只給他留下對遙遠過去的美好記憶，以及他生平首次感到的哀傷。對他來說，母親的袍子十分適合美麗而哀傷的伊歐玟。

但現在裹在銀星斗篷下的伊歐玟卻在發抖，她望向北方灰沉沉的大地之上，那寒風的來處，那裡的天空清澈而冰冷。

「妳在看什麼，伊歐玟？」法拉墨問。

「黑門不就在那邊嗎？」她說：「他現在豈不已經到達那裡了？他離開此地已經七天了。」

「七天了，」法拉墨說：「請妳原諒我的唐突：這七天讓我感受到前所未有的歡欣和痛苦。歡欣是因為見到妳，而痛苦，是因為對這邪惡時刻的擔憂和疑慮變得越來越沉重。伊歐玟，現在我不願世界就此結束，不願這麼快就失去我才找到的。」

「大人，失去你所找到的？」她回答，她神情凝重地看著他，但眼神卻是無比的溫柔。「我不知道你在這些天裡所找到的還會失去。但是來吧，朋友，我們還是別談這些了！讓我們什麼都別再說了！我正站在某個可怕的邊緣，在我腳前是黑暗的無底深淵，但我背後是否有光明，我卻不知道；因為我還不能回頭，我正在等待末日的來襲。」

「是的，我們都在等待末日的來襲。」法拉墨說。兩人不再交談；就在此時，風似乎停了，光線黯淡下來，太陽也模糊了，城中和大地上所有聲音都靜下來：沒有一絲風吹、沒有人聲、沒有鳥叫、沒有樹葉搖動，甚至連他們自己的呼吸聲都聽不見；他們的心臟彷彿停止了跳動。時間也靜止了。

他們站在那裡，彼此的手相碰，隨即不自覺地緊緊相握在一起。他們就這樣等待著未知的命運。這時，在遠方的山脈之後，他們看見似乎有團巨大的黑暗之氣升起，像是浪潮一般準備吞沒世間，其上還有著刺眼的閃電；接著，大地傳來一陣震動，他們感到整座城牆都開始搖晃。一聲幽幽的嘆息自他們四周的大地上傳來；突然間，兩人的心臟又再度開始跳動。

「這讓我想到了努曼諾爾。」法拉墨說，卻很驚訝聽到自己開口說話。

「努曼諾爾？」伊歐玟問道。

「是的，」法拉墨說：「也就是西方皇族奠基的地方，洶湧黑暗的巨浪吞沒了綠色大地和山丘，接著是避無可避的黑暗。我經常會夢到這情況。」

「那麼，你認為黑暗即將降臨？」伊歐玟說：「無可避免的黑暗？」她突然向他靠近了些。

「不，」法拉墨看著她的臉說：「這只是我腦海中的影像，我並不知道會發生什麼事。我的理智告訴我，極大的邪惡已經降臨，我們正站在末日的邊緣上。但是我的心卻否定了這想法；我的四肢輕飄飄的，一種理智無法否認的歡樂和希望充滿了我全身。伊歐玟、伊歐玟，洛汗的白公主啊，在這一刻，我不相信有任何的黑暗會停留！」他低下頭，吻上她的前額。

兩人就這樣站在剛鐸王城的高牆上，一陣強風吹起，他們漆黑和金黃的長髮隨風飛揚，在空中糾纏在一起。暗影離去，陽光再現，光明遍灑大地；安都因的河水反射著銀光，城中所有的居民全都不約而同的高聲歡唱，但卻不明白這喜悅來自何方。

在太陽往西落下之前，從東方飛來一隻巨鷹，帶來了西方統帥們出人意料的好消息：

歌唱吧，雅諾之塔的人們，
索倫的國度已瓦解，
邪黑塔也已經崩潰。

歌唱吧，歡慶吧！衛戍之塔的人們，
你們的守衛沒白費，

黑門終被攻破，
人皇勝利通過，
他已得勝凱旋。

歌唱吧，慶祝吧，西方的孩子們，
你們的王將再臨，
他將住在你們中間，
一生一世不改變。

枯萎聖樹將再起，
他將種其於高處，
王城必須受祝福。

所有的人們，歡唱吧！

於是王城上上下下全都高歌歡唱。

接下來的日子無比的晴朗，春夏交際，剛鐸的土地上生氣蓬勃。凱爾安卓斯派來的信差帶來了一切順利的消息，王城準備歡迎人皇的歸來。梅里被召喚率領運送裝載各種物資的車隊前往奧斯吉力亞斯，由該處裝船送往凱爾安卓斯。但是法拉墨沒有去，康復後的他接掌了宰相的責任，雖然掌政的時間短暫，但他的責任是為即將取代他的人做好一切準備。

伊歐玟也沒去，雖然她哥哥派人來請求她前去可麥倫平原。法拉墨對此覺得有些疑惑，但他由於公務繁忙，一直沒有見到她。她依然留在醫院中，孤單地在花園中散步，臉色再次變得蒼白，整個王城中似乎只有她還在苦惱哀傷。院長對此十分憂心，他把這情況告訴了法拉墨。

法拉墨立刻前來找她，兩人再度並肩站在城牆上；他問她說：「伊歐玟，妳哥哥在可麥倫平原上等著和妳慶祝勝利，妳為什麼還在此流連不去？」

她說：「你難道不明白嗎？」

他回答：「可能的原因有兩個，但我不確定是哪一個。」

她立刻回答：「我不想要玩猜謎，說清楚！」

「如果妳堅持的話，好吧，」他說：「妳不去的原因，是因為找妳去的只有妳哥哥，而旁觀伊蘭迪爾的子嗣亞拉岡大人的榮光，如今不會讓妳覺得高興；或者，是因為我不去，而妳想要留在我身邊。也或許這兩個原因都有，而妳在當中無法做出選擇。伊歐玟，妳是不愛我，還是不願意愛我？」

「我希望另一個人能夠愛我！」她回答道：「但我不需要別人的同情。」

「這我知道。」他說：「妳想要獲得亞拉岡大人的愛；因為他的地位崇高、又有權勢，妳希望能夠獲得名望與榮耀，好讓妳超脫這世間平凡的芸芸眾生。妳就像是年輕的戰士仰慕大將一般地愛著他。他的確值得仰慕，他是天生的王者，如今更是當世最有資格統御天下的人。當他只能給妳同情和諒解時，妳寧願什麼都不要，只想要勇敢地戰死在沙場上。伊歐玟，看著我！」

伊歐玟定定的看著法拉墨，法拉墨開口道：「不要輕視一顆溫柔的心所給予的同情，伊歐玟！但我給妳的不是同情。妳自己就是一名高貴而勇敢的女子，也早已為自己贏得留名青史的聲譽；妳是一名美麗的女子，我認為妳美得超越了精靈語言所能描述的極限。我愛妳！我曾經同情妳的哀傷；但現在，即使妳不再哀傷、不再恐懼、不再匱乏，即使妳成為剛鐸最快樂的皇后，我還是會愛妳。伊歐玟，難道妳不愛我嗎？」

於是，伊歐玟的心意改變了，或者可以說，她終於明白了。她的寒冬結束了，太陽普照在她的心中。

「我站在米那斯雅諾，太陽之塔上，」她說：「看哪！陰影已經離開了！我將不再扮演女戰士的角色，也不再和驃騎們共馳，不再以殺戮為樂。我將會成為醫者，熱愛世間所有的生靈。」再一次，她看著法拉墨，說：「我不再想要成為皇后了！」

法拉墨高興的笑了：「好極了！」他說：「因為我也不是皇帝。但是，如果洛汗的白公主願意，我將會迎娶她。如果她願意，我們可以越過大河，在這和平快樂的年代中居住在美麗的伊西立安，蓋一座小小的花園。如果白公主駕臨，那裡的萬物都會欣欣向榮、茁壯滋長。」

「那麼，剛鐸的男子，我必須離開自己的同胞囉？」她說：「你願意讓你驕傲的子民在背後說你：『我們的貴族竟然收服北方女戰士為妻子！難道努曼諾爾的後裔中沒有配得上他的女子嗎？』」

「我不在乎！」法拉墨說。他將她擁在懷中，在燦爛的陽光下吻了她，一點也不在意自己站在高牆上，會有許多人看見。的確，有許多人看見了他們，當他們自高牆上走下來時，兩人周身散發著光芒，他們手牽著手容光煥發地走入醫院。

法拉墨對醫院的院長說：「這是洛汗的王女伊歐玟，現在她已經痊癒了！」

院長開口說：「那我必須請她出院，和她道別，願她再也不要受傷，也不受病痛的折磨。我將照顧她的責任交給王城的宰相，直到她兄長歸來。」

但伊歐玟說：「雖然現在我可以離開了，但我卻願留下來。對我來說，這裡已成了我最蒙祝福的居所。」她一直留在那邊，直到伊歐墨王歸來。

王城中所有的準備都已經就緒；眾多的人們蜂擁前來王城，因為消息已經傳遍了全剛鐸，從明瑞蒙、皮那斯傑林和遠方的海邊，所有能夠抽身前來王城的人都盡快的趕來。城中再次充滿了美麗的孩童與婦女，他們回到自己裝飾著鮮花的家園；從多爾安羅斯來了全地之中琴技最好的豎琴手，還有從蘭班寧來的六弦琴、橫笛、長號的樂手，以及聲音清朗的歌手。

最後一天的傍晚，從城牆上可以看見城外原野上的帳篷，一整夜城中都燈火通明，人們等待著黎明的到來。當太陽在清晨從再也沒有陰影的東方山脈上升起時，全城所有的鐘聲齊鳴，所有的旗幟全都迎風招展；淨白塔上毫無紋章圖案的宰相旗幟，在陽光下銀白賽雪，莊嚴地升起了最後一次。

西方眾將領著部隊朝向城中進發，人們看見他們秩序井然地列隊行進，盔甲在太陽下閃著銀光，如滾滾而來的銀色河流。他們來到了城門前，在距離城牆不遠的地方停了下來。城門尚未重建，只在入口處設了一道屏障，穿著銀黑色制服，拿著出鞘長劍的守衛站在那裡。在屏障前站著攝政王法拉墨，還有基斯地區的統領胡林，以及剛鐸的其他將領；洛汗的王女伊歐玟也領著元帥艾海姆和許多驃騎；在大門的兩邊擠滿了穿著各式各樣衣服，手持鮮美花朵的美麗人民。

在米那斯提力斯城牆前讓出了一大片空地，四周站著剛鐸的士兵和洛汗的騎士，旁邊則是圍觀的剛鐸百姓與各地來的群眾。穿著銀灰色衣服的登丹人從部隊中走出，眾人紛紛安靜下來，亞拉岡大人緩步走在隊伍的最前方。他穿著鑲銀的黑色盔甲，披著一件純白的披風，領口別著一大塊明亮閃爍的綠色寶石；但他的頭上沒有頭盔，只在前額以銀色髮帶繫著一顆明星。在他身邊的是洛汗的伊歐墨、印拉希爾王、穿著白袍的甘道夫，以及讓許多人大吃一驚的四個矮小身影。

「不，表妹！他們不是小孩。」攸瑞絲對身旁從鄉下趕來的親戚說：「他們是派里亞納，是從遠方的半身人國度來的，據說他們在那裡都是赫赫有名的王子。我早就該知道了，我曾經在醫院照顧過一位。他們個子雖小，但都很勇敢。對啦，我跟你說喔，其中還有一位半身人，只帶著隨從就這麼長驅直入那黑暗的國度，靠著自己的力量打敗了黑暗魔君，燒掉了他的高塔，這真是難以相信哪！至少城裡面都是這麼說的。我猜他應該就是那位和我們的精靈寶石走在一起的人。我聽說他們是非常好的朋友。精靈寶石大人也真是個奇人，不過他說話可是不怎麼留情的，但他有顆好心腸，而且他還有一雙能醫治人的手。『王之手就是醫者之手！』我說，他們是這樣才發現的。還有米斯蘭達，他對我說：『攸瑞絲，人們將不會忘記妳所說的話，』然後——」

但攸瑞絲沒有機會把她的話向鄉下來的表妹說完，因為那時號角聲響起，人們再度靜默下來。法拉墨和胡林從城門中走了出來，身後只有四名穿著城堡制服的男子，他們拿著一個拉比西隆樹所打造的大箱子，黑色的箱子鑲著銀邊。

法拉墨在前來的人群中走到亞拉岡面前，跪了下來，說：「剛鐸的最後一任宰相請您接收他的職權！」他遞出一柄白色的權杖；亞拉岡接過權杖，又將它退回，說道：「你的職責並未結束，只要我的王朝存續一日，它就永遠屬於你及你的子孫。現在請執行你的職權吧！」

法拉墨站起身來，用清朗的聲音宣布道：「剛鐸的人們哪，請聽這個國家的宰相宣布！看哪！終於，我國的人皇歸來了。這位是亞拉松之子亞拉岡、亞爾諾登丹人的首領、西方聯軍的總帥、北方之星的主人、重鑄聖劍的持有者，他自大戰中凱旋歸來，雙手醫治人們的傷痛。他是精靈寶石，伊西鐸之子瓦蘭迪爾的直系後裔伊力薩，努曼諾爾之伊蘭迪爾的血脈。他應該成為人皇，進入王城並居住在其中嗎？」

所有的群眾異口同聲的大喊：**好！**

攸瑞絲對親戚說了：「這只是我們王城中的傳統啦，因為他之前已經進來過了，我告訴妳，他對我說——」她又被打斷了，因為法拉墨再度開口：

「剛鐸的人們，根據傳統，人皇應該在他父親死前從他的手中接過皇冠；如果那無法做到，他就必須獨自進入先皇的陵寢，從他父祖的手中取過皇冠。但是，現今的情況使得事情必須以另外的方式進行，我以宰相的職權，今日從拉斯迪南取出了最後一任人皇伊雅努爾的皇冠，伊雅努爾的年日在我們古老祖先的時代中就已經結束了。」

守衛們走上前，法拉墨打開箱子，拿出一頂古老的皇冠。它的形狀類似城堡守衛的頭盔，只是更華麗，並且是純白色的，兩邊的翅膀是由白銀和珍珠所鑲成，如同海鳥的翅膀，因為這是渡海而來的皇族象徵；冠冕上有七枚鑽石鑲成一圈，在冠頂上鑲有一枚散發著火焰般光芒的寶石。

亞拉岡收下皇冠，高舉著它大喊道：

Et Eärello Endorenna utúlien. Sinome maruvan ar Hildinyar tenn' Ambar-metta!

這是當伊蘭迪爾乘著風越過大海來到此地時所說的話：「我越過大海，來到了中土大陸，我和我的子嗣將居住此地，直到世界的末了。」

然後，讓眾人訝異的是，亞拉岡並沒有將皇冠戴上，他將它又遞還給法拉墨，並且說：「我是在許多人的努力和犧牲下，才能得以繼承王位。為了表示紀念此事，我希望魔戒持有者能將皇冠遞上，讓米斯蘭達替我戴上，若他願意的話；因為他是在背後推動使這一切得以成就的功臣，這是他的勝利！」

佛羅多走向前，從法拉墨手中接過皇冠，並將它交給甘道夫；亞拉岡跪了下來，甘道夫為他戴上皇冠，並且大喊：

「人皇統治的日子再度開始了，願主神在位的日子你們始終蒙受祝福！」

當亞拉岡再度起身時，所有的人都震懾無言地凝望著他，彷彿這是他第一次向他們顯現出真面目。他像遠古的帝王一樣高大，高過他身旁所有的人；他看起起來歷盡風霜，卻正值壯年，臉上有著睿智，手中有著力量和醫治人們的能力，他周身散放著光芒。法拉墨大喊著：

「看哪！人皇駕到！」

就在那時，所有的號角齊鳴，伊力薩王走到城門前，胡林將屏障推開；在豎琴、六弦琴、長笛與清脆歌聲所交織的悅耳音樂聲中，人皇穿越了遍地鮮花的街道，來到了城堡，直接走了進去；城堡高塔的頂端展開了聖樹和星辰的旗幟，人皇伊力薩的統治就此展開，許多詩歌傳頌著它的故事。

在他統治的期間，這座城市變得比過往任何時期都更美麗，甚至超越了它全盛時期的雄偉輝煌；城中遍植樹木，布滿噴泉，大門是由祕銀和鋼鐵鑄造，街道上鋪著白色的大理石；山中的子民來此努力工作，森林的子民歡欣鼓舞地前來此地；一切的創傷都被醫治、康復，家家戶戶都充滿了男人、女人和孩子的笑語，不再有閒置的空屋和荒廢的庭園；在世界的第三紀元結束，新紀元展開之時，這裡保留了過去的記憶和榮光。

在人皇加冕之後一連數日，他在大殿的王座上宣布了許多政令與判決。各地百姓的使節紛紛自東方、南方，以及幽暗密林和西方的登蘭德前來。人皇饒恕了那些投降的東方人，並且讓他們自由離開，他也與哈拉德的居民簽訂了和約；他並釋放了魔多的奴隸，將內陸海諾南附近的土地賞賜給他們屯墾。許多人來到他面前接受表揚，並論戰功行賞；最後，衛戍部隊的隊長帶著貝瑞貢前來接受審判。

人皇對貝瑞貢說：「貝瑞貢，在你的劍下，皇家聖地灑上鮮血，那是絕對禁止的。同時，你也在未經城主或隊長的准許下擅自離開了崗位。按照過去的規矩，你犯的都是死罪。因此，現在我必須宣布對你的判決。」

「由於你在戰爭中的英勇，更因為你所行一切是出於對法拉墨大人的敬愛，所以我免去你的死罪。不過，你還是必須離開城堡的衛戍部隊，離開米那斯提力斯城。」

貝瑞貢的臉瞬間沒了血色，他受到重重一擊，不禁低下了頭。但人皇又說了：

「事情必須如此，因為，你將加入聖白部隊，伊西立安王法拉墨的禁衛軍，你將擔任這衛隊的隊長，並且居住在艾明亞南，終身效忠這位你冒性命之險拯救他免於一死的君王！」

貝瑞貢這才看清人皇的慈悲與公正，他十分高興，立刻跪下來親吻他的手，心滿意足地離開。亞拉岡將伊西立安賜給法拉墨，成為他的封地，請他居住在艾明亞南，在王城的視線範圍中。

「因為，」他說：「魔窟谷的米那斯伊西爾應該徹底摧毀，雖然日後它將會恢復舊觀，但人們會有許多年無法居住在該處。」

最後，亞拉岡會見洛汗的伊歐墨，他們互相擁抱，亞拉岡說：「我們之間無法用賞賜和給予來論斷，因為我們是好兄弟。年少的伊歐從北方前來得正是時候，從來沒有任何的聯盟是這樣受祝福的，也沒有任何一方曾讓另一方失望，現在不會，將來也不會。現在，如你所知，我們已經將留名青史的希優頓，暫時停靈在我們皇朝的陵墓中，如果你願意，他會永遠和我朝的統治者安息在一起。或者，如果你覺得不妥，我們也可以將他護送回洛汗，讓他和子民們團聚。」

伊歐墨回答：「從我們在草原上相遇的那天起，我就十分的敬愛你，這敬愛將永不褪色。但是，現在我必須先回到自己的國家，那裡有許多我必須整治重建的事。至於先王，當我們都準備好的時候，我們會回來迎接他的，就讓他先在這裡休息一陣子吧。」

伊歐玟對法拉墨說：「現在我必須先回到我的國家，再次看看它，並且協助我哥哥重建一切。等到我敬愛如父的那位移靈返鄉安息後，我會回來的。」

慶祝的日子結束了；五月八日，洛汗的驃騎準備妥當，從北方大道向家園進發；愛隆的兒子也隨他們一同離去。四周都是夾道歡送的群眾，一路從城門送到帕蘭諾平原的外牆。居住在遠方的人們也趕回來一同慶祝；但城中還有許多志願的人們在努力進行重建與修復的工作，希望能清除戰爭所留下來的一切醜陋傷痕。

哈比人依舊留在米那斯提力斯，勒苟拉斯和金靂也在，因為亞拉岡不願見到遠征隊再度解散。「雖然天下無不散的宴席，」他說：「但我請你們稍微再等一下，因為你們參與我所努力的事尚未全部完成。我這輩子一直等待的一天就快來臨了，當它到來時，我希望我的朋友都在身邊！」但他不願意進一步透露有關那天的事。

在那些日子裡，魔戒的遠征隊員們與甘道夫一起住在一棟美麗的大屋裡，他們自由自在的四處閒逛。佛羅多對甘道夫說：「你知道亞拉岡所說的是什麼日子嗎？我們在這邊過得很高興，也不想要走，但時光飛快流逝，而比爾博還在等我們；並且，夏爾畢竟才是我的故鄉。」

「說到比爾博，」甘道夫說：「他也在等待這一天，因此他知道是什麼留住了你們。至於時光流逝這部分，現在才不過是五月中，盛夏還沒到來；雖然一切似乎都有了天翻地覆的變化，好像過了一個紀元，但對那些花草樹木來說，你離開還不到一年呢。」

「皮聘，」佛羅多說：「你不是說甘道夫不再像以前一樣守口如瓶了嗎？我想那時他只是太累了，現在又變回老樣子啦。」

甘道夫說：「許多人都喜歡先知道宴會桌上會有什麼菜，但那些努力準備佳餚的人則是喜歡保密；因為驚喜往往會獲得更多的稱讚。亞拉岡自己也在等待同樣的徵兆。」

有一天，甘道夫不見了，眾人都很懷疑到底發生了什麼事情。甘道夫在夜裡悄悄地帶亞拉岡出城，將他帶到了明多陸因山的南邊山腳；他們在那邊找到了一條古代鋪設的道路，如今已無人敢走了。因為它通往位於山中高處的聖地，那裡向來只有人皇可以前去。他們沿著極陡的斜坡往上走，最後來到了積雪山巔下的一塊高地，從這裡可以俯瞰聳立在王城後方的懸崖。兩人站在那裡遍覽眼前的大地，因為早晨已經來臨；他們看著王城的塔樓在遠處下方如同一支支白色的筆在旭日中閃耀，整個安都因河谷如同美麗的花園，黯影山脈則是籠罩在金色的迷霧中。在這一邊，他們的目光望向灰色的艾明莫爾，拉洛斯瀑布像是遠方的星辰一樣閃耀；在另外一邊，他們看見大河如同緞帶般延伸向佩拉格，在那之後的天際有一片亮光，那應該是大海的位置了。

甘道夫說了：「這是你的王國，也是將來更廣闊之疆域的核心。這世界的第三紀元已經結束了，新紀元開始了；你的工作是規劃好這新開始，保留所有值得保留的事物。雖然有許多事物得到了拯救，但如今也有許多事物必然從此消逝；精靈三戒的力量也消失了。眼前所有你所看見的大地，以及環繞在它四周的所有土地，都將成為人類居住的地方。人類統治的時代來臨了，那支古老的親族將會消逝或離去。」

「我很清楚，老友，」亞拉岡說：「但我依然願意聆聽您的教誨。」

「不會太久了；」甘道夫說：「我是屬於第三紀元的。我是索倫的敵人，而我的工作已經完成了。我很快就會離開，接下來的重責大任將會由你和你的子孫來承擔。」

「但我的壽命有限，」亞拉岡說：「因為我只是個壽命有限的凡人，雖然我繼承了西方皇族純粹的血統，讓我可以擁有比一般人長的壽命，但這也只是轉眼一瞬；當現在還在母腹內的嬰兒也出生、成長並衰老時，我也將和他們一同衰老。那時，如果我的願望不能實現，又有誰能統御剛鐸、能夠滿足萬民的期待？聖泉庭園中的聖樹依舊枯萎荒蕪，我什麼時候才能看到它再有生機呢？」

「把你的臉轉離綠色的大地，看看那看似荒涼和冰冷的地方吧！」甘道夫說。

亞拉岡轉過頭，在他背後是一座從積雪覆蓋邊緣延伸而下的山坡；當他仔細看去，他注意到了在這一片荒蕪中，有一樣生機蓬勃的事物。他爬上斜坡，發現就在積雪的邊緣，有株不到三呎高的小樹；它已經冒出了修長優雅的樹葉，葉面深綠，葉底銀白，在它纖細的頂冠上，長著一小簇花朵，它白色的花瓣在陽光下如白雪般晶瑩閃亮。

亞拉岡大呼一聲：「Yé! utvienyes! 我找到了！啊！這是那最古老聖樹的幼苗！可是，它怎麼會來到這裡？它看來才不過生長了七年左右。」

甘道夫走到他身邊，看著小樹說道：「這的確是聖樹寧羅斯的後裔，寧羅斯源自佳拉西理安，而佳拉西理安又是最古老的聖樹泰爾佩瑞安的子嗣。誰知道它怎麼會在這命定的一刻出現呢？但這裡是古時的聖地，在王室的血脈斷絕，庭園中的聖樹枯萎之前，一定有人將果實帶到此地種下。根據傳說，聖樹極少結果，但它們的果實卻可以休眠許多漫長的年歲，沒有人知道它什麼時候會再度甦醒。要記住這點。如果它再度結果，請你將它種下，不要再讓聖樹的傳承斷絕於世。它一直隱藏在這山中，就像伊蘭迪爾的後裔隱藏在北方的荒原中一樣。不過，人皇伊力薩，聖樹寧羅斯的傳承可比你的家譜要悠久多了！」

亞拉岡輕柔地碰觸那小樹，看哪！它似乎只是淺淺地附在土地上，毫無損傷地就被拔了起來；亞拉岡小心翼翼地呵護著它回到城堡中。於是，枯萎的老樹被恭敬地挖起，他們並不將它燒毀，而是讓它和眾王一起安息在拉斯迪南。亞拉岡將新樹種在園中的噴泉旁，它開始迅速又高興地生長，等到六月時，它已經開滿了花朵。

「這就是所賜下的預兆了！」亞拉岡說：「那一天不遠了。」他派出瞭望員站在城牆上時時觀望。

在夏至前一天，信差從阿蒙丁山上趕來王城，通報有一群美麗的騎士從北方而來，他們已經接近了帕蘭諾之牆。人皇說道：「他們終於來了；全城做好準備吧！」

就在那夏至前夕的傍晚，當天空澄藍得如同藍寶石一般，白色的星辰在東方閃爍，西方依舊一片金黃，清涼的空氣中充滿了芬芳時，騎士們沿北方大道來到了米那斯提力斯的城門前。為首的是愛羅希爾和愛拉丹，他們手中拿著銀色的旗幟，然後是葛羅芬戴爾、伊瑞斯特以及瑞文戴爾所有的居民。緊接在後的是凱蘭崔爾女皇和羅斯洛立安之王凱勒鵬，他們騎著白馬，率領著許多美麗的子民一同前來，這些精靈披著灰色的斗篷，髮間鑲著美鑽；最後，則是精靈和人類之中獨一無二的愛隆，他手中拿著安努米那斯的權杖，在他身邊騎在一匹灰色駿馬上的是他女兒亞玟，她同胞眼中的暮星。

當佛羅多看著她在暮色中閃爍前來，她的前額點綴著星辰，渾身散發著甜美的香氣，他不禁深感驚喜，他對甘道夫說：「現在我終於明白我們為什麼要等待了！這就是真正的結局。從此之後，不只白晝會受人喜愛，連黑夜也變得無比美麗，深受祝福，所有的恐懼都過去了！」

人皇出來迎接賓客，他們紛紛下馬；愛隆交出權杖，並將他女兒的手交給人皇，他們兩人一起走進王城，天空中的所有星斗全都綻放出光華。伊力薩王亞拉岡就在夏至那天，在剛鐸的王城中迎娶亞玟．安多米爾，他們漫長的等待和努力終於來到了圓滿的終曲。

第六節　眾人別離

歡欣慶祝的日子終於結束了，遠征隊的夥伴們也想著要歸回自己的家園了。佛羅多去找伊力薩王，他正與皇后亞玟一起坐在噴泉邊，她唱著瓦林諾的歌曲，而聖樹又長高了，並且枝頭開滿繁花。他們不約而同的起身歡迎佛羅多，亞拉岡說：

「佛羅多，我知道你來這邊是要說什麼，你想要回家了。我最親愛的朋友，聖樹得在其祖先生長的土地上才能生長茁壯，但對你來說，整個西方的國度都會永遠歡迎你。雖然你的同胞在偉大的傳說中不曾有過顯赫的聲名，但現在他們將擁有比許多消失的國度更知名的聲譽。」

「我的確是想要回夏爾了；」佛羅多說：「不過，我必須先回瑞文戴爾。如果說在這完美的一刻我還想要什麼，那就是我親愛的比爾博了。當我發現他沒有和愛隆的子民一起過來時，覺得很難過！」

「魔戒持有者，對此你有所疑惑嗎？」亞玟說：「你應該明白那已經被摧毀的東西所擁有的力量，所有受它影響而產生的效果都已經開始消失。你的長輩擁有這樣東西的時間比你久，以你們種族的壽命來說，他已經非常老了。他正在等你，除了最後一趟旅程，他不會再做任何長途跋涉了。」

「那我請求您允許我盡快離去！」佛羅多說。

「七天之內我們就出發。」亞拉岡說：「我們想要遠遠送你一程，甚至遠到洛汗國。三天之內，伊歐墨就會回來護送希優頓回驃騎王國安息，我們會與他同行，以表示對亡者的敬意。在你走之前，我重複法拉墨之前對你說過的話，你在剛鐸的國度中永遠可以自由來去，你所有的夥伴也是一樣。如果我有任何禮物可以配得上你所立下的功績，你都有資格獲得；而任何你想要的東西，你也都可以帶走，我將會用諸侯的禮儀護送你們。」

皇后亞玟開口說：「我給你一個禮物。我是愛隆的女兒，在他起程前往海港時，我將不會隨他一起去。我做了和露西安一樣的選擇，像她一樣，我選擇了甜蜜與痛苦。不過，魔戒持有者，當時機到來時，如果你想要，你可以取代我的位置。如果你所受的傷仍然使你痛苦，你承受過的重擔依然讓你困擾，那麼你應該前往西方仙境，讓你所有的創傷和疲倦全都獲得醫治。不過，現在請先戴上這個，紀念曾經和你相遇的精靈寶石和暮星！」

她取下掛在胸前的銀鍊，上面繫有一顆像星辰般的白色寶石，她將鍊子戴在佛羅多的項上。「當恐懼和黑暗的記憶折磨你時，」她說：「這會給你帶來力量。」

三天之後，正如人皇所說的，洛汗的伊歐墨來到了王城，隨同他前來的是洛汗國最俊美的驃騎們。他受到隆重的歡迎，當眾人在歡宴之廳坐定後，他注意到了眼前女子們的天仙美貌，心中感到吃驚不已。當他休息之前，他派人請矮人金靂過來，他對他說：「葛羅音之子金靂啊，你準備好你的斧頭了嗎？」

「不，大人，」金靂說：「但如果你有需要，我可以很快拿過來。」

「這交給你來判斷。」伊歐墨說：「因為我們似乎還要解決我當年所妄下的，有關黃金森林女皇的斷語；現在我已經親眼目睹了她的美麗。」

「大人，」金靂說：「那你現在怎麼說？」

「真可惜！」伊歐墨說：「我還是不願意說她是這世上最美麗的女子。」

「那我必須去拿斧頭了。」金靂說。

「不過，請你先容我解釋一下。」伊歐墨說：「如果我在其他的地方看到她，我所說的一定會讓你如願。但是，現在我必須將亞玟皇后擺在第一位，而我也已經準備好為她而戰了。我需要去拿我的寶劍嗎？」

金靂深深一鞠躬。「不，我可以體會您的看法，大人。」他說：「你選擇了暮色，但我愛的是晨光。我心中明白，這晨光很快就會消逝在世間。」

最後，出發的日子到了，隆重而美麗的隊伍已經集結好，準備由王城向北進發。剛鐸和洛汗的統治者前往聖地，進入拉斯迪南的陵寢，他們用黃金的擔架抬起了希優頓王的遺體，肅穆地通過王城。然後，他們將擔架放上高大靈車，四周有洛汗驃騎護衛，前方插著他的旗幟。身為隨扈的梅里坐在車上，手中捧著先王的武器。

其他夥伴也都是依照身分排列騎在隊伍中；佛羅多和山姆衛斯騎在亞拉岡身邊，甘道夫騎著影疾，皮聘和剛鐸的騎士一起；而勒苟拉斯和金靂，仍是共同騎著阿羅德。

壯盛的隊伍中還有皇后亞玟，凱勒鵬與凱蘭崔爾及其子民們，愛隆與他兒子；此外還有多爾安羅斯王和伊西立安王，以及許多的將領和騎士。驃騎王國中，從未見過像這次護送塞哲爾之子希優頓返鄉這麼盛大的隊伍。

他們不疾不徐、平靜地進入安諾瑞安，來到了阿蒙丁旁的灰色森林；他們在那聽見了山丘中有著鼓聲迴盪，但卻看不見任何的生靈。亞拉岡下令吹響號角，傳令官們大聲宣布道：

「聽著，伊力薩王駕到！他將督伊頓森林賜給剛布理剛和他的同胞們，讓他們永遠自給自足；從此之後，沒有人可以擅自進入他們的土地！」

鼓聲轟然雷鳴，然後就消失了。

經過了十五天的旅程，希優頓王的靈車越過了洛汗的大草原，來到了伊多拉斯；他們全都在該處停歇。黃金宮殿中掛滿了美麗的帷幔，燈火通明，光輝四射，人們在那邊舉辦了有史以來規模最大的盛宴。經過三天的準備，驃騎的人們為希優頓舉行了喪禮；他的遺體被安放在一座石屋中，陪葬的是他的武器和許多他生前使用過的美麗物品，在他上方興建了一座巨大的墓丘，上面遍植綠草和永誌花。從此之後，墓地的東方就有了八座墓丘。

然後，王室的驃騎們騎著白馬，繞著墓塚走，吟唱著王的吟遊詩人葛里歐溫為塞哲爾之子希優頓所作的詩歌。從那之後，葛里歐溫就封琴退隱，再也不作任何的歌曲。驃騎們緩慢吟誦的歌聲讓那些聽不懂他們語言的人也大為感動，但那詩歌讓洛汗的子民們無不眼中發亮，彷彿又聽到了伊歐領著同胞從北方奔馳而來的如雷蹄聲，以及他高呼著加入凱勒布蘭特平原一戰的景象；諸王的傳奇繼續下去，聖盔的號角在山中迴盪，直到黑暗降臨，希優頓王重生，穿越黑暗，踏入烈火，在太陽帶著希望重新在黎明時照耀著明多陸因山時，光榮地戰死在沙場上。

破疑惑，穿黑暗，向光明，
拔長劍，陽光中引吭歌，
希望重燃，獻出己身；
超越死亡，征服恐懼，消弭末日，
克服失落，征服生命，永恆的榮光！

梅里站在那綠色的墓丘下，嚎啕大哭，當歌曲結束時，他挺身大喊道：「希優頓王，希優頓王！安息吧！你待我如父，但那時間卻太短了。永別了！」

當喪禮結束，婦女的哭泣止息後，希優頓從此長眠在他的墓穴中。隨後人們聚集在黃金宮殿中舉行盛宴，忘卻那悲傷；因為希優頓已活足了年歲，並且死得光榮，絲毫不遜於他最偉大的先祖。接著，依照習俗，他們應當為驃騎歷代的先王敬酒；洛汗的王女伊歐玟走了出來，她如同陽光一般燦爛、和新雪一樣的潔白，她將滿滿的一杯酒遞給伊歐墨。

吟遊詩人和史官走了出來，依序朗誦所有驃騎王的名號：年少伊歐，建宮的布理哥；匹夫之勇的巴多之弟艾多，佛瑞亞、佛瑞亞溫，葛德溫、迪歐和格蘭，以及當驃騎全國被占領，躲在聖盔谷的聖盔；這就是西邊九座墓丘的傳承，那時，他們的血脈中斷了，接下來的是西邊的墓丘：聖盔的外甥佛瑞拉夫，然後是里歐法、瓦達、佛卡、佛卡溫、范哲爾、塞哲爾，以及最後一任的希優頓。當詩人念到希優頓時，伊歐墨一口將美酒飲盡。然後，伊歐玟吩咐侍從為眾賓客斟酒，所有的人全都起身，向新王乾杯，大聲歡呼：「萬歲，伊歐墨，驃騎王！」

最後，當宴會到了尾聲時，伊歐墨站起來，宣布道：「這是希優頓王喪禮的宴會，但我在大家離開之前，要宣布另一件喜訊。我知道，如果我不這麼做，他會不高興的，因為他一直是把我妹妹伊歐玟當作自己的女兒。各位來自各地的貴客聽著，這座殿堂中從未接待過像諸位這樣的好客人！法拉墨，剛鐸的宰相，伊西立安王，向洛汗王女伊歐玟求婚，請她委身於他，而她也同意了。因此，他們將在諸位見證下正式訂婚。」

法拉墨和伊歐玟走上前，手牽著手，所有的賓客歡喜地向他們敬酒祝賀。「就這樣，」伊歐墨說：「驃騎國和剛鐸之間的友誼有了更堅固的新關係，我為此感到更加高興！」

亞拉岡說：「伊歐墨，你可真是豪爽啊！竟然肯把國度中最美的寶物，賞賜給我們！」

伊歐玟看著亞拉岡的雙眸，說道：「請祝我幸福，我的醫者和王上！」

他回答道：「自從我第一次見到妳，就希望妳能永遠幸福。看到妳有了好歸宿，我更加感到欣慰！」

在宴會結束之後，要離開的人們紛紛向伊歐墨王告別。亞拉岡和騎士們，以及羅瑞安和瑞文戴爾的子民都準備離開；但法拉墨和印拉希爾預備停留在伊多拉斯，亞玟暮星也留了下來，她在此和兄弟們道別。沒有人看見亞玟與父親最後會面的情景，因為他們走到山裡，在那裡長談了許久。三人這次一別，再也不曾重逢。

最後，在眾人要離開之前，伊歐墨和伊歐玟來到梅里面前，他們說：「再會了，夏爾的梅里雅達克，驃騎國的英雄霍德溫！願你迎向好運，我們隨時都歡迎你回來！」

伊歐墨繼續道：「單只是為了你在蒙登堡的英勇表現，古代的君王就會賞賜你滿滿一車的寶物；但是，你說你什麼都不要，只要那賜給你的武器和盔甲。我勉強可以同意，因為我的確沒有禮物可以配得上你的表現和勇氣。但是，我妹妹請你收下這個，當作對德海姆，以及對在破曉時吹響的驃騎號角聲的紀念。」

伊歐玟送給梅里一個古老的號角，小巧玲瓏，由純銀精工打造，上面繫著美麗的綠色緞帶；製造者從號角尖到號嘴，以盤繞的方式雕刻了一排策馬奔馳的騎士，並刻了許多擁有強大力量的符文。

「這是我們家族的傳家寶。」伊歐玟說：「它是矮人打造的，是從巨龍史卡沙的寶庫中找到的。年少伊歐將它從北方帶來。任何在危機中吹響它的人，都可以讓朋友心中充滿喜悅、讓敵人感到恐懼，所有聽見的朋友都將前來相助。」

梅里收下了這禮物，因為他無法拒絕對方的好意，他親吻了伊歐玟的手；他們擁抱著他，三人暫時分別了。

賓客們準備妥當，在飲過餞別酒後，眾人帶著友誼和祝福離開，不久之後來到了聖盔谷，他們在這裡休息了兩天。勒荀拉斯實踐承諾，和金靂一同進入那閃耀的洞穴；在他們回來之後，他完全沉默不語，只肯說只有金靂能夠找到恰當形容它們的話語。「在此之前，矮人從來無法在言語上取勝於精靈；」他說：「到時我們一定要去法貢森林好好逛逛，讓我扳回一城！」

他們從深溪谷騎向艾辛格，看見了樹人們忙碌的成果。整圈的石牆都被推倒，所有的岩石也都被搬走了，裡面的空地已被改造成一個滿是蘭花和樹木的花園，一條小溪流穿其中。在正中央有一個清澈小湖，高大、堅不可摧的歐散克塔就矗立在湖中央，水中倒映著它黑暗的表面。

旅人們在艾辛格從前舊城門的地方坐了一下，那邊栽了兩株像是衛兵一樣的高大樹木，也是通往歐散克的林蔭大道的起點。眾人驚訝地看著眼前所完成的龐大工程，但無論遠近都找不到任何的生物。接著，他們聽見了**呼姆**，**呼姆**的聲音，樹鬍大步地從林蔭道上走過來歡迎他們，快枝就在他身邊。

「歡迎來到歐散克的樹園！」他說：「我知道你們要來了，但我在山谷裡忙得脫不了身，那邊有好多事情得完成哪。不過，我聽說你們在南方和東方也沒閒著，而所有我聽到的都是好消息，非常好的消息！」樹鬍讚美著他們的成就，似乎對所有的事都十分清楚；最後，他停了下來，仔細打量著甘道夫。

「呼，哇，」他說：「最後還是你最厲害，你一切的努力都有了成果。你現在要去哪裡？你又為什麼來這裡呢？」

「吾友，我是來看看你的工作進展如何，」甘道夫說：「並且感謝你們付出的一切。」

「**呼姆**，好啦，你這麼說的確很公平，」樹鬍說：「樹人的確也在其中扮演了重要的角色；

不只是對付那個，**呼姆**，該死的曾住在這裡的砍樹人。還對付了那些**布拉魯**，那些眼睛邪惡手黑腿彎心壞手爪肚臭嗜血的傢伙，morimaitesincahonda，**呼姆**，好啦，由於你們都是比較急躁的人，要說完他們的名字可能會令你們都受不了了；總之，就是那些該死的半獸人。他們越過大河，從北方過來，包圍了整座羅瑞林多瑞安森林，但他們還是進不去，這都要感謝這邊兩位偉大的朋友——」他向羅瑞安的兩位統治者行禮。

「這些該死的醜惡傢伙，在沃德這邊碰上我們更是大吃一驚，因為他們之前從未聽說過我們；不過可能有些好人也會這麼說。以後也不會有多少半獸人記得我們，因為我們沒放過多少，大河吞沒了其中的大部分。不過，你們運氣很不錯，如果半獸人不是遇見我們，那草原之王就無法趕那麼遠，就算他趕到了，回來時也可能變得無家可歸了。」

「我們都知道，」亞拉岡說：「伊多拉斯或米那斯提力斯都永遠不會忘記你們！」

「即使對我來說，**永遠**都是一個太久的字眼。」樹鬍說：「你的意思應該是說，只要你的王國還存在，就不會忘記我們。不過，我相信你的王國的確會存在很長一段時間，連我們樹人都會認為那是**很久**。」

「新的紀元開始了，」甘道夫說：「這個紀元或許會證實，人類的王國將比你們的更長久哪，法貢吾友。對了，說到這個，請問我交給你們的任務辦得如何？薩魯曼怎麼樣了？他還沒厭倦歐散克嗎？我想他應該不會感謝你們改善了他窗外的風景吧？」

樹鬍打量了甘道夫好一陣子，梅里覺得幾乎可以從他眼中看見他的機靈。「啊！」他說：「我知道你會提到這個的。厭倦了歐散克？他最後真的非常厭倦了；但其實他厭倦的是我的聲音，而不是那座高塔。**呼姆**！我好好跟他說了一段很長的故事，至少，按你們的說法而言算是很長了。」

「那他為什麼會留下來聽？你進入了歐散克嗎？」甘道夫問道。

「**呼姆**，不，沒有進去歐散克！」樹鬍說：「但他曾走到窗邊聆聽，因為他沒有別的辦法可以知道外面的消息。雖然他痛恨所聽見的事，但他還是非常想要聽，我也知道他全都聽進去了。而且，我還在消息中加了很多可以讓他好好思考的內容。他後來變得非常疲倦。他總是急躁匆忙，那就是他失敗的原因。」

「親愛的法貢，我注意到，」甘道夫說：「你非常小心地使用過去式來說他；現在呢？他死了嗎？」

「不，就我所知，他還沒死，」樹鬍說：「但他已經離開了。是的，他已經離開七天了。是我讓他走的。當他爬出來的時候，他已經不成人形了；至於他那個蟲一樣的僕人，更是只像個蒼白的鬼影子。好啦，甘道夫，不要跟我說教，我知道我答應過你要好好看管他的；我沒忘記。但情況後來就改變了嘛；我一直看管著他，直到他不能作惡為止。你應該知道，我最痛恨的就是囚禁生靈，如果沒有絕對的必要，我連這樣的傢伙都不願意囚禁。沒有毒牙的蛇，應該可以自由來去。」

「你或許說的沒錯，」甘道夫說：「但我想這毒蛇還剩一顆牙，那就是他的甜言蜜語。我猜，在他知道你心中的弱點之後，他連你——樹鬍都說服了。好吧，他已經走了，沒什麼好說的了！歐散克塔現在物歸原主，該回到人皇的手中，雖然他可能用不著這裡。」

「這我們以後才會知道。」亞拉岡說：「但我會把這山谷賜給樹人，讓他們隨自己的意思整治，我只要求他們看守歐散克，未經我的同意不許人們隨意進入。」

「它鎖上了。」樹鬍說：「我讓薩魯曼鎖上它，並把鑰匙交給我。現在鑰匙在快枝身上。」

快枝鞠了個躬，像是被風彎了腰的樹，他遞給亞拉岡兩把精雕細琢的黑色大鑰匙，中間由一個鋼環固定住。「我再度向兩位道謝，」亞拉岡說：「我必須向兩位道別了。願你們的森林再度於安詳中茁壯。當這座山谷變得擁擠時，山脈西邊還有很多空間可以使用，你們以前也曾經在那邊行走過。」

樹鬍的表情變得十分哀傷，「森林或許會茁壯，」他說：「樹木或許能繁衍，但樹人不會，我們沒有小樹人了。」

「但現在你們的搜尋會更有希望了。」亞拉岡說：「長久以來被封閉的東方，現在已經可以讓你們自由來去了。」

樹鬍搖搖頭，說：「太遠了。如今那裡已經有太多人類了。啊，我都忘記禮數了！你願意在這邊停留休息一陣子嗎？或許你們當中有人想要通過法貢森林，抄近路回家嗎？」他看著凱勒鵬和凱蘭崔爾。

但是除了勒苟拉斯之外，每個人都說他們必須告辭，往南或是往西出發。「來吧，金靂！」勒苟拉斯說：「在法貢的恩准之下，我們可以去拜訪樹人森林的深處，看看中土世界絕無僅有的美麗樹木。你應該要遵守諾言和我一起來，然後我們就可以一起回到我們在幽暗密林和那之後的故鄉。」金靂同意了，不過看來他並不是很情願。

「那麼，魔戒遠征隊在此終於真的要解散了！」亞拉岡說：「不過，我希望不久以後，你們會帶著所承諾的人力回來協助我啊！」

「只要我們的王上同意，我們一定會來的。」金靂說：「再會了，我的好哈比人！現在你們應該可以安全回家了，我也不需要成天為了你們的安危擔心得睡不著覺了。只要有機會，我們就會想辦法和你們聯絡，或許將來還有機會見面呢！但是，我恐怕這是我們全部的人最後一次相聚了。」

於是樹鬍向他們一一道別，他十分尊敬地對著凱勒鵬和凱蘭崔爾緩緩鞠了三個躬。「自從我們上次在森林中或岩石旁相遇以來，真的已經過了很久、很久了，A vanimar, vanimálion nostari!」他說：「沒想到我們會在這樣的結局時見面，真令人難過。世界正在改變：我從流水感覺到，我從大地感覺到，我也在空氣中嗅到。我想我們應該不會再見面了。」

凱勒鵬說：「我不知道，最年長的前輩！」凱蘭崔爾卻說：「不會在中土世界，就算滄海變桑田，我們也不會再相見了。但是，或許我們有天能夠在塔沙瑞楠[1]的春日柳樹林中相見。再會了！」

排在最後向老樹人道別的，是梅里和皮聘，他看見兩人顯然覺得很高興。「好啦，兩位快樂的小朋友，」他說：「在你們離開之前，願意再和我喝一杯嗎？」

「當然願意。」他們說。樹鬍將兩人帶到一株樹下，兩人看見此地已經安放了一個巨大的石罐，樹鬍裝滿了三碗，他們三人準備一飲而盡，卻看見他那雙奇異的眼睛正從碗邊打量著他們。

「小心點！小心點！」他說：「從我上次見到你們以來，你們已經長大了不少啊！」三人笑著將碗裡的飲料喝得一滴不剩。

「好啦，再見了！」他說：「別忘記，如果你們在家鄉聽說了任何有關樹妻的消息，一定要通知我們。」最後，他向所有的人揮揮他的大手，走進樹林中。

眾人開始用更快的速度奔馳，朝向洛汗隘口前進。就在皮聘好奇偷看了歐薩克晶石的地方，亞拉岡終於必須向他們道別了。哈比人對此非常難過，十分依依不捨；亞拉岡和他們一起度過了千山萬水，從來沒有讓他們失望過。

「我真希望我們可以弄到個晶石，這樣就可以隨時都能看看朋友們，」皮聘說：「還可以遠隔千里互相聊天！」

「現在能用的晶石只剩下一個了，」亞拉岡回答道：「你們應該不會喜歡米那斯提力斯晶石所顯示的影像，而歐散克塔的晶石會在我手上保管，用來觀看整個國度內所發生的事情，以及他的部下在做些什麼。皮瑞格林．圖克，你可別忘記自己還是剛鐸的騎士，我可沒有允許你退休哪！你現在只是暫時停職，但我會再召喚你回來的。夏爾親愛的朋友們，請不要忘記，我的國度

1　這是中土世界中最長壽的樹木，它在精靈誕生之前就已出現，也將持續到永久。在這個紀元和以後的紀元中，人類稱呼它們為柳樹。

也包括了北方，有一天我會回來的。」

接著，亞拉岡向凱勒鵬以及凱蘭崔爾道別；女皇對他說：「精靈寶石，你經歷黑暗追求希望，如今終於如願以償，好好把握這些日子吧！」

凱勒鵬說：「好兄弟，再會了！願你的結局與我不同，你的珍寶能陪伴你直到末了！」

眾人就這樣分別了，那時正是落日時分；過了一陣子，當眾人回頭時，他們看見西方人皇高坐在駿馬上，身旁環繞著他的騎士；落日的餘暉灑在他們身上，讓所有的盔甲反射著金紅色的光芒，亞拉岡白色的披風也化成了一團火焰。最後，亞拉岡高舉起綠色寶石向眾人道別，一道綠色的火焰從他的手中直沖天際。

很快的，人數逐漸減少的這支隊伍就沿著艾辛河往西通過了隘口，進入之後的荒地，然後他們轉向北走，穿過登蘭德的邊境。登蘭德人紛紛走避，因為他們很害怕精靈，雖然精靈們極少來到他們的地方。一行人對他們的反應並不在意，因為這時隊伍的人數依舊眾多，所需物資也不匱乏；因此，他們隨興輕鬆地走著，想要休息時便紮營安設帳篷。

在他們和人皇分別後的第六天，他們穿越了一座順著山坡而下的森林，右手邊就是迷霧山脈。當他們再度來到開敞的平原時，已是落日時分，他們經過了一名拿著枴杖的老人，他穿著破爛的灰色衣物，或許以前曾經是白色的。在他腳邊則是另一個彎腰駝背、不停呻吟的乞丐。

「好個薩魯曼！」甘道夫說：「你要去哪裡？」

「這跟你有什麼關係？」他回答。「你還要指使我嗎？我淪落成這樣你還不滿意嗎？」

「你知道答案的——」甘道夫說：「不想，不是。但是，無論如何，我的努力都已經接近終點了。接下來的重擔已經由人皇接手。如果你等在歐散克塔，你會見到他，他會讓你見識到什麼叫做『睿智』和『寬宏大量』。」

「那我更應該趕快離開，」薩魯曼說：「因為我既不想要他的睿智也不想要他的慈悲。事實上，如果你想得知你第一個問題的答案，那就是：我正在想辦法離開他的國度。」

「那麼這次你又走錯方向了！」甘道夫說：「我看得出來你走的路是沒有希望的。你還要拒絕我們的幫助嗎？我們很樂意協助你。」

「協助我？」薩魯曼說：「不，千萬不要對我露出微笑！我寧願你們對我皺眉。至於這位女皇，我絕不信任她，她一直痛恨我，和你們計畫了我的末日。我相信是她故意帶你們走這條路，好讓你們嘲笑我的落魄模樣。如果我早知道你們緊跟在後，我絕不會讓你們稱心如意的。」

「薩魯曼，」凱蘭崔爾說：「我們還有其他更重要的任務與必須關心的事，對我們而言，那些事比追捕你更要緊。這麼說吧，你應該認為自己運氣不錯，因為你現在有了最後一次的機會。」

「如果這真的是最後一次的機會，我會覺得很高興，」薩魯曼說：「因為這樣我就不用再拒絕第二次了。所有我的希望都已經破滅了，但我不要分享你們的，如果你們真的有希望的話。」

他的眼中突然閃爍著光芒。「走吧！」他說：「我花了那麼多時間研究史料並不是白費的，你們已經為自己招來了末日，你們自己也很清楚。當你們毀滅了我的居所時，同時也破壞了自己的家園；在我流浪的時候，光是想起這一點，就讓我的心情好多了。現在，會有什麼船隻可以載運你們通過那寬闊的大海？」他嘲笑道：「那將會是一艘載滿了鬼魂的灰船。」他哈哈大笑，但那聲音沙啞而可怕，讓人感到厭惡。

「起來，你這個白癡！」他對另外一名坐在地上的乞丐大喊著，並且用手杖痛打他。「轉身！如果這些好人要走這條路，那我們就得走另外一條。快點，不然你今天晚餐就沒有菜渣可吃！」

乞丐轉過身，彎腰走過去，嘴裡喃喃自語道：「可憐的葛力馬！可憐的葛力馬！老是被打，老是被罵。我好恨他！我好希望可以離開他！」

「那就離開吧！」甘道夫說。

但巧言只是用渾濁的雙眼，恐懼地看了甘道夫一眼，然後就驚恐地跟在薩魯曼身後走了。這兩個潦倒的傢伙經過眾人，來到哈比人面前，薩魯曼停下腳步，瞪著他們；但他們以同情的眼光回望著他。

「你們這些小朋友也是來嘲笑我的，對吧？」他說：「你們哪會關心乞丐缺少什麼嗎？你們吃飽喝足，穿著保暖的衣服，菸斗裡面還有最棒的菸草。喔，我想到了！我知道那是從哪裡來的。好心的諸位願不願意給乞丐一點菸草？」

「如果我有的話，我會的。」佛羅多說。

「我還剩有一些可以給你，」梅里說：「不過你得等一下。」他下了馬，搜索鞍袋裡面的東西。然後他遞給薩魯曼一個小皮囊。「收下吧，」他說：「這是從艾辛格的廢墟裡找到的，你儘管拿吧！」

「我的，我的，啊，這都是花大錢買來的！」薩魯曼抓著皮囊大喊道：「這只是象徵性的補償，你們拿走的更多，我會記住的。不過，即使小偷只還給失主一點點，乞丐還是必須心懷感激。哼哼，等你們回家，發現南區狀況不如你們所想的好，那是你們活該。你們的故鄉可能很久都不會有上等菸葉了！」

「謝謝你啊！」梅里說：「既然這樣，那我就要把皮囊拿回。那不是你的，又跟了我很長一段時間。你可以把菸葉用你自己的破布包起來。」

「你偷我的，我偷你的。」薩魯曼轉身背對梅里，踢了巧言一腳，走向森林。

「哼，是啊！」皮聘說：「這傢伙果然天生是個小偷！你綁架我們、弄傷我們、派半獸人拖著我們穿越整個洛汗又怎麼說？」

「啊！」山姆說：「他還說**花大錢買**。怎麼買到的？我不喜歡他說到南區時的口氣。我們真的該回家了！」

「我也同意，」佛羅多說：「不過，如果我們要見比爾博，我們就不能再快了。無論發生了什麼事，我都必須先去瑞文戴爾。」

「是啊，我想你最好先這麼做。」甘道夫說：「唉，薩魯曼真是可惜啊！我想他是沒救了，他已經壞到骨子裡了。不過，我還是不確定樹鬍是對的，我認為他還是可以玩些小把戲，做些壞勾當。」

第二天，他們進入了登蘭德北方，雖然那裡一片翠綠，卻毫無人煙。九月帶來了黃金的白晝和銀亮的夜晚；他們不疾不徐地走著，直到來到了天鵝河，找到了舊渡口，就在瀑布東邊，河水從該處突然向下流入低地。眾人望向西方遠處，在薄霧中可以看見許多的湖泊和沙洲，河水蜿蜒流經那地，一路流到了灰泛河，有無數的天鵝棲息在那邊的蘆葦叢中。

如此，他們來到了伊瑞詹，最後，在清晨籠罩薄霧的曙光中，一行人站在山丘上的營地中向東瞭望，看見朝陽照耀著三座高聳入雲的山峰：那是卡拉蘭斯、凱勒布迪爾和法努索。他們終於接近了摩瑞亞之門了。

他們在此地徜徉了七天，因為眼前又是另一場讓人不忍的分別。不久之後，凱勒鵬和凱蘭崔爾就會領著子民們往東走，通過紅角隘口，走下丁瑞爾天梯，前往銀光河，回到他們自己的故鄉。他們繞西邊的遠路走，因為途中有許多事情要和愛隆和甘道夫討論，到了這裡，他們依然想要多和朋友們聊聊而遲遲不動身。往往，在哈比人沉沉睡去之後，他們仍然一起坐在星光下，回憶著那逝去的時光，以及他們在這世上的歡笑與辛勞，或者共同討論思索未來的日子。如果有任何旅人湊巧經過，他不會看到或聽到什麼，最多只會看見猶如岩石雕成的灰色身影，像是一些遭到遺忘事物的遺跡，被遺留在這毫無人煙的荒地中。因為他們並不用嘴交談，而是用心交流；當他們的意念來回激盪時，只有他們的雙眼會發出異光。

最後，所有的話終於都說完了，他們必須再度暫時分離，直到三戒離去的時刻到來。身披灰斗篷的羅瑞安子民騎向山脈，迅速消失在岩石與陰影中；那些要前往瑞文戴爾的人在山丘上目送他們，直到越聚越濃的霧靄中最後傳來一道閃光，然後他們就再也看不見什麼了。佛羅多知道，那是凱蘭崔爾最後高舉她的戒指向眾人道別。

山姆轉過身，嘆了一口氣：「我真希望我能夠回羅瑞安！」

一天傍晚，他們終於翻越了一處高地，像旅人經常會看到的那樣，瑞文戴爾的山谷突然出現在眾人眼前，遠方愛隆的居所閃爍著燈光。他們走了下去，越過小橋，來到門口。為了歡迎愛隆的歸來，整個屋子裡面都充滿了笑語和光明。

哈比人們沒吃飯、沒盥洗，甚至連斗篷都沒來得及脫，就忙著到處尋找比爾博。他們發現他獨自一人坐在他的小房間內，裡面到處都是紙張鉛筆和沾水筆，比爾博坐在壁爐小小火焰前的一張椅子裡。他看起來非常蒼老，但十分的安詳、滿臉睡意。

當他們闖進來時，他張開眼睛，四下張望。「各位好啊，好啊！」他說。「你們終於回來了？明天又是我的生日啦！你們真是太討喜了！你知道嗎，我馬上就要一百二十九歲了？如果我運氣好，再一年就和老圖克一樣長壽啦！我很想要打敗他，但誰都說不準的。」

在慶祝了比爾博的生日之後，四名哈比人又在瑞文戴爾待了一陣子，他們大部分時間都坐在老友身邊陪伴他。比爾博現在除了吃飯之外，幾乎整天都待在房間內。在用餐方面，他還是十分準時，永遠都可以及時醒來，趕上吃飯時間。他們坐在爐火邊，輪流告訴他這一趟旅程和冒險中他們記得的部分。一開始他還假裝記筆記；但他經常會睡著；等他醒來時，他會說：「太棒了！太精采了！我們剛剛說到哪裡啊？」然後他們就會從他開始點頭瞌睡時的那一段重新說起。

唯一讓他振奮精神專注傾聽的，只有亞拉岡加冕和成婚的那段。「我當然有受邀前往參加婚禮啊，」他說：「我已經等了好久啦！可是，不知怎麼搞的，當婚禮來臨時，我發現這裡有好多事情要做，打包更是煩人啊。」

過了兩星期左右，佛羅多向窗外看去，發現夜裡開始下霜，蛛網變得像是白色的絲網一樣。突然間，他知道自己該走了，該向比爾博道別了。天氣依然溫和晴朗，之前是人們記憶中最美麗的一個夏天；但十月已經來臨，天氣很快就會改變，會開始下雨和颳風。但是，真正讓他不安的不是天氣，他有一種感覺，是該回夏爾的時候了。山姆也有同樣的念頭，前一晚他還說：

「啊，佛羅多先生，我們去了那麼遠，看了那麼多，但我不認為還有哪裡比得上這裡好。這裡幾乎什麼都有，如果您懂我的意思：夏爾、黃金森林、剛鐸、皇宮、旅店，和草原及山脈全都混在一起。可是，不知道怎麼搞的，我還是覺得我們得要趕快離開。說實話，我很擔心我老爹哪！」

「是的，幾乎什麼都有，山姆，只除了大海。」佛羅多回答道，他喃喃的重複說：「只除了大海！」

那天，佛羅多和愛隆討論了一陣，他們都決定第二天早上離開。甘道夫說了讓他們都很高興的話：「我想我也應該跟著去，至少要到布理那邊；我想要看看奶油伯。」

那天傍晚，他們去向比爾博道別。「好啦，如果你們該走，那還是得走的。」他說：「實在很抱歉，我會很想你們的。知道你們都在我身邊就讓我覺得很高興。但我最近一直很想睡覺。」

然後，他把祕銀甲和刺針送給了佛羅多，壓根忘記自己已經做過一次；他也將自己在不同時間中所寫的三大本歷史紀錄送給他，裡面都是他流暢的筆跡，它們的紅色封面上都寫著：譯自精靈文，比．巴著。

他給了山姆一小袋金幣。「這應該算是史矛革寶藏的最後一點存貨。」他說：「山姆，如果你想要成家，或許可以派得上用場！」山姆羞紅了臉。

「我沒有別的東西可以送給你們兩位年輕人，」他對梅里和皮聘說：「只除了好忠告。」在他狠狠地給了一番忠告之後，他又以夏爾的傳統補上一句：「你們別太自大，叫腦袋撐破帽子啦！不過，如果你們不趕快停止長大，你們恐怕會發現衣服和帽子都會很貴的喔。」

「可是，如果你想要打敗老圖克，」皮聘說：「我們為什麼不可以打敗吼牛？」

比爾博笑了，他從口袋裡面變出兩管有珍珠濾嘴、純銀裝飾的菸斗。「你們抽菸的時候要想到我啊！」他說：「精靈們幫我做的，可是我現在不抽菸了。」然後，他突然又開始點頭打了一會兒瞌睡；當他再度醒過來時，他說：「我們剛剛說到哪裡？啊，當然啦，送禮物。這讓我想到了，佛羅多，你拿走的那枚戒指，後來怎麼樣了？」

「親愛的比爾博，我弄丟了，」佛羅多說：「你知道的，我把它丟掉了。」

「真可惜啊！」比爾博說：「我真想要再看看它。等等，我真是太笨了！這不就是你們出發的目的嗎，要把它丟掉哇！這好複雜，好像有很多事情都混在一起了。亞拉岡的事情、聖白議會、剛鐸和騎兵，南方人、猛瑪——山姆，你真的看到了嗎？洞穴、高塔和黃金樹，天知道還有什麼東西！」

「當年我顯然是太急著回家了，要不然，我想甘道夫會帶我到處去逛逛的。不過，如果這樣，那拍賣會在我回家之前就會結束了，而我可能會惹上更多的麻煩。算啦！現在都太遲了；而且，我想坐在這邊聽大家描述這一切，會更舒服多啦。這爐火很溫暖、食物又很好吃，想要的時候還可以看到精靈。人生如此，夫復何求啊？」

大路長呀長
從家門伸呀伸。
那遠方路已盡，
讓別人來走吧！
去踏上新旅程！
我的累累腳啊，
要往那旅店走，
好好的睡一覺。

當比爾博呢喃完最後幾個字，他的頭往前栽到胸口，開始打起呼來。

房間中的暮色漸濃，火光更盛；他們看著比爾博熟睡的臉孔，在上面看見了笑意。他們靜靜地坐了好一會兒；山姆環顧室內，看著牆壁上跳動的陰影，忍不住柔聲說：

「佛羅多先生，我想他在我們離開的這段時間裡，可能沒寫多少故事吧？他現在也不會再記錄我們的經歷了！」

一說到這個，比爾博立刻張開眼，彷彿聽見了對方說的話似的。他坐直了身體，「唉呀，真是不好意思，我又打瞌睡了！」他說：「當我有時間動筆時，我只想要寫詩。親愛的佛羅多，不知道你願不願意在離開之前，替我把東西整理一下？如果你願意，把我所有的筆記和文章，還有我的日記都一起帶走吧。你看，我實在沒有多少時間可以篩選和編整所有這些資料。找山姆幫忙，等你把雛形整理出來之後，回來這裡，我會仔細看一遍，不會太挑剔的。」

「我當然願意啦！」佛羅多說：「我當然也會很快就回來的，路上已經不危險了。現在已經有了個真正的人皇，他很快就會把秩序恢復的。」

「多謝多謝，親愛的朋友！」比爾博說：「這真是讓我放下心頭的重擔啦！」話一說完，他又睡著了。

第二天，甘道夫和哈比人們在比爾博的房間跟他道別，因為外面滿冷的。接著，他們和愛隆以及所有的人說再見。

當佛羅多站在門邊時，愛隆祝他有個順利的旅程，並且說：

「佛羅多，我想，除非你真的很快回來，否則你不需要急著趕來這裡。等到明年的這個時間，當樹葉轉為金黃時，你可以在夏爾的樹林裡面等待比爾博，我會隨他一起去的。」

沒有其他人聽見這番話，佛羅多也沒和別人說。

第七節　歸鄉旅程

終於，哈比人開始朝著故鄉進發。他們都急著想要再看到夏爾；但一開始他們騎得很慢，因為佛羅多一直感到不安。當他們來到布魯南渡口時，他勒馬停了下來，似乎不太願意涉水渡河。他們注意到他的目光似乎有些渙散，既沒在看人似乎也沒看見周遭的景物。那一整天他都沉默不語。這天正是十月六日。

「佛羅多，你不舒服嗎？」甘道夫騎在他身邊，輕聲問道。

「是的，我不舒服，」佛羅多說：「是我的肩膀，傷口還會痛，過去那黑暗的記憶沉重地壓著我；那是去年今天的事。」

「唉！有些傷口是無法完全治好的。」甘道夫說。

「恐怕我的情況確實是這樣。」佛羅多說：「已經沒有退路了，雖然我可以回到夏爾，但一切都不一樣了，因為我自己變了。我受過刀傷、毒刺、牙咬，承受過無比的重擔，我能在哪裡找到安息之所呢？」甘道夫沒有回答。

到了第二天傍晚，那痛苦和不安就過去了，佛羅多又變得興高采烈起來，彷佛根本不記得前一天的黑暗。之後，旅程走得相當的順利，日子過得很快；他們悠閒自在地騎著，經常流連在美麗的森林裡，秋陽下林中的樹木遍滿了金黃和紅銅色的樹葉。不久之後，他們來到了風雲頂，時間漸近傍晚，山丘的陰影使路上顯得相當黑暗。佛羅多懇求大家加快腳步，他不願看向山丘，只是低著頭，裹緊披風往前衝過黑暗的山影。那天晚上，氣候變了，西方吹來了裹著雨的風，這風又強又冷，金黃的樹葉像是鳥兒一樣在空中飛舞。當他們來到契特森林時，樹上的樹葉幾乎都掉光了，濃密的大雨像簾幕般遮住了布理丘，讓他們看不清楚。

就在這麼一個狂風暴雨將歇的傍晚，十月將逝的最後幾日，五名旅人騎上坡道來到了布理的南門前。門關得緊緊的；風雨吹在他們的臉上，逐漸轉黑的天空中，低沉的烏雲匆匆捲掠而過，他們的心都不覺往下一沉，因為他們期待的是比這更熱烈的歡迎。

在他們呼叫了許多遍之後，守門人才走出來，他們注意到他拿著根大棒子。守門人恐懼又懷疑地看著他們，但當他發現眼前穿著奇裝異服的人是甘道夫和一群哈比人之後，他臉上露出了笑容，並歡迎他們進來。

「進來吧！」他邊開門邊說道：「在這種鬼天氣，我們實在不可能一直待在外面。老巴力曼肯定會在躍馬旅店好好歡迎你們，你們會從他那邊知道所有的消息。」

「稍後你也可以在那邊聽到我們帶來的消息，」甘道夫笑著說：「哈利怎樣了？」

守門人皺起眉頭。「走了，」他說：「你們最好去問巴力曼。晚安！」

「你也晚安哪！」他們邊打招呼，邊走進門內。然後，他們注意到路旁圍籬後方興建了許多棟低矮的房子，有些人從屋裡走出來，隔著圍籬瞪著他們。當他們來到比爾．羊齒蕨的屋子前，他們注意到圍籬傾倒、院子裡一團亂，所有的窗戶也都用木板釘了起來。

「山姆，你那顆蘋果會不會把他打死啦？」皮聘說。

「我可沒那麼樂觀，皮聘先生，」山姆說：「我比較想要知道那匹可憐的小馬怎麼樣了。我經常想到牠，還有那恐怖的惡狼嘶吼什麼的。」

最後，他們來到了躍馬旅店，至少從外觀看來這裡沒什麼變化，紅色的窗簾和低矮的窗戶後依舊有著燈火。他們敲了敲門鈴，諾伯跑了過來，打開一點縫隙往外窺探；當他發現是他們站在門口時，驚訝地大呼一聲。

「奶油伯先生！老闆！」他大喊著：「他們回來了！」

「喔，是嗎？讓我給他們一點教訓！」奶油伯的聲音接著響起，然後他就衝了出來，手裡拿著一根大棒子。但是，當他看清楚眼前的人時，他猛地停了下來，惡狠狠的表情瞬間變成歡欣鼓舞的神情。

「諾伯，你這個大豬頭！」他大喊著：「你記不得這些老朋友的名字啊？在這種壞年頭，你還用這種方法嚇我啦！好啦，好啦！你們從哪邊來的？說老實話，你們跟著那個神行客一起走進荒野，身後還追著一堆黑影人，我以為永遠再也見不到你們啦。我真高興能看見你們還有甘道夫。快進來！快進來！和以前同一個房間？那間沒人。事實上，這些日子幾乎每個房間都是空的，我不會對你們隱瞞這情況，反正你們很快就會知道了。我想辦法看看能湊出什麼晚餐來，我會盡快，目前有點缺人手啊。嘿，諾伯，不要慢吞吞的！告訴包伯！啊，我忘記了，包伯走了，現在他晚上都會回家去。算啦，諾伯，把客人的小馬牽到馬廄裡面！甘道夫，我肯定你會親自把你的馬牽過去。這可真是匹好馬，我第一次看見牠的時候就說過了。來，進來！別客氣！」

無論如何，奶油伯說話的習慣完全沒變，也似乎照樣還是過著那種喘不過氣來的忙碌生活。不過，旅店內沒有什麼人，到處都靜悄悄的，大廳內也只有兩三個人竊竊私語的聲音。在店主點燃的兩支蠟燭照明下，他們看見他的臉上多了許多皺紋，顯得操勞過度。

老闆領著眾人經過小客廳，走到一年前在那奇怪的夜裡他們所住的房間。他們有些不安地跟著他，因為大家都看得出來奶油伯是在強顏歡笑。狀況跟以前不同了，但他們也不多問，只是靜靜地等著。

正如他們所預料的，晚餐後，奶油伯先生過來小客廳看看大家是否一切都很滿意。眾人確實也都覺得還不錯，躍馬旅店的食物和啤酒味道依舊不差。「這次我可不敢建議你們到大廳來了。」奶油伯說：「你們一定很累了，今天晚上反正也不會有很多人。不過，如果你們在睡前願意抽半個小時出來，我倒希望和你們私下談談。」

「這正合我們的心意。」甘道夫說：「我們並不累，我們路上走得很輕鬆。雖然我們之前又濕又冷又餓，但這些都已經被你治好了。來吧，坐下來！如果你還有菸葉，我們會很感謝你。」

「如果你們要的是別的東西，我會比較高興的。」奶油伯說：「我們缺的就是這個，現在只剩下我們自己種的，本身數量就已經不夠了。這些日子夏爾完全沒有菸草運出來；不過我會想想辦法的。」

當他回來的時候，他拿了一些夠他們用個一兩天的份量，那是沒有修剪過的葉子。「南方葉，這是我們手頭最好的；但就像我常說的一樣，這還是比不上夏爾南區的上等葉。雖然我大多時候都護著布理，但這點真的不得不承認。」

他們讓他在爐火旁的一張大椅子上坐了下來，甘道夫坐在壁爐的另一邊，哈比人則坐在兩人之間的矮椅子上；他們一口氣談了數個小時，也和奶油伯交換了許多他想聽或他想說的消息。他們所說的事情幾乎每一件都讓主人吃驚迷惑不已，他根本連想像都無法想像。因此，奶油伯口中只有翻來覆去的一句話：「我真不敢相信！」次數多到連他自己都開始懷疑自己的耳朵有問題。「我真不敢相信哪！巴金斯先生，還是應該叫你山下先生？我都搞混了。甘道夫先生，我真不敢相信哪！天哪！真難想像！誰想得到呀！」

不過，他自己也提供了很多消息。照他的說法，世局真的很不好，生意甚至不能用衰退來形容，而是根本就跌到谷底了。「現在，布理附近的外地人都不來了。」他說：「而村裡的人大都待在家裡，門戶關閉。這一切都是從去年那批從綠蔭路上來的陌生人和流浪漢來了之後開始的，你還記得他們吧；稍後又來了更多的人。有些只是躲避戰禍的可憐人，但大多數都是一肚子壞水的傢伙，一群偷雞摸狗、惹是生非的流氓。布理這邊出了麻煩，大麻煩！天哪，我們那時真的遇到了大麻煩，有人被殺，真的被殺死了耶！不是開玩笑的。」

「我明白，」甘道夫說：「多少人死了？」

「三個和兩個。」奶油伯指的是大傢伙和小傢伙。「可憐的馬特・石南、羅莉・蘋果梓，山丘那邊的小湯姆・摘刺，還有上面那邊的威力・河岸，以及史戴多一名山下家的人，他們都是好人，我們都很想念他們。以前看守西門的哈利・羊蹄甲，以及那個比爾・羊齒蕨，都和那些陌生人站在同一邊，最後也跟他們一起走了；我猜就是他們放這些人進來的。我是指起衝突的那天晚上。事情發生在我們把他們趕出去，把他們推出大門外之後，那是在除夕之前，然後那場衝突發生在新年期間，在我們這裡下過大雪之後。」

「現在他們都成了強盜，躲在阿契特過去的森林中，或是在北邊的野地裡面。這就像是古代傳說裡記載的那種壞年頭，路上不安全，人們不敢出遠門，大家晚上都緊閉門窗。我們在夜裡得派很多人巡守圍籬，看守大門的人力也增加許多。」

「嗯，這一路上沒人惹我們，」皮聘說：「我們還走得很慢，根本沒人站哨。我們還以為早就已經把麻煩拋在腦後了！」

「啊，各位先生們，幸好你們沒有遇到，」奶油伯說：「也難怪他們不敢打你們的主意，他們可不敢對全副武裝的人動粗，那些帶著寶劍、盾牌和頭盔的傢伙，這會讓他們在動手之前三思的。老實說，當我看到你們的時候，我真的嚇了一跳。」

哈比人這才突然意識到，人們看見他們時都很吃驚，那不是驚訝他們的歸來，而是驚訝好奇他們身上的裝扮。他們自己早已慣於騎馬作戰，習慣於整齊列隊騎行，他們完全忘了自己斗篷底下露出的閃亮盔甲、剛鐸和驃騎的頭盔，以及有美麗紋飾的盾牌，會在自己的家鄉顯得何等格格不入。甘道夫也是，騎著他高大的灰馬，渾身雪白，披著銀藍兩色的披風，腰間還掛著格蘭瑞神劍，看起來更是奇怪。

甘道夫笑了。「好啦，好啦！」他說：「如果這些人看見我們五個就害怕了，那我們之前遇到的敵人可比他們厲害多啦。無論如何，只要我們還在這裡，你們就可以安安心心過夜啦。」

「你們會待多久？」奶油伯說：「坦白說，我會很高興你們能在這裡待上一陣子。你看，我們不習慣遇上這樣的麻煩；還有，人們告訴我，那些遊俠都走了。直到現在，我想我才明白他們都替我們做了些什麼。在他們離開之後，還出現了比強盜更恐怖的東西。去年冬天野狼一直在圍籬外面嚎叫，森林裡面有黑影跑來跑去，那光是想到就足以讓你血液凍結。過去一年我們實在過得很不安穩哪。」

「這在我預料之中；」甘道夫說：「這些日子幾乎到處都是動盪不安。不過，巴力曼，打起精神來！你們之前身在極大麻煩的邊緣，我很高興你們的狀況沒有比現在更糟糕。好日子正在來臨；或許，比你記憶中的任何好日子還要更好。遊俠們都回來了；我們是和他們一起回來的。巴力曼，這世界上又有人皇了，他很快就會開始照顧你們這邊的！」

「那時，綠蔭路會重新開放，他的使者會往北走，人們將會開始貿易、交流，邪惡的東西將會被趕出荒野。事實上，荒野將不再是荒野，會有許多人居住開墾那曾經被當作荒野的大地。」

奶油伯搖搖頭。「如果路上又出現了一些老實人，是不會太糟糕的啦！」他說：「但我們不想要再看見那些偷雞摸狗的人了。我們也不想要有外人進來布理，甚至是靠近布理；我們想要安靜靜地過活。我可不想要有一大群陌生人在外面四處紮營，把整個野地搞得亂七八糟的。」

「巴力曼，你們可以安安靜靜地過活。」甘道夫說：「在艾辛河到灰泛河之間有的是空間，或是烈酒河南邊沿岸地區都有很多的空地，在距離布理騎馬好幾天的路程中都沒有人煙。而且許多人習慣住在遙遠的北方，離這裡上百哩遠，在綠蔭路的盡頭，北崗那邊，或是在伊凡丁湖旁。」

「在『亡者之堤』那邊？」奶油伯看起來更疑惑了：「他們說那邊鬧鬼哪，除了強盜之外，不會有人想去那邊的！」

「遊俠就會去那邊。」甘道夫說：「你叫那邊『亡者之堤』，不錯，數百年來都是這樣流傳的。但是，巴力曼啊，它正確的名字叫做佛諾斯特伊蘭，意思是『王者的北方堡壘』。有一天，人皇會到這邊來的；到時候，你們就會看到一些真正的好人到這一帶來。」

「好啦，我想這聽起來有希望多了。」奶油伯說：「這樣我生意也會比較好，只要他不打攪布理就好了。」

「他不會的。」甘道夫說：「他對這裡很熟，很喜歡這裡哪！」

「是嗎？」奶油伯一頭霧水地說：「我實在不知道他怎麼會知道，他坐在高高城堡裡面的大椅子上，距離這邊好幾百哩，我猜他還會用金杯喝酒哪。躍馬旅店對他來說算啥？大杯啤酒又算啥？甘道夫，我當然不是說我的啤酒不好啦。自從你去年秋天來過，給我說了幾句好話之後，啤酒味道就好得出奇。在這個壞年頭，那可說是我唯一的安慰哪！」

「啊！」山姆說：「但他說你的啤酒一直都很好啊！」

「他說？」

「當然是他說的啦——他就是神行客，遊俠的領袖，你還沒想通喔？」

他終於想通了，奶油伯的表情變得十分可笑。他那張大臉上的眼睛睜得很圓，嘴巴大張，簡直喘不過氣來。「神行客！」當他恢復呼吸後大喊：「他戴著皇冠還有那些珠寶和金杯！天哪！這到底是什麼年代啊？」

「是更好的年代，至少對布理來說是這樣。」甘道夫說。

「我希望，不，我確定。」奶油伯說：「哇，這是我好幾個月來的星期一聽到的最好的消息了。我想今晚一定會睡得比較好，心情也輕鬆些！你給了我好多可以思考的東西啊，但我可以等到明天再說。我要上床了，我想你們也一定很想睡覺了。嘿！諾伯！」他走到門口大喊著：「諾伯，你這個懶蟲！」

「諾伯！」他拍著自己的腦袋說道：「我好像又想起了什麼？」

「奶油伯先生，我希望不是另外一封忘了的信啊！」梅里說。

「喔，喔，烈酒鹿先生，您就別再糗我了！啊，你讓我忘記之前在想些什麼了。我剛剛說到什麼地方？諾伯，馬廄，啊！對了，我有樣你們的東西。你們應該還記得比爾．羊齒蕨和那偷馬的事件吧？你們買的那匹小馬，牠就在我這兒，牠自己跑了回來。不過牠到過哪裡，我想你比我更清楚。牠回來時看起來累得像隻老狗，瘦得皮包骨，但牠還是活著回來了。諾伯就接手照顧牠。」

「哇！我的比爾？」山姆大喊說：「天哪，不管我老爹怎麼說，我可真是天生走運啊！又一個願望實現了！牠在哪裡？」山姆一定要先去看看比爾，然後才肯上床睡覺。

第二天，大夥一整天都待在布理。晚上，奶油伯就找不到任何理由抱怨生意不好了。好奇心壓過了恐懼，整個旅店都快擠爆了。出於禮貌，哈比人來大廳客套了一下，回答了很多問題。布理人的記性都很好，許多人一直詢問佛羅多他的書寫好了沒。

「還沒，」他回答道：「我準備回家把筆記整理一下。」他答應會描述在布理發生的驚人事情，這樣勉強算是平衡報導，讓一本主要描述「遙遠南方」的平淡史書稍稍變得有可看性一點。

然後，有個年輕人要求來首歌，不過，眾人全都沉默下來，他被大夥狠狠瞪了好幾眼，就沒人再敢重複這要求了。很明顯的，人們可不想在大廳裡再度惹出任何怪事來。

一行人還在的時候，布理白天都平安無事，晚上也寧靜無聲。不過，第二天他們很早就起床了，雖然天氣依舊不停下雨，但他們還是想趁天黑之前趕到夏爾，這距離不短，可得要很趕才行。布理的人們都興高采烈地出來歡送，可說是這一年以來他們最高興的時刻了；那些從來沒看過穿著閃亮盔甲陌生人的村民也都驚嘆不已：他們打量著甘道夫的白鬍子，他身上彷彿散發出光芒，他的藍披風似乎只是遮掩陽光的雲朵；那四名哈比人好像是從傳說中走出來的騎士一樣。就連那些聽到人皇登基的消息卻哈哈大笑的人，也開始認為這一切可能都是有憑有據的。

「好啦，祝你們好運，希望你們能一路把好運帶回家！」奶油伯說：「我之前應該先警告你們，如果我們聽說的沒錯，夏爾的狀況也不是很好；他們說，那邊發生了一些怪事。不過事情一件接一件的來，我都忙忘了。請恕我直說，你們這趟遠行回來可真的變了，現在你們看起來是很能夠應付麻煩的人。我相信你們很快就會把一切都處理妥當的。祝你們好運！你們越早回來我就越高興！」

他們也向他道別，並且離開了旅店，走出西門，朝向夏爾騎去。小馬比爾就在他們身邊，像以前一樣，牠還是背著一大堆行李；不過，牠走在山姆身邊，看起來心滿意足。

「不知道老巴力曼剛才的話是在暗示什麼？」佛羅多說。

「我可以猜得到一些，」山姆悶悶不樂地說：「我在鏡子裡面看到的：樹木被砍倒，我老爹被趕出來，我應該早點回去才對。」

「很明顯南區一定出問題了，」梅里說：「菸葉到處都缺貨。」

「不管是什麼問題，」皮聘說：「我想羅索一定在幕後操縱。」

「可能牽連很深，但絕不是在幕後操縱。」甘道夫說：「你們忘記了薩魯曼，在魔多打夏爾的主意之前，他就開始對夏爾感興趣了。」

「好啦，我們有你在身邊，」梅里說：「事情很快就會解決的。」

「我現在是在你們身邊，」甘道夫說：「但我很快就不會在了。我不會去夏爾，你們必須要自己解決夏爾的事；你們之前的歷練就是為了這一刻啊。難道你們還不明白嗎？我的時代已經過去了，撥亂反正，或者是幫助人們撥亂反正，已經不再是我的任務了。至於你們，我親愛的朋友們，你們不需要幫助的，你們已經長大了。事實上，你們已經出類拔萃，可以和那些偉人相比，我再也不需要替你們任何一個人擔心了！」

「如果你們想知道，事實上，我馬上就要轉向了——我準備要去和龐巴迪好好暢談一番，我這輩子從來沒和他好好談過。他是個居家型的人，而我卻注定要東奔西跑。不過，我東奔西跑的日子已經結束了，現在，我們應該會有很多事情可以聊。」

不久之後，他們來到了以前在東大道上和龐巴迪道別的地方；他們希望，或說半是盼望，能夠看見他站在這裡，跟經過的大夥兒打聲招呼。但是，那裡不見他的人影；南方的古墓崗和遠處的老林都飄著灰色的濃霧。

他們停了下來，佛羅多殷切地望著南方。「我真想要再見到那個老夥伴，」他說：「不知道他過得怎麼樣？」

「你可以放心，他過得一定都和以前一樣，」甘道夫說：「與世無爭；我想，他對我們所作所為一點也不會感興趣，或許，我們和樹人會面的那段除外。你們以後有時間的話，或許可以來拜訪他。不過，如果我是你們，我現在會趕回家去，否則，你們可能來不及在烈酒橋的門關上之前趕到。」

「可是那裡沒有門啊，」梅里說：「你很清楚那邊的路上是沒有門的。當然啦，那裡有雄鹿地的大門，可是他們隨時都會讓我進去的。」

「你的意思是說，以前沒有門。」甘道夫說：「我想你們等下會發現它有門了。你們在雄鹿地的大門口可能會遇到意想不到的麻煩；不過，你們都不會有問題的。再會了，親愛的朋友們！還不是最後一次道別，時間還沒到。再見！」

他讓影疾轉離大道，駿馬縱身一躍飛過了路旁的堤道；隨著甘道夫一聲大喝，牠撒開四蹄奔向古墓崗，像一陣北風席捲而去。

「好啦，我們就像是一開始一樣，又只剩四個人了。」梅里說：「我們把大家一個一個都留在身後，看起來就像一場逐漸緩慢淡褪的夢境啊！」

「對我來說可不是，」佛羅多說：「我覺得比較像是慢慢落進夢鄉。」

第八節　收復夏爾

當夜幕落下，一行人終於又累又濕地來到烈酒橋時，他們發現路被擋住了。橋的兩端都設有裝著尖刺的大門，他們還看到河對岸那邊多了幾棟新蓋的房子：兩層樓、有著狹窄方形窗戶的屋子，裡面燈光昏暗，看起來陰森森的，一點也不符合夏爾的風格。

他們大力敲打外門，扯開喉嚨大喊，一開始，根本沒有人回應；接著，出乎他們意料之外的是，竟然有人吹響了號角，窗內的燈火立刻熄滅了。一個聲音在黑暗中大喊：

「是誰？快走！你不能進來，你看不懂告示牌嗎？**日落之後，日出之前，不得進入！**」

「這裡黑漆漆的，我們當然什麼鬼都看不見，」山姆不甘示弱的大吼：「如果夏爾的哈比人在這種濕淋淋的夜晚得被關在外面，等我找到告示牌，我就要把它扯爛。」

窗戶關了起來，一群哈比人拿著油燈由左邊的屋子跑了出來。他們打開內側的大門，有些人走到橋上，當他們看見來客時，紛紛露出害怕的表情。

「快過來！」梅里認出其中一名哈比人。「霍伯．海沃，你如果認不出是我，也不怪你！我是梅里．烈酒鹿，我要知道這到底是怎麼一回事，你這個雄鹿地的人又怎麼會在這裡？你應該是在乾草門那邊才對。」

「天哪！這是梅里先生，一點也沒錯，看他全副武裝要打仗的樣子！」老霍伯說：「媽呀，他們說你早就死了！都說是在老林裡面失蹤了。看見你還活著我真是高興啊！」

「那就不要躲在門後大喊，快把門打開！」梅里說。

「抱歉，梅里先生，可是上級有命令。」

「哪個上級？」

「袋底洞的老大。」

「老大？老大？你是說羅索先生嗎？」佛羅多說。

「我想應該是，巴金斯先生，可是我們現在只能叫他『老大』。」

「是喔？」佛羅多說：「好啦，我很高興至少他不再姓巴金斯了，很顯然現在該是同家族的人讓他知道好歹的時候了。」

門後的哈比人陷入一片寂靜。「這樣說不好啦，」一個人說：「他會聽到的，如果你弄出這麼多聲音，你會吵醒老大的大傢伙。」

「我們會用讓他大吃一驚的方法吵醒他。」梅里說：「如果你的意思是你的寶貝老大從外面雇了強盜來，那我們回來的就正是時候。」他從小馬上跳了下來，在油燈的光芒下找到那告示，將它一把扯下來丟到門後。哈比人紛紛後退，還是不準備開門。「來吧，皮聘！」梅里說：「我們兩個就夠了。」

梅里和皮聘翻過門，哈比人一哄而散。另外一聲號角響起。右邊的大房子裡走出一個高壯的身影，擋住了門口的燈。

「這是怎麼搞的！」他大喊著往前走。「有人要破門嗎？你們趕快滾，不然我就扭斷你們的臭脖子！」然後他停下腳步，因為他在黑暗中看見了亮晃晃的刀劍。

「比爾．羊齒蕨，」梅里說：「如果你不在十秒內把門打開，你會後悔莫及；要是你不聽話，我會讓你嘗嘗寶劍的滋味！等你打開這扇門之後，你會給我滾出去，永遠不再回來。你這個惡棍無賴，專幹攔路搶劫的強盜！」

比爾畏畏縮縮地走到門前，打開了大門。「把鑰匙給我！」梅里大喊。但那無賴把鑰匙朝他的頭一丟，然後就衝進黑暗中。當他經過那些小馬旁邊時，有匹馬抬腿踢了一腳，正中目標，他哀叫著消失在森林中，從此再也沒有出現。

「幹得好，比爾。」山姆指的是那小馬。

「你們的大傢伙已經被解決了。」梅里說：「我們等下再來看看老大是怎麼一回事。現在，我們想要有個過夜的地方，既然你們把大橋旅店拆了，改成這個醜東西，你們就得要想辦法接待我們。」

「抱歉，梅里先生，」霍伯說：「可是上面不准。」

「不准什麼？」

「留宿外人、多吃食物，和諸如此類的事。」霍伯說。

「這個地方是怎麼搞的？」梅里說：「是今年收成不好，還是怎麼樣？我以為今年夏天風調雨順，收成應該很好。」

「是沒錯，今年收成相當不錯，」霍伯說：「我們種了很多糧食，但是我們不確知這些糧食的下落。那些『收集者』和『分糧者』到處點收、把東西儲存起來。他們只收集，幾乎不分糧，大部分的東西就這麼消失不見了。」

「喔，算了！」皮聘打著哈欠說：「我今晚不想聽這麼令人厭煩的事。我們自己帶有吃的東西，只要給我們一個房間能躺下來就好了。這裡會比我曾經住過的許多地方好多了。」

門邊的哈比人似乎還是侷促不安，很顯然這又違反了其他某種規定；但是，他們不敢違抗這四名雄赳赳氣昂昂、全副武裝的旅人，他們當中還有兩人身材異乎尋常地強壯高大。佛羅多下令再將門鎖起來。無論如何，當外面還有盜匪肆虐的時候，保持警戒是有道理的。然後四名夥伴便找了個哈比人住的營房鑽了進去，盡可能的讓自己過得舒服一些。這是個四壁空空非常醜的地方，柴火也不夠，燒不出什麼像樣能取暖的火來；上面的房間裡有幾排硬床，每面牆上都貼著布告和各種規定的列表。皮聘把它們全撕了下來。這裡沒有啤酒，吃的東西也很少，不過，一行人把背包裡面的食物拿出來跟大家分一分之後，所有的人還是都飽餐了一頓。皮聘打破第四條規定，把絕大部分第二天的木柴配額全丟進火爐裡。

「好啦，你說說夏爾到底發生了什麼事情，我們邊抽菸邊聊。」他說。

「現在沒有菸葉了，」霍伯說：「只有老大的人可以抽。所有的庫存似乎都沒有了。我們聽說裝滿菸葉的大車離開南區，沿著古道而下，越過薩恩渡口；那大概是在去年底的時候，在你們離開以後。不過，據說在那之前菸葉就已經開始少量的往外運。那個羅索——」

「霍伯．海沃，你最好不要多嘴！」其他幾個人大喊道：「你知道上頭不准我們談這些事情的。老大會聽到，我們就都有麻煩了。」

「只要你們當中沒人去打小報告，他就不會知道。」霍伯生氣的回嘴。

「好啦，好啦！」山姆說：「這樣已經夠了，我也不想聽了，沒人歡迎、沒啤酒、沒菸抽，竟然只有一大堆狗屁規定和半獸人的生活。我希望能夠先休息，因為明天一定得好好整頓一番。我們先好好睡一睡，等明天早上再說吧！」

新的老大很顯然有特別的辦法獲取情報。從大橋到袋底洞有四十哩，但還是有人急匆匆地趕了過去。很快的，佛羅多和朋友們就發覺了這個狀況。

他們原本並無確切的計畫，只想一起先到溪谷地，在那邊休息一陣子；但是，在看見目前的情形之後，他們決定立刻直接前往哈比屯。所以，第二天他們就沿著大路穩步前進。風已經停了，但天空依舊一片晦暗，大地看起來有些哀愁和淒涼；但這畢竟已經是十一月初，秋天已到尾聲了。在他們的眼中，附近似乎在燒很多東西，濃煙從許多地方冒了出來；在遠處林尾的方向，有一大團黑煙。

隨著黃昏降臨，他們來到了蛙村附近，這是在大路旁的一個小村莊，大概距離大橋有二十二哩左右。他們本來準備在這邊過夜。蛙村的浮木旅店是間相當不錯的小旅館。但是，當他們來到村莊的東緣時，遇到了一個路障，上面掛著一塊大牌子寫道：**此路不通**。路障後方站著一大群夏爾警備隊，手中拿著棍子，頭上插著羽毛，看起來十分有威嚴，但卻又一臉恐懼。

「這是搞什麼鬼？」佛羅多強忍住笑問道。

警備隊隊長，一名頭上插著兩根羽毛的哈比人說：「就是你看到的樣子，巴金斯先生。我們要以破門而入、撕毀規定、攻擊守門人、非法入侵、未經允許在夏爾睡覺，以及用食物賄賂守衛的罪名逮捕你。」

「還有嗎？」佛羅多說。

「這些就應該夠了。」警備隊隊長說。

「如果你想要的話，我還可以再加上幾個。」山姆說：「臭罵你們的老大，想要揮拳痛打他噁心的臭臉，覺得你們這些警衛像一群白癡。」

「好了，先生，你說夠了。老大命令你們安靜地過來。我們準備把你們帶到臨水路那邊，交給老大的手下；等到他來處理你們的案子的時候，你們再辯解吧。不過，如果你們不想在牢洞裡面待太久，我建議你們少說一點。」

佛羅多和夥伴們哄堂大笑，讓隊長覺得相當尷尬。「別傻了！」佛羅多說：「我愛去哪裡就去哪裡，幾時去也是我的事。我正準備要去袋底洞處理點私事，如果你們堅持要一起來，那就隨便你們。」

「好極了，巴金斯先生，」隊長將路障推開：「但請別忘記我已經逮捕了你！」

「我不會的，」佛羅多說：「我永遠不會忘記；但以後我會原諒你的。我今天不想再走了，所以諸位若肯護送我到浮木旅店去，我會乖乖聽話的。」

「沒辦法耶，巴金斯先生，旅店已經關掉了。在村子的另外一邊有個警備隊的營房，我帶你去那邊好了。」

「好吧，」佛羅多說：「你們先請，我們隨後跟上。」

山姆仔細地打量過這些警備隊員，終於找到了一個他認識的傢伙。「嘿，這不是羅賓．小雞嗎？」他大喊著：「過來，我要和你說話！」

被點名的小警員畏縮地看著隊長一眼，對方雖然生氣，但卻不敢出聲干涉。於是羅賓退後幾步，走到下馬的山姆身邊。

「聽著，小雞羅賓！」山姆說：「你是在哈比屯長大的，應該知道不能和佛羅多先生作對吧！還有，旅店為什麼關門了？」

「它們全都關了，」羅賓說：「老大不開放啤酒銷售，至少一開始是這樣的，但我想應該都被他手下喝掉了。而且他也不准人們到處跑，如果他們必須到別的地方，這些人得去警備隊報到，說明原因。」

「和這堆胡說八道搞在一起真是丟人，」山姆說：「你以前不是很喜歡待在旅店裡面嗎？不管你是不是當班，你每次都會溜進去。」

「山姆，如果可以的話，我也想啊。不要逼我嘛！我能怎麼辦？你知道我七年前就當上警員，那是在這一切開始之前了。那讓我有機會到處跑跑，看看朋友、聽聽消息，知道哪裡有好啤酒；但現在情況不同了。」

「可是，如果這不再是個受尊敬的工作，你可以放棄不幹啊！」山姆說。

「上頭不准。」羅賓回答。

「如果我再聽到什麼『**不准**』的話，」山姆說：「我就要生氣了。」

「我可不會說我不樂見你發火。」羅賓壓低聲音說：「如果我們一起生氣，可能可以改變些什麼。但是，山姆，關鍵在那些人類，那些老大的手下。他會派他們到處跑，如果我們這些小傢伙膽敢起來爭取權益，他們就會把他拖去牢洞。他們先是把老水餃——喔，就是市長威爾．小腳抓去關起來，然後他們又抓了更多人。最近狀況越來越糟，現在他們開始打人了。」

「那你為什麼要幫他們幹活？」山姆生氣的說：「是誰派你來蛙村的？」

「沒有人。我們都留在這個警備隊營房裡面，我們現在是東區第一戰隊了。現在已經有一百多個警備隊員，他們還想要找更多人來執行這些新規定。大多數的人都是被強拉進來的，但有些人不是；即使是在夏爾，也有一些人喜歡多管閒事和說大話。還有更糟糕的，有些人會替老大和他的手下刺探消息。」

「啊！所以你們就是這樣才得知我們前來的消息，對吧？」

「沒錯，我們現在不准送信了，但是他們還是利用以前的快遞系統，在不同的地方安排有專門的跑腿送信者。昨天有人從小畦那邊送了份『密件』過來，另一個人從這邊接手。今天下午就有消息送回來，說要逮捕你們，把你們送去臨水路，而不是直接帶去牢洞。很顯然是老大想要立刻見你們。」

「等到佛羅多跟他算完帳之後，他就不會這麼急著見我們了。」山姆說。

蛙村警備隊的營房和大橋邊的一樣爛。這裡的只有一層樓，但窗戶同樣狹窄，而且是用難看的灰磚，蓋得歪七扭八。屋子裡又濕又冷，晚餐就在一張看起來好幾星期沒擦過的桌子上吃，食物也同樣糟糕。一行人很高興可以擺脫這個地方。這裡距離臨水路大概有十八哩，他們早上大約十點時出發。他們本來可以早點出發，如此刻意拖延擺明是要氣一氣隊長。西風已經轉為北風，變得更冷了，但雨已經停了。

事實上，眾人離開村莊的模樣相當搞笑，只是那些出來圍觀的人不太確定老大准不准他們在這時候大笑。有十幾名警員奉命護送這些「囚犯」，但梅里逼他們走在前面，佛羅多和朋友們則是騎馬跟在後面。梅里、皮聘和山姆旁若無人地談笑、唱歌，警員們則是板著臉往前走，試圖裝出一副很威嚴的樣子；不過，佛羅多卻是沉默不語，神情顯得若有所思與哀傷。

他們最後經過了一名正努力修整圍欄的老爹。「哇哈！」他取笑道：「到底是誰抓誰啊？」

兩名警員立刻離開隊伍，衝向他。「隊長！」梅里大聲說：「命令你的部下回到原來的位置，不然我就要親自動手了！」

兩名哈比人在隊長嚴厲的喝令下，一臉惱怒地走了回去。「現在繼續前進！」梅里說，在那之後，他們刻意加快小馬的腳步，逼得警員們在前面拚了老命往前跑。太陽冒出頭來，即使在這寒風中，他們也很快就開始喘氣和冒汗。

到了各區分界石的時候，他們終於放棄了。這群人已經走了將近十四哩路，只有在中午時休息過一次。現在已經三點了；他們又餓又累，已經無法以這速度趕路了。

「好啦，你們自己慢慢走吧！」梅里說：「我們要繼續趕路了。」

「再見啦，小雞羅賓！」山姆說：「我會在綠龍旅店外面等你，希望你沒忘記那在哪裡；路上別亂跑耽擱啦！」

「你們這是脫逃和破壞規定，」隊長不高興地說：「這可不能叫我負責。」

「我們還會打破很多規定，也都不會叫你負責的。」皮聘說：「祝你好運啦！」

四名旅人繼續前進，當太陽開始緩緩沉入西邊遠方的白崗時，他們終於來到了臨水路寬闊的水塘邊；在這裡，他們才第一次感受到痛苦的打擊。這是佛羅多和山姆從小長大的地方，他們這才發現，自己看重這地勝過世界上任何其他的地方。許多他們自小看到大的屋子都不見了；有些似乎是被燒掉的。原來位在水塘北邊一整排賞心悅目的哈比地洞全都荒廢了，它們原本一路延伸到水邊的美麗小花園現在也長滿了雜草。更糟糕的是，沿著水塘邊，也就是原來哈比屯路沿岸而行的一邊，興建了一整排醜陋的新屋子。那裡本來是一條林蔭大道，現在樹全都沒有了。當他們順著路往上望向袋底洞時，他們驚駭地看見，遠處有座磚塊砌成的高大煙囪，正不停地朝著黃昏的天空排放黑煙。

山姆覺得滿腔怒火。「佛羅多先生，我要帶頭衝進去！」他大喊著：「我要去看看怎麼搞的。我得要去找我老爹！」

「山姆，我們最好先弄清楚這邊是什麼狀況。」梅里說：「我猜那『老大』應該會有一幫流氓手下；我們最好先找個能告訴我們這裡究竟是個怎麼狀況的人。」

但是，在臨水路一帶，所有的屋子和地洞全都門窗緊閉，沒有人出來跟他們打招呼。這讓他們覺得很奇怪，但他們很快就發現了其中的原因。當他們走到哈比屯盡頭的綠龍旅店，看見這棟現在了無生氣、窗戶破爛的房子時就明白了；他們還看見了六七個猥瑣的男人靠著旅店的牆壁聊天，他們的眼睛很小，臉色泛黃。

「看起來就像布理那個比爾的朋友。」山姆說。

「我在艾辛格也看到很多這種長相的人。」梅里嘀咕著。

這些壞蛋們手中拿著棍棒，腰間掛著號角，但除此之外似乎沒有別的武器。當一行人騎近時，他們離開了牆壁，走到路中央擋住去路。

「你們要去哪裡？」一個最高大、看起來最邪惡的傢伙說：「再過去不是你們能走的路了，那些寶貝警員到哪裡去了？」

「正在後面趕過來，」梅里說：「或許是有點腿痠吧，我們答應要在這裡等他們。」

「啥？我剛剛不是說過了，」那個壞蛋對同伴說：「我告訴薩基說最好不要相信那些小蠢蛋，我們應該派我們自己的人過去才對。」

「哼，那會有什麼差別嗎？」梅里說：「我們這邊是不常有攔路打劫的強盜啦，但我們知道要怎麼對付他們。」

「攔路打劫？」那人說：「你們用這種態度說啊？最好趕快改一改，要不然我們會幫你改的。你們這些小傢伙也太盛氣凌人了。你們不要太依賴老大的好心腸啊！現在薩基來了，他會照著薩基的話做。」

「那又會是怎麼樣呢？」佛羅多平靜地問。

「這個地方需要清醒清醒，好好整頓一下，」那壞蛋說：「薩基正在做這件事，如果你們逼他，他會來硬的。你們需要更大的老大。如果還有更多麻煩，年底以前就會有個更大的老大來管你們。你們這些小老鼠，到時就可以學到一點教訓。」

「是啊，我真高興可以先聽到你們的完美計畫。」佛羅多說：「我正準備要去找羅索大人哪，他或許會有興趣聽聽你講的這番話。」

那壞蛋笑了。「羅索！他早就知道啦，你別擔心。他會照著薩基的話辦事。因為如果老大惹麻煩，我們可以換老大，明白嗎？如果有小傢伙想插手管閒事，我們可以把他們統統除掉，明白嗎？」

「是的，我明白了。」佛羅多說：「至少我明白你們這裡實在是跟不上時代了。自從你們離開南方之後，發生了許多事情；你們的時代已經過去了，所有的壞蛋都一樣。邪黑塔已經崩潰，人皇已經在剛鐸登基了；艾辛格已經被摧毀，你們寶貝的主人已經成了荒野中的乞丐；我在路上還遇到過他。人皇的使者很快就會來綠蔭路了，不會有艾辛格的強盜來支援你們了。」

那人瞪著他，露出了笑容。「荒野中的乞丐！」他模仿著：「喔，是嘛？儘管亂掰，儘管亂說吧，你這吹牛的小公雞，但這可不能阻止我們在這個肥沃的土地上住下來，你們在這裡也舒服得夠久了。而且——」他在佛羅多的面前一彈手指，「人皇的使者！真好啊！如果我看到的話，我會記住的！」

這對皮聘來說實在太過分了。他的思緒飄回到可麥倫平原上的慶典，而眼前這個下三濫竟然稱呼魔戒持有者為「吹牛的小公雞」！他掀開斗篷，拔出寶劍策馬上前，剛鐸的黑銀制服閃耀著光芒。

「我就是人皇的使者；」他說：「你剛剛說話的對象是人皇的好友，也是西方大地上最著名的英雄。你不只壞，而且蠢。跪下來求饒，不然我就用這把殺過食人妖的寶劍叫你好看！」

那柄劍在西沉的夕陽下反射著讓人目眩的光芒。梅里和山姆也同時拔出劍，騎到皮聘身邊；但佛羅多並沒有動作。壞蛋們紛紛後退。恐嚇布理的農民，欺負膽小的哈比人，一直是他們平日的工作；拿著利劍、凶狠的哈比人可是令他們大為吃驚的景象。而且，這些新來者的聲音中，有一種他們從未聽過的語調，那令他們感到十分膽寒。

「快走！」梅里說：「如果你們敢再來打攪這村莊，你們會後悔的！」三名哈比人不斷進逼，那些壞蛋轉身逃跑，一路沿著哈比屯路沒命奔逃，同時不停地吹著號角。

「好啦，我們回來得正是時候！」梅里說。

「恐怕不是；或許還太晚了，大概來不及救羅索了！」佛羅多說：「可憐的笨蛋，但我還是替他感到遺憾。」

「救羅索？你這是什麼意思？」皮聘說：「我們應該是要打垮他吧！」

「皮聘，我想你大概沒弄清楚狀況。」佛羅多說：「羅索絕不會想把事情搞成這樣。他的確是個壞心眼的笨蛋，但他現在進退維谷。這些壞蛋其實才是真正的老大，他們以他的名義橫徵暴斂，破壞一切；現在，甚至不再需要拿他的名字當擋箭牌了。我猜，他現在應該已經成了袋底洞的囚犯，而且還十分害怕，我們應該設法救他出來。」

「這真是令我吃驚啊！」皮聘說：「我真沒想到這趟旅程走到最後，竟然會是在夏爾和混種半獸人以及壞蛋打鬥，去救那個死羅索！」

「打鬥？」佛羅多說：「嗯，我想可能會演變到那樣。不過，請記住：絕對不要殺哈比人，即使他們投靠了另一邊也不要殺他們。我是說，那些真的投效他們，而不是因為害怕才聽從壞蛋命令的哈比人。夏爾的哈比人從來不會自相殘殺，現在也不例外。如果可能的話，最好不要流血。按捺住你們的脾氣，直到萬不得已的一刻才動手！」

「可是，如果真有很多這種壞蛋，」梅里說：「就一定會打起來的。親愛的佛羅多，只是感到震驚或哀傷，是救不了羅索和夏爾的。」

「是啊，」皮聘說：「第二次要嚇走他們就很困難了。他們這次是沒有心理準備；你聽見了那號角聲嗎？很明顯附近還有別的壞蛋，等到他們人數聚集得更多時，他們會更大膽的。我們晚上最好找個掩護，雖然我們都有武器，但畢竟我們只有四個人。」

「我有個點子，」山姆說：「我們去南路那邊找湯姆．卡頓！他一直都很頑固，而且他有很多兒子都是我的朋友。」

「不行！」梅里說：「找地方掩護是沒有用的。人們之前顯然都在這麼做，而這正好稱了壞蛋們的心意。他們會直接對我們使用武力，把我們逼到角落，趕我們出去，或是把我們燒死。不行，我們得要立刻採取行動才行。」

「採取什麼行動？」皮聘說。

「喚醒整個夏爾！」梅里說：「就是現在！喚醒所有的同胞！你們也看得出來，他們痛恨這一切：除了一兩個無賴，以及一些想要身居要職又完全搞不清楚狀況的笨蛋之外，每個人都痛恨這一切。夏爾的居民偏安已久，他們不知道該怎麼做。他們只需要一根火柴，就會燒成熊熊烈火。老大的手下都明白，他們會想要趕快把我們撲滅，我們的時間並不多了。

「山姆，如果你願意的話，你可以趕去卡頓的農場，他是這邊的意見領袖，也是最堅強的傢伙。快點！我要吹響洛汗的號角，讓他們聽聽從來沒見識過的樂音！」

一行人騎回到村莊正中央。山姆轉向策馬朝南奔向卡頓家；他沒跑多遠，就聽見響徹雲霄的號角聲，它在山丘中和平原上不停迴盪，這號角聲讓山姆差點想要勒馬掉頭衝回去。他的小馬人立起來，大聲嘶鳴。

「衝啊，小子！衝啊！」他大喊著：「我們很快就會回來了。」

然後他聽見梅里改變了調子，吹起了雄鹿地的緊急號聲，讓大地也為之震動。

醒來！醒來！失火！敵人！醒來！

失火，敵人！快醒來！

山姆可以聽見身後傳來許多的吵雜聲和開關門的聲音。在他前方，燈光紛紛亮起，狗兒狂吠，腳步聲四起。在他來到路底之前，農夫卡頓就領著三名孩子衝向他，那是小湯姆、喬力和尼克。他們手中都拿著斧頭，擋住了去路。

「等等！這不是那些強盜。」山姆聽見農夫說：「從體型看起來應該是哈比人，但穿著很奇怪。嘿！」他大喊道：「你是誰，這又是怎麼一回事？」

「是山姆——山姆．詹吉，我回來了！」

老農夫卡頓又走近了些，趁著天光打量他。「哇！」他吃驚地說：「聲音是沒錯，山姆，你的臉也沒怎麼變，但你穿成這樣，我在大街上碰到也認不出你來。看來你去了很遠的地方；我們都擔心你已經死了。」

「我才沒死！」山姆說：「佛羅多先生也還活得好好的。他和朋友們也都在這裡。那聲音就是他們弄出來的，他們想喚醒夏爾。我們準備趕走那些壞蛋，還有他們的老大。我們準備現在就開始！」

「很好，好極啦！」農夫卡頓大聲說：「終於讓我等到了！我一整年都想要推翻這些傢伙，但人們就是不肯幫忙。而我還得顧及老婆和小玫。那些壞蛋不是沒有人撐腰啊。但是現在，孩子們，快點來！臨水路要起義啦！我們最好不要錯過！」

「卡頓太太和小玫怎麼辦？」山姆說：「把她們單獨留在這邊不安全。」

「我家的尼伯斯會留下來，如果你有心的話，也可以去幫幫他。」老農卡頓說完咧嘴一笑，然後他和兒子們就朝村中跑去。

山姆匆忙趕到屋前，卡頓太太和小玫就站在院子裡屋前石階上的大圓門旁，尼伯斯抓著稻草叉站在兩人前面。

「是我！」山姆邊靠近邊大喊：「是山姆．詹吉！尼伯斯，你可別刺我啊。不過，其實沒什麼關係，我裡面有穿鎖子甲。」

他從馬上跳下，走上石階；三人沉默地瞪著他。「晚安哪，卡頓太太！」他說：「妳好哇，小玫！」

「嗨，山姆！」小玫說：「你到哪裡去了？他們都說你死了；但我從春天就一直等著你回來。你們一點也不急，是吧？」

「或許吧，」山姆有些尷尬地說：「但我現在就比較急了。我們準備對付那些壞蛋，我得要趕快回到佛羅多先生身邊。但我想我可以先看看卡頓太太過得怎麼樣，還有妳，小玫。」

「我們過得很好，謝謝你！」卡頓太太說：「如果不是這些偷搶拐騙的傢伙，應該算是過得很好。」

「好啦，你快走了！」小玫說：「如果你之前一直照顧佛羅多先生，現在局勢正危險，你怎麼可以拋下他不管？」

這話對山姆來說聽了實在有點受不了；若要回答恐怕得花上一整個星期，還不如算了。他轉過身，騎上馬，但正當他準備離開時，小玫跑下階梯。

「山姆，我覺得你看起來很帥！」她說：「現在快去吧！要小心照顧自己！等你除掉那些壞蛋之後，趕快回來這邊！」

當山姆趕回去的時候，他發現全村的人都已經醒了過來；事實上，除了很多年輕的哈比人之外，已經有一百多個壯年的哈比人拿著斧頭、重錘、長刀和棍棒趕了過來。幾個人甚至帶著狩獵用的弓箭，還有更多人正從外面的農場趕過來。

幾個村民點起了一大團火，一方面是為了讓大家顯得更有生氣，一方面也是因為這是老大禁止的事情之一。隨著夜晚降臨，熊熊的烈火越燒越旺。其他人則是在梅里的號令下，在村子兩端的道路上設起了路障。當警員們趕到路的一端時，他們無不瞠目結舌不知如何是好；但是一等他們明白狀況之後，大多數人都拔下羽毛加入這場起義，其他人則是悄無聲息的溜走了。

山姆在營火邊找到了正在和農夫卡頓談話的佛羅多和夥伴們，臨水路的居民則是敬佩地站在一旁圍觀。

「好啦，下一步該怎麼辦？」農夫卡頓說。

「我不確定，」佛羅多說：「我得知道更多一些才行。這些強盜有多少人？」

「很難說；」卡頓說：「他們經常到處跑，來來去去。有些時候他們在哈比屯會有五十來人；但是他們經常會到處跑，照他們所說的去『收集』或是偷竊東西。不過，在他們所謂的『老大』身邊通常都會有二十來人。他在袋底洞，至少之前還在；但他現在很少離開地洞出來露面了。事實上，已經有一兩個禮拜沒有人看過他了；但那些人類不讓我們靠近。」

「哈比屯不是他們唯一的根據地，對吧？」皮聘說。

「不，很可惜，」卡頓說：「我聽說在長底和薩恩渡口也有不少人；還有些人是鬼鬼祟祟地躲在林尾那邊；他們在匯口也有營房。此外，還有他們所說的牢洞：米丘窟的儲藏舊地道被他們改造成牢房，用來囚禁膽敢反抗他們的人。不過，我估算整個夏爾地區最多不過三百來人，或許更少。只要我們團結在一起，我們就可以打敗他們。」

「他們有什麼武器嗎？」梅里問。

「鞭子、刀子和棒子，夠他們用來欺負我們了；至少到目前為止，他們只亮出這些東西。」

卡頓說：「但是，如果起了衝突，我打賭他們還有更多東西；至少有些人有弓箭，他們射死了我們一兩名同胞。」

「佛羅多，聽見了沒！」梅里說：「我就知道我們一定得開打的。好啦，這下是他們先開殺戒的。」

「不完全是。」卡頓說：「至少射人這方面不是；那是圖克家先動手的。皮瑞格林先生，你老爸從一開始就不跟那個羅索打交道，他說如果這年頭有什麼人想要當老大，只有夏爾的領主有資格，而不是什麼傲慢的暴發戶。當羅索派人過去時，他還是不改口。圖克家運氣不錯，他們在綠丘有很深的洞穴，就是那些大地道什麼的，那些強盜也進不去，他們也不讓那些傢伙進到他們的土地上。如果他們敢大膽侵入，圖克家族就會射殺他們。圖克家射死了三個入侵和搶劫的傢伙。在那之後，這些強盜就變得更殘暴了。他們相當嚴密的監視著圖克區，現在人們進不去也出不來。」

「圖克家族果然不愧是老圖克的子孫哪！」皮聘大喊：「但現在有人要進去了。我要去大地道，有誰要和我一起去？」

皮聘和六七名少年騎著小馬離開了。「回頭見！」他大喊著：「這邊過去只有十四哩，我明天一早就會帶圖克家的大軍前來支援。」梅里在他們走了之後又吹了一聲號角，眾人紛紛歡呼。

「不管怎麼樣，」佛羅多對附近所有的人說：「我不希望有殺戮，即使是那些壞蛋也是一樣；除非是到了最後關頭，為了阻止他們傷害哈比人才行。」

「好啦！」梅里說：「從現在開始，哈比屯的那幫壞蛋隨時都有可能來拜訪我們，我想他們可不會是來和我們聊天的。我們會試著和平解決，但我們必須做好最壞的打算。我有個計畫！」

「很好，」佛羅多說：「交給你來安排。」

就在這時，被派去哈比屯探查情況的幾名哈比人跑了回來。「他們來了！」他們說：「大概二、三十個。但是當中有兩個往西跑了。」

「我想應該是去匯口那邊，」卡頓說：「應該是去找更多幫手。好啦，反正兩邊都是十五哩，我們暫時還不需要擔心他們。」

梅里匆忙前去發號施令。農夫卡頓清開街道，把所有人都趕進屋內，只有拿著武器的年長哈比人留在外面。他們沒有等很久；很快的，他們就可以聽見對方大聲喧囂和沉重的腳步聲。一整群強盜正往這邊走。他們看見路障，不禁哈哈大笑，他們實在很難想像在這個窮鄉僻壤，會有什麼力量能抵抗二十個他們這樣的大漢。

哈比人打開路障，站到一邊去。「多謝你們！」那些人們笑著說：「在我們拿出鞭子來之前，你們最好趕快回家上床去。」然後，他們沿街大喊：「快把火滅掉！進屋去，留在裡面！不然我們就要抓五十個人去關一年。快進去！老大不高興了。」

沒有任何人理會他們的命令；當那些流氓經過之後，他們無聲無息地聚攏，緊跟在後面。當那些壞蛋走到營火邊時，農夫卡頓單槍匹馬的站在那邊烤手。

「你是誰，你以為你在幹麼？」流氓頭子說。

農夫卡頓緩緩抬起頭，「我還正準備問你這問題哪！」他說：「這不是你的家園，也不是你該待的地方。」

「我們可想要替你找個地方待啊，」頭子說：「我們要抓你，弟兄們，抓住他！帶他去牢洞，好好招呼他，讓他安靜點！」

壞蛋們朝他走了一步，就停了下來。他們四周突然喧譁起來，他們這才突然意識到農夫卡頓並不孤單，他們被包圍了。在火光邊緣的黑暗中有一圈哈比人們，他們從陰影中悄悄走出來，差不多有兩百多人，每個人都拿著武器。

梅里上前一步說道：「我們之前見過面，」他對頭子說：「我警告過你別再回來。我再警告你一次：你站在亮處，附近都是弓箭手，如果你敢碰這農夫或任何其他人一根汗毛，你立刻就會被射死。放下你們所有的武器！」

頭子看著四周：他被困住了；但他並不害怕，他身邊還有二十幾個弟兄支持他呢。他對哈比人太不了解，以至於低估了眼前的危險。他愚蠢地決定抵抗，突圍應該很簡單。

「上啊，弟兄們！」他大喊著：「讓他們見識一下！」

他左手拿著長刀，右手拿著棍子，朝著包圍圈衝過去，企圖衝回哈比屯。他對準擋路的梅里狠狠砍去。四支箭同時射中他，將他當場射死。

這對其他人來說已經夠了，他們投降了。他們全被繳了械，然後被綁在一起，再被押到一個他們自己蓋的小屋內。然後，哈比人將這些人的手腳全綁起來，鎖上門，派人在外面看守。那個死掉的頭子被眾人拖去埋了。

「這看來太簡單了，對吧？」卡頓說：「我就說我們可以打垮他們的。但我們需要有人登高一呼。梅里先生，你回來得正好。」

「還有更多事情要做。」梅里說：「如果你推測得沒錯，我們只不過解決了十分之一的問題而已。現在天黑了，我想他們第二次攻擊應該會是在天亮之後，然後我們得去拜訪一下老大。」

「為什麼不是現在？」山姆說：「現在也不過六點左右。我想要見見我老爹。卡頓先生，你知道他怎麼樣了嗎？」

「他過得並不好，山姆，但也不算差。」農夫說：「他們挖掉了袋邊路，這對他來說是一大打擊。他現在住在那些老大的手下所蓋的房子裡面，他們除了放火跟偷東西，就只會蓋房子；他住在臨水路底一哩左右的地方。當他得空的時候會來找我，我會想辦法讓他吃得比一些可憐的人要好；當然，這都是違反規定的。我本來想要把他接過來，但這也不准。」

「卡頓先生，實在太感激你了，我永遠不會忘記的！」山姆說：「但我好想要見見他。那個老大和他們說的什麼薩基，在天亮之前可能還會在那邊幹出什麼壞事的。」

「好啦，山姆，」卡頓說：「挑一兩個小傢伙陪你，把他接到我家去。你不必經過水塘靠近哈比屯那邊，我家的喬力會幫你帶路。」

山姆離開了，梅里沿著村外安排了哨兵，在路障口則安排了夜衛，然後他和佛羅多隨農夫卡頓一起離開。他們和農夫一家人坐在溫暖的廚房裡，卡頓家人禮貌性的問了幾個關於這次旅行的問題，但對答案並不真正在意，他們比較關心夏爾的狀況。

「這一切都是痘王開始的，喔，這是我們替他取的綽號，」卡頓農夫說：「佛羅多先生，這是從你一離開之後就發生的。痘王想到了一些怪主意，看起來他是想要擁有一切，還要指使其他人。沒多久，他就擁有了遠超過他所需要的東西；而他還是想要更多，只是，他從哪裡弄來的資金就是個謎了。他買了磨坊、倉庫和旅店，還有農場、菸草田。在他來到袋底洞之前，似乎就已經從山迪曼手中買下了磨坊。」

「當然，他一開始在南區就繼承了很多他爹留給他的財產；看來他賣了很多最上等的菸葉，過去一兩年間都偷偷的往外運。到了去年年底時，他開始送走大批大批的東西，不只是菸葉。貨品開始短缺，冬天也來了。人們開始不高興，但他有他的回應。一大群人類，大部分是強盜無賴之流，拖著大車過來了；有些是把東西往南運，有些則留了下來。然後來了更多的人。在我們搞清楚狀況之前，他們已經在整個夏爾定居下來，到處砍樹挖洞、任意蓋屋破壞。一開始痘王都會賠償損失和破壞；但很快的，他們就開始到處頤指氣使，任意妄為。」

「然後開始起了一些小爭執，但這還不夠。市長老威爾去袋底洞抗議，但他根本沒到那邊，半路上他就被那些壞蛋抓走了，把他關在米丘窟的洞穴裡，到現在他人還在那邊。在那之後，大約是新年左右，就不再有市長了。痘王開始自稱是警長老大，或只稱老大，然後開始高壓統治；如果有人膽敢心生不滿，他們就會步上威爾的後塵。因此，事情越變越糟糕。除了人類之外，沒有人有菸葉可抽；老大禁售啤酒，只有他的屬下有得喝，他還關閉了所有的旅店；除了規定越增越多之外，其他的東西都變得越來越少，除非你能在那些壞蛋前來搜刮時偷藏一些起來，他們說那是要『平均分配』，意思就是他們全部拿走，我們什麼都沒有；如果你吞得下去，你可以到警備隊分一點殘羹剩飯。一切都變得很糟糕。但自從那個薩基來了之後，狀況更是急轉直下。」

「這個薩基是誰？」梅里說：「我聽到有個流氓提到他。」

「看來是這些壞蛋中最壞的一個。」卡頓回答：「在上次收割的時候，或許是九月底，我們第一次聽到他。我們從來沒見到過他，只知道他在袋底洞；我猜他現在是真正的老大了。所有的壞蛋都聽他的，而他說的都是破壞、放火、搗毀，現在竟然到了殺戮的程度。他們一點也不會有罪惡感。他們會砍倒樹木，就讓它們枯死，他們燒掉屋子也不會再蓋。」

「就拿山迪曼的磨坊來說好了。痘王一搬進袋底洞，幾乎立刻就把它拆了。然後他帶了很多相貌醜陋的人類來，蓋了一座更大的，裡面裝了很多輪子和外地的什麼鬼玩意兒。只有那個傻泰德覺得很高興，他的工作現在成了替那些人清潔輪子，虧他老爹還是磨坊主人呢！根據痘王的說法，他是想要更快磨更多的麥子。他還有其他類似的磨坊。但你得要有麥子才能磨啊；我們的生產也沒有比以前多，根本沒辦法供給這些新磨坊。自從薩基來了之後，他們根本就不再磨穀物了。那些磨坊每天不停地敲敲打打，冒出惡臭和濃煙，哈比屯連到晚上也不得安寧。他們會故意倒出髒水，把這邊低地的水源都污染了，這些髒水全都流到烈酒河去了。如果他們想把整個夏爾都變成沙漠，那這可是個正確的做法。我不認為那個愚蠢的痘王在背後操控這一切，我推測是薩基。」

「沒錯！」小湯姆說：「對啦，他們甚至抓走了痘王的老媽，那個羅貝拉，大家都知道他很愛她，不會幹這種事。哈比屯有人看到了，她正拿著舊雨傘走在路上，有些壞蛋推著大車往上走。」

「『你們要去哪裡？』她問。」

「『去袋底洞。』他們說。」

「『幹麼？』她問。」

「『替薩基蓋房子。』他們說。」

「『誰准你們的？』她說。」

「『薩基說的，』他們回答：『老妖婆，別擋路！』」

「『你們這些強盜，我會讓你們的薩基學到教訓！』她拿起雨傘就對那個有她兩倍高的頭子打過去。他們就這樣抓走了她，不看她一把年紀，居然把她關到牢洞裡。他們還抓走了不少我們的朋友，但她可是其中抵抗最激烈的傢伙哪！」

正當眾人聊到一半時，山姆帶著老爹衝了進來。老詹吉看起來並沒顯得更老，但聽力似乎變差了些。

「晚安哪，巴金斯先生！」他說：「我真高興看見你平安歸來。但請容我大膽挑剔一下，你根本不應該賣掉袋底洞的，我以前就這麼說過；一切壞事都是這樣開始的。當你在外國旅遊的時候，聽我山姆說，你是在那邊山區裡追趕黑影人，不過是為了什麼他也沒說清楚；就這時候那些人來了，他們挖掉了袋邊路，把我的馬鈴薯都給毀了！」

「詹吉先生，我真是非常抱歉。」佛羅多說：「但我現在回來了，我會盡力補償你的。」

「好啦，這樣就夠了。」老爹說：「佛羅多．巴金斯先生是個最慷慨的哈比人，我從以前就這樣說，不過其他和他同姓的人可就不一定了。我希望山姆很乖，沒有惹事吧？」

「乖得很，棒極了，詹吉先生。」佛羅多說：「事實上，不知道你相不相信，但他是全世界最有名的人了！從海邊到大河流域，都有人替他寫歌，歌頌他的豐功偉業。」山姆漲紅了臉，但他感激地看著佛羅多，因為小玫的眼中發著光，正衝著他笑。

「我可真難相信哪！」老爹說：「但我看得出來他這次肯定交了一些怪朋友。他的鐵背心哪裡來的？不管看起來好不好看，我可穿不習慣這種鐵衣服。」

農夫卡頓一家人和客人全都起了個大早。一夜無事，但在天亮之後一定會有更多麻煩的。「看起來袋底洞似乎沒有剩什麼流氓了，」卡頓說：「但匯口那邊的惡棍應該很快就會到了。」

大夥用過早餐之後，圖克區的使者騎馬到了；他的情緒非常振奮。「領主通知了全區，」他說：「消息傳得像野火一樣快。那些監視我們那地的壞蛋，還活著的都往南逃了。領主派人緊追在後，準備把更大幫的匪徒在路上攔住；但他還是派皮瑞格林先生帶了能分派出來的人力前來支援。」

第二個消息就比較不妙了。離開一整夜的梅里在十點左右騎馬趕了回來。「大概四哩之外有一大群敵人，」他說：「他們從匯口那邊沿著路過來，路上有許多打散了的壞蛋也加入了他們。他們大概有一百多個人，而且他們還沿路放火。該死！」

「啊！這些傢伙是不會談判的，如果他們抓到機會，一定會下殺手的。」卡頓農夫說：「如果圖克家的支援不趕快到，我們最好趕快找好掩護，直接放箭，不必多說。佛羅多先生，在這件事得到解決之前，看來打上一仗是免不了了。」

幸好圖克一族來得比較快。他們沒多久就到了，從圖克地與綠丘來了一百多人，由皮聘率領。梅里現在有了足夠的強壯人手來對抗那些壞蛋。斥候回報對方保持著緊密的隊形，顯然知道附近全都起義了，因此擺明會毫不留情地對付反叛者，殘酷鎮壓這場起義的中心臨水地區。不過，不管他們有多凶悍，他們當中似乎沒有懂得戰術的領袖。他們毫無任何防備地來了，梅里很快地部署好他的戰略。

壞蛋們沿著東路走過來，他們毫不停頓地轉向臨水路，這路有一段是上坡，兩邊有高築的堤岸，坡頂有低矮的樹籬。繞過一處彎道，離主要道路十多呎遠的地方，他們碰上了一輛翻倒的老舊農車擋住去路，這讓他們停了下來。就這時候，他們注意到就在他們頭頂上兩邊的樹籬後方，站滿了一排的哈比人。在他們身後，其他的哈比人又從附近推出了之前隱藏起來的車子，也把他們的退路擋了起來。一個聲音從坡上對他們說道：

「好啦，你們已經走進陷阱中了。」梅里說：「你們從哈比屯來的同伴也一樣，一個死了，其他的都成了俘虜。放下你們的武器！退後二十步，坐下。任何想要突圍的都會被射殺。」

但這次，這些壞蛋沒這麼容易就屈服。其中有幾個人聽話照做，但很快就被同伴阻止了。有二、三十人衝向後方的車子，六名被射死，但其他人突出包圍，殺死了兩名哈比人，然後就朝向林尾的方向四散奔逃。這些人跑到一半又有兩人倒下。梅里吹響了號角，四野傳來許多的回應。

「這些人逃不遠的，」皮聘說：「現在到處都是我們的獵人。」

後面這邊，那些被困在路上的人類仍有八、九十名，他們試圖爬過路障或爬上堤岸，哈比人被迫用箭射死不少人，或是用斧頭攻擊他們。但許多最強悍的亡命之徒從西邊突圍，凶狠地攻擊包圍者，這時他們想要殺人已經多過想要逃跑。幾名哈比人戰死，其他的人開始動搖了，原先守在東邊的梅里和皮聘趕了過來，對流氓們展開攻擊。梅里親手殺死了一個帶頭的傢伙，對方是個斜眼壯漢，看起來像是隻高大的半獸人；然後他讓哈比人全都退開，將剩餘的人類包圍在弓箭手的火網中。

最後，一切都結束了。有將近七十名的流氓被殺、數十名被俘，十九名哈比人戰死、三十多名負傷。流氓們的屍體被用車子拖走，丟進附近的一個舊沙坑裡掩埋，這裡從此就被稱為「戰坑」；犧牲的哈比人則被一起合葬在山丘旁的一塊墓地中，該地稍後豎起了一塊大石紀念碑，並且也建造了一座花園。一四一九年的「臨水之戰」就這麼結束了，這是夏爾發生的最後一場戰鬥，也是自從一一四七年北區的「綠原之戰」以來唯一的一場戰鬥。雖然犧牲的人數少得讓人慶幸，但也替它在紅皮書中爭取到了一席之地，所有參與此役的人都名列青史，被日後夏爾的歷史學家所熟記。卡頓家的聲名崛起就是始於這場戰鬥；不過，被列在史冊之首的當然是威名顯赫的梅里雅達克和皮瑞格林將軍。

佛羅多也參與了戰役，但他並沒有拔劍，他主要扮演的角色是攔阻那些因同胞被殺而怒火攻心的哈比人，不去殺死那些棄械投降的敵人。等到戰鬥結束，善後工作都安排好之後，梅里、皮聘和山姆回來找他，四人一起前往卡頓家。他們吃了頓較晚的午餐，然後佛羅多嘆了口氣，說道：「好吧，我想現在該是我們前去對付這個『老大』的時候了。」

「沒錯！越快越好。」梅里說：「也別太心軟！他得為帶來這些土匪負責，他們所幹的一切惡事都得算在他頭上。」

農夫卡頓召集了二、三十名比較強悍的哈比人護送他們。「我們只能猜測袋底洞裡沒有壞蛋留守了。」他說：「但我們不能確定。」然後，眾人就在佛羅多、山姆、梅里和皮聘的帶領之下出發了。

這是他們這輩子最哀傷的一刻。那巨大的煙囪聳現在他們面前；當他們越過水塘，逐漸接近舊村莊時，透過路兩邊一排排新蓋的、醜陋的磚屋，他們看見了那座骯髒醜陋得難以描述的新磨坊：它是座巨大的磚造建築，橫跨在溪流上，不停地冒出水蒸氣，源源不絕排出污水。臨水路沿路的每一株樹都被砍掉了。

當他們越過小橋，抬眼望向小丘時，他們全都猛吸一口氣。即使山姆見過水鏡中的景象，也無法和眼前的情景相比。西邊的老屋遭到拆除，取而代之的是一排排塗上漆黑焦油的屋子。所有的栗樹全都被砍掉了。灌木叢和道路的兩旁一片殘破；巨大的馬車散亂停在一塊被踐踏成光禿一片的草地上。袋邊路成了一片荒涼沙地，堆滿了砂石和瓦礫。小丘上的袋底洞被一堆高大的房屋擋住，完全看不見了。

「他們把它砍了！」山姆驚喊道：「他們砍了那株宴會樹！」他指著比爾博當年發表告別演說時的地方。它被砍倒在田野上，已經枯死了。這對山姆來說彷彿是最後一擊，他忍不住哭了出來。

一個笑聲打斷了眾人的哀痛，前方有一個矮胖的哈比人懶懶地靠在磨坊的矮牆上。他滿臉髒污，雙手也是黑漆漆的。「山姆，你不喜歡嗎？」他輕蔑地說：「你從以前就是個娘娘腔，我以為你已經坐上你老是嘮叨個不停的那些船，早早離開這裡了。你回來幹麼？現在夏爾這邊可有很多工作要做。」

「我也看見了。」山姆說：「沒時間清洗自己，倒有時間靠在牆上耍嘴皮。聽著，山迪曼先生，我準備替這村莊討回公道，如果你再囉唆，恐怕你一輩子也付不完！」

泰德．山迪曼對著牆壁啐了一口。「呸！」他說：「你甭想碰我。我可是老大的朋友。如果我再聽你亂說，他會好好教訓你的。」

「別浪費唇舌在這笨蛋身上，山姆！」佛羅多說：「我希望不會有其他的哈比人淪落到這種程度，這會比那些人類所造成的破壞都還要嚴重。」

「山迪曼，你不但骯髒，而且還無禮；」梅里說：「同時，你也真的是跟不上時代了。我們正準備上去除掉你那寶貝老大，我們已經解決掉他的一堆手下了。」

泰德吃了一驚，他這時才看清楚，隨著梅里一個手勢，一大群護衛邁步走過橋來。他慌張地衝回磨坊，拿出一支號角，死命的吹著。

「別浪費力氣了！」梅里大笑著說：「我的號角更好。」他拿出銀號角用力一吹，清澈的號聲響遍了整座小丘；附近的每個住屋和地洞，哈比屯的每個哈比人都歡聲雷動地出來迎接他們，一大群人浩浩蕩蕩地走上山坡前往袋底洞。

在小路的頂端，隊伍停了下來，佛羅多和朋友們繼續往前；終於，他們來到了真正心念所繫的家園。花園中蓋滿了粗製濫造的小屋，有些擠到了西邊的窗戶旁，完全擋遮住了光線。到處都是一堆堆的垃圾。門上滿布刮痕，門鈴繩鬆鬆的掛在門上，門鈴已經不響了。無論他們怎麼敲，都沒有任何回應。最後，他們推了一下，門就自動打開了。四人走了進去。整個地方臭得讓人反胃，遍地污穢，一片狼藉；看樣子已經好一陣子沒人居住了。

「那個該死的羅索躲在哪裡？」梅里說。他們搜遍了每一間房間，除了老鼠之外，什麼活的東西都沒找到。「我們要去找外面其他那些屋子嗎？」

「這比魔多還要糟糕！」山姆說。「就某方面來說，糟得更厲害。你不會想到它竟一路跟著你回家。人們說家是永遠的避風港，而這次連這最後的港口都被污染了。」

「是的，這就是魔多的痕跡，」佛羅多說：「這就是它的影響。薩魯曼一直在做屬於魔多的事，卻以為他在為自己打算。而那些受到薩魯曼誘騙的人，像是羅索，也一樣。」

梅里強忍噁心，難過地看著四周。「我們趕快出去吧！」他說：「如果我早知道薩魯曼會把這裡搞成這樣，我會把我整個背包都塞到他喉嚨裡面去！」

「沒錯，沒錯！但你並沒有這麼做，所以我才能夠歡迎你們回家。」站在門口的就是薩魯曼，他看起來吃飽喝足，日子過得甚是愉快；他眼中閃爍著邪惡和玩弄敵人的興致。

佛羅多突然明白了。「你就是薩基！」他驚呼道。

薩魯曼笑了。「原來你們聽說過我啦？我想，我所有在艾辛格的手下都是這麼叫我的，或許這是他們對我的暱稱吧[1]。不過，很顯然你們沒意料到我會在這裡出現。」

「我的確沒有。」佛羅多說：「但我早該猜到才是。甘道夫警告過我，你還有能力可以玩些邪惡的小把戲。」

「當然可以，」薩魯曼說：「而且恐怕還不只是一些小把戲。你們這些哈比小英雄，和那些偉人們同進同出，自以為很安全、很開心，真是笑死我了。你們自以為在那邊表現得太出色了，現在可以回來在鄉下安養終老。薩魯曼的家被毀了，他也被趕走了，但是沒人可以碰你們的家。喔，是的，甘道夫會照顧一切的！」

薩魯曼再度放聲大笑。「他不會的！當他的工具失去利用價值之後，他就將他們棄之不顧。但你們就是死纏著他、跟著他，聊天、瞎逛，繞了兩倍遠的路。『既然這樣，』我想：『如果他們是這種蠢蛋，那我不如搶在他們前頭，給他們一個教訓。這就叫一報還一報。』如果你們給我更多一點時間、找到更多人手，這個教訓會更深刻的。不過，我已經做得夠多了，你們在有生之年恐怕都無法將它恢復原狀了。當我在舔舐傷口時，光想到這一點就讓我無比的愉快。」

「好吧，如果你只能從這上面找到快樂，」佛羅多說：「那我真可憐你。但我恐怕這只會是一場愉快的回憶而已。馬上離開，再也不要回來！」

村中的哈比人看見薩魯曼從一間小屋子裡面走出來，他們立刻都蜂擁到袋底洞的門口。當他們聽見佛羅多的命令時，立刻憤怒地吶喊道：

「不要讓他走！殺死他！他是個殺人不眨眼的壞蛋。殺死他！」

薩魯曼看著他們充滿敵意的臉，不禁笑了。「殺死他！」他揑著嗓子學道：「殺死他！勇敢的哈比人啊，難道你們以為自己人夠多嗎？」他挺起胸膛，以黑眸瞪著眾人。「別以為我失去了

1　這可能起源於半獸人語中的 sharkû，意思是「老人」。

所有的產業，就失去了一切法力！任何敢攻擊我的人都將受到詛咒。如果我的鮮血落在夏爾的土地上，這裡將變成一片荒涼，永遠無法恢復。」

哈比人退縮了。但佛羅多說：「不要相信他！他已經失去了所有的力量，只剩他那可以趁虛而入欺騙你們的聲音。但我不願他被殺。以牙還牙是沒有意義的，這不會治好我們的傷口。走吧，薩魯曼，快點離開吧！」

「巧言！巧言！」薩魯曼大喊道，巧言從附近的一間小屋裡爬了出來，幾乎和隻狗沒兩樣。「我們又要上路啦！」薩魯曼說：「這些好人跟小英雄又要趕我們走了，跟我來吧！」

薩魯曼轉身準備離開，巧言畏縮的跟在後面。但正當薩魯曼經過佛羅多身邊時，他猛地拔出小刀，急速朝佛羅多刺去。小刀刺在隱藏的祕銀甲上，啪地斷成兩半。十幾名哈比人在山姆帶領下，大喊著跳上去將這惡徒壓倒在地上。山姆拔出寶劍。

「不，山姆！」佛羅多說：「就算現在也不要動手殺他。他沒傷害到我。而且，不論如何，我都不希望他在這種滿心邪惡的狀況下被殺。他以前曾經非常偉大，屬於我們不敢舉手反對的高貴種族。但他墮落了，我們無法治好他，但我還是願意饒恕他，希望他能改過自新。」

薩魯曼站了起來，瞪著佛羅多。他的眼中混雜著驚訝、尊敬和仇恨。「半身人，你成長了。」他說：「沒錯，你已經成長了許多。你很睿智，卻也非常殘忍。你剝奪了我復仇的甜美，讓我此後必須在痛苦中苟且偷生，永遠欠你的恩情。我恨這恩情，也恨你！好，我會走，不再打攪你們。但別妄想我會祝你健康長壽。這兩者你都不會擁有。這不是我的詛咒，只是我的預言。」

他緩緩走開，所有的哈比人都讓出一條路給他；但他們緊握著武器的手，指節都因用力而泛白。巧言遲疑了一下，然後還是緊跟著主人。

「巧言！」佛羅多說：「你不需要跟他走。你對我沒有做過任何壞事。你可以在這邊休息、吃點東西，等你恢復了體力，就可以走自己的路。」

巧言停步，回過頭來看著他，似乎真的準備留下來。薩魯曼轉過身。「沒做過壞事？」他咯咯大笑：「喔，是啊！即使他晚上偷溜出去，也只是去看星星而已。不過，我剛剛是不是聽到有人問說羅索躲到哪裡去了？巧言，你知道的，對吧？你願意告訴他們嗎？」

巧言趴在地上，抱著頭呻吟著：「不，不要！」

「那就由我來說吧。」薩魯曼說：「巧言殺死了你們的老大，那個可憐的小傢伙，自以為很行的老闆大人。對吧，巧言？我想應該是在他睡夢中把他刺死的吧。我希望他把他埋起來；不過，最近巧言肚子一直很餓。算啦，巧言不是什麼好東西，你們最好把他留給我吧。」

巧言泛紅的雙眼盈滿了仇恨。「是你叫我做的，是你逼我的！」他咬牙嘶聲說道。

薩魯曼笑了：「你總是會照著薩基說的做，對吧？好啦，現在他說：跟上來！」他對著趴在地上的巧言臉上踢了一腳，然後轉身離開。就在那一瞬間，有什麼東西崩斷了——巧言突然站起來，拔出一柄隱藏的匕首，像野狗一般瘋狂嘶吼著跳上薩魯曼的背，一把將對方的頭往後拉，割開了他的咽喉，隨即哀叫著往小路底下奔逃。在佛羅多來得及恢復鎮定或開口之前，三支箭勁射而出，巧言就這麼倒下死了。

讓站在一旁的眾人很驚駭的是，薩魯曼的身體四周突然冒起了一團灰霧，像是火焰中冒出的濃煙一樣慢慢往高空中飄，像是一個裹著屍衣的蒼白身影，籠罩在小丘上。有那麼片刻它搖晃著，望著西方；但從西方吹來了一陣冷風，它彎身退開，接著在一聲嘆息中徹底消散了。

佛羅多懷著同情與恐懼看著地上的屍體。就在他面前，那屍體彷彿已經死了很久，一瞬間開始萎縮，乾枯的臉皮變得像是掛在駭人骷髏上的破布。他拎起掉在一旁那件骯髒的斗篷，蓋住屍體，然後轉身離開。

「這才是終結了。」山姆說：「真是個噁心的結局，我真希望自己沒看見這一幕；但這總算是解脫了！」

「我希望這也是最後一仗了。」梅里說。

「我也如此希望。」佛羅多嘆氣道：「這真是最後一擊了。誰想得到，這會發生在這裡，就在袋底洞的門前！在我所有的希望與恐懼中，這是我最沒預料到的事。」

「在我們把一切髒亂清理完畢之前，我可不會認為這算是結束。」山姆陰沉地說：「這可得花上好長一段時間和功夫。」

第九節　灰港岸

這次事件的善後工作的確大費周章，但所花的時間並不像山姆所擔心的那麼久。打完仗之後第一天，佛羅多就去米丘窟把關在牢洞裡的人全都放了出來。他們所找到的第一個犯人，竟是可憐的費瑞德加·博哲，他已經不再能被叫做小胖了。當時他率領著一幫反抗者躲在史蓋力附近山中的布羅肯洞中，卻被那些流氓用煙燻了出來。

「可憐的費瑞德加，如果你跟我們一起來就不會這樣了！」當大家把虛弱得無法走路的他抬出來時，皮聘說道。

小胖睜開一隻眼，試圖擠出一絲笑容。「這個高壯的大聲公是誰啊？」他有氣無力的說：「該不會是小皮聘吧！你的帽子尺寸變多大啦？」

然後還有羅貝拉。可憐的人，當他們把她從一處陰暗窄小的地窖裡救出來時，她看起來非常蒼老、瘦弱。她堅持要自己走出去，當她倚著佛羅多，手中還拿著舊雨傘走出來時，竟然受到眾人熱烈的鼓掌歡迎。她相當感動，眼眶含淚坐上車離去。她這輩子從來沒有這麼受歡迎過。但她還是被羅索遭到謀殺身亡的消息所擊垮了，再也不願回到袋底洞。她把那裡還給佛羅多，回去硬瓶一帶和抱腹家人一起住。

當這可憐的小老太婆第二年去世時（畢竟她已經一百歲了），令佛羅多非常驚訝和感動的是：她把自己和羅索所有的遺產都交給他，用來協助補償那些因動亂而流離失所的哈比人。就這樣，人們心中的仇恨被撫平了。

老威爾．小腳被關在牢洞裡面的時間，比任何人都要久，雖然獄卒待他可能沒有像其他人那麼壞，但他還是得吃很多東西才能再看起來有市長的威嚴。因此，佛羅多暫時同意擔任他的副手，直到小腳先生恢復身材為止。在他擔任副市長期間所做的唯一一件事是，裁減警備隊員，讓他們恢復之前的職務範圍和人數；至於驅趕剩下的盜匪的工作就交給梅里和皮聘，他們也很快把工作完成了。南邊的無賴在聽說了臨水一戰的消息後，立刻逃之夭夭，不敢再抵抗領主。到了年底，少數倖存的人在森林中被包圍，投降的人也都被趕出了邊界。

在此同時，修復舊觀的工作也在加緊腳步進行，山姆更是忙得不可開交。哈比人在有需要、心情不錯的時候，可以像是蜜蜂一般的整日工作；現在，到處都有成千上百不同年齡的自願者願意貢獻一己的力量，從小男孩小女孩靈活的手到長滿老繭的老爹大媽的手都有。在冬季慶典來到之前，那些薩基的手下所興建的磚造房屋就全被拆除乾淨了；拆下的磚塊被用來修補許多的舊地洞，讓它們變得更溫暖、更乾燥一些。那些被無賴們所藏起來的大量物資、食物和啤酒，都被從穀倉、地洞和屋子裡面找了出來，在米丘窟和史卡力的舊穀倉裡找到的特別多；因此，這年的冬季慶典大家過得比原先期望的好得多。

在拆除新磨坊之前，眾人在哈比屯所做的第一件事情，就是清理小丘和袋底洞，將袋邊路恢復舊觀。那些沙坑都被填平，修整成了一個有棚架的大花園，小丘的南面挖了一些新的洞穴，內部全是用磚砌成。老爹重新搬回了三號洞穴，他經常在人前人後自言自語說：

「這真是場讓大家都倒楣的變化，而結果竟還變得更好！」

隨後，大夥還熱烈地討論了一下，這地區和一排新洞穴應該叫什麼名字。有人提議叫「**戰鬥花園**」，或是「**好地道**」。不過，在討論一陣之後，大夥還是同意用哈比人的慣例，將這邊命名為「新邊路」。只有臨水路的人會開玩笑叫這邊為「**薩基掛點路**」。

遭到最嚴重損失和破壞的是樹木，在薩基的命令之下，樹在全夏爾都遭到毫無來由的砍伐；山姆對此感到最為傷心，因為，這個傷害要花最久的時間才能治好。他想，這恐怕得要等到他曾孫的年代，夏爾才能恢復昔日的舊觀。

然後，突然有一天，他想起了凱蘭崔爾的禮物，過去數週他都因為太過忙碌，而無暇思索之前冒險的經歷。他拿出小盒子，讓冒險家們（全夏爾的人後來都這麼稱呼他們四人）檢查，並且詢問他們的意見。

「我還在想你什麼時候會想起這件事呢。」佛羅多說：「把它打開吧！」

盒子裡面裝滿了灰色、細柔的粉塵，中間有一個種子，像是包著銀殼的小堅果。「我要怎麼用這個東西？」山姆問。

「在有風的日子把它丟向空中，讓它發揮它的魔力！」皮聘說。

「發揮魔力在什麼事上？」山姆說。

「先挑個地方做實驗，看看它會對那邊的植物有什麼影響。」梅里說。

「我想女皇一定不喜歡我只把它留在自己的院子內，你們看看，現在有那麼多人受害了。」

山姆說。

「山姆，用你的智慧和經驗來判斷吧，」佛羅多說：「然後利用這禮物來協助你的工作，讓它變得更好。珍惜的使用它，它的量並不多，我猜一分一毫都是很珍貴的。」

因此，山姆在許多特別美麗，或是為人懷念的大樹被砍倒之處又種下了樹苗，然後他將這珍貴的粉塵在每株樹苗根部撒上一些。他在夏爾東奔西跑地忙碌著，不過，即使他特別偏袒哈比屯和臨水路一帶，也沒人忍心責怪他。最後，他發現還剩下一點點粉塵，因此，他來到了分界石的地方，這裡應該最接近夏爾的中心了，他將粉塵拋向空中，帶著他的祝福四散飛揚。他將那小小的銀色種子種在原先生長著高大、美麗的宴會樹的地方；他也不知道最後它會長成什麼樣子。一整個冬天，他都盡可能的耐心等候，克制自己不要一直到處去觀察是否有任何的變化。

春天的成果大大超乎他的想像。他種的樹開始蓬勃生長，彷彿時光快速的流逝，想要把一年當二十年來用。在宴會場的那塊空地上，一株美麗的小樹冒出頭來：它擁有銀色的樹皮，長形的樹葉，在四月時綻放出金黃的花朵。這真的是梅隆樹，它也成為鄰近一帶的奇景。在往後的年日裡，它越長越繁茂美麗，聲名遠揚，四面八方的人們都不遠千里而來欣賞它：這是山脈以西、大海以東唯一的一棵梅隆樹，而且也是世上最美的樹之一。

整體來說，一四二〇年對夏爾來說真是不尋常的豐收年，不只風調雨順，還有更棒的：一種豐饒、生長的氣氛，一種超越了中土世界中匆忙來去的凡塵夏日的美麗光輝。在這一年出生或懷的小孩特別多，而且個個英俊美麗、健康強壯，他們大多數都擁有豐美的金色頭髮，過去這在哈比人當中是相當少見的。水果產量極豐，那年的小孩幾乎都沐浴在草莓和奶油之中；他們會坐在李子樹下狂吃，吃到果核能堆疊出小金字塔或像征服者面前的骷髏堆時才罷手，然後他們會繼續往下一棵樹前進。沒有人生病，每個人都快快樂樂，只有要割草的人有些抱怨而已。

在南區，葡萄結實纍纍，菸葉的收成更好得令人吃驚；收割時，到處盛產的玉米幾乎把穀倉給塞爆了。北區的釀酒業也成果豐碩，以至於一四二〇年份釀造的酒成了人們稱讚好酒的代名詞。事實上，直到二、三十年之後，人們還能在旅店裡聽見某位老爹在暢飲了一大杯的麥酒後，放下杯子感嘆道：「啊！這可真是二〇年的好酒啊！」

山姆一開始和佛羅多暫住在卡頓家，但當新邊路蓋好之後，他和老爹一起搬了過去。除了其他繁瑣的工作之外，他一直忙著指揮清潔和修復袋底洞的事；不過，他也經常離開家到夏爾各地去執行植樹的工作。因此，三月初的時候他並不在家，也不知道佛羅多覺得身體不舒服。那個月的十三號，農夫卡頓發現佛羅多躺在床上，他緊抓著掛在胸前的一顆白色寶石，似乎處在半夢半醒之間。

「它永遠消逝了，」他說：「一切都只剩下黑暗和空洞。」

但那症狀很快就過去了，當山姆在二十五號回來時，佛羅多已經恢復正常，也絕口未提此事。在此同時，袋底洞已經安置妥當，梅里和皮聘從溪谷地把所有的舊家具都搬了回來，因此洞裡很快就恢復了舊觀。

在一切都準備妥當之後，佛羅多問道：「山姆，你什麼時候要和我一起搬進去？」

山姆看起來有點尷尬。

「如果你不想的話，暫時也不急。」佛羅多說：「但你知道老爹就在附近，寡婦倫波會好好照顧他的。」

「不是因為那個，佛羅多先生。」山姆說，他的臉漲得非常紅。

「那到底是什麼？」

「是小玫。小玫．卡頓。」山姆說：「她似乎不太喜歡我東奔西跑，但由於我沒開口，她也不能說什麼。我沒開口的原因是因為我還有工作得先做。但是，我不久前開了口，她說：『好啦，你都浪費一年了，幹麼再等呢？』『浪費？』我說：『我可不這麼覺得。』不過，我還是懂她的意思，我覺得很為難哪！」

「我明白了，」佛羅多說：「你想要結婚，但是你又想要和我一起住在袋底洞？親愛的山姆哪，這很簡單呀！趕快結婚，和小玫一起搬進來，你生多少孩子袋底洞都裝得下。」

事情就這麼解決了。山姆．詹吉和小玫．卡頓在一四二〇年的春天結婚（這年也因婚禮超多而著名），他們一起搬進了袋底洞。山姆認為自己很幸運，但佛羅多覺得自己更幸運，因為整個夏爾沒有人比他受到更周詳的照顧。當一切的復原工作都安排妥當、開始進行之後，他開始過一個寧靜的生活，大量寫作，遍閱所有他的筆記。他在夏至時的嘉年華時請辭了副市長的職務，可愛的小腳市長又繼續主持了七年的宴會。

梅里和皮聘一起在溪谷地住了一段時間，雄鹿地和袋底洞之間的往來也相當頻繁。這兩名年輕的冒險家在夏爾因他們的歌聲、故事、華麗的服裝以及豐盛的宴會而大受歡迎。人們會說他們很氣派，光是看著他們穿著盔甲、拿著精光閃耀的盾牌騎馬、唱著遠方的歌謠，眾人就會覺得十分的感動。雖然他們現在看起來又高大、又威嚴，但其實作風並沒有改變，只除了他們說話變得更文雅、個性變得比以前更爽朗。

但是，佛羅多和山姆則恢復了原來的作息，只在有需要的時候，他們會披起一件織工精細、長長的灰斗篷，領間別著美麗的領針。佛羅多先生的脖子上總是掛著一枚白寶石，他經常會無意識的撥弄著它。

一切都十分上軌道了，人們只覺得世局會越來越好；山姆依然不停地忙碌，滿心歡喜，過著對哈比人來說再好不過的生活。對他來說，這一年完美無缺，只除了對他主人感到有些擔心。佛羅多靜靜地退出了夏爾的一切公開活動，山姆很痛苦地發現，他的主人在自己的國度是如此地沒沒無聞。沒有多少人知道，或是想要知道他的冒險和成就；人們的仰慕和尊敬，幾乎全獻給了梅里雅達克先生和皮瑞格林先生以及（如果山姆知道的話）他自己。在這個秋天，又有一些過去回憶中的陰影再度浮現。

一天傍晚，山姆來到書房，發現他的主人看起來十分奇怪。他臉色非常蒼白，雙眼似乎看著遙遠的地方。

「佛羅多先生，你怎麼了？」山姆問。

「我受過傷，」他回答：「這傷口永遠不會真正痊癒。」

但他隨後站起身，這陣發作似乎已經過去了，第二天他又恢復了正常。稍後，山姆才想起來那天是十月六日；兩年前在風雲頂上遇上黑暗魔爪的日子。

時間繼續流逝，一四二一年到來。佛羅多在三月又再度身體不適，但他還是盡力不動聲色，因為山姆有別的事情要擔心。山姆和小玫的第一個孩子在三月二十五日出生，一個山姆不會忘記的日子。

「佛羅多先生，」他說：「我遇上麻煩了。小玫和我本來已經決定要給小孩取名佛羅多，當然這經過你的同意；可是，孩子不是男生，是個女生啊！她美麗可愛得超過任何父母的期望，很幸運的是，她像小玫多過像我。但我們接下來就不知道該怎麼辦了。」

「哈，山姆，」佛羅多說：「傳統也沒什麼不好的啊？你可以挑選一個花的名字，像是玫瑰。夏爾的小女孩有半數以上幾乎都取花的名字，還有什麼比這更好的？」

「我想你說的對，佛羅多先生，」山姆說：「我在旅途的一路上聽過不少好聽的名字，但我想它們都有點太高貴了，不太適合用在日常生活上。老爹常說：『短一點，這樣你用的時候就不需要再縮減了。』不過，如果那是花的名字，我就不管長度了，那一定得是種漂亮的花才行。因為，您看，我覺得她好漂亮，將來一定會長成一個大美人。」

佛羅多沉思了片刻。「好吧，山姆，叫**伊拉諾**怎麼樣？就是『陽光下的星辰』，你還記得嗎？那些開在羅斯洛立安草地上的小黃花？」

「佛羅多先生，好棒啊！」山姆高興地說：「我就是想要這個！」

小伊拉諾快滿六個月時，一四二一年也來到了秋天，佛羅多有一天把山姆叫進書房。

「這週四就是比爾博的生日了，山姆，」他說：「他就會超過老圖克啦，一百三十一歲！」

「我相信他一定會的！」山姆說：「他可真是個厲害的老傢伙！」

「好啦，山姆，」佛羅多說：「我想要請你去問問小玫，看她可不可以讓你暫時離開，和我一起走。當然，現在你不能離開太久啦。」他若有所思的說。

「是啊，佛羅多先生，真的不能很久。」

「當然不行啦！別在意，你可以送我過去。告訴小玫你不會離開太久，最多十天，然後你就會平平安安地回來。」

「佛羅多先生，我真希望可以陪你一路走到瑞文戴爾，然後看看比爾博先生。」山姆說：「但是，我又只想要待在夏爾，我好為難啊！」

「可憐的山姆！我想以後都會這樣的。」佛羅多說：「不過你會熬過去的，你本來就很堅強，這次也不會例外。」

一兩天之後，佛羅多和山姆交接了他的文章和手稿，並把他的鑰匙交給山姆。當中有本大大的紅皮書，裡面每一頁幾乎都寫滿了字。一開始有許多章節是由比爾博瘦削的字體寫成的，但後面大部分都是佛羅多穩定、流暢的字體。書中分成許多章節，但第八十章還沒寫完，之後還有許多的空白頁。標題頁上面寫了很多名字，但又一個接一個的被劃掉：

我的日記。我的意外之旅。歷險歸來。在那之後。
五個哈比人的冒險。至尊戒的傳奇：由比爾博．巴金斯研究和他朋友們所提供的資料彙整而成。我們在魔戒聖戰中的角色。

這裡，比爾博的字跡結束了，佛羅多接了下去——

魔戒之王的敗亡
以及
王者再臨

（由哈比人的角度觀察，是夏爾的比爾博和佛羅多的回憶錄，藉由朋友的補充和賢者的說明而完備。）

同時，其中還包括了比爾博在瑞文戴爾所翻譯的歷史記載。

「哇，你幾乎快寫完了，佛羅多先生！」山姆驚呼道：「我覺得你該把它留在身邊。」

「我已經寫完了，山姆，」佛羅多說：「最後幾頁是留給你的。」

九月二十一日，兩人一起出發，佛羅多騎著那匹從米那斯提力斯一路載他回來的小馬，現在牠被取名為神行客；山姆則是騎著他最愛的比爾。這是個陽光燦爛的清晨，山姆並沒問他們要去哪裡，他認為自己猜得到。

他們走史塔克路越過山區，朝向林尾前進，他們讓小馬自在地走著。他們在綠丘鄉紮營過夜，九月二十二日又緩緩地走向森林，等他們來到森林邊時，已經快下午了。

「佛羅多先生，這不就是你當年躲黑騎士的那棵樹嗎？」山姆指著左邊：「現在想起來好像是一場夢一樣。」

傍晚時分，星斗在東方天際閃耀，他們經過那株倒下的橡樹，轉向騎下夾道都是榛樹叢的山坡。山姆一言不發，沉浸在他的回憶裡。隨後，他意識到佛羅多正在低聲歌唱，吟誦著那古老的健行歌，但歌詞不太一樣了：

山轉路轉誰能料，
未知小徑或密門，
機緣巧合未得探，
離世之日將到來，
踏上西方隱匿路，
月之西啊陽之東。

彷彿為了回應他一般，從下面谷地的小徑上傳來了歌聲：

啊！伊爾碧綠絲，姬爾松耐爾！

silivren penna míriel

o menel aglar elenath，

姬爾松耐爾，啊！伊爾碧綠絲！

我們依然記得，

雖然在這遠方的樹下

那西方海面燦爛的星光。

佛羅多和山姆停了下來，沉默地坐在淡淡的陰影中，直到他們看見旅人接近所帶來的閃爍亮光。

那是吉爾多和許多美麗的精靈，讓山姆驚訝的是，愛隆和凱蘭崔爾也跟他們並肩共騎。愛隆披著灰色的披風，前額戴著一枚星鑽，手中拿著銀色的豎琴；在他的手上戴著一枚鑲著藍色寶石的黃金戒指，那是維雅，精靈三戒中力量最強的。凱蘭崔爾騎著一匹白馬，身穿閃爍著光輝的白袍，像是滿月旁的雲朵一樣；她的手上戴著南雅，祕銀鑄造的戒身，鑲著一顆閃著寒光的鑽石。在他們後面，騎在一匹緩緩而行的小灰馬上面，一直點頭打盹的，竟是比爾博。

愛隆優雅、莊重地向他們問好，凱蘭崔爾對他們露出微笑。「好啦，山姆衛斯先生，」她說：「我聽說、也看見了你善用了我的禮物，夏爾現在可比以前更受人祝福和喜愛了。」山姆深深一鞠躬，卻不知該說些什麼，他都忘記了女皇有多麼美麗了。

這時，比爾博睜開眼睛，醒了過來。「你好，佛羅多！」他說：「我今天已經超越了老圖克啦！我已經心滿意足了。我想我已經準備好踏上另一趟旅程了。你要跟著一起來嗎？」

「是的，我要來。」佛羅多說：「兩代的魔戒持有者應該一起去才對。」

「主人，你要去哪裡？」山姆叫道，這才終於明白發生了什麼事情。

「去港口哪，山姆。」佛羅多說。

「那我就不能去了。」

「是的，山姆，你的時間還沒到，最多只能陪我到灰港岸。雖然你只持有魔戒一小段時間，但你也是一名魔戒持有者；你的時間終有一天會到的。山姆，別太傷心了。你不能夠總是分身乏術吧。你必須要做你自己，專注的扮演好自己許多許多年。你還有很多要經歷、要享受、要去做的。」

「可是，」山姆淚眼汪汪地說：「我以為，我以為在你做了那麼多之後，你也會在夏爾好好的過上很多很多年。」

「我也曾經這樣以為。可是，山姆，我受的傷太重了。我試著拯救夏爾，它得救了，但我沒有。山姆，事情經常是這樣的，當情況面臨危險時，必須要有人犧牲、有人放棄，因此其他人才能繼續。現在你是我的繼承人，所有我擁有的，以及可能擁有的，我全都留給你了。而且，你還有小玫、伊拉諾；將來還會有小小佛羅多，和小小玫，和小梅里、小金毛、小皮聘；或許還有更多我無法預見的。人們會需要你的雙手和你的智慧。當然，你將會成為市長，想當多久都可以，你也會成為史上最著名的園丁。你會從紅皮書裡面朗誦歷史，讓過去一個紀元的記憶不會消逝，人們會記得那場危機，也因此更愛、更珍惜這塊土地。這就足以讓你忙碌、快樂很久很久了，只要你的故事還沒完結，你都可以過著這樣的生活。」

「來吧，跟我來吧！」

愛隆和凱蘭崔爾繼續前進，第三紀元已經結束了，魔戒的年代也過去了，屬於他們的故事和歌謠也都結束了。隨他們一同離去的還有許多不願意再留在中土世界的高等精靈；騎在他們當中，滿心傷悲卻又覺得十分蒙福而不愁苦的是山姆、佛羅多和比爾博，精靈們都很敬重他們。

雖然他們花了一整夜的時間穿越夏爾，但除了野外的動物，沒有人看見他們經過。有時，黑暗中散步的人會看見樹下有陣閃光，或是西沉的月光下在草地上有白光閃動。當他們離開夏爾，經過白崗，越過遠崗，來到高塔處，望著遠方的大海；最後終於騎到了米斯龍德，來到了隆恩河出海口的灰港岸。

當他們來到港口大門前時，造船者奇爾丹出來歡迎他們。他非常高大，擁有一把長長的美髯，而且看起來十分蒼老，但眼中閃爍著星辰的光芒。他看著眾人，彎腰鞠躬道：「一切都已經準備好了！」

奇爾丹領著他們走向港口，有一艘白色的船停在那裡，碼頭上，在一匹高大漂亮的灰馬旁，有一名全身雪白的人正在等待著他們。當他轉身朝他們走來時，佛羅多才發現那是甘道夫，他手上戴著第三戒——納雅，上面的寶石紅得像火一樣。要離開的人都覺得很高興，因為他們知道甘道夫將會跟眾人一起出發。

但山姆現在真的覺得很傷心了，在他看來，如果這場道別讓他痛苦，孤單回家的旅程將會更難忍受。正當他們站在那邊，精靈們依序上船，一切都準備就緒將啟航時，梅里和皮聘策馬匆忙趕到。皮聘淚眼婆娑地笑了。

「佛羅多，你上回想要偷溜，不幸失敗了。」他說：「這次你差點就成功了，但我們又逮到了你。不過，這次可不是山姆出賣你，而是甘道夫啦！」

「是的，」甘道夫說：「因為我覺得三個人一起回去，總比一個人孤孤單單的要好。親愛的朋友們，終於，在這海岸邊，我們在中土世界的緣分結束了。安心的走吧！我不會請你們強顏歡笑，因為並非所有的淚水都是不好的。」

於是，佛羅多親吻了梅里和皮聘，最後則是山姆，接著他也上了船。船帆揚起，海風吹拂，船緩緩地沿著狹長灰色的海灣漸行漸遠；佛羅多拿著的凱蘭崔爾水晶瓶發出一道閃光，然後就消失了。這艘船航向大海，往西方前進，直到最後，在一個雨夜裡，佛羅多聞到了空氣中有一種甜美的味道，聽見了從海上傳來的歌聲。然後，就如同他在龐巴迪的家中所做過的夢一樣，灰色的雨幕變成銀色的水晶簾，並被拉開，他眼前出現了一個潔白的海岸，遠方是一望無際的綠色大地和美麗的日出。

但對山姆來說，他站在港口上的那個傍晚暮色越來越昏暗；當他望著大海時，他只看見灰色的海面上有一個影子迅速消失在西方。他站在那邊望著，直到深夜，耳中只聽見海浪拍打在中土世界海岸上的嘆息與呢喃，這聲音深深地烙印在他心中。梅里和皮聘站在他身邊，一樣默默無語。

最後，三人轉身離開，頭也不回地緩緩踏上歸家之路。在他們接近夏爾之前，全都沉默不語，但各自都感到在這漫長灰暗的路上，有朋友能夠陪伴真是一種莫大的安慰。

最後，他們越過山丘，踏上東路，隨後梅里和皮聘騎往雄鹿地；他們一路騎去的時候，已經又開始唱起歌來了。山姆則是轉往臨水區，最後騎上了小丘，這時又是傍晚了。當他往前走的時候，他可以看見屋內有黃色的燈光和溫暖的火焰；晚餐已經準備好了，大家在等他回來。小玫迎接他進屋，讓他在椅子上坐好，把小伊拉諾放到他腿上。

他深吸一口氣，說：「我回來啦！」

全書完

附錄

附錄一

帝王本紀及年表

關於以下這些附錄中所記載資料的來源，特別是一到四的部分，請見序章結尾的註記。附錄一中的第三部分：「都靈的子民」，可能源自於矮人金靂的敘述，他和皮瑞格林以及梅里雅達克一直保持良好的友誼，曾在剛鐸和洛汗和他們多次會面。

在傳說、歷史和民間故事中所能找到的資料十分龐大。在此所引述的資料都經過挑選，與刪節。引用這些史料的主要目的在於解釋魔戒聖戰和它的根源，並補足故事主體中的一些缺口。至於比爾博特別感興趣的第一紀元上古傳說，由於大多是和愛隆的祖先以及努曼諾爾的王族傳承有關，因此在這邊極少引述。從更長的年表或是傳說中摘述的內容則會用引號來標註。年代的標明會用括號。引號內的註釋乃引用自參考資料，其他的則是編輯加註[1]。

文內使用的年代都是第三紀元，否則會特別標明第一紀或第四紀[2]。第三紀元的結束被認定是在精靈三戒在三〇二一年九月離開中土世界時，但為了記史的方便，剛鐸的第四紀元年開始於三〇二一年三月二十五日。剛鐸和夏墾曆法的換算請見序章的部分和附錄的曆法部分。在年表中，帝王或統治者的名字之後的數字如果只有一個，那就是他們駕崩的時間。† 代表的是他們未得善終，戰死在沙場或是其他的原因，但年表中並不一定記錄了這死因。

1　幾個引述的資料會寫清楚它是在《魔戒》的哪一個章節，《哈比人》則會標明頁數。

2　在這個版本中修改了許多的日期，更正了一些錯誤。這其他大部分的錯誤都是由於打字和抄寫時的錯誤。

I
努曼諾爾的帝王

（1）
努曼諾爾

費諾王子是艾爾達精靈中，在藝術和學識方面表現最偉大的一位，但也是最自傲自大的人。他打造了三枚精靈寶鑽，在它們裡面裝滿了雙聖樹泰爾佩瑞安和羅瑞林[1]的光芒，這兩棵樹是主神居住之地的光源。這三顆寶鑽遭到天魔王馬爾寇的覬覦，他摧毀了聖樹，偷走寶鑽帶至中土大陸，置放於守衛森嚴的安戈洛墜姆堡壘中[2]。不顧主神的反對，費諾王子遺棄了海外仙境，前往中土大陸，並且帶走了他大部分的族人。因為，自傲的他想要以武力從魔苟斯手中奪回精靈寶鑽。自此，開始了艾爾達精靈和伊甸人對抗安戈洛墜姆的絕望戰爭，他們最後遭到徹底的擊潰。伊甸人是最先來到中土世界的西方和大海岸邊的三支人類家族，他們成為艾爾達精靈對抗天魔王的盟友。

歷史上，艾爾達精靈和伊甸人有過三次的婚配：露西安和貝倫，伊追爾和圖爾，亞玟和亞拉岡。在最後一次的婚配中，分裂已久的半精靈血統終於又結合在一起，恢復了血脈的傳承。

露西安・提努維兒是第一紀元時多瑞亞斯的國王庭葛・灰袍的女兒，但她母親美麗安是位神靈。貝倫是伊甸人第一家族領袖巴拉希爾的兒子。他們兩人攜手從魔苟斯的鐵王冠上取下了一顆精靈寶鑽[3]。露西安後來成了凡人，不再屬於精靈一族。她的兒子叫迪奧。迪奧的女兒愛爾溫繼續保管著精靈寶鑽。

---

1 I 381, II 285, III 338：中土世界再也沒有像黃金聖樹羅瑞林一樣的樹木了。

2 I 379, II 454

3 I 305, II 454

伊追爾·凱勒布林多是隱匿之城貢多林[1]的國王特剛之女。圖爾是哈多家族的胡爾之子，他們是在對抗魔苟斯的戰爭中戰功最彪炳的第三家族。他們的兒子就是航海家埃蘭迪爾。

埃蘭迪爾娶了愛爾溫，他們藉著精靈寶鑽的力量穿越了陰影[2]，來到極西之地，擔任精靈和人類的代言人，請求主神的協助，從而擊敗了魔苟斯。埃蘭迪爾不被允許回到中土世界，他的船安放上精靈寶鑽，航行於天空，成了天空中一顆明亮的星辰，也成為中土世界受到天魔王壓迫的人民懷抱希望之記號[3]。精靈寶鑽保留了瓦林諾的雙聖樹在被天魔王下毒前的聖潔光輝，但另外兩枚寶鑽在第一紀元結束時失落了。這些故事和大多數有關人類與精靈之間的歷史都記述在《精靈寶鑽》一書中。

埃蘭迪爾的兒子是愛洛斯和愛隆，他們被稱為「佩瑞希爾」，或是「半精靈」。他們身上保留了第一紀元時那些伊甸族長們的英雄血脈；在吉爾加拉德戰死之後，高等精靈王族的血脈也只留存在他們兩人身上。

到第一紀元結束的時候，主神們給半精靈一個無法回頭的抉擇，讓他們選擇自己要屬於哪一個種族。愛隆選擇了精靈，成為智慧大師。因此，他獲得了和依舊流連於中土世界的高等精靈一樣的恩典：當他們厭倦了凡間時，他們可以從灰港岸乘船出海，前往極西之地；在世界經歷大變之後，這恩典依舊持續。但是，愛隆的子嗣也必須面對同樣的選擇：和他一起離開，脫離這已經變圓了的世界，或是留下來，成為凡人，死在中土世界。因此，對愛隆來說，魔戒聖戰不論是贏是輸，都只會給他帶來哀傷[4]。

愛洛斯選擇了成為人類，留在伊甸人當中；但他獲賜比凡人長了許多倍的壽命。

為了酬謝伊甸人在對抗魔苟斯過程中的犧牲和付出，世界的守護者主

---

1 《哈比人》，66, I 487-490

2 I 361-368

3 I 561、579, II 454、466 III 255、266

4 I 95、292

神賜給伊甸人一塊居住的大地，遠離中土世界的危險。因此，他們當中大部分的人揚帆遠航，在埃蘭迪爾之星的引導之下，來到了伊蘭納島，凡間最西邊的陸地。他們在那邊建立了努曼諾爾帝國。

在島嶼的正中央有一座高山米涅爾塔瑪，從它的峰頂向西望，視力好的人可以看見伊瑞西亞島上精靈港岸上的白色高塔。從那之後，艾爾達精靈就經常前來拜訪伊甸人，給予他們許多的知識和禮物。但是努曼諾爾人還是受到一個限制，「主神的禁令」：他們向西航行最遠的距離不得看不見自己陸地的海岸線，也不得試圖踏上海外仙境。因為，雖然和一般凡人比較起來，他們獲賜了三倍以上長的壽命，但他們必須甘願接受自己依然身為凡人的命運。因為主神們不能奪走「人類的禮物」（日後，這被稱為「人類的厄運」）。

愛洛斯是努曼諾爾的第一任皇帝，後世以他的高等精靈語名字塔爾一明亞特稱呼他。他的子孫也十分長壽，但依舊是凡人。日後，當他們變得更強盛更有力量之後，他們開始質疑祖先們的選擇，想要獲得像艾爾達精靈一樣壽與天齊的命運，開始對「主神禁令」起了挑戰之心。在索倫邪惡的影響之下，他們開始反叛，也造成了努曼諾爾的陸沉與古代世界的毀滅，這一切都記載在〈阿卡拉貝斯〉當中。

以下是努曼諾爾的皇帝和女皇的稱號：

愛洛斯—塔爾—明亞特，瓦達米爾，塔爾—阿門迪爾，塔爾—伊蘭迪爾，塔爾—米涅爾督，塔爾—塔達瑞安，塔爾—安卡林米（第一任女皇），塔爾—安那瑞安，塔爾—蘇瑞安，塔爾—泰爾匹瑞安（第二任女皇），塔爾—明那斯特，塔爾—奇爾雅坦，塔爾—阿塔那米爾大帝，塔爾—安卡利蒙，塔爾—泰勒曼提，塔爾—瓦寧美迪（第三任女皇），塔爾—奧卡林，塔爾—卡馬希爾。

在卡馬希爾之後，皇帝們以努曼諾爾語（又稱阿督納克語）取名與登基：亞爾—阿登那霍，亞爾—印拉松，亞爾—薩卡索爾，亞爾—金密索爾，亞爾—印西拉頓。印西拉頓不喜之前皇帝的作風，因此將他的名字改

為塔爾—帕蘭惕爾，「遠見者」，後世的真知晶石亦即是使用同一個努曼諾爾字。他的女兒應該是第四任女皇，塔爾—密瑞爾，但皇帝的姪兒奪權，成為了亞爾—法拉松黃金大帝，也是努曼諾爾最後一任皇帝。

在塔爾—伊蘭迪爾的年代中，努曼諾爾的第一艘船回到了中土世界。他家中最年長的繼承人是女兒西馬瑞安。她的兒子是瓦蘭迪爾，也是努曼諾爾島西岸安督奈伊城的第一任親王，他們以和艾爾達精靈保有有良好的友誼著稱。他兒子是阿曼迪爾，最後一任安督奈伊親王，他的兒子便是長身伊蘭迪爾。

第六任皇帝只有留下一個女兒。她成為了第一任的女皇，從那時開始就定下了律法，皇家最年長的子嗣繼承皇位，不論是男是女都一樣。

努曼諾爾的國度一直蓬勃發展到第二紀元尾聲；在該紀元度過一半之前，努曼諾爾人的智慧增長，同時也過得十分快樂。暗影的第一個徵兆出現在第十一任皇帝塔爾—明那斯特任內。他那時派出一支龐大的部隊前去支援吉爾加拉德，他喜歡艾爾達族，但也嫉妒他們。努曼諾爾人現在已經成為偉大的航海家，航遍了整個東邊的海域；他們開始渴望往西探索那不准進入的海域。他們的生活過得越快樂，就越想要獲得艾爾達族長生不老的祕訣。

不只如此，在明那斯特之後，皇帝們開始貪求財寶和力量。一開始努曼諾爾來到中土大陸是做那些被索倫所影響的次等人類的導師和朋友；但現在他們的港岸成了堡壘，他們開始占領大部分的海岸。阿塔那米爾和繼任者們橫徵重稅，努曼諾爾人的船隻往往自中土大陸滿載而歸。

首先公開反對主神禁令的是塔爾—阿塔那米爾大帝，他甚至認為艾爾達族的不老不死本就是他應得的賞賜。因此，危機更加迫近，一想到有限的壽命，他的子民們就覺得非常恐懼。努曼諾爾人分裂成兩派，一派是皇帝和跟隨他的人，他們和主神以及艾爾達族疏遠。另一派則是稱呼自己為「忠實者」的人。他們大多數居住在島的西岸。

皇帝和追隨者們慢慢地捨棄了精靈語的使用，最後，到了第二十任皇帝時，他的帝號改為努曼諾爾語，亞爾—阿登那霍，「西方之王」。這對

於那些忠實者來說是不祥的預兆，因為在這之前，這稱號是只有主神可以使用，而且是主神中最大的一位才會如此自稱[1]。而且，亞爾—阿登那霍也開始逼迫那些忠實者，並且處罰公開使用精靈語的人。艾爾達族也不再前來努曼諾爾了。

努曼諾爾的力量和財富無庸置疑的繼續增加，但隨著他們對死亡的恐懼增加，壽命反而漸漸減少，他們變得愁容滿面。塔爾—帕蘭惕爾試圖改變腐壞的人心，但已經太遲了，努曼諾爾發生嚴重的內亂。當他駕崩後，他的姪兒帶領著叛軍奪下權杖，登基成為亞爾—法拉松大帝。亞爾—法拉松黃金大帝是所有皇帝中最驕傲、最有力量的，他一心只想要統治全世界。

他準備挑戰索倫大帝，奪取中土世界的統治權，在準備了一段時間之後，他御駕親征，率領著極為龐大的艦隊登陸昂巴。努曼諾爾人的艦隊軍容壯盛，連索倫的僕人都前來投奔。索倫低聲下氣歡迎黃金大帝的到來，懇求寬恕。亞爾—法拉松志得意滿，將索倫帶回努曼諾爾囚禁。但在不久之後，索倫就說服了皇帝，讓他成為參議大臣。很快的，他就將所有努曼諾爾人的想法玩弄於手掌心，只有那些唾棄黑暗的「忠實者」們例外。

索倫欺騙皇帝，他宣稱永生不死的關鍵是在於掌握海外仙境，那禁令祇是為了避免人類的皇帝超越主神。「但偉大的皇帝理應有權獲取屬於他的東西。」

最後，亞爾—法拉松聽取了他的建議。因為他年事已高，開始感覺到對死亡的恐懼。他召集了當世前所未見的強大軍隊，當一切都準備好之後，他吹響號角，揚帆啟程。他打破了主神禁令，對真正的西方之王宣戰，想要奪取永生不死的資格。但當亞爾—法拉松踏上福地阿門洲時，主神放下了守護這世界的責任，轉而向至高神祈求，而這世界從此徹底的改變了。努曼諾爾被大海吞沒，不死之地被永遠從這圓形的世界中移走。努曼諾爾人的輝煌歷史就此終結。

---

1 I 336

最後一位忠實者的領導人伊蘭迪爾率領著兒子們駕著九艘船從沉沒的島嶼上逃了出來，帶著寧羅斯的樹苗，以及七枚真知晶石（這是艾爾達族賜給他們家族的禮物）[1]。他們乘著風暴的翅膀被吹送到中土大陸的岸邊。他們在中土西北方建立了努曼諾爾的流亡王國，亞爾諾和剛鐸[2]。伊蘭迪爾是第一任皇帝，居住在北方的安努米那斯，南方的統治權則交給了他的兒子伊西鐸和安那瑞安。他們建立了奧斯吉力亞斯城，就位在米那斯伊西爾和米那斯雅諾之間[3]，距離魔多並不遠。因為，他們認為那場陸沉的大災難至少為世間除掉了索倫這個禍害。

但事實並非如此。索倫的確被困在努曼諾爾的廢墟中，因此他所使用的肉體毀壞了。但他滿懷仇恨的靈體還是乘著一股黑風逃回了中土大陸；他從此再也無法以原有的美麗形體出現在人類眼前，他變得黑暗醜陋，從那之後，他只剩下造成恐懼的力量。他重新回到魔多，在那邊沉寂地隱藏了一陣子。但當他發現他最痛恨的伊蘭迪爾逃了出來，並且在他的國度附近重建家園時，他的怒氣變得更為熾烈。

因此，過了不久，他在對方來得及站穩腳步之前，就向這流亡國度宣戰。歐洛都因再度冒出火焰，也被剛鐸的人取了個新名字：阿蒙安馬斯，意思是「末日火山」。但索倫太早發動攻擊了，連他自己的勢力都還來不及站穩腳步。而當他不在時，吉爾加拉德的力量大為增加。在人類和精靈共組「最後聯盟」對抗索倫的大戰中，索倫被推翻了，他失去了至尊魔戒[4]。第二紀元就此結束。

---

1 II 282，III 339

2 I 379

3 I 381

4 I 379

（2）

流亡的國度

北方王朝
伊西鐸的子嗣

亞爾諾。伊蘭迪爾†第二紀三四四一，伊西鐸†二，瓦蘭迪爾二四九[1]，艾爾達卡三三九，亞藍塔四三五，塔希爾五一五，塔龍鐸六〇二，瓦蘭督†六五二，伊蘭多七七七，艾蘭多八六一。

雅西頓王國。佛諾斯特的艾姆拉斯[2]（艾蘭多的長子）九四六，貝賴格一〇二九，馬勒一一一〇，凱勒房一一九一，凱勒布林多一二七二，馬維吉爾一三四九[3]，亞瑞吉來布一世 一三五六，亞維力格一世一四〇九，亞拉佛一五八九，亞瑞吉來布二世一六七〇，亞維吉爾一世一七四三，亞維力格二世一八一三，亞拉瓦一八九一，亞拉芬一九六四，最後一任皇帝亞帆都†一九七四。北方王國一脈終結。

登丹人首領。亞拉那斯（亞帆都長子）二一〇六，亞拉黑爾二一七七，亞拉努爾二二四七，亞拉維爾二三一九，亞拉岡一世†二三二七，亞拉格拉斯二四五五，亞拉哈德一世二五二三，亞拉苟斯二五八八，亞拉馮二六五四，亞拉哈德二世二七一九，亞拉蘇爾二七八四，亞拉松一世†二八四八，亞苟諾二九一二，亞拉德†二九三〇，亞拉松二世†二九三三，亞拉岡二世第四紀一二〇。

1 他是伊西鐸的第四子，在伊姆拉崔出生。他的兄弟們都在格拉頓平原上戰死。
2 在艾蘭多之後，皇帝們不再以高等精靈語的習慣來取名。
3 在馬維吉爾之後，佛諾斯特的皇帝又再度將整個亞爾諾納入管轄範圍中，因此在名字前面通常會加上與雅字同音的亞為象徵。

南方王朝
安那瑞安的子嗣

剛鐸皇帝。伊蘭迪爾（伊西鐸以及）安那瑞安✝第二紀三四四〇，安那瑞安之子梅蘭迪爾一五八，坎米督爾二三八，埃蘭迪爾三二四，安拿迪爾四一一，奧斯托和四九二，羅曼達希爾一世（塔羅史塔）✝五四一，特倫拔六六七，雅坦那塔一世七四八，西瑞安迪爾八三〇。

下面則是四名航海之王：

塔拉農，法拉斯特九一三。他是第一個膝下無子的皇帝，因此由他兄弟塔奇爾揚的兒子繼承帝位。伊雅尼爾一世✝九三六，奇研迪爾✝一〇一五，海爾曼達希爾一世（奇爾雅赫）一一四九。剛鐸此時的勢力已達顛峰。

雅坦那塔二世，亞卡林，輝光大帝一二二六，那曼希爾一世一二九四。他是第二個膝下無子的皇帝，帝位則是由他的弟弟繼承。卡馬希爾一三〇四，米拉卡（一二四〇至一三〇四為攝政時期），於一三〇四年登基，號為羅曼達希爾二世，一三六六年駕崩。瓦拉卡。在他稱帝時期，剛鐸的第一次內亂開始，史稱「皇室內鬥」。

瓦拉卡之子艾爾達卡（一開始的名號為維尼薩雅）於一四三七年被罷黜。篡位者卡斯塔馬✝一四四七。艾爾達卡復位，死於一四九〇。

艾達米爾（艾爾達卡的次子）✝一五四〇，海爾曼達希爾二世（紋亞瑞安）一六二一，米那迪爾✝一六三四，泰勒納✝一六三六。泰勒納和他所有的兒子都在瘟疫中病死；繼承他王位的是他的堂兄弟，米那迪爾的次子米那斯坦之子。塔龍多一七九八，特路美泰．昂巴達希爾一八五〇，那曼希爾二世✝一八五六，卡力美塔一九三六，昂多赫✝一九四四。昂多赫和他的兩個兒子都在戰場上被殺。一年之後，一九四五年時，皇位由打了勝仗的將軍艾尼爾繼承，他是特路美泰．昂巴達希爾的後裔，艾尼爾二世二〇四三，伊雅努爾✝二〇五〇。皇帝的傳承到此終結，直到三〇一九年伊力薩．泰爾康泰才將皇朝復興。自此以後，王國轉由宰相治理。

剛鐸的宰相。胡林家族：佩蘭多一九九八。在昂多赫駕崩之後他統治了一年，剛鐸也在他的治理下拒絕了亞帆都對繼承帝位權力的主張。獵者維龍迪爾[1]。「老忠貞」馬迪爾．佛龍威是第一任攝政王。他的繼承者就不再使用高等精靈語的名字。

攝政王。馬迪爾二〇八〇，伊拉頓二一一六，赫瑞安二一四八，貝力貢二二〇四，胡林一世二二四四，圖林一世二二七八，哈多二三九五，巴拉希爾二四一二，迪奧二四三五，迪耐奇爾一世二四七七，波羅莫二四八九，其瑞安二五六七。這時，洛汗國的子民們來到了剛鐸。

哈拉斯二六〇五，胡林二世二六二八，貝列克索一世二六五五，歐絡佳斯二六八五，愛克西里昂一世二六九八，愛加摩斯二七四三，貝倫二七六三，貝瑞貢二八一一，貝列克索二世二八七二，索龍迪爾二八八二，圖林二世二九一四，特剛二九五三，愛克西里昂二世二九八四，迪耐奇爾二世。他是剛鐸最後一任的攝政王，他的次子法拉墨則成為艾明亞南王，伊力薩王的宰相，第四紀八二年去世。

（3）
伊利雅德、亞爾諾和伊西鐸的子嗣

「伊利雅德是位在迷霧山脈和藍色山脈之間整塊區域的古名。它的南方邊界是灰泛河以及在塔巴德和其匯流的格蘭督因河。」

「在亞爾諾王朝最鼎盛的時期，它的領土包括了整個伊利雅德，只有隆恩河之外的區域和灰泛河以及喧水河東方除外，那裡是瑞文戴爾與和林。在隆恩河之外的是精靈的勢力範圍，一片翠綠，十分寂靜，沒有人類會去那邊。矮人們居住在藍色山脈，至今依舊沒有改變，特別是在隆恩河口以南的區域，他們在那邊的礦坑至今依舊運作。因為如此，他們習慣經

1　請見 III 22。據說在盧恩內海附近依舊可以找到的白色野牛是亞絡神的野牛。他是主神中的獵人，在遠古的時候，主神中只有他經常前來中土大陸。歐羅米是他在高等精靈語中的名號。（III 146）

過大道往東走，在我們來到夏爾之前，他們多年來都是這麼走。在灰港岸則是住著造船者奇爾丹，有些人說他還依舊居住在那邊，直到最後一艘船航向西方時他才會離開。在人皇統治的時期，大部分還留在中土世界的高等精靈都和奇爾丹居住在一起，或是落腳在靠海的林頓一帶。如今若還有高等精靈留在凡間，人數也是極為稀少。」

北方王國和登丹人

在伊蘭迪爾和伊西鐸之後，亞爾諾一共傳承了八位皇帝。在埃蘭督爾之後，由於他兒子之間的衝突，整個王國分裂成三個部分：雅西頓、魯道爾和卡多蘭。雅西頓位在西北方，包含了烈酒河和隆恩河之間的土地，同時也涵蓋在大道北方的土地，直到風雲丘之處。魯道爾是在東北方，位在伊頓荒原、風雲丘和迷霧山脈之間，不過也包括了狂吼河和喧水河之間所夾的土地。卡多蘭位在南方，它的邊界是烈酒河、灰泛河和大道。

伊西鐸的子嗣在雅西頓的統治延續了下來，但卡多蘭和魯道爾的血脈很快就凋零了。由於各王國之間經常會起衝突，更加速了登丹人的衰亡。主要的爭議是在於風雲丘和西邊布理一帶的土地所有權。魯道爾和卡多蘭都想要占領阿蒙蘇爾（風雲頂），而它正好位在兩國之間的邊界上。阿蒙蘇爾上的高塔中擁有北方王國的一枚主真知晶石，而另外兩枚都在雅西頓王國的掌控下。

「當雅西頓王國的馬維吉爾即位之後，亞爾諾王朝面臨了威脅。那時，北方位於伊頓荒原之外的安格馬王國崛起。它的土地涵蓋了山脈兩邊，許多邪惡的人類、半獸人以及許多邪惡的怪物聚集到它的旗下。（那塊土地的統治者被稱為巫王。人們後來才知道他就是戒靈之首，他來到北方的目的就是為了摧毀亞爾諾的登丹人，因為他們的分裂給了他機會，南方的剛鐸當時正處於興盛時期。）」

在馬維吉爾之子亞瑞吉來布當政的時期，由於其他王國都不再擁有伊西鐸的血脈，因此雅西頓王國的統治者宣布統一全亞爾諾。這做法遭到魯

道爾的強烈抵抗。那裡的登丹人十分稀少，權力被一名邪惡的山地人領主所壟斷。實際上，他暗地裡與安格馬的巫王結盟。亞瑞吉來布因此在風雲頂上興建碉堡[1]。但他稍後在與安格馬和魯道爾的戰爭中陣亡。

亞瑞吉來布的兒子亞維力格在卡多蘭和林頓的勢力支持下，把敵人從山區趕走。此後多年，卡多蘭和雅西頓聯手沿著風雲頂、大道及狂吼河下游駐兵，抵抗外敵入侵。據說在這個時候，瑞文戴爾也同樣的遭到攻擊。

安格馬在一四〇九年派出大軍，越過大河進入卡多蘭，包圍了風雲頂。登丹人遭到擊潰，亞維力格戰死。阿蒙蘇爾的高塔被徹底燒毀，但真知晶石被搶救出來，運回佛諾斯特。此時魯道爾則是被安格馬旗下的邪惡人類所統治[2]，留在那邊的登丹人不是被殺就是逃向西方。卡多蘭王國化為廢墟。此時亞維力格之子亞拉佛尚未成年，但他十分的勇敢，在奇爾丹的協助之下，他將敵人逐出佛諾斯特和北崗一帶。卡多蘭王國一群忠心耿耿的登丹人依舊死守提爾哥薩德（今日的古墓崗），或是躲藏在該處後方的森林中。

據說安格馬王國這段時間受到瑞文戴爾和林頓一帶精靈的壓制，因為愛隆越過山脈，請到了羅瑞安森林的力量來支援。在這個時候，原先定居於三角洲（夾在狂吼河和喧水河之間）一帶的哈比人史圖爾家族開始往西和往南逃，一方面是因為戰亂，一方面是因為安格馬王國的威脅，但最重要的還是因為伊利雅德一帶的氣候，尤其是東邊這一區的天候變得相當的不宜人居。有些哈比人回到荒原，居住在格拉頓平原附近，成為傍河而居，以捕魚為生的部落。

亞瑞吉來布二世在位時，瘟疫從東南方流傳進伊利雅德，卡多蘭大多數的居民都因此病死，特別是敏西力亞斯一帶更是無人倖免。哈比人和所有其他的種族都同樣受到疫病的侵襲，幸好不久之後，瘟疫漸漸減輕，往北而去，而雅西頓北邊的區域幾乎沒有受到什麼影響。也就在這段時期，

---

1 I 291

2 I 315

卡多蘭的登丹人全數滅絕，從安格馬和魯道爾來的邪惡生物進駐那些廢棄的墓丘。

「據說，在古墓崗一帶，也就是古名提爾哥薩德的山丘，擁有非常古老的歷史，有許多古墓是在遠古第一紀元時由伊甸人的祖先所建造的，那時他們甚至還沒有越過藍色山脈，進入貝爾蘭，如今貝爾蘭只剩下林頓這片區域。因此，這些山丘被回歸的登丹人視為聖地，許多王侯和皇帝都被埋葬於該處。（有些人說，魔戒持有者被囚禁的那個墓穴屬於卡多蘭的最後一任統治者，他在一四〇九年戰死。）」

「在一九七四年，安格馬的勢力再度崛起，巫王在冬季結束之前率軍攻打雅西頓王國。他攻下了佛諾斯特，把大部分殘存的登丹人都趕過了隆恩河，在他們之中還有皇帝的子嗣。皇帝亞帆都死守北崗，最後才和禁衛軍逃往北方，藉著快馬躲過了敵軍的追擊。」

「有一段時間，亞帆都躲在山脈盡頭的古老矮人礦坑中，但他最後因飢餓而被迫尋找福羅契爾雪地人，羅索斯一族的協助[1]。他遇到了一些在海岸邊紮營的這個民族，不過，他們並非心甘情願的幫助對方。因為亞帆都手中只有對他們來說不值一文的珠寶，而且他們更畏懼巫王。因為（他們認為）巫王可以任意製造冰霜來攻擊敵人。不過，一方面出於對這潦倒皇帝和他隨從們的同情，一部分則是由於對他們武器的恐懼，雪地人們給了他們一些食物，並且替他們製造了幾座冰屋。接著，亞帆都只能等待，希望南方能有援軍前來拯救他；因為此時他的坐騎都已經死亡了。」

「當奇爾丹從亞帆都之子亞拉那斯口中得知皇帝往北方逃竄之後，他立刻派出一艘船前往福羅契爾冰灣搜尋他的下落。由於逆風的關係，這艘

---

1 「他們是行事奇異，仇外的民族，也是佛洛威治僅存的居民。他們是遠古的人類後裔，習慣了在魔苟斯國度中的嚴寒生活。這種極寒的天候實際上依然存在於這個區域。雖然這裡離夏爾不過三百哩，但天候的變化大得驚人。羅索斯人居住在雪中，據說他們可以在腳下裝上骨頭，在雪上奔跑，並且擁有沒有輪子的車子。他們大部分與外界隔絕，居住在敵人無法到達的地方。他們的主要聚居地是在福羅契爾角，唯一的出口是西北方的福羅契爾灣，不過，他們有些時候會在南方的海岸，亦即是當地的山脈之下紮營。」

船花了很長的時間才抵達該處。水手們在海上就可以看見遠方有人藉著撿來的浮木生起取暖的火光。但那天的春天來的很晚，雖然那時已經是三月了，但浮冰也才剛開始融解，要到岸邊還有很長一段距離。」

「當雪地人看見那艘船的時候，十分驚訝和恐懼，因為他們一輩子都不曾看過有船出現在這附近。不過，雪地人已經變得比較友善了，他們甚至冒險將皇帝一行人的倖存者用他們的雪上滑車拖往海邊。因此，船上划出的一艘小舟終於能接到他們。」

「不過，雪地人依舊感到不安，因為他們可以嗅到危險的氣息。羅索斯部族的酋長對亞帆都說：『別上這個海怪！如果可能，請那些人帶我們需要的食物和其他東西過來，這樣你可以留在這裡，直到巫王回家為止。在夏天他的力量會減弱，但這時他吹的氣就足以致命，而他冰冷的雙臂可以伸得很長。』」

「但亞帆都並不理會他的忠告。他感謝對方，並且在離去之前將戒指給了他，說：『這戒指的價值超過你的想像。光是因為它的歷史就價值連城。它沒有特殊的力量，只有那些尊敬我家族的人會了解它的價值。它沒辦法幫助你。但如果有一天你需要任何東西，我的同胞將會用大量的財貨來跟你交換這戒指。』」[1]

「然而，羅索斯人的忠告是正確的，不論這是他們的先見之明還是巧合。因為那艘船還沒離開海灣，就遇上了強烈的風暴，北方的暴風雪直撲而來，將那船推向冰山，並且用冰雪將它覆蓋。即使是奇爾丹的水手都無能為力，到了夜晚，冰雪壓垮了船身，船就這麼沉了。最後一任皇帝亞帆都就這麼死去，他隨身攜帶的真知晶石也跟著沉入海中[2]。在很久以後，人

1 「因此，伊西鐸家族的家傳戒指就這麼保存了下來；稍後，登丹人將它贖回。據說，這就是納國斯隆德的費拉岡送給巴拉希爾，後來由貝倫出生入死才找回來的那枚戒指。」

2 「它們是安努米那斯和阿蒙蘇爾的兩枚真知晶石。北方王國唯一的一枚晶石只剩下那艾明貝瑞德之塔中，看向隆恩灣的那一枚。它在精靈的保護之下，雖然我們對此一無所知，但它依舊在那裡。最後，當愛隆離開時，奇爾丹將它置放在船上（I 83、180）。不過，據我們所知，那枚晶石與眾不同，和其他的晶石並沒有聯繫，它只看向大海。伊蘭迪爾將它置放在那邊，是為了要『直視』那已消失了的西方的伊瑞西亞島；但努曼諾爾已經被變彎了的大海永遠吞沒了。」

們才從雪地人的口中知道了沉船的消息。」

雖然戰火蔓延，大部分的哈比人還是躲了起來，夏爾的居民熬過了劫難。他們派了一些弓箭手去協助皇帝，但卻再也沒有回來；除此之外，也有一些戰士參與了推翻安格馬王國的戰役（大部分記載於南方王朝的歷史中）。在那之後是一段漫長的承平日子，夏爾的居民們自給自足，興盛繁衍。他們選出了一個領主，接替皇帝的位置，過得相當滿意。不過，有很長一段時間，他們還是期待皇帝能夠再度出現。但到了最後，這念頭也被眾人給遺忘，只留下了一個俗語「當皇帝回來時」，意指某種不可能發生的好事，或是無法彌補的傷害。第一任的夏爾領主是沼澤地的布卡家人，老雄鹿則是聲稱布卡家是他的祖先。他在我們夏爾開墾之後的三七九年成為領主。（這是第三紀一九七九年。）

在亞帆都之後，北方王國結束了，登丹人的數量變得十分稀少，伊利雅德的居民也漸漸消失。不過，皇帝的血統還是在登丹人的首領或說是酋長身上繼續傳承下來，亞帆都的兒子亞拉那斯是第一位。他的兒子亞拉黑爾在瑞文戴爾出生，在他之後的所有登丹人首領之子都是如此。他們手中同時也珍藏著他們傳承的象徵：巴拉希爾的戒指、納希爾聖劍的碎片、伊蘭迪爾之星和安努米那斯的權杖[1]。

「當王國滅亡之後，登丹人躲入歷史的陰影之中，成了不為人知，四

1 「皇帝告訴我們：這權杖是努曼諾爾皇室的象徵，在亞爾諾也是如此。而亞爾諾的皇帝不戴皇冠，只配戴一枚白色的寶石，被稱作伊蘭迪爾之星，用銀鍊掛在他們額前。（I 234、III 170、190、341、343）。說到皇冠時（I 271、387），毫無疑問的，比爾博指的是剛鐸；他似乎對於亞拉岡的家譜相當的熟悉。努曼諾爾的權杖據說和黃金大帝一起沉入海中。而安努米那斯的銀權杖是安督奈伊親王的權杖，如今它大概是中土世界人類所保有的最古老的工藝品。當愛隆將它交給亞拉岡時，它已經有五千年的歷史了（III 342）。剛鐸的皇冠則是從努曼諾爾的戰盔形式演化過來的。一開始，它只是一頂普通的頭盔，據說是伊西鐸在達哥拉之戰中所配戴的（安那瑞安所戴的頭盔則是被那顆從巴拉多丟出，砸死安那瑞安的巨石給一起砸毀了）。但是，在雅坦那塔一世的時候，這頭盔則是換成了亞拉岡登基時所戴的那個滿飾珠寶的皇冠。」

處流浪的民族。他們的功績極少為人所知或記載於歷史中。自從愛隆離去之後，當世更沒有了相關的記載。不過，即使在那警戒性和平結束之前，邪物就開始攻擊伊利雅德或是祕密入侵該處，因此，登丹人的首領極少能夠得享天年。據說亞拉岡一世被惡狼殺死，此後牠們就成為了伊利雅德一帶的大患，至今依然沒有被消滅。在亞拉哈德一世時，從許久以前就悄悄入侵迷霧山脈，占據所有通道的半獸人突然之間現身了。在二五〇九年，愛隆的妻子凱勒布理安正準備前往羅瑞安森林，卻在紅角隘口遭到突襲；她的護衛和她走散了，因此她被半獸人擄走。愛拉丹和愛羅希爾雖然將她救了回來，但卻來不及阻止她受到凌虐和下毒[1]。她被帶回伊姆拉崔，雖然她肉體上所受的傷被愛隆治好了，但她已經對中土世界完全失去了興趣，第二年她就前往灰港岸，離開中土世界。在亞拉蘇爾的年代中，迷霧山脈中的半獸人又勢力大增，開始騷擾鄰近的土地，登丹人和愛隆之子力抗這些怪物的肆虐。就在這時，有一大群的半獸人差點攻入夏爾，被班多布拉斯，圖克給趕走了。」[2]

在最後一名酋長亞拉岡二世誕生之前，總共有十五名酋長。亞拉岡二世之後再度繼承了剛鐸和亞爾諾的統治權，成為皇帝。「我們稱呼他為我們的皇帝，當他來到他的北方王國安努米那斯，在伊凡丁湖旁邊暫住時，夏爾的每個人都歡欣鼓舞。但是，他並沒有踏上這土地，而是謹遵他自己定下的律法：大傢伙們不准跨越夏爾的國境。不過，他經常會和許多美麗英俊的人們騎馬來到大橋外，我們會在那邊歡迎他們；任何想要親睹他風采的人也可以一起跟來；有些人甚至與他同行，前去他的王宮長住。皮瑞格林領主就去過許多次，山姆衛斯市長也是。他的女兒美貌伊拉諾是陪伴暮星皇后的仕女之一。」

這是北方王朝的驕傲，雖然他們的影響力變小，人數減少，但在這麼多年的傳承和演變中，他們的血脈依舊自父傳子代代未絕。除此之外，雖然登丹人的壽命逐漸變短，但北方王朝在這方面就沒有像剛鐸一樣退化得

1　I 352

2　I 29，III 404

那麼迅速。許多的酋長依舊可以活到一般人類的兩倍壽命之久，遠遠超過我們其中最年長的人。亞拉岡本人還活了兩百一十歲，是自從亞維吉爾皇帝之後其家族中最長壽的繼承人；在伊力薩王亞拉岡的努力之下，古代皇帝的血統和威嚴復興了。

（4）
剛鐸和安那瑞安的子嗣

在安那瑞安戰死於巴拉多要塞之後，剛鐸共傳了三十一任的皇帝。雖然它的邊界上戰火從未停歇，但登丹人在南方的勢力和財富，不管是在海上或是在陸上，都整整興盛了一千年以上。這樣的好景一直延續到雅坦那塔二世，他被尊為亞卡林，輝光大帝。但是，腐敗的跡象從那時就開始浮現了。因為這南方王朝的皇族都十分晚婚，子女也並不多。第一個膝下空虛的皇帝是法拉斯特，第二個是雅坦那塔．亞卡林的兒子，那曼希爾一世。

第七任皇帝奧斯托和重建了米那斯雅諾，此後，皇帝夏天時都居住在此，而不是奧斯吉力亞斯。在他當政的年代，剛鐸第一次遭到東方野蠻人的攻擊。但他的兒子塔諾斯塔擊敗了他們，並且將他們趕出國境。他以羅曼達希爾一世的帝號登基，自封為「勝東者」。稍後，他在對抗東方人的支援部隊時戰死。他的兒子特倫拔不只為他復仇，更往東方征服了許多的領土。

第十二任皇帝塔拉農開始了四任的航海之王，他們籌組強大的海軍，將剛鐸的勢力範圍一路擴展到西邊海岸線與安都因河口以南地區。為了紀念他擔任艦隊司令時所獲取的勝利，塔拉農以法拉斯特「海岸之王」的帝號即位。

他的姪子伊雅尼爾一世繼承了他的霸業，修復了佩拉格的古老港口，建造了更大的艦隊。他對昂巴展開了陸海聯合的攻擊，攻占了它，將它建

設成為剛鐸國力象徵的巨大港口和要塞[1]。但伊雅尼爾並未享受他的勝利太久。他在昂巴港外的一場暴風雨中和整支艦隊一起沉入海中。他的兒子奇研迪爾繼續建造龐大的艦隊；但是南方哈拉德的人類在遭驅逐的昂巴領主的土王領導之下，帶領了極為強大的部隊來攻打這要塞，奇研迪爾就在哈拉德威治的戰役中陣亡了。

隨後多年，昂巴一直飽受騷擾，但由於剛鐸強大的海軍，它從來沒被攻下。奇研迪爾之子奇爾雅赫先是讓全國休養生息，最後，他終於集結了大批部隊，從陸上和海上發動攻勢。他的部隊越過哈南河，徹底擊潰了哈拉德的人類。他們的國王被迫向剛鐸稱臣，承認剛鐸的統治權（一〇五〇年）。接著，奇爾雅赫以海爾曼達希爾，「勝南者」的帝號即位。

海爾曼達希爾在位期前，剛鐸的文治武功都達到頂點，沒有任何敵人膽敢挑戰他。他統治剛鐸的時間長達一百三十四年，是安那瑞安子嗣中最長壽的皇帝。那時剛鐸的領土北到凱勒布蘭特平原以及幽暗密林的南端，西到灰泛河，東到盧恩內海，南到哈南河，沿著海岸線一直到昂巴的區域全都在剛鐸管轄之下。安都因河谷的居民也承認剛鐸的宗主權，哈拉德的國王向剛鐸稱臣，他們的子嗣都會以人質的身分居住在剛鐸皇帝的宮廷中。魔多毫無人煙，但它所有的通道和隘口都依舊在巨大的堡壘和要塞監視之下。

航海之王一系就以輝煌燦爛的成就劃下了句點。海爾曼達希爾之子雅坦那塔．安卡林過著極盡奢華的生活，人們說：「寶石是剛鐸小孩的玩具」。但雅坦那塔慣於安逸，並不積極於維持他所繼承的力量，他的兒子也有同樣的個性。在他死前，剛鐸衰亡的徵兆已現，它所樹立的眾多敵人也沒有忽視這個跡象。對魔多的監視也開始鬆懈了。不過，直到瓦拉卡在位的時候，剛鐸才面臨到真正的危機：史稱「皇室爭鬥」的內亂，它所造成的巨大破壞讓剛鐸一蹶不振。

---

1 從古代以來，昂巴角的土地一直都是努曼諾爾人的領土，但後來卻成為所謂「黑暗努曼諾爾人」的堡壘。他們受到索倫的影響，對伊蘭迪爾的跟隨者恨之入骨。在索倫被推翻之後，他們這支民族很快的失勢，和中土世界的人類婚配繁衍，但他們對剛鐸的仇恨卻沒有絲毫的減少。因此，昂巴是在犧牲極為慘重的狀況下才被攻陷。

卡馬希爾之子米拉卡是名活力十足的男子，在一二四〇年，那曼希爾為了擺脫政事的煩擾，立他為攝政王。從那之後，米拉卡就以皇帝的名義統治全國，直到他登基為止。讓他最為憂慮的是北方人。

他們在剛鐸的強盛國力所帶來的和平之下大肆擴張。皇帝們對他們相當友善，因為他們是人類中最接近登丹人的種族（他們大多數人的祖先都是伊甸人）；皇帝們將安都因以南的巨綠森附近的大筆土地都賞賜給他們，讓他們成為對付東方人的屏障。因為，自古以來，東方人的攻擊大多數是越過內陸海和灰燼山脈之間的平原而來。

在那曼希爾一世統治期間，他們的攻擊又再度開始了，不過一開始只是試探性的攻擊。但隨後攝政王得知，北方人並不見得總是忠於剛鐸，有些甚至會因為貪婪或是掠奪財物，而加入東方人的陣營。有時，他們也會和這外力結盟，藉以擺平他們內部統治者之間的紛爭。因此，於一二四八年，米拉卡帶領了一支數量驚人的部隊，在羅馬尼安和內陸海之間擊潰東方人的大軍，摧毀了他們在內陸海以東的所有營地和聚落，然後才以羅曼達希爾的帝號登基。

在回到國內之後，他加強了安都因河西岸的防禦，一直到林萊河匯流處，禁止任何外人通過艾明莫爾以下的大河流域。在蘭西索湖建造亞苟那斯巨柱的就是他。不過，由於他需要大量的人手，又迫切希望加強剛鐸和北方人之間的合作關係；因此，他接納了許多北方人，並且讓他們在軍隊內擔任相當高階的職務。

羅曼達希爾對於曾經在戰場上和他並肩作戰的維都加維亞特別寵愛。他自稱為羅馬尼安之王，事實上也的確是北方諸王中勢力最強大的統治者。不過，事實上他的領地在巨綠森和疾奔河之間。在一二五〇年，羅曼達希爾派出他的兒子瓦拉卡擔任使節，和維都加維亞住在羅馬尼安地區，熟悉北方人的語言和風土民情。不過，瓦拉卡的行動超乎他父親的預料。他愛上了北地和其上的人民，並且娶了維都加維亞的女兒維都馬維為妻。這時，他還有好幾年才會回到國內。這次的婚姻，導致了稍後的「皇室爭鬥」。

「剛鐸的貴族們對於北方人開始混居於他們當中已經覺得相當不妥，

而太子或是皇帝的任何一名子嗣竟然和次等的外族人通婚，這更是前所未聞的事情。當瓦拉卡帝年老時，南方的部分省分開始起了異心。他的皇后美麗而高貴，但就像所有次等的人類一樣，她十分短命。登丹人擔心她的後代將會拖垮西方皇族的血統。同時，他們也不願承認她的兒子是一國之君。因為，他的名字雖然叫作艾爾達卡，但他卻不是在剛鐸出生的，而他剛出生時就被取了一個米尼薩雅的名字，這是他母親同胞的語言。」

「因此，當艾爾達卡登基時，剛鐸內部已經陷入內戰。但艾爾達卡並非那麼容易低頭的皇帝。除了剛鐸的血統之外，他還擁有北方人無懼的精神。他十分英俊和勇敢，和他父親一樣沒有任何提前衰老的徵兆。當其他皇族的後裔組成聯盟對付他時，他派出他所有的軍力抵抗到底。最後，他被圍困在奧斯吉力亞斯，他在該處堅守許久，直到絕糧和寡不敵眾才被叛軍逐出，王城也陷入火海。在那場攻城戰中，奧斯吉力亞斯的真知晶石之塔被毀，真知晶石落入河中。」

「但艾爾達卡躲過了敵人的追捕，來到了北方，回到同胞所在的羅馬尼安。許多人聚集到他的麾下，其中有剛鐸國內的北方人，也有居住在北方的登丹人。後者大多明白他是一名值得敬愛的君主，對篡位者感到十分的厭惡。占據他王位的是卡斯塔美，卡力美塔的孫子，卡力美塔是羅曼達希爾二世的弟弟。他不只在血統上是皇冠的第二順位繼承人，而且也是叛軍中兵力最強的。因為他是海軍司令，並且沿岸的居民和佩拉格以及昂巴的居民都全力支持他。」

「卡斯塔馬登上王位之後不久，就露出了貪婪殘酷的本性。他在攻下奧斯吉力亞斯的一戰中證明了自己對敵人的殘酷無情。他將擄獲的艾爾達卡之子歐藍迪爾處死，在攻陷王城之後的燒殺擄掠更遠超過了合理的範圍。米那斯雅諾和伊西立安的人民始終記得他的暴行；由於卡斯塔馬對這些地區並不在意，因此他在該地的支持度更是大為下降。他一心只想著自己的艦隊，更準備把王都遷到遙遠的佩拉格去。」

「因此，他在位的時間只有十年，當艾爾達卡見到時機成熟之後，便帶著一支龐大的陸軍從北方而來，安諾瑞安、伊西立安和卡蘭納松的居民紛紛歸順。在蘭班寧和依魯依渡口發生了一場大戰，或許這是剛鐸國內所

發生過死傷最慘重的一場戰爭，許多高貴的血統在這場戰爭中滅亡。艾爾達卡親手在戰場上斬殺了卡斯塔馬，替歐藍迪爾報了大仇。但卡斯塔馬的兒子逃走了，他們和其他的家族成員以及許多艦隊困守在佩拉格，支撐了很長的一段時間。」

「當他們匯集了所有的援軍之後（艾爾卡達沒有任何的海軍可以攻擊他們），便離開佩拉格，從海上進入了昂巴。在那裡，他們收容所有皇帝的敵人，成為了一個獨立於皇帝勢力之外的自治領地。此後數百年，昂巴和剛鐸一直處在敵對狀態，經常會劫掠沿岸一帶和干擾海上的運輸。直到伊力薩王登基之後，昂巴才被收服。在此之前，南剛鐸一直是海盜和皇帝之間爭奪的目標。」

「昂巴的淪陷對於剛鐸來說是相當沉重的打擊，不只是因為南方的領土變小，對哈拉德的人類的監視變弱了，更因為該處也是努曼諾爾的最後一任皇帝，黃金大帝亞爾一法拉松率領部隊登陸，隨後收服索倫大帝的地方。雖然之後是一連串不幸的事件，但連伊蘭迪爾的跟隨者都對當時亞爾一法拉松的輝煌成就感到十分驕傲。在那個港岸中最高的山丘上，他們建造了一根高聳的白色紀念碑。紀念碑頂安置了一枚水晶球，會反射月亮和太陽的光芒，像一顆極其明亮的星辰，在天氣良好的時候，連剛鐸的海岸或是遠方的船隻都能看到這閃閃發亮的星辰。它一直矗立在該處，直到索倫第二次崛起時，昂巴落入他的邪惡僕人手中。他們將這羞辱他們主人的紀念碑給徹底破壞了。」

在艾爾卡達回歸之後，登丹人的皇室和其他貴族的家室和次等人的血統更為混雜了。由於許多的大家族都在內戰中被滅門，而艾爾卡達又對於協助他奪回帝位的北方人特別感激。剛鐸的居民中增加了許多從羅馬尼安來的人類。

這樣的混血並不像一開始眾人所擔心的一樣讓登丹人快速的衰微；只是，這衰微還是一點一點地開始了。毫無疑問的，這是由於中土世界本身的影響，在「星之大地」陸沉之後，努曼諾爾人得天獨厚的壽命也被一點

一點地回收。艾爾卡達活到了二百三十五歲，稱帝五十八年，其中十年是在流亡中度過。

剛鐸所遭遇到的第二個、也是最嚴重的一個打擊，是發生在第二十六任皇帝泰勒納在位期間。他父親是艾爾卡達之子米那迪爾，不幸在佩拉格被昂巴海盜所殺。（昂巴的海盜是由卡斯塔馬的孫子安加麥提和山加海彥多所率領。）在那之後東方的黑暗之風帶來了一場大瘟疫。皇帝和所有的繼承人全都病死，剛鐸的居民死了大半，尤其是那些居住在奧斯吉力亞斯的居民。由於傷痛和人力不足，剛鐸對於魔多邊界的監視鬆懈了，守衛隘口的要塞也變得空無一人。

稍後，人們才知道，在此同時魔影正在幽暗密林中滋長，許多妖物再度出現，這都是索倫東山再起的徵兆。的確，剛鐸的敵人也受到相當大的打擊，否則他們早就趁虛而入，推翻剛鐸。但索倫可以等待，或許，魔多邊境的開啟才是他當時真正的目標。

當泰勒納病死之後，米那斯雅諾的白色聖樹同時也枯萎而死。但他的姪子塔龍鐸繼位後，在城堡中重新種植了一株小樹。他將王都遷到米那斯雅諾，因為奧斯吉力亞斯如今已有部分成了荒涼無人的廢城，也開始逐漸整個化為廢墟。為了躲避瘟疫而逃到伊西立安或是西方山谷的人們中，只有極少數願意回來。

塔龍鐸雖然十分年輕就登基，卻是剛鐸皇帝中在位最久的。不過，除了讓國家休養生息，重整國力之外，他實在沒辦法創造什麼豐功偉業。他的兒子特路美泰對米那迪爾的死念念不忘，對於海盜們的囂張耿耿於懷。在這個時候，海盜們劫掠的範圍甚至已達安法拉斯。因此，他在一八一〇年集結部隊，以迅雷不及掩耳的速度攻下了昂巴。在那場戰爭中，卡斯塔馬的最後血脈也斷絕了，昂巴暫時又落回皇帝的手中。因此，特路美泰將他的帝號中增加了昂巴達希爾這個稱號。但是，在剛鐸即將面臨的邪惡衝擊下，昂巴不久之後就會再度淪陷，落入哈拉德的人類手中。

剛鐸所遭遇的第三次重大打擊是戰車民的入侵，這場持續一百多年的

戰爭耗盡了剛鐸僅存的國力。戰車民可能是一個民族，或是由很多民族組成的邦聯。他們來自東方，但比之前所有的東方人都要強悍、武器更為精良。他們乘著巨大的車輛四處遊走，酋長們駕著戰車作戰。稍後人們才知道，他們是在索倫的煽動之下對剛鐸展開突襲，那曼希爾二世於一八五六年戰死於安都因河旁的戰鬥中。羅馬尼安東部和南部的居民遭到奴役；那時剛鐸的前線被迫後撤到艾明莫爾和安都因河谷。（根據史家推斷，戒靈就是在當時重新進入了魔多。）

那曼希爾二世之子卡力美塔在羅馬尼安人的裡應外合之下，於一八九九年在達哥拉平原大勝東方人，這危機也暫時解除了。在經過多年的敵對和冷戰之後，北方的登丹人首領亞拉芬終於和南方的昂多赫展開了一連串的會談。因為，這時他們才發現似乎有一股力量在背後操縱了許多不同的敵人，同時對努曼諾爾人的後裔展開攻擊。在那時，亞拉芬的兒子亞帆都和昂多赫的女兒費瑞爾結婚（一九四〇年）。但兩個王國都無法對彼此伸出援手，因為在安格馬對雅西頓展開新一波攻勢的同時，戰車民也變本加厲地發動更強烈的攻擊。

許多戰車民自由的通過魔多的南方邊境，並且和侃德以及近哈拉德的居民結盟；在這場從北到南同時發動的攻擊中，剛鐸瀕臨毀滅。在一九四四年，昂多赫和兩名兒子雅塔墨和法拉墨皆戰死在摩拉南北方的戰場上，敵軍大舉侵入伊西立安。但南軍的統帥伊雅尼爾在南伊西立安獲得大勝，將所有渡過波洛斯河的哈拉德人全都殲滅。他急忙趕往北方，把所有能找到的北軍敗兵全都集結在身邊，對戰車民的主陣發動逆襲。此時，戰車民認為剛鐸已經被徹底擊潰，接下來的工作就是奪取戰利品，因此正在狂歌飲宴，毫無心理準備。伊雅尼爾用兵神速，席捲整個駐地，並且將所有的戰車都點火燒掉，把敵人全趕出了伊西立安。大部分逃走的人都在死亡沼澤中滅頂。

「在昂多赫和兩名兒子都戰死之後，北方王國的亞帆都以自己身為伊西鐸子嗣，昂多赫唯一生還的女兒費瑞爾丈夫的身分，提出了繼承剛鐸帝位的要求。他的要求被駁回。在這事件中，昂多赫的宰相佩蘭多扮演了十

分重要的角色。」

「剛鐸的眾議院回答了：『剛鐸的皇冠和統治權只屬於安諾瑞安之子梅蘭迪爾的子嗣，伊西鐸將這塊土地賜給了他。在剛鐸，皇位是只傳給兒子；我們並未聽說亞爾諾的律法與此有所不同。』」

「亞帆都回答道：『伊蘭迪爾有兩個兒子，伊西鐸是長子，也是他父親名正言順的繼承人。我們聽說至今伊蘭迪爾還是剛鐸皇室族譜中的開國者，因為他是所有登丹人土地的統治者。在伊蘭迪爾還在世的時候，他將轄下土地的管轄權分給他的兩個兒子。但在伊蘭迪爾過世之後，伊西鐸前往北方繼承皇帝的位置，並且把南方的統治權按照過往的慣例賜給弟弟的兒子。他並沒有放棄對剛鐸的宗主權，也不準備讓伊蘭迪爾的王國永遠分裂。』」

「『不只如此，努曼諾爾人從古代開始就將權杖交給第一個孩子，無論他是男是女。這樣的律法的確沒有在我們這個經常為戰火所苦的流放王朝中執行，但這的確是我族的律法。這也是我們現在的依據，昂多赫的兒子尚未留下香火前就戰死，我們必須提出這樣的要求。』」[1]

「剛鐸對此毫無回應。皇位則是由戰功彪炳的伊雅尼爾繼承，由於他是登丹人的皇族，因此剛鐸所有的登丹人也都支持這項做法。他的父親是西瑞安迪爾，西瑞安迪爾的父親是卡林馬希爾，卡林馬希爾的父親是那曼希爾一世的弟弟阿色亞斯。亞帆都並沒有堅持要爭取這皇位，因為他既沒有意願，也沒有力量去反抗剛鐸的登丹人做出的決議。不過，即使當他們的王朝覆亡之後，他的子孫也從來沒有忘記過這個繼承權。不久之後，北方王朝就將結束。」

「正如同他的名字所暗示的一樣，亞帆都的確是最後一任皇帝。據說他的名字是在誕生時由先知馬爾貝斯賜給他的，先知對他的父親說：『你必須將他取名為「亞帆都」，因為他將會是雅西頓最後一任君王。不過，

1　這個律法是努曼諾爾所立下的（皇帝是這樣告訴我們的），當時第六任皇帝塔爾─奧達瑞安只留下一名子嗣，她是女兒。她成為了第一任女皇，塔爾─安卡林米。但這律法是在她即位之後才確立的。事實上，第四任皇帝塔爾─伊蘭迪爾的皇位傳給塔爾─米涅爾督，而西馬瑞安才是他的長女。不過，伊蘭迪爾則是西馬瑞安的直系子孫。

登丹人會面臨一個抉擇，如果他們選擇了一個看起來比較沒有希望的君王，那麼你的兒子將改掉他的名字，成為龐大國度的君王。如果不是這樣，那麼登丹人必須經過許多年、經歷許多的折磨和哀傷之後，才能再度統一。』」

「在剛鐸，伊雅尼爾之後同樣也只傳了一任君主。也許，當初如果皇冠和權杖能夠統合在一起，皇帝的傳承就可以繼續下去，許多邪惡的事情也就不會發生。不過，即使對於大多數的剛鐸人來說，雅西頓王國只是個偏遠地方，他們的皇族血統也微不足道；但伊雅尼爾卻不是這種傲慢的無知之徒，相反的，他十分的睿智。」

「他派使者通知亞帆都，告知他已經依據律法和南方王朝的需要，繼任為剛鐸的皇帝。『但是我並沒有忘記對亞爾諾的忠誠，也不會否認你我之間的血緣，更不願讓伊蘭迪爾的國度彼此仇視。只要我有能力，就會在你需要的時候伸出援手。』」

「很遺憾，伊雅尼爾一直沒有足夠的實力派出支援。亞拉芬皇帝依舊率領著逐漸減少的兵力對抗安格馬，當亞帆都繼位時，他也只能別無選擇的扛起這責任。不過，一九七三年的秋天，剛鐸得知雅西頓正面臨絕大的危機，巫王準備發動龐大的攻勢。伊雅尼爾立刻派遣他的兒子伊雅努爾率領國內所有可以抽調的艦隊盡快趕去。太遲了。在伊雅努爾抵達林頓港之前，巫王就已經征服了雅西頓，亞帆都也不知所終。」

「當伊雅努爾抵達灰港岸時，精靈和人類都感到振奮不已。他們的艦隊十分龐大，連哈龍德和佛龍德都擠滿了他們的船隻，差點找不到足夠的空間停泊。從艦隊中下來了武器裝備皆非常精良的大軍。在北方人們的眼中，這是偉大的君王所派出來的仁義之師；不過，對剛鐸來說，這只是它的一支特遣隊而已。不只如此，人們還對船上下來的馬匹讚嘆不已。這些許多都是來自於安都因河谷，由許多高大俊美的騎士所帶領，他們都是羅馬尼安的貴族。」

「接著，奇爾丹召集了所有集合到他旗下的戰士，其中遠從林頓到亞爾諾的都有，在一切準備妥當之後，大軍渡過隆恩河，挑戰安格馬的巫王。據說，當時他正居住在佛諾斯特。巫王帶來大量的邪惡生物，對眾王

統治的國度大肆破壞。過於自信的他並沒有固守城池，而是直接出兵迎戰，想要像之前一樣把敵人趕進隆恩河中。」

「當西方的聯合軍從伊凡丁的山區下來展開攻擊，在北崗和伊凡丁湖之間展開了一場大戰。其實在主力騎兵展開攻擊之前，安格馬的部隊就已經節節敗退，朝佛諾斯特撤軍，但從北方繞過山丘殺來的騎兵更是讓他們潰不成軍。太過輕敵的巫王只能集結殘兵往北逃，想要逃回他自己在安格馬的領地。在他來得及躲進卡恩督之前，剛鐸的騎兵就在伊雅努爾的率領之下趕上了他們。在此同時，由精靈貴族葛羅芬戴爾所率領的部隊也從瑞文戴爾殺出。安格馬的部隊就此被徹底殲滅，山脈以西連一人一騎或一個半獸人都不剩。」

「不過，據說當安格馬的部隊全部陣亡時，突然間巫王親自出現了，他穿著黑袍、戴著黑面具騎在黑馬上。所有看見他的人都陷入無比的恐懼中；他發出一聲恐怖的尖嘯直衝著最痛恨的剛鐸大將殺去。伊雅努爾本來準備和他正面交手，但他的坐騎卻無法承受這種恐懼，失控地載著他轉身就逃。」

「巫王哈哈大笑，聽見這笑聲的人們從此都再也無法忘記那恐怖的聲音。但葛羅芬戴爾騎著白馬突然出現，大笑到一半的巫王被迫轉身就逃，避入陰影中。當時夜色降臨，沒人知道他此後的下落。」

「控制住坐騎的伊雅努爾這時才趕回戰場，葛羅芬戴爾看著眼前逐漸降臨的夜色，說道：『不要追了！他不會再回到這個地方。他的末日尚遠，他不會死在英雄好漢的手上。』許多人都記得這句話。不過，伊雅努爾十分的憤怒，一心只想要挽回自己的面子。」

「因此，安格馬的邪惡王國就此結束，而剛鐸的統帥伊雅努爾成了巫王最痛恨的對象。不過，許多年之後人們才明白這件事情。」

後代的史家記載，當伊雅尼爾皇帝在位期間，巫王從北方南下躲入了魔多，其他的戒靈已經聚集在該處，而他是他們的首領。直到兩千年的時候，他們才從西力斯昂哥殺出，圍攻米那斯伊西爾。他們在二〇〇二年將城攻下，並且奪取了該座高塔中的真知晶石。直到第三紀元結束之前，他

們都駐守在該處。米那斯伊希爾成了恐懼的象徵，並被更名為米那斯魔窟。許多仍住在伊西立安的居民紛紛遺棄了這個地方。

「伊雅努爾和他的父親一樣武勇，但卻並不睿智。他是個身強體壯，快意恩仇的男子；但他不願意娶妻，因為他主要的興趣都是在戰鬥或是鍛鍊身體上。全剛鐸無人能夠在他喜愛的格鬥比賽中擊敗他，他似乎是個天生的戰士，而不是將軍或是皇帝；他的活力和戰技都延續得比常人要久。」

當伊雅努爾在二〇四三年登基的時候，米那斯魔窟之王要求進行一對一的決鬥，取笑他在北方王國一戰中不敢與他對決。宰相馬迪爾勸阻皇帝不要躁進。米那斯雅諾自從泰勒納皇帝之後已經成了王都，現在被改名為米那斯提力斯，表明該城永遠防禦魔窟的邪惡。

當魔窟之王再度提出挑戰時，伊雅努爾才執政不過七年。魔窟之王嘲笑他不只是年輕的時候膽小，年老的時候更變得懦弱。馬迪爾再也無法勸阻皇帝。伊雅努爾率領了一小隊禁衛隊騎士前往米那斯魔窟，從此再也沒有人知道他們的消息。剛鐸人相信，言而無信的敵人設陷阱抓住了皇帝，將他在米那斯魔窟中折磨到死。不過，由於沒人能夠確定他的生死，忠誠的宰相馬迪爾只得以皇帝之名繼續治理剛鐸許多年。

王位繼承人此時已經變得相當的少。在「皇室內鬥」時期，皇族因彼此互相殘殺而大為減少；而從那之後，皇帝對於皇親國戚變得相當提防。那些受到懷疑的人常常會逃往昂巴，加入叛軍；而其他人則是捨棄了自己的努曼諾爾血統，和外族的妻子聯姻。

因此，當時剛鐸竟然找不到擁有純粹血統的繼承人，也找不到眾貴族都接受的繼承者。所有人都很擔心「皇室內鬥」將會重演，人們知道，如果再來一次這樣的內亂，剛鐸必定會滅亡。因此，宰相就繼續代理朝政，而伊蘭迪爾的皇冠就被放在陵寢中伊雅尼爾皇帝的膝蓋上，伊雅努爾在離去之前將它放在該處。

宰相

宰相的家族被稱作胡林家族，因為他們都是米那迪爾皇帝（一六二一至三四年）的宰相，艾明亞南的胡林之子嗣。他是擁有相當純正努曼諾爾血統的人。在他之後，皇帝們總是從他的家族中挑選宰相，在佩蘭多之後，宰相的職位則是變成了傳子的世襲職務。

每個新的宰相即位時都會發誓「手執法杖，以帝之名代理朝政，直至皇帝歸來。」不過，這很快就變成了虛應故事的傳統，因為宰相實際上擁有皇帝所有的權力。不過，剛鐸依舊有很多人相信皇帝將來一定會回到他們之中，有些人還記得北方王朝的子嗣，謠傳他們隱姓埋名居住在黑暗之中。不過，這些攝政王們都對這些希望置之不理，堅定地治國。

雖然如此，這些攝政王卻從來沒有坐上過王座，他們也沒有皇冠，也沒有王的權杖。他們只有一柄白色的法杖，象徵他們的權位。他們的旗幟一片雪白，沒有任何的徽記。而皇室的旗幟則是黑底襯上一棵盛開繁花的白樹，上方還有七顆星辰。

馬迪爾．佛龍威是剛鐸的攝政王之首，在他之後共傳了二十四任，直到第二十六任，也是最後一任的迪耐瑟二世手上。一開始，他們得享平靜，因為這是警戒的和平時期。在這段時間，索倫在聖白議會的力量之下暫時避其鋒頭，戒靈依舊躲在魔窟谷中。不過，從迪耐瑟一世開始，剛鐸就再也沒有經歷過和平，即使邊界沒有戰事，它也是隨時處在敵人的威脅之下。

在迪耐瑟一世在位最後幾年，強獸人第一次從魔多出現，在二四七五年，他們橫掃伊西立安，攻下了奧斯吉力亞斯。迪耐瑟之子波羅莫（魔戒遠征隊的波羅莫就是為了紀念他而取這個名字）打敗了他們，重新奪回伊西立安，但奧斯吉力亞斯已經被徹底摧毀，巨大的石橋也完全遭到破壞。此後再也沒有人類居住在該處。波羅莫是名猛將，連巫王都十分害怕他。他十分尊貴、英俊，肉體和心智都十分的強健。但是，在那場戰爭中他受到魔窟武器的傷害，減短了他的壽命，他的後半生都在痛苦中度過，父親

去世後十二年，他也跟著死亡。

在他之後，開始了西瑞安漫長的統治。他極為警戒與小心，注意一切的風吹草動。但此時剛鐸已經不比當年，他只能被動的防禦邊界。而他的敵人們（或是在背後操縱他們的勢力），正準備發動他所無法阻擋的攻擊。海盜們騷擾剛鐸的沿岸，但主要的危機還是在北方。在羅馬尼安的廣大土地上，介於幽暗密林和奔流河之間，現在居住著一支驍勇善戰的民族，他們完全籠罩在多爾哥多的陰影之下。這民族經常會穿過森林恣意劫掠，最後連安都因河谷，格拉頓平原南方的區域都變得毫無人煙。由於東方持續有人加入他們，這些貝爾丘斯人數量不斷地增加，而卡蘭納松的居民人數則不停減少。西瑞安只能十分勉強的守住安都因河的防線。

「西瑞安預見到大難將臨，因此派出使者往北方求救。但已經太遲了。就在那一年（二五一〇年），貝爾丘斯人在大河東岸建造了許多大型的船隻和木筏，一舉渡河，擊垮了守軍。從南方趕來的援軍被擋在防線外，一路被驅趕到林萊河。在那邊，他們突然遭到了從山脈中出來朝向安都因河進發的半獸人攻擊。就在那時，從北方來了出乎意料之外的援軍，洛汗人的號角聲第一次出現在剛鐸。年少伊歐帶著騎兵們擊垮了敵人，把貝爾丘斯人一路追過卡蘭納松平原，將他們滅盡。西瑞安將那塊土地送給他，他向西瑞安發了『伊歐的盟誓』，因著友誼，只要剛鐸有需要或是下令，他就一定會全力援助。」

第十九任攝政王貝倫在位時，剛鐸面臨了更大的危機。三支經過長時間準備的艦隊從昂巴和哈拉德出發，以強大的武力毫不留情地痛擊剛鐸的沿岸，敵人從許多地方登陸，甚至遠達艾辛河的出海口。在此同時，洛汗國遭到東方和西方同時的攻擊，他們的土地被占領，居民則是被趕到白色山脈中。二七五八年，長冬開始，從北方和東方直撲而來的嚴寒持續了將近五個月。洛汗的聖盔王和兩名兒子都在戰爭中犧牲，在伊利雅德和洛汗國都有許多人在嚴寒中凍死。不過，在山脈南方的剛鐸，情況比較沒有這麼嚴重，在春天之前，貝倫的兒子貝瑞貢就擊退了入侵者。之後，他立即派援軍前往洛汗。他是波羅莫之後剛鐸的第一勇將，當他繼承了父親的王

位之後（二七六三年），剛鐸開始恢復之前的繁榮。不過，洛汗就必須花費比較久的時間才從能那次打擊中復原。正因如此，貝倫才會歡迎薩魯曼的到來，並且將歐散克塔的鑰匙交給薩魯曼，從那年開始（二七五九年），薩魯曼進駐艾辛格。

於貝瑞貢在位期間，迷霧山脈中發生了矮人與半獸人之戰（二七九三至九年），南方對此只有耳聞。稍後，半獸人逃出南都西理安，意圖入侵洛汗，前往白色山脈中落地生根。在這危險真正被消滅之前，大大小小的戰爭打了好幾年。

當貝列克索二世，第二十一任攝政王去世時，米那斯提力斯的聖白樹也枯死了；但人們讓它留在那邊「直到人皇歸來」，因為他們找不到聖樹的種子或是幼苗。

在圖林二世當政期間，剛鐸的敵人們又再度開始蠢動。索倫的力量又開始增強，他復出的時刻已經近了。除了最強悍的居民之外，伊西立安其他的居民都紛紛遷出，過到安都因河的西岸，因為原先的家園充斥著大量的魔多半獸人。圖林為他的士兵在伊西立安建造了許多的祕密堡壘，其中漢那斯安南是守得最久，始終沒被攻下的一處。他同時也再度加強凱爾安卓斯島[1]的防禦，以便保衛安諾瑞安。他最大的危機還是在南方，當時哈拉德林人占據了南剛鐸，波洛斯河沿岸爭鬥不休。當伊西立安被大軍入侵時，洛汗的佛卡溫王實踐了「伊歐的盟誓」，並且回報了貝瑞貢對洛汗國伸出的援手。他派出許多人前往支援剛鐸，在他們的協助下，圖林在波洛斯渡口打了一場勝戰，但佛卡溫的兩名兒子都戰死沙場。驃騎們以他們的傳統方式將他們埋葬在該處，由於他們是雙胞胎兄弟，因此被埋在同一個墓穴中。它在河岸的高處佇立了許多的歲月，剛鐸的敵人們都不敢輕易越雷池一步。

圖林之後繼任的是特剛，但史家大書特書的只有他死前的兩年，索倫

---

1 這個名字的意思是：「浪花中的船」，因為這座島嶼像是艘船首指向北方的大船，安都因河的河水撞擊在船首，會濺出許多泡沫來。

竄起，公開宣布他再度轉生，重新進入早已為他準備好的魔多。接著，巴拉多再度興建，末日火山爆發，伊西立安僅存的居民也逃之夭夭。特剛死後，薩魯曼將艾辛格占為己有，開始大興土木。

「特剛之子愛克西力昂二世，是名睿智的男子。他把握剛鐸僅存的力量，開始進行對抗魔多的準備。他鼓勵遠近所有的勇士加入他的陣營，表現良好的就可以獲得相當豐富的獎賞和官階。在他所立下的功業中，幾乎背後都有一名偉大將領的協助，他也十分敬愛這名將領。剛鐸的人們稱呼他索龍哲爾，『星辰之鷹』，因為他的動作迅速如風，目光銳利，斗篷上經常掛著一枚銀色星辰。但沒有人知道他的真實姓名或是他的出生地。他是從洛汗前來為愛克西力昂效力，之前他是在塞哲爾的麾下服役，但他不是洛汗國的臣民。他是名偉大的將領，不管在陸地上還是大海上都毫不遜色，但在愛克西力昂過世之前，他就神祕地消失了。」

「索龍哲爾經常告訴愛克西力昂，昂巴的叛軍對剛鐸來說是相當大的威脅，如果當索倫宣戰時，他們還持續對南方的封地騷擾，可能就會導致敗戰。因此，他獲得了攝政王的首肯，率領一小支艦隊神不知鬼不覺的潛入昂巴，燒毀了海盜一大部分的船艦。他自己則是單槍匹馬格殺了港區司令，然後帶領幾乎毫髮無傷的艦隊撤回。不過，當他們回到佩拉格時，讓他的部屬十分難過和驚訝的是，他不願意回到眾人會夾道歡迎他的米那斯提力斯。」

「他寫了封信向愛克西力昂道別，信中說『王上，有其他的任務召喚我前往。如果回到剛鐸是我命中注定的，我必須再經過許多的磨難後才能踏上此地。』沒有人知道他有什麼任務，或是收到什麼樣的召喚。不過，人們卻知道他往哪個方向走。他最後划著小舟渡過安都因河，並在那邊向同伴道別，繼續孤身前進；人們最後是在闇影山脈看見他的身影。」

「由於索龍哲爾的離開，城中的居民都因少了這樣的一名智勇兼備的猛將而覺得十分的遺憾。唯一的例外大概只有愛克西力昂的兒子迪耐瑟，他已經成年，四年之後將會在父親過世時繼承攝政王的職位。」

「迪耐瑟二世是一名高大、自信、勇敢的男子，他是數百年中剛鐸所

出現過最有王者之氣的人。他十分睿智，有遠見，對於歷史瞭若指掌。事實上，他和索龍哲爾根本就像是同胞兄弟，但在他父王和子民的眼中，他永遠都遜於索龍哲爾。許多人認為索龍哲爾提前離開是為了避免痛恨自己的人成為上司；不過，事實上，索龍哲爾不管是在人前人後，從來沒有批評過迪耐瑟，也一直安於攝政王僕人的身分。索龍哲爾經常警告愛克西力昂不要相信艾辛格的白袍薩魯曼，必須親近灰袍甘道夫。不過，迪耐瑟和甘道夫之間一直存有嫌隙。在愛克西力昂過世之後，米那斯提力斯不再歡迎灰袍聖徒的到來。因此，在稍後歷史的迷霧揭開之後，許多人才發現，當年心細如髮、比任何人都更有深思遠見的迪耐瑟，可能已經發現了這個神祕客索龍哲爾的真實身分，懷疑他和米斯蘭達準備密謀奪取他的王位。」

「當迪耐瑟繼承了攝政王的位置（二九八四年）之後，他證明了自己擁有相當強的能力，將一切的大權都抓在手中。他極少公開表達自己的意見。他會傾聽人們的建議，但照著自己的想法行事。他相當的晚婚（二九七六年），芬朵拉斯是多爾安羅斯的艾德拉希爾之女。她極為美麗，心地又十分的善良。不過，她嫁給迪耐瑟十二年之後就去世了。迪耐瑟用自己的方式愛著她，他對她的愛超越任何人，唯一的例外可能只有他自己的長子。不過，在人們的眼中，她是在這座守衛森嚴的城市中緩緩地枯萎而死，就像是海邊的花朵被強移到貧瘠的高地上一樣。東方的陰影讓她心中充滿恐懼，她的目光經常望向那她很懷念的海邊。」

「在她死後，迪耐瑟變得更為憂鬱、更為沉默，經常會坐在塔內沉思，預見魔多會在他任內展開攻擊。稍後，史家們相信，由於他迫切需要情報，又太過驕傲，深深相信自己意志的力量，因此轉而冒險使用了聖白塔的真知晶石。在他之前，沒有任何宰相膽敢這樣做，連皇帝伊雅尼爾和伊雅努爾在米那斯伊西爾陷落，伊西鐸的真知晶石落入了魔王的手中之後，也不敢再觀看白塔的晶石。因為米那斯提力斯的真知晶石是安那瑞安的晶石，和索倫手中的晶石關係最為密切。」

「因此，迪耐瑟獲知了許多在他的國度和邊界外的情報，讓人們感到

十分驚訝。但這情報是用極大的代價換取來的，由於他必須經常和索倫的意志搏鬥，導致他未老先衰。就這樣，迪耐瑟心中的自大和絕望同時與日俱增，直到最後，他將當時世間所有的事都視為是巴拉多之王和淨白塔之王的決鬥，他甚至不相信其他同樣與索倫為敵的戰士，除非他們只效忠他一人。」

「時間來到了魔戒聖戰，迪耐瑟的兩名兒子也成年了。波羅莫比弟弟大五歲，是父親的最愛，他的長相和自信與父親極像，但兩人的相像也就到此為止。事實上，他像古代的伊雅努爾皇帝一樣，不願意娶妻，只喜歡一切和格鬥與武器相關的事情；他毫無畏懼，可力敵百人，但卻對歷史文獻嗤之以鼻，唯一感興趣的只有古代的戰史。次子法拉墨和他長得很像，但其他地方就南轅北轍。他和父親一樣可以精確地知道人們內心的想法；但是他所洞悉的事引發的都是他的憐憫之情而不是輕蔑。他十分溫柔，熱愛知識和音樂，因此當時的人們大多認為他的勇氣比不上兄長。但事實並非如此，他只是不希望冒著生命危險追求毫無理由的光榮。當甘道夫進城時，他都會盡量膩在他身邊，盡量從他的智慧中學習；因此，他在這點上和許多其他的事上，都觸怒了父王。」

「不過，兄弟兩人之間的友愛卻不受絲毫的影響，兩人從孩提時開始就一直是最親近的好兄弟，波羅莫一直扮演幫助和保護法拉墨的角色。他們之間從來沒有任何嫉妒和敵意，不管是在父親的偏心和人們的誇獎之下都一樣。對法拉墨來說，在剛鐸沒有人能夠超越迪耐瑟的繼承人身兼淨白塔大將的波羅莫。波羅莫自己也這麼認為。但是，在面對考驗時，結果卻正好相反。不過，在魔戒聖戰中，這三人的遭遇大多已在他處描述過了。在戰後，攝政王的時代告終，因為安那瑞安和伊西鐸的子嗣重回剛鐸，帝位再興，聖白樹的旗幟再度飄揚在愛克西力昂塔上。」

（5）

以下是亞拉岡和亞玟的故事

「亞拉德是人皇的祖父。他的兒子亞拉松想要和美麗的吉爾蘭成婚，

她是德哈爾的女兒。德哈爾自己也是亞拉那斯的後代之一。德哈爾十分反對這項婚姻，因為吉爾蘭還太過年輕，未到登丹人可以成婚的年齡。」

「『不只如此，』他說，『亞拉松是個嚴格堅決的成年人，他會比人們所期望的更快繼任酋長的地位。但是我心中預測他無法得享天年。』」

「『但他的妻子艾佛溫也同樣擁有預言的能力，對此她則回答道：『所以才要更快！現在已是風暴將臨，天色開始昏暗，大事即將發生。如果這兩人現在成婚，我族或許會有新的希望誕生。如果他們拖延了，這個紀元之內可能都不會再有機會。』」

「結果，在亞拉松和吉爾蘭成婚一年之後，亞拉德就在瑞文戴爾北方遭到丘陵食人妖所殺害，亞拉松成為登丹人的酋長。第二年，吉爾蘭生了一名兒子，他被取名為亞拉岡。當亞拉岡兩歲時，亞拉松和愛隆之子一同騎馬出戰對抗半獸人，一支箭射穿他眼睛，將他殺死。他的確是個相當短命的登丹人，死時只有六十歲。」

「接著，亞拉岡成了伊西鐸的繼承人，隨他的母親一同被接到愛隆的居所去。愛隆扮演著他父親的角色，十分喜愛他，將他視若己出。但他那時被稱作愛斯泰爾，意思是『希望』，他真正的身分和姓名在愛隆的命令下被隱藏起來；因為賢者們知道魔王正不計一切代價搜索伊西鐸的子嗣。」

「當愛斯泰爾二十歲的時候，他和愛隆之子出征，一起創下不錯的戰績；回到瑞文戴爾之後，愛隆十分嘉許的望著他，因為他明白眼前是名早熟的高貴青年，日後他在心智上和在肉體上還會更進一步。從那天之後，愛隆就以他的真名稱呼他，告訴他真實的身分和血統，並且將他家族的傳家寶物交給他。」

「『這是巴拉希爾的戒指，』他說，『是我們遠古之間關連的證據，這是聖劍納希爾的碎片。或許你可以帶著它們立下偉大的功績。我預言你的壽命將會極長，遠超過一般的人類，除非你遇上厄運或是在考驗中失敗。但是，你的考驗將會十分漫長、極為艱苦。安努米那斯的權杖則由我暫時保管，因為你還沒有資格擁有它。』」

「第二天，當太陽下山的時候，亞拉岡獨自在森林中散步，意氣風

發、心情高昂；由於風景十分美麗，他內心又充滿希望，他忍不住唱起歌來。突然間，在他的歌聲中，他看見一名女子走在白樺林中的青草地上；他驚訝地停下腳步，恍惚間以為自己走入了夢中，或者是擁有了精靈歌手的能力，可以將歌曲中的事物幻化到聽者的眼前來。」

「當時亞拉岡所唱的是〈露西安之歌〉，正描述到露西安和貝倫在尼多瑞斯森林中會面的情形。看哪！露西安就正在他面前，穿著藍銀色的披風走在瑞文戴爾，如同暮色一樣美麗；她的黑髮在風中飄揚，眉間繫著像星辰一樣的寶石。」

「有那麼片刻，亞拉岡無言地凝視著前方，但他心中又擔心她會就此離開，再也不出現。因此，他急忙喊道：提努維兒，提努維兒！就如同遠古的貝倫所呼喊的一樣。」

「那名少女轉過身，對著他笑了。她問道：『你是誰？你為什麼用那個名字叫我？』」

「他回答道：『因為我相信你真的是露西安‧提努維兒，也就是我所唱的歌曲中的主角。即使你不是她，你也和她有著同樣的氣質。』」

「『很多人都這麼說，』她神情凝重的回答：『但那不是我的名字。或許我的命運也會和她不同。你是誰呢？』」

「『人們叫我愛斯泰爾，』他說，『但我是亞拉岡，亞拉松之子，伊西鐸的子嗣，登丹人的首領』；但是，當他這樣說的時候，這個之前讓他覺得十分興奮的高貴血統，現在和她的可愛以及尊貴比起來，似乎都顯得一文不值了。」

「但她還是高興的笑了，說：『那我們之間有一些關連呢。我是愛隆之女亞玟，別名又稱作安多米爾。』」

「『果然是這樣，』亞拉岡說，『在這種黑暗的年代裡，人們往往會隱藏他們最珍貴的寶貝。雖然我對愛隆和妳的兄弟們已經感到夠驚訝了；我從小在這邊長大，卻從來沒有聽過妳的消息。我們之前怎麼會從來沒有見過面？你父親不可能把妳鎖在他的寶庫裡吧？』」

「『不，』她說，邊抬頭看著遮蔽東方天空的山脈，『我在我母親的故鄉居住了一陣子，那是在遙遠的羅斯洛立安森林。我是最近才回來探望

我父親的。我已經有許多年沒有出現在伊姆拉崔了。』」

「亞拉岡覺得很好奇，因為她看起來年紀並不比他大，而他在中土出生也不過二十多年而已。但亞玟看著他的雙眼說：『不要懷疑！愛隆的子女都擁有艾爾達精靈的壽命。』」

「亞拉岡感到十分困窘，他從她的眼中看見了精靈的光芒，以及多年累積的睿智；但是，從那一瞬間開始，他已經愛上了愛隆的女兒亞玟·安多米爾。」

「接下來的日子裡，亞拉岡變得十分沉默。他母親看出他身上一定發生了什麼不尋常的事情。最後，在她的逼問之下，他終於說出了黃昏時在森林中的邂逅。」

「『吾兒啊，』吉爾蘭說，『即使以你的家世來說，你的目標都太高了一點。這名女子是如今這世界上最美麗、最尊貴的生靈，凡人是不能夠娶精靈的。』」

「『但我們之間是有關連的，』亞拉岡說，『如果我祖先的故事沒錯的話。』」

「『的確是沒錯，』吉爾蘭說，『但那是很久以前，另一個紀元，在我族衰微之前的事了。如果不是愛隆的好意，伊西鐸的子嗣恐怕早就滅絕了。因此我才擔心，我想你在這件事上恐怕不會贏得愛隆的善意。』」

「『那我就只能過著苦澀的日子，孤單行走在荒野中，』亞拉岡說。」

「『你確實命定如此。』吉爾蘭說。不過，雖然她也擁有族人遺傳的預知能力，但她並未將她所預見的告訴他，也沒將兒子的苦惱告訴別人。」

「不過，愛隆可以看見許多事物，看穿許多思緒。因此，在那年秋天來到之前，有一天他將亞拉岡找進他的房間，他說：『登丹人的領袖，亞拉松之子亞拉岡，聽我說！你的未來是十分巨大的考驗，你可能可以超越眾先祖，創下自伊蘭迪爾以來最偉大的功業，也可能帶著你的同胞全都落入萬劫不復的黑暗中。你的眼前有許多的考驗。在時機到來，你證明自己

的能力之前，你最好不要娶妻或是對任何女子許下承諾。』」

「亞拉岡十分的不安，他問道：『是我的母親對您說了這件事嗎？』」

「『不，完全沒有，』愛隆說，『是你的眼睛出賣了你自己。但我所指的不單只是我女兒。你不應該和任何人類的子嗣往來。至於美麗的亞玟，伊姆拉崔和羅瑞安的公主，精靈的暮星，她的血脈遠遠勝過你許多，對她來說，你只不過是大樹旁的小小嫩芽而已。她比你高貴太多了。我認為，她很清楚地看到這點。不過，即使不是如此，即使她願意傾心於你，我還是會因為我們所必須面對的命運而感到傷悲。』」

「『是什麼命運？』亞拉岡問。」

「『當我還停留在這地時，她當和艾爾達族的年輕人住在一起，』愛隆回答：『但當我離開的時候，如果她願意，她應該要跟我一起走。』」

「『我明白了，』亞拉岡說，『我所痴心妄想的寶物和貝倫曾經希冀過的寶物一樣珍貴。原來這就是我的命運。』突然間，皇帝代代相傳的預知能力出現在他身上，他說了：『但是，愛隆大人，你停留此處的歲月已經快要結束了，你的孩子們很快就必須面對那選擇，是要和你分離，或是離開中土世界。』」

「『的確，』愛隆說，『我們認為很快了，但實際上在人類的歲月中還有很多年。不過，對於我摯愛的亞玟來說，應該不需要做出任何的選擇。除非你，亞拉松之子亞拉岡，介入我們之間，讓你或是我必須面臨苦澀的別離，直到世界結束之日。你現在根本不明白到底會從我身上奪走什麼。』他嘆了一口氣，神情凝重的看著年輕人，過了好一會兒之後，他再度開口道：『只有歲月流逝之後，我們才會知道真正的答案。許多年之內我們不會再談這件事情。黑暗將臨，許多邪惡已經開始蠢蠢欲 。』」

「亞拉岡依依不捨的向愛隆道別；第二天他向母親、愛隆居所中所有的成員以及亞玟辭行，然後就孤身進入了荒野中。此後的三十年，他投注全副的心力對抗索倫，並且成為賢者甘道夫的好友，從他身上獲得了許多的智慧。兩人結伴進行了許多次危險的旅程；隨著時光的流逝，他更常單槍匹馬的深入最危險的地區。他的道路艱苦而又漫長，因此，他的外表變

得相當陰鬱，只有在露出笑容時才顯得緩和；他也變得不修邊幅，但是，當他不刻意隱藏自己真正的模樣時，擁有敏銳觀察力的人會明白他是名流亡的皇族。他會易容成各種各樣的身分，利用許多名號來與索倫周旋，也獲得了無數的光榮。他曾經率領驃騎作戰，也為剛鐸的統治者在陸上和海上出生入死；當他大勝時，他卻神祕消失在西方眾人之中。然後會孤身勇闖東方和南方，打探邪惡與善良人們的內心，刺探索倫奴僕的陰謀。」

「因此，他最後成了凡人當中最強悍、最勇猛的戰士，他精通所有的戰技和所有的知識，卻又在任何方面都超越對那門學問最專精的研究者；因為他擁有精靈的智慧，當他眼中的光芒燃起時，沒有多少人可以承受那樣的瞪視。由於他無法改變的命運，他的表情混雜著堅毅和憂傷，但他內心深處一直抱持著希望，期待終有一天這希望會為他帶來無比的歡欣。」

「當亞拉岡四十九歲時，他歷經九死一生才從索倫已經進駐、邪惡勢力橫行的魔多逃了出來。他非常的疲倦，希望能夠回到瑞文戴爾去休養片刻，然後再繼續他深入遠方的旅程；當他在歸途中經過羅斯洛立安森林時，在凱蘭崔爾女皇的恩准下進入了黃金森林。」

「他當時並不知道，但亞玟．安多米爾也在該處，暫時與她母親的同胞居住在一起。她並沒有什麼改變，人間的歲月對她沒有絲毫的影響；但她的臉色變得更為凝重，人們極少聽見她的笑語。此時的亞拉岡正值身心最成熟的壯年，凱蘭崔爾請他脫下旅途中襤褸的衣裳，穿上銀白色的衣物，披著精靈的灰斗篷，前額則掛上一枚寶石。如此一來，他的模樣遠遠超越了任何人間的凡俗之輩，反而更像是從西方之島來的精靈貴族。就這樣，在分別多年之後，亞玟再度見到他。當他走進森林，踏著卡拉斯加拉頓的遍地黃花向她走來時，亞玟做出了抉擇，決定了她讓人嘆息的結局。」

「他們兩人整整一季都一起在羅斯洛立安漫遊，直到最後他必須離開了。在那夏至的美麗天空下，亞拉松之子亞拉岡和愛隆之女亞玟一起來到那森林中央的美麗山丘，瑟林安羅斯。他們赤著腳走在遍地綠草、伊拉諾花、寧芙瑞迪爾花上。在那山丘上，他們看著東方的魔影和西方的微光，

彼此互許終身，承諾將成為彼此的伴侶。」

「亞玟說：『雖然魔影黑暗，但我卻因你，愛斯泰爾而高興，因你將是擁有莫大勇氣摧毀它的人。』」

「但亞拉岡卻回答道：『唉！我無法預見這樣的未來，也無法得知一切到底會如何演變。但你的希望將讓我的希望永不熄滅。黑暗的魔影是我永遠不會屈服的；但那微光卻也不屬於我。我是壽命有限的凡人，如果你選擇委身於我，那麼你也必須割捨那微光。』」

「她動也不動的站在那裡，像一棵雪白的樹，看著西方，最後她終於開口道：『登納丹，我選擇委身於你，捨棄那微光。只是，我的同胞和親友卻全都會前往西方。』她非常的愛她父親。」

「當愛隆得知女兒已經做出選擇之後，他沉默良久，他內心十分悲傷，發現他長久以來所懼怕的命運再也不是那麼容易忍受的了。當亞拉岡再度來到瑞文戴爾時，愛隆將他叫到身邊，說道：」

「『吾兒，希望消逝的年代到了，連我都無法預見未來的局勢。如今我們之間有道陰影。或許，這就是天意，我的犧牲可以換來人皇的回歸。因此，雖然我也同樣的疼愛你，但我必須跟你說：亞玟．安多米爾的光彩不應該為了除此之外的理由而消滅。除了統治亞爾諾和剛鐸的人皇之外，她不能嫁給世間的凡人。你明白嗎？對我來說，即使勝利都只會帶來哀傷和分離，但至少對你來說是暫時的歡喜與希望，只是暫時的。唉，吾兒啊！我恐怕對於亞玟來說，人類那注定的命運到最後或許會難以忍受。』」

「因此，愛隆和亞拉岡就此立下了約定，此後也不再提及這件事。於是，亞拉岡又再度投身危險與辛勞之中。此後，中土世界漸漸被黑暗籠罩，人們心中充滿了恐懼，索倫的力量不停擴張，而巴拉多要塞也建得比以前更強大；亞玟仍住在瑞文戴爾，當亞拉岡離去時，她會暗自想念著他，並且悄悄地將自己的思念縫成一面華麗、尊貴的旗幟，只有統合了努曼諾爾人和繼承了伊蘭迪爾榮光的人才有資格拿起這面大旗。」

「幾年之後，吉爾蘭向愛隆告別，回到她在伊利雅德的同胞之中，孤

單的居住著。此後她極少見到她的兒子，因為亞拉岡大部分的時間都在遙遠的國度中出生入死。但是，有一天，當亞拉岡回到北方時，他前來和母親會面。在他離開前，她對他說道：」

「『愛斯泰爾吾兒，這是我倆最後一次的分離。我的年事已高，已經無法用這垂垂老矣的身軀來面對中土世界逐漸降臨的黑暗。我很快就會離開這世界。』」

「亞拉岡試著安慰她，說：『但是，在黑暗過去之後或許仍然有光明，如果真是如此，我希望妳能夠看見它，並且感到欣慰。』」

「但她只是這樣回答：」

「Onen i-Estel Edain, u-chebin estel anim.」[1]

「亞拉岡心情沉重的離開了。吉爾蘭在第二年春天來臨之前就去世了。」

「就這樣，歷史逐漸接近了魔戒聖戰的年代；大部分的事件已經記載於他處：索倫是如何被無人預見的事件給擊敗，希望如何在渺茫中得以實踐。就在眾人遭到擊敗的時刻，亞拉岡從海上趕來，在帕蘭諾平原上揚起了亞玟替他縫製的大旗，那天，他第一次接受了人們對皇帝的歡呼。最後，在一切終於完成之後，他踏入了他祖先的王城，接下了剛鐸的皇冠和亞爾諾的權杖，在索倫滅亡之年夏至的那一天，他牽著亞玟．安多米爾的手，在皇帝的王城中結婚了。」

「第三紀元就這麼在勝利與希望中結束了。但是，愛隆與亞玟的分離卻充滿了哀傷，從此，他們將被大海分隔，直到世界結束都不得再見。當至尊魔戒被摧毀之後，精靈三戒也失去了力量。最後，愛隆終於疲倦了，決心離開中土世界，不再回頭。但亞玟卻成為了一名凡人，不過，在她所有獲得的幸福都失去之後，她才能得到死亡的機會。」

「身為精靈和人類的皇后，她和亞拉岡共度了幸福滿溢，無比光輝的一百二十年；但最後，亞拉岡覺得自己已經開始衰老，知道自己漫長的生命即將告一段落。亞拉岡對亞玟說：」

---

1 「我將希望給了登丹人，自己卻沒有留下任何的希望。」

「『終於，我親愛的暮星，這世界上最美麗的女子哪，我的世界已經開始褪色了。唉！我們相聚、我們共度，但付出代價的時刻已經臨近了。』」

「亞玟明白他要做什麼，因為她早就預見這一切，但這卻無法避免她的悲傷。『那麼，大人，難道您竟要提前離開這些敬愛你的子民們嗎？』她說。」

「『不，不是提前，』他回答道：『如果我現在不走，我很快就會面臨被迫的命運。何況，我們的兒子艾爾達瑞安已經足以接掌帝位了。』」

「於是，亞拉岡來到寂靜之街的皇室陵寢中。他在為他準備好的床上躺了下來。在那裡，他向艾爾達瑞安道別，並將剛鐸的有翼皇冠和亞爾諾的權杖交到兒子手中。最後，只剩下亞玟孤單一人站在他身邊。即使她擁有無比的智慧，在人間經歷了兩千年的生老病死，但她還是忍不住懇求他多活幾天。她尚未體驗到衰老，卻先嘗到了凡人壽命有限所帶來的苦痛。」

「『安多米爾公主，』亞拉岡說：『這的確是讓人心碎的一刻，但早在我們於愛隆花園中樺樹下相遇的那一刻，就已經注定了，那地如今已絕了人跡。在瑟林安羅斯的山丘上，我們捨棄了黑暗與微光，接受這樣的結局。吾愛，請妳仔細考慮，妳是否真的想見到我在王位上衰老掙扎，直到失去一切能力智慧為止？不，我的妻子，我是努曼諾爾的最後一人，除了擁有人類三倍的壽命之外，還獲得了可以按照自己意願離去的恩典，將這賞賜歸回。因此，我覺得該是安息的時刻了。』」

「『我無法安慰妳，因為在這會有生老病死循環的世界上，沒有言語可以撫平這樣的痛苦。如今妳面臨了真正的選擇，妳可以反悔離開，前往港口，帶著我們之間共處年歲的記憶前往西方，在那邊回憶永不褪色，但也僅是回憶而已；或者，你可以選擇接受凡人的命運。』」

「『不，我親愛的夫君，』她說，『這選擇早已結束了。現在根本不會有任何的船隻可以載我離開，不論我願不願意，我都必須接受凡人的命運。我必須承受那失落和寂寞。但是，努曼諾爾之王哪，直到現在我才明白你們同胞墮落的故事。我曾輕蔑地認為他們只是著魔的愚蠢傢伙，但我

現在才知道該同情他們。因為，正如同艾爾達族說的一樣，要接受至上神賜給人類的禮物，實在是太苦澀難忍了。』」

「『或許是這樣吧，』他說，『但是，別讓我們在最後一項考驗中失敗，我們曾經打敗了魔影和魔戒的誘惑，不是嗎？我們必須在哀傷中分離，但不是在絕望中。看哪！我們不受這循環不已之世界的束縛，在這束縛之外，所擁有的將不僅僅是回憶。再會了！』」

「『愛斯泰爾！愛斯泰爾！』她大喊著，他親吻著妻子的手，同時沉沉睡去。這時，他卻展現出極為美麗的容貌來，在那之後，所有前來謁陵的人都感到無比的驚訝；他們可以看見他年輕的活力、壯年時的勇敢以及年長時的睿智和尊貴，全都融合在一起。他的軀體始終躺在那裡，那在世界尚未破裂改變之前，人類帝王的榮耀光輝在他身上始終存留不滅。」

「但亞玟離開了陵寢，她眼中的光芒消失了，在她的子民眼中，她變得冰冷、沉默，如同沒有星辰閃亮的寒冬夜晚一般。接著，她向艾爾達瑞安和女兒們，以及所有她喜愛的人們告別。然後，她離開了米那斯提力斯，踏上羅瑞安的土地，獨自隱居在該處，直到冬天降臨。凱蘭崔爾早已渡海西去，凱勒鵬也已離去，那地如今一片死寂。」

「最後，當梅隆樹的葉子開始落下，但春天尚未到來前[1]，她在瑟林安羅斯上躺了下來。那裡就是她翠綠的墓丘，直到世界改變，後來前來此地的人們完全不知有她的存在，而伊拉諾和寧芙瑞迪爾花也不再於海的東方綻放。」

「根據南方的傳說，故事就到此終結。隨著暮星離去，這本書中再也沒有描述古代時光的字句。」

II
伊歐王室

「年少伊歐是伊歐西歐德民族的領袖。他們所居住的土地靠近安都因

1　I 515

河的發源地，就在迷霧山脈最遠方的山腳和幽暗密林最北方的區域。伊歐西歐德族在伊雅尼爾二世皇帝在位時，從卡洛克和格拉頓平原之間的土地遷移到該處。事實上，他們和比翁一族以及森林西邊的人類擁有近似的血緣。伊歐的祖先聲稱他們是羅馬尼安國王的後裔，在戰車民入侵之前，他們的國度在越過幽暗密林之後的地方。因此，他們認為自己和繼承了艾爾達卡血統的剛鐸皇室彼此之間在血緣上有所關連。他們喜愛平原，酷愛所有的馬匹和一切的馬術，不過，當時在安都因中部的河谷居住著許多的民族，而多爾哥多的魔影卻也在不停的延伸。因此，當他們聽說了巫王被推翻的消息之後，決定去北方尋找更寬闊的土地，將安格馬的遺民們一路驅趕到山脈的東方。但是，在伊歐的父親李歐德的時代，他們的人數又變得更多，因此急著想要找到一個新的家園。」

「在第三紀元的二五一〇年時，剛鐸面臨了新的威脅。東北方的一大群野人席捲了整個羅馬尼安，離開褐地，藉著木筏渡過安都因河。在同一時間，不知是巧合或是在人為的刻意安排下，半獸人（當時尚在與矮人戰爭之前，因此他們擁有相當強大的兵力）紛紛離開山區，開始攻擊平地。入侵者如入無人之境般穿越了卡蘭納松；因此，剛鐸的宰相西瑞安派遣使者向北方求助。因為安都因河谷的人類和剛鐸之間有著長久的友誼。但是，大河河谷一帶居住的人類日漸稀少，部落更為分散，也無法快速的伸出援手。最後，伊歐得知了剛鐸急需援手的消息，雖然看來已經太遲了，但他還是派出大批的騎兵。」

「因此，他率隊來到了凱勒布蘭特平原上，那片翠綠的平原位於銀光河和林萊河之間。剛鐸的北部陸軍在該處落入了極大的險境；他們在沃德慘敗，往南方的退路也被切斷，整支部隊在追擊下強渡林萊河，卻又突然遭到大批的半獸人部隊攻擊，將他們一直逼往安都因河。剛鐸失去了一切的希望，但驃騎們卻出人意料之外的從北方趕來，擊潰了敵人的後軍。於是，戰況逆轉，敵人死傷慘重的退回林萊河。伊歐領著部隊追擊，北方的騎兵所帶來的無比恐懼甚至讓沃德的守軍也慌張的逃離。驃騎們一路追擊這些敵人直到卡蘭納松。」

自從大瘟疫之後，這個區域的居民變得十分的少，大多數留下來的人

都被野蠻的東方人給殺害了。因此，西瑞安為了報答伊歐的援助，將位於艾辛河和安都因河之間卡蘭納松的土地賞賜他和他的百姓。他們把妻兒與家當全從北方運來，從此定居在該處。他們將這塊土地命名為驃騎國，自稱為伊歐一族。但剛鐸人將這塊土地稱為洛汗，居民則是洛汗人（亦即是牧馬王的意思）。就這樣，伊歐成了第一任的驃騎王，他決定定都於白色山脈之前的綠色山丘上。牧馬王們此後就生活在自己的國王和律法治理之下，成為剛鐸最忠實的盟友。

「許多的國王和戰士，無數美麗勇敢的女子，都被記述在洛汗國的歌謠中，這許多歌謠依舊在北方傳唱著。他們說最先帶領同胞們來到伊歐西歐德的是酋長佛魯格馬。而他的兒子佛蘭則是殺死了米斯林山脈的巨龍史卡沙，從此該地獲得了很久的和平。佛蘭獲得了大筆的財富，但也從此與矮人交惡，因為矮人聲稱那些寶藏是他們的。佛蘭毫不低頭，只將史卡沙的牙齒做成項鍊，送給他們。他說：『像這樣的寶物你們是絕對沒有的，它比任何的黃金白銀和珠寶還要稀有。』有些人說矮人們為了這不禮貌的行為而殺死了佛蘭。唯一可以確定的是，此後伊歐西歐德一族和矮人之間的關係就一直相當的惡劣。」

「李歐德是伊歐的父親。他是個馴養野馬的專家，因為當時野外還有許多野性未馴的馬匹。他抓到了一匹白色的小馬，很快的，牠就成了高大、強壯美麗的駿馬，沒有任何人類可以馴服牠。當李歐德冒險騎上去時，牠瘋狂的亂跳，最後將李歐德甩下馬。李歐德正好撞上一塊大石，當場腦漿迸裂而死。他那時才四十二歲，兒子則不過十六歲而已。」

「伊歐發誓要替父親復仇。他四處找尋這匹駿馬，最後終於找到了牠。他的同伴們認為他會試著用弓箭射死牠。但當他們慢慢靠近時，伊歐站了起來，大喊著：『來這裡，殺人馬，我要給你一個新名字！』讓眾人意外的是，馬匹轉頭看向伊歐，走到他面前。伊歐說了：『我命名你為費樂羅夫，你喜歡自由，我並不怪你。但你現在欠我許多，你這輩子必須都將自由交到我的手上。』」

「然後，伊歐騎上馬背，費樂羅夫屈服了；伊歐不用馬鞍就將牠騎了

回去，從此之後他都以這種方式駕馭牠。這匹馬可以理解所有人類的語言，但牠不讓除了伊歐之外的任何人騎上牠。伊歐就是騎著費樂羅夫來到了凱勒布蘭特平原。牠竟然擁有和人類一樣長的壽命，牠的所有子孫也都一樣。這些就是『米亞拉斯』馬，除了驃騎王的子孫之外，牠們不願意讓任何人騎乘，直到影疾才有了例外。人們說，牠們的祖先一定是精靈們稱為歐羅米的主神從西方的海外仙境帶過來的。」

「在伊歐和希優頓之間的驃騎王，最值得一提的就是聖盔·鎚手。他是個擁有怪力的男子。那時，一名叫作費瑞卡的男子聲稱自己擁有皇室血統，但是人們說他體內大多數是登蘭德人的血統，而且還有著一頭黑髮。他後來變得十分富有，有權有勢，在亞東河[1]的兩岸擁有大片的土地。他在河的源頭蓋了一座堡壘，對國王的治理嗤之以鼻。聖盔並不相信他，但還是會找他來開會，而他則是高興來時才會出現。」

「在其中一次會議裡，費瑞卡帶了許多名部下前來，並且要求聖盔的女兒嫁給他的兒子沃夫。但聖盔說：『自從上次你來這邊之後，看起來變得自大不少，但我猜你的腦裡面應該都是肥油吧！』人們哈哈大笑，因為費瑞卡的肚子的確很大。」

「狂怒的費瑞卡開始咒罵國王，並且終於忍不住說了：『拒絕枴杖的老國王可能會摔倒的。』聖盔回答：『來吧！你兒子的婚事沒那麼重要。聖盔和費瑞卡可以稍後再來處理這件事情。目前國王必須要開會，要先討論完我們的議程。』」

「等到會議結束之後，聖盔站了起來，大手拍著費瑞卡的肩膀說：『皇宮內不准鬥毆，但在外面就自由多了。』他逼著費瑞卡走到皇宮外。費瑞卡部下衝上來時，他說：『離開！我們不需要旁觀者。我們要私下談談。去和我的手下聊天！』他們發現對方人多勢眾，只能退到一旁。」

「『登蘭德來的傢伙，』國王說，『你現在只需要對付一名赤手空拳的老聖盔啊。剛剛說話的都是你，現在該輪到我了。費瑞卡，你的愚蠢和

1　它從伊瑞德尼姆拉斯的西方流入艾辛河。

你的肚子一樣增加得太快了。你提到了枴杖！如果聖盔不喜歡人家給他的爛枴杖，他就會把它折斷！來吧！』話一說完，他就給了費瑞卡重重一拳，讓對方立刻陷入昏迷，不久之後就死掉了。」

「聖盔接著宣布費瑞卡的血親全都成為國王的敵人；並且立刻派出許多的騎兵前往西洛汗，對方只好連夜逃亡。」

四年之後（二七五八年）洛汗遇到了極大的危險，而剛鐸卻沒有辦法派出援軍，因為海盜們展開大規模的攻勢，沿岸全都遭到密集的攻擊。洛汗這時又再度遭到東方部族的攻擊，登蘭德人發現了這個機會，立刻沿著艾辛河乘船抵達艾辛格。不久之後，人們發現沃夫就是這些人的領袖。由於他們和從萊夫紐河以及艾辛河口登陸的剛鐸敵人結盟，因此他們的兵力相當強大。

牧馬王們遭到徹底擊敗，所有的國土都被占領，沒有被殺或是被抓為奴隸的人逃往山區。聖盔的部隊遭受到慘重的打擊，從艾辛河渡口一路退到號角堡中以及後方的山谷中（後世就將它稱為聖盔谷）。他在該處遭到圍困。沃夫占據了伊多拉斯，進駐皇宮並且自立為王。聖盔的兒子死守城門，最後以身殉國。

「不久之後，歷史上著名的『長冬』開始，洛汗國被積雪覆蓋了整整五個月（十一月到三月，二七五八年到二七五九年）。牧馬王和敵人們在這嚴寒中都受創嚴重，之後引起的饑荒更是極為沉重的打擊。在聖盔谷中，從冬季慶典之後糧食就嚴重不足。由於走投無路，聖盔的次子哈瑪不顧父王的勸告，領著部屬出谷試圖找尋食物，卻迷失在大雪中，不知所終。聖盔因為飢餓和極度的哀痛而幾乎發狂。人們對他的恐懼才是讓號角堡久攻不下的關鍵因素。他會披著白色的衣服悄悄離開，像是雪地食人妖一般溜進敵人的營地，赤手空拳殺死許多敵人。人們相傳，只要他不攜帶武器，就沒有武器可以傷害他。登蘭德人更說，如果他找不到食物，就會直接吃人。這個故事在登蘭德代代流傳了非常久。聖盔擁有一柄巨大的號角，很快的，敵人們發現每當他出獵的時候，就會在谷中吹響號角。因此，只要一聽到那號聲，敵兵們非但不聯合起來對抗聖盔，反而會恐懼不

已的躲入深谷中。」

「一天晚上，人們聽見了號角的聲音，但聖盔再也沒有回到谷中。到了早上，許久以來的第一線陽光照在大地上，他們發現聖盔渠上站著一個白色的孤單身影，但沒有任何一名登蘭德人敢靠近。聖盔已經被凍死，卻依舊挺立在敵人面前。人們說，在深谷中，有時還是可以聽見號角聲迴盪，那時，聖盔將會再度出現，以恐懼消滅那些洛汗的敵人。」

「不久之後，冬季終於結束。聖盔妹妹希爾德之子佛瑞拉夫離開了登哈洛，當時許多洛汗人都在該處避難。他帶領著一群敢死隊偷襲沃夫，在梅杜西皇宮中殺死了他，重新奪回伊多拉斯。在嚴冬過後，積雪融化造成了洪水，樹沐河成了奔騰洶湧的急流。東方的入侵者不是被淹死，就是撤退回國；剛鐸的援軍最後終於從山脈的東方和西方趕來。在年底前（二七五九年）登蘭德人全被逐出，連艾辛格都重回洛汗懷抱。佛瑞拉夫繼位為王。」

「聖盔的遺體被從號角堡運回國都，埋在第九個墓丘中。從那之後，白色的心貝銘花就密密長滿了他的墓丘，看起來好似被積雪覆蓋一般。當佛瑞拉夫死時，開始了另一排新的墓丘。」

牧馬王們在這場戰爭和饑荒中人數大幅減少，馬匹和牲畜的損失也讓他們一蹶不振。幸好，此後許多年他們都沒有再遭遇到太大的危機，直到驃騎王佛卡溫在位時，他們才恢復了原先的國力。

在佛瑞拉夫登基時，薩魯曼出現了，他帶著貴重的禮物，諂媚的稱讚牧馬王的武勇。每個人都十分歡迎他的到來。不久之後，他就在艾辛格住了下來。剛鐸的宰相貝倫同意他這麼做。之所以多此一舉的原因在於，剛鐸依舊聲稱艾辛格是屬於剛鐸的堡壘，並非洛汗的國土。貝倫同時也將歐散克塔的鑰匙交給薩魯曼保管。這座高塔之前從沒有敵人可以破壞，甚至是進入。

就這樣，薩魯曼也成了人類中的王侯，一開始他在艾辛格中只是以宰相的部屬和高塔的管理員自居。佛瑞拉夫十分高興貝倫這樣的安排，讓艾辛格可以由一名強大的盟友來管理。很長一段時間，他都扮演著忠實盟友

的角色，或許一開始真的是這樣。不過，後世的人們認為薩魯曼出現在艾辛格是為了找到在那邊的真知晶石，並且希望能夠建立屬於自己的力量。很肯定的是，在最後一次聖白議會召開之後（二九五三年），他就將全副的心力轉到對付洛汗上。雖然他隱藏得很好，但毫無疑問的洛汗已經多了一名近在咫尺、虎視眈眈的敵人。接著，他把艾辛格據為己有，開始將它改造成一個守衛森嚴、固若金湯的恐怖要塞，想和巴拉多媲美。他從所有痛恨剛鐸和洛汗的勢力中吸收盟友，不管他們是怪物還是人類，全都成為替他效命的部屬。

驃騎王

第一系

紀年[1]

2485-2545

1.年少伊歐。他的這個稱號是因為他在少年時就繼承了父親的地位，並且直到死前都擁有一頭金髮和年輕面孔。他統治的時間並不長，東方人第二波的攻擊讓他戰死於沃德。第一座墓丘為他而建，費樂羅夫也被葬在該處。

2512-70

2.布理哥。他將敵人趕出沃德，洛汗之後許多年都沒有再遭到任何的攻擊。在二五六九年，他興建的皇宮梅杜西落成。在慶祝的宴會上，他的兒子巴多發誓要進入「亡者之道」，但再也沒有回來[2]。布理哥第二年就因過度哀傷而去世。

2544-2645

3.長壽艾多。他是布理哥的次子。由於他十分長壽，統治洛汗七十五年，因

1 這些時間是根據剛鐸的曆法（第三紀元）而記載的。欄位中的是出生和死亡的時間。

2 III 69-70、89-90

此獲得了這個稱號。在他的統治下，洛汗蓬勃發展，也將艾辛河以東的登蘭德人全都趕走。哈洛谷和其他的山區也都開始有人定居。接下來的三名驃騎王在史書上沒有多少值得記載之處，因洛汗這段時間過著相當和平富饒的生活。

2570-2659

4.佛瑞亞，他是艾多的第四名孩子，也是長子。不過，由於他的父親太過長壽，當他登基時已經垂垂老矣。

2594-2680

5.佛瑞亞溫。

2619-99

6.葛德溫。

2644-2718

7.迪歐。他在位期間，登蘭德人經常渡過艾辛河前來劫掠。在二七一〇年時，他們占領了當時已被廢棄的艾辛格外圈一帶，洛汗多次攻擊也無法將他們逐出。

2668-2741

8.格蘭。

2691-2759

9.聖盔・鎚手。他在位的末期，洛汗受到重創，一方面因為敵人入侵，一方面是因為「長冬」的影響。聖盔和他的兒子哈拉斯和哈瑪全都在這場災難中去世。聖盔妹妹的兒子繼位為王。

第二系

2726-2798

10.佛瑞拉夫。他在位期間，薩魯曼來到了艾辛格，當時登蘭德人已經被趕走。在洛汗經歷過饑荒和戰亂之後，他的友誼帶來了不少利益。

2753-2842

11.布理塔。他的子民們稱呼他為里歐法，因為他受到眾人的敬愛。他樂於對所有有需要的人伸出援手。他在位期間，洛汗曾經和那些被從北方趕出，希望在白色山脈中避難的半獸人作戰[1]。當他去世時，人們以為這些半獸人都已經被剿滅，但其實並非如此。

2780-2851

12.瓦達。他在位時間只有九年。當他率領著部隊從哈洛谷返回國都的路上，遭到半獸人包圍，全軍被殲滅，無一生還。

2804-64

13.佛卡。他是名相當偉大的獵人，但他發誓在消滅洛汗所有半獸人之前絕不狩獵任何的野生動物。在他找到，並且摧毀了最後一個半獸人的根據地之後，便前往費瑞安森林狩獵巨大的野豬。他殺死了野豬，但卻也因獠牙所刺出的傷口而傷重不治。

2830-2903

14.佛卡溫。當他即位為王的時候，牧馬王們已經恢復了國力。他重新奪回了被登蘭德人占領的西洛汗（就在艾辛河和亞多河之間）。洛汗在之前國力衰微時，受到剛鐸的大力援助。因此，當他們聽說哈拉德林的大軍攻打剛鐸時，他派遣了大批部隊前往支援。他本來希望能夠御駕親征，不

1 III 附錄一 26 頁

過卻遭到勸阻。他的雙胞胎兒子佛克瑞和和法斯列德（出生於二八五八年）代替他率兵前往。他們一起戰死在伊西立安一役中（二八八五年）。剛鐸的圖林二世給予佛卡溫一大筆黃金作為補償。

2870-2953

15.范哲爾。他是佛卡溫的第三個兒子，也是第四名孩子。史書上幾乎沒有任何關於他的稱讚。他十分貪吃和貪財，和他的將領以及兒子都長期處在不和的狀態中。他的第三個孩子塞哲爾是唯一的男丁，在成年之後離開洛汗長住剛鐸，在特剛的麾下獲得了許多戰功。

2905-80

16.塞哲爾。他相當的晚婚，在二九四三年才娶了剛鐸羅薩那奇的摩溫，但對方卻小他十七歲。她在剛鐸替他生了三個孩子，次子希優頓是唯一的男性。當范哲爾駕崩之後，洛汗國將他召回，他才不情願的回國。不過，他卻是名相當睿智的仁君，只不過他在皇宮中只使用剛鐸語，許多人對此頗有微詞。摩溫在洛汗又替他生了兩個女兒，最後一個女兒希優德溫是最美麗的。不過，她和其他孩子們之間的年齡差距相當大（二九六三年生），因此，她的兄長十分疼愛她。

在塞哲爾即位之後不久，薩魯曼宣稱自己成為艾辛格之王，並且開始騷擾洛汗，在他們的邊境劫掠，並且暗地支援洛汗的敵人。

2948-3019

17.希優頓。在洛汗的歷史中他被稱為重生的希優頓，因為他在薩魯曼的魅惑之下一度墮落，但又被甘道夫治好。在他最後的歲月中，他率領著驃騎在號角堡大敗敵軍，並且參與了該紀元最大也最慘烈的帕蘭諾平原之戰。他在蒙登堡的門前戰死。他的屍體在剛鐸的陵寢中停放了一段時間，但最後又被運回了伊多拉斯的墓丘中埋葬，成為該系國王的第八座墓丘。接著，新的一系就此展開。

第三系

在二九八九年，希優德溫嫁給了東谷的伊歐蒙德，他是驃騎的大元帥。她的兒子伊歐墨在二九九一年出生，女兒伊歐玟則是誕生於二九九五年。當時，索倫已經再度轉生，魔多的陰影已經伸向洛汗。半獸人開始劫掠洛汗的東部，搶奪或是殺死馬匹。其他的半獸人也從迷霧山脈中出現，其中許多是效忠薩魯曼的強獸人，但人們後來才發現這個真相。伊歐蒙德的主要守備區域是在東洛汗，他極愛駿馬，痛恨半獸人。只要一得知有半獸人出沒，他就會怒氣沖沖的帶兵追擊，絲毫不管自己的兵力是強是弱。因此，他在三〇〇二年戰死，因為他一路追擊一小隊半獸人進入艾明莫爾，卻遭到該處的半獸人伏兵偷襲。

不久之後，希優德溫就臥病在床，隨即病死。驃騎王為此感到相當哀傷。他收養了她的兒子和女兒，將他們當作自己的兒女。他自己只有一個獨子希優德，那時二十四歲；當年他的王后愛西德因為難產而死，希優頓並未續弦。伊歐墨和伊歐玟在伊多拉斯長大，眼睜睜的看著希優頓的皇宮被暗影籠罩。伊歐墨和他的父親一樣，但伊歐玟纖瘦而高大，她的自信和優雅則是來自羅薩那奇的摩溫，牧馬王們尊稱摩溫為鋼之女。

二九九一年至第四紀六三年（三〇八四年）：伊歐墨。他年輕時就成為驃騎的元帥（三〇一七年），接下了父親防禦東洛汗的職責。在魔戒聖戰中，希優德在艾辛渡口一戰中死於薩魯曼的士兵之手。因此，在希優頓於帕蘭諾平原上去世之前，他把王位傳給了伊歐墨。就在那天，伊歐玟也開創了曠世的功績。她偽裝成驃騎和敵人作戰。從那之後，洛汗國的子民就稱呼她為「持盾之女」[1]。

---

1 因為她持盾的那隻手被巫王的釘頭錘打斷，但巫王則被徹底毀滅。因此，許久以前，葛羅芬戴爾對伊雅努爾皇帝所說的預言實現了，巫王的確不是死在英雄好漢的手中。在驃騎的歌謠中，是在希優頓的隨扈協助之下，伊歐玟才殺死了巫王。而他也不是什麼英雄好漢，而是遠方來的半身人。因此，伊歐墨賜給他驃騎中極高的榮譽和「何德溫」的名號。（這位何德溫先生就是偉大的梅里雅達克，他也是雄鹿地的領主。）

伊歐墨成為相當偉大的國王，由於他在年輕時就繼承了王位，因此在位時間長達六十五年，除了長壽艾多之外，超越了所有之前的君王。在魔戒聖戰中，他和伊力薩王、印拉希爾王成為莫逆之交，他經常前往剛鐸作客。在第三紀元的最後一年，他娶了印拉希爾的女兒羅西瑞爾。他們的兒子俊美的艾佛溫在他去世後繼承王位。

在伊歐墨的統治下，祈求和平的人民都沒有失望，在山區和平原上的人口都大為增加，馬匹也繁衍興盛。此時，剛鐸和亞爾諾都是由人皇伊力薩治理。古代登丹人的國度重新又歸入他的統治之下，只有洛汗例外。因為他再度將西瑞安的禮物賜給伊歐墨，伊歐墨也再度許下了「伊歐的盟誓」。他從來沒有背棄過這項誓約。雖然索倫已經被消滅，但他所鼓動的仇恨和邪惡並沒有跟著消逝，在聖樹能夠品嘗到和平的氣息之前，西方之王還必須擊敗許多敵人。只要人皇伊力薩出征，伊歐墨王就必定和他並肩作戰。遠至盧恩內海和南方的遙遠平原上都可以聽見驃騎如雷的蹄聲。在伊歐墨年老前，白色駿馬奔馳在綠色大地的旗幟曾飄揚在無數的國度中。

III
都靈的同胞

有關矮人的起源，艾爾達族和矮人們自己都有相當特殊的傳說。不過，由於這些事情距離我們的年代太過遙遠，因此在這邊就不多作著墨。都靈是矮人種族的七名先祖中最年長的一位，也是所有長鬍一系國王的祖先[1]。他孤單的沉睡著，直到遠古的某一天他甦醒過來，來到了阿薩努比薩，並且在迷霧山脈的東方，也就是在卡雷德—薩魯姆之上的洞穴居住下來。這裡就是日後在歌謠中傳頌不已的摩瑞亞礦坑。

他在那邊居住了非常久的時間，遠近的人們都稱呼他為「不死的都靈」。但是，他在遠古結束之前還是過世了，他的墓穴就在凱薩督姆中。

1 《哈比人》 69

不過，他的血脈從未斷絕。在他的子孫中有五名因為長得太像這位祖先，因此也獲得了都靈的名號。事實上，矮人的確認為他是不死的，會以新的身體轉生到世間。矮人們對於自己在這世界的命運有許多特殊的信仰和傳說。

在第一紀元結束之後，凱薩督姆的財力和勢力大幅增加，因為許多原先居住在藍色山脈兩座古城諾格羅德城以及貝磊勾斯特堡中的矮人們，由於安戈洛墜姆的崩塌使得古城遭到毀壞而被迫前來此地，他們帶來了大量的知識與工藝技術。摩瑞亞的國力在黑暗年代和索倫的統治之下依舊繁榮興盛。因為雖然伊瑞詹被摧毀，摩瑞亞的大門被封閉，但凱薩督姆的廳堂太過深邃和堅固，裡面的種族人數眾多，驍勇善戰，即使連索倫都無法從外面攻入。因此，它的財富依舊不停的累積，只是居民漸漸的開始變少。

到了第三紀元過了一半的時候，第六個以都靈命名的矮人又成了此地的統治者。魔苟斯的奴僕索倫之力量當時又再度於中土世界蔓延，原先躲藏在森林中的邪惡陰影看著摩瑞亞，但人們當時還不知道它的真實身分。所有的邪物都蠢蠢欲動。矮人們那時拚命的往地底挖，希望能夠開採出更多的祕銀，這是無價之寶，而且數量也越來越稀少[1]。因此，他們驚醒了[2]一個從安戈洛墜姆逃出，躲藏在這地底深處以避過跨海而來之西方大軍的妖物：魔苟斯麾下的炎魔。都靈被它殺害，一年之後，他兒子納因一世也同樣遭到它的毒手。就這樣，摩瑞亞的人民不是被屠殺就是逃離此地，這王國也因此被歷史所遺忘。

逃離該處的矮人們大多數往北方前進。納因一世之子索恩一世來到了孤山依魯伯，就在靠近幽暗密林東緣的地方。他在該處重建王國，成了山下國王。他在依魯伯找到了一枚巨大的寶石，也就是山之心，他的家傳寶鑽[3]。但他的兒子索林一世離開該處，前往更北方的灰色山脈，大多數的都

1 I 489-490

2 或許是將它從牢籠中釋放出來，因為它當時可能已經被索倫的邪力所喚醒。

3 《哈比人》293、324

靈子民現在都聚集在該處，因為該山脈的礦藏豐富，又不曾受到外人的染指。不過，在那之後的荒地中有惡龍居住，經過許多年的休養生息之後，牠們的數量繁衍，並向矮人宣戰，劫掠他們的財寶。最後，丹恩一世和他的次子佛洛都在家園前被一隻巨大冰亞龍所殺。

不久之後，都靈的子民又全都從灰色山脈撤出。丹恩的第三個兒子葛爾和許多跟隨者一同前往鐵丘陵，但丹恩的繼承人索爾和他的伯伯波林以及剩下的同胞則是回到依魯伯。在索恩的大殿中，索爾將家傳寶鑽帶了回來，他和他的同胞就在此地再度創造出一番功業，並且獲得了鄰近所有人類的友誼。因為他們不只能夠創造出極為美麗的藝術品，同時也可以製造價值連城的武器和盔甲，他們和鐵丘陵之間的同胞也經常來回運送礦沙。因此，居住在奔流河和紅水河之間的北方人變得十分強大，他們擊敗了所有自東方入侵的敵人；矮人過著富裕的生活，在依魯伯的廳堂中經常有著歡宴與歌唱[1]。

很快的，依魯伯的財富就傳了開來，傳到了惡龍的耳中。最後，當時最巨大的惡龍黃金史矛革就在毫無預警的狀況下攻擊索爾國王，讓整座山陷入火海之中。不久之後，整個矮人國度全被摧毀，附近的河谷鎮也化為廢墟，史矛革則是進入大殿中，躺在如山般的黃金上。

從這場屠殺中索爾的許多子民逃了出來，之後，索爾自己和他的兒子索恩二世也從山中的密門逃了出來。他們和全家人[2]開始了漫無目的的流浪。另有一群忠實的跟隨者和同胞和他們同行。

數年之後，已經垂垂老矣，且貧窮潦倒的索爾，把他手中的最後一個寶物交給了索恩。那是七戒之中的最後一枚。然後他就和另一名夥伴那爾一起離開。在他們分別的時候，他對索恩提到這枚戒指，說：

1　《哈比人》 29

2　在這其中有索恩二世：索林．橡木盾、佛瑞林、迪斯。索林那時以矮人的標準來看還只是個毛頭小伙子。稍後，他們才知道生還的同胞其實比他們想像的要多得多了。不過，大部分的人都前往鐵丘陵。

「不管它看起來如何不起眼，這或許是你下一筆財富的基礎。你需要黃金才能生出黃金來。」

「您應該不是要回去依魯伯吧？」索恩說。

「我這把年紀不行了，」索爾說。「我們對史矛革的復仇就落到你和你兒子的肩上了。我已經厭倦了貧窮和人類的輕蔑。我要去試試我的運氣。」他並沒有說要去哪裡。

或許，他因為年老和不幸的遭遇已經有點半瘋了，而他日思夜想的也全都是祖先在摩瑞亞時的豐功偉業。或許，他的那枚戒指在主人甦醒之後已經變得邪惡，驅迫他的主人以愚行來毀滅自己。他離開了當時居住的登蘭德，和那爾一起越過紅角隘口，回來到了阿薩努比薩。

當索爾來到摩瑞亞時，大門是開著的。那爾懇求他千萬小心，但他置之不理，大踏步的像是理所當然的繼承人一樣走了進去。他再也沒有回來。那爾在附近躲藏了很多天。有一天，他聽見了一聲大喊以及號角聲，一具屍體被丟到外面的台階上。那爾擔心那會是索爾，因此小心翼翼的偷偷靠近。但門內傳來了一個聲音：

「來啊，留鬍子的傢伙！我們看得見你。今天你不需要害怕。我們需要你幫忙傳個話。」

那爾走了過去，發現那的確是索爾的屍體，他的頭被砍掉，面朝下扔在一邊。當那爾跪在那邊時，可以聽見陰影中傳來半獸人的笑聲，那聲音說了：

「如果乞丐不在門口等，而是偷溜進屋裡想偷東西，這就是我們對付他的方法。如果你的同胞再有任何人敢把鬍子伸進來，他們也會有一樣的下場。去告訴他們這件事！如果他的家人想要知道這裡是誰當家，那名字已經寫在他的臉上了。是我寫的！是我殺的！我才是老大！」

那爾將頭顱轉過來，看見索爾的額頭上烙印著矮人的符文，好特別讓他可以閱讀：阿索格。從那一刻起，這名字就深深烙印在他和所有矮人的心中。那爾彎身準備撿起頭顱，但阿索格[1]的聲音大喊道：

---

1 阿索格是波格的父親。請見《哈比人》 311

「丟下來！滾！乞丐，這是你的跑腿錢！」一個小袋子打中了他。裡面是幾枚不值錢的銅幣。

那爾忍住眼淚，逃向銀光河。當他停下腳步回頭看時，他發現半獸人走出大門，將屍體剁成碎片，餵給烏鴉吃。

那爾一五一十的將這經過告訴了索恩。他嚎啕大哭，扯掉了滿臉的鬍子，最後陷入沉默。他七天七夜不言不語。然後他站了起來大喊道：「此仇豈可忍！」這就是矮人與半獸人戰爭的開始，這是場漫長而毫不留情的戰鬥，大部分的血戰都是發生在地底。

索恩立刻派出信差，將這消息傳向東南西北。三年之後，矮人們才集結完畢。都靈的子民全都團結在一起，其他先祖的子嗣也都前來支援。因為這對他們最古老祖先家系的污辱讓全族都感同身受，憤怒難當。在一切準備妥當之後，從剛達巴到格拉頓，他們一個接一個將半獸人的聚落剿滅，不留任何活口。雙方下手都毫不留情，在光明中和黑暗中都一樣有著極度殘忍的暴行。最後，矮人們藉著怪力、鋒利的武器和滿腔怒火贏得了這場戰爭，他們搜遍了每一個地洞，發誓要向阿索格復仇。

最後，所有逃亡的半獸人都聚集到了摩瑞亞，矮人追兵也來到了阿薩努比薩。那是一個極大的谷地，位於山脈的兩座支脈之間，環繞著卡雷德－薩魯姆湖，在古代時也是凱薩督姆的一部分。當矮人見到位在山丘上的大門，也就是他們遠古時的家園時，他們發出了驚天動地的大喊，在山谷中如同爆雷般不停迴盪。但他們眼前的山坡上擠滿了成千上萬的半獸人，而阿索格保留到最後決戰時的預備隊也如潮水般從大門中湧出。

一開始，矮人們落入下風；因為那是個沒有太陽的冬日，半獸人的戰意絲毫不受陽光的威脅，而且在數量上也有壓倒性的優勢，同時，他們占據在高地，在地形上也占上風。這就是「阿薩努比薩之役」（在精靈語中稱為「南都西理安」），一回想起這戰役，半獸人就不禁渾身發抖，矮人們則眼眶含淚。索恩所帶領的第一波攻擊和部隊前鋒都在傷亡慘重的狀況下退回，索恩被逼入距離卡雷德－薩魯姆不遠的一座森林中，那森林後來也還在。他的兒子佛瑞林戰死該處，他的兄弟方丁和許多同伴也都犧牲

了，連索恩和索林都受了傷[1]。在其他的地方，雙方不斷進進退退，戰況十分慘烈，最後，鐵丘陵的援軍將戰況逆轉。遲到的鐵丘陵部族是由葛爾之子耐恩所率領，這群披著鎖子甲的戰士在半獸人部隊中衝殺，最後來到了摩瑞亞之前。他們一邊用沉重的鶴嘴鍬砍倒任何擋路的人，一邊大喊著「阿索格！阿索格！」

最後，耐恩站在大門前，用中氣十足的聲音大喊：「阿索格！如果你在裡面，就趕快給我出來！還是我們外面的戰況太激烈，你害怕了？」

於是，阿索格走了出來。他是個身材極其高大的半獸人，腦袋上還鑲著鐵皮，但卻擁有驚人的怪力和敏捷度。他身邊跟來的是許多身材和他一樣的貼身護衛。當這些士兵和耐恩的部下作戰時，他轉過身對耐恩說：

「什麼？我門口又有一個乞丐啦？也要我烙印你的額頭嗎？」話一說完，他就立刻衝向耐恩。但氣急敗壞的耐恩已經無法冷靜的思考，之前的惡戰也讓他非常疲憊。而阿索格卻是才剛踏入戰局，精力充沛。不久之後，耐恩拚盡最後一絲力氣猛力一揮，但阿索格輕易的往旁一閃，瞄準耐恩的腿一腳踢去，鶴嘴鍬也跟著敲在地面上，耐恩則是踉蹌的摔向前。阿索格一刀砍向對方的脖子。他的鎖子甲承受住了對方的刀鋒，但那股巨大的力量還是將耐恩的脖子打斷，讓他當場氣絕。

阿索格哈哈大笑，他抬起頭發出一聲震耳的高呼。但這聲音卻卡在他喉嚨中。因為他這才發現山谷中所有的部隊都已經潰不成軍，矮人們肆無忌憚的砍殺，勉強逃出生天的半獸人全都一邊發出恐懼的尖叫聲一邊往南逃。他的貼身護衛幾乎也已經全部戰死。他見狀況不對，立刻轉身逃向門內。

一名矮人拿著沾血的斧頭衝了上去。那是丹恩．鐵足，耐恩的兒子。就在門前，他抓住阿索格，一斧將他腦袋砍掉。這是件相當光榮的戰功，因為以矮人的標準來看，丹恩當時還只是個小伙子。不過，他眼前還有許多的戰爭和考驗，直到他垂垂老去，最後在魔戒聖戰中光榮戰死。不過，

---

1 「據説索林的盾牌被砍破，他索性將盾牌丟掉，用斧頭砍下一段橡木。他用左手揮舞著這段橡木格擋敵人的攻擊，或是當作棍棒。因此，他才獲得了橡木盾這名號。」

即使是像他這樣滿腔怒火的勇敢戰士，據說，當他從門口走出來時還是臉色灰敗，彷彿感應到什麼極端的恐懼。

到了最後，在這場勝仗中生還的矮人們集合在阿薩努比薩上。他們拿起阿索格的首級，將錢包塞入他的口中，並且將頭顱插在木樁上。不過，那一夜沒有任何的慶祝和歡唱，因為這一仗他們的犧牲實在太慘重了。據說，只有不到一半的矮人還有機會活著離開該處。

即使如此，第二天早晨索恩還是站在眾人前面；儘管他一隻眼睛被打瞎，另外一條腿則是瘸了，但他還是說：「好極了！我們贏了。凱薩督姆是我們的了！」

但眾人們回答：「你或許是都靈的子嗣，但即使只剩一隻眼，你也應該看得更清楚。我們這場仗是為了復仇，這大仇也已經報了。但這果實並不甜美。如果這算是勝利，我們實在沒有胃口享用它。」

不是都靈子嗣的人也說了：「凱薩督姆並非我們先祖的家園。如果裡面沒有寶藏，這對我們來說有什麼意義？但就算我們分文不取，只要我們能夠早點離開這裡，我們也就覺得滿足了。」

索恩轉身看著丹恩，說道：「我的親人一定不會捨棄我吧？」

「不，」丹恩說，「你是我們同胞的父親，我們已經為你付出熱血，將來也還願意。但我們不會進入凱薩督姆。你也不會進入凱薩督姆。只有我曾經看見門裡面的景象。在那陰影之中，都靈的剋星依舊在等待著你。在都靈的子民能夠再度進入摩瑞亞之前，這世界必會改變，也會有其他的勢力進入此地。」

就這樣，在阿薩努比薩一戰之後，矮人們又分散了。不過，他們在那之前花費了很大的力氣將所有同胞身上的物件取下，這樣半獸人才無法獲得他們的武器和盔甲。據說，當天每名離開戰場的矮人都因為重擔而低下了頭。接著。他們建造了許多火葬堆，將同胞的屍體付之一炬。為此，他們從森林裡砍了許多樹，至今該地依舊光禿一片。而濃煙甚至連羅瑞安都

能夠看見[1]。

當這大火熄滅，所有的盟友都踏上歸鄉的道路之後，丹恩・鐵足領著父親的子民回到鐵丘陵。索恩站在那巨大的木樁之下，對索林・橡木盾說了：「有些人會認為這頭顱的代價太慘重了！至少我們為此付出了整個王國。你要和我回去繼續在鐵砧前工作？還是你要為了填飽肚子而向人乞食？」

「鐵砧，」索林回答。「至少鐵鎚可以讓我保持強壯，等待我再度握住更鋒利工具的那一天。」

於是，索恩和索林就偕同所有倖存的跟隨者（巴林和葛羅音就是其中兩名）回到了登蘭德，很快的，他們就離開該處，開始在伊利雅德流浪，最後終於在隆恩河附近的伊瑞德隆暫時定居下來。那些日子，他們所能鑄造的多半只有鋼鐵，但他們還是慢慢的累積財富，人數也緩緩增加[2]。不過，正如同索爾說的，魔戒需要黃金才能賺取黃金；在那個時候，他們根本沒有多少的貴重金屬。

這裡可以再針對該枚魔戒多作一些敘述。據信，都靈的子孫所擁有的魔戒是矮人七戒中第一枚被鑄造出來的。因此，它是由精靈工匠親自交給當時的凱薩督姆之王都靈三世，並非是由索倫所轉送。不過，由於他在鑄造七戒的過程中出了很大的力，毫無疑問的他的邪氣也感染了這枚戒指。不過，這些魔戒的擁有者並不會讓人看見它或是提到這戒指，通常也都是在嚥下最後一口氣之前才把這戒指交出來，因此幾乎沒有任何人知道這魔戒的藏放之處。有些人認為它還留在凱薩督姆，矮人王國的祕密陵寢中，

---

1 「這樣的處理方式讓許多的矮人心碎。因為這和他們的習俗不同，但如果要照著習俗蓋好墓穴（因為他們只願意將亡者埋在石中，而不是泥土裡），恐怕得花上許多年。因此，他們只好利用火焰，避免讓同胞落入鳥獸或是半獸人的手中。不過，那些在阿薩努比薩戰死的人是矮人中的英雄；至今，一名矮人依舊會驕傲的宣稱他的祖先：『是一名火葬的矮人』，這樣就足以說明一切。」

2 他們之中的女性很少。索恩的女兒迪斯是其中一名。她是菲力和奇力的母親，這兩名矮人都是在伊瑞德隆誕生的。索林沒有妻子。

如果那些陵寢沒被發現並遭到挖毀的話。不過，在都靈的子嗣中認為（這是錯誤的）索爾在回到摩瑞亞的時候配戴著那枚戒指。他們不知道這戒指後來的下落如何。因為並沒有在阿索格的屍體上找到這戒指[1]。

矮人們現在相信，當年索倫還是靠著魔力找到了擁有這最後一枚控制之外的魔戒，因此才會造成都靈子嗣的種種不幸。因為，矮人其實對索倫的邪力擁有相當強的抵抗力。魔戒唯一會給他們帶來的影響，就是讓他們心中充滿了對黃金和寶物的貪婪；因此，如果他們缺乏金銀財寶，其他的好東西都會被視作一文不值。他們會處心積慮地想要報復那些奪走這些財寶的人。在天地初開的時候，他們就是被造為最能夠抵抗他人控制的種族。雖然他們會被殺死或是受傷，但他們不會變成受到其他人驅使的幽影。也因為同樣的原因，他們的壽命並不會受到魔戒的影響而增長或變短。正因為如此，索倫更痛恨這些擁有魔戒的矮人，急著想要除掉他們。

或許，正是因為魔戒的邪氣，索恩在幾年之後變得坐立難安，無法滿足。他心中一直對黃金念念不忘。最後，當他再也無法忍受的時候，他就把思緒轉向依魯伯，決心回到該處。他並沒有對索林說出內心的話，只是帶著巴林和德瓦林以及另外幾名同伴，就這麼告辭離開了。

沒有人知道他之後的遭遇。以後來的局勢演變推斷，很可能他一離開，就遭到索倫派來的使者追殺。惡狼追逐他，半獸人埋伏，怪鳥一路跟蹤，他越往北走，遇到的意外和不幸也越多。接著，在一個黑暗的晚上，當他和夥伴們在越過安都因河以後的土地上流浪時，被一陣大雨逼得必須在幽暗密林的邊緣躲雨。第二天早上醒來時，眾人才發現他已經消失了，叫喊他的名字也沒人回應。他們找了他許多天，最後才放棄希望，回到索林身邊。在很久以後，人們才知道索恩被俘虜，帶到多爾哥多的地牢中。他在該處受盡折磨，連魔戒也被收走，他最後死在該地。

索林・橡木盾就成了都靈的繼承人，但卻是個毫無希望的繼承人。當

1　I 418

索恩失蹤時，索林正值九十五歲壯年，是名身強體壯的矮人；但他似乎很滿意留在伊利雅德的生活。他在該處勤奮工作，四處旅行，累積了相當多的財富。許多四處流浪的都靈子民在聽說了他居住在西邊後，也都前來投靠，讓他的部屬大為增加。他們這時已經在山中建造了美麗的廳堂、許多的財貨，日子過得並不壞，只是在歌謠中還是會經常懷念在遠方孤山的生活。

一年一年過去，索林心中的餘燼又再度燃起。他不時會想到他家族的不幸和他向惡龍復仇的責任。當他揮舞著鍾子工作時，他想到了武器、軍隊和盟友。但部隊早已解散，盟約也已經分裂，他同胞所擁有的武器數量更是稀少。當他在鐵砧前不停打鐵時，這種毫無希望復仇的絕望感更讓他一腔怒火越燒越旺。

最後，甘道夫和索林的巧遇改變了都靈一系的命運，讓他們獲得了不同的、而且更好的結局。當時[1]索林正從一趟旅途中準備回到西方的住所，他在布理暫住了一晚。甘道夫也是一樣。他正準備去夏爾，他已經大概有二十年沒去拜訪該處了。他非常的疲倦，想要暫時在該處休息一陣子。

在他腦中有許多擔憂的事情，其中一項就是北方的局勢；他已經知道索倫正在策劃戰爭，只要一準備妥當，他隨時會對瑞文戴爾展開攻擊。但是，唯一能夠阻止東方的勢力重回安格馬，以及奪取山脈北方隘口的，只剩下鐵丘陵的矮人。在那區域再過去還有惡龍占據的荒地。如果索倫利用那隻惡龍，可能會造成相當恐怖的影響。他要怎麼消滅史矛革呢？

正當甘道夫在苦思這個問題時，索林出現在他面前，並且說：「甘道夫先生，我只見過你幾次面，但這次我很想要和您談談。因為最近我經常想到您，彷彿有什麼力量要求我必須找到您。如果我知道能在哪裡遇上您，我一定早就立刻飛奔而去了。」

甘道夫驚訝的看著他。「這真是太巧了，索林．橡木盾，」他說：「因為我也想到了你。雖然我正準備前往夏爾，但我之前就在考慮要繞到

1 二九四一年，三月二十五日。

您的華屋去看看。」

「您可以這樣說啦，」索林回答，「但那其實只是流亡時期的克難居所。如果您願意來的話，我們會很歡迎的。人們都說您非常睿智，對世界的局勢極為了解，我有許多煩心的事需要您的指點。」

「我會來的，」甘道夫說，「我猜我們兩個人煩心的事情中至少有一件是相同的。我正想著依魯伯的惡龍，我認為索爾的孫子不會忘記這個名字。」

那場會面的結果記述在別的地方：甘道夫協助索林的詭異計畫，索林和同伴們如何離開夏爾，踏上前往孤山的旅程，最後卻因緣際會地協助了他們以外的許多人。在這裡，我們只描述直接和都靈的子民相關的事件。

惡龍被伊斯加的巴德所殺，但河谷鎮一帶卻發生了慘烈的戰鬥。半獸人們一聽說了矮人的回歸，立刻揮軍攻向依魯伯；他們的首領是波格，他就是丹恩年輕時所殺死的阿索格之子。在那場河谷之戰中，索林．橡木盾受到重傷而死。他被埋葬於山中的陵寢，胸前放著家傳寶鑽。他的外甥菲力和奇力也同樣於該役犧牲。他的表親丹恩．鐵足從鐵丘陵前來支援，在他死後也成為他合法的繼承人，成為了丹恩二世國王，山下王國再度復興，正如同甘道夫所期望的一樣。丹恩是個相當睿智、有能力的君主，矮人們在他的治理下再度過著強盛、富足的生活。

在同一年的夏末（二九四一年），甘道夫終於讓薩魯曼屈服，迫使聖白議會對多爾哥多發動攻擊，索倫假意敗走，躲回他所認為不會受到敵人威脅的魔多。就這樣，當魔戒聖戰開始時，主要的攻擊目標轉向南方。不過，如果不是丹恩國王和布蘭德王破壞了索倫的計畫，他還是會對北方造成極大的破壞。戰後，當眾人還住在米那斯提力斯時，甘道夫與佛羅多和金靂之間有過一番談話。那是遠方的消息傳到了剛鐸。

「從前索林的死讓我很難過，」甘道夫說，「如今我們剛又聽說，就在我們於此奮戰時，丹恩也戰死於河谷鎮。他在這一把年紀還能夠老當益壯身先士卒，真可說是相當讓人敬佩；而他在布蘭德王的屍體前堅守依魯伯大門直到殞落，也是人們會傳頌後世的壯烈事蹟。」

「但是，局勢本來可能會更糟糕、更嚴重。當你想到帕蘭諾平原的大戰時，也不要忘記谷地的戰役和都靈子嗣的犧牲。想想看本來會怎麼樣？龍焰和半獸人占領伊利雅德，夜色籠罩瑞文戴爾。剛鐸可能就不會有皇后了。我們即使在這邊獲得勝利，返家時卻可能必須面對殘破的家園和灰燼。但這一切都因為我和索林那年春天時在布理的巧遇而被阻止了。正如我們在中土世界會說的，那真是機緣巧合哪。」

迪斯是索恩二世的女兒。她是在這些歷史中唯一留名的矮人女性。根據金靂所言，矮人中女性的數量本來就比較少，可能不超過三分之一。除非別無選擇，否則她們通常不會在外界走動。若是她們必須外出，矮人女性會經過仔細的裝扮，因此外人根本無法分辨她們確實的性別。因此，人類就這麼愚蠢的認為矮人之中沒有女性，所有的矮人都是「從石頭蹦出來」的。

由於他們之間女性的數量過少，矮人的人口增加得十分緩慢，當他們沒有安全的居所時，人口數就會受到相當嚴重的威脅。因為矮人們一生只會娶嫁一次，而且像在其他事務中一樣，矮人擁有十分強烈的占有慾和嫉妒心。實際上，結婚的矮人男性不到三分之一。因為並非每一名女性都想要結婚，有些人根本不想有男人，有些則是愛上了無法得到的對象，因此寧願不嫁。至於男性這方面，也有相當多的人不想結婚，把全副的精力都投入在工作中。

葛羅音之子金靂是個家喻戶曉的英雄，因為他是魔戒遠征隊的九名成員之一，他在整場戰爭中都和伊力薩王並肩作戰。由於他和精靈王瑟蘭督伊之子勒苟拉斯之間深刻的友誼，以及他對於凱蘭崔爾女皇無比的敬意，因此也獲得了精靈之友的稱號。

在索倫的勢力瓦解之後，金靂把依魯伯的一部分居民帶領到南方，成為閃耀洞穴的統治者。他和他的子民們在剛鐸和洛汗完成了許多驚人的建築。他們為米那斯提力斯重新鑄造了祕銀和鋼鐵的大門，替代那被巫王所破壞的舊門。他的朋友勒苟拉斯也從巨綠森率領了一群精靈搬到伊西立

安，讓它再度成為附近最美麗的國度。

最後，當伊力薩王終於離開人世時，勒苟拉斯終於可以實現他的願望，航向海的彼端。

以下是紅皮書中最後的一些記載

有些說法表示，由於勒苟拉斯和金靂之間那超越所有精靈與矮人所曾建立過的深刻友誼，而讓勒苟拉斯帶著他一起離開。如果這是真的，那這確實是非常奇怪的一件事：矮人竟然願意為了任何一種感情而捨棄中土世界，或是艾爾達族竟然可以接受他，而西方之王也同意這件事情。不過，這些說法中也補充道，金靂離開也是因為想要再度見到凱蘭崔爾的美貌，也或許，她身為艾爾達族中的領導者，才能替他爭取到這項恩典。事實的真相則是無人知曉。

矮人家譜

依魯伯的矮人家譜，
直到與伊力薩王同期
的金靂為止。

- 不死的都靈（第一紀元）
  - *都靈六世 1731-1980†
    - *耐恩一世 1832-1981†
      - *索恩一世 1934-2190
        - *索林一世 2035-2289
          - *葛羅音 2136-2485
            - *歐音 2238-2488
              - *耐恩二世 2338-2585
                - *丹恩一世 2440-2589
                  - *索爾 2542-2790†
                    - *索恩二世 2644-2850†
                      - *索林二世 橡木盾 2746-2941†
                      - 佛瑞林 2751-2799†
                      - 迪斯 2760
                        - 菲力 2859-2941†
                        - 奇力 2864-2941†
                  - 佛洛 2552-2589†
                  - 葛爾 2563-2805
                    - 耐恩 2665-2799†
                      - *丹恩二世 鐵足 2767-3019†
                        - 索林三世 石盔 2866
                          - （都靈七世直到最後）
                - 波林 2450-2712
                  - 法林 2560-2803
                    - 方丁 2662-2799†
                      - 巴林 2763-2994†
                      - 德瓦林 2772-3112
                    - 葛如音 2671-2923
                      - 歐音 2774-2994†
                      - 葛羅音 2783-第四紀15
                        - 金靂 精靈之友 2879-3141（第四紀120）

依魯伯創立，1999年。
丹恩一世被惡龍殺死，2589年。
回歸依魯伯，2590年。
依魯伯遭劫掠，2770年。
索爾被殺，2790年。
矮人集結，2790-3年。
矮人與半獸人戰爭，2793-9年。
南都西理安之役，2799年。
索恩流浪，2841年。
索恩之死，魔戒失落，2850年。
五軍之戰，索林二世戰死，2941年。
巴林前往摩瑞亞，2989年。

*這些名號都是都靈子嗣中被推舉為王的人，不管他們是否處在流亡中，都一樣會作上標記。至於索林．橡木盾前往依魯伯中的同伴裡，歐力、諾力和朵力都是都靈的子嗣，只是和索林之間的血緣關係比較遠。畢佛、波佛和龐伯是摩瑞亞的矮人後裔，但並非是都靈的家系。有†記號的也同樣代表未能壽終。

附錄二

編年史

第一紀元在大戰中結束了，瓦林諾的大軍擊破了安戈洛墜姆[1]，推翻了魔苟斯。大部分的諾多精靈回到極西之地[2]，在可以看到瓦林諾的伊瑞西亞重新定居。許多的辛達精靈也渡海離開了中土世界。

第二紀元結束於魔苟斯的奴僕索倫第一次被推翻，善良的勢力奪得至尊魔戒。

第三紀元在魔戒聖戰中結束。但是第四紀元是在愛隆離開之後才開始計算。人類在接下來的時光中統治了全世界，使用其他語言的生物則是漸漸凋零[3]。

在第四紀元中，較早的年代都被稱為遠古，但有資格以這名稱稱呼的正確時代應該是魔苟斯被推翻之前的年代。有關於該部分的歷史則在此不多作著墨。

第二紀元

對中土世界的人類來說，這是一段相當黑暗的年代，但卻是努曼諾爾人光輝燦爛的日子。在這段時間中，中土世界被記載下來的歷史稀少又簡短，時間也十分難以確定。

在此紀元的一開始，依然有許多的高等精靈停留在中土世界。他們大多數居住在林頓一帶，但在巴拉多要塞建立之前，有許多辛達精靈（灰精

---

1 I 379

2 I 283

3 III 337

靈）遷徙到了東方，有些在遠方的森林裡建立了王國。這些大部分是被稱作森林精靈、木精靈的西爾凡精靈。瑟蘭督伊，巨綠森的國王就是其中之一。在隆恩河北方的林頓居住著吉爾加拉德，他是流亡的諾多精靈最後一任國王。他被眾人尊稱為西方精靈的最高君王。在隆恩河南方的林頓居住著凱勒鵬，他是庭葛的親戚，他的妻子凱蘭崔爾是精靈女子中地位最尊貴的一名。她是芬羅・費拉岡的妹妹。芬羅是納國斯隆德的國王，又被稱作人類之友，他為了拯救巴拉希爾之子貝倫而犧牲了生命。

稍後，一部分的諾多精靈遷移到了伊瑞詹，也就是迷霧山脈的西方，靠近摩瑞亞西門的區域。他們之所以會遷來此處，是因為得知了在摩瑞亞發現了祕銀[1]。諾多精靈比辛達精靈對矮人要來得友善，同時也是偉大的工匠。不過，這時在伊瑞詹的精靈與都靈的子民之間的關係，可說是有史以來精靈與矮人之間最親密的聯繫。凱勒布理鵬是伊瑞詹的統治者，也是其中最偉大的工匠，他是費諾的孫子。

年代

1 灰港岸落成，精靈在林頓定居。

32 伊甸人抵達努曼諾爾。

約40 眾多矮人離開伊瑞德隆恩山中的古老城市，進入摩瑞亞。

442 塔爾－明亞特去世。

約500 索倫開始再度於中土世界蠢動。

548 西馬瑞安於努曼諾爾誕生。

600 努曼諾爾人的船隻首次出現在中土世界的沿岸。

750 諾多精靈建立伊瑞詹。

約1000 索倫警覺到努曼諾爾人逐漸擴張的勢力，挑選魔多成為據點，開始建設要塞巴拉多。

1075 塔爾－安卡林米成為努曼諾爾的第一任女皇。

1200 索倫費盡心思引誘艾爾達族。吉爾加拉德拒絕與他來往，但伊瑞

1 I 490-491。

詹的工匠們受到誘惑。努曼諾爾人開始建造定居的海港。

約1500　精靈工匠在索倫的指導下達到工藝的顛峰。他們開始鑄造統御魔戒。

約1590　精靈三戒於伊瑞詹完成。

約1600　索倫在歐洛都因打造了至尊魔戒。巴拉多要塞落成。凱勒布理鵬發現了索倫的陰謀。

1693　精靈與索倫的戰爭展開。三戒隱匿行蹤。

1695　索倫的部隊入侵伊利雅德。吉爾加拉德派遣愛隆前往伊瑞詹。

1697　伊瑞詹被徹底毀滅。凱勒布理鵬死亡。摩瑞亞入口封閉。愛隆帶著倖存的諸多精靈撤退，建立了避難所伊姆拉崔。

1699　索倫占領伊利雅德。

1700　塔爾—明那斯特從努曼諾爾派遣強大的海軍抵達林頓。索倫遭擊敗。

1701　索倫被逐出伊利雅德。西方大地獲得了很長一段時間的和平。

約1800　從這時開始，努曼諾爾人在沿岸建立了據點，開始控制一切。索倫將勢力向東延伸。努曼諾爾被陰影籠罩。

2251　塔爾—阿塔那米爾大帝接下權杖。努曼諾爾的反叛和分裂開始。這時，九戒的奴隸，戒靈首次出現。

2280　昂巴成為努曼諾爾雄偉的要塞。

2350　佩拉格建城，成為努曼諾爾忠實者的主要港口。

2899　亞爾—阿登那霍即位。

3175　塔爾—帕蘭惕爾收回前令。努曼諾爾陷入內戰。

3255　亞爾—法拉松黃金大帝奪得帝位。

3261　亞爾—法拉松出航，在昂巴登陸。

3262　索倫被俘虜回努曼諾爾；三二六二年至三三一〇年之間，索倫發揮影響力，對皇帝進讒言，讓努曼諾爾人墮落。

3310　亞爾—法拉松開始建造無敵艦隊。

3319　亞爾—法拉松攻擊瓦林諾。努曼諾爾陸沉。伊蘭迪爾和兒子們逃了出來。

3320 流亡王朝建立：亞爾諾和剛鐸。晶石分散。索倫重回魔多。

3429 索倫攻擊剛鐸，奪取米那斯伊西爾，燒毀聖白樹。伊西鐸沿安都因河而下逃離，前往北方尋找伊蘭迪爾。安那瑞安堅守米那斯雅諾及奧斯吉力亞斯。

3430 人類與精靈組成「最後聯盟」。

3431 吉爾加拉德和伊蘭迪爾往東前往伊姆拉崔。

3434 聯盟部隊越過迷霧山脈。達哥拉平原之戰發生，索倫被擊敗。巴拉多要塞攻防戰開始。

3440 安那瑞安被殺。

3441 索倫被伊蘭迪爾和吉爾加拉德推翻，但兩人也都戰死沙場。伊西鐸取走至尊魔戒。索倫消逝，戒靈藏匿行蹤。第二紀元結束。

第三紀元

這是艾爾達族逐漸隱匿的年代。他們享受了很長一段時間的和平，在索倫沉睡、至尊魔戒失落的時期持有三戒；但是他們並不創造，只是活在過去的記憶中。矮人們躲藏在地底深處，護衛著他們的寶藏。但當邪惡再度開始蠢動，惡龍甦醒之後，他們的寶藏也一個接一個的遭到掠奪，他們成了四處流浪的民族。摩瑞亞有很長一段時間仍是安全之地，但後來人口數量不停的減少，許多的廳堂都成了黑暗、荒蕪的地方。努曼諾爾人的智慧和壽命也由於和次等人種的混血而逐漸衰退。

在經過大約一千年之後，在第一道陰影落入巨綠森時，埃斯塔力一族，或是人類口中的巫師，來到了中土世界。稍後，人們傳說他們是從極西之地來到此處的使者，為的是要和索倫的力量對抗。他們的任務是統合所有願意對抗索倫的人，但卻不能和他以力相搏，或以恐懼和力量統治精靈或是人類。

因此，他們以人類的形體前來，不過，他們一出現時就是老者的外貌，年歲的增長也十分緩慢。他們擁有許多隱藏的力量。他們只對極少數的人透露真實的名號[1]，而是使用人們給他們的綽號。他們當中位階最高的

兩名（據說總共有五名），艾爾達精靈稱之為苦路納（意思是「技藝超群之人」），和米斯蘭達（意思是「灰袍聖徒」）。但北方的人類只是單純的稱呼他們為薩魯曼和甘道夫。苦路納經常前往東方，但最後在艾辛格定居下來。米斯蘭達和艾爾達精靈的關係最好，經常在西方漫遊，始終居無定所。

在整個第三紀元中，精靈三戒的所在之處只有持有者知道。但到了最後，人們才知道它們起初是在三名最偉大的精靈手中：吉爾加拉德、凱蘭崔爾和奇爾丹。吉爾加拉德在死前把戒指給了愛隆；奇爾丹稍後則將他的戒指給了米斯蘭達。奇爾丹看得比中土世界的其他人都要遠，當他在灰港岸第一次見到米斯蘭達的時候，就知道他來此的目的，以及何時會離開。

「請收下這戒指，大人，」他說：「您的工作將會非常辛苦，但這將會支撐您扛起那沉重的負擔。這是火焰之戒，你可以利用它在逐漸冷漠的世界中重新點燃人心。至於我，我的心與大海同在，我會在此居住到最後一艘船出航為止。我會等你回來的。」

紀年

2　伊西鐸在米那斯雅諾種下聖白樹。他把南方王國交給梅蘭迪爾。格拉頓平原慘案，伊西鐸和三個兒子全都戰死。

3　歐塔將納希爾聖劍的碎片帶到伊姆拉崔。

10　瓦蘭迪爾成為亞爾諾之王。

100　愛隆娶了凱勒鵬之女。

139　愛隆之子愛拉丹和愛羅希爾出生。

241　亞玟・安都米爾誕生。

420　奧斯托和皇帝重建米那斯雅諾。

490　東方人第一次入侵。

500　羅曼達希爾一世擊敗東方人。

541　羅曼達希爾戰死。

1　I 490-491。

830 法拉斯特開啟剛鐸的航海王一系。

861 埃蘭督爾去世，亞爾諾分裂。

933 伊雅尼爾一世攻下昂巴，讓它為剛鐸的堡壘。

936 伊雅尼爾因船難失蹤。

1015 奇研迪爾皇帝在昂巴攻防戰中戰死。

1050 海爾曼達希爾征服哈拉德。剛鐸國力達到顛峰。在此時刻，一道陰影落入巨綠森，人們開始將它稱為幽暗密林。派里亞納人（哈比人）第一次出現在歷史記載中，哈伏特一族抵達伊利雅德。

約1100 賢者們（埃斯塔力一族和艾爾達族的首領）發現有一股邪惡的勢力盤據多爾哥多。據信它是戒靈之一。

1149 雅坦那塔·亞卡林一世即位。

約1150 法絡海一族進入伊利雅德。史圖爾一族越過紅角隘口，遷入登蘭德。

約1300 邪惡之物再度擴張。迷霧山脈中的半獸人暴增，開始攻擊矮人。戒靈再度出現。戒靈之首來到安格馬。派里亞納人往西遷徙，許多人在布理定居。

1356 亞瑞吉來布一世在與魯道爾公國的戰爭中陣亡。約在此時，史圖爾離開登蘭德，有些人回到大荒地。

1409 安格馬巫王入侵亞爾諾。亞維力格一世被殺。佛諾斯特和提爾哥薩德變成北方王國的最後據點。阿蒙蘇爾的高塔被摧毀。

1432 剛鐸的瓦拉卡皇帝去世，「皇室內鬥」的內戰展開。

1437 奧斯吉力亞斯被燒毀，真知晶石失落。艾爾達卡逃往羅馬尼安，他的兒子歐藍迪爾被殺。

1447 艾爾達卡返國，驅逐篡位的卡斯塔馬。依魯伯渡口之戰。佩拉格攻防戰。

1448 叛軍脫逃，占領昂巴。

1540 雅達墨皇帝在與哈拉德及昂巴海盜的戰鬥中被殺。

1551 海爾曼達希爾二世擊敗哈拉德的人類。

1601 許多派里亞納人離開布理，在亞瑞吉來布二世的同意下獲得了巴

蘭督因河對岸的土地。

約1630　從登蘭德遷移過來的史圖爾一族加入。

1634　海盜攻入佩拉格，殺死皇帝米那迪爾。

1636　大瘟疫席捲剛鐸。泰勒納皇帝以及孩子們全都病死。米那斯雅諾聖白樹枯死。瘟疫往西往北擴散，伊利雅德的大部分區域變成荒地。巴蘭督因河以西的派里亞納人也受到相當大的損失。

1640　塔龍多皇帝將王都遷移到米那斯雅諾，並且將聖白樹苗栽下。奧斯吉力亞斯化為廢墟。魔多無人看守。

1810　特路美泰皇帝重新奪回昂巴，並且將海盜趕走。

1851　戰車民開始入侵剛鐸。

1856　剛鐸東部國境淪陷，那曼希爾二世戰死沙場。

1899　卡力美塔在達哥拉平原擊敗戰車民。

1900　卡力美塔在米那斯雅諾興建了淨白塔。

1940　剛鐸和亞爾諾再度往來，建立盟約。亞帆都娶了昂多赫之女費瑞爾為妻。

1944　昂多赫戰死。伊雅尼爾在南伊西立安擊敗敵人。他接著大破敵營，將戰車民趕入死亡沼澤。亞帆都提出繼承剛鐸皇位的要求。

1945　伊雅尼爾二世繼承皇位。

1974　北方王朝結束。巫王攻陷雅西頓，占領佛諾斯特。

1975　亞帆都在佛洛契爾灣溺死。安努米那斯和阿蒙蘇爾的真知晶石失落。伊雅努爾率領艦隊抵達林頓。巫王在佛諾斯特之戰遭到擊敗，被一路追趕至伊頓荒原。他從北方消失。

1976　亞拉那斯繼承了登丹人酋長的名號。亞爾諾的皇室證物交給愛隆保管。

1977　佛魯格馬率領伊歐西歐德族進入北方。

1979　布卡家的族長成為第一任的夏爾領主。

1980　巫王來到魔多，集結戒靈。炎魔出現於摩瑞亞，殺死都靈六世。

1981　耐恩一世被殺。矮人逃離摩瑞亞。羅瑞安的眾多西爾凡精靈逃向南方。安羅斯和寧瑞戴爾失蹤。

1999 索恩一世來到依魯伯，建立了山下的矮人王國。

2000 戒靈從魔多湧出，攻擊米那斯伊希爾。

2002 米那斯伊希爾陷落，之後被稱為米那斯魔窟。真知晶石被擄獲。

2043 伊雅努爾成為剛鐸皇帝。他接到巫王的挑戰。

2050 巫王再度挑戰。伊雅努爾前往米那斯魔窟，從此不知所終。馬迪爾成為第一任攝政王。

2060 多爾哥多力量漸增。賢者擔心這可能是索倫轉生。

2063 甘道夫親探多爾哥多。索倫撤退，躲藏入西方。「警戒和平」時期開始。戒靈隱匿於米那斯魔窟。

2210 索林一世離開依魯伯，前往北方來到灰色山脈。都靈大部分的子民都集結在該處。

2340 艾辛布拉斯一世成為第十三任領主，也是圖克家族的第一位。老雄鹿一家進駐雄鹿地。

2460 「變動前的和平」結束。索倫挾著更強大的力量重回多爾哥多。

2463 聖白議會組成。這時，史圖爾一族的德戈找到至尊魔戒，並被史麥戈所殺。

2470 史麥戈大約在這時候躲入迷霧山脈。

2475 剛鐸收到新一波攻擊。奧斯吉力亞斯徹底被摧毀，石橋被破壞。

約2480 半獸人開始在迷霧山脈中祕密集結，準備封鎖一切進入伊利雅德的路線。索倫開始召集邪惡生物進入魔多。

2509 凱勒布理安在前往羅瑞安的途中於紅角隘口遭到偷襲，受到毒創。

2510 凱勒布理安渡海而去。半獸人和東方人占領卡蘭納松。年少伊歐獲得凱勒布蘭特平原的勝利。牧馬王在卡蘭納松定居。

2545 伊歐在沃德的戰鬥中喪生。

2569 伊歐之子布理哥完成黃金宮殿。

2570 布理哥之子巴多進入封印之門，自此失蹤。在這時，惡龍開始出現於極北之地，對矮人展開攻擊。

2589 丹恩一世被惡龍所殺。

2590　索爾回到依魯伯。他的兄弟葛爾前往鐵丘陵。

約2670　托伯在南區種植「菸草」。

2683　埃森格林二世成為第十任領主，開始挖掘大地道。

2698　愛克西力昂一世重建米那斯提力斯中的淨白塔。

2740　半獸人對伊利雅德發動新一波攻勢。

2747　班德布拉斯．圖克在北區擊敗一支半獸人部隊。

2758　洛汗被從東方與西方兩邊夾擊，遭到占領。剛鐸遭到海盜的艦隊攻擊。洛汗的聖盔王躲入聖盔谷。沃夫奪下伊多拉斯。二七五八年至二七五九年：長冬開始。伊利雅德和洛汗的居民都受到極大創傷。甘道夫前來援助夏爾居民。

2759　聖盔戰死。佛瑞拉夫殺死沃夫，開始驃騎王第二系。薩魯曼進入艾辛格。

2770　惡龍史矛革進入依魯伯。河谷被摧毀。索爾和索恩二世及索林二世逃出。

2790　索爾被摩瑞亞的半獸人所殺。矮人集結，準備為復仇而戰。傑龍提斯誕生，稍後人們稱呼他為老圖克。

2793　矮人與半獸人戰爭開始。

2799　在摩瑞亞東門前發生南都西理安一役。丹恩．鐵足回到鐵丘陵。索恩二世和索林往西流浪。他們在越過夏爾（二八〇二年）的伊瑞德隆恩南方落腳。

2800-64　北方的半獸人騷擾洛汗。瓦達王被殺（二八六一年）。

2841　索恩二世出發再探依魯伯，但被索倫的部下追殺。

2845　矮人索恩被囚禁於多爾哥多，七戒中最後一枚從他手中被奪走。

2850　甘道夫再度進入多爾哥多，發現統治者的確是索倫，他正集結所有魔戒，並且找尋至尊魔戒和伊西鐸子嗣的下落。他發現瀕死的索恩，收下了依魯伯的鑰匙。索恩在多爾哥多去世。

2851　聖白議會召開。甘道夫促請對多爾哥多發動攻擊。薩魯曼將其提議駁回[1]。薩魯曼開始在格拉頓平原附近進行調查。

2852　剛鐸的貝列克索二世去世。聖白樹枯死，再也找不到新的樹苗。

枯死的樹就被留在原地。

2885 哈拉德林人在索倫的煽動之下渡過波洛斯河攻擊剛鐸。洛汗的佛克溫王兩名兒子都在為剛鐸討伐敵人的途中戰死。

2890 比爾博於夏爾誕生。

2901 由於魔多強獸人的攻擊，伊西立安的居民大多離開。隱密的漢那斯安南建造完成。

2907 亞拉岡二世之母吉爾蘭誕生。

2911 嚴冬。巴蘭督因河和其他的河水全都凍結了。白狼從北方入侵伊利雅德。

2912 伊寧威治和敏西力亞斯受到大洪水破壞。塔巴德化為廢墟，居民全都撤離。

2920 老圖克過世。

2929 登丹人亞拉德之子亞拉松娶吉爾蘭為妻。

2930 亞拉德被食人妖擊殺。愛克西力昂二世之子迪耐瑟二世在米那斯提力斯出生。

2931 亞拉松二世之子亞拉岡在三月一日誕生。

2932 亞拉松二世被殺。吉爾蘭將亞拉岡帶往伊姆拉崔。愛隆收養了他，賜給他愛斯泰爾（希望）之名，他的身世則是被刻意隱瞞起來。

2939 薩魯曼發現了索倫的奴僕在安都因河靠近格拉頓平原之處搜索。因此，索倫必然已經知道了伊西鐸的下場。薩魯曼警覺到這件事情，卻對議會隱瞞一切。

2941 索林．橡木盾和甘道夫前往夏爾拜訪比爾博。比爾博和咕魯相遇，撿到魔戒。聖白議會召開，薩魯曼同意對多爾哥多發動攻擊，因為他現在希望能夠阻止索倫對大河進行搜索。索倫將計就計，捨棄多爾哥多。河谷發生「五軍之戰」，索林二世戰死。愛

1 稍後人們才知道，這時薩魯曼已經有了異心，想要自行占有那至尊魔戒。希望它重回主人身邊的努力會使它露出行藏。因此，他認為最好暫時不要對付索倫。

斯加的巴德殺死史矛革。鐵丘陵的丹恩成為山下國王（丹恩二世）。

2942 比爾博帶著魔戒回到夏爾。索倫祕密回到魔多。

2944 巴德重建河谷鎮，成為該地的國王。咕魯離開山區，開始搜索偷走魔戒的「小偷」。

2948 塞哲爾之子希優頓，驃騎王出生。

2949 甘道夫和巴林前往夏爾拜訪比爾博。

2950 多爾安羅斯的艾德拉希爾之女芬朵拉斯誕生。

2951 索倫公開活動，在魔多集結兵力，開始重建巴拉多。咕魯前往魔多。索倫派出三名戒靈重新占領多爾哥多。

愛隆告知「愛斯泰爾」的真實姓名和身世，並且將聖劍納希爾的碎片交給他。剛從羅瑞安回來的亞玟和亞拉岡在伊姆拉崔的森林中相遇。亞拉岡進入荒野。

2953 聖白議會最後一次召開。眾人爭論魔戒的處置方式。薩魯曼假稱至尊魔戒已經從安都因河流入大海。薩魯曼撤回艾辛格，將其據為己有，並且強化防衛。由於他對甘道夫感到十分忌諱，因此派出間諜監視對方的一舉一動，注意到他對夏爾的特殊興趣。他很快就派出屬下潛伏在布理和夏爾南區。

2954 末日火山再度爆發。伊西立安的殘餘居民全都越過安都因大河逃離。

2956 亞拉岡巧遇甘道夫，兩人的友誼開始。

2957-80 亞拉岡開始他的任務和冒險。他易容以索龍哲爾的化名為洛汗的塞哲爾王和剛鐸的愛克西力昂二世效命。

2968 佛羅多出生。

2976 迪耐瑟娶了多爾安羅斯的芬朵拉斯。

2977 巴德之子巴恩成為谷地之王。

2978 迪耐瑟二世之子波羅莫出生。

2980 亞拉岡進入羅瑞安，與亞玟．安多米爾再次相遇。亞拉岡將巴拉希爾的戒指交給她，兩人在瑟林安羅斯的山丘上互許終身。大約

在此時，咕魯來到魔多邊境，和屍羅交好。希優頓成為洛汗國王。

2983　迪耐瑟之子法拉墨出生。山姆衛斯出生。

2984　愛克西力昂二世駕崩。迪耐瑟二世成為剛鐸攝政王。

2988　芬朵拉斯早逝。

2989　巴林離開依魯伯，進入摩瑞亞。

2991　伊歐蒙德之子伊歐墨在洛汗出生。

2994　巴林犧牲，矮人殖民地無人生還。

2995　伊歐墨的妹妹伊歐玟出生。

約3000　魔多的魔掌開始擴張。薩魯曼冒險使用歐散克的真知晶石，卻被擁有伊希爾真知晶石的索倫所控制。他成為聖白議會的叛徒。他的間諜回報遊俠們嚴密守護夏爾。

3001　比爾博的告別宴會。甘道夫懷疑他的戒指就是至尊魔戒。夏爾的防衛更為加強。甘道夫調查咕魯的下落，召喚亞拉岡前來協助。

3002　比爾博成為愛隆的客人，在瑞文戴爾長住下來。

3004　甘道夫前往夏爾拜訪佛羅多，在接下來的四年之中持續觀察他的改變。

3007　巴恩之子布蘭德成為谷地之王。吉爾蘭過世。

3008　甘道夫在秋天最後一次拜訪佛羅多。

3009　甘道夫與亞拉岡在接下來的八年中四處調查咕魯的行蹤。他們徹底搜索了安都因河谷、幽暗密林、羅馬尼安，一直到魔多邊境。在這些年中，咕魯自行進入了魔多，並且被索倫擄獲。愛隆通知亞玟，請她回到伊姆拉崔。山脈以及所有東方的區域全都變得十分危險。

3017　咕魯被從魔多釋放。他在死亡沼澤中被亞拉岡捕獲，並且送往幽暗密林的瑟蘭督伊國王處看管。甘道夫造訪米那斯提力斯，閱讀伊西鐸的卷軸。

世局巨變的一年
3018年

四月

12日　甘道夫抵達哈比屯。

六月

20日　索倫攻擊奧斯吉力亞斯。大約同時，瑟蘭督伊遭到攻擊，咕魯逃脫。

29日　甘道夫與瑞達加斯特會面。

七月

4日　波羅莫離開米那斯提力斯。

10日　甘道夫被囚禁在歐散克塔。

八月

咕魯消失無蹤。據信在這段時間，由於受到精靈和索倫手下的追捕，他被迫躲入摩瑞亞。但是當他終於找到西門的出口時，卻找不到出去的路。

九月

18日　甘道夫凌晨逃離歐散克塔。黑騎士越過艾辛河渡口。

19日　甘道夫落魄地來到伊多拉斯，被拒絕進入。

20日　甘道夫進入伊多拉斯。希優頓命令他離開：「隨你挑一匹馬，只要你在明天晚上之前離開就行了！」

21日　甘道夫與影疾相遇，但牠不讓巫師靠近。他跟著影疾在平原上走了很遠的一段路。

22日　黑騎士傍晚抵達薩恩渡口；他們趕走了守衛在該處的遊俠。甘道夫追上影疾。

23日 四名黑騎士在黎明前進入夏爾。其他的黑騎士將遊俠趕向東方，接著回來監視綠蔭路。一名黑騎士在日落時抵達哈比屯。佛羅多離開袋底洞。甘道夫馴服影疾，離開洛汗。

24日 甘道夫越過艾辛河。

26日 四名哈比人進入老林。佛羅多與龐巴迪相遇。

27日 甘道夫越過泛灰河。哈比人在龐巴迪家度過第二夜。

28日 哈比人被古墓屍妖抓走。甘道夫抵達薩恩渡口。

29日 佛羅多於夜間抵達布理。甘道夫拜訪老爹。

30日 溪谷地及布理旅店在凌晨受到攻擊。佛羅多離開布理。甘道夫抵達溪谷地，在夜間抵達布理。

十月

1日 甘道夫離開布理。

3日 甘道夫於風雲頂遭到夜襲。

6日 風雲頂之下的營地於夜間受到攻擊。佛羅多負創。

9日 葛羅芬戴爾離開瑞文戴爾。

11日 葛羅芬戴爾在米賽賽爾橋上趕走黑騎士。

13日 佛羅多越過該橋。

18日 葛羅芬戴爾在傍晚遇見佛羅多一行人。甘道夫抵達瑞文戴爾。

20日 布魯南渡口大逃亡。

24日 佛羅多甦醒，恢復體力。波羅莫在夜間抵達瑞文戴爾。

25日 愛隆召開會議。

十二月

25日 魔戒遠征隊於傍晚離開瑞文戴爾。

3019年

一月

8日 遠征隊抵達和林。

11、12日 卡蘭拉斯山暴風雪。

13日 清晨遭到惡狼攻擊。遠征隊在傍晚抵達摩瑞亞西門。咕魯開始跟蹤魔戒持有者。

14日 在第二十一大廳過夜。

15日 凱薩督姆之橋，甘道夫跌落深淵。遠征隊於夜間抵達寧若戴爾。

17日 遠征隊於傍晚來到卡拉斯加拉頓。

23日 甘道夫追逐炎魔來到西拉克西吉爾峰。

25日 甘道夫擊敗炎魔，力盡而亡。他的屍體留在山巔。

二月

14日 使用凱蘭崔爾之鏡。甘道夫復生，昏迷不醒。

16日 告別羅瑞安。咕魯躲在西岸，觀看眾人離開。

17日 關赫將甘道夫送到羅瑞安。

23日 小舟在薩恩蓋寶激流附近遭到攻擊。

25日 遠征隊經過亞苟那斯，在帕斯加蘭紮營。第一場艾辛河渡口戰役，希優頓之子希優德戰死。

26日 遠征隊分崩離析。波羅莫喪生，號角聲傳到米那斯提力斯。梅里雅達克及皮瑞格林被俘。佛羅多和山姆衛斯進入艾明莫爾東部。亞拉岡於傍晚出發追趕半獸人。伊歐墨得知半獸人從艾明莫爾進入國境的消息。

27日 亞拉岡於日出時抵達西邊懸崖。伊歐墨違抗希優頓命令，於半夜從東谷出發，前往攻擊半獸人。

28日 伊歐墨在法貢森林邊緣將半獸人包圍。

29日 梅里雅達克和皮聘脫逃，遇見樹鬍。牧馬王於日出時發動攻擊，殲滅半獸人。佛羅多離開艾明莫爾，遇見咕魯。法拉墨見到波羅莫的安靈船。

30日 樹人會議開始。伊歐墨返回伊多拉斯，途中遇見亞拉岡。

三月

1日　佛羅多在黎明時進入死亡沼澤。樹人會議持續進行。亞拉岡與白袍甘道夫重聚；一行人朝向伊多拉斯進發。法拉墨離開米那斯提力斯，進入伊西立安執行祕密任務。

2日　佛羅多來到沼澤盡頭。甘道夫進入伊多拉斯，治好希優頓。牧馬王向西方出兵，對抗薩魯曼。第二場艾辛河渡口之役。鄂肯布蘭德遭擊敗。樹人會議於下午結束。樹人朝向艾辛格進發，於夜間抵達。

3日　希優頓退入聖盔谷。號角堡之役展開。樹人徹底摧毀艾辛格。

4日　希優頓與甘道夫離開聖盔谷，前往艾辛格。佛羅多抵達摩拉南邊緣的荒漠。

5日　希優頓在中午時分抵達艾辛格。在歐散克塔前與薩魯曼談判。有翼的戒靈越過多爾巴蘭的營地。甘道夫與皮瑞格林向米那斯提力斯進發。佛羅多潛伏於可看見摩拉南景象之處，隨即於黃昏時離開。

6日　登丹人部隊於清晨追上亞拉岡。希優頓離開號角堡，前往哈洛谷。亞拉岡稍後出發。

7日　佛羅多被法拉墨帶往漢那斯安南。亞拉岡於日落後抵達登哈洛。

8日　亞拉岡於破曉時分前往「亡者之道」。他在午夜抵達伊瑞奇。佛羅多離開漢那斯安南。

9日　甘道夫抵達米那斯提力斯。法拉墨離開漢那斯安南。亞拉岡離開伊瑞奇，來到卡倫貝爾。黃昏時佛羅多抵達魔窟路。希優頓抵達登哈洛。黑暗開始從魔多往外擴散。

10日　沒有黎明的一天。洛汗全軍集結：牧馬王大軍離開哈洛谷。法拉墨在城門外為甘道夫所救。亞拉岡越過林羅河。自摩拉南出發的大軍占領凱爾安卓斯，進入安諾瑞安。佛羅多越過十字路口，目睹魔窟部隊進發。

11日　咕魯拜訪屍羅，但在見到佛羅多熟睡的表情時幾乎後悔。迪耐瑟派遣法拉墨前往奧斯吉力亞斯。亞拉岡抵達林希爾，前往蘭班

寧。東洛汗遭到敵軍自北方入侵。羅瑞安遭到第一波攻擊。

12日　咕魯帶領佛羅多進入屍羅巢穴。法拉墨退回大道堡壘。希優頓在明瑞蒙之下紮營。亞拉岡將敵人逼往佩拉格。樹人將洛汗的入侵者徹底消滅。

13日　佛羅多被西力斯昂哥的半獸人俘虜。帕蘭諾平原遭占領。法拉墨受創。亞拉岡抵達佩拉格，擄獲敵軍艦隊。希優頓進入督伊頓森林。

14日　山姆衛斯在塔中找到佛羅多。米那斯提力斯遭到圍困。牧馬王部隊在野人的帶領下來到灰色森林。

15日　黎明前巫王擊破城門。迪耐瑟自焚。雞啼時牧馬王的號角響起。帕蘭諾平原之役。希優頓戰死。亞拉岡舉起亞玟縫製的大旗。佛羅多與山姆衛斯逃出，開始沿著摩蓋往北走。幽暗密林中戰鬥開始。瑟蘭督伊擊潰多爾哥多的部隊。羅瑞安森林遭到第二波攻擊。

16日　將領爭辯。佛羅多於摩蓋之上俯瞰營地，遙望末日火山。

17日　河谷之役。布蘭德王與丹恩王雙雙犧牲。眾多矮人與人類避入依魯伯，堅守不退。夏格拉將佛羅多的斗篷、鎖子甲和寶劍送至巴拉多。

18日　西方大軍離開米那斯提力斯。佛羅多來到艾辛口。他在路上被半獸人強迫行軍，一路前往烏頓。

19日　西方眾將抵達魔窟谷。佛羅多和山姆衛斯脫逃，開始前往巴拉多。

22日　恐怖的夜晚。佛羅多和山姆衛斯離開大路，往南前往末日火山。羅瑞安遭受第三波攻擊。

23日　西方眾將離開伊西立安。亞拉岡解散無法承受恐懼的士兵。佛羅多和山姆衛斯丟棄武器與盔甲。

24日　佛羅多與山姆衛斯抵達末日火山山腳。西方眾將在摩拉南荒漠紮營。

25日　西方眾將被包圍於山丘上。佛羅多與山姆衛斯抵達薩馬斯瑙爾。

咕魯奪取至尊魔戒，並跌落末日裂隙。巴拉多要塞崩塌，索倫敗亡。

在邪黑塔崩塌以及索倫消逝之後，所有對抗他的人心中的黑影都消失殆盡，但他的僕人與盟軍卻覺得絕望與恐懼。羅瑞安森林遭到多爾哥多的三次攻擊卻未陷落，一方面由於精靈的勇敢，一方面是由於守護該處的力量太過強大，除非索倫親自前來，否則根本無法勝過。雖然森林的邊境遭到了讓人相當難過的破壞，但入侵的部隊卻都遭到擊潰。當索倫敗亡時，凱勒鵬親自率領羅瑞安的部隊渡過安都因河。他們攻占多爾哥多，凱蘭崔爾擊垮它的高牆，破壞它的牢籠，這森林終於被淨化。

北方同樣也有邪惡的勢力和戰爭。瑟蘭督伊的王國遭到入侵，在森林中發生了極為慘烈的戰鬥，敵人並放火燒了大片森林；但最後瑟蘭督伊還是獲得了勝利。在精靈的新年那一天，凱勒鵬和瑟蘭督伊在森林的中央會面，將幽暗密林重新命名為「愛林拉斯加侖」，意思是「綠葉森林」。瑟蘭督伊把整塊直到北方山脈的區域都納入他的國度中；凱勒鵬則是獲得了那洛斯以南的森林，並且將它命名為東羅瑞安。在這兩者之間的大片森林都被賜給比翁一族和在森林中居住的人類。不過，在凱蘭崔爾離開數年之後，凱勒鵬厭倦了他的國度，前往伊姆拉崔和愛隆的兩名兒子住在一起。在巨綠森中西爾凡精靈依舊不受打攪的過活，但羅瑞安只剩下幾名原來的住民，卡拉斯加拉頓再也沒有明燈和歡歌笑語。

在米那斯提力斯遭到大軍包圍的同時，索倫的盟友越過卡南河，布蘭德王被逼退回河谷鎮。他在那邊獲得依魯伯的矮人支援，在山腳下發生了一場慘烈的戰鬥。這場戰鬥持續了三天，最後布蘭德王和丹恩．鐵足全都戰死，東方人獲得勝利。但他們無法攻入山下王國的大門，矮人和人類躲入依魯伯中，抵擋敵人的圍困。

當南方大勝的消息傳來，索倫的北方部隊士氣嚴重低落。原先被圍困的人出陣與他們大戰，將敵軍擊潰，倖存的敵兵逃往東方，從此不再騷擾河谷。布蘭德的兒子巴德二世成為谷地之王，丹恩的兒子索林三世．石盔

繼承山下王國的王位。他們派遣使節前往參加伊力薩王的加冕大典，此後這兩個王國就一直處在與剛鐸友好的狀態中。他們也都在西方之王的統治與保護之下。

自巴拉多要塞陷落到第三紀元[1]結束之大事記

3019年
夏墾1419年

3月27日	巴德二世與索林三世將敵人趕出河谷。
28日	凱勒鵬渡過安都因河，摧毀多爾哥多的攻擊開始。
4月6日	瑟蘭督伊與凱勒鵬會面。
8日	魔戒持有者在可麥倫平原接受嘉勉。
5月1日	伊力薩王登基。愛隆與亞玟自瑞文戴爾出發。
8日	伊歐墨和伊歐玟與愛隆之子自洛汗出發。
20日	愛隆和亞玟抵達羅瑞安。
27日	護送亞玟的隊伍離開羅瑞安。
6月14日	愛隆之子與護衛隊會合，將亞玟帶往伊多拉斯。
16日	他們向剛鐸出發。
25日	伊力薩王發現聖白樹的幼苗。
轉換一日	亞玟抵達王城。
年中之日	伊力薩與亞玟成婚。
7月18日	伊歐墨重返米那斯提力斯。
19日	護送希優頓王的衛隊出發。
8月7日	衛隊抵達伊多拉斯。
10日	希優頓王喪禮。
14日	賓客向伊歐墨王辭行。

---

1 此處的月份和日子是依照夏爾的曆法。

18日 眾人來到聖盔谷。
22日 眾人來到艾辛格，在日落時向西方之王道別。
28日 他們趕上薩魯曼，薩魯曼轉向夏爾。
9月6日 他們停留，遙望摩瑞亞所在的山嶺。
13日 凱勒鵬和凱蘭崔爾離開，其他人前往瑞文戴爾。
21日 眾人抵達瑞文戴爾。
22日 比爾博的一百二十九歲生日。薩魯曼抵達夏爾。
10月5日 甘道夫和哈比人離開瑞文戴爾。
6日 他們越過布魯南渡口，佛羅多第一次感應到過去的痛苦。
28日 眾人於日落時抵達布理。
30日 眾人離開布理。「冒險家」們在天黑時來到烈酒橋。
11月1日 他們在蛙村遭到逮捕。
2日 他們來到臨水區，宣布夏爾起義。
3日 臨水區一役，薩魯曼敗亡。魔戒聖戰結束。

3020年
夏墾1420年：富饒之年

3月13日 佛羅多身體不適（在他被屍羅毒傷的整整一年之後）。
4月6日 梅隆樹在宴會場上盛開。
5月1日 山姆衛斯娶小玫為妻。
年中之日 佛羅多辭退副市長職務，威爾・小腳康復。
9月22日 比爾博的一百三十歲生日。
10月6日 佛羅多再度感到不適。

3021年
夏墾1421年：第三紀元最後一年

3月13日　佛羅多再度覺得身體不適。
　25日　山姆衛斯之女，美貌伊拉諾出生[1]。在剛鐸的紀年中，這是第四紀元開始的元旦。
9月21日　佛羅多和山姆離開哈比屯。
　22日　他們在林尾遇見了魔戒保管者一行人。
　29日　他們來到灰港岸。佛羅多和比爾博隨著三名魔戒保管者一同渡海西去。第三紀元結束。
10月6日　山姆衛斯回到袋底洞。

此後與魔戒遠征隊成員有關的歷史事件

夏墾紀元

1422　以夏爾的算法來說，從這一年開始才算是第四紀元，但夏墾紀元的年代依舊持續沿用下來。
1427　威爾・小腳引退。山姆衛斯被推舉為夏爾市長。皮瑞格林・圖克娶了龍克理夫的戴蒙為妻。伊力薩王頒布禁令，人類不准進入夏爾。他並且將此地劃歸為皇權保障下的自由領地。
1430　皮瑞格林之子法拉墨出生。
1431　山姆衛斯的女兒金毛誕生。
1432　梅里雅達克被人加上「偉大的」稱號，成為雄鹿地的主人。伊歐墨王和伊西立安的伊歐玟王妃送來非常貴重的禮物。

---

1 人們稱她為美貌伊拉諾的原因當然是由於她的美貌。許多人說她看起來比較像是精靈女子，而不是哈比小孩。她也擁有一頭金髮，在此之前這是夏爾相當少見的情況，而山姆的另外兩名孩子也都是金髮。不過，當年出生的許多哈比小孩也都是金髮。

1434 皮瑞格林成為圖克家長和領主。伊力薩王宣布領主、市長和雄鹿地之主都成為北方王國的朝政顧問。山姆衛斯先生再度被推舉為市長。

1436 伊力薩王前往北方，在伊凡丁湖旁暫住。他來到烈酒橋前與朋友會面。他將登丹人之星賜給山姆衛斯先生，伊拉諾成為亞玟皇后的貼身侍女。

1441 山姆衛斯先生第三次被推舉為市長。

1442 山姆衛斯先生以及妻子和伊拉諾騎馬前往剛鐸，在該處住了一年。托曼．卡頓先生暫時成為代理市長。

1448 山姆衛斯先生第四次留任市長。

1451 美貌伊拉諾嫁給遠崗的法斯崔。

1452 從遠崗到塔丘（艾明貝瑞德）[1]的西境由伊力薩王贈與夏爾。許多哈比人搬遷到該處。

1454 法斯崔與伊拉諾的兒子精靈坦誕生。

1455 山姆衛斯第五次留任市長。在他的要求下，領主讓法斯崔成為西境的看守者。法斯崔和伊拉諾在塔丘的塔下定居，他們的子孫費爾班一族在那邊居住了許多個世代。

1462 山姆衛斯先生第六次被推舉為市長。

1463 法拉墨．圖克娶了山姆衛斯的女兒金毛。

1469 山姆衛斯先生擔任第七任的市長，也是最後一次擔任市長。在一四七六年結束市長工作前，他已經九十六歲了。

1482 小玟女士在年中之日過世。在九月二十二日，山姆衛斯先生離開袋底洞。他來到塔丘，將紅皮書交給伊拉諾保管，之後這就成為費爾班家族的傳家之寶。山姆衛斯先生最後前往灰港岸，渡海而去，是最後一名離開的魔戒持有者。

1484 在這年春天，洛汗派人通知雄鹿地，伊歐墨王想要再見見何德溫先生。梅里雅達克那時年紀已經不小（一〇二歲）但依舊健朗。

---

1 I 32、III 附錄一 12 頁，註二。

他和圖克地的領主討論之後，很快就將所有的公務和職務交給兒子們，一同騎馬前往薩恩渡口，從此再也沒有回到夏爾。據說梅里雅達克先生來到伊多拉斯，在伊歐墨於秋季過世前一直待在他身邊。然後他和皮瑞格林領主一起前往剛鐸，在那邊度過餘生。最後，當他們過世時，遺體也被安葬在拉斯迪南，與剛鐸的偉人們一同安息。

1541[1] 這一年三月一日，伊力薩王過世。據說梅里雅達克和皮瑞格林的遺體就擺放在這偉大的皇帝身邊。然後，勒苟拉斯在伊西立安建造了一艘灰船，揚帆自安都因河而下，航向大海。據說，矮人金靂也和他同行。在那艘船離開之後，魔戒遠征隊所有的成員自此全都離開了中土世界。

1　剛鐸第四紀一二〇年。

附錄三

族譜

以下族譜中所列出的名字是從眾多複雜的系譜分支中所特別挑選出來的。其中大多數是比爾博宴會中的賓客，或他們的直系祖先。出席那場歡送宴會的客人都會畫線標明。幾個其他與本段歷史有關的人物也會同時列出。除此之外，有關「園丁」家族山姆衛斯的祖先的家譜也會特別列入。

在那些人名之後的數字代表他們的生辰（如果有紀錄死亡日期也會寫在後面）。所有的日期都是以夏墾曆法來記載的，也就是馬丘和布蘭寇兄弟越過烈酒河進入夏爾的那一年為元年（第三紀一六〇一年）。

哈比屯的巴金斯一族

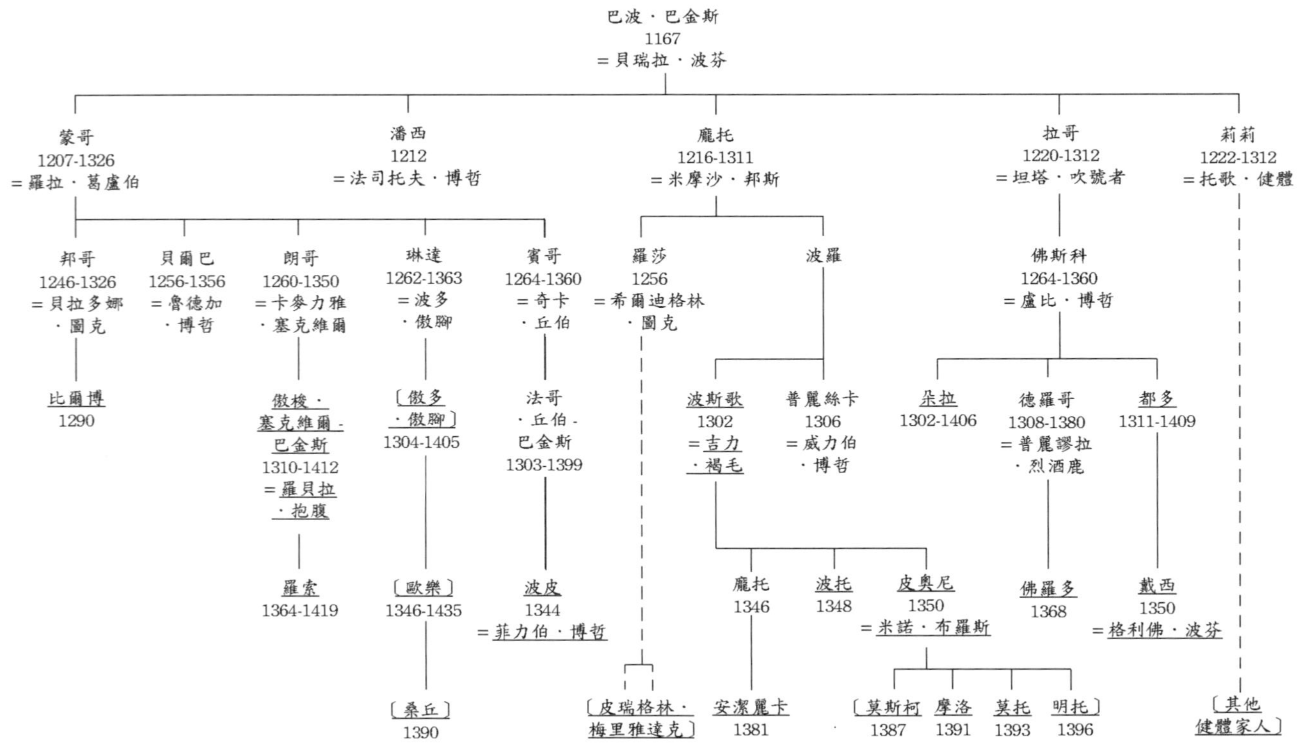
巴波・巴金斯
1167
＝貝瑞拉・波芬
蒙哥
1207-1326
＝羅拉・葛盧伯
潘西
1212
＝法司托夫・博哲
龐托
1216-1311
＝米摩沙・邦斯
拉哥
1220-1312
＝坦塔・吹號者
莉莉
1222-1312
＝托歌・健體
邦哥
1246-1326
＝貝拉多娜
・圖克
貝爾巴
1256-1356
＝魯德加
・博哲
朗哥
1260-1350
＝卡參力雅
・塞克維爾
琳達
1262-1363
＝波多
・傲腳
賓哥
1264-1360
＝奇卡
・丘伯
羅莎
1256
＝希爾迪格林
・圖克
波羅
佛斯科
1264-1360
＝盧比・博哲
比爾博
1290
傲棱・
塞克維爾-
巴金斯
1310-1412
＝羅貝拉
・抱腹
〔傲多
・傲腳〕
1304-1405
法哥
・丘伯-
巴金斯
1303-1399
波斯歌
1302
＝吉力
・褐毛
普麗絲卡
1306
＝威力伯
・博哲
朵拉
1302-1406
德羅哥
1308-1380
＝普麗謬拉
・烈酒鹿
都多
1311-1409
羅索
1364-1419
〔歐樂〕
1346-1435
波皮
1344
＝菲力伯・博哲
龐托
1346
波托
1348
皮奧尼
1350
＝米諾・布羅斯
佛羅多
1368
戴西
1350
＝格利佛・波芬
〔桑丘〕
1390
〔皮瑞格林・
梅里雅達克〕
安潔麗卡
1381
〔莫斯柯
1387
摩洛
1391
莫托
1393
明托〕
1396
〔其他
健體家人〕

大地道的圖克家

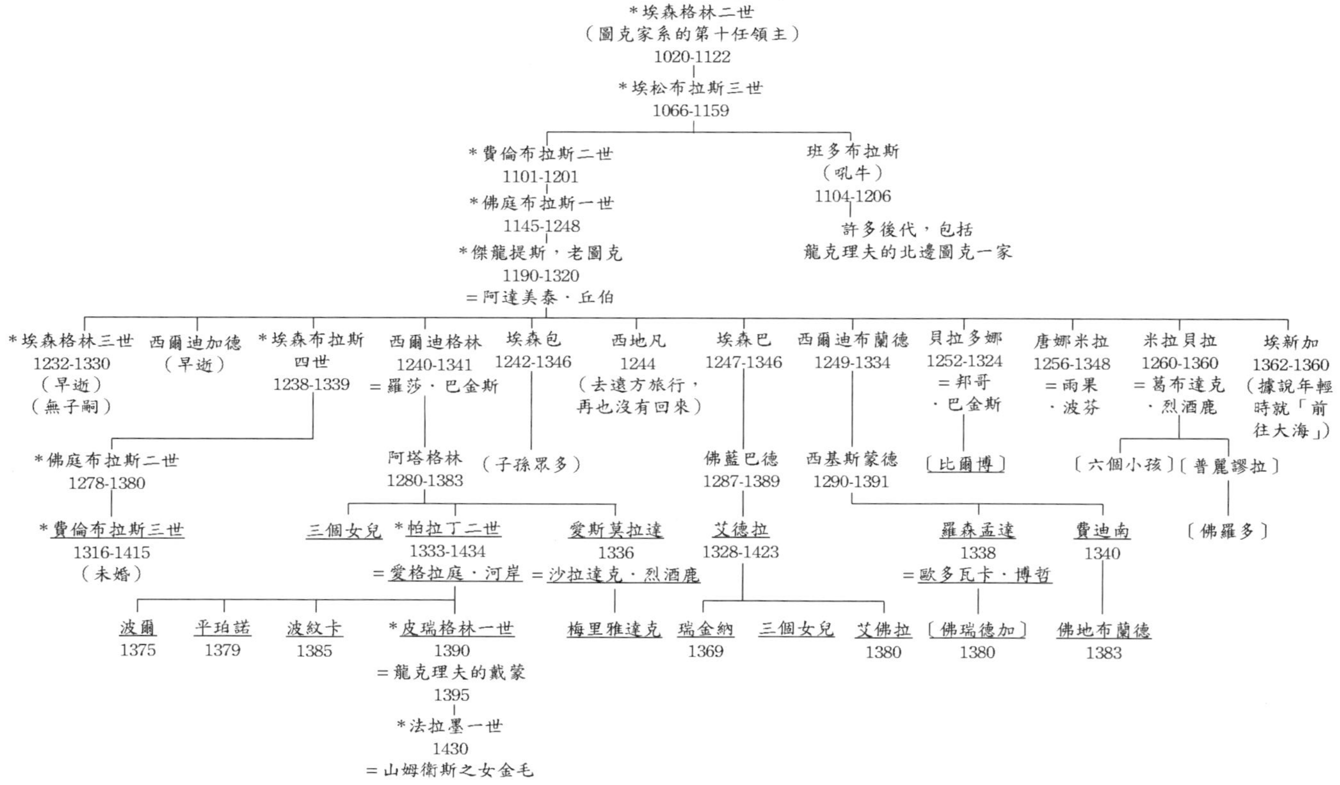
*埃森格林二世
（圖克家系的第十任領主）
1020-1122
*埃松布拉斯三世
1066-1159
*費倫布拉斯二世
1101-1201
*佛庭布拉斯一世
1145-1248
*傑龍提斯，老圖克
1190-1320
＝阿達美泰・丘伯
班多布拉斯
（吼牛）
1104-1206
許多後代，包括
龍克理夫的北邊圖克一家
*埃森格林三世
1232-1330
（早逝）
（無子嗣）
西爾迪加德
（早逝）
*埃森布拉斯
四世
1238-1339
西爾迪格林
1240-1341
＝羅莎・巴金斯
埃森包
1242-1346
西地凡
1244
（去遠方旅行，
再也沒有回來）
埃森巴
1247-1346
西爾迪布蘭德
1249-1334
貝拉多娜
1252-1324
＝邦哥
・巴金斯
唐娜米拉
1256-1348
＝雨果
・波芬
米拉貝拉
1260-1360
＝葛布達克
・烈酒鹿
埃新加
1362-1360
（據說年輕
時就「前
往大海」）
*佛庭布拉斯二世
1278-1380
阿塔格林
1280-1383
（子孫眾多）
佛藍巴德
1287-1389
西基斯蒙德
1290-1391
〔比爾博〕
〔六個小孩〕〔普麗謬拉〕
*費倫布拉斯三世
1316-1415
（未婚）
三個女兒
*帕拉丁二世
1333-1434
＝愛格拉庭・河岸
愛斯莫拉達
1336
＝沙拉達克・烈酒鹿
艾德拉
1328-1423
羅森孟達
1338
＝歐多瓦卡・博哲
費迪南
1340
〔佛羅多〕
波爾
1375
平珀諾
1379
波紋卡
1385
*皮瑞格林一世
1390
＝龍克理夫的戴蒙
1395
*法拉墨一世
1430
＝山姆衛斯之女金毛
梅里雅達克
瑞金納
1369
三個女兒
艾佛拉
1380
〔佛瑞德加〕
1380
佛地布蘭德
1383

雄鹿地的烈酒鹿一家人

沼澤地的葛漢代・老雄鹿在740年開始興建烈酒廳，並且將姓改為烈酒鹿

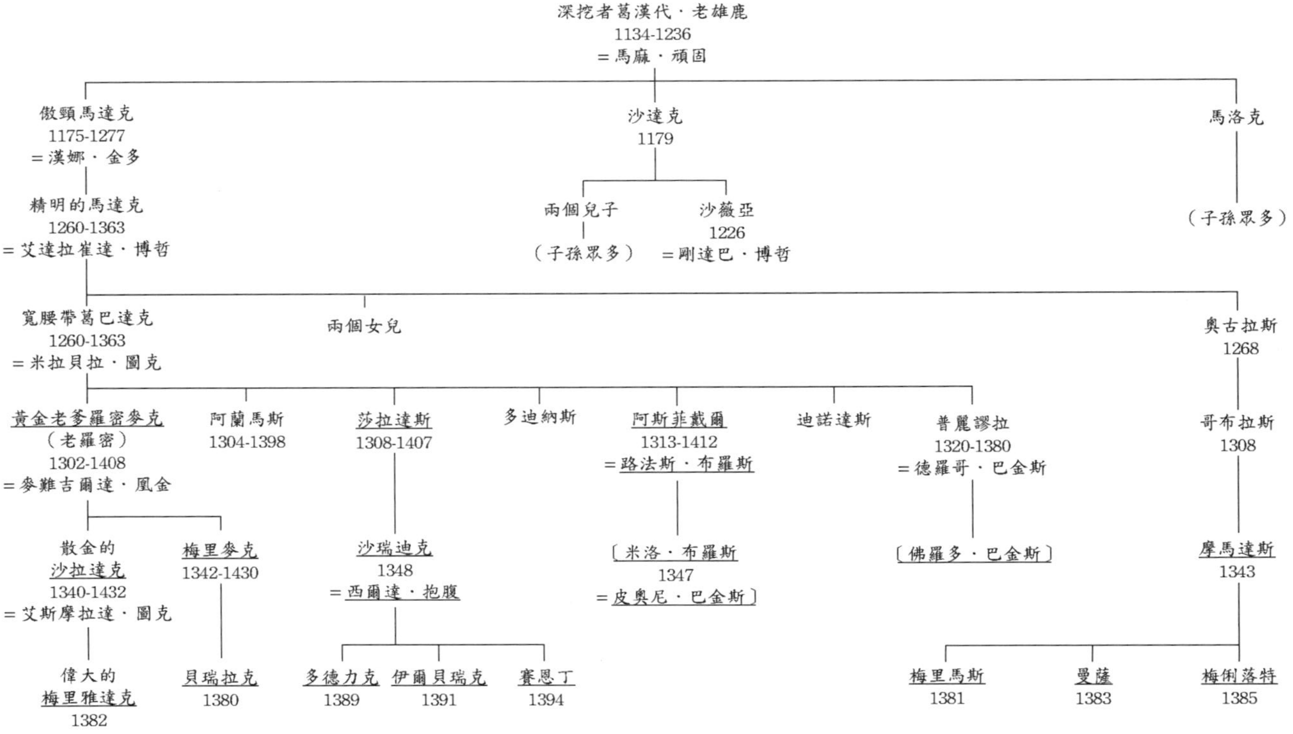

深挖者葛漢代・老雄鹿
1134-1236
＝馬麻・頑固
傲頸馬達克
1175-1277
＝漢娜・金多
沙達克
1179
馬洛克
精明的馬達克
1260-1363
＝艾達拉崔達・博哲
兩個兒子
（子孫眾多）
沙薇亞
1226
＝剛達巴・博哲
（子孫眾多）
寬腰帶葛巴達克
1260-1363
＝米拉貝拉・圖克
兩個女兒
奧古拉斯
1268
黃金老爹羅密麥克
（老羅密）
1302-1408
＝麥難吉爾達・凰金
阿蘭馬斯
1304-1398
莎拉達斯
1308-1407
多迪納斯
阿斯菲戴爾
1313-1412
＝路法斯・布羅斯
迪諾達斯
普麗謬拉
1320-1380
＝德羅哥・巴金斯
哥布拉斯
1308
散金的
沙拉達克
1340-1432
＝艾斯摩拉達・圖克
梅里麥克
1342-1430
沙瑞迪克
1348
＝西爾達・抱腹
〔米洛・布羅斯
1347
＝皮奧尼・巴金斯〕
〔佛羅多・巴金斯〕
摩馬達斯
1343
偉大的
梅里雅達克
1382
貝瑞拉克
1380
多德力克
1389
伊爾貝瑞克
1391
賽恩丁
1394
梅里馬斯
1381
曼薩
1383
梅俐落特
1385

山姆衛斯先生的族譜

（同時也記載了山下的園丁一家和塔下的費爾班一家崛起的過程）

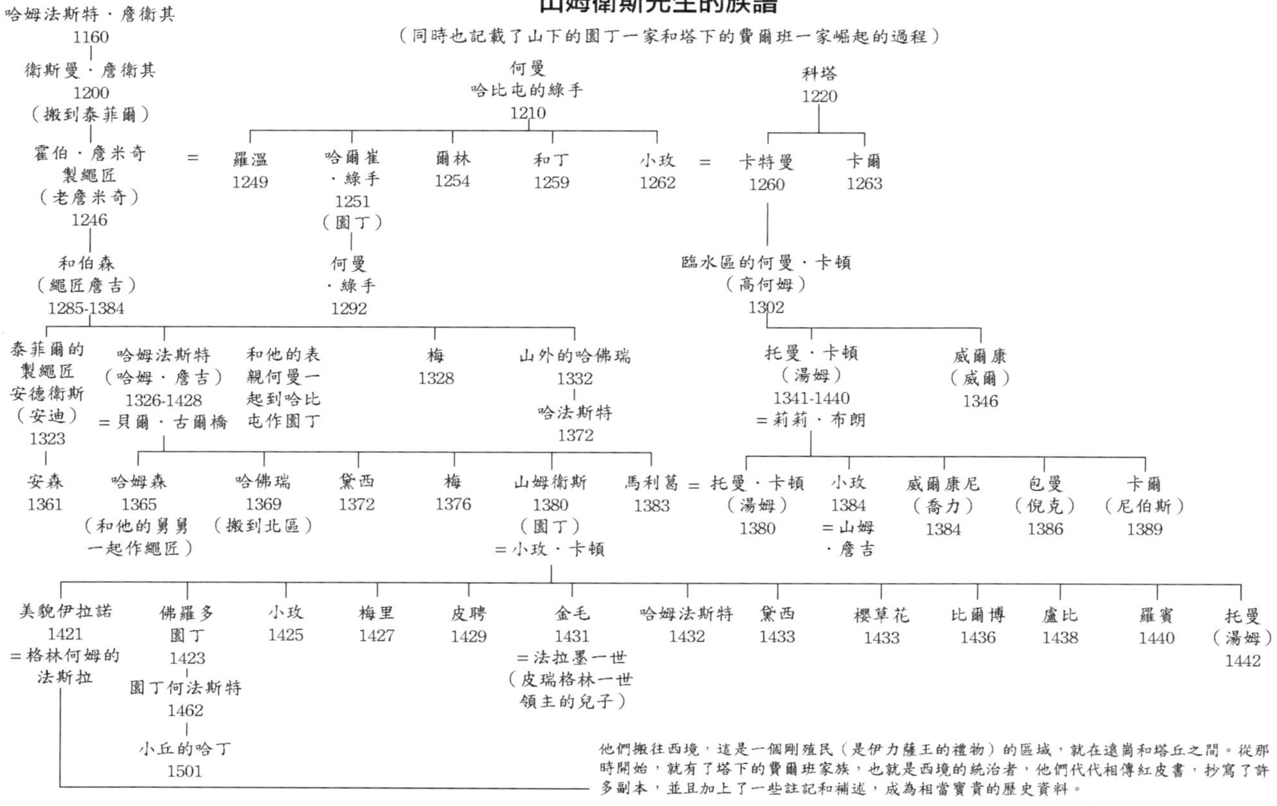

他們搬往西境，這是一個剛殖民（是伊力薩王的禮物）的區域，就在遠崗和塔丘之間。從那時開始，就有了塔下的費爾班家族，也就是西境的統治者，他們代代相傳紅皮書，抄寫了許多副本，並且加上了一些註記和補述，成為相當寶貴的歷史資料。

附錄四

夏爾曆法

適用於所有年份[1]

(1) Afteryule	(4) Astron	(7) Afterlithe	(10) Winterfilth
YULE 7 14 21 28	1 8 15 22 29	LITHE 7 14 21 28	1 8 15 22 29
1 8 15 22 29	2 9 16 23 30	1 8 15 22 29	2 9 16 23 30
2 9 16 23 30	3 10 17 24 -	2 9 16 23 30	3 10 17 24 -
3 10 17 24 -	4 11 18 25 -	3 10 17 24 -	4 11 18 25 -
4 11 18 25 -	5 12 19 26 -	4 11 18 25 -	5 12 19 26 -
5 12 19 26 -	6 13 20 27 -	5 12 19 26 -	6 13 20 27 -
6 13 20 27 -	7 14 21 28 -	6 13 20 27 -	7 14 21 28 -
(2) Solmath	(5) Thrimidge	(8) Wedmath	(11) Blotmath
- 5 12 19 26	- 6 13 20 27	- 5 12 19 26	- 6 13 20 27
- 6 13 20 27	- 7 14 21 28	- 6 13 20 27	- 7 14 21 28
- 7 14 21 28	1 8 15 22 29	- 7 14 21 28	1 8 15 22 29
1 8 15 22 29	2 9 16 23 30	1 8 15 22 29	2 9 16 23 30
2 9 16 23 30	3 10 17 24 -	2 9 16 23 30	3 10 17 24 -
3 10 17 24 -	4 11 18 25 -	3 10 17 24 -	4 11 18 25 -
4 11 18 25 -	5 12 19 26 -	4 11 18 25 -	5 12 19 26 -
(3) Rethe	(6) Forelithe	(9) Halimath	(12) Foreyule
- 3 10 17 24	- 4 11 18 25	- 3 10 17 24	- 4 11 18 25
- 4 11 18 25	- 5 12 19 26	- 4 11 18 25	- 5 12 19 26
- 5 12 19 26	- 6 13 20 27	- 5 12 19 26	- 6 13 20 27
- 6 13 20 27	- 7 14 21 28	- 6 13 20 27	- 7 14 21 28
- 7 14 21 28	1 8 15 22 29	- 7 14 21 28	1 8 15 22 29
1 8 15 22 29	2 9 16 23 30	1 8 15 22 29	2 9 16 23 30
2 9 16 23 30	3 10 17 24 轉換日	2 9 16 23 30	3 10 17 24 冬慶日
	年中之日 （閏轉換日）		

1　從此處開始，作者的第一人稱敘述法指的是托爾金本人。他把自己定位為將「紅皮書」等典籍翻譯成英文的考證與歷史學家。

每一年的第一天都是由當週的第一天，週六開始，每一年的最後一天則都是一週的最後一天，週五。年中之日，或是閏年的閏轉換日，不屬於一週中的任何一天。在年中之日前的轉換日稱為轉換一日，在之後的則稱為轉換二日。在一年尾聲時的冬季慶典是冬慶一日，在一年開始時的則是冬慶二日。閏轉換日是一個特別的假日，但是在魔戒重要歷史中都沒有遇上這樣的閏年。但一四二〇年，特別豐饒和美麗的夏天那一年，就是閏年，據說該年的慶祝活動讓許多史家回味不已。

曆法

夏爾的曆法在幾個地方與我們的曆法不同。他們的一年毫無疑問與我們的一樣長[1]， 雖然我們如今是以年和人類的壽命來計算時間，然而按照地球的記憶，遠古以前的年歲跟我們的似乎沒有太大的差異。根據哈比人的記載，當他們四處流浪的時候，並沒有所謂的「週」。雖然他們擁有大致依照月亮運行的「月」，但對於日期和時間的計算都是相當隨意、不精確的。當他們開始定居於伊利雅德的西部時，他們採納了登丹人皇帝的記年法，該記年法最後可追溯到精靈的曆法。不過，夏爾的哈比人將這套曆法做了幾個小的修改。這份曆法，或稱作「夏墾紀元」，最後連布理也跟著採用；唯一的例外就是他們不將夏爾開墾的那年稱作元年。

要從古老的傳說或是傳統中，發現那些當時人們知之甚詳並在日常生活中視為理所當然之事的精確資訊，經常是很困難的（像是字母的名稱、或是一週中每一天的名字、一個月的長度和名稱）。但由於夏爾的哈比人對於家譜有極高的興趣，同時他們在魔戒聖戰之後對於古代歷史的深入研究，因此，他們似乎認為自己對於日期和曆法的處理相當不錯；他們甚至畫出了一個複雜的對照表，顯明他們的曆法和其他種族的曆法之間的對照與差異。筆者並不擅長這類的研究，或許會發生一些錯誤；不過，由於魔戒聖戰中關鍵的夏墾一四一八年和一四一九年在紅皮書中的記載極為詳

---

1 三百六十五天，五小時，四十八分鐘，四十六秒。

細，那段時間的日期幾乎是不可能出錯的。

正如山姆衛斯所觀察到的，在中土世界中的艾爾達族擁有更多、更充裕的時間，因此會用更長的時期來計算時間。在昆雅語中的yén通常被翻譯作「年」[1]， 但實際上是我們的一百四十四年之久。艾爾達族喜歡盡可能的利用六或十二進位來計算時間。太陽運行的一「天」被稱作ré，時間為從當天日落計算到隔天的日落。一個yén包括了五萬兩千五百九十六天。艾爾達族為了宗教儀式而非實用目的，設計出六天為一週或是enquië，而一個yén包括了八千七百六十六個enquië，他們在中土的整段時期中都如此計算。

在中土世界中，艾爾達族也觀察到了一個時間較短的太陽年，稱作coranar或是「繞日時間」，這是比較偏向天文學角度的稱呼。不過，他們通常都以loa「生長曆」（特別是在西北方的區域）來稱時間，主要的考量是季節的變換對於種植蔬果的影響。對大部分的精靈來說，這的確是最重要的。一個loa會被分成幾個時期，可以被當作長的月份或是短的季節。毫無疑問的，這會隨著不同的區域而有所變動；哈比人唯一記載下來的只有伊姆拉崔的曆法。在那份曆法中，有六個這樣的「節氣」，它們的昆雅語名稱分別為tuilë、lairë、yávië、quellë、hrívë、coirë，我們可以勉強將它們翻譯成「春季、夏季、秋季、衰退季、冬季、驚蟄」。辛達林語的名稱則是ethuil、laer、iavas、firith、rhîw、echuir。「衰退季」也被叫作lasse-lanta「落葉季」，或是辛達林語中的narbeleth，「日弱季」。

Lairë和hrívë都各是七十二天，其他的則各為五十四天。Loa（生長曆）開始於yestarë，就在tuilë之前的一天，結束於mettarë，該日正好是coirë之後的一天。在yávië與quellë之間被插入三個enderi，或稱「中日」。如此一來，只要每十二年加入一組enderi（加入三天），就可以保有每年都是三百六十五日的時間。

我們不確定這樣所造成的曆法誤差要如何處理。如果那時一年的長度和我們現在的長度一樣，yén可能就會有多出一天以上的誤差。從紅皮書中

1　I 582

針對「瑞文戴爾記年」的註腳中，我們可以看出來這樣的誤差要如何處理。每三個yén的最後一年會減少三天，而在當年份增加三個enderi的作法也跟著取消。「但在我們的年代中這並沒有發生過」。至於其他的誤差是如何處理，我們就找不到任何的記載了。

努曼諾爾人修正了這套曆法。他們將loa分成更短、長度更統一的時間；但他們依舊繼承了一年從冬季一半開始的習俗。這一點，西北方的人類從第一紀元就開始採用。稍後，他們將一週的時間改成七天，並且把一日的時間改為從日出（東方海面），到下一次的日出。

努曼諾爾人的曆法通行於努曼諾爾、亞爾諾和剛鐸，直到王朝結束。這份曆法被稱為「皇曆」。通常一年擁有三百六十五日。它分成十二個astar或稱作月份，其中十個月擁有三十日，兩個月擁有三十一日。長的astar是在年中之日兩邊的月份，大約是我們的六月和七月。每年的第一天被稱為yestarë，年中之日（第一百八十三天）則被稱為loëndë，最後一天則是mettarë。這三天不屬於任何一個月份。每四年，除了一個世紀的最後一年之外（haranyë），就會有兩個enderi或稱作「中日」，取代loëndë。

努曼諾爾人的曆法是以第二紀一年開始。從每世紀的最後一年減掉一天所造成的誤差會累積起來，經過一千年的最後一天會留下一個「千年誤差」，四小時四十六分鐘四十秒。這個額外的誤差每千年會補充一次，在努曼諾爾的第二紀一〇〇〇年、二〇〇〇年、三〇〇〇年都進行過曆法的換算。在第二紀的三三一九年陸沉之後，這套曆法繼續由流亡者維持，但很快的就在第三紀元整個紀年系統變換的狀況下而改變了。第二紀三四四二年成為第三紀一年。由於人們將第三紀四年作為閏年，而不是第三紀三年（第二紀三四四四年），因此又增加了一個三百六十五日所造成的曆法誤差，讓數字累積到五小時四十八分鐘四十六秒。「千年補正」又晚了四百四十一年：在第三紀一〇〇〇年（第二紀四四四一年）、第三紀二〇〇〇年（第二紀五四四一年）。為了降低這樣的狀況所造成的誤差，以及累積的「千年誤差」，宰相馬迪爾頒布了一個在第三紀二〇六〇年生效的新曆法。之前，人們先在二〇五九年（第二紀五五〇〇年）增加兩

日，這就補正了自從努曼諾爾曆法創立以來的五千五百年的誤差。不過，這還是留下了大約八小時的誤差。哈多在二三六〇年增加了一天，不過，實際上這誤差當時還沒累積到這長度。在那之後，就沒有任何的調整了（在第三紀三〇〇〇年時，由於戰火逼近，人們根本無暇考慮這狀況）。到了第三紀尾聲時，經過六百六十年的累積，這誤差尚未達到一日。

馬迪爾所頒布的修正曆法被稱為「宰曆」，最後被大多數西方通用語的使用者所接受。只有哈比人例外。哈比人的每個月份都是三十天，額外加入了兩個不屬於任何月份的日子：一個是在第三和第四個月之間（三月、四月），一個是在第九和第十個月之間（九月、十月）。還有五天不屬於任何一個月的日子，yestarë、tuilérë、loëndë、yáviérë和mettarë都是假日。

哈比人相當的守舊，因此繼續使用針對他們習俗修正過的「皇曆」。這曆法的月份長度全都相同，各擁有三十天。但他們擁有三個夏之日，夏爾稱作轉換日，就位在六月和七月之間。一年的最後一天和第二年的第一天被稱作冬慶日。冬慶日和轉換日都不屬於任何月份。因此，一月一日是一年的第二天而非第一天。每四年的轉換日都會變成四天，除了一個世紀的最後一年例外[1]。轉換日和冬慶日是一年中最主要的假日，是人們歡宴慶祝的日子。額外的一天轉換日增加於年中之日後，因此閏年的第一百八十四天就會被稱為「閏轉換日」，是個特別值得狂歡的日子。完整的冬季慶典包括了六天，也就是每年的最後三天和次年的前三天。

夏爾的居民也將這曆法加入了他們自己的小小創意（後來布理也跟著沿用），他們稱作「夏爾重整」。夏爾的哈比人們覺得每年的日期和每一週的名稱都總是無法固定對應，讓人相當的煩心。因此，在埃森格林二世時，他們將那破壞這對應規律的畸零日去除，讓它不屬於任何一週。在那之後，年中之日（和閏轉換日）就只有自己的名稱，不屬於任何一週[2]。在

1　在夏爾的曆法中，元年所對應的就是第三紀一六〇一年。在布理的元年對應的則是第三紀一三〇〇年，也就是該世紀的第一年。

2　I 282

這樣的重整之後，一年的開始都永遠會是每週的第一天，結束也永遠會是每週的最後一天。只要日期相同，任何一年的同一天都會屬於一週中的同一天。因此，夏爾的居民們就再也不需要於日記或是書信中多加週幾的標註了[1]。他們發現這在故鄉相當的好用，但如果人們到布理之外的地方旅行就沒那麼方便了。

在上面的記述以及說明中，我使用的是我們現代對於月份和週名的名稱，當然，艾爾達族和登丹人或是哈比人都不是這樣做的。我必須要將西方語完全翻譯，以避免可能的誤解。至少在夏爾，這種語言對於季節的指稱和我們或多或少相同。不過，看起來所謂的年中之日，應該是安排為盡量靠近夏至的日子。因此，夏爾的曆法事實上比我們的要快上十天。我們的元旦所對應的會是夏爾的一月九日。

在西方語中，昆雅語對於月份的稱呼大部分保留了下來，正如同在各種語言中沿用的拉丁語一樣。這些月份的名稱是：Narvinyë、Nénimë、Súlimë、Víressë、Lótessë、Nárië、Cermië、Úrimë、Yavannië、Narquelië、Hísimë、Ringarë。辛達林語的名稱（只有登丹人使用）則是：Narwain、Nínui、Gwaeron、Gwirith、Lothron、Nórui、Cerveth、Úrui、Ivanneth、Narbeleth、Hithul、Girithron。

在這個部分的專門稱呼中，布理和夏爾的哈比人都偏離了西方語的習慣，使用了他們自己從安都因河谷的人類所繼承來的名稱；相似的名稱也出現在河谷鎮和洛汗的曆法中（這部分的關連請參見語言學的附錄）。這些名詞是由人類所發明，因此各自具有特殊的意義，但哈比人只是使用其形，卻忘記了其義。甚至連原先他們知道的詞語現在也都失傳了。因此，現在哈比人月份的名字變得難以分辨其原來的意義。舉例來說，在某些月份名稱結尾的math實際上是month（月份）的縮字。

---

1 大略的看過夏爾曆法之後，諸位就會發現，週五是唯一沒有任何一個月份開始於該天的日子。因此，夏爾的人們會用「一號週五」來開玩笑，指的是完全不存在的一天，或者是極為不可能發生的事情，像是豬飛鳥游泳或是（在夏爾）樹走路的情況。完整的說法是「在臭夏天的一號週五」。

夏爾對月份的名稱就寫在最前面的月曆上。我們應該注意的是Solmath有時被寫做或被念做Somath，Thrimidge經常被寫成Thrimich（古語則是Thrimilch），Blotmath則是被念成Blodmath或是Blommath。在布理這些名字則是變成Frery、Solmath、Rethe、Chithing、Thrimidge、轉換日、夏之日，Mede、Wedmath、Harvestmath、Wintring、Blooting和Yulemath。Frery、Chithing和Yulemath的稱呼法也通用於夏爾的東區[1]。

哈比人對一週中日子的稱呼是取自於登丹人，這些名字是翻譯自古代北方王國對於它們的稱呼；而這些稱呼又是從艾爾達族的文字所轉譯過來的。艾爾達族的六天分別是獻給星辰、太陽、月亮、雙聖樹、天空和主神或是力量，以這個順序看來，最後一天是當週最重要的一天。他們在昆雅語中的名稱是Elenya、Anarya、Isilya、Aldúya、Menelya、Valanya（或是Tárion）；辛達林語的名稱是Orgilion、Oranor、Orithil、Orgaladhad、Ormenel、Orbelain（或是Rodyn）。

努曼諾爾人維持了他們的意義和順序，但把第四天換成了Aldëa（Orgaladh），改成僅對聖白樹致敬，也就是努曼諾爾宮廷中聖樹所繼承的淵源。除此之外，由於他們是偉大的航海家，因此也在天空之日後加入了第七天，「海之日」，Eärenya（Oraearon）。

哈比人繼承了這樣的安排，但這些翻譯名稱所代表的意義很快就被忘記了，或是他們也不再注意。因此，為了日常生活使用上的方便，這些名稱的發音也被大幅縮減了。努曼諾爾名稱的第一次翻譯，可能是在第三紀元結束前的兩千年，那時登丹人的曆法（他們的曆法也是最早被外族所引用的）被北方的人類所接受。在哈比人的曆法中，他們同樣的套用了這些翻譯，然而西方大地的其他區域仍然使用昆雅語的名稱。

在夏爾，古代典籍被保存下來的並不多。到了第三紀元結束的時候，

---

1 布理的人們經常會說「（泥濘）夏爾的臭冬天」，不過，根據夏爾人的說法 winter（冬天）這個字是布理人對於古代名稱的一個修改，一開始 wintring 這個字指的是在冬天前填滿空閒時光的時間。這是在他們使用「皇曆」之前，那時他們的新年是在收成之後才開始。

保存狀況比較良好的是黃皮書，或是塔克鎮的編年書[1]。它最早的一則記載似乎是在佛羅多當時的九百年前，許多則是被引用到紅皮書的編年記載中。在那時星期的名稱都是古代使用的，底下的名稱則是其中最古老的：（1）Sterrendei、（2）Sunnendei、（3）Monendei、（4）Trewesdei、（5）Hevenesdei、（6）Meresdei、（7）Highdei。在魔戒聖戰時所使用的語言中，這些已經演化成Sterday、Sunday、Monday、Trewsday、Hevensday（或Hensday）、Mersday、Highday。

同樣的，我也把這些稱呼翻譯成我們的名稱，很自然的是從週日和週一開始，夏爾的一週中也擁有同樣的名稱，而接下來則是把其餘的日子跟著替換過來。不過，夏爾對這些名稱的認定與我們有相當的不同。一週的最後一天，週五（Highday）是最重要的一天，也是假日（下午以後）和晚上歡宴的時刻。週六對應的意義則比較類似我們的週一，而他們的週四則比較類似我們的週六[2]。

下面幾個提到的名稱或許都和時間有關，但並非是那麼的精確。季節的名稱通常是tuilë春季，lairë夏季，yávië秋季（或是收穫季），hrívë冬季。但這些都不是非常精確的定義，quellë（或是lasselanta）也用來代表秋末冬初的時段。

艾爾達族特別注意「微光」時分（在較北的區域中），也就是星辰出現和隱沒的時間。他們對這些時段有許多的名稱，最常見的就是tindómë和undómë；前者通常指的是接近破曉的時間，後者則是傍晚。辛達林語的名字是uial，它可以被分成minuial和aduial。這些時段在夏爾則是被稱為morrowdim和evendim。所謂的「伊凡丁湖」（Evendim）就是對它的精靈地名Nenuial的翻譯。

---

1 記載了圖克家族的出生、婚姻和死亡，以及一些其他事物，包括了土地的買賣、夏爾的重要事件等等。

2 因此，我在比爾博的歌中（I 255）使用的是週六和週日，並非是週四與週五。

夏墾曆法是魔戒聖戰敘史中唯一最重要的曆法。紅皮書中所有的時間、日期全都被轉換成夏爾的慣例，或是在注釋中有所說明。因此，在整部《魔戒三部曲》中所記載的月份和日子，指的都是夏爾的曆法。這書中唯一和我們曆法不同的地方發生在關鍵的時期，也就是三〇一八年結束和三〇一九年開始時（夏墾一四一八年、一四一九年）。一四一八年的十月只有三十天，一月一日則是一四一九年的第二天，二月有三十天，因此三月二十五日，也就是巴拉多要塞崩壞的那天，對應到我們的時間將會是三月二十七日（如果我們的曆法也是從同樣的時間點起算）。不過，在「皇曆」和「宰曆」中，那天都是三月二十五日。

新曆法的開始是在王國復興的第三紀三〇一九年。這代表的是「皇曆」的重新採用，以適於艾爾達族自春季開始的曆法loa[1]。

為了紀念索倫的敗亡以及魔戒持有者的功業，在新曆中每一年都是從三月二十五日開始。月份還是保留了原先的名稱，現在是從Víressë（四月）開始，但指的卻是比之前要早五天左右的時間。所有的月份都有三十天。一年之中有三個Enderi或被稱做「中日」（第二組則是被稱作Loëndë），介於Yavannië（九月）和Narquelië（十月）之間，大約對應的是舊曆的九月二十三、二十四、二十五日。不過，為了紀念佛羅多的生日：Yavannië三十日，也就是舊曆的九月二十二日，變成歡慶的一天。而閏年就是額外再增加這一天，稱為Cormarë，或是「魔戒之日」。

第四紀元的開始是從愛隆的離開起算，這發生在三〇二一年九月；但為了記錄方便。在王國的曆法中，第四紀的元年是從舊曆的三〇二一年三月二十五日起算。

這個曆法在伊力薩王統治期間頒布給全境通用，唯一的例外是夏爾。在那邊他們繼續使用舊的曆法，並且使用夏墾紀元。因此，第四紀元的元年被稱為一四二二年，在新紀元的變換中，哈比人還是把它開始於一四二二年冬慶二日，不是在前一年的三月。

1 不過，事實上 yestarë 在新曆中的時間比伊姆拉崔的時間要早。在後者的曆法中大約對應的是夏爾的四月六日。

我們找不到記載有關於夏爾居民是否慶祝三月二十五日或是九月二十二日的資料。但在西區，特別是哈比屯山丘一帶，有個習俗是在每年的四月六日時，只要天候允許，就在宴會場上跳舞。有些人說這是老園丁山姆的生日，有些人說這是黃金樹在一四二〇年時第一次開花的紀念日，有些人說這是精靈的新年。在雄鹿地則是會在每年十一月二日的破曉時分吹響驃騎的號角，接下來就是升起熊熊營火。

附錄五

文字與語言

I
名稱與文字的發音法

西方語（通用語）在此已經完全被翻譯成英文了[1]。所有哈比人姓名的發音則都是以同樣的標準來發音。

為了描繪古代的文字，我試著盡力去呈現它原始的發音（這是盡可能精確的作法），並且不會讓這些字眼在現代看起來太過古代。高等精靈的昆雅語在可能的範圍內都以拉丁文的拼法逼近其原音。因此，在兩種精靈語言中，C都比較偏向K的發音。

那些對於細節感興趣的人們，以下的資料會十分有用。

子音

C　　即使在e或i之前，通常也發成k的音。因此，celeb「銀」應該被發成keleb的音。

CH　　通常用來代表的只是bach（德語和威爾斯語中）的發音，而不是英文中church的發音。在剛鐸語中，只有在字尾，以及在t前，它的發音才會減弱為h。這樣的變化就類似Rohan、Rohirrim中的發音。（印拉希爾Imrahil，是努曼諾爾人的名字）。

DH　　代表的是英文中的輕聲th，像是these clothes。這通常和d有關，在

1　當然，讀者看到的版本又再經過了一次英文至中文的翻譯。

辛達林語galadh「樹」這個字中正是如此，可以和昆雅語的alda做比較。但有些時候是源自n+r，像是在Caradhras「紅角」，則是類似 caran-rass的念法。

F 代表的是f，只有在字尾時例外。在字尾時所表示的則是v的音，如同英文中的of。例子：Nindalf、Fladrif。

G 只有類似在give、get中的發音。Gil「星辰」，在Gildor、Gilraen、Osgiliath的發音中都類似英文中的gild。

H 不與其他子音搭配，單獨出現時的發音如同house、behold中的h發音。昆雅語中的ht組合發的是cht的音，如同德語中的echt、acht。例：Telumehtar，「獵戶座」[1]。請見CH、DH、L、R、TH、W、Y。

I 於字首，在另一個母音之前時發you、yore中y的音。只出現在辛達林語中。例：Ioreth、Iarwain。請見Y。

K 使用在從精靈語以外的外來語中，發音類似c。因此kh在半獸人語中的發音就是類似ch。例：Grishnákh。也出現在阿督奈克語[2]（努曼諾爾語）中的Adunakhor。矮人語則見後面的附記。

L 代表的比較接近英文中位於字首的l，如同let中的發音。不過，在有些時候，當它位在e、i以及子音之間時，它會發出上顎音。（艾爾達族可能會把英文中的bell和fill發成beol fiol。）LH代表的則是這個讀音不發音的時候（通常是源自字首sl-）。在古代的昆雅語中多半寫成 hl，但在第三紀元則都被發成 l 的音。

NG 發音同finger中的ng，但出現在字尾時的發音則如同英文中的sing。後者的發音在昆雅語中也會發生在字首。不過通常會根據第三紀元的發音習慣翻譯成n（如同Noldo）。

PH 和f有相同的讀音。它會使用在(1)f音發生在字尾時，例：alph「天

1 在辛達林語中通常稱為 Menelvagor（I 139），昆雅語則是 Menelmacar。

2 阿督奈克語：登丹人尚居住在努曼諾爾時所使用的語言。在第二紀元的時候也在努曼諾爾人的宮庭中使用。

鵝」。(2)f音與p有關，或是連在p旁時，例：Pheriannath「半身人」。(3)在數個字中間，代表的是ff的音，如同Ephel「外層防禦」。(4)在阿督奈克語中的Ar-Pharazôn（pharaz，「黃金」）。

QU　用來替代cw，在昆雅語中經常出現的組合，不過卻沒有出現在辛達林語中。

R　在所有的位置中都代表r的顫音。它即使出現在子音前也照樣發音（與英文中的part不同）。半獸人和某些矮人據說會將r發成小舌音，這是艾爾達族相當厭惡的一種聲音。RH代表的是一個不發音的r（通常是用在比較古老的sr開頭的字中）。在昆雅語中寫成hr。請參考L。

S　永遠都不發音。英文中的so、geese的z音不會出現在任何的昆雅語或是辛達林語中。在半獸人與矮人語中的SH則是和英文中的SH發音近似。

TH　代表的是英文中thin cloth中的無聲子音th。這在昆雅語中成為會發音的s，不過是用不同的字母來表示。昆：Isil，辛：Ithil，「月亮」。

TY　可能代表的是和英文中tune的t發音類似的音。這主要是由c或是t+y所衍生出來的。英文中的ch音經常出現在西方語中，通常會被說不同語言的人用此取代掉。請見Y項底下的HY。

V　和英文中的v相同發音，但通常不會出現在字尾。請見F。

W　和英文中的w同音。HW是無聲子音的w，如同英文中的white（北方發音）。這個音在昆雅語中是相當常見的字首音，不過，可以舉例的文字並未出現在本書中。在翻譯昆雅語的過程中，v和w都會使用。雖然在使用的翻譯標的拉丁文中v、w會視為同一的字母，但在昆雅語中這兩個字都有不同的發音，因此不能併為一談。

Y　在昆雅語中用來代表子音y，如同英文中的you。在辛達林語中的y是個母音（請見後）。HY和y的關係就像是HW和w的關係，代表的聲音則是如同英文中的hew、huge。昆雅語中的eht、iht也同擁有

同樣的發音。英文中的sh發音在西方語中極為常見，通常會被該語言的使用者所取代。參閱上方的TY。HY通常是由sy-和khy-所衍生出來，在兩個狀況下相關的辛達林語都是以h開頭，如同昆：Hyarmen「南」，辛：Harad。

請注意，當子音重複兩字時（如tt、ll、ss、nn），通常代表的是長子音或是「雙」子音。在字尾的時候，超過一個音節以上的發音則會被省略：Rohan就是從Rochann（古拼法Rochand）省略來的。

在辛達林語中的ng、nd、mb組合經常出現在早期的艾爾達族語言中，但也因此在之後的演變中有了相當多的變化。mb在所有的狀況下都變成了m，但在強調重音的狀況下依然被當作一個長子音。因此，為了避免重音的混淆，在這樣的狀況下會被寫成mm[1]。ng則是沒有多大改變，只有當它出現在字首跟字尾時才會變成鼻音（如同英文中的sing一樣）。nd則通常會變成nn，出現在Ennor「中土」，昆：Endóre。但在單音節的字尾時則還是保留了nd的形式。例：thond，「根」（請見：Morthond，「黑根」）。在r之前也同樣的保留，如Andros，「長沫」。這個nd也會出現在從比較早期的古老語言中轉化出來的名字中。例：Nargothrond、Gondolin、Beleriand。在第三紀元中位於字尾的nd從nn變為n。例：Ithilien、Rohan、Anórien。

母音

在表達母音的時候，我們會使用i、e、a、o、u，以及y（只有在辛達林語中）。就我們手頭的資料來研判（除了y以外），這些母音都代表著在英文中的發音。當然，各區域之間的方言在此實在無法全部涵蓋。也就是說，i、e、a、o、u在這裡的發音和英文中的machine、were、father、for、brute是一樣的發音。

---

1 出現在 galadhremmin ennorath（I 371 中），「中土世界滿是樹木的大地」。Remmirath（I 139）包含了 rem，「網子」，在昆雅語中是 rembe。不過，這裡並非重複 m，而是加上後面的 mîr，「珠寶」這個字。

在辛達林語中，長的e、a、o和近來才由它們衍生出來的短母音擁有同樣的發音（這是由比較古老的é、á、ó所演化出來的）。而在昆雅語中的長é、ó在由艾爾達族正確發音時[1]，會比短母音要緊、「短」。

在同時代的語言中，辛達林語擁有經過改變後的u，比較接近法文中lune的u發音。這一部分是從o和u的演化，一部分是從古代的雙母音eu、iu所演化來的。為了表達這個發音，辛達林語引用了y這個發音（如同古英語一樣），例：lyg，「蛇」，昆：leuca或是emyn、amon「山丘」。在剛鐸，這個發音通常被發作類似i。

長母音通常會用標準發音，如同在費諾文字中的特殊拼法一樣。在辛達林語中，長母音[2]出現在強調的單音節字中時通常會配上音調符號，因為在這些例子中它一般來說會拖長。因此在dûn和Dúnadan就會出現這樣的差異。在其他的語言中（如阿督奈克語或是矮人語中）使用音調符號並沒有什麼特別的意義，通常是用來標記這些為外來語（如同k的使用一樣）。

如同在英文中一樣，e一向都必須發音，不會成為贅字。為了強調這一點，字尾的e通常（但不一定）會寫成ë。

er、ir、ur這三個組合（字尾或是在子音之前）的發音與英文中的fern、fir、fur並不相同，而是應該發為英文中的air、eer、oor。

在昆雅語中的ui、oi、ai和iu、eu、au中都是雙母音（也就是發成同一

---

1 針對 é 和 ó 相當常見的發音是 ei 和 ou，比較類似英文中的 say no。在西方語中或是西方語使用者轉譯昆雅語時，通常都會把這發音改用 ei、ou 來拼寫（或是其他類似的發音拼法）。不過，這樣的讀音被視作不正確或是俚俗的。但這樣的發音在夏爾卻是很自然的。因此，利用英文的慣例來念出 yéni únótime，「無法計數的漫長歲月」的人（會念成 yainy oonoatimy），實際上和梅里雅達克、比爾博和皮瑞格林一樣，發生類似的錯誤。據說佛羅多對於異國語言擁有相當不尋常的天賦。

2 也可以參考 annûn「日落」，Amrûn「日出」，都是受到類似的影響，如同在 dûn，「西方」和 rhûn，「東方」中一樣。

個音節）。其他的成對組合則幾乎都是雙音節的。這通常會以ëa、ëo、oë呈現。

在辛達林語中雙母音通常會寫成ae、ai、ei、oe、ui、au。其他的組合就並非是雙母音。在字尾的au會按照英文慣例拼成aw，不過，事實上這在費諾的語文中也相當常見。

這所有的雙母音[1]都是「下落」的雙母音，也就是將重音放在第一音節，並且由簡單的母音組合在一起。因此ai、ei、oi、ui的發音則是類似於英文中的母音rye（並非ray）、grey、boy、ruin。而au（aw）則是如同loud、how的發音，而不是laud、haw。

在英文中沒有對應於ae、oe、eu的發音，ae和oe可以勉強發為ai、oi的音。

重音

在這些轉譯的過程中，我們並沒有強調重音的位置。因為在艾爾達族的語言中，字的重音位置是和它本身的組合有關。在兩個音節的字中，第一音節幾乎都是下落的。在比較長的字中，它會落在最後一個音節而不是第一個；它必須有一個長母音、雙母音或是後面跟著兩個子音的短母音。當最後一個音節擁有一個短母音，後面跟著一個（或沒有）子音，重音就會落在前一個音節，也就是從後面數過來第三個。前一種字的拼法經常出現在艾爾達族的語言中，特別是昆雅語。

在下面的例子中，重母音都會用大寫的字來標明：isIldur、Orome、erčssea、fčanor、ancAlima、elentÁri、dEnethor、periAnnath、ecthElion、pelArgir、silIvren。類似elentÁri「星之后」這樣的字極少出現在昆雅語。在昆雅語中，母音是é、á、ó，除非（像這個例子中一樣）它們是複合字。在母音i、u的狀況下比較常見，就如同在andÚne「日落，西方」中一樣。在辛達林語中，除了複合字之外，這是不會發生的。請注意，辛達林語中的

---

1 最原始的狀況下。不過，昆雅語中的 iu 在第三紀元通常會發成一個上揚的雙母音，如同英文中 yule 的 yu。

dh、th、ch只是一個子音，在它們原來的語言中所代表的是一個字母。

附記

在從艾爾達族之外的語言中翻譯出來的名字裡，如果不是上面特別說明的例子，一般來說都是代表該發音原來的組合。只有矮人語例外。在矮人語中沒有上面所指出的th和ch（kh）的音。Th和kh被發為氣音，也就是t或k之後跟上一個h，如同backhand和outhouse中的發音一樣。

在z出現的地方則是如同英文中的z一樣發音。在半獸人語和黑暗語中的 gh則是代表口腔後方的摩擦音（和g之間的關係就如同dh和d之間一樣）。例：ghâsh和agh。

「外來」或是類同人類的矮人名字則都是以北方的形式來轉譯的，不過字音則還是類似原文。因此，在洛汗的人名和地名中（它們依舊保持古代的形式），éa和éo是雙母音，前者可以用英文中bear的ea代表，後者則是Theobold中的eo，y則是u的變體。經過現代化修改的語言則是很容易辨認，應用英語的方式發音。它們大多數是地名：Dunharrow（原來則是Dúnharg），Shadowfax和Wormtongue則亦屬此類。

II
書寫文字

在第三紀元中所使用的文字和字母，幾乎都可以追溯到在那時已經相當古老的艾爾達族語。它們已經發展出了完整的拼寫體系，但在每個字中只寫出子音而不寫出整個字的古老方式仍在使用。

字母有兩種主要的模式，一開始是互相獨立的：談格瓦字或Tîw，在這裡我們翻作「字」，而Certar或Cirth：奇爾斯文，則是對應為「符文」。談格瓦字是發展為利用刷子或是沾水筆來書寫的字體，這類字體的正楷則是從書寫體演變過來的。奇爾斯文則多半是用來刻畫或是雕刻用的字體。

談格瓦文字

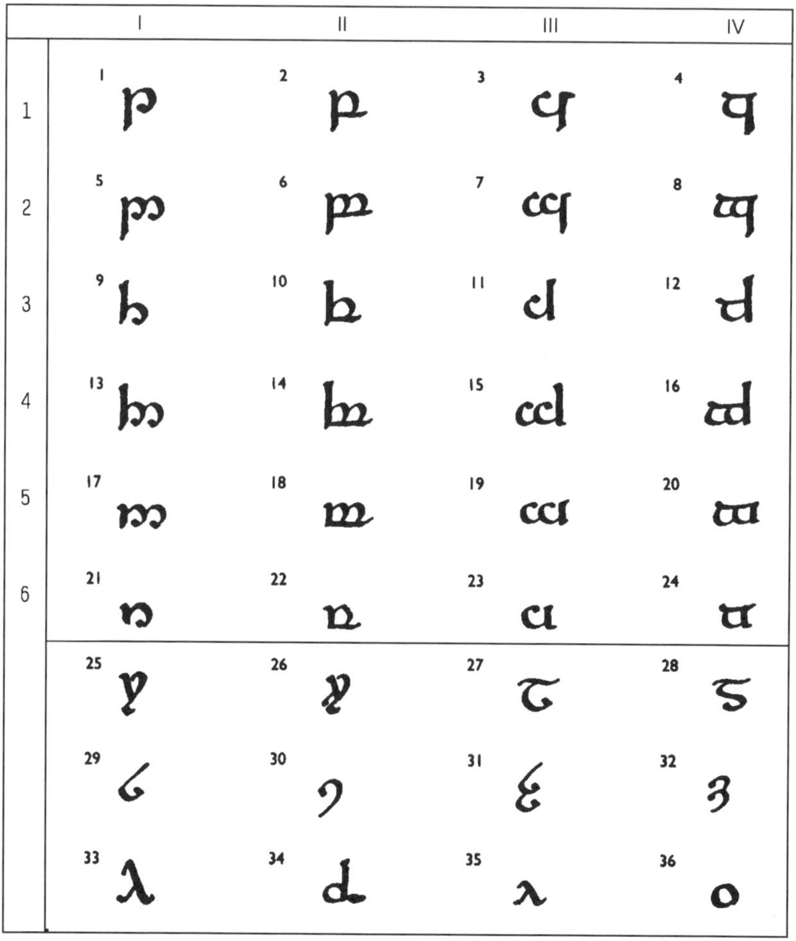
I
II
III
IV
1
2
3
4
5
6
1 2 3 4
5 6 7 8
9 10 11 12
13 14 15 16
17 18 19 20
21 22 23 24
25 26 27 28
29 30 31 32
33 34 35 36

談格瓦字是兩者中比較古老的，因為它們是由艾爾達族中最擅長這方面創造的諾多精靈在流亡前所研發的。最古老的艾爾達字體：盧米爾所發明的談格瓦字已經不再於中土使用了。較晚期的字體：費諾的談格瓦字則是全新的發明，不過依然和盧米爾的字體有些關連。這些字是由流亡的諾多精靈所帶到中土世界的，努曼諾爾的伊甸人也才接受了這種文字。在第三紀元中這類的文字使用的地區和西方通用語相同。

奇爾斯文則是一開始由辛達精靈在貝爾蘭所發明的，此後多半是用來把姓名或是備註雕刻在木頭或是岩石上。因此，它們才會擁有比較鋒利、方正的角度，和我們世界中的符文十分類似，只不過在細節上有些差異，而在安排上則完全不同。奇爾斯文以比較古老簡單的模式在第二紀元中往東擴散，成為許多種族共通的文字，矮人、人類，甚至是半獸人都將這文字經過修改，配合他們自己的需要，而技術的擅長與否也有影響。河谷鎮的人類依舊還使用著奇爾斯文簡化的版本，而牧馬王們則是使用另一種簡化的奇爾斯文。

但在貝爾蘭，在第一紀元結束之前，奇爾斯文就由於諾多精靈的談格瓦字影響，經過重新的安排，並且有了更進一步的發展。其中最有完整的發展就是戴隆字母，按照精靈的傳統，這些字母當然是由庭葛國王的詩人兼史家戴隆所發明的。在艾爾達族之中的戴隆字母並沒有真正發展出弧形的文字來，因為精靈們在書寫時採用的是費諾文字。西方的精靈幾乎完全將這種符文的書寫給放棄了。不過，在伊瑞詹一帶，戴隆字母則是繼續使用，並且傳入了摩瑞亞，也成為了矮人最喜好使用的文字。從那之後，矮人們就持續使用這種文字，並且將它傳到北方。因此，從那之後它就被稱為「摩瑞亞的複雜符文」。在語言上面，矮人們則是套用比較近代的語言，同時許多人也相當擅長書寫費諾文字。不過，他們在記述自己的語言時所使用的是奇爾斯文，並且為它們發展出特殊的筆畫來。

(I)
費諾文字

這張表所顯現的是標準的書寫體，這些字在第三紀元時通用於整個西方大地。這裡的編排方式是當時最常用的，這些字母都有各自的名稱。

這些文字一開始並不是「字母」，也就是說，它們並非一系列擁有自己獨特意義的文字。字母的順序只是依照傳統背誦，和它們的功能以及形狀都沒有關連[1]。事實上，這是一連串子音代表符號的系統，外型和格式相當類似，可以讓艾爾達族任意挑選和組合，用來代表艾爾達族發明或是觀察到的語言。這些字體本身沒有固定的數值，但彼此之間有著一些相當的關係。

這套系統包含了二十四個主要的字母，1至24，分別有四個têmar（系列），每個類別則是有六個tyeller（等級）。除此之外，還有所謂的「額外字母」，25至36就是其中的例子。在這些例子中，27和29是唯一完全獨立的字母，其他都是由別的字母變化而來的。除此之外還有幾個用處不同的tehtar（記號）。它們並沒有出現在這裡[2]。

這些所謂的主要字母都是由一個telco（豎）和一個lúva（彎）所組成的。在1至4的組成是一般性的。在9至16中的豎是拉長的，或是在17至24中是縮短的。彎可以是打開的，如同I和III系列，或是II和IV系列中封閉的。在兩個例子中，彎都是可以重複的，如5至8的例子。

原本文法上的自由度在第三紀元時則是由於人們的習慣而被捨棄了大半。I系列的多半都是用來描述齒音或是t-類別的發音（tincotéma），而II系列則是唇音，或是p-類別的發音（parmatéma）。III系列和IV系列的對應則是依據語言的不同而有所變動。

---

1 對艾爾達族來說，我們自己的字母中唯一有關連的可能只有 P 和 B，其他像是 F、M、V 對他們來說都很難以分辨。

2 它們出現在 I 91 中，在 397 有相關的翻譯。這些主要是用來表示母音的發音，在昆雅語中通常是修飾附加的子音，或是用來表明最常出現的子音組合。

在西方語中，會使用像是ch、j、sh的子音[1]，而III系列通常是用來代表這些。在這類的語言中，IV系列就是應用在普通的k-類別（calmatéma）上。在昆雅語中，除了calmatéma之外，還有上顎音類別（tyelpetéma）以及唇音類別（quessetéma），上顎音是用費諾文字中的區別音符，標註為「在y之後」（通常為字母之下兩點），而IV系列則屬於kw-類別。

在這些一般的對應模式中，下面的關係通常也會出現。普通字母中，等級1的字母通常會代表「無聲止音」：t、p、k等等。「彎」的重複表示「聲音」的額外增加，因此，如果1、2、3、4等於t、p、c、k（或是t、p、k、kw），那麼5、6、7、8就對應著d、b、j、g（或是d、b、g、gw）。豎的拉長則是代表著子音轉為「摩擦音」：因此，再確認了等級一的對應之後，等級3的字母（9至12）就應該對應了th、f、sh、ch（或是th、f、kh、khw/hw），而等級4的字母（13至16）則是對應了dh、v、zh、gh（或是dh、v、ghw/w）。

原初的費諾字體的系統也包含了一個拉長豎的等級，往線上或是線下延伸的都有。這通常代表的是上顎音中的子音（例如：t+h、p+h、k+h），但也可能代表其他必要的子音變化。它們在第三紀元所使用的書寫文字中並不需要，但延伸的模式則被套用在區別更明顯的狀況中（與等級1差異更大），像是等級3、等級4。

等級5（17-20）通常是對應於發鼻音的子音：因此，17和18是最常用於代表n和m的符號。根據上面所推測出來的邏輯，等級6應該代表的是無聲子音的鼻音。不過，由於這些發音（在威爾斯語中的nh和古英語中的 hn）在相關的語言中極少出現，因此等級6的字母（21-24）多半都是用來代表每個系列中最弱的子音，或是可以當作「半母音」的子音。它包括了在主要字母中最小、最簡單的字型。因此21通常用來代表弱（不顫 ）的 r，原先在昆雅語中是被視作在tincotéma類別中最弱的一個發音。22通常被用來代表w，

1 這些子音所代表的讀音和之前在 449 至 451 頁所指的是一樣的。唯一的例外是這裡的 ch 代表的是類似英文 church 中的 ch，j 代表的是英文中的 j，而 zh 則是 azure 和 occasion 中的音。η 是用來代表 sing 中的 ng 音。

III系列則一般是用來代表上顎音，23則常被用來代表似子音的y[1]。

由於等級4的部分子音在念出的時候通常會變弱，傾向和等級6的（如同前面所描述）讀音融合在一起。因此，後者在艾爾達族的語言中大多數失去了明確的功能。而表示母音的字母也大多數是從這些字母演變出來的。

附記

昆雅語的標準拼法和上面所提到的對應方式並不相同。等級2通常用來對應nd、mb、ng、ngw，這些都是相當常用的字，而b、g、gw則是只出現在這樣的組合中。為了對應rd、ld，則是會動用到專屬的26和28號字母（許多精靈會使用lb來取代lv。這通常會寫成27＋6，因為lmb是不可能出現的）。同樣的，由於昆雅語中並沒有dli、gli、ghio的組合，等級4也是用來表示最常出現的組合，nt、mp、nk、ngu。而v則是對應了22。

額外字母：27是各地通用的l代表。25（是21的變體）則是用來代表「完全」顫音的r。26和28則是這些的變體。它們通常用來代表無聲子音的r（rh）和l（lh）。不過，在昆雅語中，它們則是被用來代表rd和ld。29代表的是s，而31（兩個彎）則是對應需要z的語言中的這個發音。倒轉的字母30和32雖然可以用來代表其他的符號，但多半只是象徵29和31的變體，也是為了書寫方便。在出現了重疊的thetar時，才會比較常用到它們。

33原來代表的是11的（較弱）變體，在第三紀元中它最常對應的則是h。34經常用在（它本身就相當罕見）無聲子音的w（hw）上。35和36當用來代表子音時，通常用來對應y和w。

母音：在許多模式中，母音都是用tehtar來代表的，通常是置放在一個

1　摩瑞亞西門上的雕刻就是這樣的一個例子。它用的是辛達林語中的拼音，等級 6 所代表的是簡單的鼻音，但等級 5 代表的是辛達林語中常用的雙鼻音或是長鼻音：17 為 nn，但 21 為 n。

子音的字母之上。在昆雅語這類的語言中，大部分的字都是以母音作結，而tehta則是被放在之前的子音之上；在類似辛達林語的語言中大部分的字都是以子音作結，它則是被放在接續的子音之前。如果在指定的位置沒有出現子音，tehta就被放在「短載體」上，這符號看起來就是沒有上面那一點的i。在不同的語言中，用來代表母音的 tehtar 相當的繁多。最常見的部分（對應a、e、i、o、u）的已經在前面說明了。用來代表a的字母的三點在不同的寫法中有相當大的差異。通常會用看起來像是音調符號的草寫體[1]。單點和「尖重音」通常會用來代表i和e（不過，在某些模式中則是e和i）。而小曲圈則是用來代表o和u。在魔戒上的文字中，往右邊開放的曲圈是u，但在標題頁這則是代表了o，往左開的曲圈則是u。一般來說比較偏好往右開的曲圈，但這對應也同樣是視語言而定的。在黑暗之語中，o 是很少見的發音。

長母音通常是把tehta放在「長載體」上，這一般的寫法則像是沒有點的j。不過，為了同樣的目的，tehtar可以直接重複。不過，一般來說這通常用曲圈來表示，有些時候則補上「重音符號」。兩點通常是用來代表後面有y。

摩瑞亞西門上的雕刻顯示的是一個「正式寫法」，每一個母音都用不同的字母代表。所有在辛達林語中的母音全都顯示在這幅雕刻上。30號字母的使用是代表著母音的y。除此之外，為了表現雙母音，它也將代表後面接上y的tehta置放在母音字母之上。後面接上w的符號（在表達au、aw 時需要這樣的用法），在這個模式中則是利用類似u的捲曲字型或是～的符號。但雙母音通常都是以完整的方法表現，如抄本中所顯示的。在這個模式中，母音的長度通常是用「重音符號」來標示，在這個狀況中被稱為andaith，也就是「長標記」。

1　在昆雅語中由於 a 經常出現，它的母音符號通常會被完全省略。因此在 calma「油燈」這個字中，可以寫成 clm。這通常還是會被念做 calma，因為在昆雅語中部可能出現 cl 開頭的字，m 永遠不會出現在字尾。另外一個可能的念法則是 calama，但事實上並沒有這個字存在。

除了我們已經提到的tehtar之外還有幾個其他的符號，多半是用來縮減字數用的。這方面特別常用的是用來代表一些常見的子音組合，這樣就不需要每次都完全寫出來。在這些例子中，棒狀符號（或像是西班牙語中的「顎化符號」）放在子音上通常是指後面接著的是同系列的鼻音（如同nt、mp、nk），放在子音下的同一個符號則是用來說明該子音是長子音或是重複子音。一個下沉的溝狀符號則是用來標明後面接著s，特別是在ts、ps、ks（x），昆雅語偏好這類的組合。

當然，這套系統中並沒有表現英文的適當「模式」。不過，人們還是可以從費諾系統中設計出適當的音標符號。標題頁的例子並不準備做這樣的嘗試。那所展現的是剛鐸的居民在衡量他熟悉的「模式」和英文的傳統拼法之後，所會創造出來的模式。讀者可能會注意到，在字母底下的一點（原先是用來代表弱的含糊母音）在這裡用來當做and的弱音節。但也用在here 中代表最後一個不發音的e。the，of 和of the則是被用簡寫的符號所取代（延伸的dh、延伸的v，以及後者底下加一條線的符號）。

字母的名稱：在各種模式中，每個字和符號都擁有一個名字，但這些名字是用來描述每個特殊模式中各字母所代表的聲符。事實上，人們也經常考慮到要在除了這些模式中聲符的名稱之外，依據它的形狀和筆畫定出不同的名字來。為了滿足這個需求，昆雅語中的「全名」就常常被採用，即使它們在昆雅語中都有獨特的用法。每個「全名」事實上都是一個含有該字母的昆雅單字。可能的話，它通常還會是該文字中的第一個發音。即使該字母不可能出現在第一個發音，通常也會緊跟在第一個母音之後。表格中的字母名稱如下：

1、tinco「金屬」，parma「書」，calma「油燈」，quesse「羽毛」。
2、ando「門」，umbar「命運」，anga「鐵」，ungwe「蜘蛛網」。
3、thule（sule）「靈魂」，formen「北方」，harma「寶藏」（或是aha「憤怒」），hwesta「微風」。

4、anto「嘴」，ampa「鉤子」，anca「下巴」，unque「凹陷」。

5、numen「西」，malta「黃金」，noldo（古代則是η oldo）「諾多精靈的分支」，nwalme（古代拼法ywalme）「折磨」，ore「心」（內在意志），vala「天使的神力」，anna「禮物」，vilya「空氣」、「天空」（古代拼法 wilya）；rómen「東方」，arda「區域」，lambe「舌頭」，alda「樹」，silme「星光」，slime nuquerna（S倒過來），áre「陽光」（或是esse「名」），áre nuquerna；hyarmen「南方」，hwesta sindarinwa，yanta「橋」，úre「熱」。

這些字母之所有會有不同的念法，多半的原因是由於流亡的同胞們使用昆雅語的發音並不相同。因此11號字母當它代表的是ch的上顎音時，它被稱作harma。但是，當這個發音變成了字首的h氣音時[1]（不過還是留在字中間），就誕生了這個字aha。Áre起初是áze，但當z和第21字母融合在一起時，這個標誌在昆雅語中就成了十分常見的ss代表，而這時就會稱呼它為esse。hwesta sindarinwa或是「灰精靈語的hw」之所以會被這樣稱呼，是因為在昆雅語中的12號字母發音是hw，不需要將chw和hw的聲符分開。最常使用和最為人所知的字母名稱是17n，33hy，25r，9f：númen，hyarmen，rómen，formen，也就是西、南、東、北（在辛達林語中則是dûn或annûn，harad，rhûn或amrûn，以及forod）。這些字通常會用來代表西、南、東、北方，即使在相差甚遠的語言中也是一樣。它們在西方大地上是以這樣的順序表示的，從面對西方開始；hyarmen和formen的確分別指的是左手邊和右手邊的區域。不過在許多人類的語言中則是剛好相反。

1　在昆雅語中的 h 氣音起初是用伸長的「豎」，沒有任何的「彎」，這個字被稱做 halla「高」。這可以被放在子音前，用來標明它不發音或是用氣音。無聲子音 r 和 l 通常以此方法來表現，因此可以轉譯成 hr、hl。日後，33 號字母用來代表獨立的 h，而 hy 的發音（古代發音）則是在之後加上一個 tehta 作為後附 y 的意思。

奇爾斯文

戴隆奇爾斯文一開始只是用來代表辛達林語的聲符。最老的奇爾斯文是後面表格中的1，2，5，6；8，9，12，18；19，22，29，31；35，36；39，42，46，50；以及在介於13與15之間的變體。它們的編號是沒有系統的。39，42，46，50式母音，在之後的演化之中也依舊保持這狀況。13，15則是用來代表h或是s，必須視35用來對應s或是h而定。這個在指派s和h之上的遲疑一直持續到稍後的設計中。在所有包含了「豎」和「岔」的字體中（也就是1-31），分岔接上的方式如果只在一邊，通常會出現在右邊。相反的安排還算常見，但並沒有任何發音上的特殊意義。

這種奇爾斯文的延伸和擴張使用被稱作「安格薩斯戴隆」字體。因為是戴隆針對古老的奇爾斯文所做的修正和重新安排。不過，這樣就帶進了兩個新的字母系列，13至17，23至28。事實上，這最有可能是伊瑞詹的諾多精靈所發明的，因為它們代表了在辛達林語中找不到的發音。

在重新安排之後，「安格薩斯」字體有如下的規律（很明顯是從費諾系統中得來的靈感）。

1、在「岔」上增加一畫代表的是增加「聲音」。

2、反轉整個奇爾斯文代表的是「上顎音」。

3、將岔放在豎的兩邊會增加它的力度和鼻音 。

除了一個地方之外，這些規律大致上適用。在（古代的）辛達林語中，必須要有一個上顎音的m（或是鼻音的v）使用的符號，既然這應該由顛倒m的符號來提供最方便，那可反轉的6號字母就獲得了m的意義，但5號字母則是被用hw所取代。

36號字母理論上應該是代表z，事實上，在拼寫昆雅語或是辛達林語中它是用來代替ss的（請參考費諾系統的31號字母）。39號字母是用來代表i或y（子音），34、35則是都可以代表s，38則是用來代表常見的組合nd，不過它的形狀卻和齒音沒有明確的關連。

安格薩斯字體

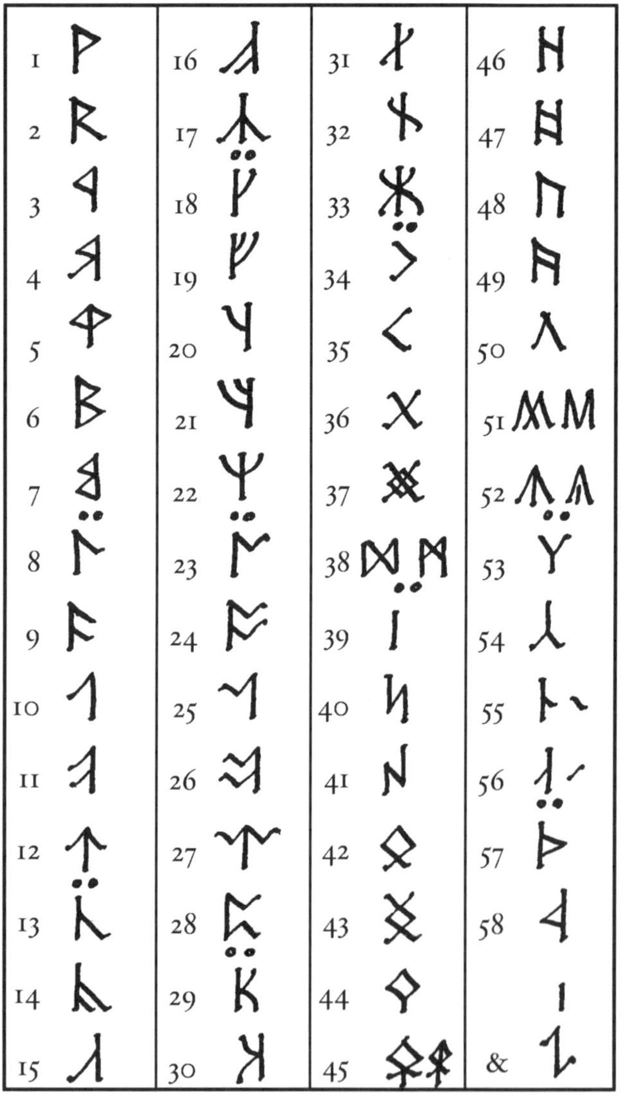

安格薩斯字體

對應編號

1	p	16	zh	31	l	46	e
2	b	17	nj—z	32	lh	47	ē
3	f	18	k	33	ng—nd	48	a
4	v	19	g	34	s—h	49	ā
5	hw	20	kh	35	s—'	50	o
6	m	21	gh	36	z—ŋ	51	ō
7	(mh)mb	22	ŋ—n	37	ng★	52	ö
8	t	23	kw	38	nd—nj	53	n★
9	d	24	gw	39	i(y)	54	h—s
10	th	25	khw	40	y★	55	★
11	dh	26	ghw,w	41	hy★	56	★
12	n—r	27	ngw	42	u	57	ps★
13	ch	28	nw	43	ū	58	ts★
14	j	29	r—j	44	w		+h
15	sh	30	rh—zh	45	ü		&

在數值對應表中當被一分隔時，左方代表的是較古老的「安格薩斯體」讀音。右邊的則是矮人的「安格薩斯摩瑞亞體」[1]，摩瑞亞的矮人將這系統做了不太規律的一個修改，從奇爾斯文37，40，41，53，55，56就可以很明顯的看出來。這些數值的不對應有兩個主要的原因：

1. 34，35，54的數值都分別和h以及s有所牽連（這是矮人語中第一個就是母音的字所發出的清音或是聲門音）。

2. 14和16被捨棄，矮人用29和30來替代。

因此，矮人用12對應r，發明了53來對應n（以及和22之間的混淆）；將17對應z，將54對應到s，以及把36當做 η ，和新的奇爾斯文37號被對應做ng。新的55、56起源是46的對半切割，是用來對應如同英文butter中的母音，這經常出現在西方語和矮人語中。當遇上弱音或逐漸消失的聲音時，它們通常減為只有一個岔，沒有豎。這種安格薩斯摩瑞亞體可以在墓碑上看見。

依魯伯的矮人則是把這系統又做了一番改變，成為依魯伯專用的模式，馬薩布爾之書中就有相當清楚的範例。它的主要改變為：43對應z，17對應ks（x），以及兩個新的奇爾斯文57和58，分別對應到ps和ts。他們同時也把14和16重新對應回j和zh。但將29和30分別對應至g、gh上，或是只把它們當作19、21的變體。這些特殊的變體並沒有記載於表格中，表格中只特別列出了依魯伯的兩個奇爾斯文，57、58。

---

1 在( )之中是只有出現在精靈語中的用法，＊則表示這是只有矮人使用的奇爾斯文。

附錄六

I
第三紀元的語言與種族

在這段歷史中由英文[1]所對應的語言是「西方語」，或說是「通用語」。這是在第三紀元的中土世界中通用於西方大地的語言。在這段時間中，它成了居住在亞爾諾和剛鐸範圍內幾乎所有使用語言之種族的母語（只有精靈例外）。這塊區域沿著海岸從昂巴向北直到佛羅契爾灣，內陸直到迷霧山脈和伊菲爾杜斯。西方語同時也沿著安都因河往北擴散，占據了河的西岸和東方的山脈，最遠直到格拉頓平原。

在魔戒聖戰時，這些地區依舊將西方語當作他們的母語，只是伊利雅德上幾乎已經無人居住，而安都因河位於格拉頓平原和拉洛斯瀑布之間的沿岸也極少人煙。

幾支古代倖存的野人依舊在安諾瑞安的督伊頓森林中出沒，在登蘭德的山區中也仍有一支古老的部族出沒，古代時他們曾是剛鐸的原住民。這些民族都謹守著他們原來的語言。而在洛汗平原上居住著一支來自北方的民族：牧馬王。他們是在五百多年前來到該處的。所有還依舊保有自己語言的民族都把西方語當作溝通的第二語言來使用，甚至連精靈也是如此。亦即是說，西方語通行的區域不只是在亞爾諾和剛鐸，更包括了整個安都因河流域，往東甚至直達幽暗密林邊境。甚至在那些不與外界往來的野人和登蘭德人之中，也有一些成員懂得西方語。

1 在中文版中則是「中文」。

有關精靈

精靈們早在遠古就分成了兩個主要的分支：西方精靈（艾爾達族）和東方精靈。後者大多數是居住在幽暗密林和羅瑞安的精靈，但他們的語言則並沒有出現在這段歷史中。這段歷史中的所有的精靈語言和名稱都是艾爾達族的語言[1]。

在艾爾達語言的分支中，本書介紹了其中的兩種：高等精靈語，或是昆雅語；第二種則是灰精靈語或是辛達林語。高等精靈語是大海的彼岸艾爾達瑪城所使用的古老語言，也是第一個被書寫記錄下來的語言。它已經不再是日常生活所用的口語，而是成為「精靈語」中的「拉丁語」，在第一紀元末期又再度回到中土的高等精靈們，只將它用在儀典中和重要的歷史傳承及歌謠中。

灰精靈語的源頭和昆雅語十分類似。它是那些來到海岸邊，但卻流連於中土世界的貝爾蘭，沒有渡海的精靈們所使用的語言。多瑞亞斯的精靈王庭葛．灰袍在那邊建立了王國，在這段遠古長時期處於星光下的歷史中，他們的語言感染了凡間易變化的特質，和海外的艾爾達族語言反而漸行漸遠。

高等精靈的流亡者居住在人數眾多的灰精靈之間，也同樣接受了辛達林語成為日常生活的用語；因此，辛達林語也成了出現在這段歷史中的精靈和精靈貴族的語言。他們全都算是艾爾達族的精靈，但有時麾下所統治的是比較次等的精靈。在這當中，身分最高貴的是出身於費納芬皇室的凱蘭崔爾女皇，她是納國斯隆德的精靈王芬羅．費拉剛的妹妹。精靈流亡者的心中還是永遠想念著海洋；而在灰精靈的心中，這種慾望則是潛伏性

1 在這段時間中，羅瑞安所使用的是辛達林語。不過，由於這裡大部分的居民是西爾凡精靈，所以，此地的辛達林語擁有一些「口音」。這個「口音」和佛羅多對於辛達林語的有限了解誤導了他（這是由一名剛鐸的評論家在領主之書中指出的）。所有在第一章，第六節、第七節、第八節中所引述的精靈語都是辛達林語，而地名和人名也都一樣。不過，羅瑞安、卡拉斯加拉頓、安羅、寧若戴爾則可能是西爾凡精靈的語言，被沿用進辛達林語中。

的，但一旦被喚醒，也同樣無法回頭。

有關人類

西方語是一種人類專用的語言，不過也曾經在精靈語的影響下變得比較柔和及豐富。它起初是那些被艾達族稱做伊甸人——意思是「人類始祖」——的三個人類家族所使用的語言。這三個家族都是精靈之友，他們在第一紀元來到了貝爾蘭，並且協助艾爾達族對抗北方的黑暗勢力，參與了那場「精靈寶鑽之戰」。

在經歷許多波折之後，人類與精靈終於推翻了那邪惡的力量，但貝爾蘭卻因此陸沉，大部分遭到淹沒及破壞。由於他們對精靈的協助，因此也獲得了如同精靈的特權，可以渡海往西去。不過，由於他們不能進入不死之地，主神們遂為他們建造了一個巨大的島嶼，成為凡間最西方的陸地。這座島嶼就叫努曼諾爾。於是，大多數的精靈之友離開了中土大陸，居住在努曼諾爾島上。他們的文明蓬勃發展，成為相當著名的航海家，擁有無數的艦隊。他們長相英俊，身材高大，壽命則是中土世界人類的三倍。這些就是努曼諾爾人，人中之皇，精靈們稱呼他們為登丹人。

登丹人是所有人類中唯一會使用精靈語的民族，因為他們的祖先從精靈口中學會了辛達林語。而這就被當作歷史傳承了下來，經過許多年依舊沒有多少改變。他們之中睿智的人也同樣學會了高等精靈的昆雅語，並且將它視為所有語言中最高貴的，用它替許多雄偉和聖潔的地方命名，並且用來替皇室和創造偉大功業的人取名[1]。

不過，努曼諾爾人的母語依舊還是人類的語言，阿督奈克語。他們後期的皇帝對自己的豐功偉業感到驕傲自大，開始使用阿督奈克語取名，捨

1　舉例來說，伊蘭迪爾、伊西鐸、安那瑞安、努曼諾爾都是昆雅語。剛鐸所有皇室的人名，包括了伊力薩「精靈寶石」都是。登丹人中其他的男子和女子所使用的姓名，像是亞拉岡、迪耐瑟、吉爾蘭則都是辛達林語；它們多半都是從第一紀元中的歷史和歌謠中所傳承下來的偉人之名。有些的名字來源則是結合了多種語言，波羅莫就是其中一個例子。

棄了精靈語；唯一的例外只有那些和精靈交好的人，他們依舊保持了這個習慣。在努曼諾爾人的力量達到顛峰的那些年代，他們在中土沿岸建立了許多堡壘，用來支援自己艦隊的作業。其中最主要的一個港口是靠近安都因河口的佩拉格。在該處所使用的就是阿督奈克語，而它在混合了許多當地人類的語言之後，就轉化成通用語，通行於所有和這些西方人打交道的區域。

在努曼諾爾陸沉之後，伊蘭迪爾領著精靈之友的倖存者回到中土世界的西岸。許多擁有全部或是部分努曼諾爾人血統的人類早已居住在該處，但只有極少數的人還記得精靈語。因此，雖然登丹人擁有極長的壽命和智慧，但他們的人數與所統治的子民比起來依舊是少得可憐。也正是因為這樣，他們在和其他民族溝通，以及處理政事時使用通用語，但將精靈語引入其中，讓它變得更為豐富。

在努曼諾爾皇帝的統治之下，西方語擴散得相當快，甚至連他們的敵人都開始採用這語言。登丹人本身也越來越常使用這種語言，到了魔戒聖戰的年代中，只有剛鐸的極小部分人懂得精靈語，能夠利用精靈語交談的更是少之又少。這些人大部分居住在米那斯提力斯，以及鄰近的城鎮中，或是納貢的封地多爾安羅斯上。但是，幾乎所有剛鐸的地名和人名都擁有精靈語的意義和背景。其中幾個已經無法考察其源由，甚至是在努曼諾爾人登陸之前就已經流傳下來。其中有昂巴、阿那赫、伊瑞赫，以及山脈的名稱愛倫那赫奇、瑞蒙。佛龍也擁有同樣的背景。

西方大地北邊的人類幾乎都是第一紀元中伊甸人的後代，至少也是他們的近親。因此，他們的語言多半都和阿督奈克語有牽連，有些依然和通用語之間有些相似。這些族群的人類包括了安都因河上游河谷中的居民：比翁人、居住在迷霧森林西邊的人類，以及更東北方的長湖和河谷中的人類。在格拉頓與卡洛克之間的土地則是古代牧馬王所居住的地方。他們依然使用自古流傳下來的語言，國土內的所有地名也都是用這些語言所取的。他們稱呼自己為伊歐一族或驃騎。但這個民族中的貴族都可自在地使用通用語，而且和剛鐸盟友一樣相當的優雅。因為，在西方語起源的剛鐸中依舊保持了通用語中比較古老和優雅的特點。

完全與這些語系不同的是督伊頓森林中的野人。登蘭德人的語言也是完全不同，或是只能說有些許的連結。這些是在古代居住於白色山脈中的民族所遺留下來的後代。原居登哈洛的那個已滅亡的種族也和他們同出一源。在黑暗的年代中，其他人遷移到迷霧山脈南方的河谷中；因此他們有些人躲到了北方古墓崗一帶的空曠土地上。他們就是布理人類的祖先。不過，這些人的後代很久以前就成了北方亞爾諾王國的子民，學會了西方語。只有居住在登蘭德的這個民族還保留著古代的語言和習俗：他們行事相當的隱密，對登丹人不友善，痛恨牧馬王。

他們的語言則是完全沒有出現在本書中，只有他們對於牧馬王的稱呼Forgoil（據說那是稻草頭的意思）。Dunland登蘭德和Dunlending登蘭德人是牧馬王給他們取的名字，這是因為他們行為粗魯，頭髮是暗褐色（dun）的。與灰精靈語中的Dun「西方」並無關連。

有關哈比人

夏爾和布理的哈比人在此時大約已經使用通用語一千年左右了。他們毫不在意地將這種語言改為適合自己使用的隨意格式。不過，在他們之中比較博學多聞的人還是會在狀況需要時，使用比較嚴謹、正式的語言。

歷史記載中沒有特別記載專屬於哈比人的語言。自從遠古開始，這個種族似乎就一直使用著居住在他們附近或是之中的人類之語言。因此，當他們遷入伊利雅德之後，很快就接受了通用語，等到他們在布理定居的時候，甚至有些人已經忘記了原先的母語。但這所謂的母語很顯然的也是安都因河上游的一種人類語言。不過，史圖爾家族在抵達北方的夏爾之前似乎從登蘭德人身上學到了一些他們的語言[1]。

在佛羅多的年代，這些語言的演變還有一些蛛絲馬跡。他們當地的姓

1 回到大荒原上的史圖爾家族那時已經接受了通用語。不過，德戈和史麥戈這兩個名字是格拉頓平原附近人類所使用的語言。

名和地名有些與河谷和洛汗的語言相當近似。最值得注意的是對於季、月、日的名稱。除此之外，還有幾個像mathom「馬松」[1]、smial「地道」這類的字眼，都是相當常用的古字。其他的部分則都是保留在布理和夏爾的地名中。哈比人中一些特別的名字，有許多也是來自於遠古的傳承。

Hobbit（哈比人）是大多數夏爾居民對自己的稱呼，人類稱呼他們為半身人，精靈則是稱他們為派里亞納。哈比人的語源幾乎已經被眾人所遺忘。這似乎是其他種族當初稱呼哈伏特、法絡海和史圖爾三大家族的一個稱號，這個字經過多年的演化，已經有了相當多的改變。不過，在洛汗語中依舊保留了它比較完整的全貌：holbytla（哈比特拉）「建洞者」。

有關其他種族

樹人。在第三紀元中，殘存最古老的種族是Onodrim，或被稱為Enyd。Ent（樹人）是在洛汗語中對他們的稱呼。古代的精靈就已經知道他們的存在，而艾爾達族也知道，樹人們不只發明了自己的語言，更擁有難以比擬的表達慾望。他們所創造的語言和其他種族截然不同：緩慢、宏亮、有凝聚感、重複、連續不斷。樹人語言中的高低起伏、抑揚頓挫和母音的變化無比繁多，連艾爾達族的撰史者都不曾嘗試將它記錄下來。樹人們只用這語言彼此交談，但卻不需要特別保密，因為根本沒有其他的種族能學會這語言。

事實上，樹人本身相當的擅長各種語言，他們學習的速度很快，入耳不忘。樹人比較偏好艾爾達族的語言，最喜歡的是古老的高等精靈語。哈比人所記錄的樹鬍對話和其他樹人所使用的字眼多半都是精靈語；或者是精靈語以樹人的使用習慣連結在一起[2]。有些是昆雅語，如：Taurelilómëa-

1 夏爾語中的「雞肋」，用來指那些食之無味，棄之可惜的禮物。

2 不過，哈比人在記錄這段歷史時，曾試圖將樹人較短的呼喊記載下來。A-lalla-lalla-rumba-kamanda-lindor-burume 並不是精靈語，可能是本書中唯一試圖（精確度多半不是很高）將真正的樹人語片段記錄下來的地方。

tumbalemorna Tumbaletaurëa Lómëanor，可以翻譯成「許多陰影的森林—黑暗的深谷，深谷有森林，陰鬱之地」。樹鬍的意思則是接近「在深谷的森林中有個黑暗陰影」。有些則是辛達林語：Fangorn（法貢）「鬍子樹」，Fimbrethil（芬伯西爾）「纖瘦的柏樹」。

半獸人與黑暗語。Orc（半獸人）是其他人對於這個邪惡種族的稱呼，這是洛汗語。在辛達林語中則是Orch。毫無疑問的，相關的字眼在黑暗語中對應的是uruk（強獸人）。不過這個名字似乎只是用在從魔多和艾辛格所培育出來的高大戰士亞種。強獸人對於其他亞種的稱呼則幾乎都是snaga（史那加）「奴隸」。

半獸人起初是在遠古時被北方的黑暗力量培育出來的。據說他們沒有自己的語言，而是吸收其他種族的語言，並且將它們轉化成自己偏好的格式。不過，他們經常使用的也只有一些粗魯的短字，剛好能滿足他們生活上的需求。但是，他們在辱罵和詛咒上則發展得比較複雜一些。這些生物滿心邪惡，連自己的同胞都會仇視，因此很快就在各聚居地之中發展出複雜、分歧甚遠的方言來。到了最後，連他們自己的半獸人語都不再適合於不同部落之間的溝通。

因此，到了第三紀元，半獸人們各亞種間彼此溝通的主要語言成了西方語。事實上，許多比較古老的部落，像是北方和迷霧山脈中的分支，他們早已將西方語當成自己的母語，不過，在他們的糟蹋之下，他們所講的西方語也成了和半獸人語不相上下的骯髒語言。

根據歷史記載，所謂的黑暗語是索倫在黑暗之年代中所發展出來的，他意圖將這語言擴展為所有服侍他的奴僕所使用的共通語，但最後卻失敗了。不過，從這黑暗語中發展出了許多半獸人在第三紀元通用的單字，像是ghâsh「火焰」[1]。不過，在索倫第一次被推翻之後，這種語言就被眾人所

1 出現在摩瑞亞礦坑中的半獸人稱呼炎魔時所使用。

遺忘，只剩下戒靈還記得。當索倫再起時，它又成了巴拉多要塞和魔多將領之間的語言。魔戒上的銘文則是古老的黑暗語，魔多的半獸人（為首的是葛力斯那克）在挾持梅里和皮聘時所使用的咒罵是邪黑塔的士兵所用的簡化版本。在黑暗語中的Sharkû則是「老人」之意。

食人妖。它在辛達林語中的稱呼是Torog。在遠古天地初開的時候，他們是相當愚笨、遲緩的生物，使用的語言並不比野獸複雜多少。不過，索倫還是將他們收歸旗下，教導他們愚笨的腦袋所能學得的淺薄知識，並且運用各種方法增加他們的智力。因此，在朝夕相處之下，食人妖就從半獸人的口中學習了它們的語言。在西方大地的岩石食人妖則是使用某種通用語的變體。

不過，到了第三紀元的尾聲時，一群之前沒有見過的食人妖開始出現在幽暗密林中和魔多的邊境山區。在黑暗語中他們被稱為Olog-hai。根據推斷，這些應該是索倫所培育出來的，但卻沒人知道是從什麼樣的族系培育出來的。有些人說他們不是食人妖，而是巨大的半獸人；但事實上，Olog-hai不論是在身體和心理上都與最高壯的半獸人亞種截然不同，他們在這兩方面都遠遠超過了半獸人。他們的確是食人妖，但身體內充滿了主人的邪氣。他們是個邪惡的種族、強壯、敏捷、凶暴、狡猾，比岩石還要強硬。他們和遠古的祖先不同，只要索倫的意志還在背後操縱，他們就可以忍受陽光的照射。他們極少交談，所用的語言則是巴拉多的黑暗語。

矮人。矮人是個與其他生物沒有關連的種族。有關他們的奇異起源，以及為什麼他們與精靈和人類之間會有這樣的差異，都記載於《精靈寶鑽》一書中。中土世界的精靈後代對這段歷史並不知情，而人類的記憶又把它和其他的種族搞混在一起。

矮人是個強悍、固執的種族，祕密行動、吃苦耐勞，對於受傷（和獲得好處）不會輕易忘記。他們酷愛岩石、寶石和可以在工匠手中轉化形狀的各種材質，至於那些自己生長的東西則不是他們鍾愛的對象。他們的天性並不邪惡，只有極少數的矮人會自願替魔王效力，許多人類論及他們的相關傳說都是捏造出來的。因為古代的人類覬覦他們的財富和所創造的工

藝品，因此兩族之間一直有嫌隙。

到了第三紀元時，在許多地方依舊可以發現人類和矮人之間合作無間的友誼，這都是基於矮人喜歡旅行、勞動與貿易的天性。矮人在古代的家園被摧毀之後，開始了四處流浪、製造工藝品和貿易的生活，因此，他們必須要使用人類的語言。但是，在私底下（這與精靈不同，他們甚至不願意在朋友面前揭露這種語言）他們使用的是千萬年以來代代相傳，幾乎沒有改變的語言。這對他們來說已經不再是牙牙學語時的母語，而是成了歷史傳承的寶貴資產。其他的種族只有極少數人曾經習得這種語言。在這段歷史中，矮人語只出現在金靂對於夥伴們提及地名時的名稱，以及他在號角堡時所呼喊的戰呼。但這句戰呼不算祕密，乃是自古到今流傳於許多戰場上的高呼：Baruk Khazâd! Khazâd ai-mênu！「矮人之斧！矮人駕到！」

金靂和他所有同胞的名字都是北方（人類）起源的。他們自己的祕密真名則是從來不對外族透露，甚至也不會刻寫在墓碑上。

II
翻譯的過程

為了將紅皮書呈現給今日的讀者閱讀，以便了解過去的歷史，書中的整個文字語言都經過對應，投射到我們現今的世界中。書中保留原文的地方只有通用語以外的語言，這些則是大部分出現在人名、地名中。

通用語，也就是哈比人的語言，毫無疑問的必須被翻譯成現代的英文。在這整個過程中，使用西方語的不同習慣則變得沒有那麼明顯。筆者試著以不同風格的英文來代表這些不同的語言模式。但是，實際上夏爾的片語、發音，和精靈或是剛鐸的貴族在使用西方語上的差異遠遠大於本書所能呈現的範圍。哈比人所使用的是相當俚俗的方言，而剛鐸和洛汗則使用比較正式、規矩和簡潔的西方語。

不過，在這些方言之間的差異有一點非常重要，在本書中卻無法表現。西方語在第二人稱（通常也包括第三人稱）的稱呼會以發音來作「遠

近親疏」[1]的分別。事實上，這就是夏爾的語言使用脫離常軌的地方。只有夏爾西區的人保留了這種發音差異，通常是用來當作親切的意思。因此，對於剛鐸的人來說，夏爾的西方語最奇怪的是在這個地方。舉例來說，當皮瑞格林．圖克第一天到米那斯提力斯的時候，他對於每個人都是不分階級的使用「親近格」稱呼法，甚至連迪耐瑟也被他一視同仁的這樣稱呼。這或許讓年老的攝政王覺得很有趣，但他的部下肯定都嚇壞了。毫無疑問的，也正是這種誤打誤撞的巧合讓人們開始以為皮瑞格林在自己的國家中一定擁有很高的地位[2]。

不過，哈比人佛羅多、甘道夫和亞拉岡等人並不見得會有這樣的風格。這是可以刻意避免的。在哈比人之中比較博學多聞的人通常都會對「書中的語言」有一些基本的了解，他們可以很快注意到新朋友說話的風格，並且隨之調適。而經常四處旅行、見識豐富的人們也可以改變自己的說話風格來配合所處的環境。特別像是亞拉岡這種必須盡可能隱匿身分的旅人更是如此。而在第三紀元中，所有魔王的敵人都十分珍惜古代的事物，這其中當然也包括了語言；他們會根據自己語言知識，從中尋找樂趣。艾爾達族是對語言最有天賦的，他們了解許多種的說話風格，不過，大部分時間還是以比較接近自己種族風格的方式說話；這種風格甚至比剛鐸還要古老。矮人們的語言能力也相當不錯，可以隨時配合同伴們的轉變；不過，外人有時會認為他們的腔調比較粗魯、有許多的喉音。對於任何事物都不尊重的半獸人和食人妖則是毫不在乎的使用語言；只不過，他

1 由於中文中與托爾金所意圖呈現的狀況正好相反，我們只有「疏遠格」的「您」和相較之下比較親近的「你」。若套用「汝」，則反而會給讀者「疏遠格」的誤會，因此，譯者在別無選擇之下，只能捨棄這樣的替代。書中的翻譯若是使用到「您」時，純粹代表語氣較為尊敬，與此處的「疏遠格」和「親近格」沒有關係。但原文書中曾經發生過這樣的遠近親疏轉變的場景多半是發生在伊歐玟身上。她起初與法拉墨之間的對話多半比較疏遠，但最後則是開始使用「親近格」。

2 在幾個不同的地方中，筆者曾經嘗試著使用 thou「汝」來表達這樣的意義。這個字目前已經變得相當少見和古老，大多數是在儀典中所使用。不過，有時，筆者在書中 you 把「你」改換成 thou 或是 thee「汝」，目的是為了在別無選擇的狀況下顯示從「疏遠格」變為「親近格」的狀況，或是在男人和女人之間由「疏遠格」變為「親近格」的情形。

們的語言往往比筆者在書中所能夠呈現的還要下流和骯髒。雖然範例並不難找到，但筆者認為讀者們並不會喜愛太過逼近的轉譯。同樣的，許多半獸人之間所使用的都是充滿了恨意的重複詞語，由於他們偏離正道太久，甚至已經失去了語言的活力；只不過，在他們同族之間可能反而以為那腔調聽起來十分強而有力。

上面的這些問題在翻譯古代的記載時是經常會遇到的。但一般來說並不會做更進一步的處理。不過，筆者實際上做得更深了一些。筆者將所有西方語的姓名幾乎都按照它的意義做了翻譯。在本書中如果出現了英文的姓名或是稱號，這代表的是那是對應於當代的通用語的翻譯，而不是外來語（通常是精靈語）的產物[1]。像是Rivendell（瑞文戴爾）、Hoarwell（狂吼河）、Silverlode（銀光河）、Langstrand（朗斯特蘭）、The Enemy（魔王）、Dark Tower（邪黑塔）。有些在意義上則是有所改變：末日火山替代了Oroduin（歐洛都因）「燃燒的大山」，或是幽暗密林替代了Taur e-Ndaedelos「極度恐懼之森林」。幾個則是從精靈名稱中做修改而來：Lune（隆恩河）和Brandywine（烈酒河）則是改自精靈語的Lhûn和Baranduin（巴蘭督因河）。

這個過程當然需要一些說明。對筆者來說，如果將所有的名稱都以它原來的方式展現，則會模糊掉當年哈比人對這些地名的認識和了解（筆者在全書中也力圖保持從他們的角度來觀看整個歷史）[2]。因此，在當時所使用的語言中，哈比人所面對的是一個廣為流傳，但衍生出許多變異的語言（西方語）——如同我們今日所使用的英語，以及另一個更古老，為人所尊重的殘存語言。如果筆者只將所有的名稱照章轉錄，那對於讀者來說會變成一樣的模糊遙遠。舉例來說，如果把精靈語的Imladris（伊姆拉崔）和西方語翻譯的地名Karingul全都保留下來，對讀者來說將是一樣遙遠的異世

1 受限於翻譯上的諸多限制，筆者在此盡可能的將所有擁有英文意義的地名及人名加以翻譯，但由於許多是源自於古英文的縮寫和簡稱，為了模擬英文讀者在閱讀時也無法完全解譯的情況，因此某些地名和人名還是採用了音譯的方法。

2 也就是整個魔戒三部曲可以當成「哈比大歷史：夏墾一四〇一年」來看待。

界產物。但是，如果把伊姆拉崔和瑞文戴爾來做比較[1]，就如同在一個現代人面前稱呼溫徹斯特為卡麥隆一樣，人們會知道指的是同一個地方。只不過，瑞文戴爾居住著一個遠比亞瑟王要年長的君王。

夏爾（原文為Sûza）和大部分哈比人居住的地方都經過了英文意譯的動作[2]。這個動作並不困難，因為這些名稱都和英文中用來取名的要素幾乎是相同的。常用的像是hill（山）或是field（地），或是town（鎮）演變之後的ton（屯）都相當容易找到對應。不過，也有一些是來自於早已不再使用的哈比人古語，這則是用英文類似的詞句來對應，像是wich或是bottle「住宅」，或是michel「大」。

不過，夏爾和布理的哈比人則是在此之前幾個世紀，開始有了姓的使用習慣。大多數的姓在當代的語言中依舊有著意義，因為原先本就是由綽號、職業、地名或是（特別以布理為多）從植物和樹木的名稱中取得。翻譯這些也不太困難，但也有幾個古老的姓名其意義已經被人所遺忘，筆者則是將其拼法變為英文的習慣，像是用Took（圖克）取代Tûk，或是用Boffin（波芬）取代Bophin。

同樣的，筆者也盡量以類似的方法處理哈比人的名。哈比人通常會替自己的女孩取珠寶或是花朵的名稱。而男孩則是從日常生活中完全沒意義的語詞中獲得靈感。有些女人的名字也是一樣。這其中有比爾博、邦哥、波羅、羅索、坦塔、妮娜等等。不過，也有一些純粹是出於或然率的巧合，讓其中有一些名稱和我們今日的人名很像：Otho傲梭、Odo傲多、

---

1 Camelot（卡麥隆）是古代通行於英格蘭的威爾斯語地名，將它翻譯成現代英文就是Winchester（溫澈斯特），指的也是同一個地方。而這裡的舉例在中文中的類比則是：伊姆拉崔對應於「金陵」，而瑞文戴爾則對應於「南京」，或是伊姆拉崔對應於「噶瑪蘭」，瑞文戴爾對應於「宜蘭」。雖然指的是同樣一個地區，但在意義上和感覺上有很大的差異。

2 如同譯者在前面所提到的一樣，中文翻譯本中無法完全將這樣的轉換表現出來。英文中的 Shire 是英國慣稱的行政區域，對應到中文類似郡。但其實適當的中文表現法就如同鄉下人稱呼自己故鄉為「我老家」是一樣的。但在此地為了中英文使用習慣的不同，只得忍痛使用音譯之法。但其餘於 Bag End 翻做袋底洞或是 Hill 翻作小丘等都盡量依照托爾金的慣例來進行。

Drogo德羅哥、Dora朵拉、Cora可拉等等。這些名字筆者還是保留下來，但在拼法上做了一些修正。因為在哈比人名中，a結尾的是男性名，o和e結尾的是女性名[1]。

在比較古老的家族中，特別是法絡海一系的家族，像是圖克和博格家，習慣於給孩子取個響亮的名。由於這大部分都是從古代的人類或是哈比人傳說中所選取，對於河谷鎮、驃騎、哈比人來說，這些名稱都沒有多大意義了。因此，筆者將這些名字轉換成相對於英文古老的法蘭克語和哥德語系的名字，而且是還在歷史中或是近代流傳的名字。因此，筆者藉著這樣的作法，盡可能的保留了哈比人自己也明白的姓和名之間的語源和感覺的差異。擁有古代語源的名則是很少使用，以夏爾人的角度來看，對應於希臘文和拉丁文的語言是精靈語，哈比人連在專有名詞中都極少使用精靈語。在這個時候，哈比人只有非常少數的人懂得這個他們口中的「王者之語」。

雄鹿地的人名則是和夏爾的其他部族都不相同。沼澤地的居民和他們在烈酒河對岸的親戚，在許多地方都相當的與眾不同。毫無疑問的，他們的名字都是從史圖爾家族古老的語言中所傳承下來的，有許多在我們看都相當怪異。這種風格讀者們或許應該將它對應為「塞爾特」語系[2]。

既然史圖爾家族的後代所使用的都是古語的殘存，就如同英格蘭還可以找得到塞爾特的遺跡一樣；因此，筆者使用了類似的方法來進行轉譯。布理、康比、阿契特、契特森林都是套用塞爾特語的英文。Bree（布理）「山丘」，chet（契特）「森林」。但只有一個人名經過這樣的修改，梅里雅達克。Merry（梅里）的原來名字縮寫Kali在西方語中有著「歡樂」的意思，因此英文就利用Merry「歡樂」來逆推回他的名字。不過，他的原文全名Kalimac在雄鹿地已經是一個無意義的名字了。

在本書的轉譯過程中，筆者並沒有使用任何希伯來語系的名字。哈比

1 正好和大多數的英文名相反。

2 學界有關於 Celtic 正確念法應該為 Keltic 或是 Seltic 的爭議依舊不斷，譯者在此不深入探究其正確 ，其後以眾人習慣的「塞爾特」譯名稱之。

人姓名中並沒有可以對應到我們文化中的這個部分。較短的名字如Tom湯姆、Sam山姆、Tim提姆、Mat麥特都是哈比人真正名字的縮寫，原文則是Tomba、Tolma、Matta等等。不過，山姆和他的父親哈姆的原文名稱是Ban和Ran，這些則是Banazîr和Ranugad的縮寫，起初是暱稱，分別代表著「傻，天真」和「居家型」。不過，這些已經脫離了日常生活用語的名字還是因為傳統而被保留在某些家庭中。因此，筆者使用了Samwise（山姆衛斯）和Hamfast（哈姆法斯特），也就是古英文近似意義的samwís和hámfast的翻譯版本。

由於在轉換哈比人姓名的時候進行了如此深入的轉換，筆者發現自己已經開始進行更深一個層級的轉換。在筆者看來，歷史中所有的人類語言，似乎都應該轉換成與英文相關的語言。因此，筆者將洛汗的語言處裡的比較接近古英文，因為它和通用語（關係較遠）以及北區哈比人所使用的語言（關係較近）都有牽連，和所謂的西方語比起來也較為古老。在紅皮書中有幾處特別記載，哈比人們聽見了洛汗的語言，可以聽懂其中的許多字，也覺得這語言和他們的十分類似。因此，洛汗國的人名和地名就不應該完全以陌生的方式呈現。

在幾個例子中，筆者將洛汗的地名的拼法加以現代化，像是Dunharrow（登哈洛），Snowbourn（雪界河）。但筆者並沒有完全照著這個規矩進行，因為筆者是遵循著哈比人的看法。他們如果能認出其中的一些字，或是和夏爾類似的地名，他們就會翻譯，但許多地方則是和筆者一樣留下來不做翻譯Edoras（伊多拉斯）「宮廷」。而因為同樣的理由，幾個人名也做過了翻譯，像是Shadowfax（影疾）和Wormtongue（巧言）[1]。

這樣的吸收同時也提供了比較方便的方式，用來表現哈比人北區的語言。筆者將這些特殊的語言給予了古英文如果流傳到現代可能有的變化。因此mathom（馬松）用來對應古英文的mathm，藉以表現出哈比人原文的

1 這個語言學的轉換並不代表洛汗語和古英語在文化、藝術、武器、戰鬥方式上有任何的類似。唯一的相似是出自於類似的環境：較為原始、單純的民族和一個文化較先進、高上的種族相處，並且定居在後者原先的國土上。

kast和洛汗語的katsu 之間的關係。同樣的，smial（或smile）「地穴」是古英文smygel的可能演變，這也對應了哈比人原文的trân和洛汗語中的trahan之間的關係。史麥戈（Smeagol）和德戈（Deagol）則也是運用同樣的方法逆推回北區哈比語，原文是Trahald「挖掘、鑽」，和Nahald「隱密」。

在河谷鎮一帶更為古老的用語，在本書中則是只出現在來自該處的矮人姓名；他們將外界對他們的稱呼轉成自己的名字。比較細心的讀者可能會發現在《哈比人》中所使用的是dwarves這個字來代表矮人的複數形。但是，在字典中又告訴我們dwarf的複數形應該是dwarfs。事實上，如果這個字的複數形如同man和men（男子），以及goose（鵝）和geese一樣，單複數形有了分道揚鑣的演化，它的複數形應該會是dwarrows（或是dwerrows）。不過，我們使用矮人這個字的機率已經遠遠小於男人或鵝這些字；而且，人類的記憶並不是很好，對於一個被隱藏入傳說和故事中的種族來說，要強迫人類記住這種族的單複數形似乎有點太苛求了一些。不過，在第三紀元中，這個種族遠古的活力和個性依舊還是殘存了下來：那些遠古諾格林矮人的後代，他們的心中依舊燃燒著主神奧力的烈火，對於精靈的仇怨也沒有絲毫的減少。在這些人手中，依舊傳承著無人能夠超越的工藝和技術。

因此，筆者大膽的採用了dwarves這個字，或許與這些現代童話故事中的使用法有了一些差距。其實，Dwarrow會是一個更好的字，但筆者只有用Darrowdelf[1] 來代表摩瑞亞在西方語中的名稱：Phurunargian。這個字是「矮人洞」的意思，而且在當時已經是有稍嫌古老的用語了。不過，摩瑞亞一詞是精靈語，而且其中還隱藏著歧視。因為艾爾達族雖然在對抗黑暗勢力的過程中有時必須興建地底的堡壘，但他們絕不可能自願居住在這樣的地方。精靈們喜好大地和天光，在他們的語言中，摩瑞亞代表的是「黑深淵」。而矮人們自己為該地所取的名稱則是例外的從未保密，直接公開稱呼：凱薩督姆，意思是「凱薩的居所」。因為凱薩這個字是他們對自己種族的稱呼，自從主神奧力創造他們之後從未改變過。

1 本書中此字的中文譯為「矮人故鄉」。

Elves（精靈）這個字則是用來轉譯Quendi「詠者」，和高等精靈語中對於這個種族所有的稱呼。Eldar（艾爾達族）則是找尋不死之地，在天地初創之後出現的三個部族（只有辛達精靈例外）的總稱。事實上，只有這個字適合目前的狀況，人們也會用它來描述記憶中少數有關精靈的歷史，或是與人類完全不相似的過去。不過，這用法也漸漸減少，對許多人來說這個字只是代表了某種美麗或是不可能的事物。這和古代的Quendi比較起來，就像是將蝴蝶和雄鷹做比較一樣的天差地別。當然，這並不是代表Quendi真的擁有翅膀；認為他們有長翅膀就像認為人有長翅膀一樣怪異。事實上，他們是種高尚、美麗的種族，古老的世界之子，在他們當中，艾爾達族擁有君王的地位，但現在也全都離開了：他們是長征的民族、星辰的民族。他們高大、俊美，擁有白細的皮膚和灰色的眼眸，但頭髮卻是黑色的，只有費納芬的家族例外，是擁有金髮。他們的聲音比任何現在於凡間所能聽到的聲音都要美妙。他們十分的勇敢，但那些回歸中土世界的艾爾達族的歷史，卻充滿了濃濃的哀愁。雖然精靈與人類祖先的命運曾經交會，但他們的命運和人類並不相同。精靈稱霸的年代已經過去了，他們如今全都脫離了這圓形的世界，再也不會回來了。

有關三個名稱的特殊之處：哈比人、詹吉和烈酒河

Hobbit：哈比人這個字是個發明。在西方語中對這個種族的稱呼是banakil「半身人」。但在這個時期，布理和夏爾的居民使用的是kuduk，這在其他地區並不通行。不過，根據梅里雅達克的紀錄，洛汗的國王使用了kûd-dûkan「掘洞者」這個字。因此，正如同前面所提到的一樣，哈比人曾經使用過和洛汗與相當接近的語言。Kuduk很顯然是kûd-dûkan演化和省略之後的結果。對於後者，筆者以前面所解釋過的慣例將它翻譯成hobytla。如果這個字存在於我們的古語中，那麼hobbit這個字也應該是hobytla經過演化之後可能的結果。

Gamgee：根據紅皮書中描述的家族傳統，Galbasi這個姓，或是其縮寫的型態Galpsi都是由小村Galabas所演變來的。而一般人認為那個村莊的名稱是來自於galab「遊戲」，而字尾bas則類似英文中的wick或是wich。因此Gamwich（讀音是Gammidge詹米吉）就成了一個相當不錯的轉換。不過，在將Gammidgy演化成代表Galpsi的Gamgee（詹吉）過程中，並沒有將山姆衛斯和卡頓家族連結在一起的用意。不過，如果哈比人的語言中有這樣的關連，他們可能會很愛開這種玩笑。

事實上卡頓（Cotton）所代表的是夏爾相當流行的一個普通鄉村名字，Hlothran。這是由hloth-「兩個房間的地洞」，以及ran(u)「山丘邊有兩間房的一排住家」。當作姓來用的時候可能是hlothram(a)「住在鄉下房子的人」。因此，筆者將Hlothram轉譯成英文名字Cotman，這是農夫卡頓的祖父之名。

Brandywine。哈比人對這個河的稱呼其實是來自於精靈語Baranduin（and發重音），而這是從baran「金褐色」和duin「（大）河」所組合出來的。因而，從Baranduin演變成Brandywine是很自然的一件事。事實上，更早以前的哈比人所使用的地名是Branda-nîn，「邊境河」，比較接近的英文譯名應該是Marchbourn（境界河），但是由於哈比人愛開玩笑的天性，這個名字又變成了和它顏色有直接關係的字眼。到了這個年代，這條河通常被稱為Bralda-nîm，「烈麥酒」。

不過，讀者們也必須注意，當Oldbuck「老雄鹿」（Zaragamba）一家改名為Brandybuck「烈酒鹿」（Brandagamba）時，字首其實代表的是「邊境」的意思。比較接近的翻譯應該是Marchbuck（邊境鹿）。但後來的演變卻讓這姓有了更多的意思。只有非常大膽的哈比人才會在雄鹿地之主面前叫他Braldagamba。

附錄七

中西名詞對照表

Adaldrida Bolger	艾達拉崔達·博哲	哈比人名
Adalgrim	阿塔格林	哈比人名
Adamanta	阿達美泰	哈比人名
Adelard Took	艾德拉·圖克	哈比人名
Adrahil	艾德拉希爾	多爾安羅斯的領主
Adûnaic	阿督奈克語	登丹人尚居住在努曼諾爾時所使用的語言。在第二紀元的時候也在努曼諾爾人的宮廷中使用。
Aeglos	艾格洛斯	吉爾加拉德的神矛
Aglarond	愛加拉隆	地名
Akallabêth	阿卡拉貝斯	「淪亡之國」。登丹人在家園陸沉之後給予它的名字。
Aldamir	艾達米爾	剛鐸皇帝
Aldor	艾多	第三任驃騎王
Amandil	阿曼迪爾	伊蘭迪爾之父，登丹人
Amaranth	阿馬蘭斯	哈比人名
Amlaith Of Fornost	佛諾斯特的艾姆拉斯	雅西頓的皇帝
Amon Amarth	阿蒙安馬斯	末日山脈。「阿蒙」是辛達林語中「山」的意思。
Amon Dîn	阿蒙丁	地名
Amon Hen	阿蒙漢山脈	地名
Amon Lhaw	阿蒙羅山	地名
Amon Sûl	阿蒙蘇爾	風雲頂上由北方王國所建的瞭望塔
Anardil	安拿迪爾	剛鐸皇帝
Anárion	安那瑞安	伊蘭迪爾的兒子

Ancalagon The Black	黑龍安卡拉鋼	龍名
Andrast	安德拉斯	地名
Androth	安拉斯	地名
Anduin	安都因河	地名
Andúnië	安都奈伊	地名
Andúril	安都瑞爾	亞拉岡的寶劍名
Andustar	安都星芒	地名
Andwise Roper Of Tighfield (Andy)	泰菲爾的製繩匠安德衛斯（安迪）	哈比人名
Anfalas	安法拉斯	地名
Angamaitë	安加麥提	登丹人，昂巴海盜的領袖
Angband	安格班	魔苟斯的地下要塞
Angbor	安格柏	剛鐸人
Angelica	安潔麗卡	哈比人名
Angerthas	安格薩斯字體	一種書寫用的文字
Angmar	安格馬	地名
Angrenost	安格林諾斯特	艾辛格的另一個名稱（辛達林語：鐵要塞）
Ann-Thennath	安—坦那斯	精靈詩歌的格律
Annúminas	安努米那斯	亞爾諾的第一個首都
Anórien	安諾瑞安	地名
Another Side	幽界	長期佩戴魔戒的人會漸漸與現世喪失聯繫，進入這個空間
Anson	安森	哈比人名
Arador	亞拉多	登丹人酋長
Ar-Adûnakhôr	亞爾—阿登那霍	島嶼陸沉前的努曼諾爾皇帝
Araglas	亞拉格拉斯	登丹人酋長
Aragon	亞拉岡	書中對此的稱呼則是指伊力薩王
Aragorn I	亞拉岡一世	登丹人酋長
Aragorn II	亞拉岡二世	登丹人酋長，伊力薩王
Aragost	亞拉苟斯	登丹人酋長
Arahad I	亞拉哈德一世	登丹人酋長

Arahad II	亞拉哈德二世	登丹人酋長
Arahael	亞拉黑爾	登丹人酋長
Aranarth	亞拉那斯	登丹人酋長
Arandor	阿藍多	地名
Arantar	亞藍塔	亞爾諾王國的皇帝
Aranuir	亞拉努爾	登丹人酋長
Araphant	亞拉芬	雅西頓的皇帝
Araphor	亞拉佛	雅西頓的皇帝
Arassuil	亞拉蘇爾	登丹人酋長
Arathorn I	亞拉松一世	登丹人酋長
Arathorn II	亞拉松二世	登丹人酋長，伊力薩王之父
Aravair	亞拉維爾	登丹人酋長
Araval	亞拉瓦	雅西頓的皇帝
Aravorn	亞拉馮	登丹人酋長
Araw	亞絡	主神歐羅米的另一個名字
Archet	阿契特	布理附近的小村莊
Arciryas	阿色亞斯	登丹人
Aregeleb I	亞瑞吉來布一世	雅西頓的皇帝
Argeleb II	亞瑞吉來布二世	雅西頓的皇帝
Ar-Gimilzôr	亞爾—金密索爾	島嶼陸沉前的努曼諾爾皇帝
Argonath	亞苟那斯	地名
Argonui	亞苟諾	登丹人酋長
Ar-Inziladûn	亞爾—印西拉頓	島嶼陸沉前的努曼諾爾皇帝
Arkenstone Of Thrain	索恩的家傳寶鑽	一枚在依魯伯挖掘出來的超大寶石
Armenelos	雅米涅洛斯	努曼諾爾島上的皇都
Arnach	阿那赫	羅薩那奇
Arod	阿羅德	勒苟拉斯向洛汗國借的馬匹
Ar-Pharazôn The Golden	亞爾—法拉松黃金大帝	島嶼陸沉前的努曼諾爾皇帝
Ar-Sakalthôr	亞爾—薩卡索爾	島嶼陸沉前的努曼諾爾皇帝
Artamir	阿塔米爾	登丹人
Arthedain	雅西頓	北方王國分裂出來的公國之一
Arvedui	阿維督	佛諾斯特的最後一任國王

Arvedui Last-King	亞帆都，最後一任皇帝	雅西頓的皇帝
Arveleg I	亞維力格一世	雅西頓的皇帝
Arveleg II	亞維力格二世	雅西頓的皇帝
Arvendui	阿凡都	阿格拉伯一系血脈的最後傳人
Arvengil I	亞維吉爾一世	雅西頓的皇帝
Arvernien	阿佛尼恩	地名
Arwen	亞玟	精靈
Ar-Zimrathôn	亞爾—印拉松	島嶼陸沉前的努曼諾爾皇帝
Asëa Aranion	阿夕亞阿蘭尼安	藥草阿夕拉斯的別名
Ash Mts.	灰燼山脈	地名
Asphedel	阿斯菲戴爾	哈比人名
Atanatar I Alcarin "The Glorious"	雅坦那塔一世，亞卡林，輝光大帝	剛鐸皇帝
Athelas	阿夕拉斯	草藥名
Aulë	主神奧力	主神名
Azanulbizar	阿薩努比薩	摩瑞亞西門以外的區域
Azog	阿索格	半獸人的國王
Bag End	袋底洞	比爾博居住的地方
Baggins	巴金斯	哈比人名
Bain	巴恩	巴德之子
Balbo Baggins	巴波·巴金斯	哈比人名
Baldor	巴多	洛汗人
Balin	巴林	和比爾博一同出發的尋寶隊伍成員
Balrog	炎魔	天魔王旗下與他一起背叛其他主神的次級神。辛達林語中的：「恐懼之力」、「力之惡魔」，渾身火焰，但卻又籠罩在黑暗中。
Bandobras Took	班多布拉斯・圖克	就是史上知名的哈比人吼牛
Barad-Dûr	巴拉多	索倫的要塞
Barahir	巴拉希爾	第一紀元中的人類英雄
Barahir	巴拉西爾	攝政王
Baranduin	巴蘭督因河	即為烈酒河，又稱赭河

Baranor	巴拉諾	貝瑞貢之父
Baraz	巴拉斯	山峰名
Barazinbar	巴拉辛巴	卡拉蘭斯山的矮人語名稱
Bard The Bowman	神射手巴德	殺死巨龍史矛革的人類
Barliman Butterbur	巴力曼・奶油伯	躍馬旅店的老闆
Barrow Wight	古墓屍妖	從安格馬來到古墓崗一帶的邪靈
Barrow-Downs	古墓崗	地名
Battle Of Bywater	臨水之戰	收復哈比屯之戰
Battle Of Green Fields	綠原之戰	發生在夏爾北區，班多布拉斯・圖克大敗入侵的半獸人
Battle Pit	戰坑	地名
Battle Plain	戰爭平原	地名
Bay Of Andúnië	安都奈伊海灣	地名
Bay Of Eldanna	艾爾達那海灣	地名
Beater	打劍	半獸人給敵擊劍格蘭瑞所取的名字
Belba	貝爾巴	哈比人名
Belchoth	貝爾賀斯	種族名
Belecthor I	貝列克索一世	攝政王
Belecthor II	貝列克索二世	攝政王
Beleg	貝賴格	雅西頓的皇帝
Belegorn	貝力貢	攝政王
Beleriand	貝爾蘭	地名
Belfalas	貝爾法拉斯	地名
Bell Goodchild	貝爾・古爾橋	哈比人名
Belladonna Took	貝拉多娜・圖克	哈比人名
Beorn	比翁	人名
Beregond	貝瑞貢	皮聘認識的白色要塞衛戍部隊成員
Beregond	貝瑞貢	攝政王
Beren	貝倫	巴拉希爾之子，也是第一紀元奪回精靈寶鑽，娶了精靈露西安的人類英雄。
Beren	貝倫	攝政王

Bergil	伯幾爾	剛鐸衛戍部隊成員貝瑞貢之子
Berilac	貝瑞拉克	哈比人名
Bert	伯特	食人妖名
Berylla Boffin	貝瑞拉・波芬	哈比人名
Bifur	畢佛	和比爾博一同出發的尋寶隊伍成員
Big Folk	大傢伙	哈比族對高大人類的稱呼
Big People	大傢伙	哈比族對人類的稱呼
Bilbo Baggins	比爾博・巴金斯	從咕魯手中獲得魔戒的哈比人
Billy Ferny	比利・羊齒蕨	布理的惡徒
Bingo	賓哥	哈比人名
Biter	咬劍	半獸人給獸咬劍的另一個稱呼
Black Breath	黑之吹息	戒靈對人所造成的影響，短則恐懼、畏縮，長時間則可能造成死亡。
Black Pit	黑坑	摩瑞亞的另一個名稱
Black Rider	黑騎士	戒靈的另一個稱呼
Black Year	黑暗年代	天魔王馬爾寇統治或是索倫統治下的時代
Blackroot Vale	黑根谷	地名
Bladorthin	布拉多辛	一名國王，可能是精靈
Blanco	布蘭寇	哈比人名
Blessed Land Aman	福地阿曼	也就是瓦林諾
Blessed Realm	海外仙境	也就是瓦林諾
Bob	包伯	哈比人名
Bodo Proudfoot	波多・傲腳	哈比人名
Boffin	波芬	哈比人名
Bofur	波佛	和比爾博一同出發的尋寶隊伍成員
Bolg	波格	哈比人名
Bolger	博哲家	哈比人名
Bombur	龐伯	和比爾博一同出發的尋寶隊伍成員
Bonfire Glade	篝火草原	老林內的地名
Book Of Thain	領主之書	皮瑞格林的後代記錄史實的史書
Border Of Rohan	洛汗國邊界	地名

Borgil	波吉爾	地名
Borin	波林	矮人名
Boromir	波羅莫	迪耐瑟二世之子，無比勇武，同時也是魔戒遠征隊的成員之一。
Boromir	波羅莫	攝政王
Bounder	邊境警衛	哈比人的職業之一
Bowman (Nick)	包曼（倪克）	哈比人名
Bracegirgle	抱腹家	哈比人的家族
Brand	布蘭德	巴恩之子
Brandy Hall	烈酒廳	烈酒鹿家居住的地方
Brandybuck	烈酒鹿家	梅里的家族
Bree	布理	地名
Bree Hill	布理丘	地名
Bregalad	布理加拉德	樹人，也就是快枝
Brego	布理哥	哈比人名
Bridge Inn	大橋旅店	旅店名
Bridgefield	大橋地	地名
Brockenbore	布羅肯洞	地名
Brockhouses	獾屋家	哈比人家族名
Brown Lands	褐地	地名
Bruinen River	布魯南河	地名
Brytta	布理塔	洛汗國的第十一任國王
Bucca	布卡家	哈比人家族名
Buck Hill	雄鹿丘	地名
Buckland	雄鹿地	地名
Bucklebury	巴寇伯理	地名
Budgeford	羊皮渡口	地名
Bullroarer	吼牛	哈比人班多布拉斯，以高大英勇著名
Bundushathûr	龐都夏瑟	西方語中的「雲頂」，摩瑞亞的三座山峰之一。
Bungo Baggins	邦哥・巴金斯	哈比人名
Burárum	布拉魯	樹人對半獸人的稱呼

Burglar	飛賊	比爾博的稱號
Burrows	布羅斯家	哈比人家族名
Bywater Road	臨水路	地名
Cair Andros	凱爾安卓斯	安都因河上的小島
Calacirian	卡拉克理安	地名
Calembel	卡藍貝爾	地名
Calenardhon	卡蘭納宏	地名
Calenhad	加侖漢	剛鐸北方第六個烽火臺所在的山丘
Calimehtar	卡力美塔	剛鐸皇帝
Calimmacil	卡林馬希爾	人名
Calmacil	卡馬希爾	剛鐸皇帝
Camellia Sackville	卡麥力雅・塞克維爾	哈比人名
Captain-General	總帥	波羅莫的職稱
Carach Angren	卡拉赫安格藍	地名
Caras Galadhon	卡拉斯加拉頓	地名，黃金森林中的精靈城市
Cardolan	卡多蘭	亞爾諾分裂的公國之一
Carl	卡爾	哈比人名
Carl (Nibs)	卡爾（尼伯斯）	哈比人名
Carn Dûm	卡恩頓	地名
Carnen	卡尼河	地名
Castamir	卡斯塔美	剛鐸的第二十二任皇帝
Causeway Fort	幹道堡壘	地名
Ceandine	坎恩丁	哈比人名
Celduin	凱爾督因河	地名
Celebdil The White	白衣凱勒布迪爾	山名
Celeborn	凱勒鵬	精靈皇
Celebrian	凱勒布理安	精靈公主
Celebrimbor	凱勒布理鵬	費諾家族的諾多精靈
Celebrindor	凱勒布林多	雅西頓的皇帝
Celepharn	凱勒房	雅西頓的皇帝
Cemendur	克米督爾	剛鐸皇帝
Ceorl	克歐	洛汗驃騎之一

Cerin Amroth	克林·安羅斯	亞拉岡和亞玟互許終身之地
Chamber Of Fire	火焰之廳	末日火山中索倫鑄造魔戒之處
Chamber Of Mazarbul	馬薩布爾大廳	摩瑞亞之內的大廳之一
Chamber Of Records	撰史之廳	摩瑞亞之內的大廳之一
Chetwood	契特森林	地名
Chica Chubb	奇卡・丘伯	哈比人名
Christopher Tolkien	克理斯多福・托爾金	是托爾金的兒子，也是他最忠實的讀者。在父親逝世之後致力於整理所有相關的著作及歷史。
Chubb	丘伯家	哈比人家族名
Círdan The Shipwright	造船者奇爾丹	精靈
Cirion	其瑞安	攝政王
Cirith Gorgor	西力斯葛哥	地名
Cirith Ungol	西力斯昂哥	地名
Cirth	奇爾斯文	一種適於雕刻的文字
Ciryaher	奇爾雅赫	剛鐸皇帝
Ciryandil	奇研迪爾	剛鐸皇帝
Citadel Of The Stars	星辰堡壘	奧斯吉力亞斯
City Of The Corsairs	海盜之城	即為昂巴
Cloudyhead	雲頂	西方語對於龐都夏瑟山的名稱
Combe	康比	布理附近的小村莊
Common Speech	通用語	亦稱為西方語
Cormallen	可麥倫平原	地名
Cotman	卡特曼	哈比人名
Cottar	科塔	哈比人名
Court Of Fountain	聖泉宮	地名
Cracks Of Doom	末日裂隙	地名
Crickhollow	溪谷地	地名
Crossings Of Erui	埃魯依渡口	地名
Crossings Of Poros	波洛斯渡口	地名
Cruel Caradhras	殘酷的卡蘭拉斯山	地名
Daeron	戴隆	一名精靈詩人，極為愛慕露西安，同時也是奇爾斯文的發明者。

Dagorlad	達哥拉	地名，著名的達哥拉之戰發生處
Dain Ironfoot	丹恩・鐵足	矮人名
Daisy	戴西	哈比人名
Daisy	黛西	哈比人名
Dale	河谷鎮	人類的聚落之一
Damrod	丹姆拉	登丹人
Dark Lord	黑暗魔君或闇王	對索倫的稱呼
Dark Plague	黑死病	夏爾對於那場大瘟疫的稱呼
Dead Marshes	死亡沼澤	地名
Dead Men's Dike	亡者之堤	地名
Déagol	德戈	咕魯的朋友
Deep Elves	知識淵博的精靈	亦即是諾多精靈
Deeping Stream	深溪	地名
Denethor I	德耐瑟一世	攝政王
Denethor II	迪耐瑟二世	攝政王，魔戒聖戰時的剛鐸統治者
Déor	迪歐	第七任驃騎王
Déorwine	迪歐溫	洛汗人
Derdingle	德丁哥	樹人會議召開之處
Dernhelm	德海姆	伊歐玟的化名
Derufin	迪魯芬	剛鐸人
Dervorin	德佛林	剛鐸人
Diamond Of Long Cleeve	龍克理夫的戴蒙	皮聘的老婆
Dimholt	丁禍	地名
Dimrill Dale	丁瑞爾河谷	地名
Dinodas	迪諾達斯	哈比人名
Dior	迪奧	貝倫和露西安之子
Dior	迪奧	攝政王
Dírhael	德哈爾	登丹人，吉爾蘭之父
Dís	迪斯	矮人名
Doderic	多德力克	哈比人名
Dodinas	多迪那斯	哈比人名
Dol Amroth	多爾安羅斯	地名

Dol Baran	多爾巴蘭	地名
Dol Guldur	多爾哥多	地名，索倫曾以此為基地
Donnamira	唐娜米拉	哈比人名
Dora Baggins	朵拉·巴金斯	哈比人名
Doren Ernil	多蘭埃尼爾	地名
Dor-En-Enril	多爾—恩—埃尼爾	地名
Dori	朵力	和比爾博一同出發的尋寶隊伍成員
Doriath	多瑞亞斯	精靈王庭葛的國度
Dorwinion	多溫尼安	地名
Drogo	德羅哥	佛羅多的爸爸
Drogo	德羅哥	哈比人名
Drogo Baggins	德羅哥·巴金斯	哈比人名
Drúadan Forest	督伊頓森林	地名
Drúwaith Iaur	督亞威治羅爾	地名
Dudo	都多	哈比人名
Duilin	敦林	人名
Duinhir	都因希爾	人名
Dúnadan	登納丹	亞拉岡的另外一個化名
Dúnedain	登丹人	在第二紀元時航向努曼諾爾的伊甸人
Dunharrow	登哈洛	地名
Dúnhere	督希爾	洛汗人
Dunland	登蘭德	地名
Durin	都靈	矮人國王，同時也是矮人初始被創造出來的七祖先之一的名字，因此此名字廣為矮人所使用。
Durin's Bane	都靈的剋星	亦即是炎魔
Durthang	德桑城堡	地名
Dwalin	德瓦林	和比爾博一同出發的尋寶隊伍成員
Dwarf	矮人	由主神奧力所創造。據說他不耐煩等候獨一之神的其他子民誕生，因此自己創造出了一個種族。他們矮壯、強韌、固執，熱愛金銀珠寶及工藝。

Dwarrowdelf	矮人故鄉	摩瑞亞
Dwimmerlaik	怨靈	洛汗語：邪法、妖靈
Dwimorberg	丁默山	地名
Eärendil	埃蘭迪爾	愛隆之父
Eärendur	埃蘭督爾	亞爾諾王國的皇帝
Eärnil I	伊雅尼爾一世	剛鐸皇帝
Eärnil II	伊雅尼爾二世	剛鐸皇帝
Eärnur	伊雅努爾	剛鐸皇帝
East Bight	東口	地名
East Fold	東谷	地名
East West Road	東西路	地名
Eastemnet	東洛汗	地名
Eastfold Anórien	安諾瑞安東境	地名
Eastmarch	東境	地名
Ecthelion	愛克西里昂塔	也是迪耐瑟父親的名字
Ecthelion I	愛克西里昂一世	攝政王
Ecthelion II	愛克西里昂二世	攝政王
Edain	伊甸人	努曼諾爾人的祖先，也是西遷的人類始祖的統稱。
Edhellond	艾西隆得	港口
Edoras	伊多拉斯	地名，洛汗的王都。也是洛汗語「宮廷」之意。
Egalmoth	愛加摩斯	攝政王
Eglantine Banks	愛格拉庭·河岸	哈比人名
Eilenach	愛倫那赫	地名
Elanor	伊拉諾	花名
Elanor The Fair	美貌伊拉諾	哈比人名
Elbereth	伊爾碧綠絲	瓦爾妲的另一個名字，精靈語中的「星辰之后」
Eldacar	艾爾達卡	亞爾諾王國的皇帝
Eldalondë	艾爾達隆迪	精靈港口
Eldamar	艾爾達瑪	地名

Eldar	艾爾達族（也就是精靈）	種族名
Eldarion	艾爾達瑞安	登丹人，亞拉岡和亞玟之子。
Elder Days	遠古	第一紀元
Elendil	伊蘭迪爾	在努曼諾爾人驕傲自大時依舊保持謙遜的智者，他稍後帶領著跟隨者們在陸沉之後逃至中土大陸，創造了登丹人的王國。
Elendil The Tall	長身伊蘭迪爾	同上
Elendur	伊蘭多	亞爾諾王國的皇帝
Elenna	伊蘭納	即為努曼諾爾王國所在之島
Elessar	伊力薩王	亞拉岡的稱號，昆雅語的「精靈寶石」之意。
Elf Stone	精靈寶石	亞拉岡的精靈語名字的意思
Elf-Friend	精靈之友	與精靈友好者
Elfhelm	艾海姆	洛汗人
Elfhild	愛西德	希優頓之妻
Elfstan	愛夫斯坦	夏爾的哈比人，他可能就是西境的統治者。
Elftower	精靈塔	地名
Elfwine	艾佛溫	第十九任驃騎王
Elladan	愛拉丹	愛隆之子
Elrohir	愛羅希爾	愛隆之子
Elrond	愛隆	半精靈，瑞文戴爾的主人
Elros	愛洛斯	愛隆的兄弟
Elwing The White	白羽愛爾溫	精靈公主，愛隆的母親
Emeriё	艾墨瑞	地名。
Emyn Arnen	艾明亞南	「艾明」是辛達林語中的「小山」之意
Emyn Beraid	艾明貝瑞德	地名
Emyn Muil	艾明莫爾	地名
Emyn Uial	愛明幽爾	地名
Encircling Mountain	環抱山脈	地名

Enewaith	埃寧威斯	地名
Engagement Tablet	約會紀錄簿	比爾博拿來記載約會事項的本子
Ent	樹人	種族名，是最古老的生物之一。
Entwade	樹渡口	地名
Entwife	樹妻	樹人的妻子
Entwood	樹人林	地名
Éomer	伊歐墨	人名，第十八任驃騎王
Éomund	伊歐蒙德	伊歐墨和伊歐玟之父
Éored	部隊或馬隊	洛汗國稱呼自己的部隊用法
Eorl	伊歐	年少伊歐，是洛汗國的開國之王。
Éothain	伊歐參	洛汗人
Éothéod	伊歐西歐德	居住在安都因河谷的人類。稍後創立洛汗國。
Éowyn	伊歐玟	不讓巾幗的洛汗公主。
Ephel Dúath	伊菲爾杜斯	地名
Eradan	伊拉丹	攝政王
Erebor	依魯伯	即為孤山
Erech	伊瑞赫	地名
Ered Lithui	伊瑞德力蘇	地名。伊瑞德是辛達林語中的「山脈」之意。
Ered Luin	伊瑞德隆	地名，也就是「藍山山脈」（Blue Mts.）。
Ered Mithrin	伊瑞德米斯林	地名
Ered Nimrais	伊瑞德尼姆拉斯	地名
Eregion	伊瑞詹	地名
Erelas	伊列拉斯	剛鐸北方的第四個烽火臺
Eressëa	伊瑞西亞	地名
Erestor	伊列斯托	愛隆的顧問之一
Eriador	伊利雅德	地名
Erkenbrand	鄂肯布蘭德	洛汗人，一名相當英勇的將領
Erling	爾林	哈比人名
Eryn Lasgalen	拉斯加藍森林	地名

Eryn Vorn	沃恩森林	地名
Esgalduin	伊斯果都因河	地名
Esgaroth Upon The Long Lake	長湖上的伊斯加	地名
Esmeralda Took	愛斯摩拉達・圖克	哈比人名
Esmeralds	愛斯莫拉茲	哈比人名
Estel	愛斯泰爾	精靈語「希望」。亞拉岡的化名之一。
Estella	愛斯特拉	哈比人名
Estella Bolger	愛斯特拉・博哲	哈比人名
Ethering	艾斯林	地名
Ethir Anduin	伊瑟安都因	安都因河上的三角洲
Etten Dale	伊頓河谷	地名
Ettenmoor	伊頓荒原	地名
Everard Took	艾佛拉·圖克	哈比人名
Evermind	永誌花	也就是心貝銘花
Exile	流亡者	回到中土世界，意圖從天魔王馬爾寇手中奪回精靈寶鑽的諾多精靈。
F.A.	第四紀元或第四紀	
Fair Folk	美麗的種族	也就是精靈
Fairbairns	費爾班	哈比人的家族，山姆的後代之一
Falco Chub-Baggins	法哥・丘伯巴金斯	哈比人名
Fallohides	法絡海	哈比族人的三大古家族之一
Falls Of Rauros	拉洛斯瀑布	地名
Fang	尖牙	農夫馬嘎養的狗
Fangorn	法貢森林	地名。法貢就是辛達林語中的「鬍子樹」。
Fanuidhol The Grey	灰袍法努索	山峰名
Far Downs	遠崗	地名
Far Harad	遠哈拉德	地名
Faramir	法拉墨	迪耐瑟之子，也是驍勇善戰的名將，稍後成為剛鐸宰相、伊西立安王、艾明亞南領主，並娶了伊歐玟為妻。

Faramir I	法拉墨一世	哈比人名
Farthings	夏爾的四個區	地名
Fastolph Bolger	法司托夫．博哲	哈比人名
Fastred	法斯拉	洛汗人
Fastred Of Greenholm	格林何姆的法斯拉	哈比人名
Fatty	小胖	費德瑞加．博哲的綽號
Fëanor	費諾王子	精靈
Felagund	費拉剛	矮人對芬蘿的稱呼
Felaróf	費拉羅夫	伊歐的坐騎
Fell Rider	墮落騎士	剛鐸人對戒靈的稱呼
Fell Winter	嚴冬	雄鹿地遭到狼群入侵的一年
Fen Hollen	梵和倫	米那斯提力斯的陵寢入口
Fengel	范哲爾	洛汗的第十五任驃騎王
Fenmarch	沼境	地名
Ferdibrand	佛地布蘭德	哈比人名
Ferdinand	費迪南	哈比人名
Ferumbras II	費倫布拉斯二世	哈比人名
Ferumbras III	費倫布拉斯三世	哈比人名
Field Of Celebrant	凱勒布蘭特平原	地名
Fili	菲力	矮人名
Filibert Bolger	菲力伯．博哲	哈比人名
Fimbrethil	芬伯希爾	人名
Findegil	芬德吉爾	人名
Finduilas	芬朵菈絲	人名
Finrod	芬蘿家族	哈比人家族
Finrod Felagund	芬蘿．費拉剛	諾多精靈
Firefoot	火蹄	伊歐墨的坐騎
Fíriel	費瑞爾	剛鐸的一名美女
Firien Wood	費瑞安森林	地名
Firienfeld	費瑞安台地	地名
First Born	萬物嫡傳之子	精靈
Flambard	佛藍巴德	哈比人名

Flame Of The West	西方之炎	亞拉岡的寶劍名
Flet	瞭望台	樹上面的平台
Floí	佛洛伊	矮人名
Flourdumpling	水餃	市長的綽號
Folca	佛卡	洛汗第十三任驃騎王。
Folco	法哥	夏爾的哈比人
Folcred	佛克瑞	洛汗人
Folcwine	佛卡溫	第十四任驃騎王
Folde	佛德	地名
Ford Bruinen	布魯南渡口	地名
Ford Of Carrock	卡洛克渡口	地名
Forest R.	密林河	地名
Forlindon	佛林頓	地名
Forlond	佛龍	地名
Forlong	佛龍	羅薩那赫領主
Forn	佛恩	湯姆・龐巴迪的其他稱呼
Fornost	佛諾斯特	地名
Fornost Erain	佛諾斯特伊蘭	亡者之堤的另一個稱呼
Forodwaith	佛洛威斯	地名
Forostar	佛洛星芒	地名
Forsaken Inn	遺忘旅店	旅店名
Fortinbras I	佛庭布拉斯一世	哈比人名
Fortinbras II	佛庭布拉斯二世	哈比人名
Fox Down	狐崗	地名
Fram	佛蘭	洛汗人的祖先
Fréa	佛瑞亞	驃騎王
Fréalaf	佛瑞拉夫	驃騎王
Fréawine	佛瑞亞溫	驃騎王
Freca	費瑞卡	人名
Fredegar	佛瑞德加	哈比人名
Frerin	佛瑞林	矮人名
Frodo Baggins	佛羅多・巴金斯	哈比人名

Frodo Gardener	園丁佛羅多	哈比人名
Frogmorton	蛙村	地名
Frór	佛洛	矮人名
Frosco	佛羅斯科	哈比人名
Frugmar	佛魯格馬	洛汗人的祖先
Fundin	方丁	巴林之父
Gaffer	老爹	山姆爸爸的暱稱
Galadriel	凱蘭崔爾	黃金森林的女王
Galadrim	凱蘭崔姆	Tree People，樹民
Galdor	高多	人類祖先
Galenas	佳麗納	菸草的別名
Galion	加立安	精靈王的宰相
Gâlmód	加默德	洛汗人
Gamling	加姆林	洛汗人
Gandalf Stormcrow	甘道夫・暴風鴉	巫師
Gandalf The Grey	灰袍巫師甘道夫	巫師，魔戒遠征隊的領袖
Gap Of Rohan	洛汗隘口	地名
Gárulf	加魯夫	哈蘇風的前任主人
Gates Of Argonath	亞苟那斯峽	地名
Gerontius	傑龍提斯	哈比人名
Ghân-Buri-Ghân	剛布理剛	野人酋長名
Gildor Inglorion	吉爾多・印格洛瑞安	精靈
Gilgalad	吉爾加拉德	林頓的精靈國王
Gilly Brownlock	吉力・褐毛	哈比人名
Gilraen	吉爾蘭	亞拉岡之母
Gilthoniel	姬爾松耐爾	瓦爾妲的另一個名字，精靈語中的「點亮星辰者」。
Gimli	金靂	矮人名
Girion	吉瑞安	人類名
Gladden Fields	格拉頓平原	地名
Gladden R.	格拉頓河	地名
Glamdring	敵擊劍格蘭瑞	斬殺半獸人的神劍，由甘道夫所佩帶

Glanduin	格蘭督因河	地名
Gléowine	葛里歐溫	洛汗人
Glóin	葛羅音	矮人名
Glorfindel	葛羅芬戴爾	精靈
Gobedoc Brandybuck	葛布達克・烈酒鹿	哈比人名
Gobulas	哥布拉斯	哈比人名
Gohendad Oldbuck	葛漢代·老雄鹿	哈比人名
Golasgil	哥拉斯吉爾	剛鐸人
Golden Forest	黃金森林	羅斯洛立安的別名
Golden Perch	金鱸魚	旅店名稱
Goldilocks Daughter Of Samwise	山姆衛斯之女金毛	哈比人名
Goldwine	葛德溫	洛汗的第六任國王
Golfimbul	高耳夫	半獸人的領袖
Gollum	咕魯	魔戒在比爾博之前的持有者
Gondolin	貢多林	地名
Gondor	剛鐸	地名
Goodbody	健體家	哈比家族名
Gorbadoc Broadbelt	寬腰帶葛巴達克	哈比人名
Gorbag	哥巴葛	半獸人名
Gorgûn	哥剛	沃斯人對半獸人的稱呼
Gorhendad Oldbuck	葛和達・老雄鹿	哈比人名
Gothmog	勾斯魔格	炎魔之王
Gram	格蘭	洛汗之王
Great	帝王	
Great Bear	大熊座	星座名稱
Great Eagle	巨鷹	居住在北方，巨大而有正義感的雄鷹
Great East Road	東方大道	地名
Great Enemy	天魔王	即為馬爾寇
Great Eye	王之眼	索倫的邪眼
Great King Of Men	人皇	登丹人的領袖皇家稱號
Great Ring	統御魔戒	指至尊魔戒

Great Sea	大海	地名
Great Smial	大地道	地名
Great West Road	西大道	地名
Green Hill Country	綠丘鄉	地名
Green Road	綠大道	北大道荒廢後的稱呼
Green Wood	翠綠森林	地名
Greenway	綠蔭路	地名
Greenwood The Great	巨綠森	地名
Grey Havens	灰港岸	地名
Grey Mts.	灰色山脈	地名
Grey Pilgrim	灰袍聖徒	甘道夫的諸多稱號之一
Greylin	灰林河	地名
Greywood	灰森林	地名
Griffo Boffin	格利佛·波芬	哈比人名
Gríma	葛力馬	巧言的本名
Grimbeorn The Old	長老鬱比翁	人名
Grimbold	葛林伯	驃騎元帥之一，戰死於帕蘭諾平原之戰。
Grip	利爪	農夫馬嘎養的狗
Grishnákh	葛力斯那克	擄獲皮聘和梅里的半獸人隊伍中由摩多派出來的隊長。
Grond	葛龍德	摩多用來攻擊米那斯提力斯的破城鎚
Grór	葛爾	矮人名
Grubb	葛盧伯家	哈比家族名
Gulf Of Lhûn	隆恩灣	地名
Gundabad Bolger	剛達巴・博哲	哈比人名
Guthláf	古斯拉夫	希優頓的掌旗官
Gúthwinë	古絲溫	伊歐墨寶劍的名字
Gwaihir The Windlord	風王關赫	巨鷹之一
Gwathló	葛窪斯洛河	地名
Hador	哈多	遠古人類英雄之一
Hador	哈多	攝政王

Hador The Goldenhaired	金髮哈多	遠古人類英雄之一
Halbarad Dúnadan	賀爾巴拉・登納丹	登丹人
Haldir	哈爾達	精靈
Haleth	哈拉斯	伊甸人
Halfast	哈法斯特	哈比人名
Halfred	哈佛瑞	哈比人名
Halfred Of Overhill	山外的哈佛瑞	哈比人名
Halifirien	哈力費理安	剛鐸北方最後一座置放烽火臺的山丘
Hall Of Fire	烈火之廳	愛隆屋中的大廳
Hallas	哈拉斯	攝政王
Haltred Greenhand	哈崔德・綠手	哈比人名
Ham Gamgee	哈姆・詹吉	哈比人名
Háma	哈瑪	洛汗人，希優頓的皇宮衛隊隊長
Hamfast (Ham Gamgee)	哈姆法斯特（哈姆・詹吉）	哈比人名
Hamfast Of Gamwich	哈姆法斯特・詹衛其	哈比人名
Hamson	哈姆森	哈比人名
Hanna Goldworthy	漢娜・金多	哈比人名
Haradrim	哈拉德林人	南方民族
Haradwaith	哈拉德威斯	地名
Hardbottle	硬瓶	地名
Harding Of The Hill	小丘的哈丁	哈比人名
Harfoots	哈伏特	哈比族人的三大古家族之一
Harlindon	哈靈頓	地名
Harlond	哈龍德	地名
Harondor	哈隆鐸	地名
Harrowdale	哈洛谷	地名
Harry Goatleaf	哈利・羊蹄甲	布理的看門人
Hasufel	哈蘇風	馬名
Haunted Mountain	亡靈之山	地名
Havens Of Umbar	昂巴港	地名
Haysend	籬尾	地名

Helm Hammerhand	聖盔·鎚手	擅長空手殺人的驃騎王
Helm's Deep	聖盔谷	地名，希優頓在此對抗薩魯曼的大軍
Helm's Dike	聖盔渠	地名
Helm's Gate	聖盔之門	地名
Hending	和丁	哈比人名
Henneth Annûn	漢那斯安南	落日之窗
Herblore Of The Shire	夏爾藥草錄	梅里寫的夏爾本草綱目
Herefara	賀爾法拉	戰死於帕蘭諾平原之戰的洛汗人
Herion	赫瑞安	攝政王
Herubrand	西魯布蘭	戰死於帕蘭諾平原之戰的洛汗人
Herugrim	西魯格因	驃騎王的佩劍
Hidifons	西地凡	哈比人名
High Court	執政廳	米那斯提力斯第七城中的廳堂
High Hay	高籬	地名
High Pass	高山隘口	地名
High Warden	守門將軍	波羅莫的職稱
Hild	希爾德	洛汗女
Hilda Bracegirdle	希爾達·抱腹	哈比人名
Hildibrand	希爾迪布蘭德	哈比人名
Hildigard	希爾迪加德	哈比人名
Hildigrim	希爾迪格林	哈比人名
Hildigrim Took	希爾迪格林·圖克	哈比人名
Hill Of Guard	衛戍之丘	地名
Hills Of Evendim	伊凡丁丘陵	地名
Himling	辛姆林	地名
Hirgon	賀剛	剛鐸人，迪耐瑟的信差
Hirluin	賀路恩	剛鐸人
Hithaeglir	希賽格利爾	迷霧山脈
Hithlan	希斯藍	一種精靈製作繩索的材料
Hob Gammidge The Roper	霍伯·詹米奇·製繩匠	哈比人名
Hob Hayward	霍伯·海沃	哈比人名

Hobbit	哈比族	一個樂天、喜歡享受美食的種族，所擁有的潛力遠比外表要來得多。
Hobbiton	哈比屯	地名
Hobson (Roper Gamgee)	和伯森（繩匠詹吉）	哈比人名
Holbytla	哈比特拉	洛汗語，「掘洞者」
Holdwine	何德溫	梅里在洛汗獲賜的名號
Holfast Gardener	園丁何法斯特	哈比人名
Hollin	和林	地名
Holman	何曼	哈比人名
Holman Cotton (Long Hom) Of Bywater	臨水區的何曼．卡頓（高何姆）	哈比人名
Holman Greenhand	何曼．綠手	哈比人名
Holman The Greenhanded, Of Hobiton	哈比屯的綠手何曼	哈比人名
Hornblower	吹號者家	哈比家族名，其中一人發現了菸草
Hornburg	號角堡	地名
Horse-Lord	牧馬王	洛汗人的統稱
Hugo Boffin	雨果．波芬	哈比人名
Hugo Bracegirdle	雨果．抱腹	哈比人名
Hunter's Moon	獵戶之月	星座名
Huor	胡爾	伊甸人的英雄，精靈之友
Huorn	胡恩	變得十分危險的樹人
Húrin	胡林	伊甸人的英雄，精靈之友
Húrin I	胡林一世	攝政王
Húrin II	胡林二世	攝政王
Hyarmendacil I	海爾曼達希爾一世	剛鐸皇帝
Hyarmendacil II	海爾曼達希爾二世	剛鐸皇帝
Hyarnustar	海亞努星芒	地名
Hyarrostar	海亞洛星芒	地名
Iarwain Ben-Adar	伊爾溫．班爾達	湯姆．龐巴迪的其他稱呼
Ice Bay Of Forochel	福羅契爾冰灣	地名

Idril Celebrindal	伊追爾・凱勒布林多	諾多精靈
Ilberic	伊爾貝瑞克	哈比人名
Ilmarin	伊爾馬林	建築名
Imlad Morgul	伊姆拉德魔窟	黑暗魔法之谷
Imladris	伊姆拉崔	瑞文戴爾的精靈名稱
Imrahil	印拉希爾	人名
Incánus	因卡努斯	甘道夫的諸多稱號之一
Ingold	印哥	剛鐸人
Insider	內地人	夏爾和布理哈比人的自稱
Ioreth	攸瑞絲	剛鐸女
Iorlas	伊歐拉斯	剛鐸人，伯幾爾的舅舅
Irensaga	愛蘭薩加山	地名
Iron Hill	鐵丘陵	地名
Isembard	埃森巴	哈比人名
Isembold	埃森包	哈比人名
Isembras	艾辛布拉斯	人名
Isengar	埃新加	哈比人名
Isengard	艾辛格	地名
Isengrim	埃森格林	哈比人名
Isengrim II	埃森格林二世	哈比人名
Isengrim III	埃森格林三世	哈比人名
Isenmouthe	艾辛口	地名
Isildur	伊西鐸	從索倫手中砍下魔戒的登丹人
Isildur's Bane	伊西鐸的剋星	魔戒的別號
Istari	埃斯塔力一族	也就是人類口中的巫師
Isumbras III	伊松布拉斯三世	哈比人名
Isumbras IV	伊森布拉斯四世	哈比人名
Ithil	伊西爾	月亮
Ithildin	伊希爾丁	一種只會反射星光和月光的特殊金屬
Ivorwen	艾佛溫	吉爾蘭之母，登丹人
Jolly	喬力	哈比人名
Khand	侃德	地名

Khazad Dûm	凱薩督姆	矮人對摩瑞亞的稱呼
Kheled-Zâram	卡雷德—薩魯姆	矮人語：鏡之湖
Kibil-Nâla	奇比利—那拉	矮人對銀光河的稱呼
Kili	奇力	矮人名
Kings Under The Mountain	山下皇家	統治依魯伯的矮人
Kingsfoil	王之劍	藥草阿夕拉斯的別名
Lady Galadriel	凱蘭崔爾女王	高等精靈之一
Lagduf	拉格夫	半獸人名
Lake Evendim（Nenuial）	伊凡丁湖（南努爾湖）	地名
Lamedon	拉密頓	地名
Lampwright Street	製燈街	地名
Landroval	蘭楚瓦	巨鷹的名字
Langstrand	朗斯特蘭	地名
Langwell	朗威爾河	地名
Largo	拉哥	哈比人名
Last Bridge	終末橋	地名
Last Homely House	最後的庇護所	愛隆之家
Laura Grubb	羅拉・葛盧伯	哈比人名
Laurelin	羅瑞林	瓦來諾雙聖樹中較年輕的一
Laurelindórenan	羅瑞林多瑞安森林	樹人對羅斯洛立安森林的稱呼
Laurenlindórinan	羅倫林多瑞安	凱蘭崔爾的羅瑞安最原始的名稱
Leaflock	葉叢	樹人名
Lebennin	列班寧	地名
Lebethron	列比斯隆樹	樹種名
Legolas	勒苟拉斯	精靈名，是魔戒遠征隊的成員之一
Lembas	蘭巴斯	行路麵包，乾糧
Léod	李歐德	伊歐之父
Léofa	里歐法	洛汗國王
Light Elves	光之精靈	艾爾達族精靈的三種分支之一
Lily	莉莉	哈比人名

Lily Brown	莉莉・布朗	哈比人名
Linda	琳達	哈比人名
Lindir	林迪爾	瑞文戴爾的精靈
Lindon	林頓	地名
Linhir	林希爾	地名
Lithe	轉換日	中土曆法中類似我們閏日的系統
Lithlad	力斯拉德平原	地名
Lobelia	羅貝拉	傲梭的老婆
Lobelia Bracegirdle	羅貝拉・抱腹	哈比人名
Loeg Nigloron	洛寧格勒隆	格拉頓平原
Lond Daer	隆德戴爾	一個在魔戒聖戰時化成廢墟的港口
Long Cleeve	龍克理夫	地名
Longbottom	長底	地名
Longo	朗哥	哈比人名
Lord Of Gondor	剛鐸攝政王	迪耐瑟的職稱應該為此
Lórien	羅瑞安	地名
Lossarnach	羅薩那赫	地名
Lossoth	羅索斯	雪地人
Lothíriel	羅西瑞爾	伊歐墨之妻
Lothlórien	羅斯洛立安	地名
Lotho	羅索	塞克維爾家的兒子
Lotho	羅索	哈比人名
Lowlands Of Yale	邊陲低地	地名
Lugbúrz	路格柏茲	黑暗語中的「黑暗塔」，也就是巴拉多要塞
Luthien Tinúviel	露西安・提努維兒	嫁給凡人貝倫的精靈
Mablung	馬伯龍	法拉墨的部下
Madoc Proudneck	傲頸馬達克	哈比人名
Maggot	馬嘎	夏爾的老農夫
Malbeth	馬爾貝斯	先知
Mallor	馬羅	雅西頓的皇帝
Malma Headtrong	馬麻・頑固	哈比人名

Malvegil	馬維吉爾	雅西代的皇帝
Marcho	馬丘	哈比人名
Mardil Voronwë	馬迪爾・佛龍威	剛鐸宰相
Marigold	馬利葛	哈比人名
Marish	沼澤地	地名
Marmadas	摩馬達斯	哈比人名
Marmadoc Masterful	精明的馬麻達克	哈比人名
Marroc	馬洛克	哈比人名
Mat Heathertoes	馬特・石南	布理人
Mathom	馬松	哈比族人語言中的雞肋，無用的廢物
May	梅	哈比人名
Mearas	米亞拉斯	洛汗的驃騎王專用的神駒
Meduseld	梅杜西	驃騎王宮的所在地
Melian	美麗安	一名次級神
Melilot	梅俐落特	哈比人名
Melilot Brandybuck	美麗拉・烈酒鹿	哈比人名
Melkor	馬爾寇	瓦拉主神之一，其名意為「以力服人者」
Mellyrn(Or Mallorn)	梅隆樹	樹名
Men Of Westernesse	西方皇族	也就是登丹人
Menegilda Goold	麥南吉爾達・凰金	哈比人名
Meneldil	米涅迪爾	安那瑞安之子
Meneldor	米涅多	迷霧山脈之鷹
Meneltarma	米涅爾塔瑪	昆雅語的「天堂之柱」，努曼諾爾中央的高山
Menelvagor	米涅瓦葛星	地名
Mentha	曼薩	哈比人名
Meriadoc Brandybuck	梅里雅達克・烈酒鹿	哈比人名
Meriadoc The Magnificent	偉大的梅里雅達克	他人對梅里的尊稱
Merimac	梅里麥克	哈比人名
Merimas	梅里馬斯	哈比人名

Mering Stream	摩林溪	地名
Merry	梅里	哈比人名，朋友對梅里雅達克的暱稱
Methedras	馬西德拉斯峰	迷霧山脈的最後一個山頭
Michel Delving	米丘窟	地名
Middle Earth	中土世界	地名
Midgewater	弱水	地名
Midgewater Marshes	弱水沼澤	地名
Midyear's Day	年中之日	或夏至
Milo Burrows	米洛・布羅斯	哈比人名
Mimosa Bunce	米摩沙・邦斯	哈比人名
Minalcar	米拉卡	羅曼達希爾二世
Minalcor	米諾克	剛鐸皇帝
Minardil	米那迪爾	剛鐸皇帝
Minas Anor	米那斯雅諾	地名
Minas Ithil	米那斯伊希爾	地名
Minas Morgul	米那斯魔窟	地名
Minas Tirith	米那斯提力斯	地名
Minastan	米那斯坦	剛鐸皇帝
Minhiriath	敏西力亞斯	地名
Min-Rimmon	明瑞蒙	地名
Minto	明托	哈比人名
Mirabella	米拉貝拉	哈比人名
Mirabella Took	米拉貝拉・圖克	哈比人名
Mirkwood	幽暗密林	地名
Mirrormere	鏡影湖	地名
Miruvor	米盧活	伊姆拉崔的提神藥
Misty Mountain	迷霧山脈	地名
Mithethel	米塞塞爾	精靈對狂吼河的稱呼
Mithlond	米斯龍德	灰港岸的辛達林語名稱
Mithradir	米斯蘭達	甘道夫的精靈名
Mithril	祕銀	一種極為珍貴的金屬，耐加工、既輕又硬。只出產於摩瑞亞的地底。

Mittalmar	米塔馬	地名
Morannon	摩拉南	地名
Mordor	魔多	地名
Morgai	摩蓋	地名
Morgoth	魔苟斯	費諾王子得知馬爾寇偷走精靈寶鑽之後給他的名字。辛達林語中的「黑敵」。
Morgulduin	魔窟都因河	地名
Moria	摩瑞亞	地名
Moria Gate	摩瑞亞大門	地名
Moro	摩洛	哈比人名
Morwen	摩溫	剛鐸的登丹人
Mosco	莫斯柯	哈比人名
Mount Doom	末日山	地名
Mount Gram	格蘭山	地名
Mount Gundabad	剛達巴山	地名
Mount Mindolluin	明多陸因山	地名
Mountains Of Mirkwood	幽暗密林山脈	地名
Mountains Of Terror	驚怖山脈	地名
Mouths Of Anduin	安都因河口	地名
Mouths Of R. Entwash	樹沐河河口	地名
Mr. Underhill	山下先生	佛羅多逃離夏爾時的化名
Mt. Doom	末日山	地名
Mts. Of Shadow	黯影山脈	地名
Mugwort	小麥草	哈比人的姓氏
Mûmak	姆馬克	即為猛瑪
Mundburg	蒙登堡	洛汗人對米那斯提力斯的稱呼
Mungo	蒙哥	哈比人名
Muzgash	馬斯蓋許	半獸人名
Myrtle	莫托	哈比人名
Nain	耐恩	矮人名
Nan Curunír	捻苦路納	辛達林語中的「薩魯曼之谷」
Nandor	南多精靈	西方遷徙過程中回頭的精靈

Nanduhirion	南都西理安	地名
Nár	那爾	矮人名
Nardol	那多	剛鐸北方的第三個烽火臺所在的山丘
Nargothrond	納國斯隆德	精靈王芬羅的山洞要塞
Narmacil I	那瑪希爾一世	剛鐸皇帝
Narmacil II	那瑪希爾二世	剛鐸皇帝
Narrows	那洛斯	幽暗密林的南區
Narsil	納希爾聖劍	昆雅語中的「日與月」
Narvi	那維	摩瑞亞的西門製造者
Narya	納雅	精靈三戒之一
Naugrim	諾格林人	矮人
Near Harad	近哈拉德	地名
Necromancer	死靈法師	指黑暗魔君索倫居住在迷霧森林時的稱號
Neldoreth	尼多瑞斯森林	地名
Nen Hithoel	蘭西索湖	地名
Nenya	南雅	鑽石魔戒
Nibs	尼伯斯	哈比人名
Nick	尼克	哈比人名
Nimbrethil	寧白希爾	地名
Nimloth	寧羅斯	努曼諾爾的聖白樹
Nimrodel	寧若戴爾河	地名，以羅瑞安的精靈寧若戴爾命名
Nîn-In-Eliph	寧陰伊力福	地名
Nindalf	寧道夫	地名
Nindamos	寧達墨斯	地名
Niphredil	寧芙瑞迪爾	花名
Nisimaldor	尼西馬鐸	地名
Noakes	諾克	夏爾哈比人中的一個工人世家
Nob	諾伯	躍馬旅店的店員之一
Noirinan	諾瑞南	地名
Noldor	諾多精靈	昆雅語的意思是「知識淵博」
Norbury	諾伯里	哈比族人對佛諾斯特的稱呼

Nori	諾力	和比爾博一同出發的尋寶隊伍成員
Norland	諾蘭	第一紀元中北方的一個區域
North And Sounth Undeeps	南北河套	地名
North Cape	北角	地名
North Downs	北崗	地名
North Ithilien	北伊西立安	地名
North Road	北大道	地名
North South Road	南北路	地名
North Stair	北梯坡	地名
North Undeep	北河套	地名
Norther Kingdom	北方王國	由人類所建立的偉大王國
Northern Waste	北大荒	地名
Númenórë	努曼諾爾	地名
Nunouinë	努諾尼	地名
Nurn	諾恩	地名
Núrnen	內陸海諾南	地名
Odo Proudfoot	傲多·傲腳	哈比人名
Odovacar Bolger	歐多瓦卡·博哲	哈比人名
Ohtar	歐塔	埃西鐸的隨從
Oin	歐音	矮人名
Old Ford	老渡口	地名
Old Forest	老林	地名
Old Forest Road	舊林路	地名
Old Man Willow	柳樹老頭	老林中一棵邪惡的柳樹
Old South Road	舊南道	地名
Old Wineyard	老酒莊	夏爾地帶出產好酒的著名酒莊
Old World	舊世界	
Oliphaunt	猛瑪	動物名
Olo	歐樂	哈比人名
Olórin	歐絡因	甘道夫的諸多稱號之一
Ondoher	昂多赫	剛鐸皇帝

One Ring	至尊魔戒	統御魔戒中最強大的戒指，索倫將大部分的魔力注入其中，並且透過它控制九枚人類的魔戒。
Onodrim	歐諾金	樹人
Orald	歐羅德	湯姆·龐巴迪的其他稱呼
Orc	半獸人	種族名，馬爾寇在第一紀元利用抓來的精靈所培育出來的邪惡種族。
Orcrist	獸咬劍	一柄斬殺半獸人的名劍
Orendil	歐藍迪爾	艾爾達卡之子
Orgulas	奧古拉斯	哈比人名
Ori	歐力	矮人名
Orodreth	歐絡佳斯	攝政王
Orodruin	歐洛都因	末日火山，辛達林語中的「紅焰之山」
Oromë The Great	騎神歐羅米	主神之名
Orophin	歐洛芬	精靈名
Orrostar	奧絡星芒	地名
Orthanc	歐散克塔	地名
Osgiliath	奧斯吉力亞斯	地名
Ostoher	奧斯托和	剛鐸皇帝
Otho	傲梭	塞克維爾一家人的老公
Otho Sackville-Baggins	傲梭·塞克維爾巴金斯	哈比人名
Outside	宇外	世界之外
Outsider	外來客	夏爾人對外界居民的稱呼
Overlithe	閏轉換日	曆法名詞
Paladin	帕拉丁	哈比人名
Paladin II	帕拉丁二世	哈比人名
Palantíri	帕蘭提里·真知晶球	昆雅語：有遠見的
Pansy	潘西	哈比人名
Parth Galen	帕斯加蘭	地名
Paths Of The Dead	亡者之道	地名
Pearl	波爾	哈比人名

Pelagir	佩拉格	地名
Pelendur	佩蘭多	剛鐸宰相
Pelennor	帕蘭諾平原	地名
Peony	皮奧尼	哈比人名
Peony Baggins	皮奧尼・巴金斯	哈比人名
Peredhil	佩瑞希爾	辛達林語的半精靈之意
Peregrin	皮瑞格林	哈比人名，魔戒遠征隊成員之一
Peregrin I	皮瑞格林一世	哈比人名
Periannath	派里亞納	灰精靈語中的哈比族，人類和精靈在歌謠中皆以此名稱呼哈比族。
Pervinca	波紋卡	哈比人名
Pimpernel	平珀諾	哈比人名
Pimple	痘王	羅索的綽號
Pinnath Gelin	皮那斯傑林	地名
Pipe-Weed	菸草	一種擁有香氣的植物葉子。哈比人是首先發明了將它們拿來燒，並且吸取其香味的種族。
Pippin	皮聘	哈比人名，魔戒遠征隊成員之一，也是朋友對皮瑞格林的暱稱。
Place of The Fountain	聖泉園	米那斯提力斯中的地名
Plateau of Gorgoroth	葛哥洛斯盆地	地名
Plough	天犁座	大熊座的另一個名字
Polo	波羅	哈比人名
Ponto	龐托	哈比人名
Poppy	波皮	哈比人名
Porto	波托	哈比人名
Posco	波斯歌	哈比人名
Prancing Pony	躍馬旅店	旅店名
Primrose	櫻草花	哈比人名
Primula Brandybuck	普麗謬拉・烈酒鹿	哈比人名
Prince Of Ithilien	伊西立安王	法拉墨
Prisca	普麗絲卡	哈比人名

Proudfoot	傲腳家	哈比人家族
Púkel	普哥人	野人
Quenya	昆雅語	精靈語中最古老的語言
Quick Post Service	快遞系統	夏爾寄信的系統之一
Quickbeam	快枝	樹人名
R. Adorn	亞多河	地名
R. Brandywine	烈酒河	地名
R. Celos	賽洛斯河	地名
R. Ciril	西瑞爾河	地名
R. Entwash	樹沐河	地名
R. Erui	依魯依河	地名
R. Gilrain	吉爾藍河	地名
R. Greyflood	灰泛河	地名
R. Hoarwell	狂吼河	地名
R. Isen	艾辛河	地名
R. Lefnui	萊夫紐河	地名
R. Limlight	林萊河	地名
R. Loudwater	喧水河	地名
R. Morthond	摩頌河	地名
R. Poros	波洛斯河	地名
R. Ringlo	林羅河	地名
R. Running	疾奔河	地名
R. Serni	色尼河	地名
R. Silverlode	銀光河	地名
R. Sirith	西瑞斯河	地名
R. Snowbourn	雪界河	地名
R.Harnen	哈爾南河	地名
R.Poros	波羅斯河	地名
Radagast The Brown	褐袍瑞達加斯特	巫師
Radbug	瑞德伯	西力斯昂哥塔中的半獸人
Rammas Echor	拉馬斯安澈	米那斯提力斯的外牆防禦
Ranger	遊俠	在雅西頓王國陷落之後，防禦伊利雅德不受野狼、半獸人等邪惡生物入侵

		的登丹人。
Ras Morthil	拉斯摩西爾	山名
Rath Dínen	拉斯迪南	米那斯提力斯陵寢的主要街道
Rauros	拉洛斯	瀑布名
Ravenhill	烏丘	地名
Red Arrow	朱紅箭	剛鐸召喚洛汗緊急支援的信物
Red Eye	血紅眼	索倫的徽記
Redhorn	紅角	地名
Redhorn Gate	紅角隘口	地名
Redwater	紅水河	地名
Reginard	瑞金納	哈比人名
Remmirath	雷米拉斯星	星名，又被稱作天網星
Reunited Kingdom	再聯王國	地名
Rhovanion	羅馬尼安	地名
Rhudaur	魯道爾	地名
Rhûn	盧恩	地名
Riddermark	驃騎國	地名
Ring Of Adamant	鑽石魔戒	南雅魔戒
Ring Of Power	力量之戒	眾魔戒中最高階的類別
Ring Wraith	戒靈	受到魔戒腐化之後的九名人類國王
Ringló Vale	林羅谷	地名
Rivendell	瑞文戴爾	地名
River Lhûn(Lune)	隆恩河	地名
Roäc	羅克	鳥名，能通人語
Robin Smallburrow	羅賓・小洞	哈比人名
Rohan	洛汗國	地名
Roheryn	洛赫林	亞拉岡的坐騎
Rohirrim	驃騎國	也是牧馬王的意思
Rómendacil I	羅曼達奇爾一世	剛鐸皇帝
Rómendacil II	羅曼達奇爾二世	剛鐸皇帝
Rómenna	羅曼納	地名
Rorimac Goldfather	黃金老爹羅密麥克	哈比人名

Rory	羅力	烈酒鹿家的人
Rosa	羅莎	哈比人名
Rosamunda	羅森孟達	哈比人名
Rose	小玫	哈比人名
Rosgobel	羅斯加堡	地名
Rosie Cotton	小玫・卡頓	山姆之妻
Ross Baggins	羅斯・巴金斯	哈比人名
Rowan	羅溫	哈比人名
Rowlie Appledore	羅莉・蘋果梓	布理人名
Ruby	盧比	哈比人名
Ruby Bolger	盧比・博哲	哈比人名
Rudigar Bolger	魯德加・博哲	哈比人名
Rufus Burrows	路法斯・布羅斯	哈比人名
Rúmil	盧米爾	諾多精靈
Rushey	盧謝	沼澤地中的哈比村莊
Sackville	塞克維爾	哈比人的姓
Sadoc	沙達克	哈比人名
Salvia	沙薇亞	哈比人名
Sam	山姆	佛羅多忠心的僕人，也是魔戒遠征隊的一員
Sammath Naur	薩馬斯瑙爾	辛達林語：「火焰之廳」，也就是索倫打造至尊魔戒的地方。
Samwise	山姆衛斯	哈比人名，佛羅多忠心的僕人，也是魔戒遠征隊的一員。
Sancho	桑丘	哈比人名
Sandyman	山迪曼	哈比屯磨坊主人
Sangahyando	山加海彥多	登丹人
Saradoc Brandybuck	沙拉達克・烈酒鹿	哈比人名
Saradoc Scattergold	散金的沙拉達克	哈比人名
Saradus	莎拉達絲	哈比人名
Sarn Ford	薩恩渡口	地名
Sarn Gebir	薩恩蓋寶	地名

Saruman	薩魯曼	巫師
Sauron	索倫	魔王
Scary	史卡力	東區的哈比人小鎮
Scatha The Worm	巨龍史卡沙	被洛汗人所殺的一隻巨龍
Sea Elves	海洋精靈	酷愛船隻的一支精靈
Sea Of Núrnen	諾南內海	地名
Sea Of Rhûn	盧恩內海	地名
Seredic	沙瑞迪克	哈比人名
Shadowfax	影疾	甘道夫的駿馬
Shadowmere	暗影城	地名
Shagrat	夏格拉	西力斯昂哥高塔的隊長
Sharkey	薩基	艾辛格的人類和半獸人對薩魯曼的稱呼
Sharkey's End	薩基掛點路	地名
Shathûr	夏瑟	山峰名
Shelob	屍羅	把守西力斯昂哥洞穴的巨大蜘蛛
Shieldmaiden	女戰士	伊歐玟的稱號
Shire	夏爾	地名
Shire-Reckoning	夏爾開墾	哈比族人所使用的曆法元年，縮寫為 S.R.
Sickle	鐮刀座	哈比人對大熊座的稱呼
Sigismond	西基斯蒙德	哈比人名
Silmariën	西馬瑞安	瓦蘭迪爾之母
Silmarillion	精靈寶鑽	費諾王子將雙聖樹的光芒放入三顆他所打造的寶石中，後來遭到天魔王馬爾寇奪走，並掀起了第一紀元的大戰。此字是昆雅語，「輝光」之意。
Silvan Elves	西爾凡精靈（森林精靈）	沒有前往海外仙境，停留在森林中的精靈
Silvertine	銀峰	地名
Simbelmynë	心貝銘花	即為永誌花
Sindar	灰精靈，微光中之精靈，辛達精靈	

Sindarin	辛達林語	精靈語中的日常生活用語
Sir Ninglor	色寧格勒	地名
Sirannon	西瓦南	小河
Siriondil	西瑞安迪爾	剛鐸皇帝
Skinbark	樹皮	樹人名
Skin-Changer	換皮人	對擁有化身為熊能力的比翁一族的稱呼
Slinker	膽小鬼	對史矛革心中怕事人格的稱呼
Smaug	史矛革	惡龍
Sméagol	史麥戈	咕魯的本名
Smial	地道或是洞穴	地名
Snaga	史那加	黑暗語中的奴隸
Snowmane	雪鬃	希優頓的坐騎
Snow-White	白雪	瓦爾妲的另一個名字
Sorontil	索龍提爾	山名
South Down	南丘	地名
South Downs	南崗	地名
South Gondor	南剛鐸	地名
South Ithilien	南伊西立安	地名
South Undeep	南河套	地名
Springle-Ring	鈴鐺舞	哈比人在宴會時會跳的一種舞蹈
Staddle	史戴多	布理附近的小村莊
Stair Falls	天梯瀑布	地名
Starkhorn	厲角山	地名
Steward	宰相、攝政王	剛鐸的目前統治者原先是宰相，後來才轉為攝政王。
Sting	刺針	比爾博的精靈寶劍
Stinker	骯髒鬼	對史麥戈心中邪惡人格的稱呼
Stock	史塔克	地名
Stonewain Valley	石車谷	地名
Stoors	史圖爾	哈比族人的三大古家族之一
Strider	神行客	布理人幫亞拉岡取的綽號
Stybba	史戴巴	洛汗的小馬

Sunland	日之地	地名
Sunlending	森蘭德	地名
Sutherland	索色蘭	地名
Swanfleet	天鵝群	地名
Swan-Fleet River	天鵝河	地名
Swerting	史臥丁人	夏爾對於南方人的稱呼
Swordsman Of The Sky	蒼穹劍客	米涅瓦葛星的另一名稱
Tanta Hornblower	坦塔・吹號者	哈比人名
Tar-Alcarin	塔爾—奧卡林	島嶼陸沉前的努曼諾爾皇帝
Tar-Aldarion	塔爾—奧達瑞安	島嶼陸沉前的努曼諾爾皇帝
Tar-Amandil	塔爾—阿門迪爾	島嶼陸沉前的努曼諾爾皇帝
Tar-Anárion	塔爾—安那瑞安	島嶼陸沉前的努曼諾爾皇帝
Tar-Ancalimë	塔爾—安卡林米	島嶼陸沉前的努曼諾爾皇帝
Tar-Ancalimon	塔爾—安卡利蒙	島嶼陸沉前的努曼諾爾皇帝
Tarannon Falastur	塔拉農・法拉斯特	剛鐸皇帝
Tar-Atanamir The Great	塔爾—阿塔那米爾大帝	島嶼陸沉前的努曼諾爾皇帝
Tar-Calmacil	塔爾—卡馬希爾	島嶼陸沉前的努曼諾爾皇帝
Tarcil	塔希爾	亞爾諾王國的皇帝
Tarciryan	塔奇爾揚	剛鐸皇帝
Tar-Ciryatan	塔爾—奇爾雅坦	島嶼陸沉前的努曼諾爾皇帝
Tar-Elendil	塔爾—伊蘭迪爾	島嶼陸沉前的努曼諾爾皇帝
Tark	塔克	半獸人語中的剛鐸人
Tarlang's Neck	塔龍之頸	地名
Tarmenel	塔曼奈爾	將埃蘭迪爾吹向海外仙境的海風之源頭
Tar-Meneldur	塔爾—米涅爾督	島嶼陸沉前的努曼諾爾皇帝
Tar-Minastur	塔爾—明那斯特	島嶼陸沉前的努曼諾爾皇帝
Tar-Minyatur	塔爾—明亞特	島嶼陸沉前的努曼諾爾皇帝
Tar-Míriel	塔爾—密瑞爾	原應即位為女皇的努曼諾爾公主，卻被篡位
Tarondor	塔龍鐸	亞爾諾王國的皇帝
Tarondor	塔龍多	剛鐸皇帝

Tarostar	塔羅史塔	剛鐸皇帝
Tar-Palatir	塔爾—帕蘭惕爾	悔改己身過於驕傲的努曼諾爾皇帝
Tar-Súrion	塔爾—蘇瑞安	島嶼陸沉前的努曼諾爾皇帝
Tar-Telemmaitë	塔爾—泰勒曼提	島嶼陸沉前的努曼諾爾皇帝
Tar-Teleperiën	塔爾—泰爾匹瑞安	島嶼陸沉前的努曼諾爾皇帝
Tar-Vanimeldë	塔爾—瓦寧美迪	島嶼陸沉前的努曼諾爾皇帝
Tasarinan	塔沙瑞楠	精靈對柳樹的稱呼
Ted	泰德	磨坊少東
Telchar	鐵爾恰	矮人，納希爾聖劍的鑄造者
Telcontar	泰爾康泰	伊力薩王家族的名稱，這是昆雅語對於「神行客」的翻譯
Telemnar	泰勒納	剛鐸皇帝
Telperion	泰爾佩瑞安	雙聖樹中的銀樹
Telumehtar Umbardacil	特路美泰·昂巴達希爾	剛鐸皇帝
Tengwar	談格瓦字	文字的一種
Thain	領主	哈比族的頭子
Thangorodrim	安戈洛墜姆	地名
Tharbad	塔巴德	地名
Tharkûn	塔空	甘道夫的諸多稱號之一
The Bay Of Belfalas	貝爾法拉斯灣	地名
The Dark Tower	邪黑塔	地名
The Enemy	魔王	對索倫的稱呼
The Floating Log	浮木旅店	旅店名
The Great River	大河	地名
The Harad Road	哈拉德路	地名
The Hill	小丘	地名
The Ivy Bush	常春樹叢旅店	旅店名
The Lonely Mountain	孤山	地名
The Lost Realm Of Arnor	亞爾諾的失落國度	意指亞爾諾滅亡之前的國土
The Red Book Of West March	西境紅皮書	夏爾人極為重要的一本史書，比爾博、佛羅多、山姆都曾經將魔戒聖戰

		的相關事件記錄於其中
The Shadow Of The Past	過往黯影	魔戒最早寫成的篇章之一
The Tale Of Years	古書紀	由圖克家族所記錄的有關第二、第三、第四紀元的史書，保管在大地道
The White Tower	淨白塔	專指白色要塞中的那座高塔
Thengel	塞哲爾	洛汗國王
Théoden	希優頓	洛汗國國王
Théodred	希優德	希優頓之子
Théodwyn	希優德溫	希優頓之妹
Thingol	庭葛	精靈國王
Third Age	第三紀元	魔戒故事發生的紀元
Third Marshal	第三元帥	伊歐墨在驃騎軍團中的職稱
Thorin Oakenshield	索林・橡木盾	矮人
Thorondir	索龍迪爾	攝政王
Thorondor	索隆多	鷹王，辛達林語中的「高之鷹」
Thorongil	索龍哲爾	星辰之鷹，亞拉岡的化名之一
Thráin	索恩	索爾的兒子
Thranduil	瑟蘭督伊	勒苟拉斯的父親，幽暗密林中的精靈之王
Three-Farthing Stone	分界石	區分夏爾各區的一塊石碑
Thrór	索爾	矮人國王之一
Tindrock	燃岩島	地名
Tinúviel	提努維兒	辛達林語：「微光之女」
Tirion	提理安	地名，昆雅語中「偉大的瞭望塔」
Tobold Hornblower	托伯・吹號者	哈比人名
Togo Goodbody	託歌・健體	哈比人名
Tol Brandir	托爾布蘭達	燃岩島
Tolfalas	托爾法拉斯	地名
Tolman (Tom)	托曼（湯姆）	哈比人名
Tolman Cotton	托曼・卡頓	哈比人名
Tom	湯姆	食人妖名
Tom Bombadil	湯姆・龐巴迪	種族不明的神祕人物，曾經從柳樹

		老頭手中救出佛羅多一行人
Tom Pickthorn	湯姆・摘刺	哈比人名
Tookland	圖克區	地名
Torech Ungol	托瑞克昂哥	屍羅的巢穴
Tower Hills	塔丘	地名
Tower Of Rising Moon	升月之塔	地名
Tower Of Setting Sun	落日之塔	地名
Tower Of Sorcery	邪法之塔	地名
Traveller	冒險家	佛羅多四人在夏爾最後的稱呼
Treebeard	樹鬍	樹人名
Troll	食人妖	天魔王在第一紀元時創造出來，模仿樹人的種族。高大、強壯而愚笨。除了 Olog-hai 以外，被陽光照到則會石化
Trollshaws	食人妖之地	地名
Tuckborough	塔克鎮	地名
Tumladen	土姆拉頓	地名
Tuor	圖爾	伊甸人的英雄
Turambar	特倫拔	剛鐸皇帝
Turgon	特剛	攝政王
Túrin	圖林	第一紀元中伊甸人的悲劇英雄
Túrin I	圖林一世	攝政王
Túrin II	圖林二世	攝政王
Tween	少年期	哈比人三十三歲成年，在脫離孩童時代之後到成年之間，都稱為少年時期
Twofoot	圖伏特	哈比人的姓
Tyr Gorthad	提爾哥薩德	古墓崗
Udûn	烏頓	地名
Uglúk	烏骨陸	擄獲梅里和皮聘的半獸人隊伍中的艾辛格所屬隊長
Umbar	昂巴	地名
Underharrow	下哈洛	地名
Undertower	塔下	地名

Undómiel	安多米爾	亞玟的稱號，暮星之意
Undying Land	不死之地	指海外仙境
Ungoliant	昂哥立安	遠古的巨蜘蛛之名
Upbourn	上溪	地名
Uruk-Hai	強獸人	專門培育用來戰鬥的半獸人
Valacar	瓦拉卡	剛鐸皇帝
Valandil	瓦蘭迪爾	埃西鐸的兒子
Valandil	瓦蘭迪爾	雅諾王國的皇帝
Valandur	瓦蘭督	雅諾王國的皇帝
Valar	主神	獨一之神所創造的神聖使者，如同我們概念中的天使。他們奉獨一之神的命令造了物質宇宙給精靈與人類居住，他們共有十四位：七男七女，被人類視為主神。
Valimar	主神之城瓦力馬	在瓦來諾上的主城
Valinor	瓦來諾	同瓦力瑪
Varda	瓦爾妲	精靈最崇拜的主神
Vardamir	瓦達米爾	登丹人
Variag	維瑞亞	東方民族的一支
Vidugavia	維都加維亞	羅馬尼安自立為王的北方人
Vidumavi	維都馬維	剛鐸皇帝
Vilya	維雅	精靈三戒之一
Vinitharya	維尼薩雅	剛鐸皇帝
Vinyarion	紋亞瑞安	剛鐸皇帝
Vorondil The Hunter	獵者維龍迪爾	剛鐸宰相
Wainrider	戰車民	東方民族的一支，以戰車作戰，平常駕車四處遷徙
Walda	瓦達	洛汗人
Wandering Days	漫遊時期	哈比人在夏爾定居前四處流浪的時期
War Of Wrath	怒火之戰	爭奪精靈寶鑽的戰爭
Watcher In The Water	水中監視者	摩瑞亞西門湖中一個許多觸角的怪物
Water-Valley	水谷	地名

Waymeet	匯口	地名
Weather Hills	風雲丘	地名
Weathertop	風雲頂	地名
Wellinghall	威靈廳	地名
Westemnet	西洛汗	地名
Westfold	西谷	地名
Westmansweed	西人草	菸草的別名
Westmarch	西境	地名
Westron	西方語	目前通行於西方大陸的語言
Wetwang	威頓	地名
White Council	聖白議會	為對抗索倫所組織的力量
White Downs	白丘	地名
White Hand	白掌	薩魯曼的部隊標記
White House Of Erendis	伊蘭迪斯之白宮	地名
White Mts.	白色山脈	地名
White Tower	白色要塞	即為剛鐸的首都
White Tree	聖白樹	主神聖樹的後裔，被視作王朝興衰的象徵
Whitfurrow	小畦	地名
Whitwell	小井	地名
Wídfara	威法拉	地名
Widow Rumble	寡婦倫波	哈比人
Wilcom	威爾康	哈比人名
Wilcomne(Joly)	威爾康尼（喬力）	哈比人名
Wilderland	大荒原	地名
Wilibald Bolger	威力伯・博哲	哈比人名
Will Whitfoot	威爾・小腳	米丘窟的市長
William	威廉	地名
Windfola	溫佛拉	洛汗的駿馬
Window Of The Eye	魔眼之窗	巴拉多要塞面對西方，索倫用來觀察西方動態的窗戶。
Wise	賢者	巫師和艾爾達族的領袖們，在第三紀

		元中合作對抗索倫。
Wiseman Gamwich	衛斯曼・詹衛其	哈比人名
Wisinen	威西南	地名
Withered Heath	凋謝荒地	地名
Withywindle	柳條河	地名
Wold	沃德	地名
Wolf	小狼	農夫馬嘎養的狗
Wood Hall	巨木廳	地名
Wood-Elves	木精靈	居住在森林中的精靈，當初並沒有前往海外仙境。
Woody End	林尾	地名
Wormtongue	巧言	人名
Wose	沃斯人	住在督伊頓森林中的野人
Wraith	死靈	對戒靈的另一種稱呼
Wulf	沃夫	費瑞卡之子
Yrch	精靈語中的半獸人	
Zirak	西拉克	山峰名（矮人語）
Zirakzigil	西拉克西吉爾	山峰名（矮人語）

附錄八

詩句和歌曲索引

冒險歌：I 175-176
伊爾碧綠絲、姬爾松耐爾：I 370-371、II 479、III 422
阿夕拉斯：III 186
希優頓去世：III 155
洗澡歌：I 168-169
比爾博之歌：I 432-434
波羅莫之謎：I 384
布理加拉德之歌：II 117-118
雪鬃安葬歌：III 156-157
驃騎上戰場：II 169
喝酒歌：I 151-152
鷹之歌：III 326-327
樹人與樹妻：II 106-109
樹人行軍歌：II 119-120、238
伊歐墨詩歌：III 160
吉爾加拉德戰亡：I 292
佛羅多懷念甘道夫輓詩：I 553-555
凱蘭崔爾的消息：II 147
凱蘭崔爾之歌：I 573
甘道夫的樹人之謎語：II 207-208
甘道夫的羅瑞安之歌：II 164
咕魯的謎題：II 318-319
咕魯之歌：II 318

哀悼波羅莫：II 16-18
驃騎出征：III 93-94
驃騎輓歌：II 155
勒苟拉斯的海之歌：III 316
樹人的長清單：II 87-88
半身人萬歲：III 311
先知馬爾貝斯的預言：III 60-61
古老的健行歌：I 69-70、III 362
猛瑪之歌：II 357-358
歷史之韻：II 282
神行客之詩：I 271、386-387
山姆之歌：III 245-246
雪鬃的墓誌 ：III 156-157
森林之歌：I 186
安羅斯之歌：I 522-526
貝倫與露西安之歌：I 301-305
都靈之歌：I 487-490
埃蘭迪爾之歌：I 361-368
剛鐸之歌：II 24
蘭班寧之歌：III 201
海外精靈之歌：I 580-581
蒙登堡墓丘之歌：III 163-164
獻給金莓之曲：I 202
希優頓的戰呼：III 146
湯姆．龐巴迪的歌曲：I[1] 195-196、198、200、203、206-207、228-231、237
召喚湯姆之歌：I 217、227-228

1　為了分類方便，湯姆．龐巴迪的歌全都被視作這首歌的連續。

樹鬍之歌：II 94-95
食人妖：I 322-326
魔戒之句：I 92-93
散步歌：I 131-133
漫遊精靈之歌：I 135-136
警告：I 425
屍妖之吟：I 226

小說精選·托爾金作品集

魔戒三部曲：王者再臨

2001年12月初版　　定價：新臺幣420元

2012年4月初版第三十刷

2012年12月二版

2022年1月二版七刷

著　者	J. R. R. Tolkien
譯　者	朱學恆
叢書主編	胡金倫
編　輯	程道民
校　對	吳美滿
封面設計	江宜蔚

出版者	聯經出版事業股份有限公司
地址	新北市汐止區大同路一段369號1樓
叢書主編電話	(02)86925588轉5305
台北聯經書房	台北市新生南路三段94號
電話	(02)23620308
台中分公司	台中市北區崇德路一段198號
暨門市電話	(04)22312023
郵政劃撥帳戶第	0100559-3號
郵撥電話	(02)23620308
印刷者	世和印製企業有限公司
總經銷	聯合發行股份有限公司
發行所	新北市新店區寶橋路235巷6弄6號2F
電話	(02)29178022

副總編輯	陳逸華
總編輯	涂豐恩
總經理	陳芝宇
社長	羅國俊
發行人	林載爵

行政院新聞局出版事業登記證局版臺業字第0130號

本書如有缺頁，破損，倒裝請寄回台北聯經書房更換。　ISBN 978-957-08-4102-2 (平裝)

聯經網址 http://www.linkingbooks.com.tw

電子信箱 e-mail:linking@udngroup.com

國家圖書館出版品預行編目資料

魔戒三部曲：王者再臨/ J. R. R. Tolkien著．
朱學恆譯．二版．新北市．聯經．2012年12月
（民101年）．628面＋8張彩色．14.8×21公分
（小說精選）
譯自：The return of the king
ISBN 978-957-08-4102-2（平裝）
[2022年1月二版七刷]

873.57 101022731